JN226070

プロフェッショナル Blender

實方 佑介 | mino | 稲村JIN 著

本書のダウンロードデータと書籍情報について

本書のウェブページでは、ダウンロードデータ、追加・更新情報、発売日以降に判明した正誤情報などを掲載しています。
また、本書に関するお問い合わせの際は、事前に下記ページをご確認ください。

https://www.borndigital.co.jp/book/9784862466228

本書で使用したBlenderのバージョン

本書で使用したBlenderのバージョンは「4.2」です。ただし、執筆時期などの関係で一部旧バージョンの画面や記載が残っている場合があります。また、Blenderのバージョンアップによって、本書の記載と異なってしまうことがありますので、ご了承ください。

はじめに

本書は、Blender 入門者に向けて主に構造や考え方の側面から解説した書籍です。

昨今、コンピュータ技術が信じられないほど発達し、3DCG の需要は多種多様な業界で高まっています。ゲームや映像コンテンツだけに止まらず、バーチャルアイドルにはじまり産業 AI 用学習コンテンツの生成など今までほとんど想像できなかった用途が次々生まれています。それに伴って多種多様なソフトウェアが発表され、制作者はさまざまな制作手段をキャッチアップし、また適宜組み合わせることが求められています。

このような状況下で、オープンソースで利用できる「Blender」の需要は高まるばかりです。人気とともに開発が加速しており、進化のスピードがものすごく早まっています。業界で新しく開発されたアルゴリズムがかなりの速度で搭載され、また Blender 自体の改善が繰り返され、それらに伴ってインターフェイスや設定項目が日々アップデートされ続けています。

Blender がどんどんわかりやすく手軽で高機能・高品質なソフトウェアになっていく一方で、ユーザー側は表面的な手順を暗記するというような学習方法を採っているとバージョンアップに取り残され、拡張機能が非対応になり制作不能になるという状況に陥りがちです。

より効率的に習得し、より効果的に運用するためには表面的な手順の暗記ではなく、構造的な理解が必要です。

本書では芯となるソフトウェアの構造･考え方を充実して示すことで､読者が長期に渡って自身の力で作りたいものを作れるようになれることを目標としています。

初学者の方は、基本的な考え方と 3DCG ソフトウェアの構造を理解することで、深い理解と自分自身による応用力を獲得できるようになること、すでに 3D を学んでいる方はほかのソフトウェアとの構造的な違いを理解することで、すばやく馴染むことができることを目指しています。

構造や項目を網羅する一方で、難易度が高い内容についてはさらに、手順と考え方を詳細に記述しています。

本書の構成は、以下の通りです。

「入門編」では、構造と基本的な考え方を網羅しています。「プロシージャルマテリアル編」ではモデリングの極めて大きな側面であるマテリアルについて、Blender の特筆すべきノードベースマテリアルについて解説しています。「連携編」では、Blender と Substance 3D を駆使した、ゲーム用のハイディティールなモデリングについて解説しています。「スクリプト編」（入門・応用・Addon 編）では、Python スクリプトを使用したより高度な Blender 拡張の方法について、プログラミング初心者を対象にステップ・バイ・ステップで解説しています。

初学者はもちろん、ソフトウェアを乗り換えようとしている、サイドツールとして習得しようとしている方､より深い一歩を踏み出そうとしている方の力になれるかと思います。

本書が、立体制作の荒野をさまよい歩く際のハンドブックとなれば幸甚です。

著者一同に代わって　實方 佑介

CONTENTS

編章目次

目次

Part 2：プロシージャルマテリアル編　マテリアルノードによる効率的なテクスチャ作成　111

コラム一覧

入門編

Blenderの基礎とオブジェクトの扱い方を押さえる

実方 佑介［解説・作例］

Blenderの導入と基本設定 1章
画面の見方と基本操作 2章
3Dビューの操作 3章
3D空間の成り立ち 4章
データブロック 5章
マテリアルノード 6章
オブジェクトとデータ構造 7章
レンダリング 8章

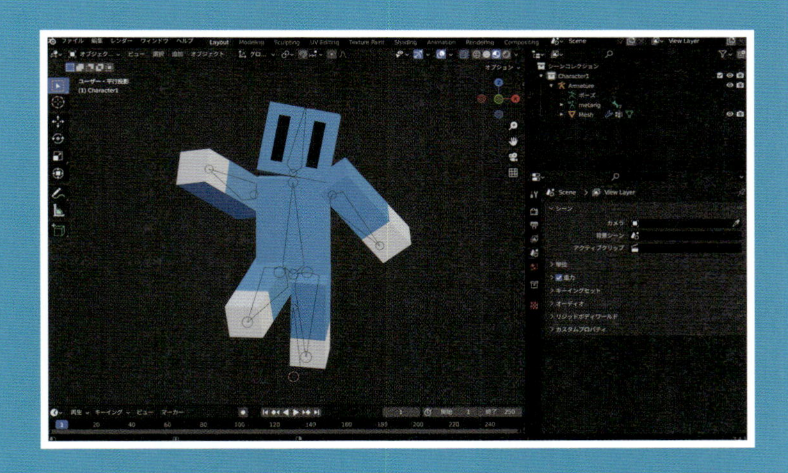

本書はBlenderの入門書を読み終えて、ある程度Blenderを触った方をメインの読者対象としています。Blenderは多数の機能を持ち、さまざまな用途で利用できるため、そのすべてを把握するのは困難です。そこで入門編では、復習の意味もかねてBlenderで特に理解しておきたい項目をまとめています。なお、主にモデリングを行う場合の解説となっているため、動画編集などの内容には触れていません。また、入門的な内容を十分把握されている読者の方は、読み飛ばしてもらえればと思います。

入門編

CHAPTER 1

Blender の導入と基本設定

この章では、Blender を使うための PC のスペックの確認とインストール方法、そして Blender の初期設定について解説します。

1-1 Blender とは

Blender とは、オープンソースで開発されている 3DCG ソフトウェアです。Blender Foundation によって運営・公開されています。GNU GPL ライセンスで公開されているため、誰でも自由に使用することができることが大きな特徴です。

無償ソフトにも関わらずたいへん高機能で、「モデリング」「スカルプト」「アニメーション」「シミュレーション」「動画編集」など、さまざまな目的に使用することができ、世界中で多くのユーザーに支持され利用されています。

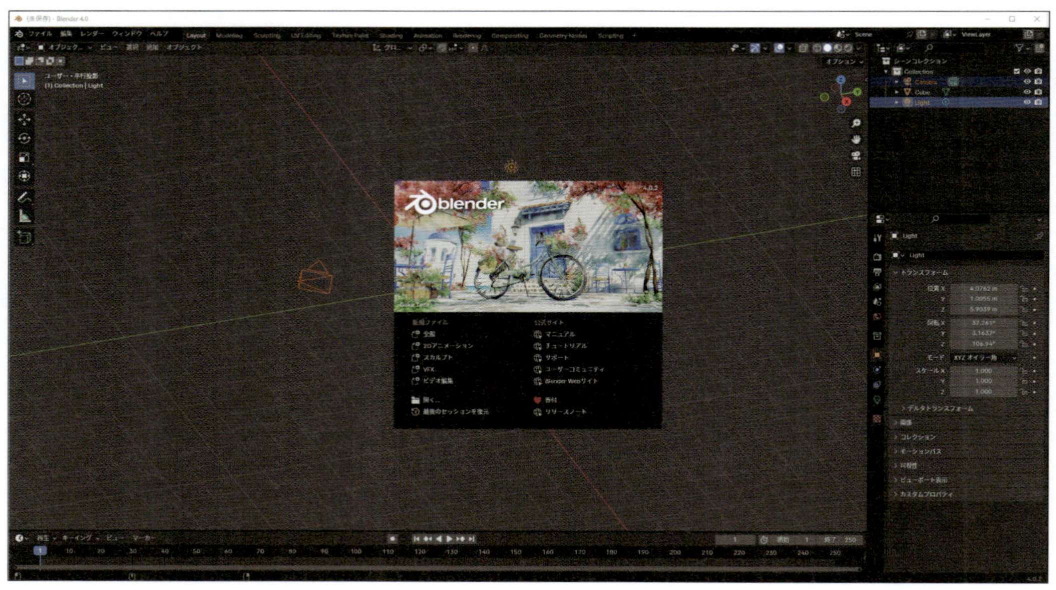

図1-1-1 Blenderの画面（Windows版）

以下の公式サイトでは、Blenderのダウンロードや新機能概略、最新ニュースやサンプルデータなどを閲覧することができます。

- Blender公式サイト
  https://www.blender.org/

推奨のPCスペック

執筆時点（2024年10月）での推奨のPC環境について、表にまとめておきます。グラフィックスドライバーに関しては、最新版のドライバーをインストール、もしくは更新してください。GPUの性能によって、レンダリング時間に影響が出ますので、快適な環境を求める場合は高い性能のGPUを選択したほうがよいでしょう。

なお、最新の推奨環境の確認や詳細なグラフィックスカードのサポートについては、以下を確認してください。

- 対応OSとハードウェアスペック
  https://www.blender.org/download/requirements/

表1-1-1 対応OS

OS	対応バージョン
Windows	8.1／10／11
macOS	11.2

表1-1-2 最小ハードウェアスペック

ハードウェア	仕様
CPU	SSE2をサポートする64bit 4コアCPU
メモリ	8GB
ディスプレイ	FullHD（1920×1080ピクセル）
インターフェイス	マウス、トラックパッド、ペンタブレットのいずれか1つ
グラフィックス	2GBビデオメモリ、OpenGL 4.3サポート
その他	10年以内にリリースされたシステムであること

表1-1-3 推奨ハードウェアスペック

ハードウェア	仕様
CPU	64bit 8コアCPU
メモリ	32GB
ディスプレイ	2560×1440ピクセル
インターフェイス	3ボタンマウス、ペンタブレット
グラフィックス	8GBビデオメモリ

表1-1-4 サポートされているグラフィックスカード

GPU	サポートされるスペック
NVIDIA	GeForce 400以降、Quadro Tesla GPUアーキテクチャ以降（RTXベースのカードを含む）
AMD	GCN 第1世代以降※
インテル	Broadwellアーキテクチャ以降

※Blender 2.91以降、Terascale 2アーキテクチャへの対応は廃止となりました。

1-2 Blender をインストールしよう

Windows と macOS でのインストールについて解説します。Blender は Linux にも対応していますが、ここでは割愛します。

Blender のダウンロード

以下のダウンロードページより、ダウンロードを行います。ダウンロードリンクから、OS 毎のあった最新版のバージョンを手に入れてください。

- Blender のダウンロード
  https://www.blender.org/download/

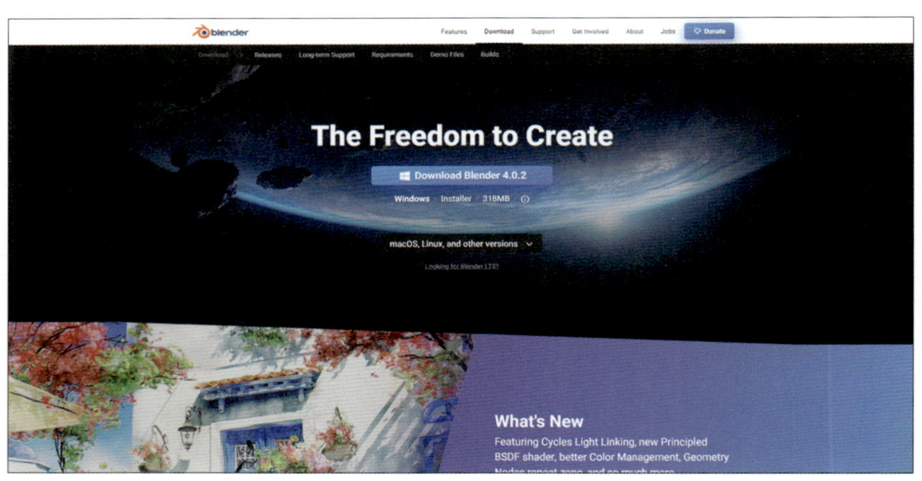

図1-2-1 Blenderのダウンロードページ

Windows へのインストール

ダウンロードページのリンクをクリックして、Windows 用のインストーラーをダウンロードします。

インストーラーは「blender-X.X.X-windows-x64.msi」というような名前になっています（バージョンによって X の部分は変わる）。Windows の設定によっては、末尾の「.msi」の部分が表示されていない場合があります。

1 インスーラーをダブルクリック

ダイアログの「Next」をクリックし、インストールを進めます。

2 利用規約を確認してチェックボックスで同意し「Next」で続行

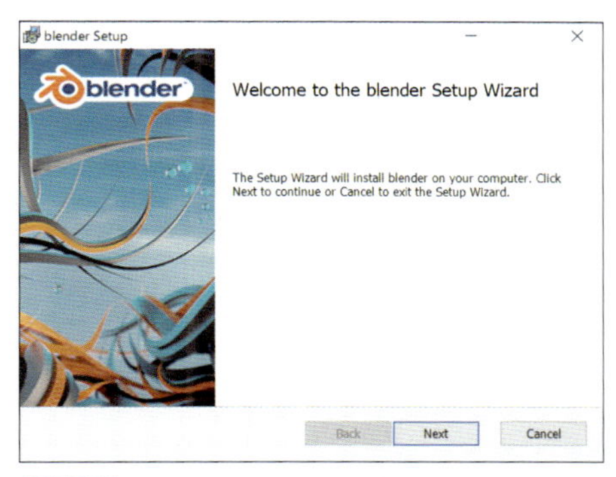

図1-2-2 Blenderのインストール①

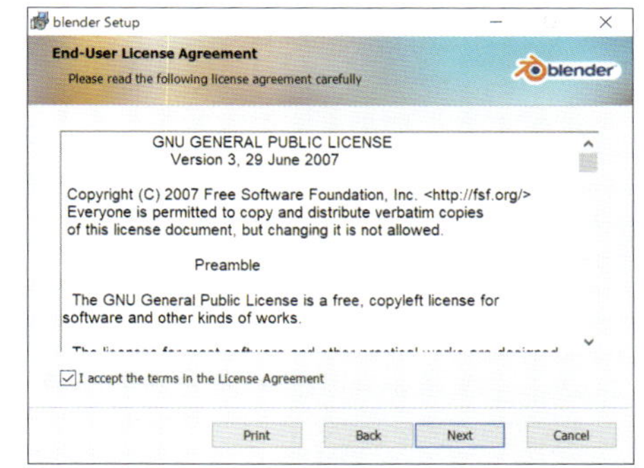

図1-2-3 Blenderのインストール②

3 Blender のインストール先の設定

通常は特に変更する必要はありません。「Next」をクリックし、インストールを進めます。

4 「Install」ボタンを押してインストールを開始

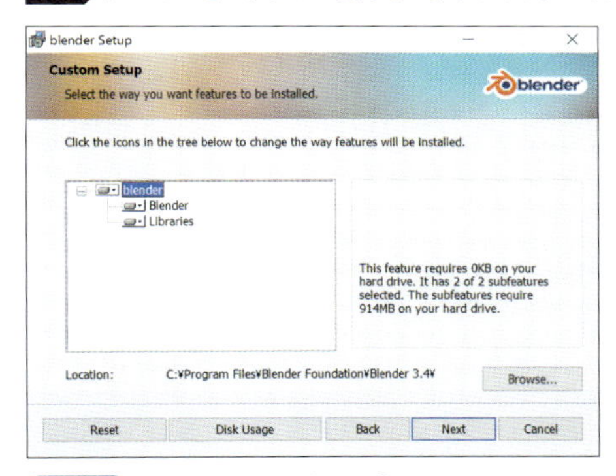

図1-2-4 Blenderのインストール③

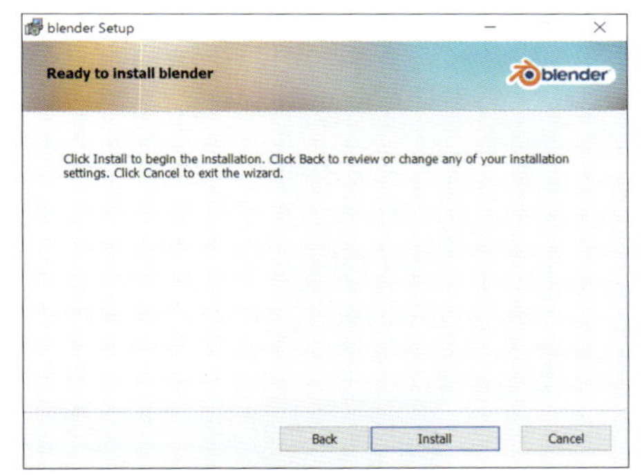

図1-2-5 Blenderのインストール④

5 インストールの実行

インストール開始直後の画面です。この後、Windows のユーザーアカウント制御ダイアログが表示されて、続行するかどうかを聞かれるので、「はい」を押して続行します。

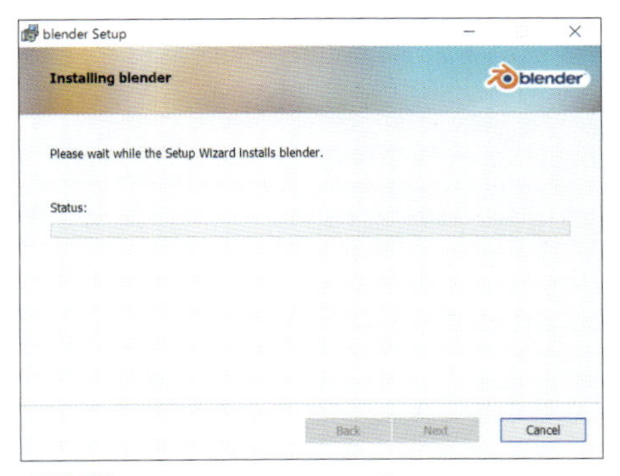

図1-2-6 Blenderのインストール⑤

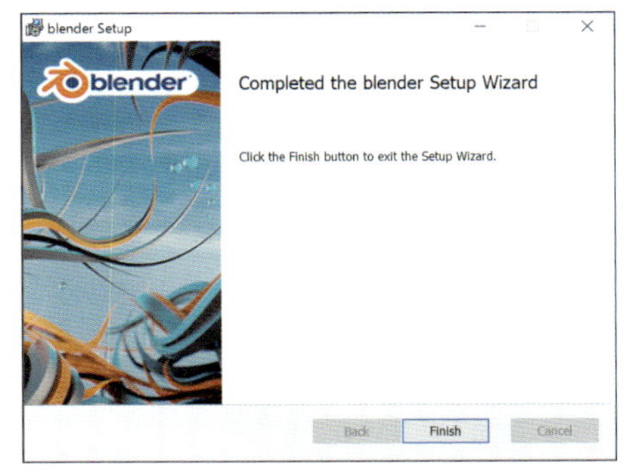

図1-2-7 Blenderのインストール⑥

6 インストールの完了

「Finish」でダイアログを閉じます。

7 インストールの確認

スタートメニューを確認すると、「B」欄に Blender が追加されています。なお、複数のバージョンがインストールされている場合は、アイコンが複数表示されます。

図1-2-8 Blenderのインストール完了

COLUMN

Blender の Portable 版

Blender には、インストールを必要としない「Portable バージョン」も用意されています。Portable バージョンは、Zip ファイルに実行ファイルがまとめられており、解凍するだけで即座に使用することができます。Portable 版は、新しいバージョンを一時的に試したい場合などに重宝します。

ただし、アプリケーションの関連付けなどは行われないため、「.blend」ファイルをダブルクリックしても直接開くことはできませんので、ご注意ください。

先ほどのダウンロードページで、「macOS, Linux, other versions」から「Windows Portable（.zip）」を選択しダウンロードします。zip ファイルを解凍後、中に入っている実行ファイル「blender.exe」から起動します。

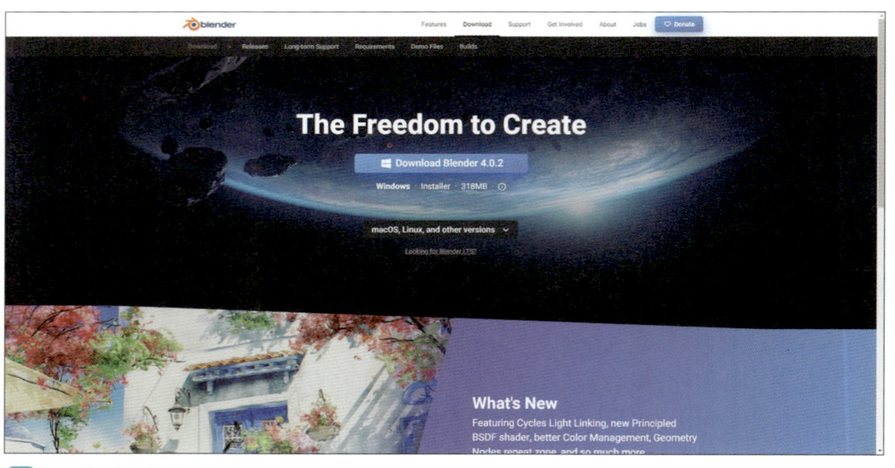

図 Portable版のダウンロード

macOS へのインストール

ダウンロードページのリンクをクリックして、macOS 用のインストーラーをダウンロードします。Intel 版と Apple Silicon 版の 2 つがありますので、適切なものを選んでください。インストーラーは「blender-X.X.X-macos-YYY.dmg」というような名前になっています。

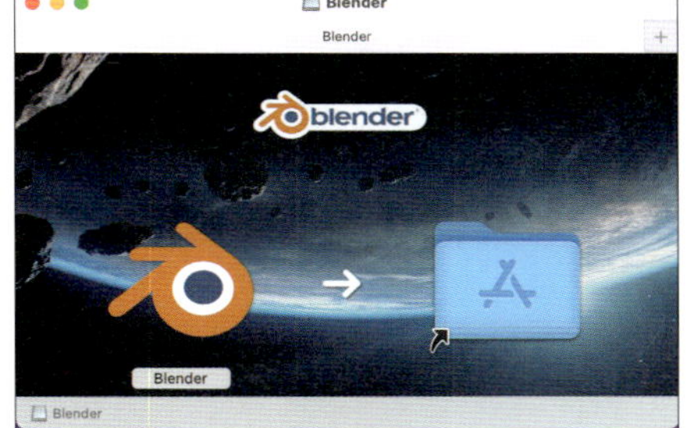

図1-2-9 Blenderのインストール（macOS）①

1 インストーラーをダブルクリック

インストール画面が立ち上がります。

2 Blender のアイコンをアプリケーションディレクトリにドラッグ＆ドロップ

これで、インストール完了です。

Blender の LTS バージョン

Blender のバージョンには、「LTS」（Long Term Support）バージョンというものがあります。LTS バージョンは通常のバージョンと違い、特別に長期間のメンテンス（2 年間）が行われるバージョンです。

サポート期間中は新機能の追加はされず、バグフィックスなどが主に行われます。そのため、ほかのバージョンと比べて安定性が高いバージョンとなります。最新機能よりも安定性を重視する方は、こちらを使用するとよいでしょう。

- Blender の LTS バージョンのダウンロード
  https://www.blender.org/download/lts/

1-3 Blender の初期設定

Blender を機動して、初期設定を行います。初めて起動する場合、一回だけ「クイックセットアップ」ダイアログが表示されますが、これは無視して構いません。Blender の各種環境設定は、プリファレンスから行います。上部メニューの「編集→プリファレンス」を選択します。

プリファレンスで行った設定はファイルからは独立しているため、新しいファイルを作成した際も維持されます。設定はデフォルトで自動的に保存されますが、明示的に保存する際は左下ボタンから「プリファレンスを保存」を選択します。

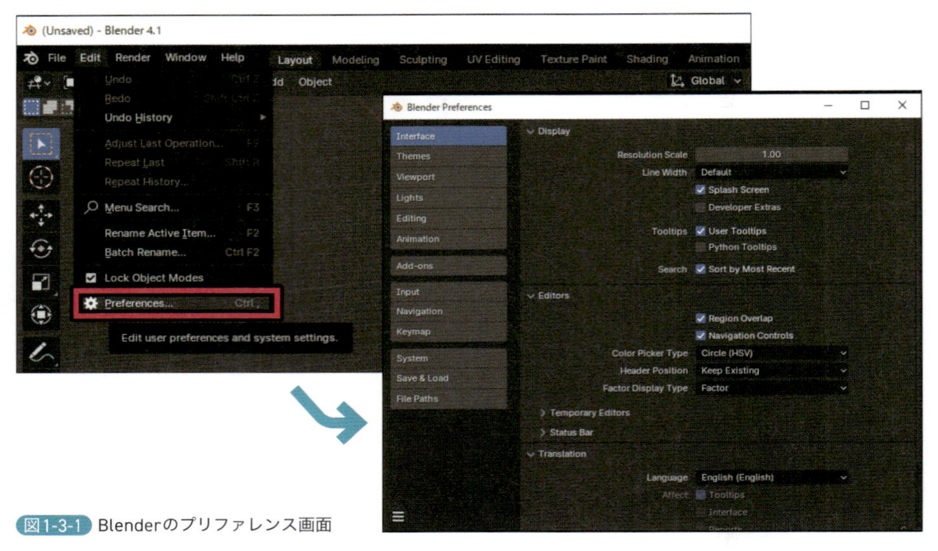

図1-3-1 Blenderのプリファレンス画面

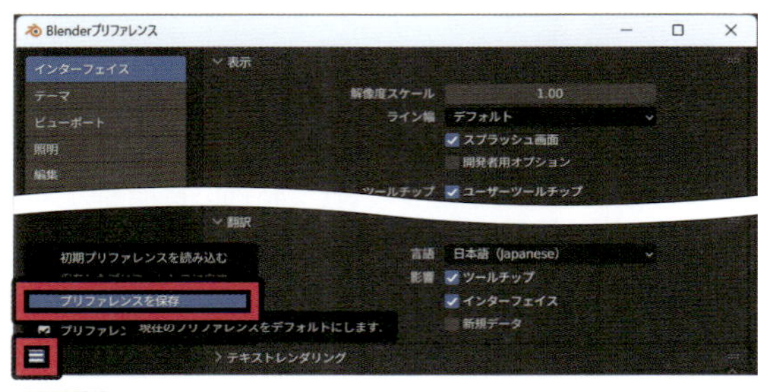

図1-3-2 明示的に設定を保存

日本語化の設定

Blender のメニューやダイアログなどを日本語化する際の設定です。Blender は各国語に対応しており、再起動することなく簡単にインターフェイスの言語を変えることができます。

英語が理解できる方は、英語資料との対応のさせやすさを考えると、英語インターフェイスを使用すると習得がスムーズかと思われます。そうでない場合は、日本語化を強くおすすめします。

英語がわからないまま英語インターフェイスを使用すると、自身が何の操作をしているかを理解できずに、ただコマンド文字列を丸暗記する形になりがちです。3DCG では手順を丸暗記することよりも、構造を理解して適切なアプローチをすることが強く求められます。

ですので、英語が苦手な方は、インターフェイスを日本語化して使用することをおすすめします。この「入門編」では日本語化を前提に解説します。

▶ 日本語化の手順

言語設定を変更するには、左タブの「Interface」を選択します。右側エリア内下部の「Translation」が言語関係の設定です。「Einglish（Einglish）」のプルダウンを開き、「Japanese（日本語）」を選択して、日本語インターフェイスに変更します。

「影響」にあるチェックボックスでは、翻訳対象となる項目を設定します。

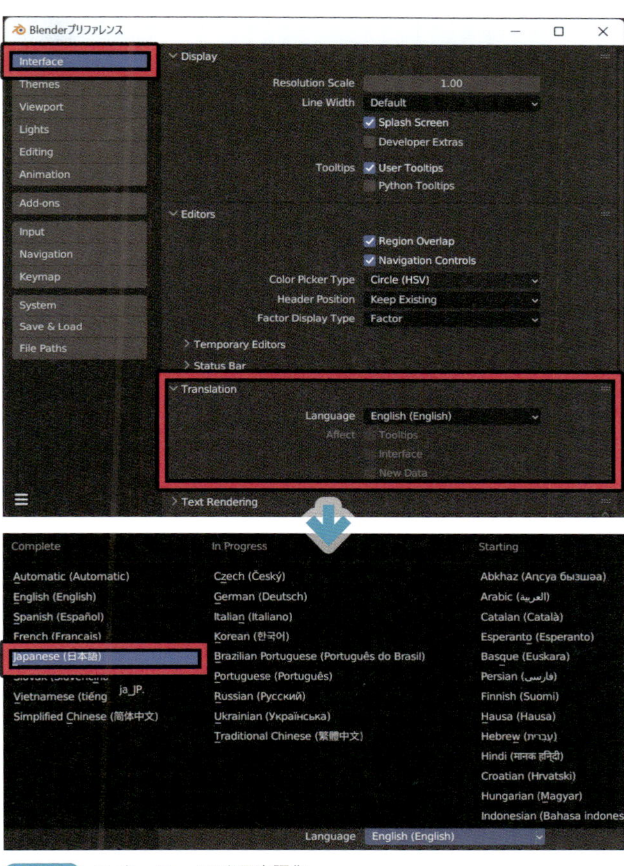

図1-3-3 インターフェイスを日本語化

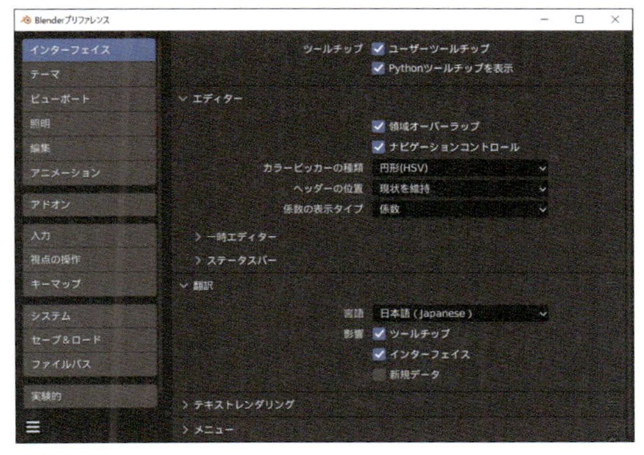

図1-3-4 日本語化される対象を選択する

• ツールチップ

ボタンなどにカーソルを合わせた際に出る機能の解説です。日本語化したい場合、チェックをオンにします。入門編では「オン」を推奨します。

• インターフェイス

メニュー、ボタン、パネルなどの表示を翻訳します。日本語化したい場合、チェックをオンにします。入門編では「オン」を推奨します。

• 新規データ

Blender 内で取り扱うデータ名を翻訳します。こちらは、インターフェイスを日本語化した場合でもチェックは「非推奨」です。

コンピュータ上で扱う文字データには複数の形式があり、大別して表のような違いがあります。

表1-3-1 文字コードの違い

文字コード	内容
シングルバイト文字	1文字を1バイトで表現する形式。一般的に半角文字列と呼ばれ、「abcd1234_」など、英数字・記号が主に該当
マルチバイト文字	1文字を複数バイトで表現する形式。UnicodeやShift JISなど、さらにいろいろな形式に分かれる。「あいうえお１２３４＿」という全角文字が該当

マルチバイト文字が不安定な理由

初期のコンピュータは、マシンパワーやストレージ容量が低かったこと、文字列実装の簡易さ・明白さの理由からシングルバイト文字を使用して作られていました。シングルバイト文字は、文字列表現の基本的な形式であるため、基本的にどのソフトウェアも最低限シングルバイト文字に対応した形で作られています。

それに対してマルチバイト文字は後発的に作られた形式で、いろいろな言語の需要に対してそれぞれ開発されているので、さまざまな形式があります。現在ではUnicode の「UTF-8」形式が一般的ですが、日本語は少し前までは「Shift JIS」形式が主流であったりと、一筋縄ではいきません。

また、もっと単純な理由としてソフトウェア開発者には英語話者が多く英語のみ想定していれば済んでしまうため、そもそもほかの国の言語のことをまったく考えていなかったというケースもあります。

Blender は、基本的にマルチバイト文字に対応していますが、シミュレーション機能や Addon などで非対応になっているケースが散見されます。このためデータは、シングルバイト文字で作成したほうがよいわけです。

新規データ（New Data）の翻訳をオンにしてしまうと、データ名が日本語化されマルチバイト文字になってしまいます。Blender の Addon（アドオン）や外部ソフトウェアなどではマルチバイト文字対応しているかどうかがまったく保証されず、思いがけない不具合の原因になるためデータ名はすべてシングルバイト文字で記述することを強くおすすめします。

視点の操作設定

Blender を操作する上での設定を行います。ここでは、入門編で推奨する「視点の操作」設定を挙げておきます。左タブから「視点の操作」を選んでください。

選択部分を中心に回転

「選択部分を中心に回転」をオンにすると、選択しているオブジェクトや頂点などを中心にビューが回転するようになります。オフにするとビューの回転中心が画面の中心となります。オフの場合は編集対象を見失いやすいため、オンにすることをおすすめします。

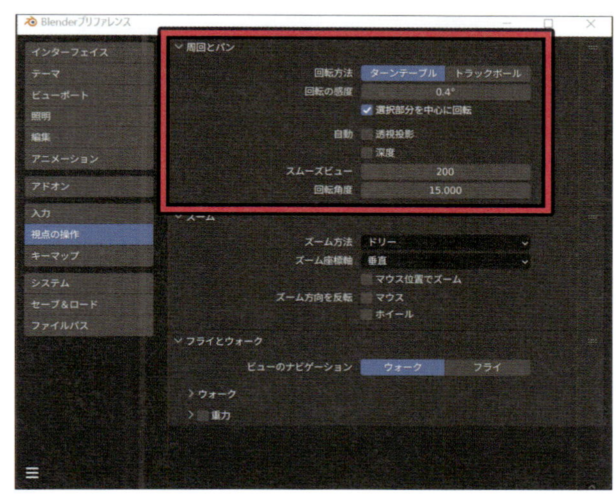

図1-3-5 「選択部分を中心に回転」をオン

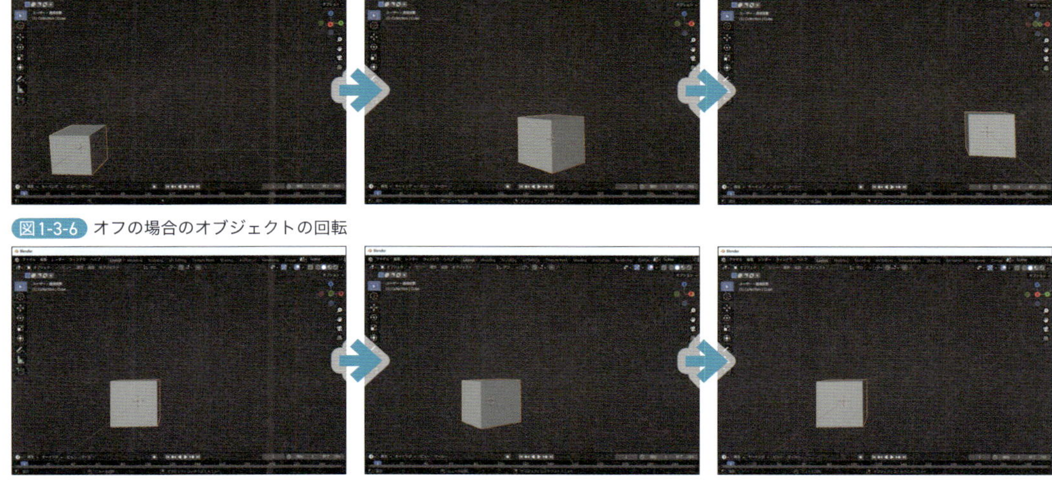

図1-3-6 オフの場合のオブジェクトの回転

図1-3-7 オンの場合のオブジェクトの回転

▶ 自動透視投影

図 1-3-5 の自動透視投影をオンにすると、ビュー変更時に自動的にパースペクティブ設定が切り替わります。たとえば、テンキー「1」で正面ビューにした際は自動的にパースオフ、その状態から少し回転させるとパースオンに自動的に切り替わります。

意図していない変更が加わると、初心者のうちは混乱するため「オフ」にすることをおすすめします。

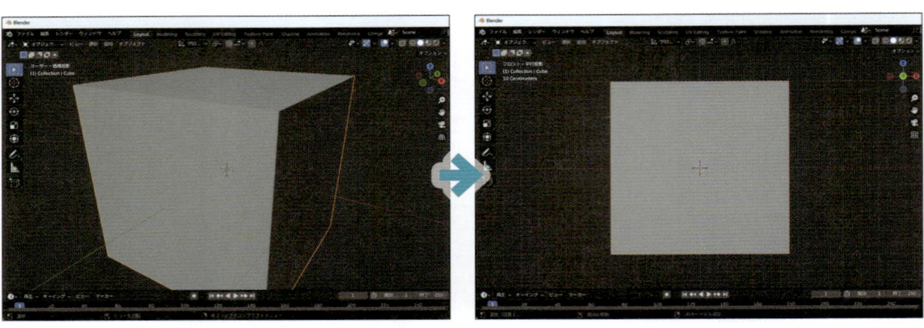

図1-3-8 オンの場合のオブジェクトの表示（左：正面、右：斜め）

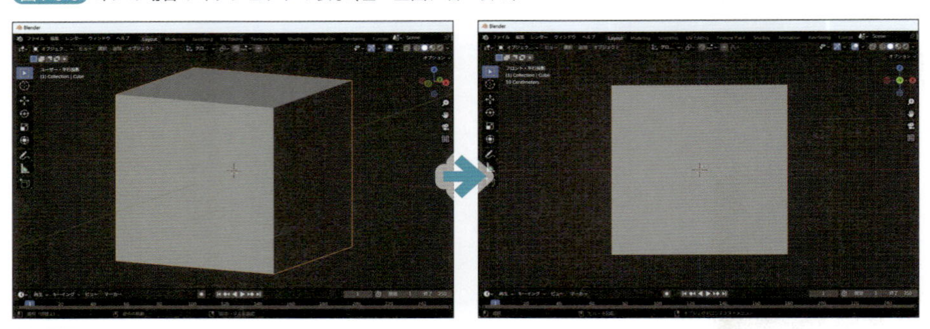

図1-3-9 オフの場合のオブジェクトの表示（左：正面、右：斜め）

入門編 CHAPTER 2

画面の見方と基本操作

Blender には、さまざまな機能が用意されています。以降の章では、実際に Blender を操作しながら各種の機能を解説していきますが、その前にこの章で画面の見方や基本操作について解説します。

2-1 トップバー

画面最上部の領域を「トップバー」と呼びます。トップバーには、「メニュー」や「タブ」などが含まれています。

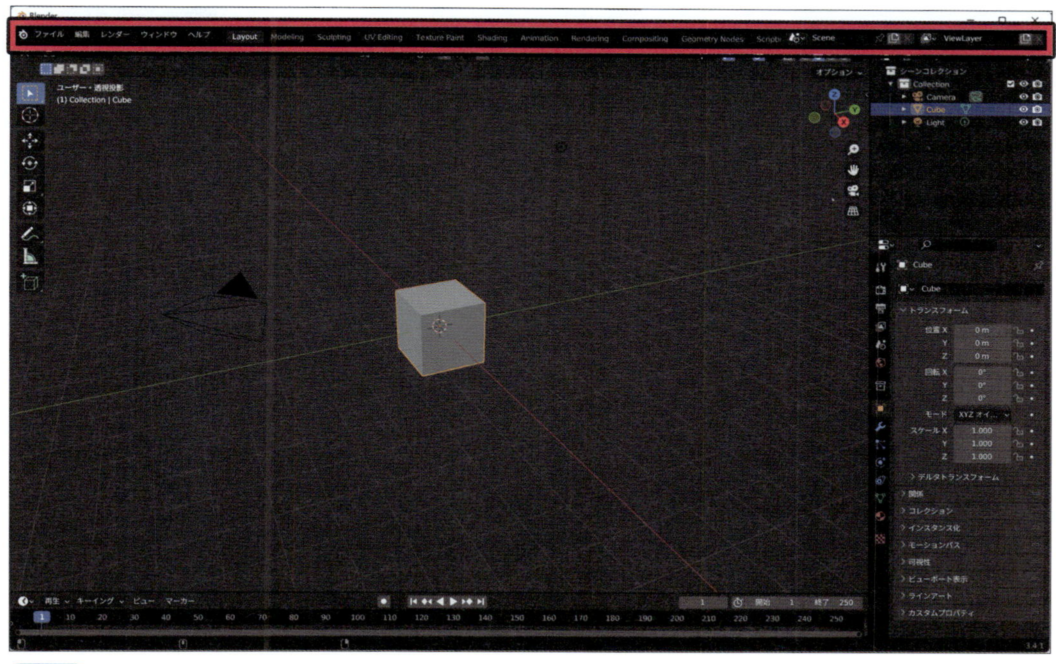

図2-1-1 Blenderの画面

メニュー

各メニューの概要を示します。

• ファイル

ファイル操作に関するメニューが格納されています。「保存」は一番重要なメニューです。作業内容を失わないように、こまめに保存を心がけましょう。「Ctrl」+「S」のショートカットキーでも保存が行えます。

• 編集

「元に戻す」「やり直す」など編集に関わるメニューが格納されています。また、各種設定を行う「プリファレンス」のメニューもここに格納されています。

• レンダー

レンダリング関係のメニューが格納されています。

• ウィンドウ

新しいウィンドウの表示やワークスペースの切り替えなどを行います。

• ヘルプ

マニュアルやチュートリアルなどのWebページリンクなどが格納されています。

2-2 ワークスペース

「ワークスペース」とは、画面レイアウトをまとめたものです。

Blenderでは、モデリングやシェーディング、アニメーションなど、3D制作に関わるさまざまな種類の作業を行います。それぞれの作業で最適な画面レイアウトは違うため、ワークスペースという単位で管理しています。

トップバーのメニューの右側には、ワークスペースを切り替えるタブが並んでいます。それぞれのタブをクリックすることで、ワークスペースを切り替えることができます。デフォルトで「Layout」「Modeling」「Sculpting」「UV Editing」「Texture Paint」「Shading」など、さまざまなワークスペースが用意されています。

右側の「+」ボタンから新しいワークスペースの追加、タブを選択して右クリックメニューから既存のワークスペースの削除を行うことができます。

2-3 エリアの操作

Blenderの画面は「エリア」という単位で区切られています。一般的なソフトとは異なり、Blender では画面やウィンドウのレイアウトはまったく固定的ではありません。

Blender では、機能ごとにウィンドウを開くのではなく、エリアタイプを切り替えて対応します。1つの画面内に同一タイプのエリアを複数配置することもできますし、別ウィンドウで表示することも可能です。

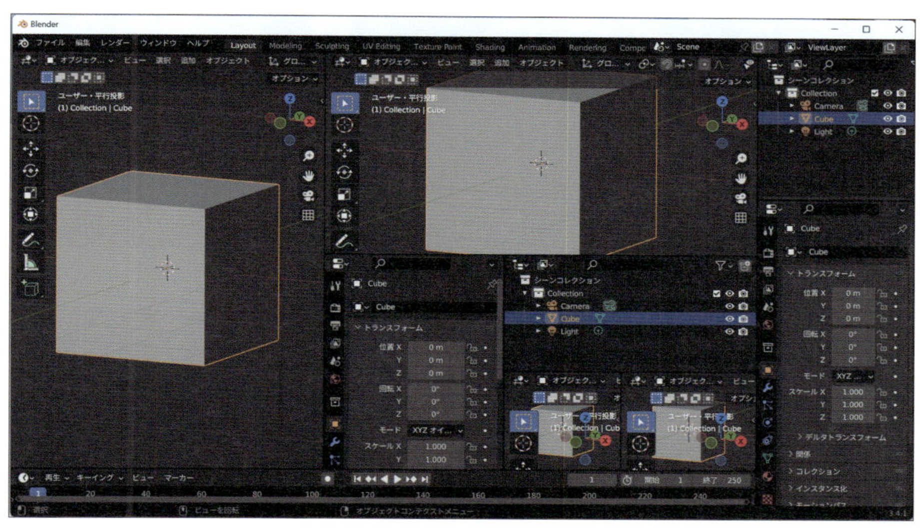

図2-3-1 Blenderでの複数エリアの表示

エリアタイプの切り替え

エリアの中身は、エリア左上のプルダウンボタンを押し、「エリアタイプ」を指定することで自由に切り替えることができます。

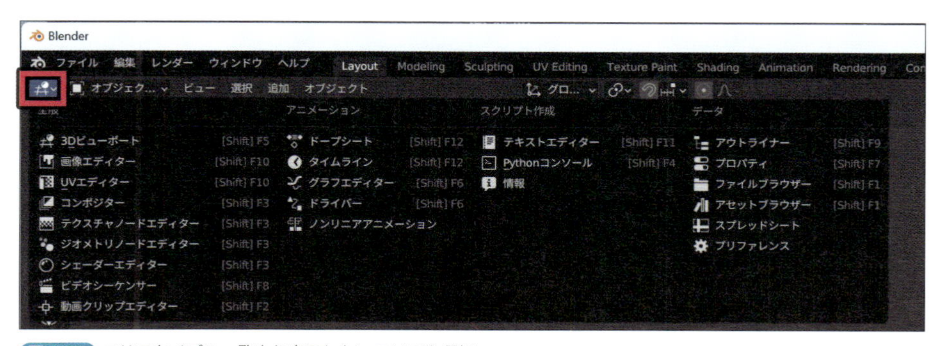

図2-3-2 エリアタイプの一覧より表示したいエリアを選択

エリアの分割

マウスカーソルを「エリアの角」に合わせ、十字表示になった状態でエリア内側に「ドラッグ」すると、エリアを分割し増やすことができます。小さくて見づらいためうまくいかない場合は、カーソルがしっかりエリア内に入っているかをよく確認してください。

エリアに「ビュー」メニューがある場合は、「ビュー→エリア→縦に分割／横に分割」から行うこともできます。

分割したエリアは同じ表示になるので、必要に応じて表示したいエリアタイプに切り替えます。

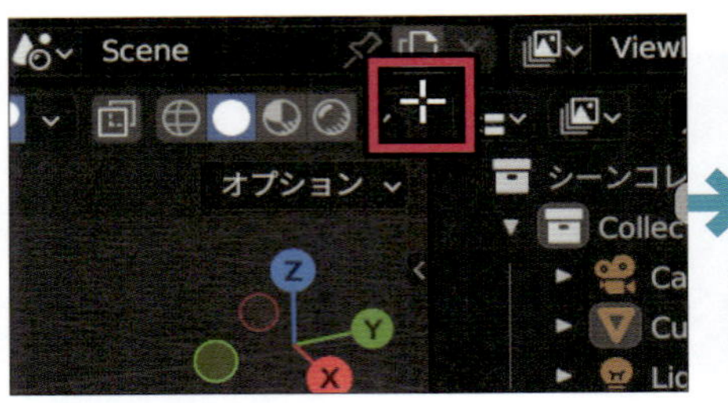

図2-3-3 十時表示になったらドラッグして、エリアを分離

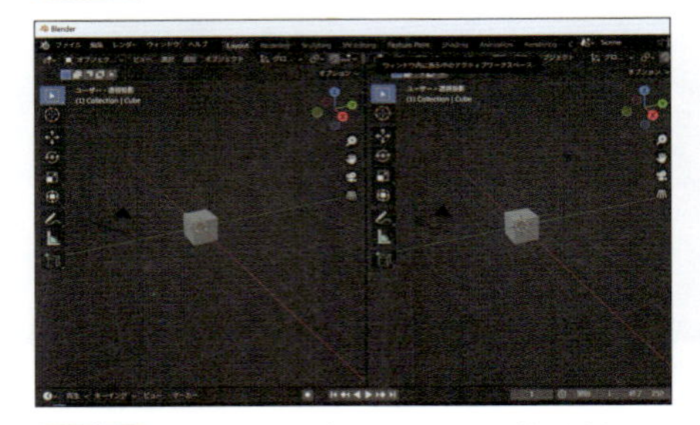

図2-3-4 水平にドラッグしてエリアを分割した例

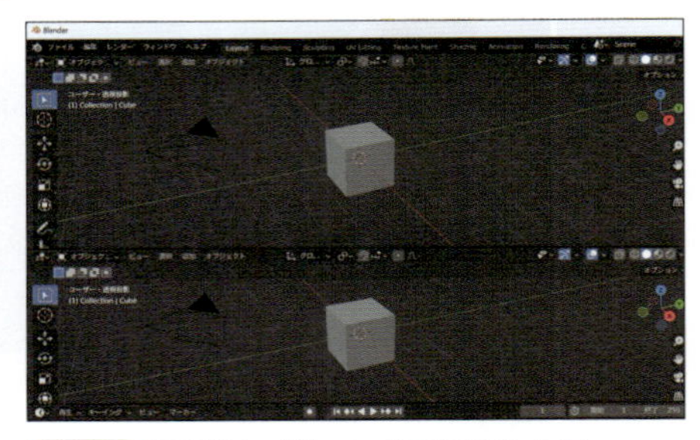

図2-3-5 垂直ドラッグしてエリアを分割した例

エリアを新規ウィンドウ化

マウスカーソルをエリアの角に合わせ、十字表示になった状態で「Shift」＋「ドラッグ」を行うと、エリアを新規ウィンドウとして独立させることができます。

エリアに「ビュー」メニューがある場合は、「ビュー→エリア→新しいウィンドウにエリアを複製」から行うこともできます。

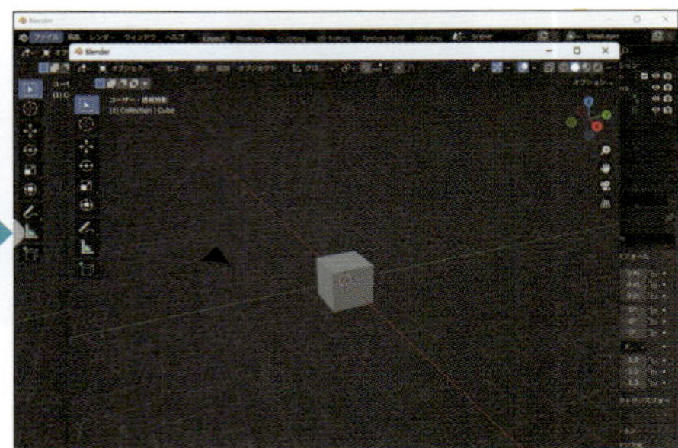

図2-3-6 十時表示になったら「Shift」＋ドラッグして、エリアをウィンドウ化

エリアの統合

エリア外側にもう１つエリアがある場合、マウスカーソルをエリアの角にあわせ、十字表示になった状態で、エリア外側にドラッグするとエリアを統合し減らすことができます。

エリアに「ビュー」メニューがある場合は、「ビュー→エリア→エリアを閉じる」から行うこともできます。

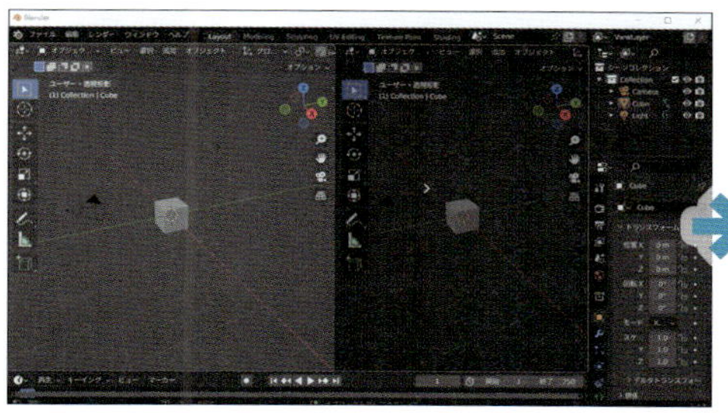
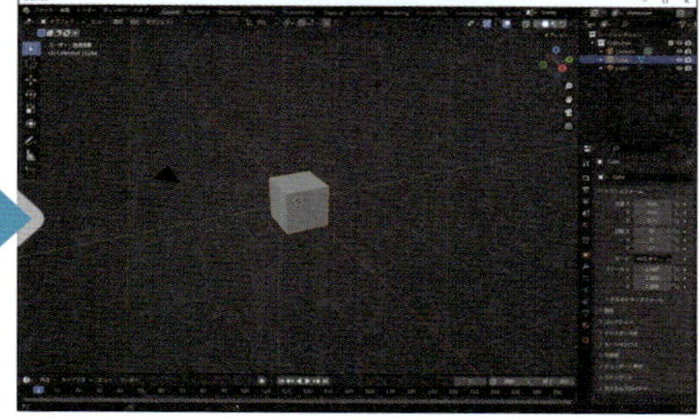

図2-3-7 水平方向でエリア外にドラッグして、エリアを削除

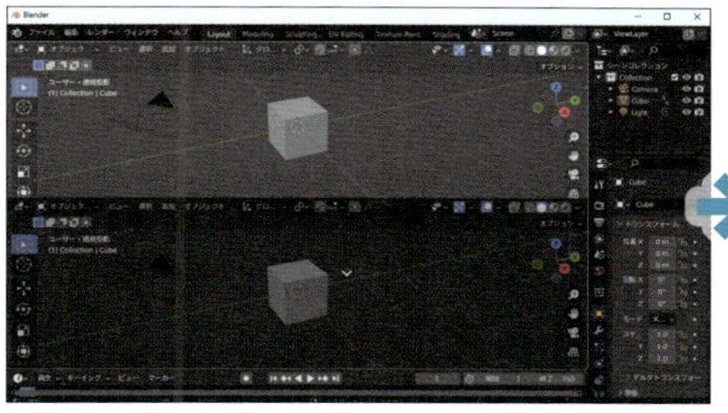
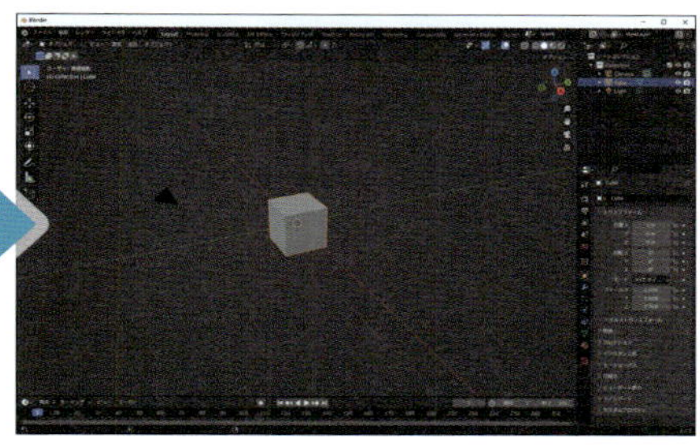

図2-3-8 垂直方向でエリア外にドラッグして、エリアを削除

2-4 さまざまなエリアタイプ

Blender のエリアは、目的の作業ごとにさまざまなタイプが用意されています。それらは前述したように、エリア左上のプルダウンボタンを押すことで表示されます。ここでは、代表的なエリアタイプを紹介します。

3D ビュー

Blender の一番中心的な画面です。現在のシーンを 3D で閲覧・操作することができます。

3D ビュー左側に表示されているツールバーには、オブジェクト操作用の各種ツールがあります。また、デフォルトでは非表示になっていますが、3D ビュー右上の「<」もしくはキーボードの「N」を押すとパネルとタブが表示されます。

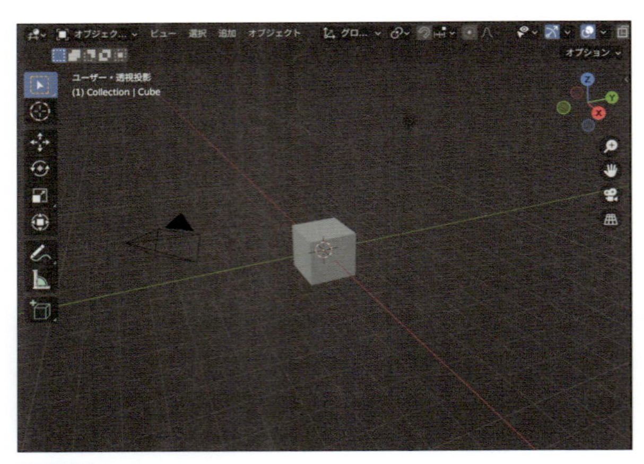
図2-4-1 3Dビューの画面

図2-4-2 ツールバー

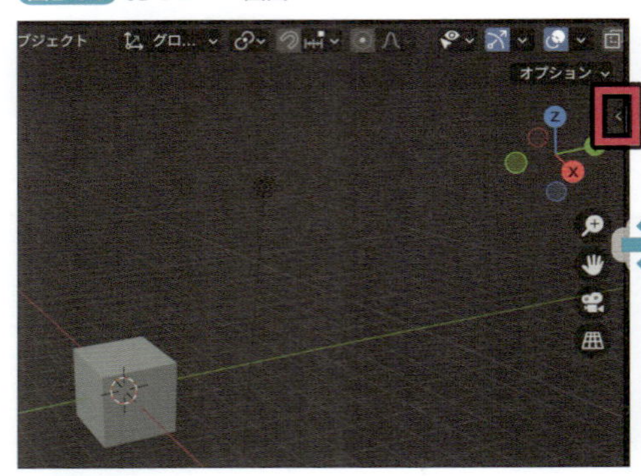

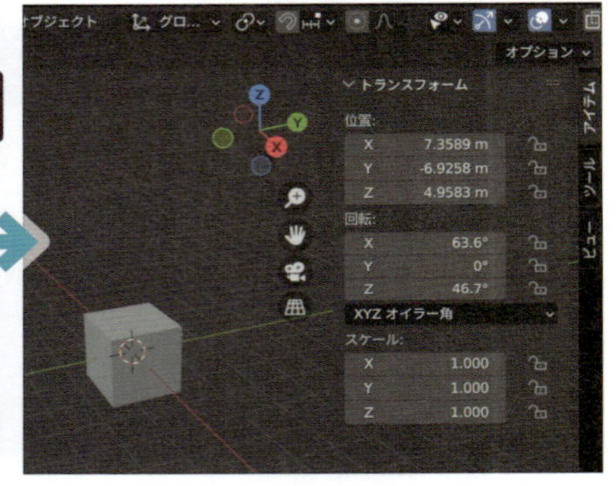
図2-4-3 サイドバー

アウトライナー

現在のシーン構成やファイル内のデータをツリー状の階層構造で編集することができます。

図2-4-4 アウトライナーの画面

プロパティ

アクティブなオブジェクトの詳細やシーン設定、レンダリングプロパティの編集やツール設定など、さまざまなプロパティを編集するパネルです。

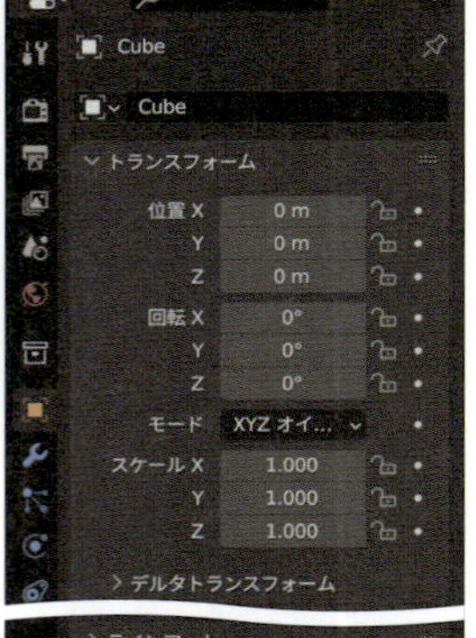
図2-4-5 プロパティの画面

タイムライン

シーン内の時間を操作するエリアです。アニメーションの再生停止、現在のフレーム変更などを行います。

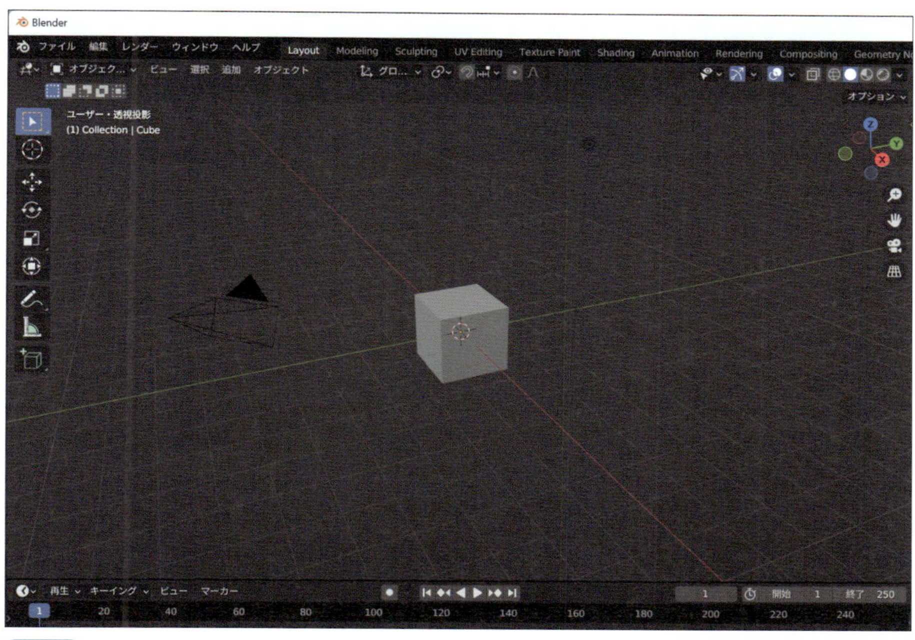

図2-4-6 タイムラインの画面

2-5 Blender の基本操作

Blender の操作は、メニューやボタンなどから行うことができます。そのほかの基本的な操作について、まとめておきます。

メニューの選択

各エリアの上部メニューから、行いたい操作を選択します。

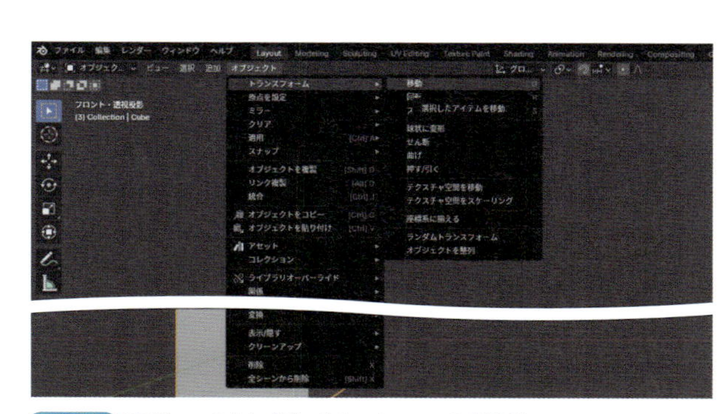
図2-5-1 3Dビューの「オブジェクト」メニューの表示例

ツールチップの表示

ボタンやメニューなどにカーソルを合わせてしばらく時間をおくと、ツールチップが表示されます。ツールチップには、操作内容の簡単な説明などが記載されており、Blender への理解を手助けしてくれます。

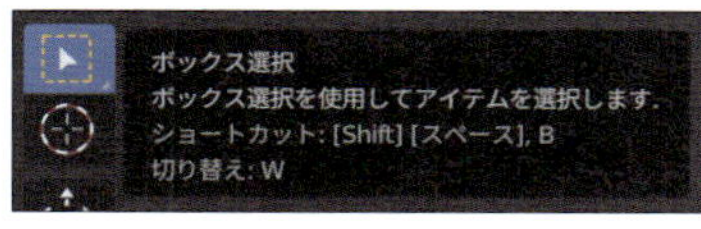

図2-5-2 ツールチップの表示例

ショートカットによる操作

操作にショートカットが設定されている場合は、図 2-5-1 や図 2-5-2 にあるように、メニューまたはツールチップにショートカットが表示されます。そのためほとんどの場合、ショートカットは暗記する必要がありません。

自分が行っている操作の意味を理解することは非常に重要ですので、まずは操作は基本的にメニューやボタンで覚えて、使用頻度が増えてきた際にショートカットに切り替えるとよいでしょう。

Blender のショートカット操作は非常に特徴的で、通常のソフトとは少し違います。ショートカットキーは Blender 全体で共通ではなく、マウスカーソルが乗っているエリアに対して送られます。たとえば、3D ビューでのオブジェクトの移動のショートカットは「G」ですが、マウスカーソルがアウトライナー上にあるときはショートカットを押しても何も起こりません。

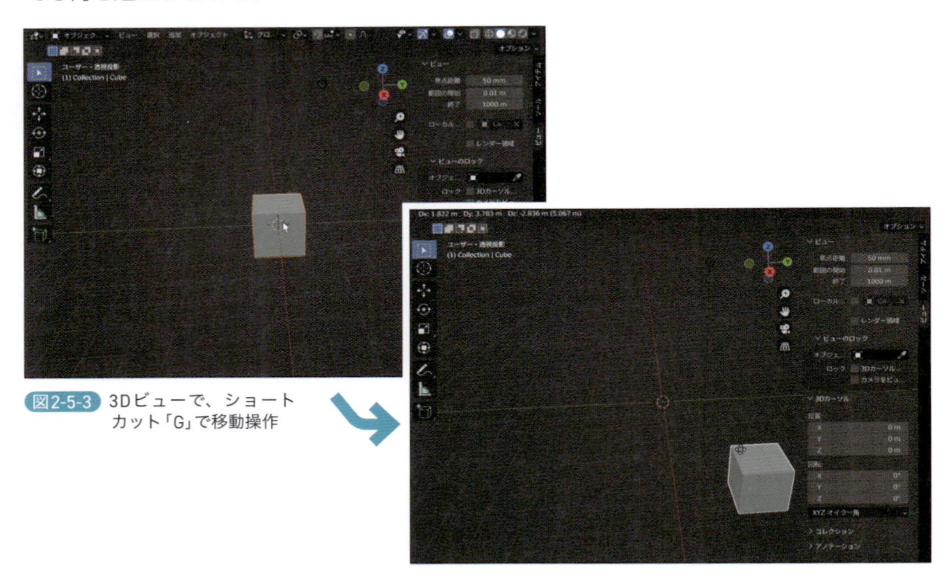

図2-5-3 3Dビューで、ショートカット「G」で移動操作

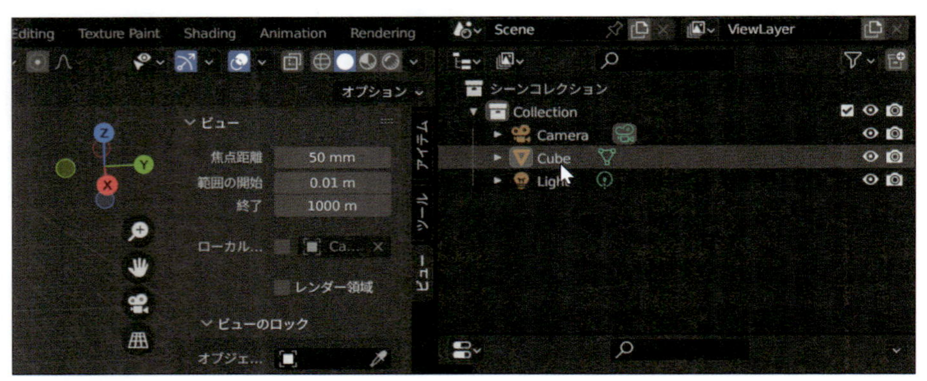

図2-5-4 アウトライナーで、ショートカット「G」を押しても何も起きない

オペレータープロパティによる操作

3D ビュー上で操作を行うと、画面左下に操作名が表示されます。操作名をクリックすると詳細が開き、最後に行った操作を調整することができます。なお、画面内のほかの部分をクリックなどしてしまうと、それも操作としてカウントされてしまうので注意してください。

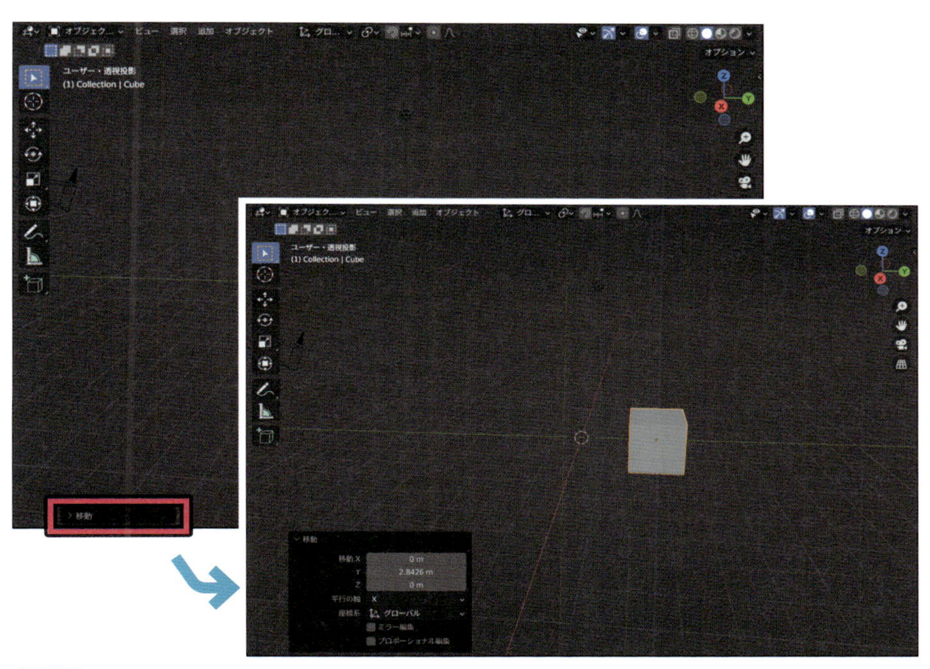

図2-5-5 オペレータープロパティからの操作

入門編 CHAPTER 3

3Dビューの操作

Blender はさまざまな機能を持つアプリケーションですが、主な用途として 3DCG の「モデリング（モデル制作）」が挙げられます。その操作で利用されるのが「3D ビュー」になります。ここでは、3D ビューの操作について、まとめておきます。

3-1 視点の操作

3D モデルを作成する際には、画面上でモデルをさまざまな角度から見て確認することが重要です。その際の操作について解説します。

視点の回転

センタードラッグで、画面を回転することができます。また、3D ビュー右側にある座標軸をドラッグすることでも、同様の操作が可能です。

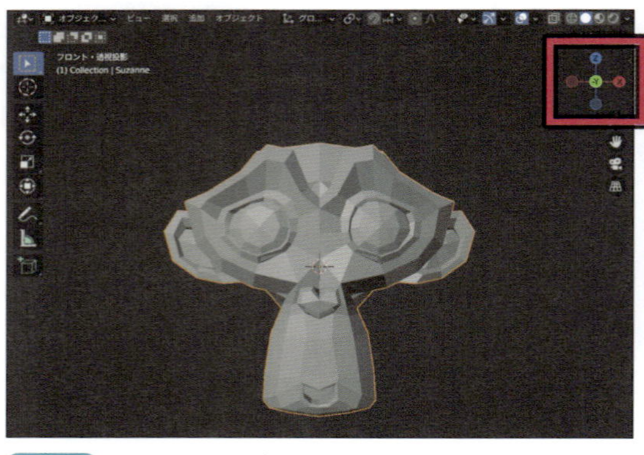

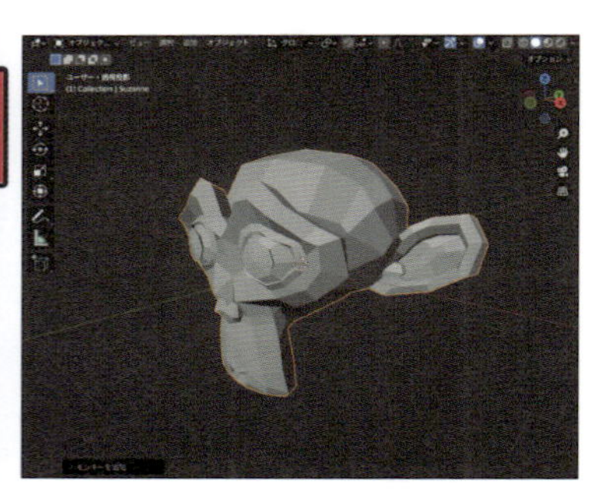

図3-1-1 センタードラッグで、視点の回転

視点の並行移動

Shift を押しながらセンタードラッグで、視点を並行移動することができます。また、3D ビュー右側にある手のひらマークをドラッグすることでも、同様の操作が可能です。

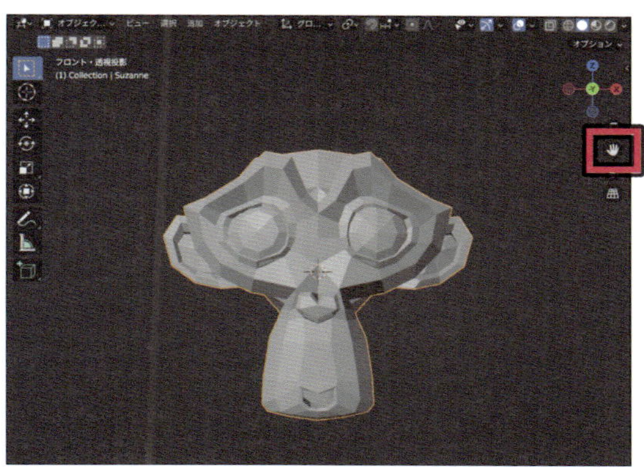

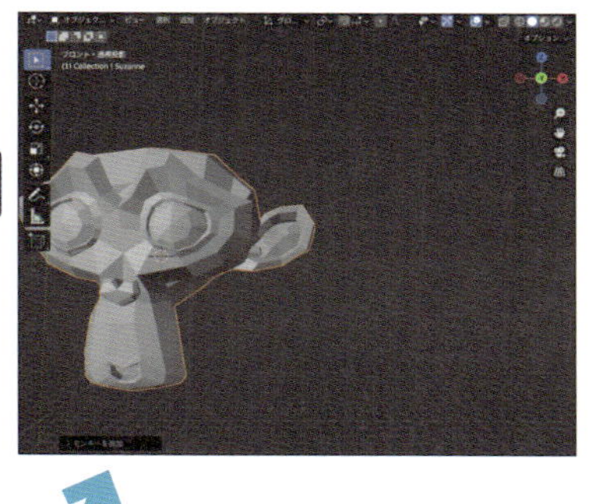

図3-1-2 Shift＋センタードラッグで、視点の並行移動

視点のズーム

マウスホイールをスクロール、または Ctrl+ マウスホイールドラッグで、ズームイン・ズームアウトを行うことができます。また、3D ビュー右側にある「虫眼鏡」のアイコンをドラッグすることでも、同様の操作が可能です。

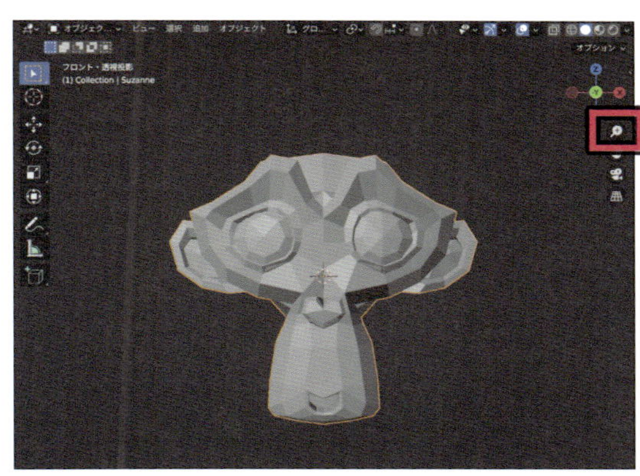

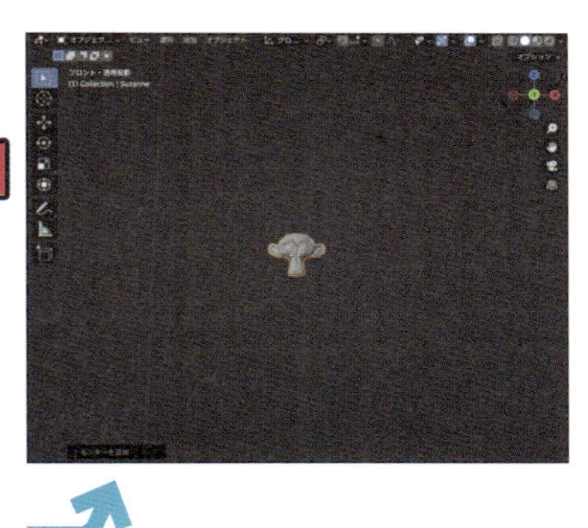

図3-1-3 マウスホイールをスクロールで、視点のズーム

視点操作のショートカット

視点操作は頻繁に行われるため、ある程度慣れてきたら「ショートカットキー」で操作できるようになると操作がすばやく行えます。

カメラビューへの切り替え

テンキー「0」で、シーンのアクティブカメラから見た視点に切り替えることができます。再度「0」を押すと通常のビューに戻ります。また、3D ビュー右側にある「カメラ」のアイコンをドラッグすることでも、同様の操作が可能です。

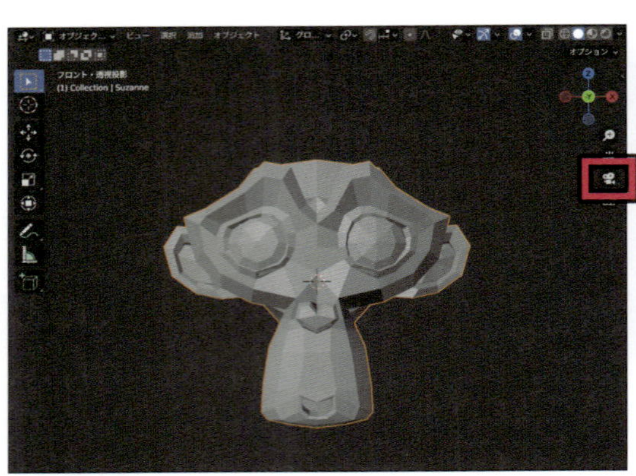

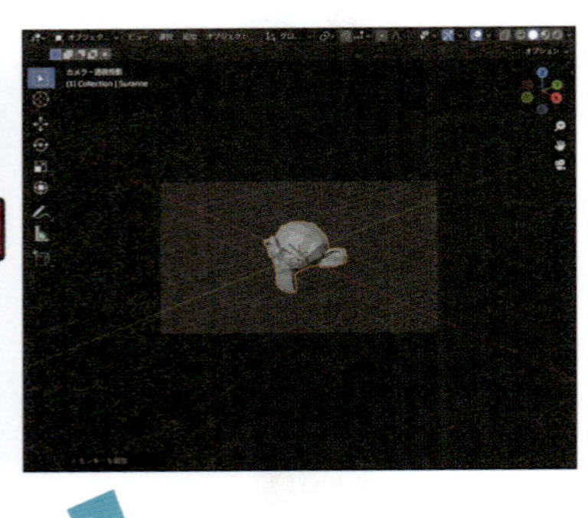

図3-1-4 テンキー「0」で、カメラビューへの切り替え

▶ 各方向へのビューの切り替え

テンキー「1」を正面として、テンキーの操作で各方向にビューが切り替わります。Ctrlを押すと逆方向を表示します。以下の表では、前述もしくは以降で解説している操作も表として一覧にしています。

表3-1-1 テンキー操作とビューの対応

テンキー	対応するビュー
0	カメラビュー
1	正面
3	右側面
5	遠近感の切り替え
7	上面

テンキー	対応するビュー
Ctrl+1	背面
Ctrl+3	左側面
Ctrl+7	底面
.	選択しているオブジェクトを画面中央に表示
/	ローカルビュー／グローバルビューの切り替え

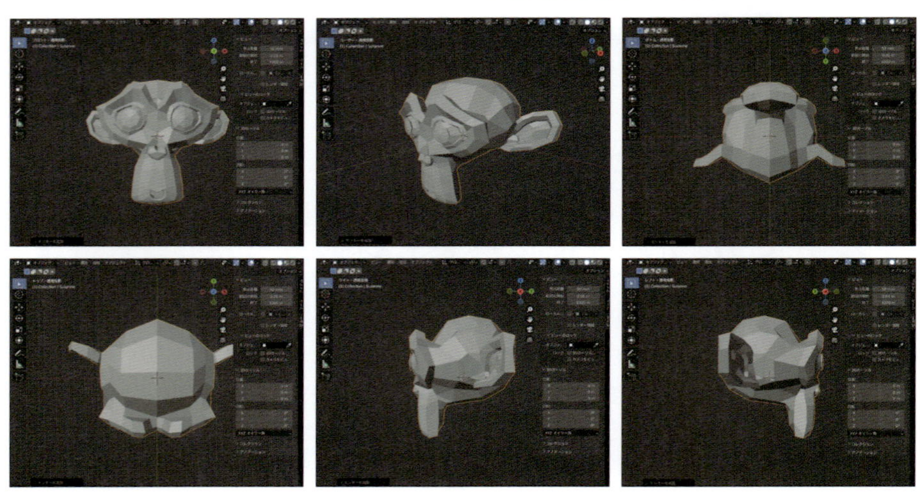

図3-1-5 各方向へのビュー（正面、背面、上面、底面、右側面、左側面）

▶ 遠近感の切り替え

テンキー「5」で、遠近感の有無が切り替わります。シーンのカメラには関係がない点に注意してください。また、3D ビュー右側にある「格子」のアイコンをドラッグすることでも、同様の操作が可能です。

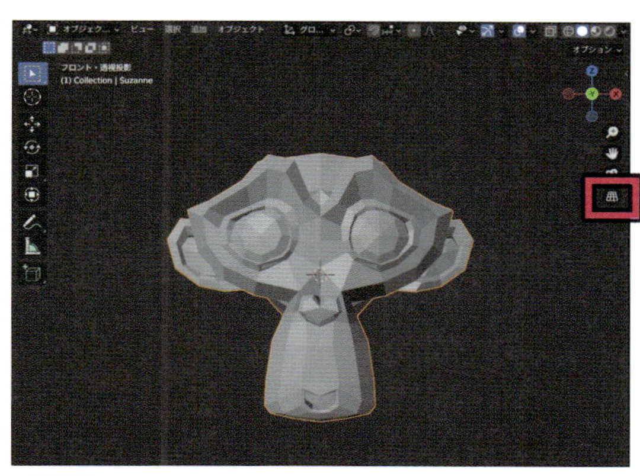

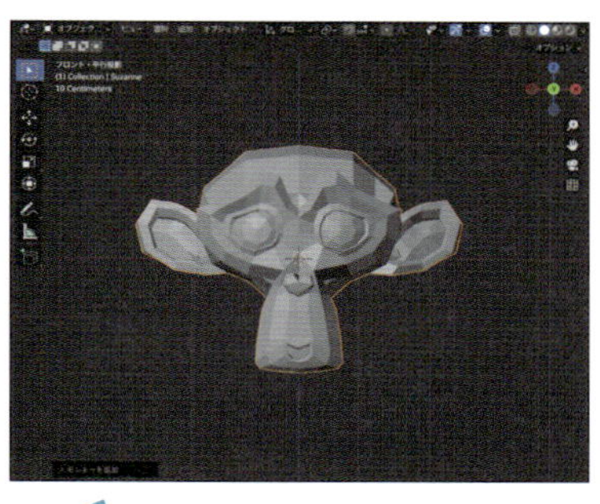

図3-1-6 遠近感の切り替え

▶ 選択したオブジェクトを画面の中心に表示

テンキー「.」を押すと、現在選択しているオブジェクトを画面の中心に表示します。操作したいオブジェクトがどこにいったかわからなくなったときに大活躍するショートカットですので、特に覚えておきましょう。

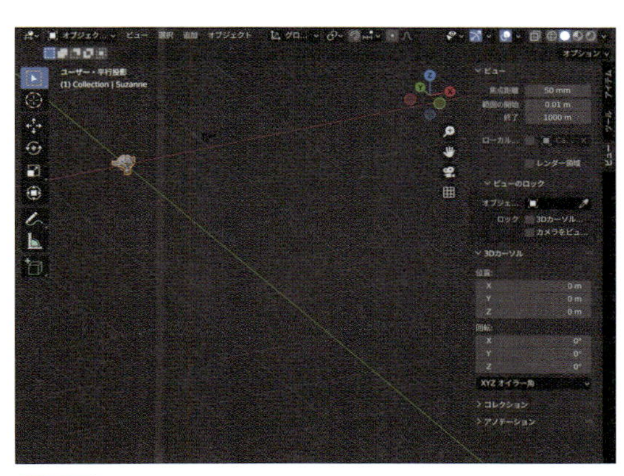

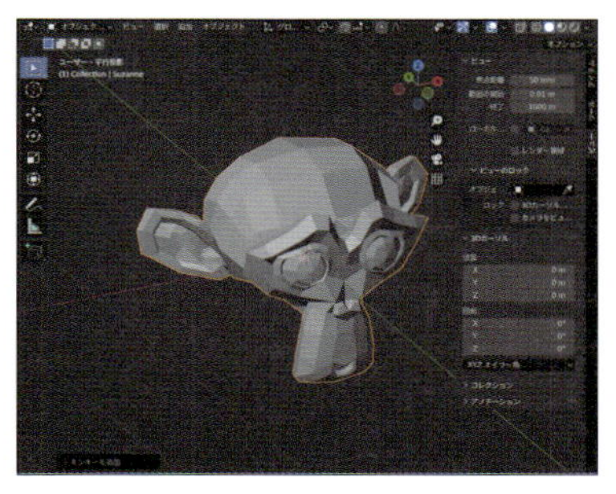

図3-1-7 選択オブジェクトを中心に表示

▶ ローカルビュー／グローバルビュー切り替え

オブジェクトを選択した状態でテンキー「／」を押すと、選択物のみを表示する「ローカルビュー」に切り替わります。ローカルビューの状態で再度テンキー「／」を押すと、元のシーン全体表示に戻ります（次ページの図 3-1-8 参照）。

▶ カメラをビューにロック

カメラビュー時、画面右側に「鍵」のマークがあります。これをオンにすると、ビュー操作にカメラが追従するようになります。

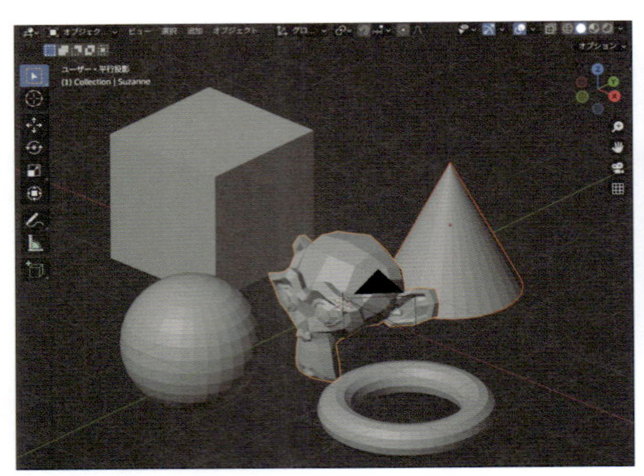

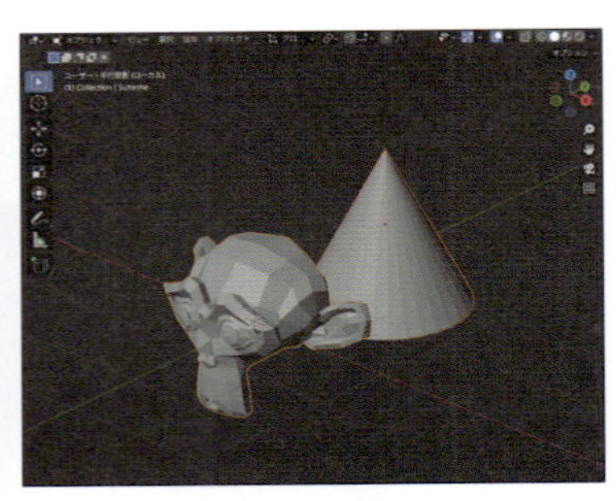

図3-1-8 オブジェクトを選択し、テンキー「／」でローカルビューに切り替える

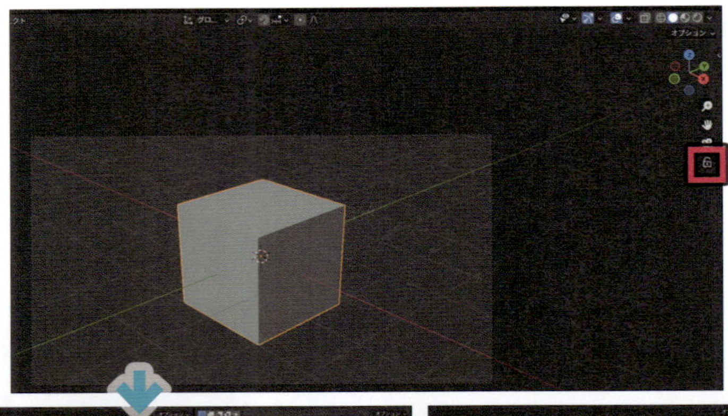

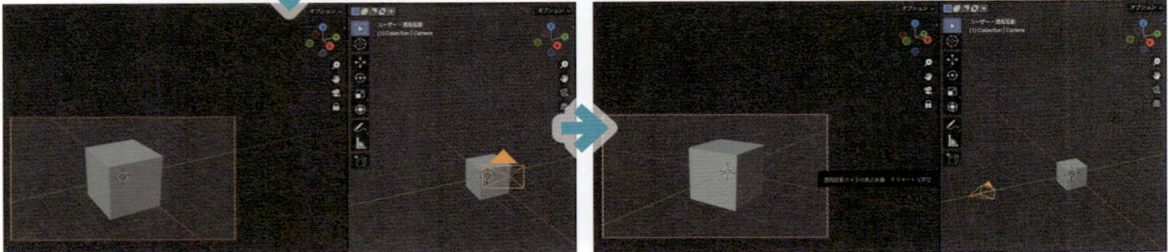

図3-1-9 ビュー操作にカメラを追従させる

主となるビュー方向を決める

Blender を始めたばかりのユーザーにありがちなミスとして、オブジェクトをランダムな方向から適当に操作してしまうというものがあります。適当な方向にビューを回転し、オブジェクトや頂点の移動をビュー方向で行うと、思いもかけない挙動になっているということがままあります。

ビュー方向では上だと勝手にイメージしているものが実際には奥だったりして、本当は合っていた部分がズレてしまうというのは、初心者のうちは本当によくあるミスです。このようなことを防ぐには、まずは基本的に各方向ビューを駆使するのが大事になってきます。

モデルの重要な方向は、多くのケースでは正面かと思われますので、まずはテンキー「1」を押して正面ビューで確認する癖をつけましょう。また、その上でモデリング作業中はいろいろな方向に回転させて見ることが重要です。

はじめのうちは立体感覚があまり掴めていないので、ある方向から集中して作業してしまい、ほかの方向から見た際には、実は破綻しているということが起きがちです。主となるビュー方向を決めて逐一確認する、また常にいろんな方向に回転させて見て、立体性を確認するということが重要になります。

3-2 オブジェクトの基本操作

オブジェクトを確認するためのさまざまな操作方法がわかったところで、実際にオブジェクトを操作する方法を学んでいきましょう。

オブジェクトの選択と解除

画面内のオブジェクトを左クリックすると、選択することができます。「Shift」を押しながら選択すると、追加でオブジェクトを選択することができます。

最後に選択されたオブジェクトは、赤い縁取りがされた「アクティブオブジェクト」となり、編集対象となります。選択されているほかのオブジェクトは、オレンジ色の縁がつきます。

選択されているオブジェクトを、「Shift」を押しながら再度クリックすると、選択が解除されます。

画面の何もない余白をクリックすると、すべての選択が解除されます。

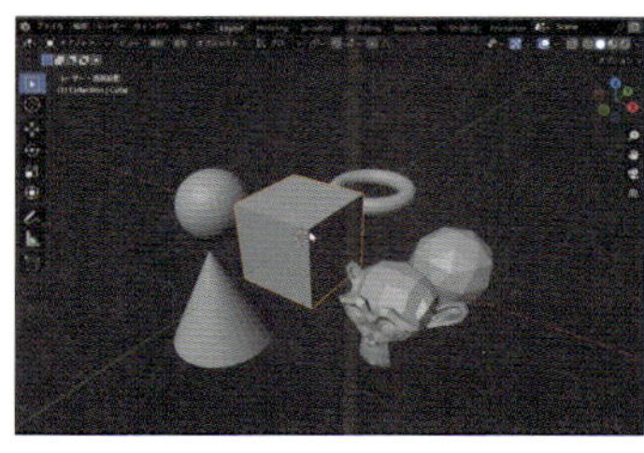

図3-2-1 オブジェクトが選択された状態

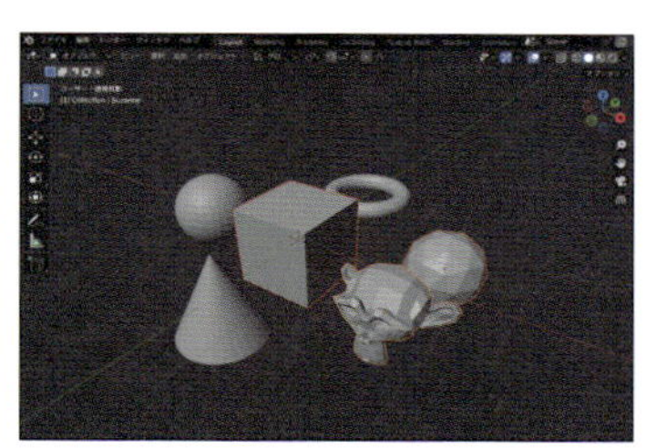

図3-2-2 オブジェクトが複数選択された状態

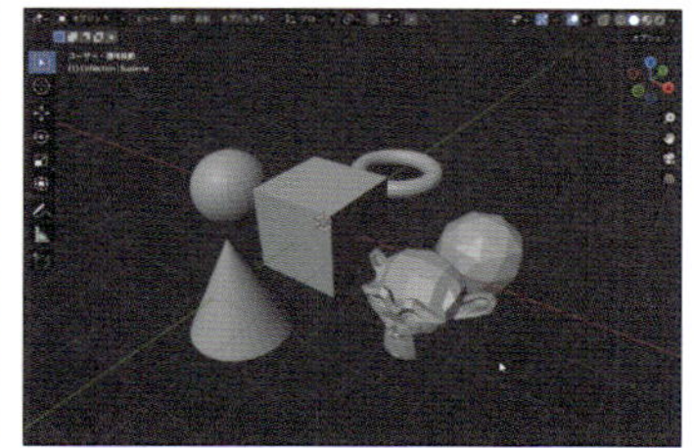

図3-2-3 オブジェクトの選択をすべて解除

重なり合ったオブジェクトの選択

複数のオブジェクトが重なり合っている場合は、同じ位置で複数回左クリックすると、アクティブオブジェクトが手前から奥に切り替わっていきます。

カーソルの場所にある特定のオブジェクトを直接選択したい場合は、「Alt」＋左クリックするとオブジェクト名のリストから選択することができます。

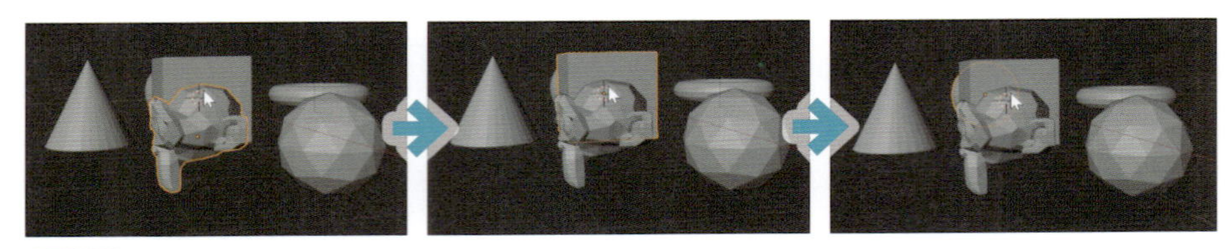

図3-2-4 重なり合ったオブジェクトの選択

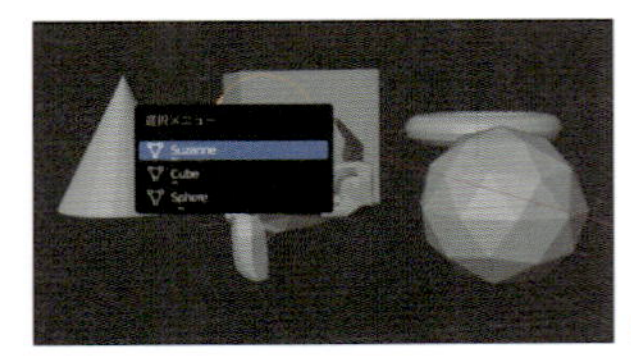

図3-2-5 重なり合ったオブジェクトを直接選択

オブジェクトの移動

画面左側のメニューから「移動ツール」を使用すると、オブジェクトに座標軸の矢印が表示され、ドラッグすると移動することができます。

ショートカット「G」で、視点と平行な方向に移動することができます。「Enter」もしくは左クリックで移動を確定します。「ESC」もしくは右クリックで移動をキャンセルします。

移動中にセンタークリック（何度かクリックすることで軸が切り替わる）、もしくは「X」「Y」「Z」を押すと、XYZ 軸に移動方向を限定することができます。

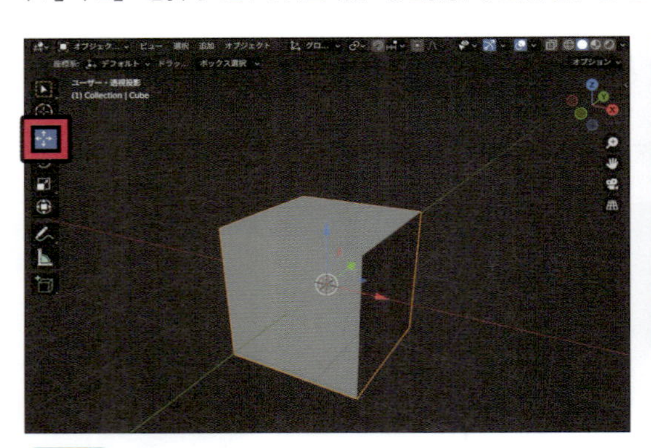

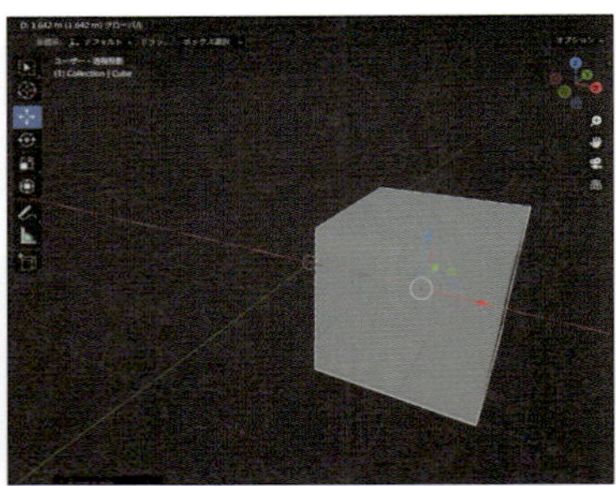

図3-2-6 移動ツールでのオブジェクトの移動

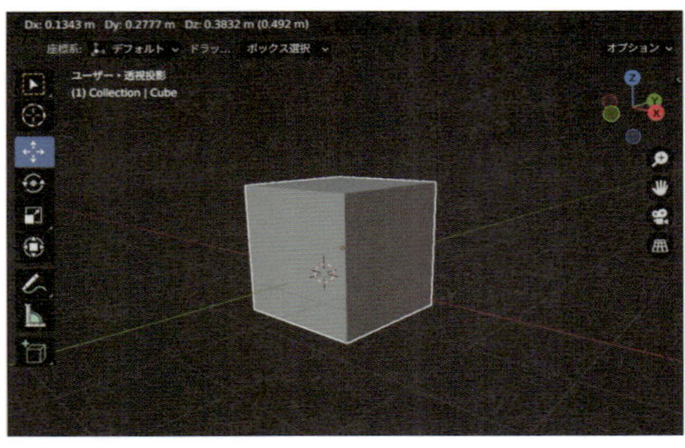

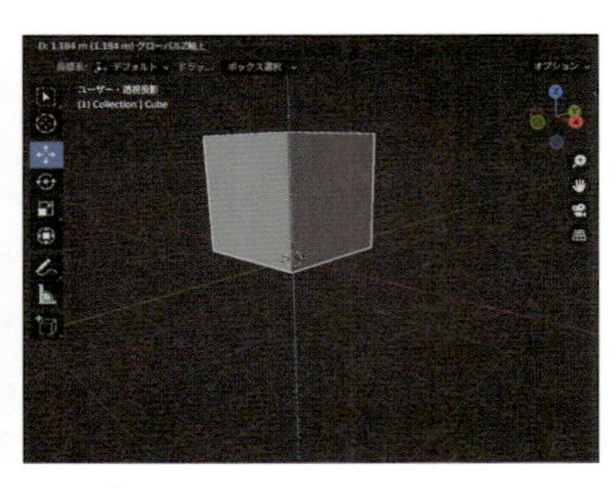

図3-2-7 ショートカット「G」で、Z軸上へオブジェクトを移動

オブジェクトの回転

画面左側のメニューから「回転ツール」を使用すると、オブジェクトに座標軸の円が表示され、ドラッグすると回転することができます。

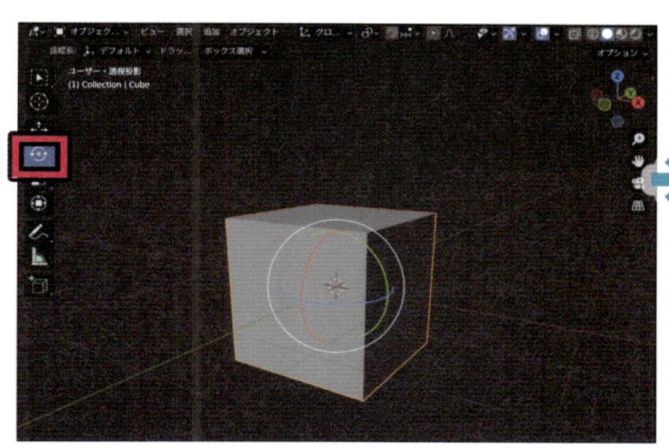

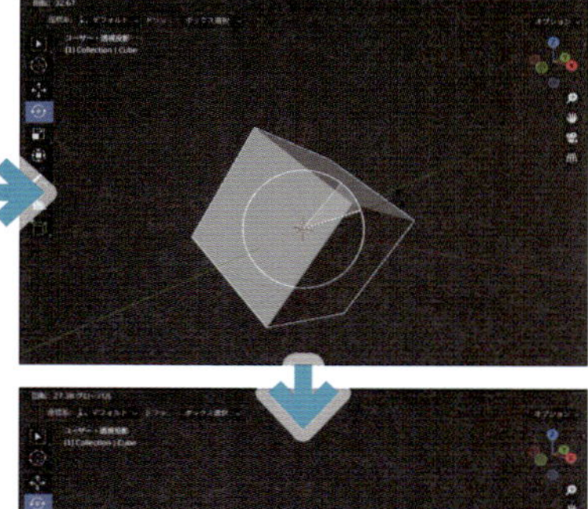

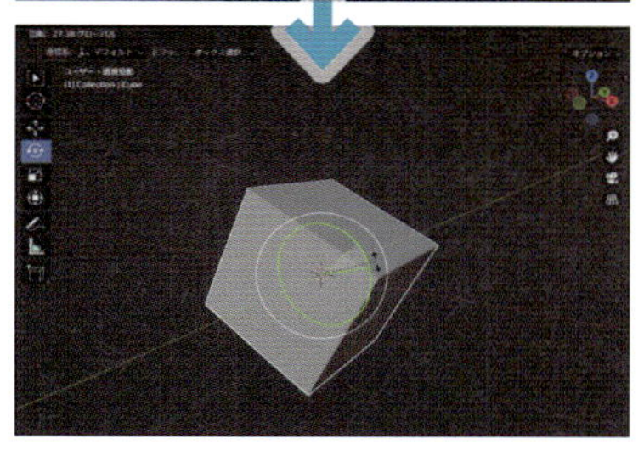

図3-2-8 回転ツールでのオブジェクトの回転

ショートカット「R」で、視点と平行な方向に回転することができます。「Enter」もしくは左クリックで回転を確定します。「ESC」もしくは右クリックで回転をキャンセルします。

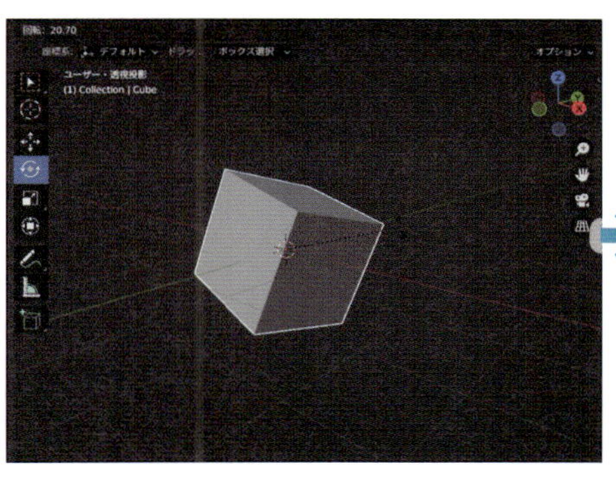

図3-2-9 ショートカット「R」で、X軸上でオブジェクトを回転

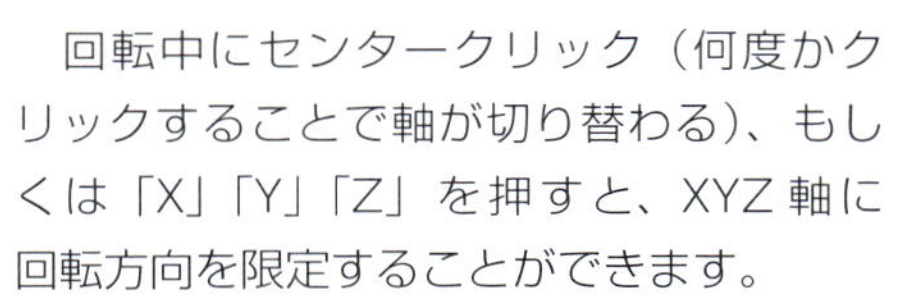

回転中にセンタークリック（何度かクリックすることで軸が切り替わる）、もしくは「X」「Y」「Z」を押すと、XYZ軸に回転方向を限定することができます。

「R」を二度押しすると「スティック回転」となり、視点と直交軸方向に回転させることができます。

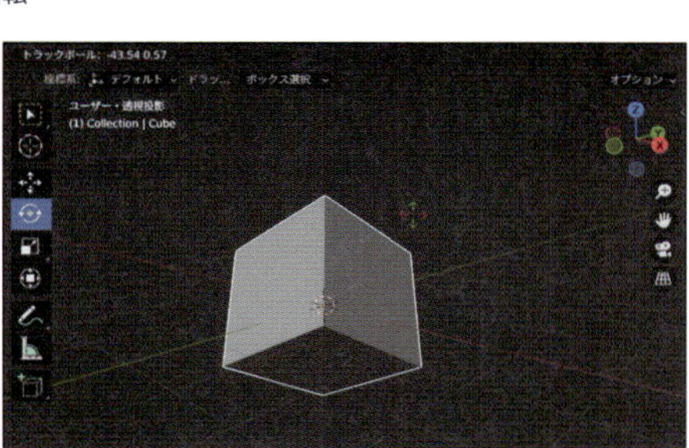

図3-2-10 「R」の二度押しで、スティック回転

オブジェクトの拡縮

画面左側のメニューから「スケールツール」を使用すると、オブジェクトに座標軸の線が表示され、ドラッグすると拡縮することができます。

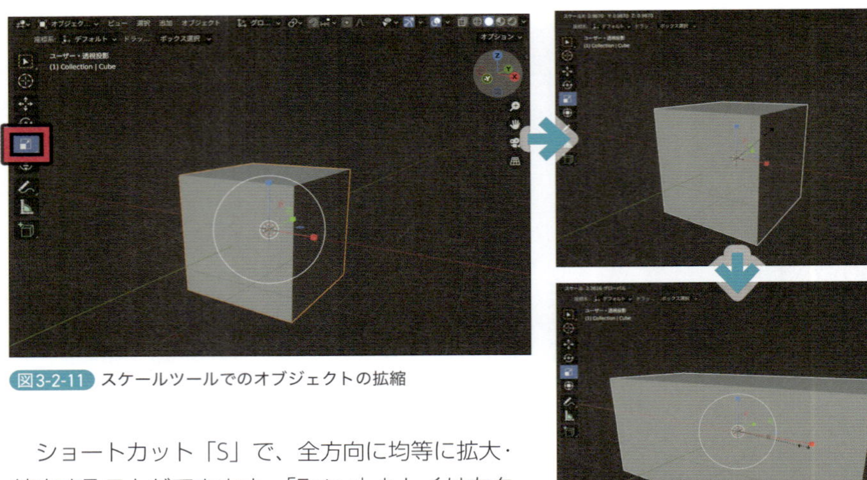

図3-2-11 スケールツールでのオブジェクトの拡縮

ショートカット「S」で、全方向に均等に拡大・縮小することができます。「Enter」もしくは左クリックで拡縮を確定します。「ESC」もしくは右クリックで拡縮をキャンセルします。

拡縮中にセンタークリック（何度かクリックすることで軸が切り替わる）、もしくは「X」「Y」「Z」を押すと、XYZ軸に拡縮方向を限定することができます。

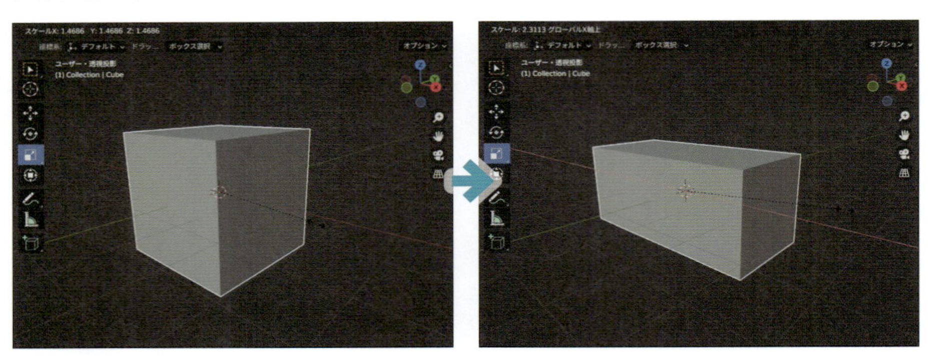

図3-2-12 ショートカット「S」で、X軸上にオブジェクトの拡大

オブジェクトの表示／非表示

アウトライナー上でオブジェクト横に表示されている「目」のアイコンをクリックすると、表示／非表示を切り替えることができます。

キーボードのショートカット操作では、オブジェクトを選択した状態で「H」でオブジェクトを非表示にできます。また、「Alt」＋「H」ですべての非表示にしたオブジェクトを表示させることができます。

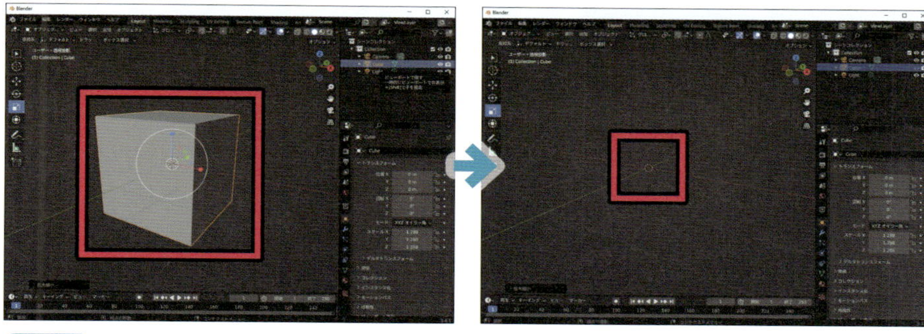

図3-1-13 オブジェクトの非表示の例

3-3 プレビューレンダリングの切り替え

3D ビュー右上に並んでいる球のアイコンは、3D ビューの表示方法（プレビュー）を表しています。画面が小さく見切れている場合、トップバー上でスクロールすることで画面内に移動させることができます。

アイコンをクリックすることで、プレビュー方法を切り替えることができます。ただし、あくまでも作業中の画面の見た目を変えるもので、レンダリング結果には関係がない点に注意してください。

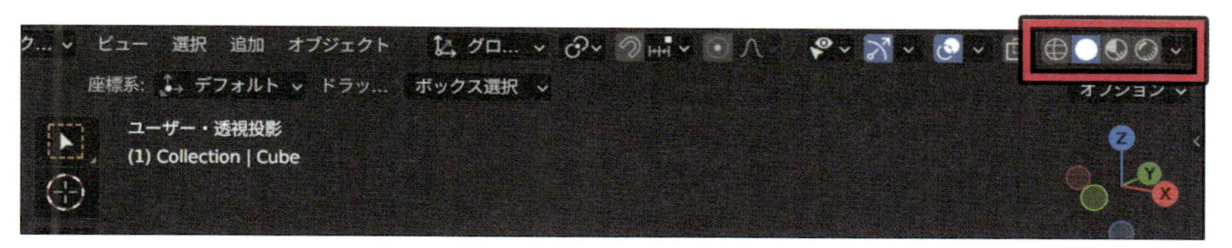

図3-3-1 プレビューレンダリングの切り替えアイコン

▶ ワイヤーフレーム表示

3D モデルを線だけで表現します。

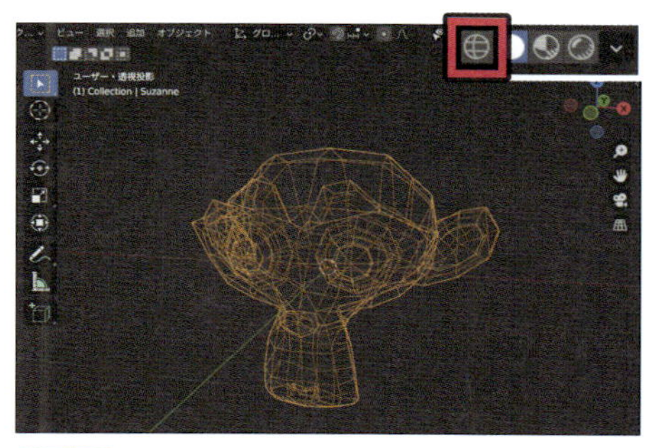

図3-3-2 ワイヤーフレーム表示

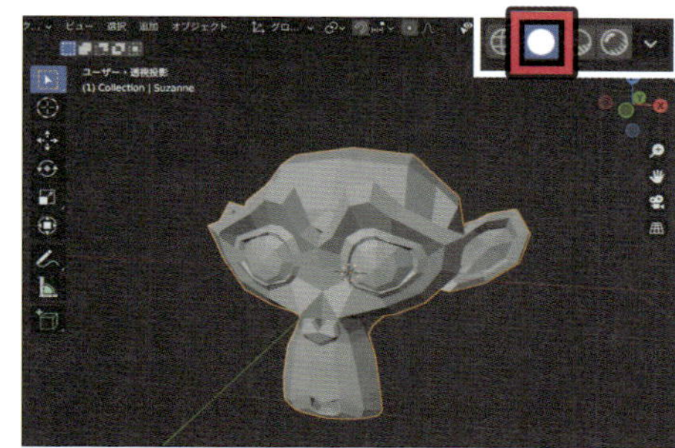

図3-3-3 ソリッド表示

▶ ソリッド表示

モデルを質感のないグレーの立体として表現します。

▶ マテリアル表示

質感付きでモデルを表現します。主にマテリアルを確認するためのビューで、シーン内の光源は無視されます。光源設定などは、アイコン右にあるオプション設定（下向き矢印ボタン）から変更できます。

▶ レンダリング表示

レンダリングエンジンを使用してモデルを表現します。ビューポートでのレンダリング品質は、ビューポート用設定が使用されます。ビューポート用設定はレンダープロパティやモディファイアなど、各所に設定項目が存在します。

▶ 透過表示

オブジェクト同士が透過して、奥のオブジェクトが透けて見えるようになります。「ワイヤーフレーム表示」「ソリッド表示」のみで有効です。

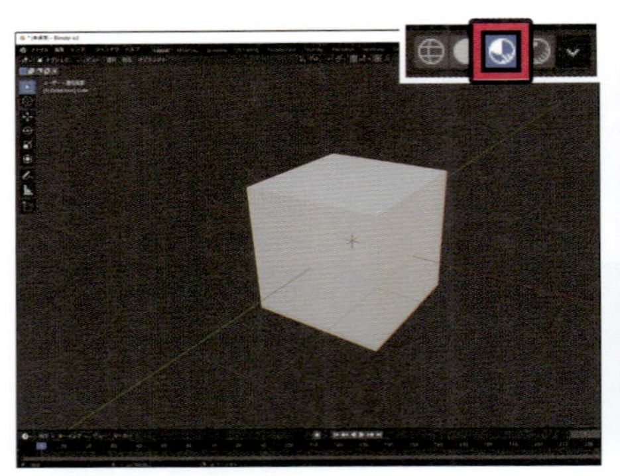

図3-3-4 マテリアル表示

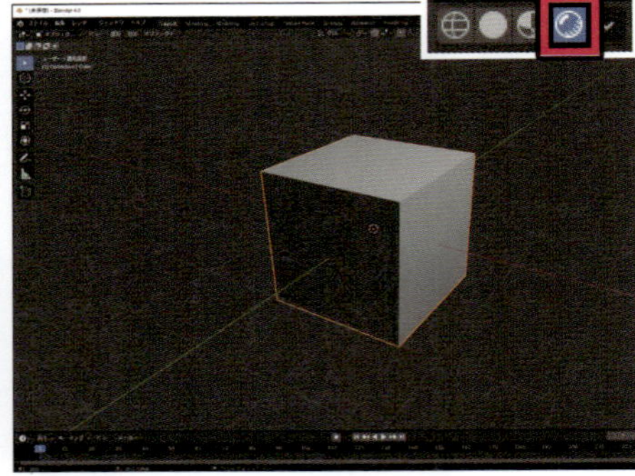

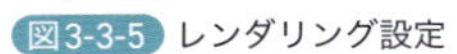

図3-3-5 レンダリング設定

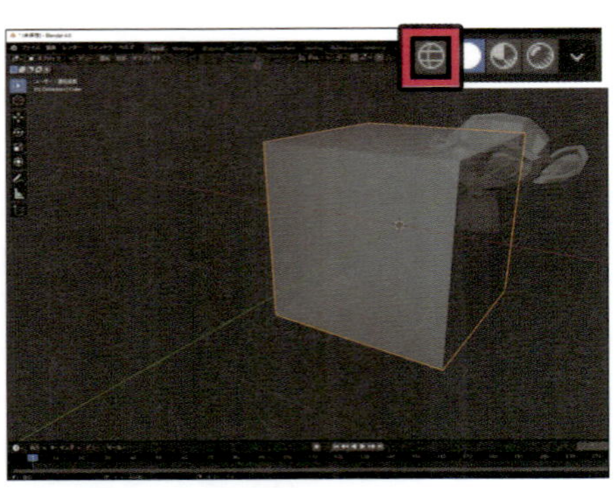

図3-3-6 透過表示

3D空間の成り立ち

この章では、Blender で 3D モデルを扱うために知っておきたい基礎知識について解説します。3D ならではの用語が出てきますが、その概要を理解しましょう。

4-1 シーン

最初に知っておくべき用語として、3D 空間を扱うベースとなるシーンについて解説します。

シーンとは

「シーン」とは、さまざまなオブジェクトやワールド設定、レンダリング設定などをまとめた管理単位です。また 3D 空間全体、状況そのものを指します。3D ビューで確認できるシーン内の物体は、すべて「オブジェクト」と呼ばれます（次節で解説します）。シーンの空間には、ファイル内からさまざまなオブジェクトがリンクされており、3D の状況を形作っています。

シーンは、1 つのファイルに複数持つことが可能で、トップバー右上のメニューから切り替え、追加、削除を行うことができます。

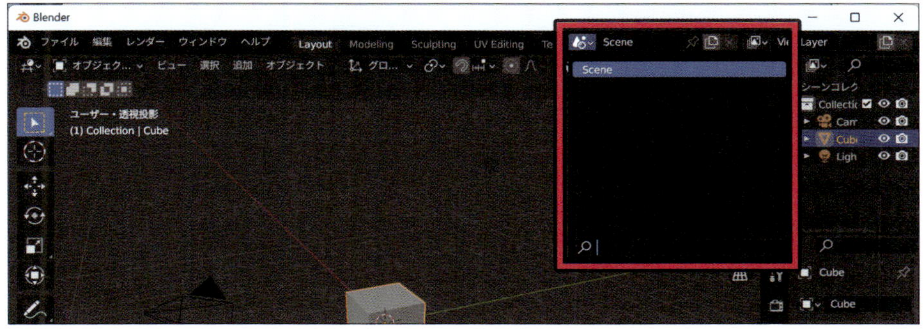

図4-1-1 複数のシーンの管理

アウトライナーでシーンの構成を確認する

アウトライナーを通して、現在選択されているシーンの構成を確認することができます。アウトライナーでは、どんなオブジェクトが含まれているか、どのような階層構造を形作っているかが一覧で表示されます。
またオブジェクトは、「コレクション」という形でグループ化することができ、シーンにリンクされているコレクションの構成も確認することができます。なお、オブジェクトは複数のコレクションに所属させることが可能です。コレクションについては、以降の4-7節で詳しく解説します。

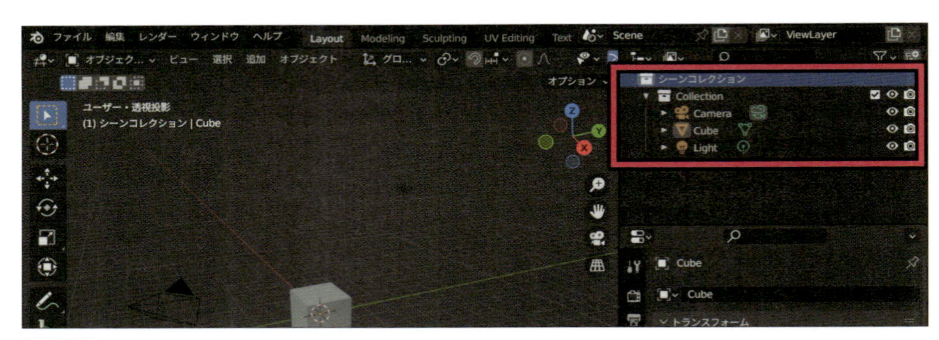

図4-1-2 アウトライナーでシーンの構成を確認

4-2 オブジェクト

3D空間は、すべてオブジェクトで構成されます。ここではオブジェクトの概要と性質を理解しましょう。

オブジェクトとは

3D空間における「物」をオブジェクトと呼びます。起動時にシーンに配置されている「立方体」「ライト」「カメラ」など、シーン内に配置されているものすべてがオブジェクトです。
オブジェクトのごく基本的な性質は、空間上の姿勢を持った点であるということで、これはすべてのオブジェクトに共通しています。オブジェクトの役割は、オブジェクトが持っているデータを3D空間上に配置することだと言えます。
ポリゴンなどのデータは、あくまでもオブジェクトが参照するデータであり、3D空間上に直接置かれているわけではありません。3D空間上にはまず、オブジェクトが置かれておりそのオブジェクトがポリゴンやカメラ、ライトなどのデータを表示させています。

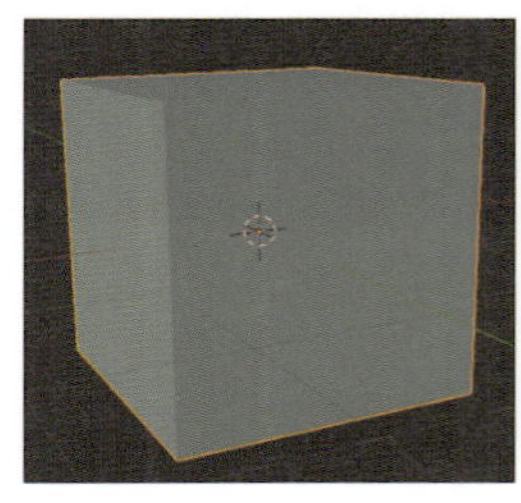
図4-2-1 立方体（オブジェクト）

図4-2-2 ライト（オブジェクト）

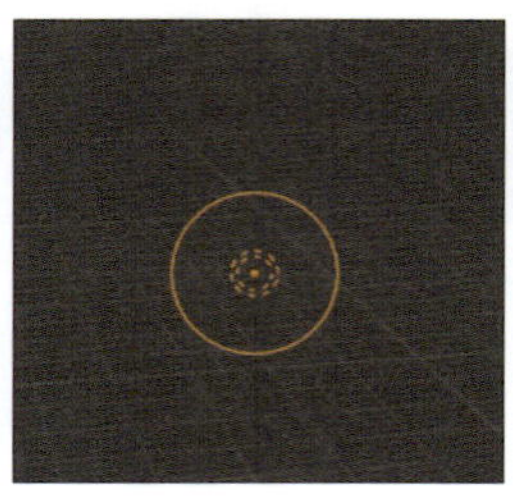
図4-2-3 カメラ（オブジェクト）

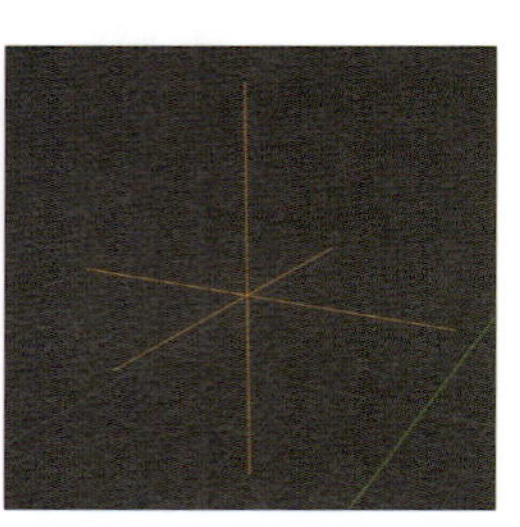
図4-2-4 エンプティ（オブジェクト）

オブジェクトに共通する性質

オブジェクトは位置と姿勢を持ち、親子関係を設定することもできます。

オブジェクトの原点

オブジェクトを選択した際に表示される小さな点を原点と呼びます。オブジェクトの空間上の位置を表し、変形の起点となる重要な点です。

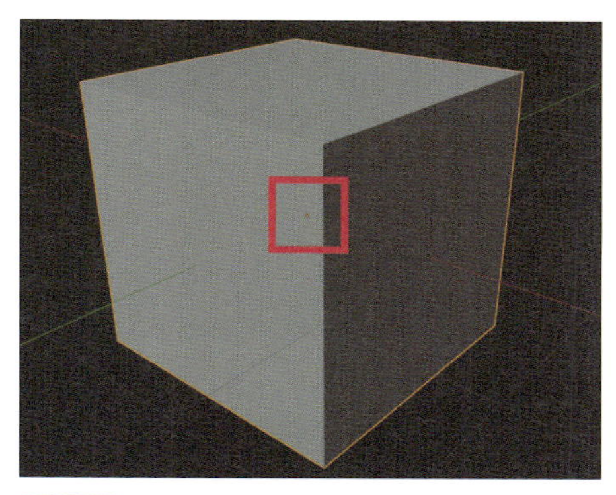

図4-2-5 オブジェクトの原点

オブジェクトのプロパティ

オブジェクトのプロパティは、プロパティエリアのオブジェクトタブ内に配置されています。オブジェクトタブのアイコンを選択すると、パネルにはアクティブなオブジェクトのプロパティが表示されます。

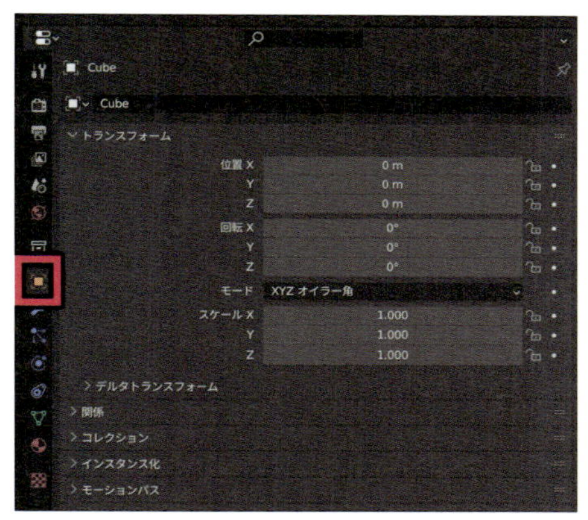

図4-2-6 オブジェクトのプロパティの表示

オブジェクトのトランスフォーム

オブジェクトがどのような姿勢を取るのかという情報を「トランスフォーム」と呼びます。このオブジェクトのトランスフォームの値は、次に解説する親子関係がなくオブジェクトが直接シーンに置かれた場合にどのような姿勢を取るのかという状態を表しています。

トランスフォームは、表4-2-1の3つの情報に分解されます。

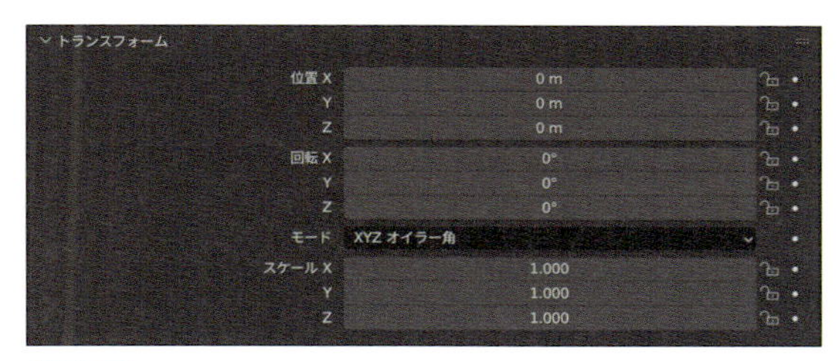

図4-2-7 トランスフォームの設定項目の画面

表4-2-1 トランスフォームの設定項目

項目	内容
位置	X、Y、Zの3つの数値でオブジェクトの位置を表す
回転	オブジェクトの回転方向を表す。次の2つ回転モードがある XYZオイラー角：X、Y、Zの3つの数値でオブジェクトの回転を表す クォータニオン：X、Y、Z、Wの4つの数値でオブジェクトの回転を表す
スケール	X、Y、Zの3つの数値でオブジェクトの拡大縮小率を表す。それぞれ「1.0」が無変形の状態

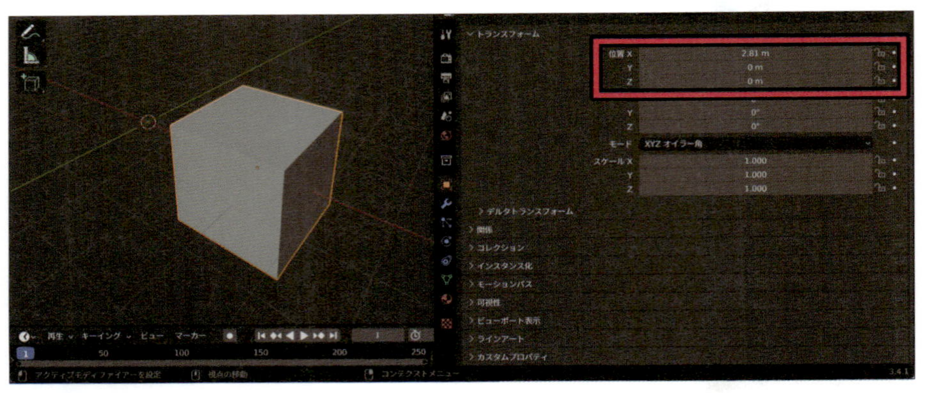

図4-2-8 位置の設定

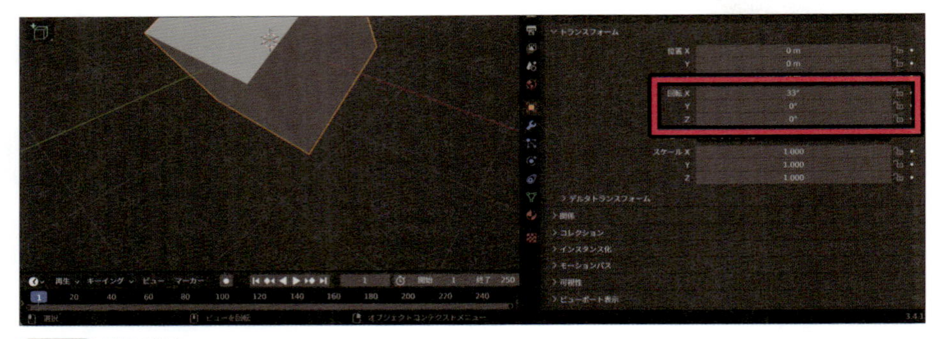

図4-2-9 回転の設定

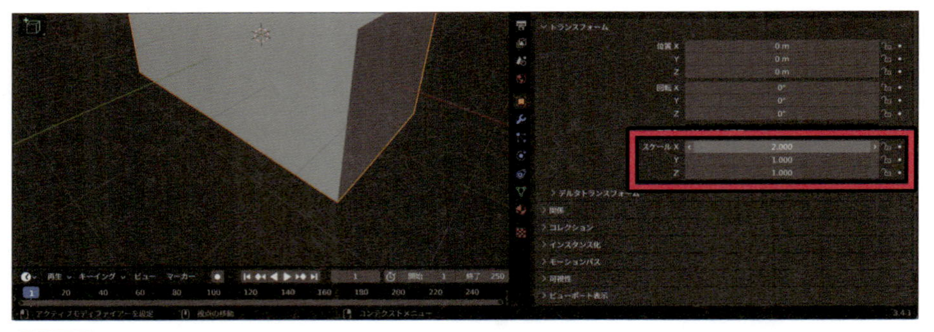

図4-2-10 スケールの設定

▶ オブジェクトの親子関係

オブジェクトは、階層的な親子関係を作ることができます。オブジェクトの親は、1つオブジェクトしか設定できませんが、子にするオブジェクトの数に制限はありません。

親子関係が結ばれると、親のトランスフォームが子に引き継がれるようになります。親オブジェクトを動かすと、子オブジェクトもそっくりそのままついてきます。親オブジェクトを回転させると子オブジェクトも同じように回転し、親オブジェクトをスケールで小さくすると、子オブジェクトも同じように小さくなります。

▶ 親子関係を付ける

3D ビューポート上で子になるオブジェクトを選択し、Shift を押しながら親になるオブジェクトを選択します。その状態でメニューから「オブジェクト→ペアレント→オブジェクト」を選択すると、親子関係付けを行うことができます。

▶ 親子関係を解除する

子オブジェクトを選択し、メニューから「オブジェクト→ペアレント→親子関係をクリア」を選択すると、親子関係を解除することができます。

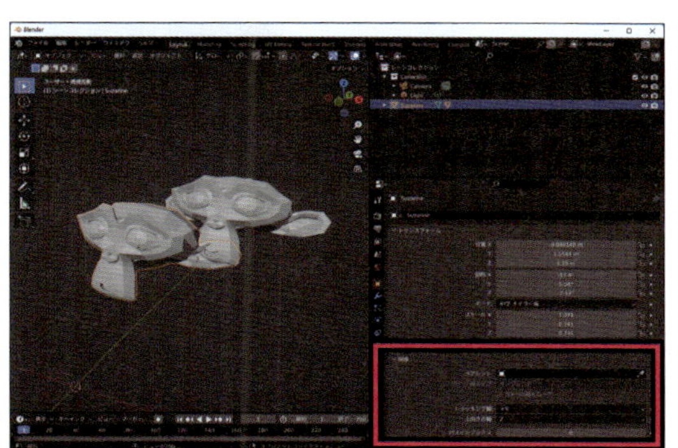

図4-2-11 オブジェクトの親子関係（左：親、右：子）

4-3 オブジェクトデータ

オブジェクトは位置や姿勢を持ちますが、単なる空間上の点だけですとビジュアル表現ができません。ここでは、オブジェクトに紐付けられるオブジェクトデータについて解説します。

▶ オブジェクトデータとは

オブジェクトデータは、オブジェクトにビジュアル表現を行うためのさまざまなタイプと、タイプごとに紐付けられたデータで構成されます。たとえば、メッシュオブジェクトであればメッシュデータが紐付けられており、メッシュデータにはポリゴンが格納されています。

オブジェクトのタイプは作成時に決定され、後から変更することはできません。オブジェクトに紐付けられているデータは、同一タイプであれば後から別のものに差し替えることができます。具体的な

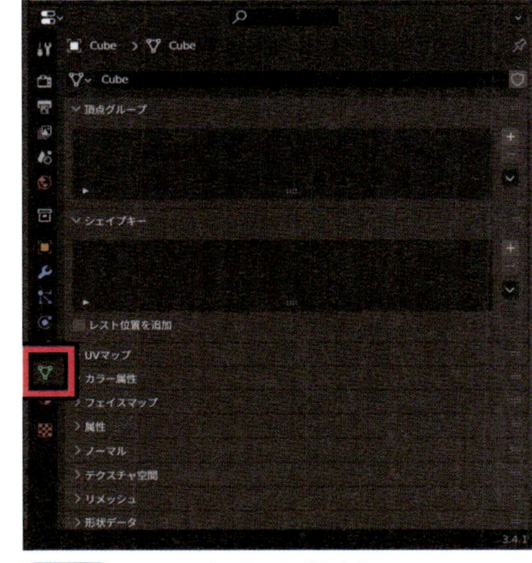

図4-3-1 メッシュデータのタブと内容

内容については、以降の「オブジェクトの種類」で解説します。

オブジェクトの可視性の設定

オブジェクトプロパティにある「可視性」の設定は、編集・レンダリング時の表示を切り替えるプロパティです。制作時にオブジェクトの用途や状況によって変更を行うための重要なプロパティです。

選択可能

3D ビュー上でクリックした際に、選択可能かどうかを切り替えます。チェックボックスがオフの場合、3D ビュー上でクリックしても無視されます。

ビューポート

3D ビューに表示されるかどうかを切り替えます。レンダリング結果にはまったく関係ない点に注意してください。また、レンダラを Cycles にしている場合のレンダリングプレビューにも反映されません。

主に、レンダラを Eevee にしている場合や、ワイヤーフレーム、ソリッド、マテリアルプレビューで活躍します。アウトライナー上でも目のアイコンをクリックすることで、変更することもできます。

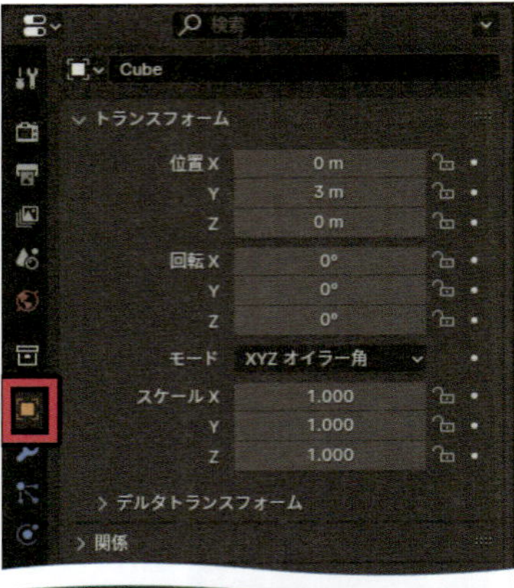

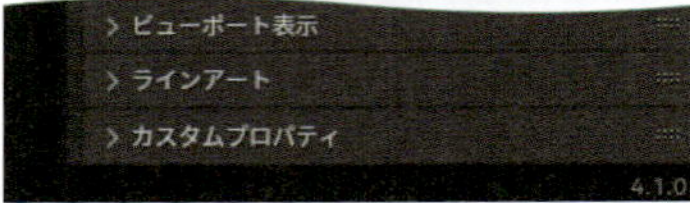

図4-3-2 オブジェクトプロパティにある「可視性」の設定画面

レンダー

オブジェクトがレンダリング時に描画されるかを切り替えます。オフの場合、レンダリング時に無視されます。アウトライナー上でもカメラのアイコンをクリックすることで、変更することができます。

レンダラについては以降の 8 章で解説しますが、Cycles に設定している場合のみ「レイの可視性」のプロパティが有効になり、Cycles でのレンダリングプレビュー表示を調整する際に役に立ちます。「レイの可視性」をすべてオフにすると、レンダリングプレビュー上でもオブジェクトを非表示にすることができます。

それぞれの性質を考慮し選択的にオフにすることもありますが、ここでは取り扱いません。

4-4 オブジェクトの操作モード

3D 制作ではさまざまな種類のデータを取り扱うため、Blender では編集したい内容に応じて「モード」を切り替えて対応します。

モード切り替えの操作

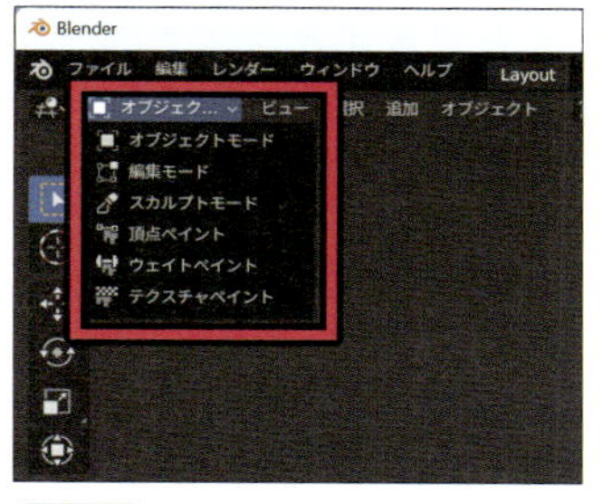

図4-4-1 オブジェクトの操作モード

モード切り替えのプルダウンボタンは、3D ビュー左上に設置されています。プルダウンを押すと、オブジェクトのタイプに応じてさまざまなモードを選択できます。以降では代表的なモードについて、紹介しておきます。

オブジェクトモード

すべてのオブジェクトタイプに共通して存在するのが「オブジェクトモード」です。オブジェクトの 3D 空間上の姿勢を変更することができます。ほかのオブジェクトを選択したりするのも、オブジェクトモードで行います。

3D ビュー上ではオブジェクトモード以外では、オブジェクトの位置を変更したりすることはできないので、注意してください。

編集モード

データ内の個々の頂点や形状を変更し、造形するためのモードです。メッシュやカーブ、グリースペンシルなど、形状データを持っているタイプのオブジェクトで有効です。ポリゴン編集を行う際などは、このモードで行うことになります。

ポーズモード

アーマチュアオブジェクトでのみ表示されます。アーマチュアにポーズを付けることができます。

以下のような操作ミスはよくあるので、いま自分がどのモードを使っているのか、各モードでできることは何か、できないことは何かをよく意識することが重要です。

- オブジェクト全体を移動させたいのに、編集モードでポリゴンを動かしてしまう
- ポリゴンを動かしたいのに、オブジェクトモードでオブジェクト全体を動かしてしまう
- ほかのオブジェクトを選択したいのに、編集モードにいるので選択できない

4-5 オブジェクトの種類

オブジェクトは紐付けられるデータのタイプに応じて、さまざまなタイプがあります。以降では、代表的なオブジェクトタイプを紹介します。

エンプティ（オブジェクト）

エンプティは何も持たないタイプです。何もないので、レンダリングには表示されませ

ん。主に、階層構図の管理やモディファイアのターゲット、下絵表示として使用されます。

エンプティオブジェクトは利便のため、表示方法のオプションを持っています。十字や球など、さまざまな立体的な表示方法を選ぶことができます。それぞれ「サイズ オプション」を持ち、空間上での表示サイズを変更することができます。

エンプティを追加するには、画面上部の「追加」メニュー、もしくは Shift+A のショートカットからオブジェクトの追加メニューを表示し、「エンプティ」から追加したいオブジェクトを指定します。

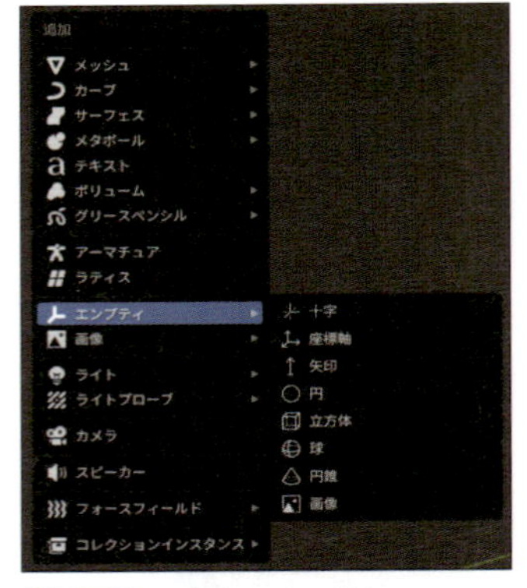

図4-5-1 オブジェクトの追加

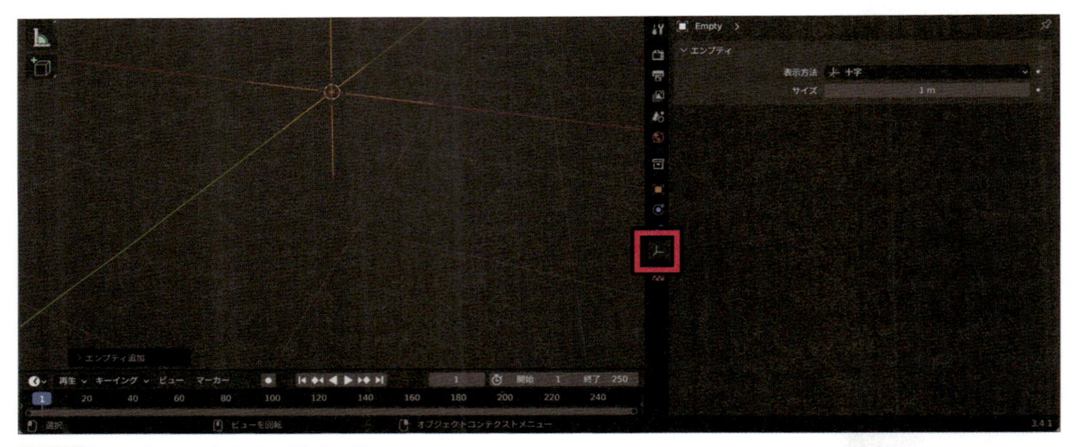

図4-5-2 エンプティオブジェクト（十字の例）

ほかの選択肢と大きく異なるのが「画像」です。エンプティの画像オプションは、3D 空間内に配置する下絵として利用することができます。画像欄の画像選択から表示する画像を変更することができます。

エンプティ上で設定された画像がレンダリングに表示されることはありません。主な設定項目は、表の通りです。

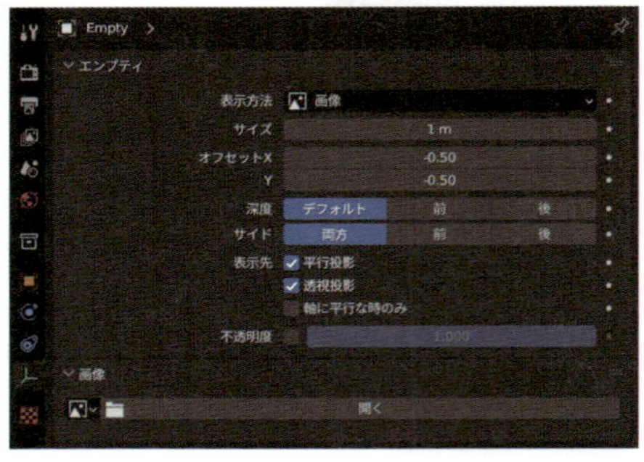

図4-5-3 エンプティ（画像）の設定画面

表4-5-1 エンプティ（画像）の設定項目

項目	内容
サイズ	画像の長辺が3D空間上で取るサイズを設定（単位：メートル）
オフセットX、Y	画像を表示する際のオフセットを指定
深度	画像を3Dモデルより手前に表示するか、後ろに表示するかを設定
不透明度	チェックを入れ数値により画像を半透明で表示する

メッシュ（オブジェクト）

メッシュオブジェクトは、ポリゴンを格納するデータが紐付けられたタイプです。メッシュというのは、ポリゴンがメッシュ状に形成されていることを指してメッシュと呼んでいます。いわゆる3Dソフトと聞いて、すぐ思いつくポリゴンモデルを持っているのがこのタイプです。

メッシュオブジェクトに紐付けられるデータを「メッシュデータ」と言います。メッシュデータには、以下のような代表的なデータが格納されています。

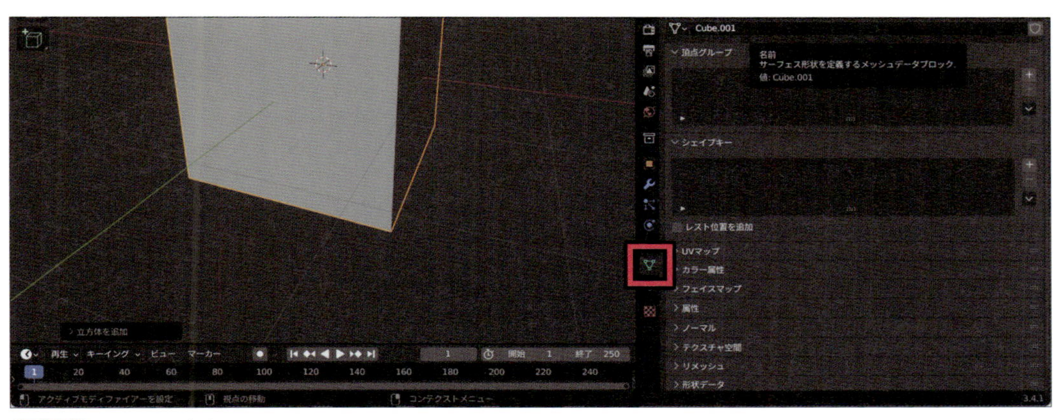

図4-5-4 メッシュオブジェクト

頂点

モデル内空間上における点です。XYZの空間座標を持っています。

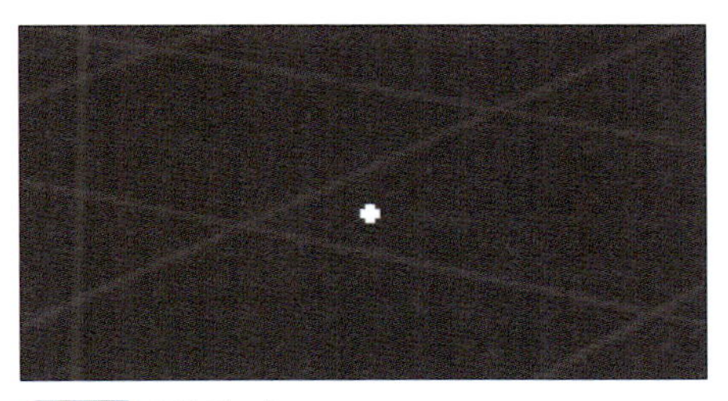
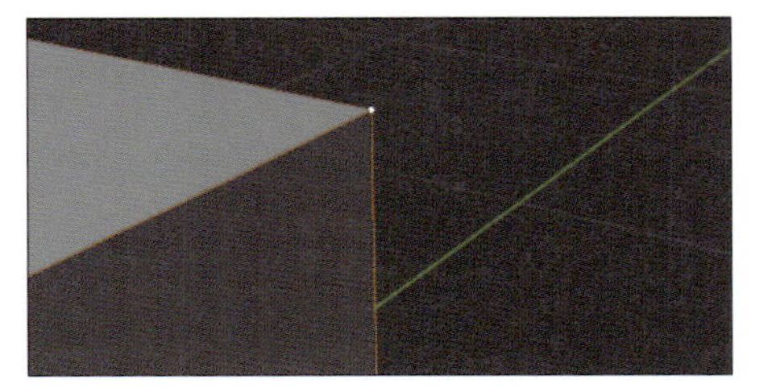

図4-5-5 頂点データ

辺

頂点と頂点を繋げてできる辺です。辺に所属している頂点のインデックスを持っています。

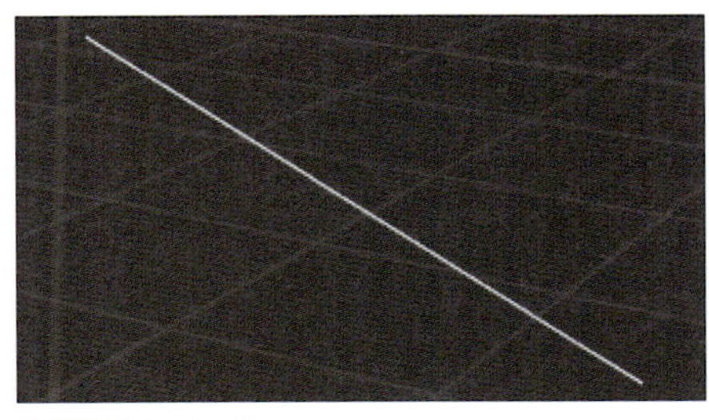
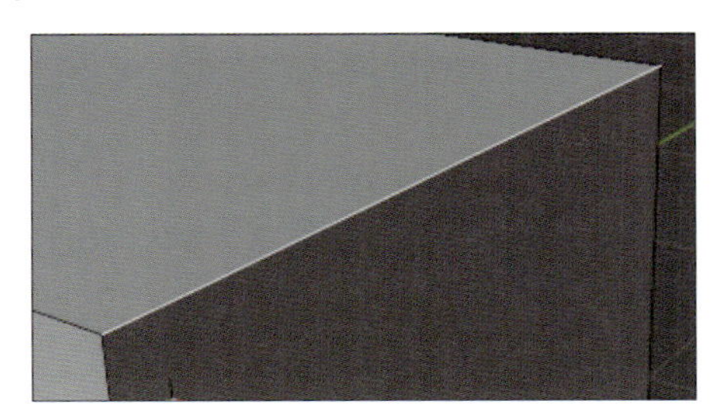

図4-5-6 辺データ

▶ ポリゴン

3つ以上の頂点を繋げてできる面です。面に所属している頂点のインデックスや、面に所属している辺のインデックスを持っています。

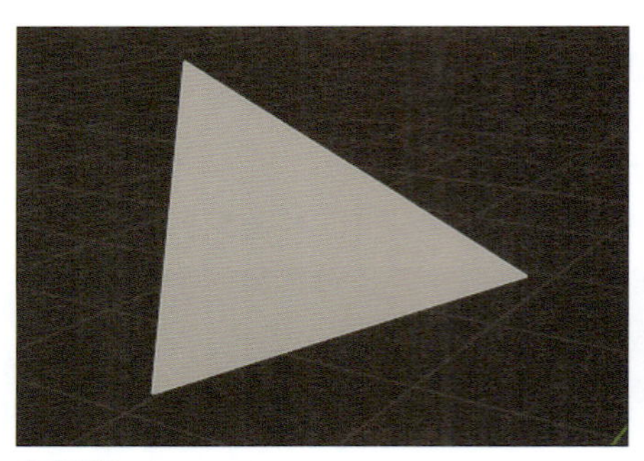

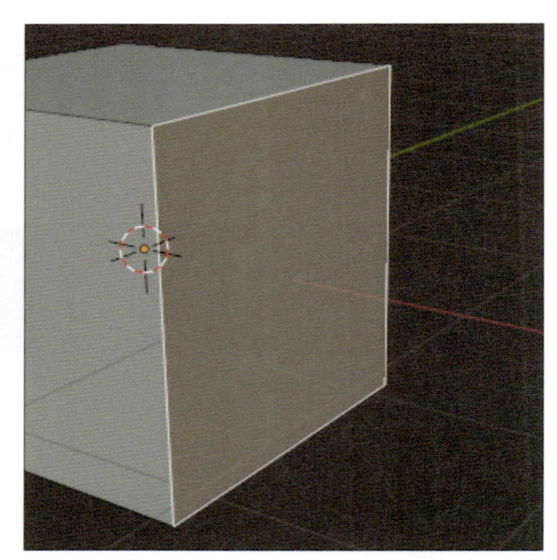

図4-5-7 ポリゴンデータ

▶ UV マップ

テクスチャをポリゴンに割り当てるためのマッピングデータを「UV マップ」と呼びます。UV というのは U 軸（横）と V 軸（縦）のことで、立体座標の XYZ とかぶらない文字を使用したことからそう呼ばれています。

UV マップもメッシュデータに格納されています。

▶ マテリアル割当

このメッシュデータに割り当てられているマテリアルのリストが格納されています。各面のマテリアル割当情報には、このリストのインデックスが格納されています。

メッシュデータがオブジェクトにアサインされると、メッシュデータのマテリアルリストがメッシュオブジェクトのマテリアルスロットとして表示されます。

▶ 頂点グループ

頂点グループは、その名の通り頂点をグループ分けしたものです。複数持つことができ、それぞれのグループにいくつもの頂点を所属させることができます。また、頂点グループに所属した頂点には、それぞれウェイトを設定することができます。

頂点グループはさまざまな目的に利用されますが、とりわけ重要なのはボーン変形のウェイト付けの用途です。キャラクターをボーン変形させる際、アーマチュアモディファイアで関連付けられたアーマチュアオブジェクトのボーン名に対応する頂点グループが参照され、変形の度合いを決定します。

▶ メッシュオブジェクトのモード

メッシュオブジェクトの代表的なモードには、次のようなものがあります。

- **オブジェクトモード**
- **編集モード**

- **スカルプトモード**：メッシュを粘土をこねるように編集できるモード
- **ウェイトペイント**：メッシュが所属する各頂点グループのウェイト（強さ）を編集できるモード

アーマチュア（オブジェクト）

アーマチュアというのは、人形などの芯となる骨組みのことです。アーマチュアオブジェクトは、キャラクターなどのポーズを取る表現によく使用されます。

主にメッシュオブジェクトと組み合わせて使用され、メッシュオブジェクト側でアーマチュアモディファイアを使用することで、アーマチュアのポーズをメッシュオブジェクトに反映することができます。

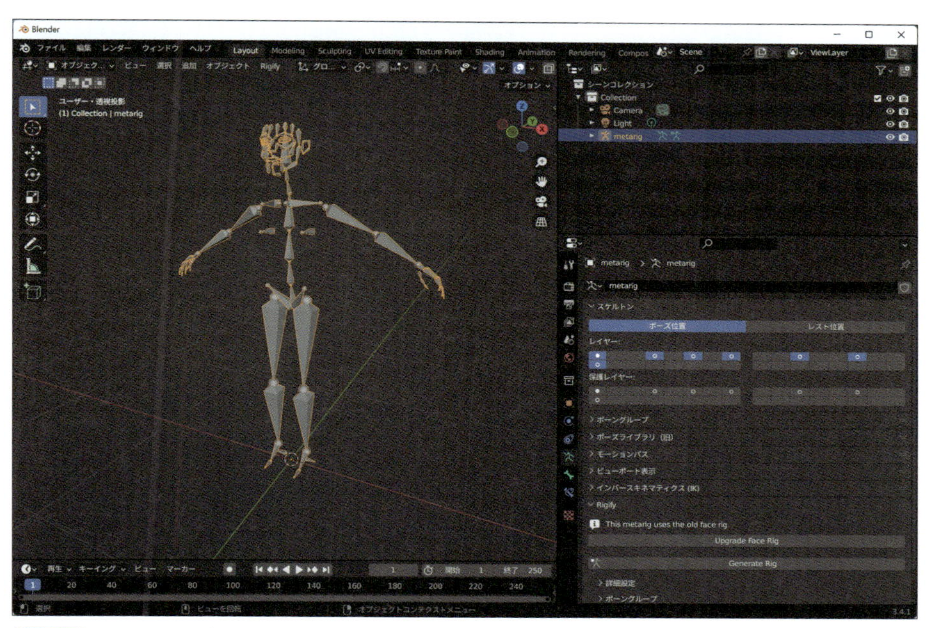

図4-5-8 アーマチュアデータ

アーマチュアデータの「スケルトン」には、以下のようなプロパティが格納されています。

表4-5-2 スケルトンの設定項目

項目	内容
ポーズ位置	アーマチュア表示をポーズを付けた状態で表示
レスト位置	一切ポーズを付けていない状態で表示
レイヤー	表示するボーンレイヤーを切り替え

アーマチュアを構成する１つ１つの棒を「ボーン」と呼びます。ボーンには次ページの代表的なデータが格納されており、アーマチュアの立体構造を表現しています。

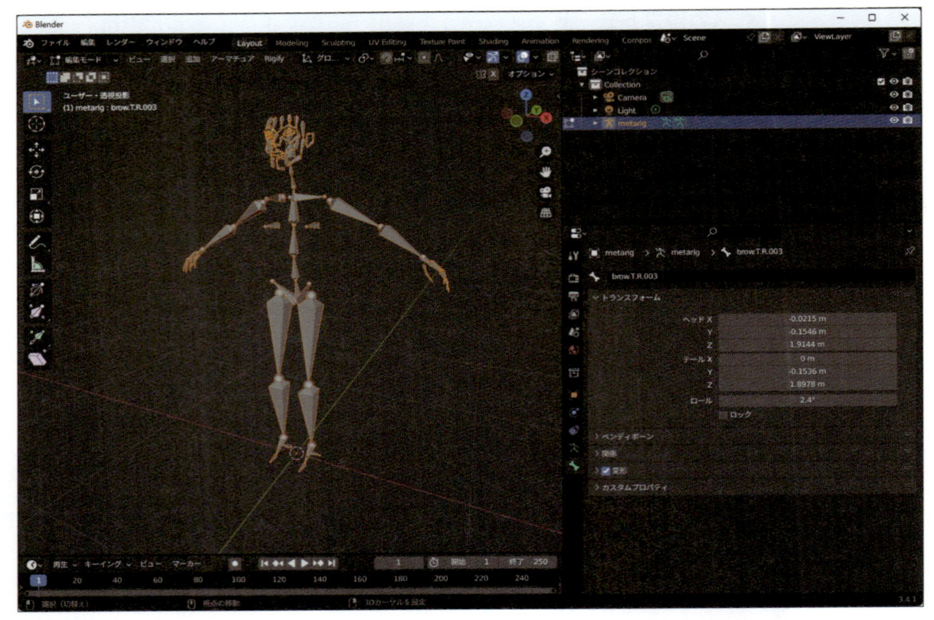

図4-5-9 ボーンの設定

アーマチュアデータでは、ボーンは特別に別途ボーンプロパティタブが用意されています。また、オブジェクトモード、編集モード、ポーズモードそれぞれで設定可能な項目が変わります。

- **トランスフォーム（ポーズモード）**：ボーンのポーズ姿勢を設定
- **ヘッド（編集モード）**：ボーンの先端の座標
- **テール（編集モード）**：ボーンの末端の座標
- **ロール（編集モード）**：ボーンの向いている方向
- **ペアレント（編集モード）**：親子構造を構成するための親になるボーン、もしくは空
- **レイヤー**：ボーンを表示するボーンレイヤーを切り替え

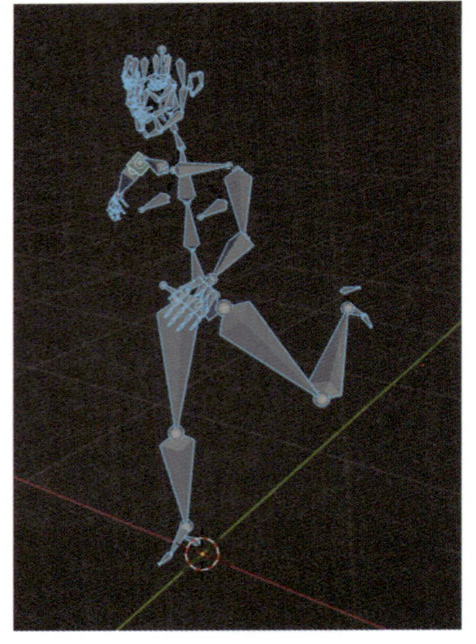

図4-5-10 キャラクターのポーズの例

ポーズ情報は、それぞれのアーマチュアオブジェクトに格納されています。そのため、アーマチュアデータを差し替えてもポーズは引き継がれません。

ポーズにおいて、ボーンはその１つ１つがオブジェクトのように姿勢を持っています。ボーンはオブジェクトなどを子として持ったり、アーマチュアモディファイアを通してボーン名に対応する頂点グループに所属する頂点に影響を与えることができます。

▶ アーマチュアオブジェクトのモード

アーマチュアオブジェクトの代表的なモードには、次のようなものがあります。特に、編集モードとポーズモードでは操作の意味合いがまったく違う点に注意してください。

- **オブジェクトモード**
- **編集モード**：アーマチュアの形状や構造を編集するモード
- **ポーズモード**：アーマチュアにポーズを付けるモード

▶ カメラ（オブジェクト）

カメラはレンダリング時の視点、文字どおりカメラとなるオブジェクトです。レンダリングは、常にシーンカメラに設定されたカメラ視点から行われます。

シーンカメラの変更は、カメラオブジェクトを選択した状態で、上部の「ビュー→メニュー→カメラ設定→アクティブオブジェクトをカメラに設定」から行うことができます。

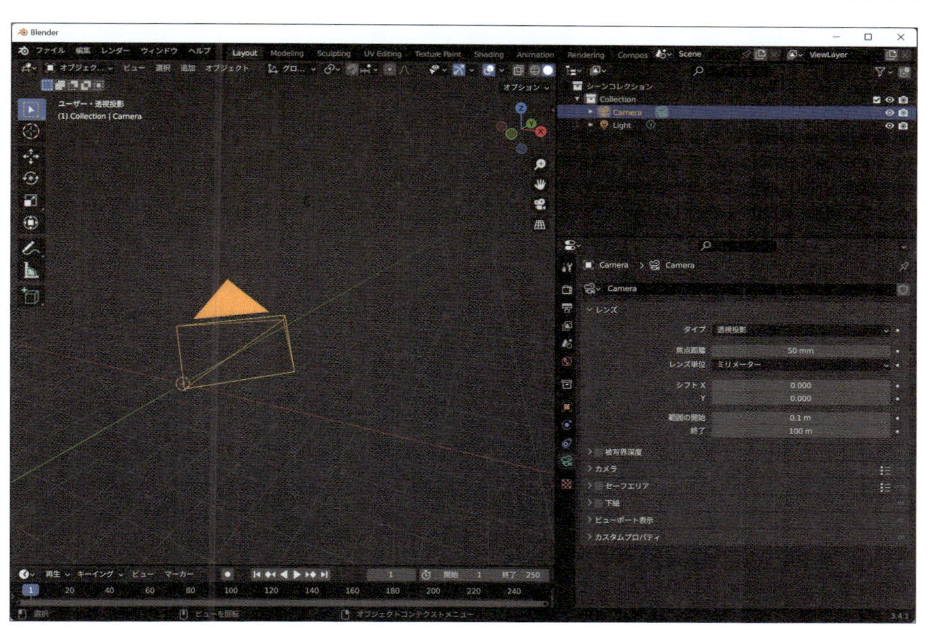

図4-5-11 カメラのプロパティ

表4-5-3 カメラのプロパティの主な設定項目

項目	内容
タイプ	透視投影：通常の遠近感のある投影方法 平行投影：フラットな、遠近感のない投影方法 パノラマ状：360度を一度に見渡す投影方法（レンダラがCyclesの場合のみ利用可能）
焦点距離	透視投影カメラの焦点距離。大きな値を指定するほど表示領域が狭く遠近感が薄くなり、小さな値を指定するほど表示領域が広く、遠近感が強くなる
下絵	カメラを通して見た視点に下絵を表示

▶ ライト（オブジェクト）

ライトには、以下のプロパティが格納されています。

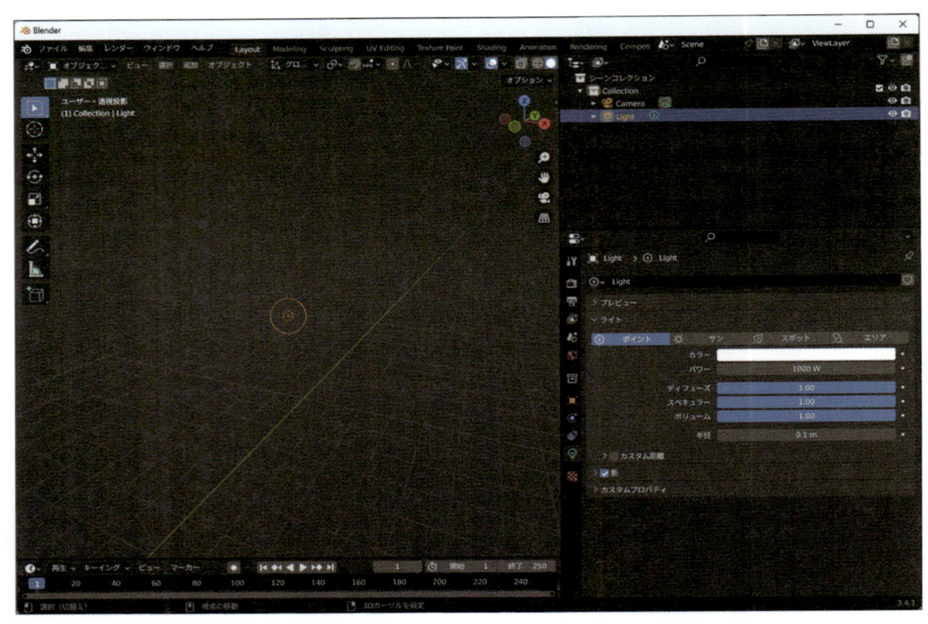

図4-5-12 ライトのプロパティ

表4-5-4 ライトのプロパティの主な設定項目

項目	内容
ライトタイプ	ポイント：全方位を照らす通常のライト サン：太陽を模した、一定の方向に向かって無限遠を照らすライト スポット：円錐状の形状をしたスポットライト エリア：平面状の光源を模したライト
パワー	ライトの強度
影	このライトの光を受けたオブジェクトがドロップシャドウを形成するかどうかを変更

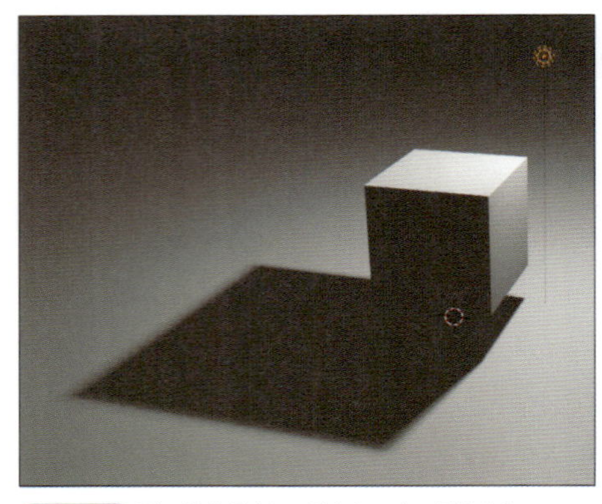

図4-5-13 影の設定例（左：影あり、右：影なし）

4-6 モディファイア

モディファイアはオブジェクトが持っているポリゴンデータを元に、最終的に表示／レンダリングされる形状を変更する機能です。モディファイアはあくまでも最終結果が変更されるだけで、元のデータに影響はありません。

モディファイアはメッシュやカーブなど、形状を持ったタイプのオブジェクトで使用可能です。また、オブジェクトのタイプごとに使用可能なモディファイアは異なります。

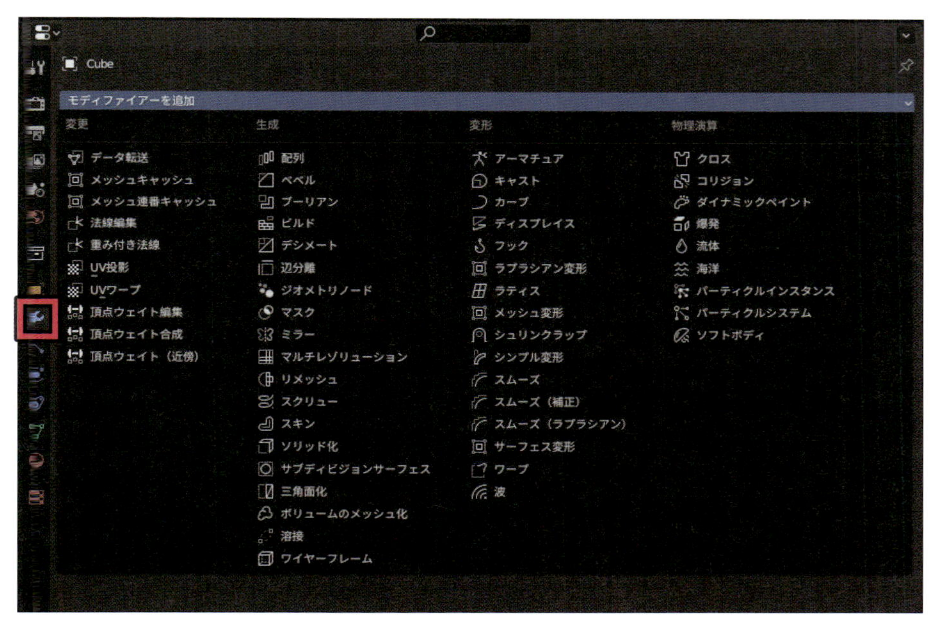

図4-6-1 プロパティパネルのモディファイアタブ

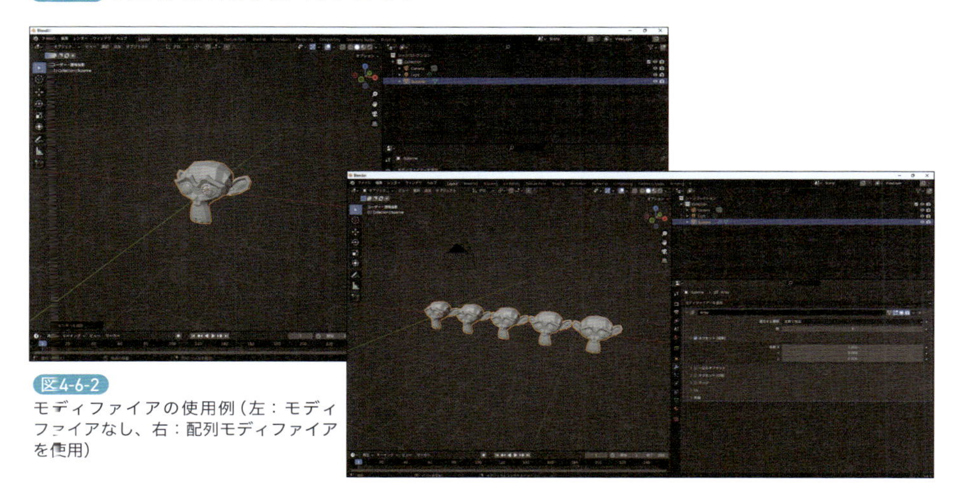

図4-6-2
モディファイアの使用例（左：モディファイアなし、右：配列モディファイアを使用）

モディファイアの順番

モディファイアは上から順番に効果がかかっていきます。前にかかっていたモディファイアの影響を受けるので、モディファイアの順番を変えると結果が変わってきてしまうことがあります。

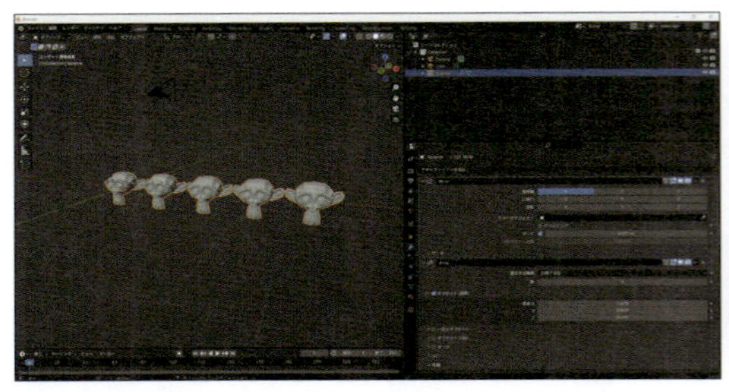

図4-6-3 「ミラーモディファイア」→「配列モディファイア」の順の場合

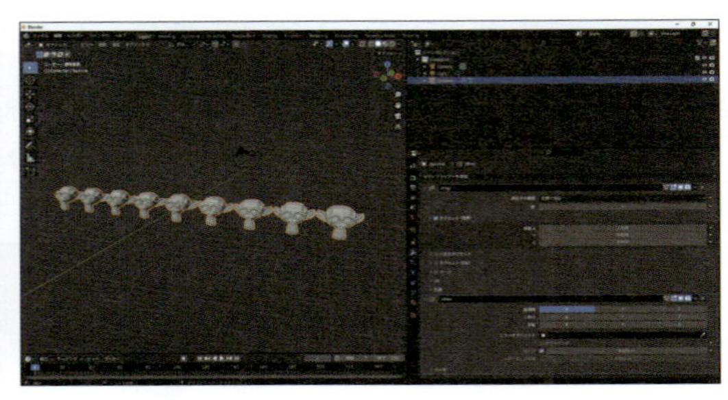

図4-6-4 「配列モディファイア」→「ミラーモディファイア」の順の場合

モディファイアの有効化・無効化

モディファイアは、有効・無効を切り替えることができます。編集モード、ビューポート、レンダリングそれぞれで切り替えることができます。

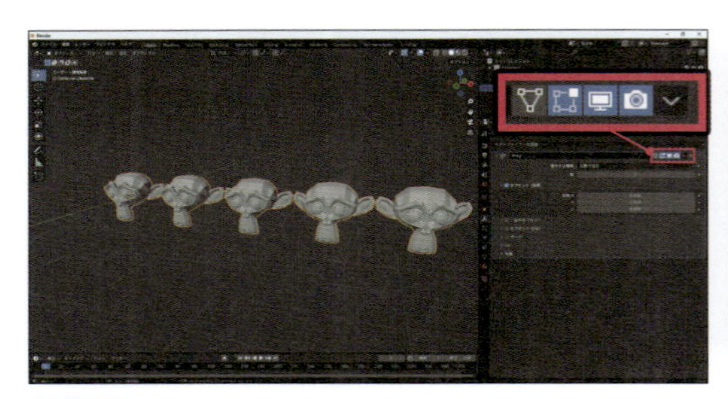

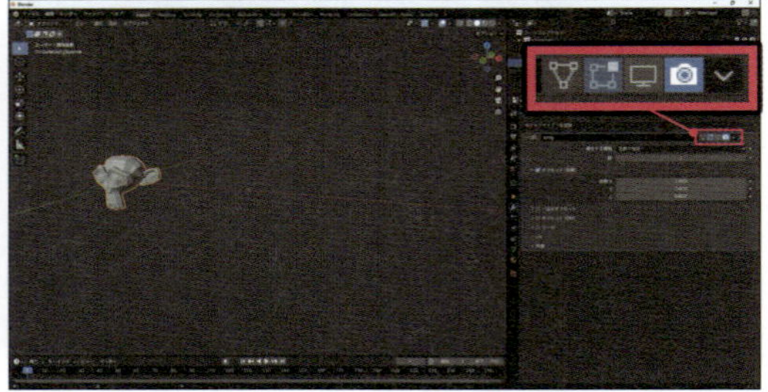

図4-6-5 モディファイアのオンとオフ（左：オン、右：オフ）

モディファイアの適用

モディファイアの結果は、「適用」からベース形状に反映することができます。適用すると適用されたモディファイアがリストから消え、ベース形状がモディファイアをかけた形に変化します。

一番上のモディファイア以外を適用した場合、モディファイアが影響する順序が変化するため元々見えていたものと違う結果になることがあります。

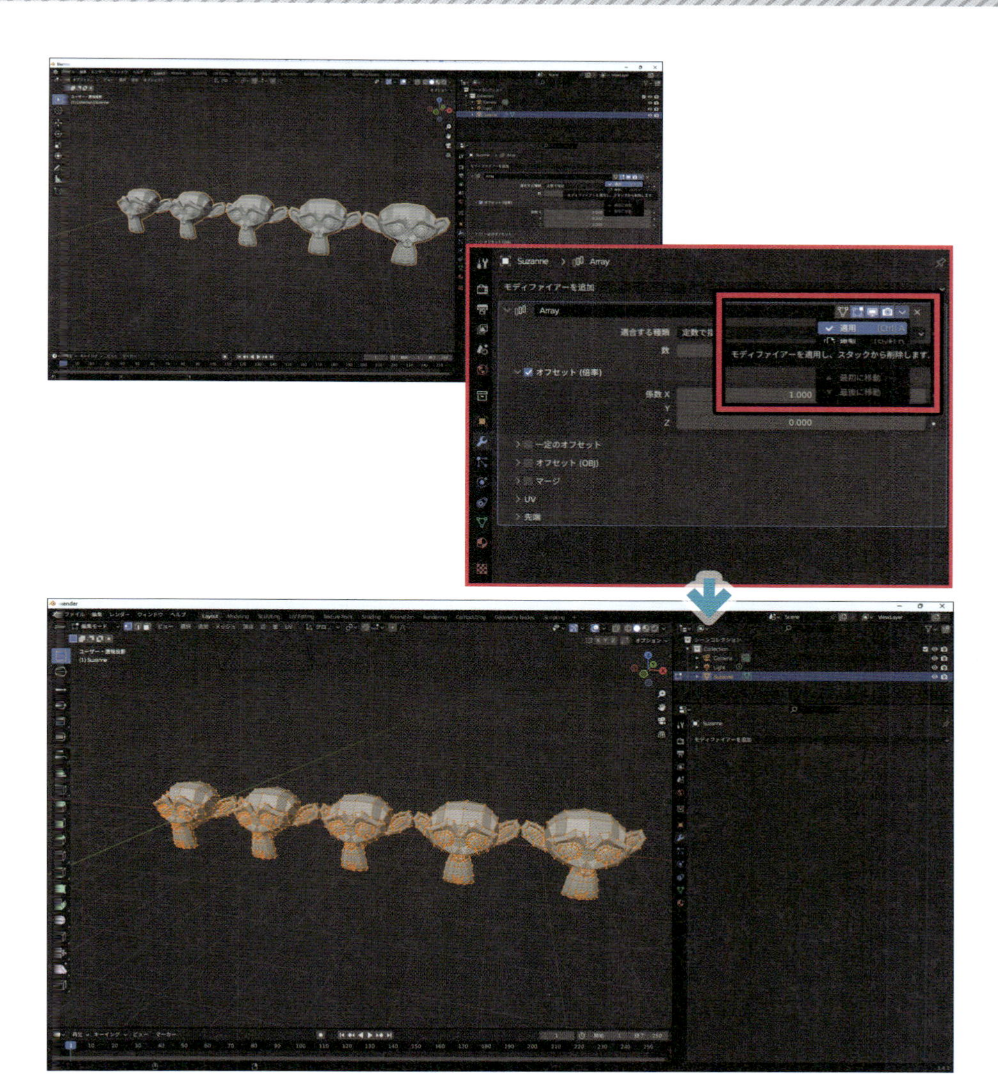

図4-6-6 モディファイアの適用例（適用後、編集モードでメッシュを確認した様子）

4-7 コレクション

コレクションは、オブジェクトをグループ化する単位です。コレクションには、複数のオブジェクトを所属させることができます。また、オブジェクトは複数のコレクションに所属できます。

シーンには、デフォルトで「Collection」というコレクションが含まれています。アウトライナーのデフォルト設定では、シーンにリンクされたコレクション以外表示されないため、コレクションの作成はアウトライナーから行うのが、はじめのうちはわかりやすいでしょう。

.blend ファイル内にあるすべてのコレクションをアウトライナーで確認したい場合は、表示モードを「Blender ファイル」に変更します。

コレクションの作成

コレクションは、「シーンコレクション」を右クリックして「新規」で新規コレクションを作成します。コレクションの表示モードは、上のアイコンのプルダウンメニューから変更できます。

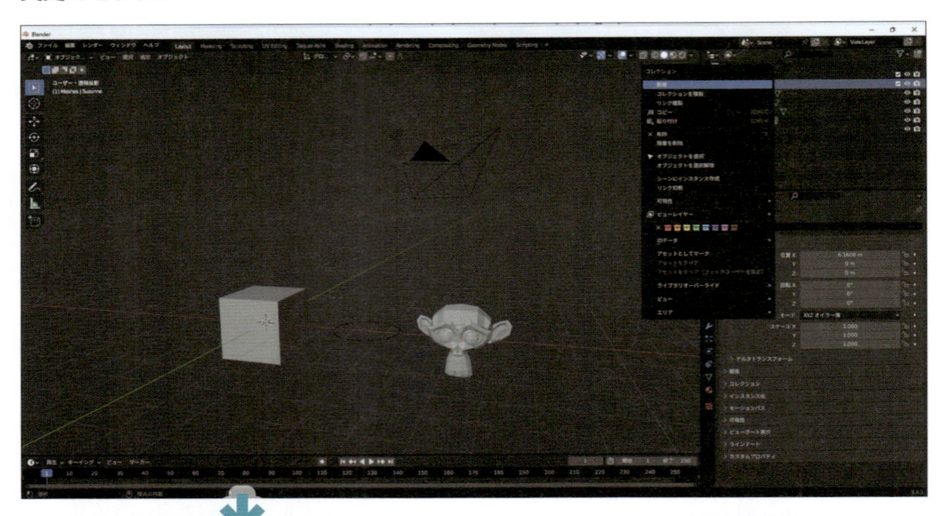

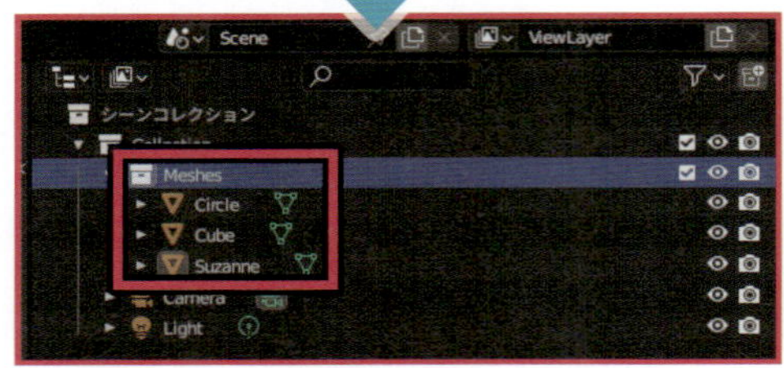

図4-7-1 シーンコレクションを右クリックして新規コレクションを作成

図4-7-2 コレクションの表示モードを変更

コレクションへのリンク

コレクションにオブジェクトを追加するには、オブジェクトを選択した状態で、3Dビューのメニューから「オブジェクト→コレクション→コレクションにリンク」を選択します。ダイアログが表示されるので、所属先のコレクションを選択します。

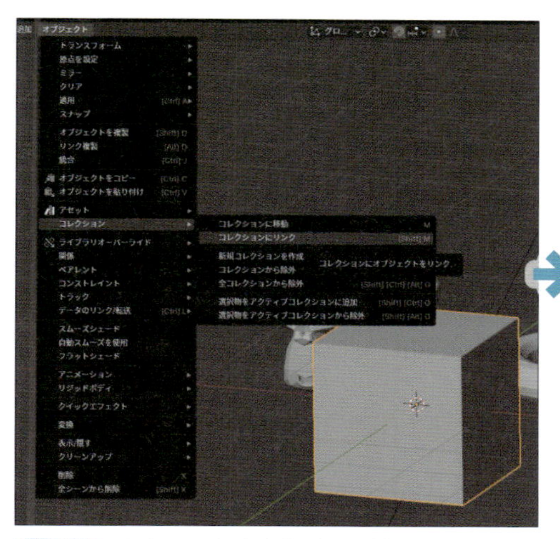

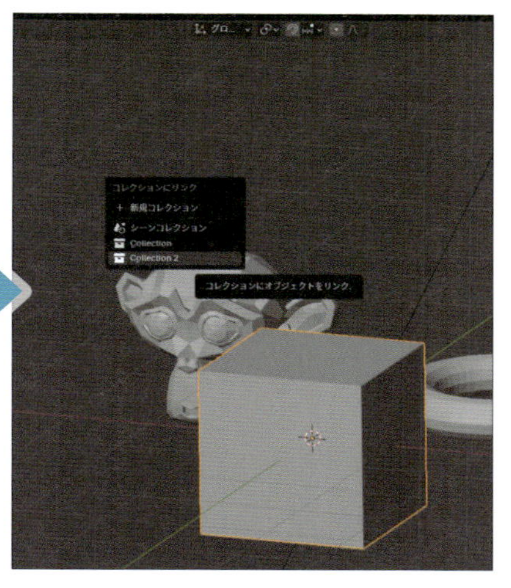

図4-7-3 コレクションにオブジェクトを追加

コレクションから除外

コレクションからオブジェクトを除外したい場合、まずオブジェクト選択します。3Dビューのメニューから「オブジェクト→コレクション→選択物をアクティブコレクションから除外」を選択します。ダイアログが表示されるので、除外元のコレクションを選択します。

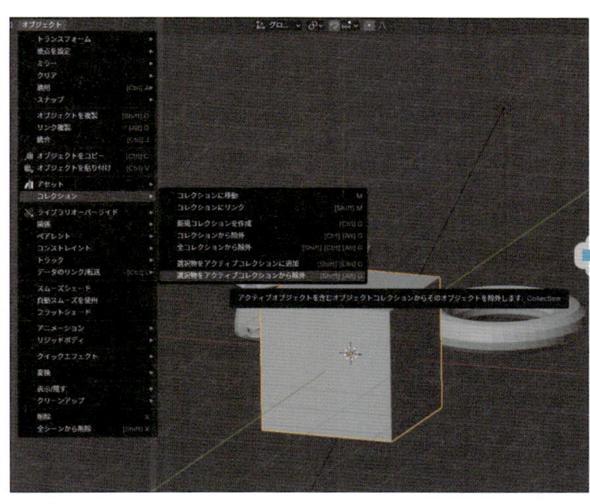

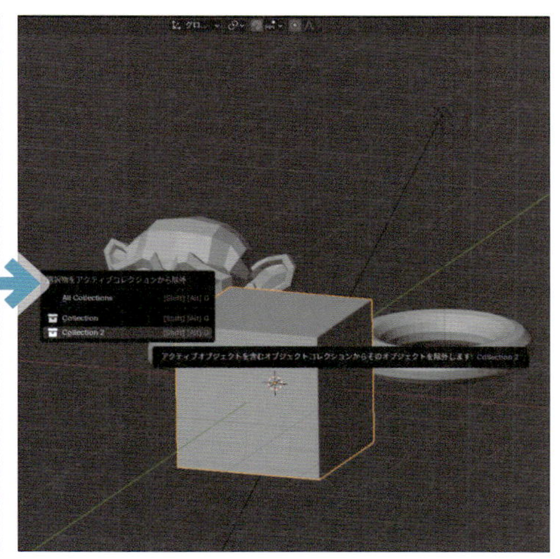

図4-7-4 コレクションからオブジェクトを除外

データブロック

Blneder ファイルには、3D モデルに関わるさまざまなデータが格納されています。ここでは、そのデータの概要を見ていきます。

5-1 データブロックとは

Blender のデータは、それぞれタイプごとに「.blend」ファイル内に格納されています。ポリゴンデータなどはメッシュオブジェクトに直接格納されているわけではなく、「メッシュデータ」として個別に格納されており、メッシュオブジェクトはメッシュデータを参照しています。

これによってオブジェクトが参照する形状を丸ごと入れ替えたり、複数のオブジェクトから同一の形状を参照することができます。たとえば、メッシュオブジェクトには、

- **メッシュオブジェクト**
- **メッシュデータ**
- **マテリアルデータ**

などのデータが含まれていますが、これらはそれぞれ以下のような形で保持されています。

- **オブジェクトのリスト**
  - メッシュオブジェクト 1
  - メッシュオブジェクト 2
- **メッシュデータのリスト**
  - メッシュデータ 1
  - メッシュデータ 2
- **マテリアルのリスト**
  - マテリアル 1
  - マテリアル 2
  - マテリアル 3

これらのデータは、アウトライナー上で表示モードを「データ API」にすることで閲覧することができます。

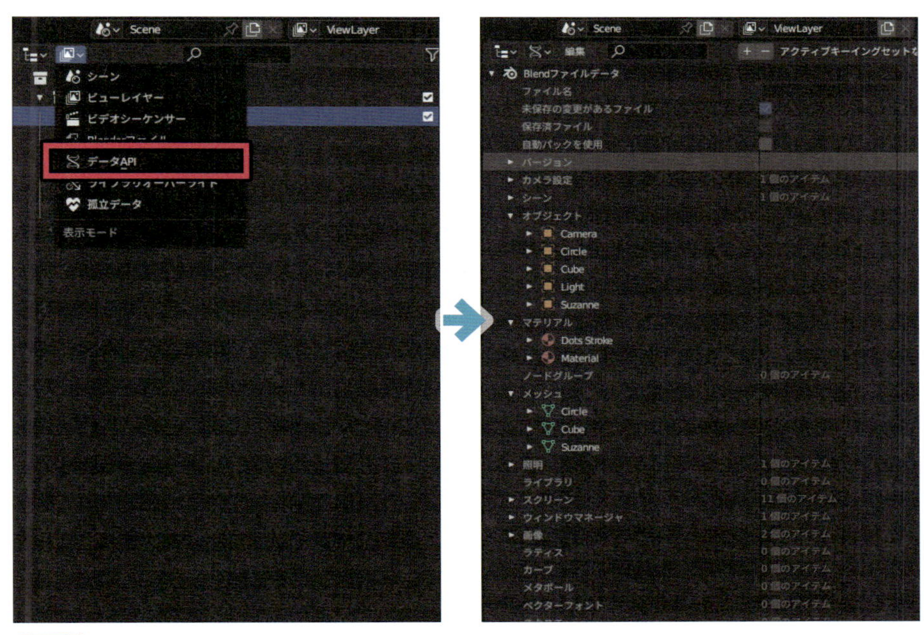

図5-1-1 データオブジェクトの表示

データブロックの参照先の切り替え

データブロックは、選択欄にプルダウンマークがある場合、参照先を切り替えることができます。比較的よく行われるデータブロックの切り替えは、マテリアルの差し替えです。

プロパティパネルでのマテリアル選択は、データブロックの選択を行っています。

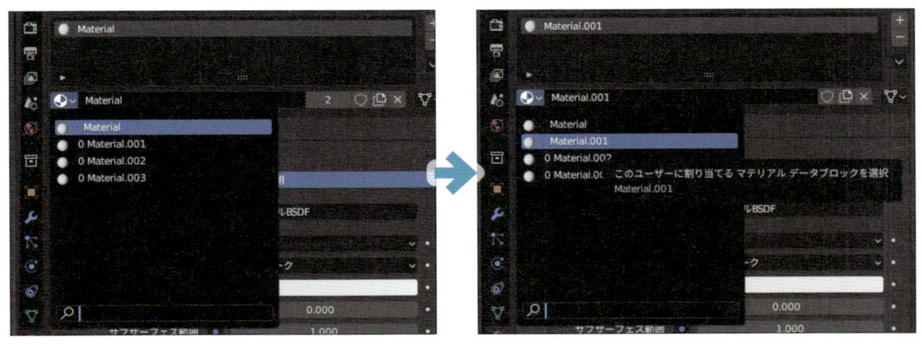

図5-1-2 マテリアルの切り替え

同様にメッシュオブジェクトであれば、メッシュデータを切り替えて形状を差し替えることができます。

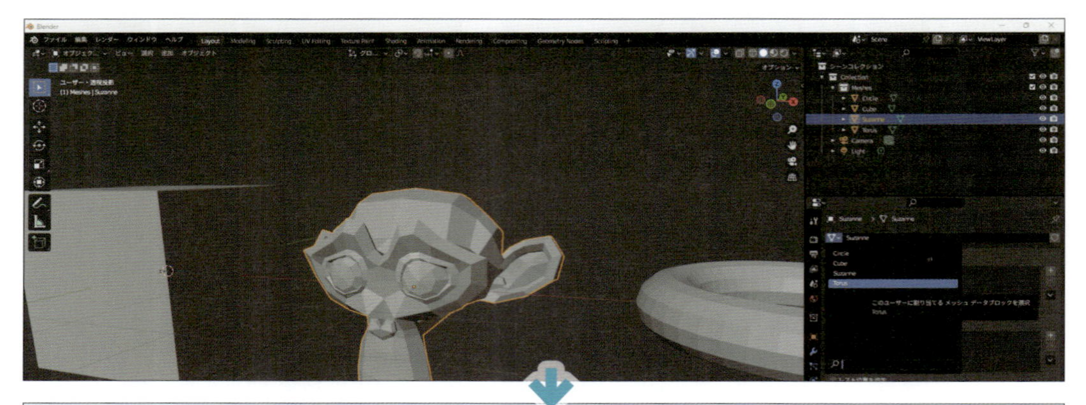

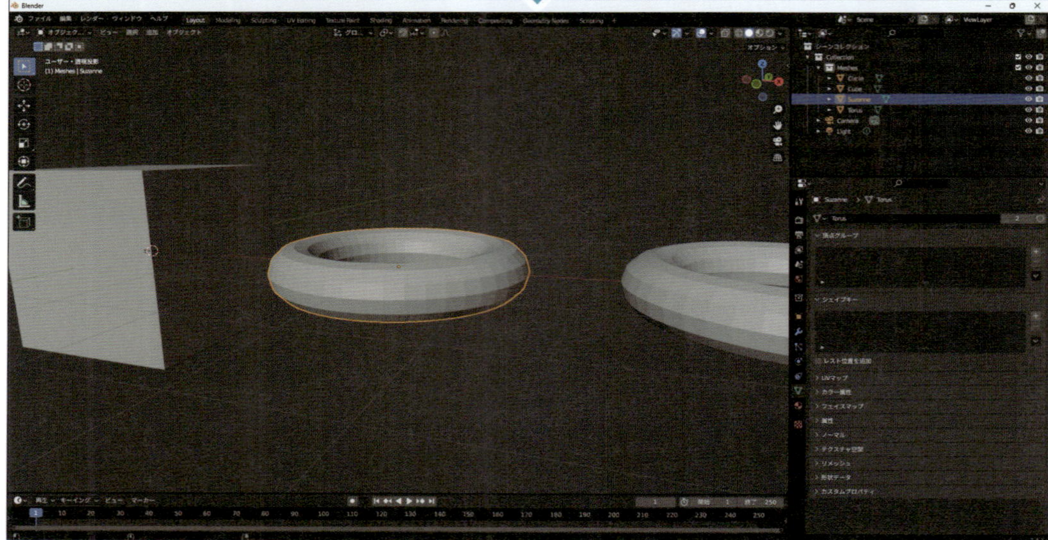

図5-1-3 メッシュオブジェクトの切り替え

未使用データブロックの自動削除

どこからも参照されていない未使用なデータブロックは、次回ファイルオープン時に削除されます。もし参照先がないデータブロックを保持しておきたい場合は、データ選択右側にある「盾アイコン」のボタンを押し、フェイクユーザーを有効にします。

フェイクユーザーが有効なデータブロックは参照先があるものとして判断され、ファイルのクリーンアップから除外されます。

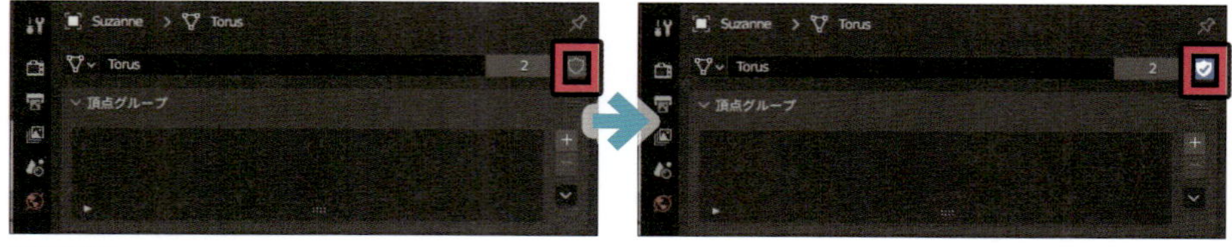

図5-1-4 未使用のデータブロックの削除の可否（左：自動削除、右：データブロックを保持）

5-2 外部データの取り扱い

外部データが絶対パスで記述されている場合、「.blend」ファイルを移動したりすると参照不能になってしまいます。よくあるのが、絶対パスでテクスチャなどを参照したファイルを作ったあとに、整理のために「.blend」ファイルやテクスチャなどが入っているフォルダごと別の場所に移動してしまうようなケースです。

相対パス化していれば、このようなケースで参照不能にならずに済みます。

絶対パスの相対パス化

Blender は、デフォルト設定では外部ファイルは相対パスとして参照する設定になっていますが、まれにこの設定が外れたファイルを作ってしまった場合は、手動で設定し直す必要があります。

データ内のすべてのファイルパスの修正は、「ファイル→外部データ→相対パス化」から簡単に行うことができます。

デフォルト設定の変更は、「編集→プリファレンス」の設定ウィンドウ上の「セーブ&ロード→ Blend ファイル→デフォルト設定→相対パス」にチェックを入れることで行うことが可能です。

外部データのパック

外部参照している画像データなどを「.blend」ファイルに格納することができます。これを「パック」と呼びます。

「ファイル→外部データ→リソースのパック」から、.blend ファイルが参照している外部データをすべてパックすることが可能です。誰かに .blend ファイルを渡したいときに、すべてのデータを簡単に含めたい場合などに大変便利です。

パックすると、外部ファイルはそれ以降参照されなくなる点に注意が必要です。よくある失敗として、いったん作業が完了したと思ってパックしたが、テクスチャに修正したい箇所を発見し、外部のテクスチャを修正したが Blender 上に反映されない、というケースがあります。

このような場合には、該当データをパック解除する必要があります。

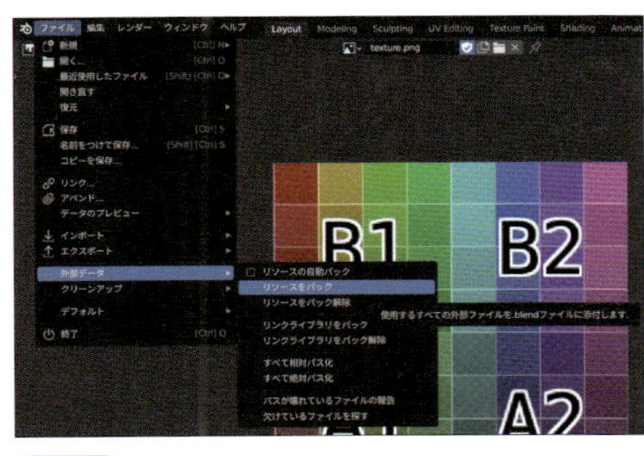

図5-2-1 リソースのパック

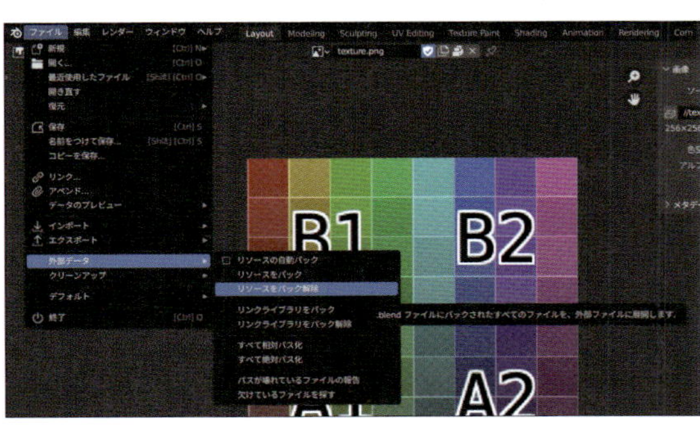

図5-2-2 リソースをパック解除

外部データのパック解除

パックされたデータを、「.blend」ファイル外に書き出したい場合はパック解除を行います。「ファイル→外部データ→リソースをパック解除」を実行します。

また、画像など個別ファイルからも、ファイルパス入力欄右側のパック済みアイコンをクリックすることで、個別にパック解除することも可能です。

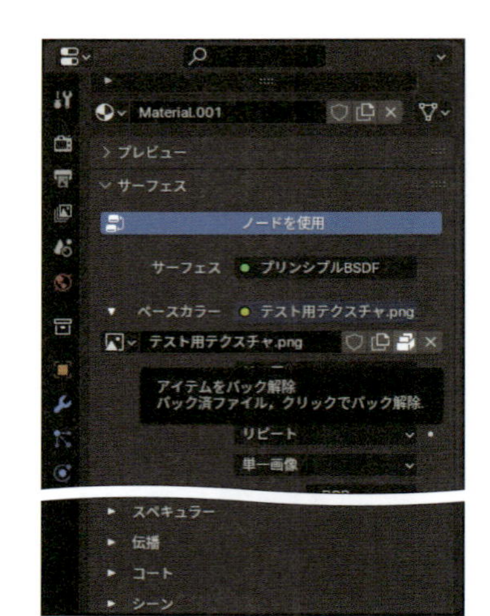

図5-2-3 画像ごとのパック解除

5-3 Blender データブロックの主な種類

ここでは、Blender のデータブロックの主な種類をまとめておきます。

シーン

シーンは複数持つことができ、Blender 画面右上から編集対象のシーンを切り替えることができます。

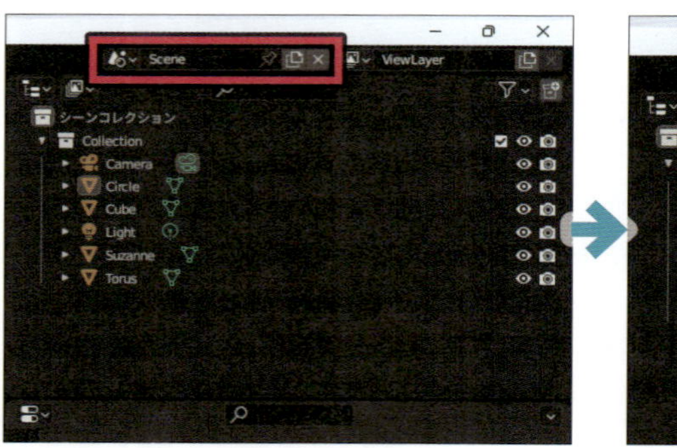

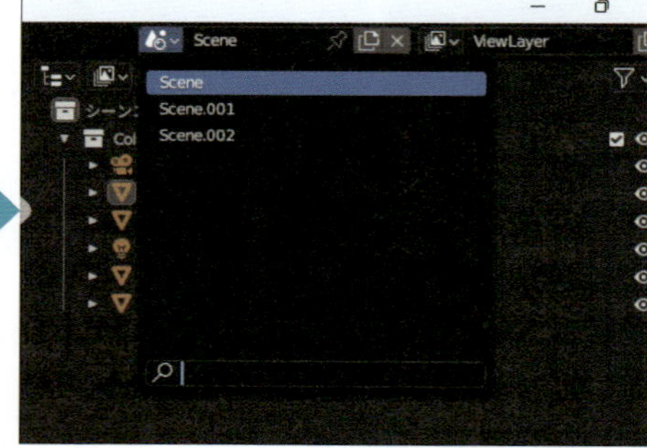

図5-3-1 シーンの切り替え

オブジェクト

基本的にはプルダウンメニューはありませんが、オブジェクトはシーンやコレクションにリンク／アンリンクされます。

メッシュ

メッシュオブジェクトが参照する形状データです。頂点や辺、ポリゴンなどを格納しています。

▶ カメラ

カメラ設定を持つデータブロックです。焦点距離やオフセットなどの情報が格納されています。

▶ ライト

ライト設定を持つデータブロックです。ライトの種類や強度などが格納されています。

▶ マテリアル

メッシュデータが参照する物体の質感を表現するためのデータです。マテリアルノードを格納しており、複雑な表現をすることができます。

マテリアルについては、次の節で詳しく解説します。

▶ 画像

Blenderに読み込んだ画像は、すべて画像データブロックとして保持されます。画像データブロックは、マテリアルノードや下絵など、いろいろなデータから参照することができます。

▶ マテリアルの詳細

マテリアルとは、3Dモデルの表面の質感を指定するデータです。主な設定は、次の6章で解説する「マテリアルノード」というデータに格納されており、かなり自由度の高い設定を構成することができます。

メッシュオブジェクトなど、マテリアルを割り当て可能なオブジェクトには、プロパティパネルにマテリアルタブが表示されます。

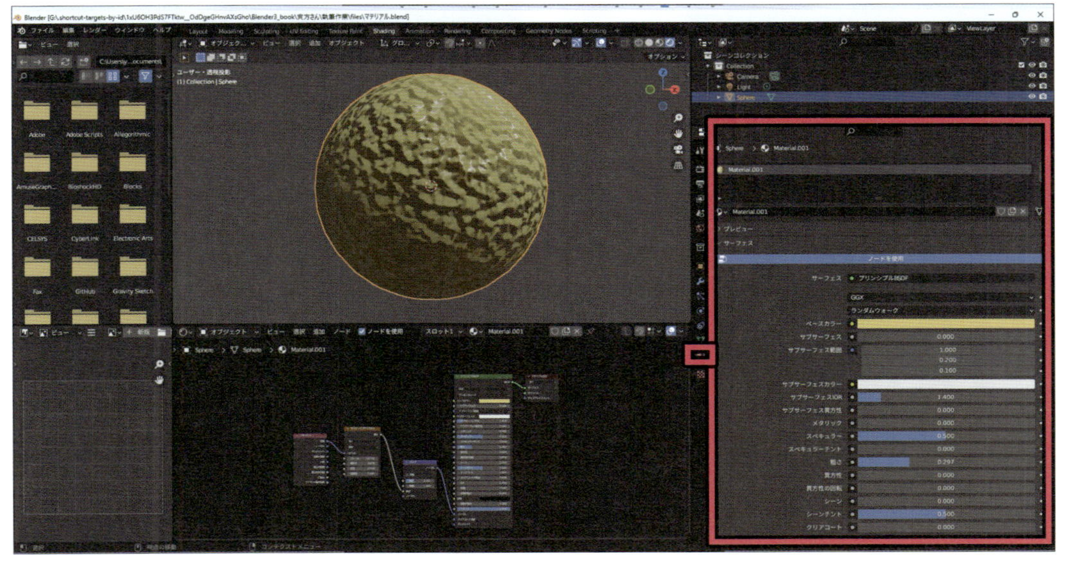

図5-3-2 マテリアルタブの画面

マテリアルタブでは、以下の作業などを行うことができます。

- マテリアルの新規作成
- マテリアルスロットの新規作成
- マテリアルの割り当て

マテリアルの割り当て手順は、以下のような流れになります。

1 マテリアルスロットの作成

「+」をクリックして、マテリアルスロットを作成します。

図5-3-3 マテリアルスロットの作成

2 マテリアルスロットにマテリアルを作成もしくは選択

3 編集モードでマテリアルを割り当てたいポリゴンを選択

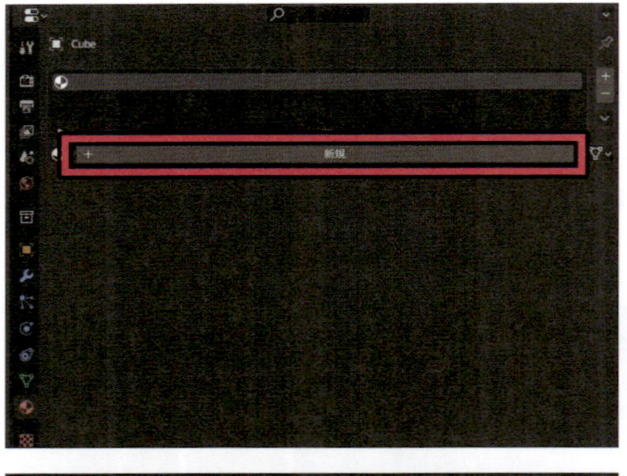

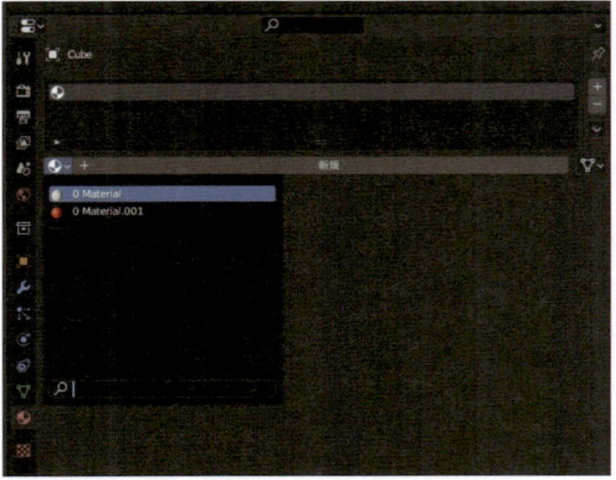

図5-3-4 マテリアルの新規作成（上）とマテリアルの選択（下）

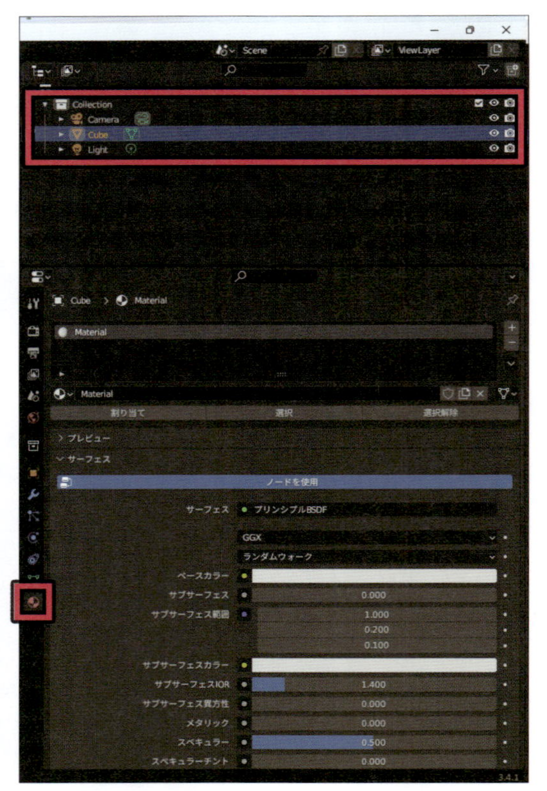

図5-3-5 ポリゴンを選択

データブロック

4 ポリゴンにマテリアルスロットを割り当て

注意すべき点は、ポリゴンに割り当てられるのは、あくまでも「マテリアルスロット」であるという点です。直接ポリゴンにマテリアルが割り当てられているわけではありません。

この構造のおかげで、既にマテリアルを割り当てた場所を別のマテリアルにしたい、といったときに簡単にマテリアルを差し替えることができます。

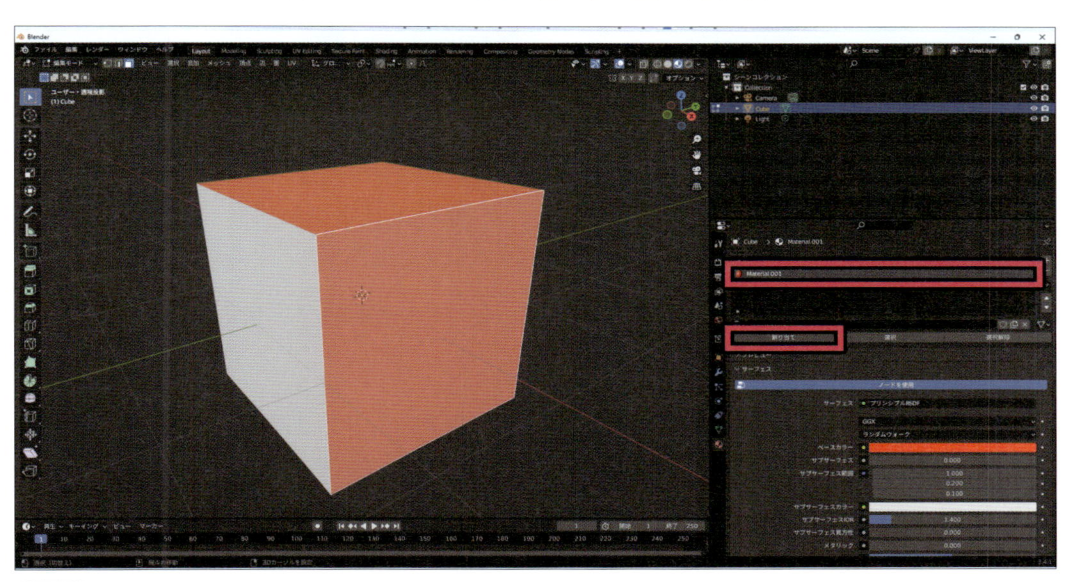

図5-3-6 マテリアルスロットの割り当て

マテリアルノード

Blender では、質感の詳細な挙動を「ノードエディタ」を使用して設定することができます。この章では、マテリアルノードの詳細を見ていきます。さらに詳しくは「プロシージャルマテリアル編」で解説しています。

6-1 ノードとノードエディタの概要

まずは、ノードとノードエディタについて、その概要を紹介します。

ノードエディタの場所

ノードエディタはウィンドウ上部、「シェーディング」タブ内に設置されています。シェーディングタブ中央下がノードエディタです。

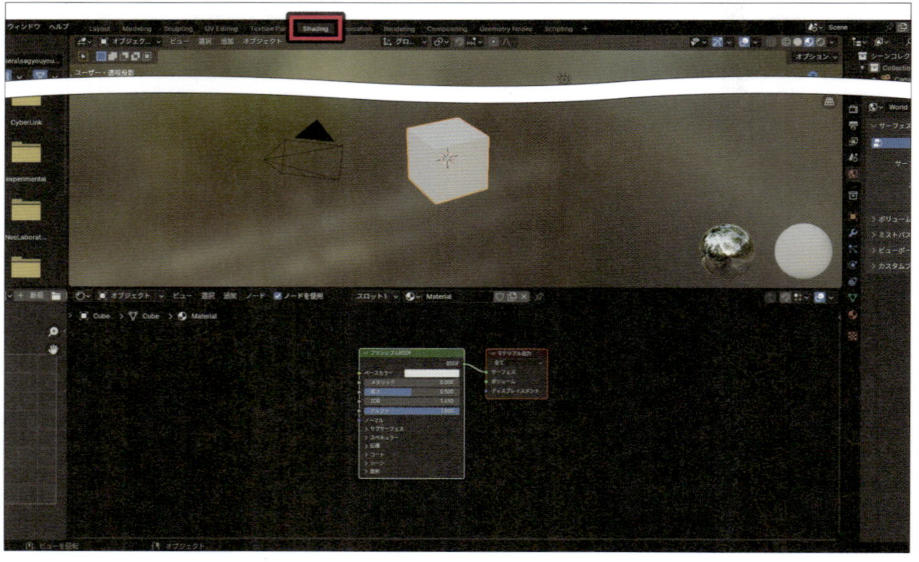

図6-1-1 「シェーディング」タブを選択して、ノードエディタを表示

ノードエディタの概要

ノードエディタは箱状の要素を線で繋ぐ、特徴的なエディタです。１つ１つの箱が何らかの処理を担っており、それを「ノード」と呼びます。

ノードには入力と出力があり、各ノードによって加工された情報が出力方向に伝達されていきます。マテリアルでは「ノードエディタ」が採用されており、非常に強力な表現が可能になっています。

図6-1-2 ノードエディタの画面

ノードの概要

ノードエディタに表示されている１つ１つの箱を「ノード」と呼びます。ノードは種類によって、それぞれいろいろな処理を行います。

ノードには「入力」と「出力」があり、ノード同士を接続していくことで複雑な処理を実現することができます。

ノードの接続

ノードの出力ポートをドラッグすると線が現れ、ほかのノードの入力ポートで離すとノードを接続することができます。接続されているノードでは、出力側のノードから入力側のノードへデータが送られます。

逆に、接続されているノードの入力ポートをドラッグし、画面の余白上で離すとノードを切断することができます。

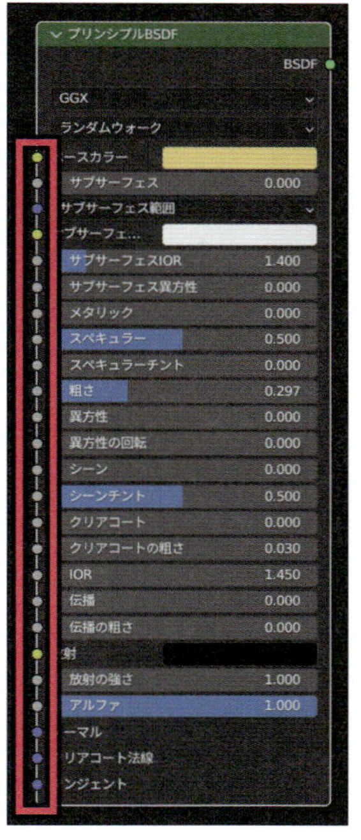

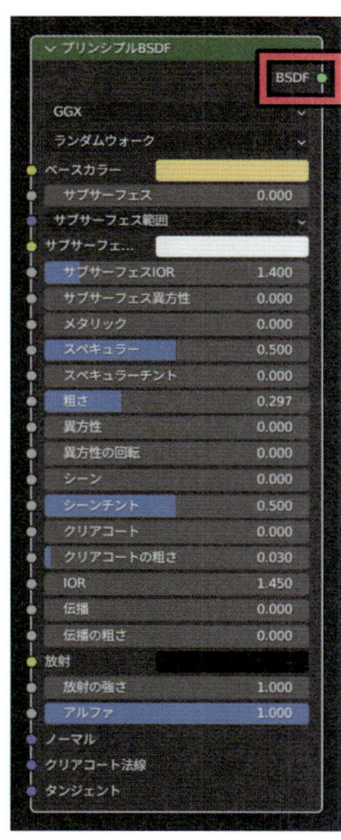

図6-1-3 ノードの入力ポート（左）と出力ポート（右）

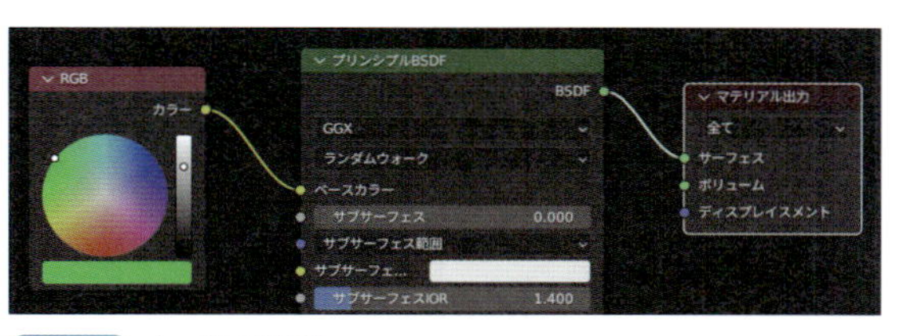

図6-1-4 ノードの接続例

ノード間でやりとりされるデータとソケットの色

マテリアルノード上ではさまざまな種類のデータがやりとりされますが、基本的には数値の集まりがやりとりされています。

入出力されるデータの種類は、ソケットの色を見るとわかるようになっています。

- **1 次元の数値**：グレー
- **3 次元の色（Red、Green、Blue）**：イエロー
- **3 次元のベクトル（X、Y、Z）**：パープル

図6-1-5 グレーのソケットは、1次元の数値

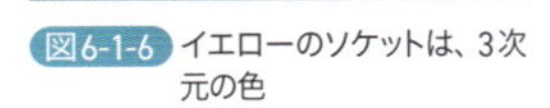

図6-1-6 イエローのソケットは、3次元の色

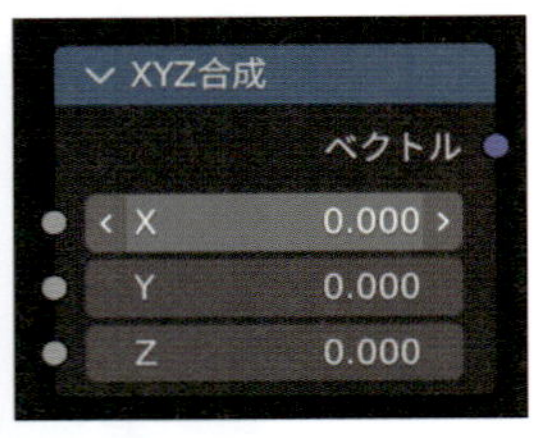

図6-1-7 パープルのソケットは、3次元のベクトル

暗黙のデータ変換

マテリアルノードでは、色の違うソケット同士を接続することができます。このとき、暗黙のうちにデータの変換が行われています。

図6-1-8 グレー（1次元の数値）の出力をイエロー（3次元の色）に入力

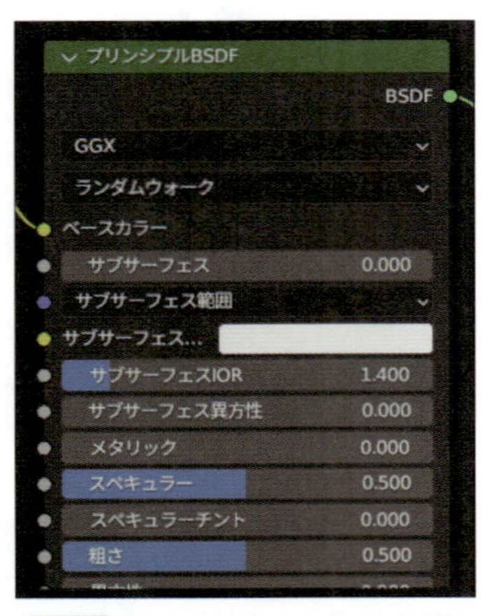

図6-1-9 値ノードを「0.2」に設定した結果

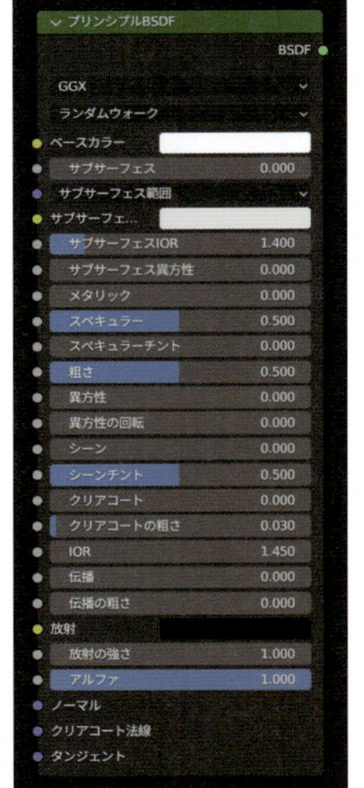

図6-1-10 イエロー（3次元の色）の出力をグレー（1次元の数値）に入力

たとえば、「値」ノードの出力ソケット（グレー）を「プリンシプル BSDF」ノードのベースカラー（イエロー）に接続することができます。

「値」ノードを 0.2 に設定した場合、ベースカラーには「Red：0.2、Green：0.2、Blue：0.2」のデータとして変換されて送られています。

逆に、「RGB」ノードの出力ソケット（イエロー）を「プリンシプル BSDF」ノードの粗さ（グレー）に接続することもできます。

「RGB」ノードの色を「Red：0.2、Green：0.2、Blue：0.2」に設定している場合、1 次元の「0.2」という値に変換されて送られています。3 つが同じ値でない場合は、変換は Blender の内部的に処理され、RGB の値が総合的に加味されます。

6-2 基本的なマテリアルノード

基本的なマテリアルノードをいくつか紹介しておきます。

プリンシプル BSDF ノード

マテリアルノードを新規作成したときに初めから構成されているノードの 1 つが「プリンシプル BSDF ノード」です。ノードエディタ画面の上部のメニューから、「追加→シェーダー→プリンシプル BSDF」で新規に追加することもできます。

アーティストが設定しやすいように、物理ベースレンダリングに必要な一通りのパラメータを 1 つにまとめたノードで、リアルな質感であればだいたいのものがこれ 1 つでまかなえるようになっています。主なパラメータとして、以下のようなものがあります。

- **ベースカラー**：物体の色
- **メタリック**：物体が金属か、非金属か
- **粗さ**：物体表面の滑らかさ

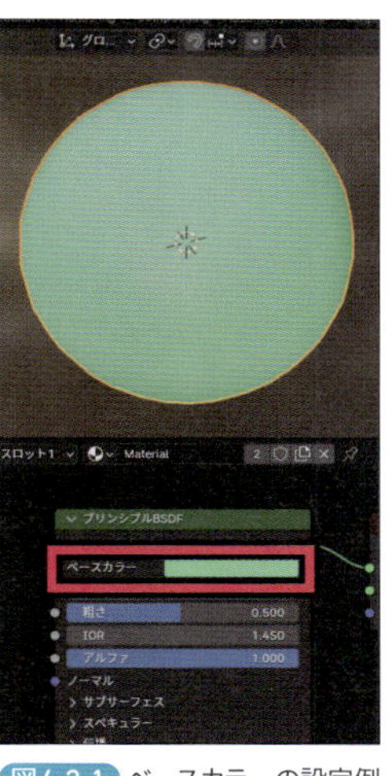

図6-2-1 ベースカラーの設定例

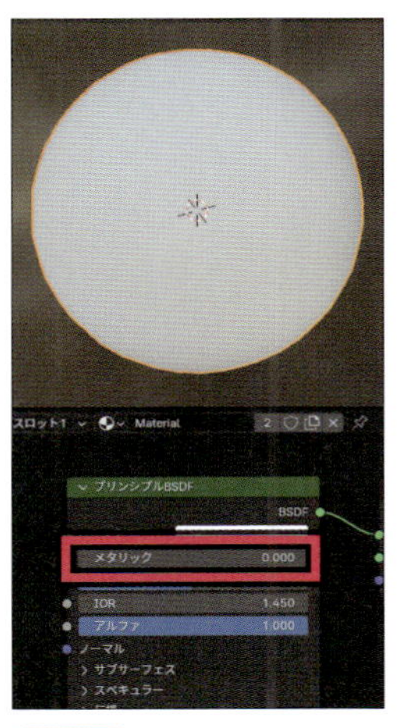

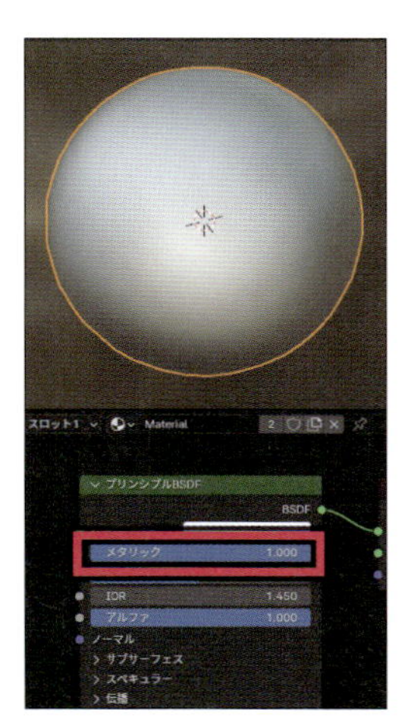

図6-2-2 メタリックの設定例（左：非金属、右：金属）

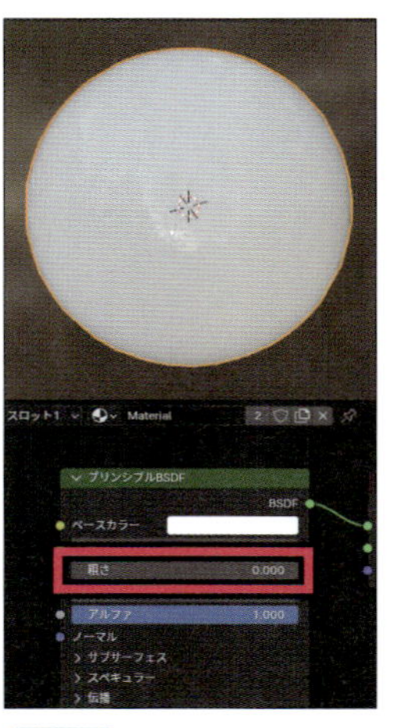

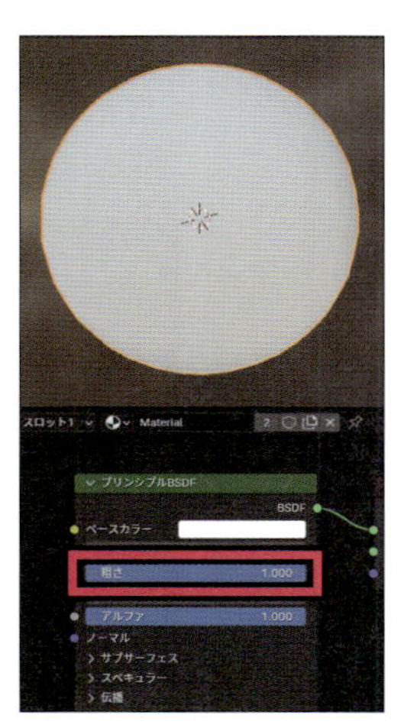

図6-2-3 粗さの設定例（左：滑らか、右：ざらざら）

これらは「メタリック／ラフネスワークフロー」とも呼ばれ、ほかの DCC ツールでも採用されている頻度が高いパラメータです。プリンシプル BSDF には、上記以外にもさまざまなパラメータがあり、より高度な質感表現が実現可能になっています。

PBR（Physically Based Rendering）とは

PBR（物理ベースレンダリング）とは、物理的に正確なシェーダーやマテリアルの表現を目指す技術です。現実世界の光の挙動を再現することを目的としており、ライティングや反射がシーン内の環境に応じて表現されます。

Blender では、この PBR の実装として「Principled BSDF」が積極的に使用されます。Principled BSDF の主要項目を解説します。

• Base Color（ベースカラー）

マテリアルの基本的な色を定義する項目です。金属やプラスチックのように、反射の上に被さる基本となる色（拡散色）として働きます。ガラスなどの透明な素材の場合、この色が控えめに反映されます。

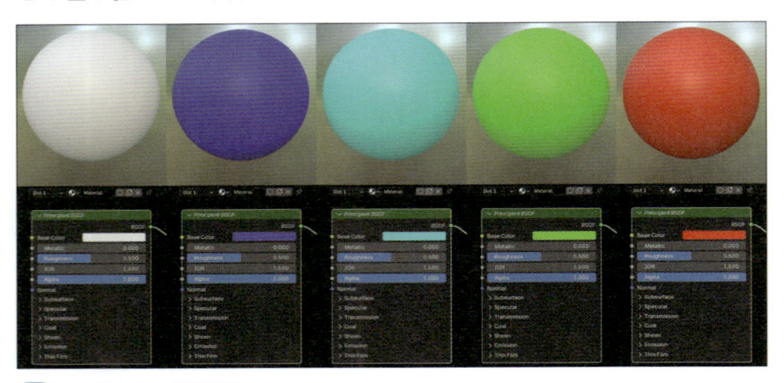

図 ベースカラーの設定例

• Metallic（メタリック）

オブジェクトの表面が金属か非金属かを制御するパラメータです。値「0」が非金属（プラスチック、木など）、値「1」金属（鉄、金など）になります。金属では光が反射重視になり、ベースカラーがそのまま反射色になります。

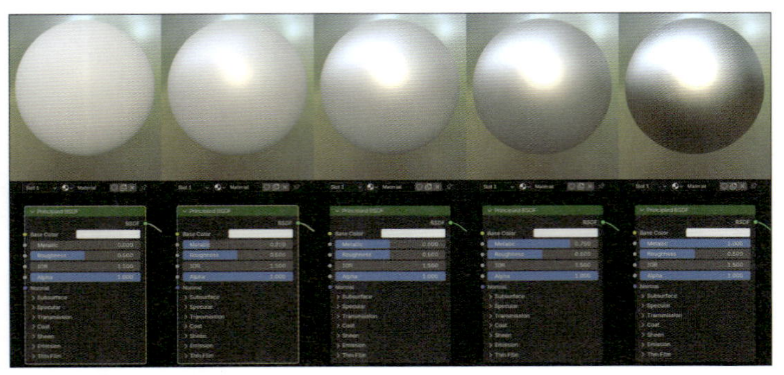

図 メタリックの設定例

• Roughness（ラフネス）

表面の粗さを表現し、反射の拡散具合を制御します。「値が低い（0 に近い）」場合は、鏡のように滑らかな表面で、はっきりとした反射に、「値が高い（1 に近い）」は、ザラザラした表面で、反射が拡散され曇ったような見た目になります。このパラメータは、物質の質感を大きく左右します。

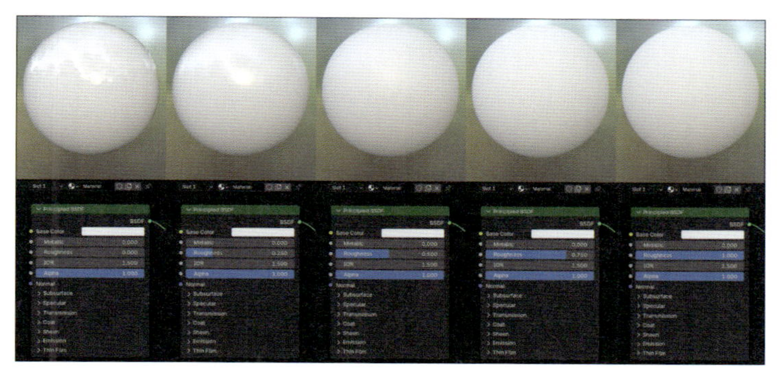

図 ラフネスの設定例

• Normal（ノーマル）

法線マップを使用して、凹凸のようなディテールを付加するための項目です。モデル自体のジオメトリを増やさずに、表面の凹凸感を疑似的に表現できるため、パフォーマンスを維持しつつ細かい質感を表現できます。

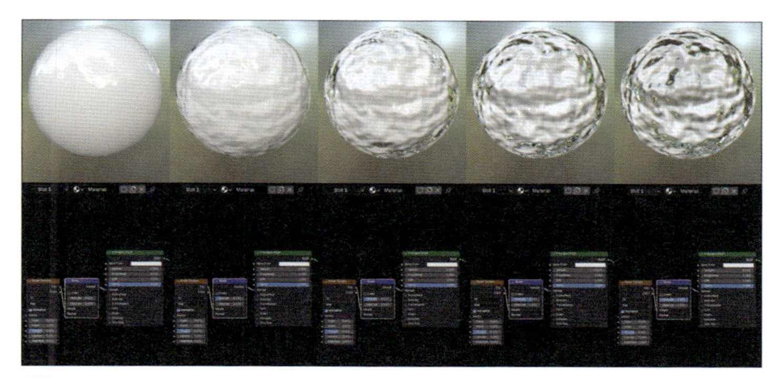

図 ノーマルの設定例

Principled BSDF の主要項目である「Base Color」「Metallic」「Roughness」「Normal」を適切に使うことで、よりリアルな質感を効率的に表現することが可能になります。それぞれのパラメータに細かい調整を行いながら、これ 1 つでさまざまな材質を再現できるのが「Principled BSDF」の強みです。

マテリアル出力ノード

構成したノードの結果の出力先として指定するノードです。ノードエディタ画面の上部のメニューから、「追加→出力→マテリアル出力」から追加します。

ノードエディタ上にはさまざまなノードをいくつでも配置して接続することができますが、最終的に画面に見えるのはマテリアル出力に接続した結果のみとなります。

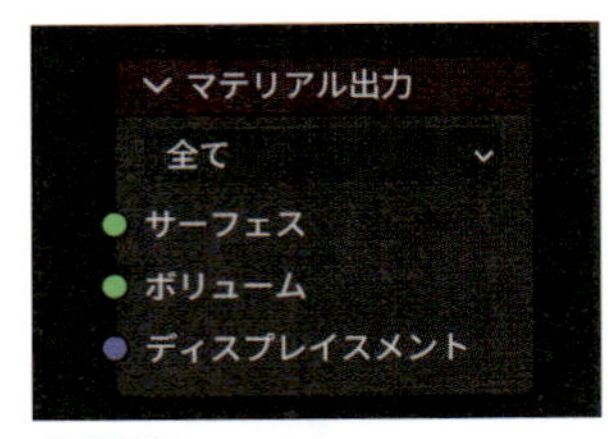

図6-2-4 マテリアル出力ノード

画像テクスチャノード

マテリアルノード上でテクスチャを扱いたいときは、画像テクスチャノードを使用します。画像テクスチャノードは、指定された画像の色を出力するノードです。ノードエディタ画面の上部のメニューから、「追加→テクスチャ→画像テクスチャ」から追加します。

使用する画像は、プルダウンで指定します。

ポリゴンに画像をどのように割り当てるのかという指定は、入力の「ベクトル」を使用します。デフォルトでは何も繋がっていませんが、利便性のために暗黙のデフォルト入力としてUVマップが入力されています。これはUVマップノードを接続し、デフォルトのUVマップを選択しているのと同じ状態になっています。

ベクトルに入力される値は画像の横、縦の座標として解釈され、出力ソケットからはその座標の色が出力されます。

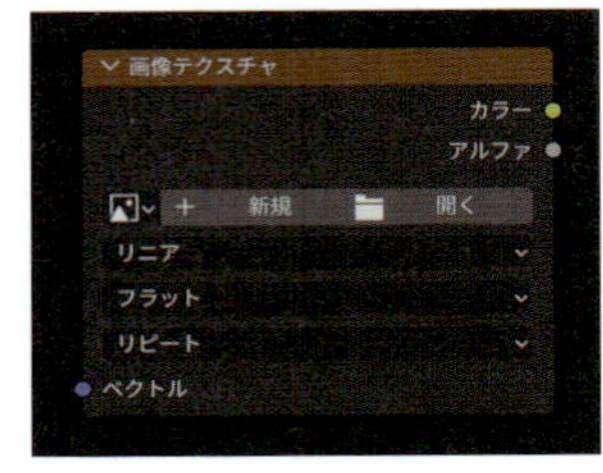

図6-2-5 画像テクスチャノード

図6-2-6 使用する画像の指定

UVマップノード

オブジェクトからUVマップを取得するノードです。ノードエディタ画面の上部のメニューから、「追加→入力→UVマップ」から追加します。プルダウンで出力対象のUVマップを選択し、UVソケットからUV座標を出力します。

UV座標は、ポリゴンに割り当てられたUV設定から計算されて出力されるので、面上の座標ごとに違った値が出力されることになります。

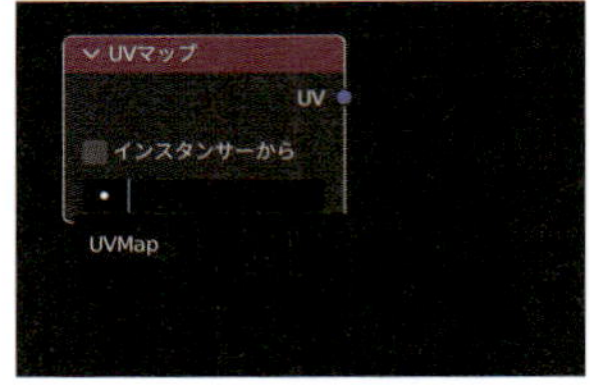

図6-2-7 UVマップノード

6-3 テクスチャを使用したマテリアルの基本的な構成

モデルにテクスチャを割り当てたい場合には、基本的には次のようなノードを構成します。

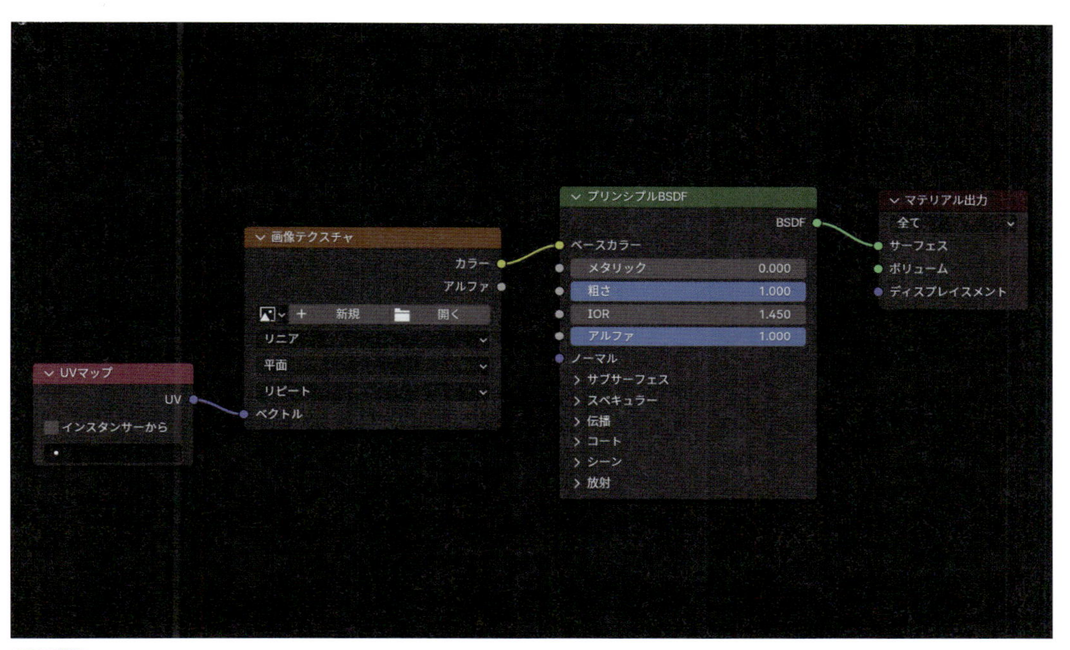

図6-3-1 テクスチャを割り当てる場合の基本的なノード構成

この構成では、以下のような流れで質感を表現しています。

1 UV ノード

モデルの UV マップ情報を取得し、マテリアル表示位置に対応した UV 座標を出力

2 画像テクスチャノード

受け取った UV 座標にある画像の色を出力

3 プリンシプル BSDF ノード

BaseColor に受け取った色を設定し、ほかの設定値やライティングの影響をもろもろ計算して、質感として出力

4 マテリアル出力ノード

最終的な計算結果を受け取り、画面上に色を出力

この例では、画像を BaseColor に繋いでいますが、マテリアルノードでは暗黙のデー

タ変換があるおかげで画像をラフネスやそのほかの項目にも繋ぐことができます。

BaseColor のときは場所によって模様が変わるマテリアルを作成できましたが、たとえば同じテクスチャをラフネス（粗さ）に繋ぐと場所によって表面の粗さが違うマテリアルを作成できます。

このように、ノードの対応力は極めて高いので、さまざまな構成を試してみてください。

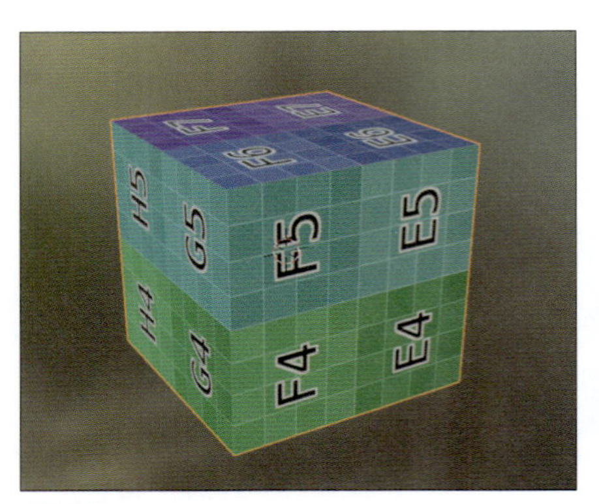

図6-3-2 画像をBaseColorに繋いだ例

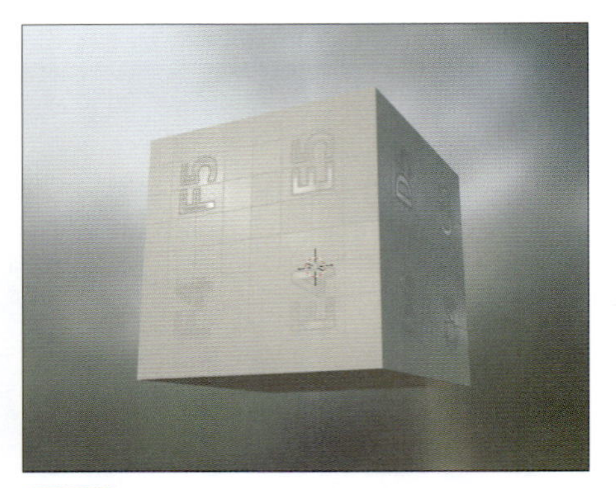

図6-3-3 画像をラフネス（粗さ）に繋いだ例

オブジェクトとデータ構造

Blender で作られることが多い 3D キャラクターを例に、キャラクターモデルのデータ構造を見ていきます。

7-1 キャラクターモデルの例

オブジェクトとデータ構造について、キャラクターモデルを例にとって簡単に解説します。

このモデルは、キャラクターの形状を表現するメッシュオブジェクトと、骨組みとなるアーマチュアオブジェクトの 2 つのオブジェクトで構成されています。それぞれどのように相互にデータを参照しているのかを、以降で確認していきます。

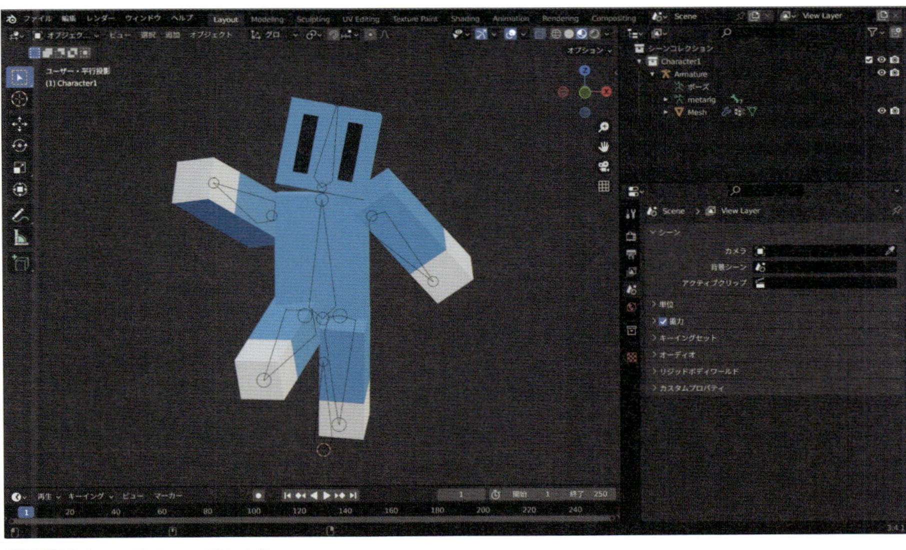

図7-1-1 キャラクターモデルの例

1 2 3 4 5 6 7 7 9 10 11 12

7-2 アーマチュアオブジェクトの構成

図は、このモデルのボーン構造を担うアーマチュアです。メッシュオブジェクトの親になっているため、アーマチュアオブジェクトを移動させるとメッシュオブジェクトも追従するようになっています。

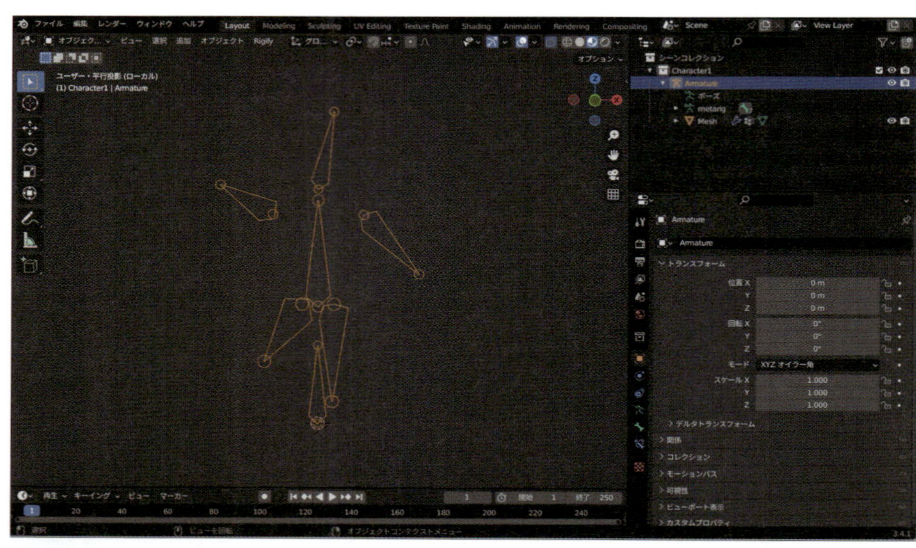

図7-2-1 キャラクターモデルのアーマチュア

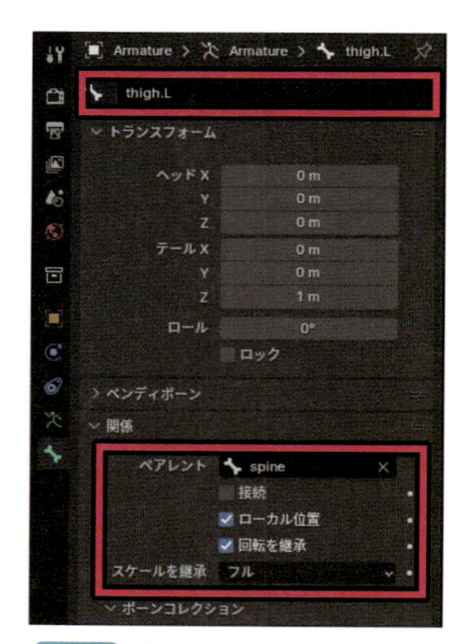

図7-2-2 ボーンの設定内容の確認

ボーン

ボーンが人型に構成されています。それぞれのボーンには、ボーンデータの「関係→ペアレント」で親が設定されており、階層構造を構成しています。

また、ボーン名を見ると「thigh.L」「thigh.R」のように、左右対処なボーンには「.L」「.R」の添字が付いています。Blender ではこのような同一名称に左右の添字がついたボーンを、左右対称なボーンとして取り扱う機能があります。

ポーズ

このアーマチュアには、ポーズが設定されています。編集モードとポーズモード／オブジェクトモードでは、まったく違ったポーズをしていることがわかります。編集モード時の姿勢が本来の姿勢で、そのほかの状態で表示されているのがポーズ姿勢です。

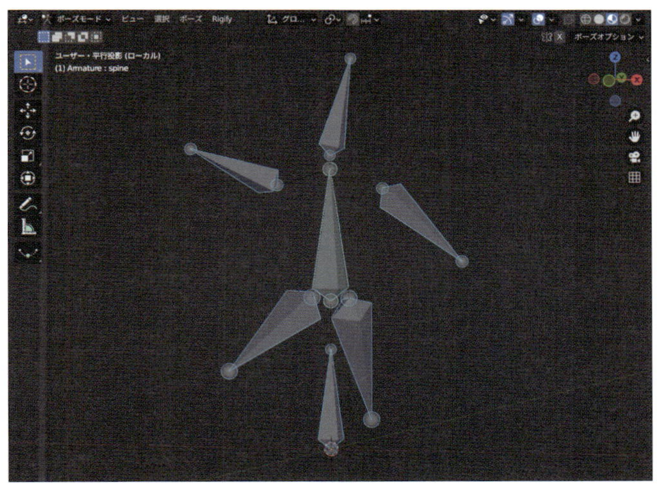

図7-2-3 ポーズモード／オブジェクトモードでのポーズ姿勢

メッシュオブジェクト

メッシュオブジェクトは、キャラクターの形状の表現を行います。

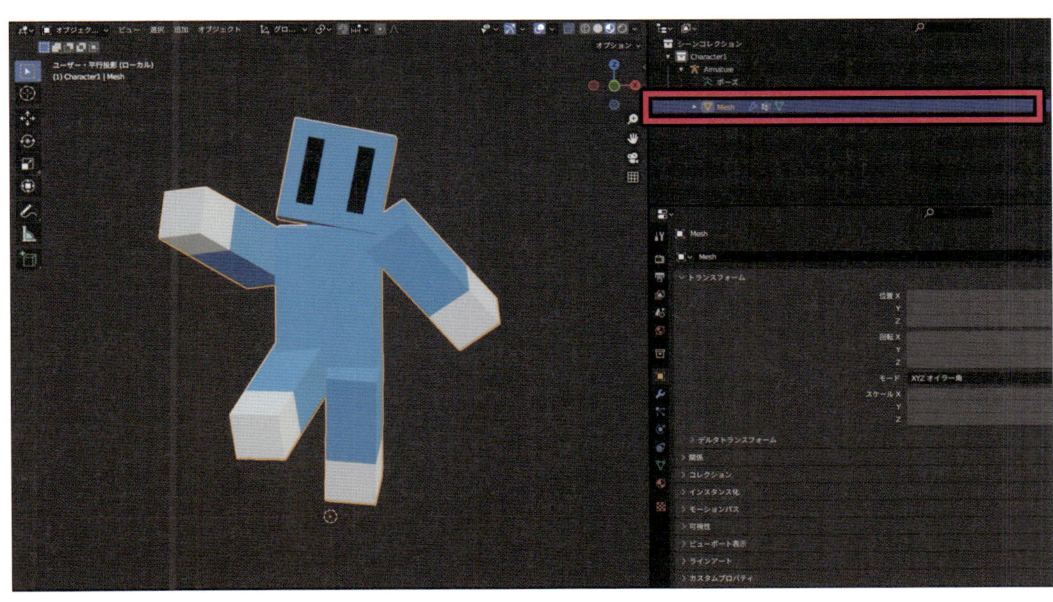

図7-2-4 メッシュオブジェクトの表示

メッシュの形状

メッシュは、頂点、辺、面で構成されています。それぞれの面には、マテリアルが割り当てられています。ただし、このメッシュはモデルの片側だけしか存在していません。残りの半分は、「ミラーモディファイア」で生成させているからです。

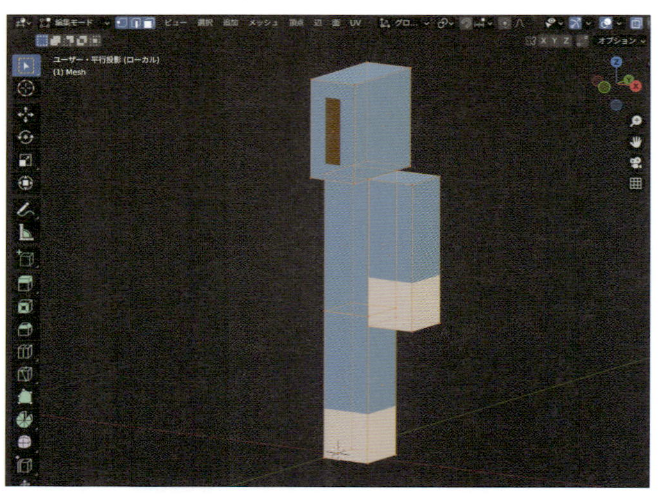

図7-2-5 メッシュに割り当てられているマテリアルの確認

▶ 頂点グループ

各頂点が、それぞれアーマチュア内のボーンと同じ名前のグループに割り当てられています。またボーンとの位置関係に応じて、グラデーション状にウェイトが割り当てられています。

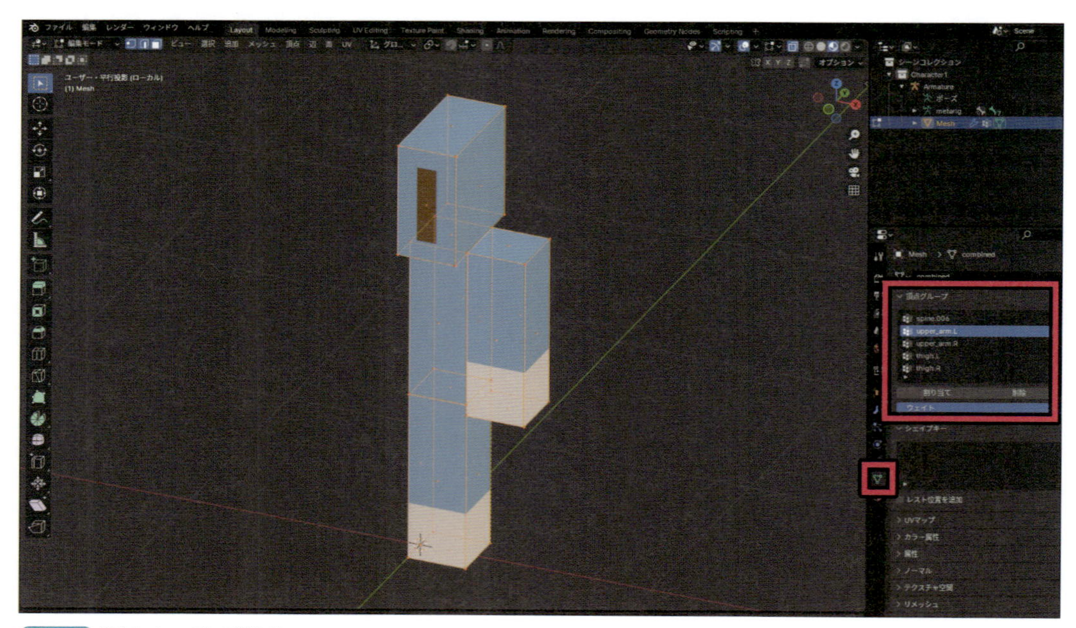

図7-2-6 頂点とウェイトの割り当て

▶ UV マップ

テクスチャの割り当てをUV マップで定義しています。このUV マップをマテリアル側で参照して、マテリアル上でのテクスチャ表示を決めています。

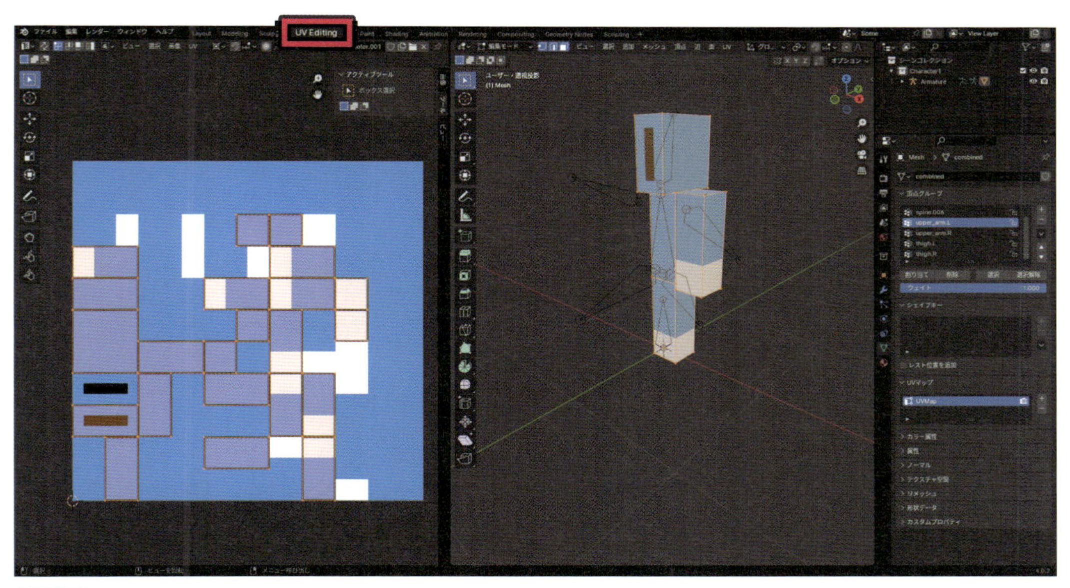

図7-2-7 UVマップの表示

▶ マテリアル

このモデルには、1つのマテリアルのみが割り当てられています。Blenderでは1つ目のマテリアルはデフォルトマテリアルとして、特に面に割り当てをしなくても使用されます。

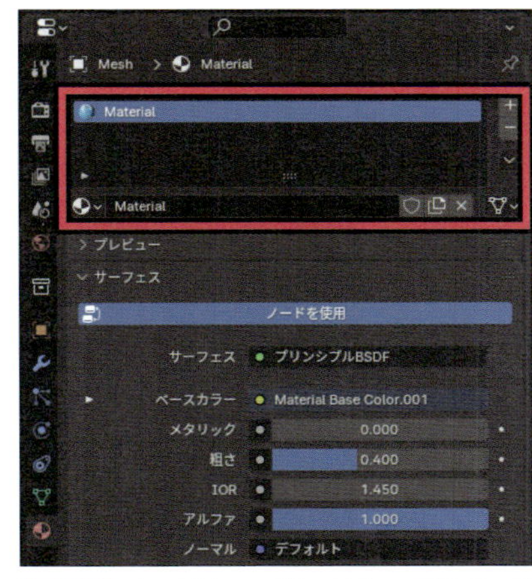

図7-2-8 キャラクターモデルの場合のマテリアルの割り当て

7-3 マテリアルの構成

サンプルのキャラクターモデルのマテリアルの構成について解説します。

▶ シェーダーノード

このマテリアルは、シンプルなノード構成になっています。シェーダーは、ほぼデフォルトのプリンシプルBSDF、カラーの入力にテクスチャが接続され、テクスチャの割り当て方は明示的にUVマップを指定します。

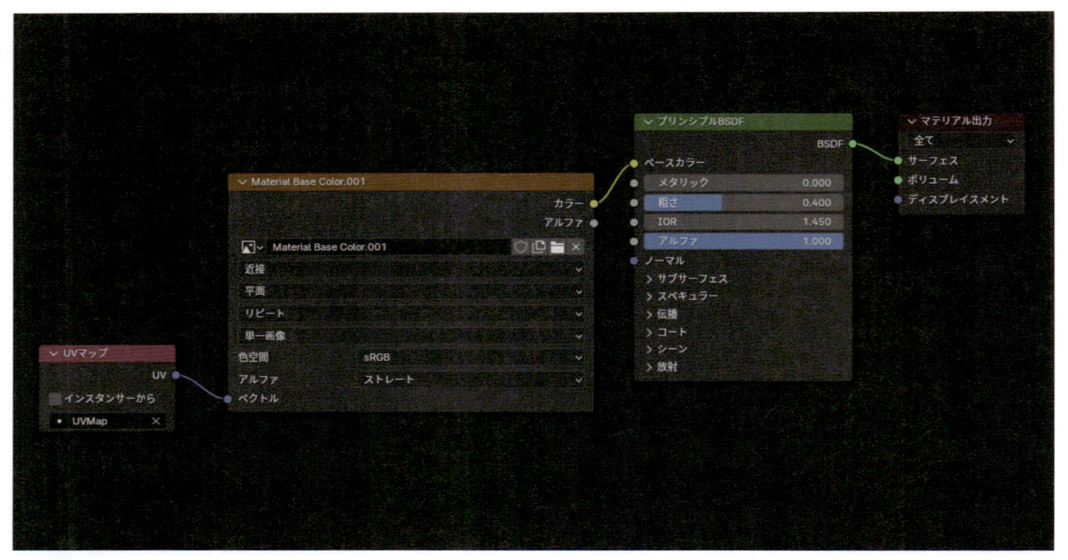

図7-3-1 マテリアルのシェーダーの構成

テクスチャ画像には、モデルに使用するテクスチャを指定しています。インプットには、UV マップが指定されています。

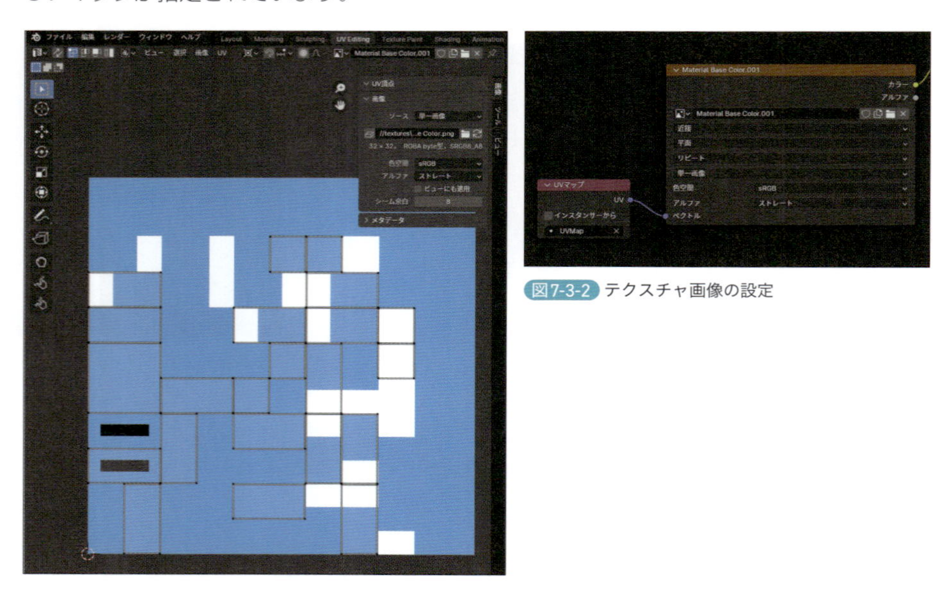

図7-3-2 テクスチャ画像の設定

▶ モディファイアーによるメッシュ表示の加工

メッシュデータをもとに最終的なメッシュ表示を加工します。モディファイアーには、上から順番に表示されるため、かかる順番がある点に注意してください。

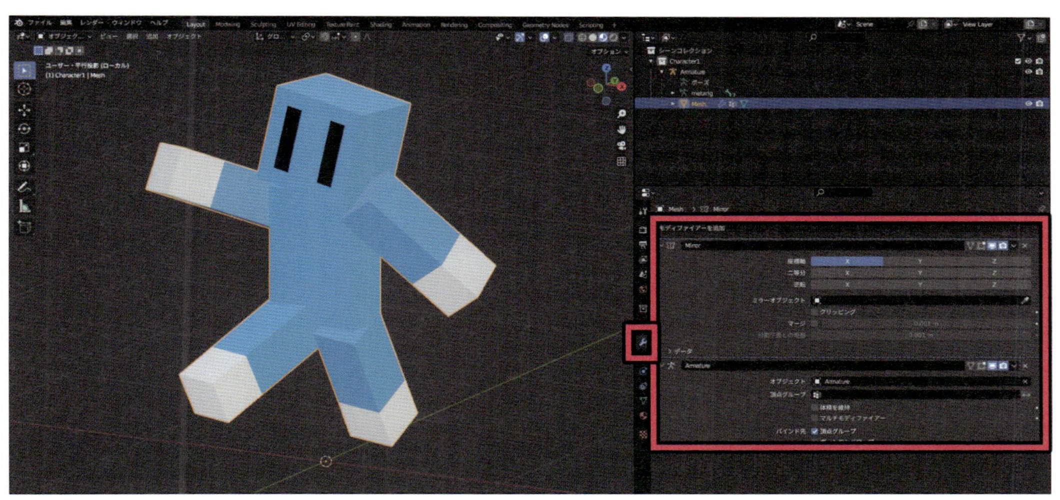

図7-3-3 モディファイアーの設定

• ミラーモディファイア

左右反転したメッシュを生成します。「.L」や「.R」のような左右修飾子頂点グループは、自動的に反転して生成してくれます。

• アーマチュアモディファイア

アーマチュアのポーズに応じてメッシュを変形させせます。変形の度合いは、頂点に割り当てられた頂点グループのウェイトに応じて変化します。

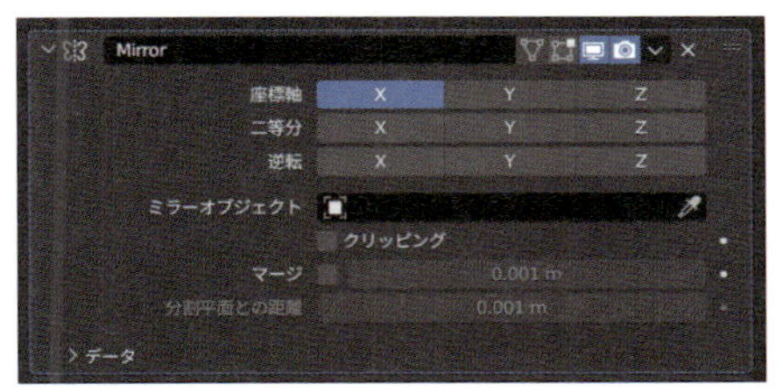

図7-3-4 ミラーモディファイアの設定

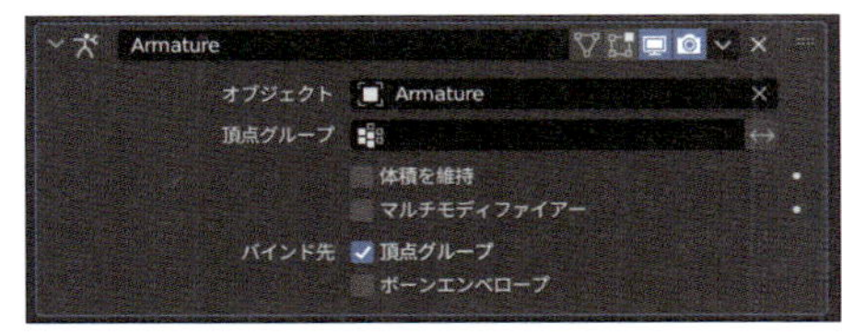

図7-3-5 アーマチュアモディファイアの設定

レンダリング

3D空間の立体的なデータを2D画像に起こすことを「レンダリング」と呼びます。広義では3Dビューでの画面もレンダリング結果ですが、単に「レンダリング」というときは主に画像ファイルを出力することを指します。

8-1 レンダリングの仕組み

現実で写真を撮ることと起こっていることはだいたい同じといえますが、3Dレンダリングでは基本的に写真と違いレンズ歪みは発生しません。現実と同じことをまったく同じようにシミュレーションすることは、計算量的に無理があるため、コンピュータ上では簡略化した手法が採用されています。

詳細なプロセスやアルゴリズムについては、レンダリングエンジンごとにかなり実装が異なるため、ここではごく単純なケースを概念的に解説します。レンダリングの仕組みの概略を把握しておくことは、マテリアル構築や負荷対策などのさまざまな局面で試行錯誤を行う際などに有益な知識です。

なお、以降で提示する画像は理解の補助として表示しているだけで、直接的なBlender操作の解説ではないことに注意してください。

3D情報の整理

モディファイアを内部的に適用したり、光の計算をする際にオブジェクトがどう影響しあっているのかなど、レンダリングに必要な情報を整理します。このプロセスはCPU上で行われます。

GPUへのデータ転送

整理した頂点情報やテクスチャデータなど、レンダリングに必要な情報をGPUに転送します。この際、GPUに十分なビデオメモリがないとBlenderがクラッシュすることがあります。

Blenderがクラッシュするぐらい大きなシーンを作ってしまっている場合、シーン内のデータを軽くしてGPUを使用して高速にレンダリングするのか、シーンを分割してレンダリングするのか、あるいはメモリ容量を増やしやすいCPUレンダリングにして時間をかけて高品質なレンダリングをするのか、などのトレードオフをよく考える必要があります。

投影変換

3D空間をレンダリングするためには、まずはどこの視点から見た画面かを設定します。空間上に点を置き、その点を視点とします。

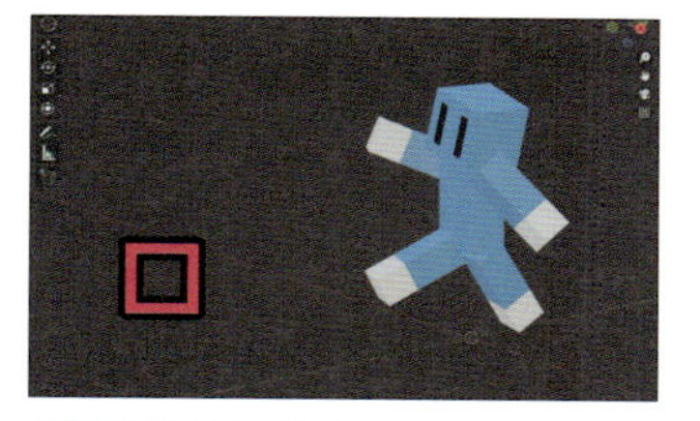

図8-1-1 視点の設定

次に視点から見た画像を写し取る領域として、キャンバスを空間上に設置します。

これがカメラになります。3D空間状のメッシュの頂点から視点に直線を引くと、キャンバス上に交点ができます。これを何度も繰り返すと、キャンバス上にモデルの頂点を写し取ることができます。

図8-1-2 キャンバスの設定

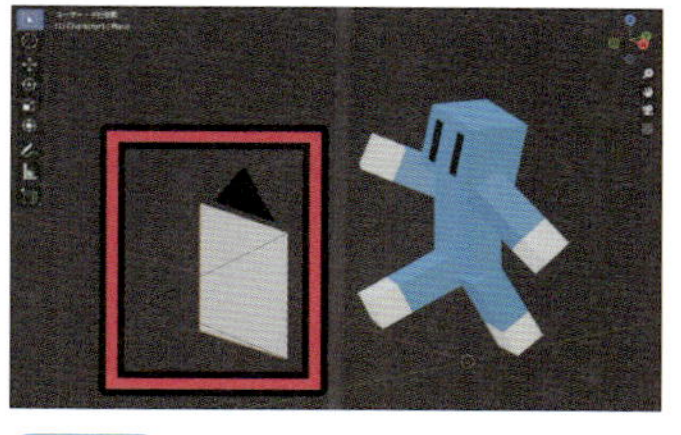

図8-1-3 視点からキャンバスへの視界

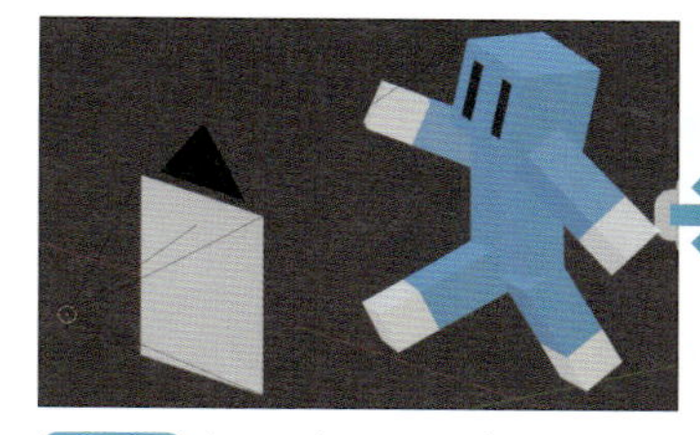

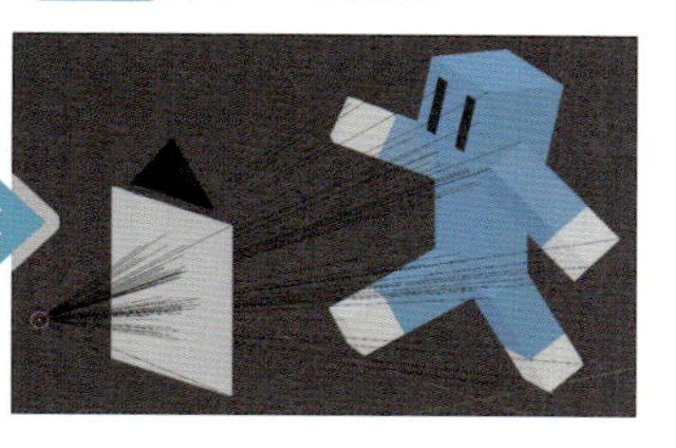

図8-1-4 キャンバスからモデルへの投影

これらの頂点を繋ぐ線を描くと、3D空間上のモデルの形状をそっくり2Dに写し取れることがわかります。

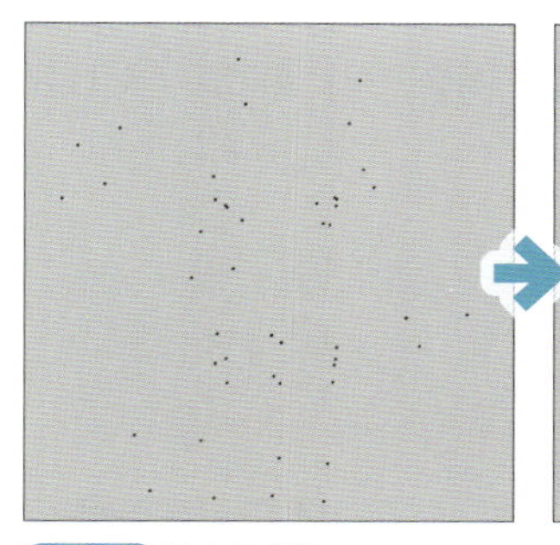

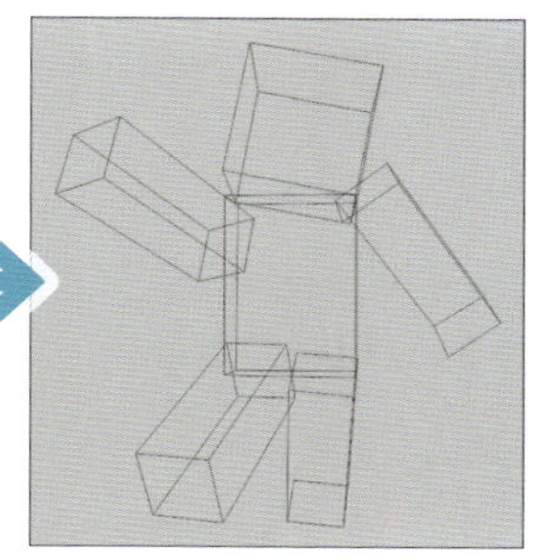

図8-1-5 2D上の点群

図8-1-6 投影された2次元画像

質感描画

投影変換で2次元に落とし込まれた各ポリゴンには、さまざまな情報が含まれています。2次元化された各頂点や面には、以下のような情報が含まれています。

- 割り当てられたマテリアル
- もともとの三次元空間上での座標
- 頂点に設定されたUV座標

- カメラからの距離

これらの情報がマテリアル処理に引き渡され、最終的に画像に出力される色が決定されます。「マテリアルノード」では、これらの情報をどう扱うかを定義しているわけです。たとえば、面に割り当てられたマテリアルが赤（R：1.0、G：1.0、B：1.0）が設定されたEmissionノードだとしたら、その面は単純に真っ赤に塗りつぶせばよいということになります。

プリンシプルBSDFノードが割り当てられたマテリアルであれば、内部でかなり複雑な計算を行います。光源との距離はどのぐらいなのか、光源との角度はどうなっているのか、表面の質感は、割り当てられたノーマルマップの値は…と、さまざまな状況を考慮して最終的な色が決定されています。

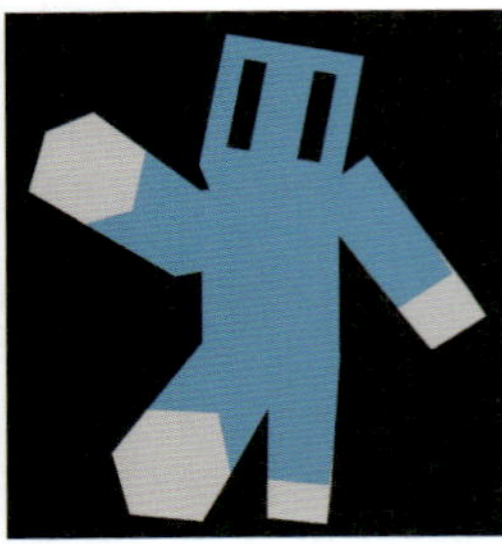

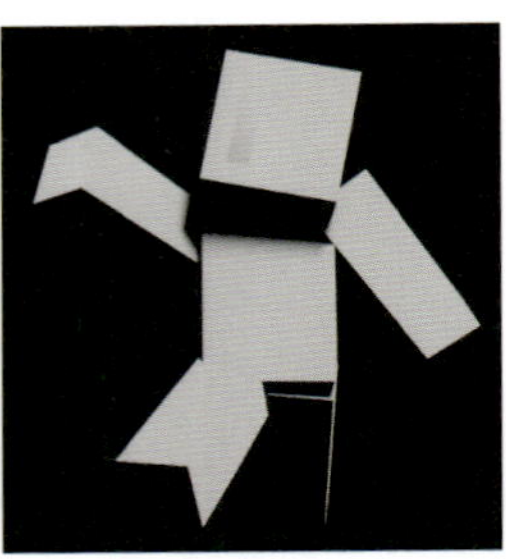

図8-1-7 質感の描画例

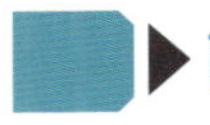

画像出力

これまで解説したレンダリングプロセスによって生成された画像を、目的の場所に出力してレンダリング完了です。出力先は3Dビューであったり、画像ファイルであったりなど、さまざまです。

8-2 レンダリングエンジン

レンダリングを実際に行う機構を「レンダリングエンジン」と呼びます。Blenderには複数のレンダリングエンジンが搭載されており、それぞれ違った特徴を持っています。ここでは、代表的な２つについて紹介します。

図8-2-1 レンダリングエンジンの切り替え

レンダリングエンジンの切り替え

レンダリングエンジンは、レンダープロパティから設定します。レンダーエンジンのプルダウンを切り替えることで変更できます。

Eevee レンダリングエンジン

「Eevee」は、リアルタイムに美しい描画を行うことが特徴のレンダリングエンジンです。次に解説する光の粒子をシミュレーションする「Cycles」に比べればリアリティは劣りますが、写真的リアリズムが重要ではないケースでは極めて有用なレンダリングエンジンです。

Eevee は、3D ビューのマテリアルプレビューでも採用されています。マテリアルプレビューではレンダリングエンジンの設定を Cycles にしていても Eevee にしていても、Eevee で描画されています。Eevee は基本的に、画面外の反射などを考慮しません。スクリーン内で処理を完結させることによって、不正確な代わりに極めて高速で美しい描画を行っています。

Eevee では、透過などの効果を使用する際にマテリアルノード以外にいくつかの設定を行う必要があります。

ブレンドモード

透過処理のアルゴリズムを設定します。アルファ値が設定されているマテリアルに関係します。デフォルトでは不透明が設定されています。各モードの性質は、以下の通りです。

表8-2-1 ブレンドモードの設定項目

項目	機能
不透明	透過処理を行わない
アルファクリップ	アルファ値0を完全に透明にし、それ以外を不透過で表示
アルファハッシュ	透過度に応じてランダムに描画し透過を再現。一番新しいアルゴリズムで、問題が少ない設定
アルファブレンド	オブジェクトごとに透明合成を行う。アルゴリズムの性質上、オブジェクトの位置関係によっては、正常に透過関係が再現できないことがある

図8-2-2 ブレンドモードの設定

メニュー最下部の「影のモード」では、透過オブジェクトの影の透過処理のアルゴリズムを設定します。デフォルトでは、不透明が設定されています。対象が影であること以外は、表 8-2-1 のブレンドモードの設定と同様です。

Cycles レンダリングエンジン

Cycles はレイトレーシングを行い、時間はかかりますが正確できれいな描画を行うことが特徴のレンダリングエンジンです。

光を確率論的にシミュレーションするため、レンダリング結果には特徴的な粒子感が現れます。粒子感はサンプル数を上げるか、デノイズ処理を有効にすることで減らすことができます。

▶ プリファレンスでの GPU 設定

GPU を使用してレンダリングを行う場合、「プリファレンス→システム→ Cycles レンダーデバイス」から使用する GPU をあらかじめ指定しておく必要があります。

使用している GPU によって選択項目が変わってくるので、ご自身の PC のスペックに適した設定を選択してください。PC の性能上、選択不能な項目は警告が表示されるようになっているので、設定可能な項目を選択すれば大丈夫です。

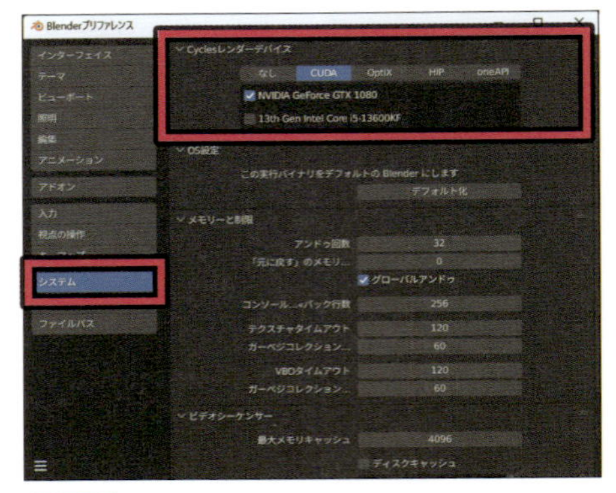

図8-2-3 Cyclesで使用するGPUの設定

▶ CUDA と OptiX

Cycles レンダーデバイスの項目にある「CUDA」と「OptiX」の 2 つは、Nvidia 系グラフィックボードで利用できる機能です。

OptiX のほうが新しく、RTX 系グラフィックボードでは高速に動作します。デノイズなども高速に行えるので、RTX 系グラフィックボードを使用している場合はこちらがおすすめです。GTX 系グラフィックボードでは OptiX を使用すると逆に遅くなることがありますので、CUDA がおすすめです。

いずれにせよ、一度試してみて速度の速いほうを使用するとよいでしょう。

▶ デバイス設定

Cycles レンダリングを行うデバイスを設定します。こちらは前述のプリファレンスでの設定と違い、ファイルごとの設定となります。

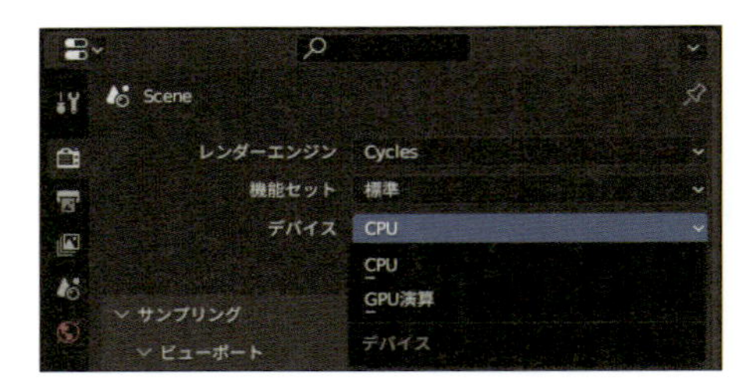

図8-2-4 ファイルごとのレンダリングデバイスの設定

- **CPU**：レンダリングを CPU のみで行い、マルチスレッドで動作
- **GPU 演算**：レンダリングをグラフィックボードで行う

Blender の CPU 処理？ GPU 処理？

たまに「自分の Blender は、本当に GPU をきちんと利用しているのか？」と質問を受けることがあります。

設定はきちんと GPU になっているにも関わらず、レンダリング時にタスクマネージャーなどでマシンの様子を見てみると、CPU 使用率ばかり上がって GPU が全然動いていない…、という状況だそうです。

これは実は正常な状態です。Blender で GPU レンダリングを選択した際、すべてのプロセスが GPU 上で行われているわけではありません。レンダリングプロセスはいくつかの工程に分かれており、シーンを解釈してレンダリング可能なツリー構造を起こし、モデルやテクスチャを GPU に転送して、さらにシェーダを転送し…、などいろいろなプロセスを経て初めて GPU のプロセスが始まります。

GPU に転送できるまでに結構な計算量がある場合、CPU 処理ばかり目立つことがあります。また、GPU の性能が十分に高いと GPU レンダリングのプロセスは一瞬で終わってしまいますので、GPU が使われていないような気がする、というわけです。

サンプリング

サンプリングでは、光線を計算する量を調整します。高くすればするほど画面内のノイズ感が低くなり、正確な描画になります。ただし、代わりに計算量も増大しレンダリングにより長い時間がかかるようになります。

サンプリングは、「ビューポート項」では 3D ビューのレンダリングプレビュー時の設定ができます。「レンダー項」ではレンダリング時の設定ができます。

2 つの設定を使い分けることで、作業時は簡易的に確認しつつレンダリングは本格的に行う、という切り替えが可能になります。

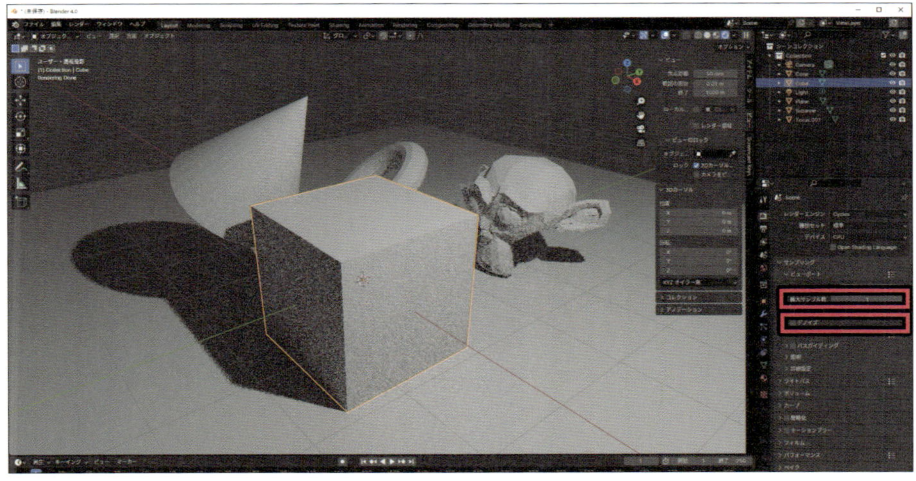

図8-2-5 最大サンプル数1、デノイズなしのレンダープレビュー

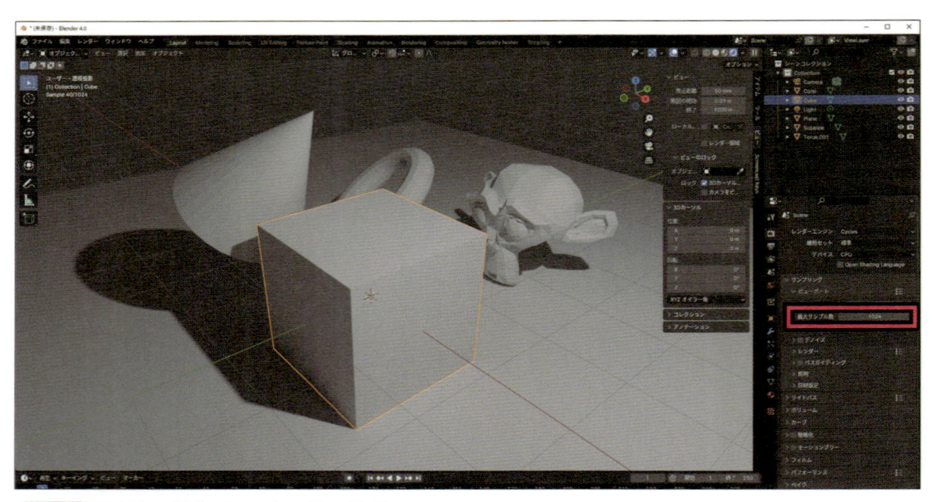

図8-2-6 最大サンプル数1024のレンダープレビュー

▶デノイズ

デノイズ（de-noise）とは、ノイズ除去を指します。デノイズをオンにすると、Cycles レンダリングで発生したノイズを除去することができます。ただし、画像処理によって除去しているものなので、元のサンプリング数があまりにも低い場合などはディティールが潰れてしまうことなどがあります。

サンプリング数とデノイズ設定をバランスよく設定できると、少ない時間で高品質なレンダリングができるようになり効果的です。

デノイズは、以下の 2 つから選択します。ただし「OptiX」は、OptiX 対応 GPU でなければ動かない点に注意してください。

- **Open Image Denoise**：Intel が開発したデノイザーで、CPU で動く
- **OptiX**：Nvidea の OptiX を使用したデノイザーで、GPU で動く

デノイズに使用するパスを、以下から設定します。一般的に、より多いパスを使用するほどデノイズの精度が高まります。以下のアルベドとは、ざっくり言えば物体の色の反射性のことです。

- **なし**：画像の色情報のみを使用
- **アルベド**：画像の色情報と、アルベド情報を使用
- **アルベドとノーマル**：画像の色情報、アルベド情報、そして法線（面の向き）情報を使用

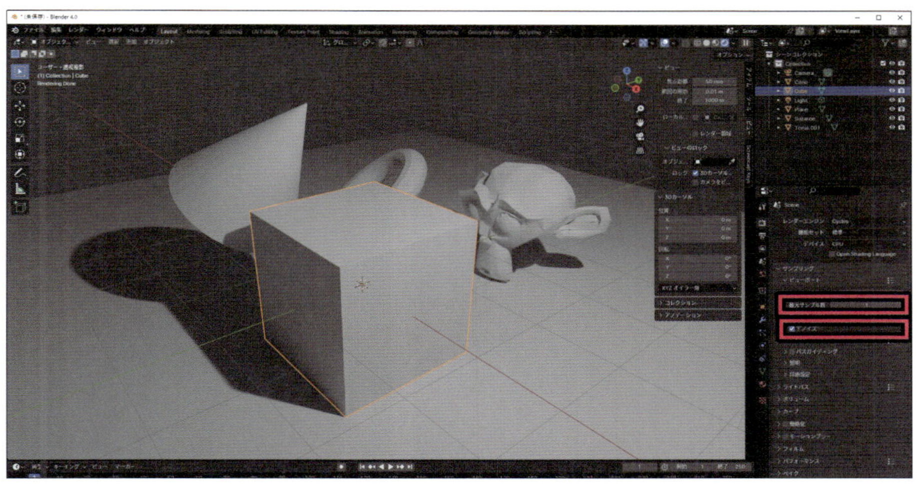

図8-2-7 最大サンプル数1、デノイズありのレンダープレビュー

Workbench レンダリングエンジン

Workbench とは作業台という意味で、いろいろな便利な作業用のレンダリングを行うレンダリングエンジンです。ほかのエンジンのような美しいレンダリングではなく、主に 3D ビューでのソリッドモードのような見た目で、シーンの状況確認やコンポジット用素材を作成するために使用します。

照明

オブジェクトのライティングの設定を行います。

• スタジオ

ソリッドモードのような見た目です。何種類かのプリセットがあります。

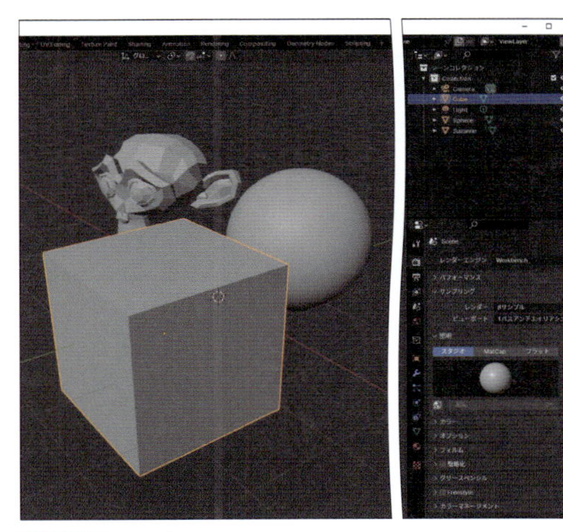
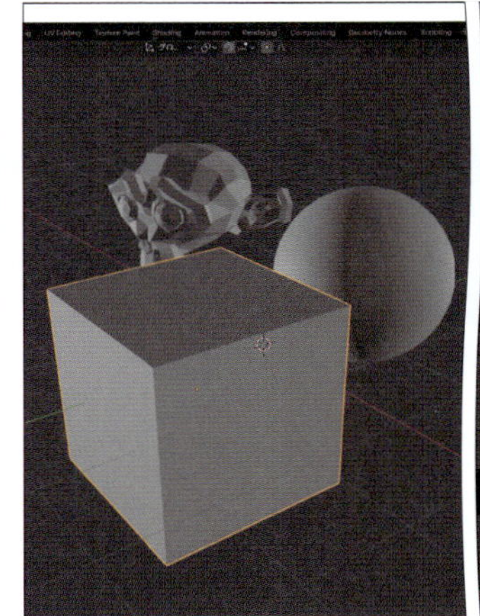
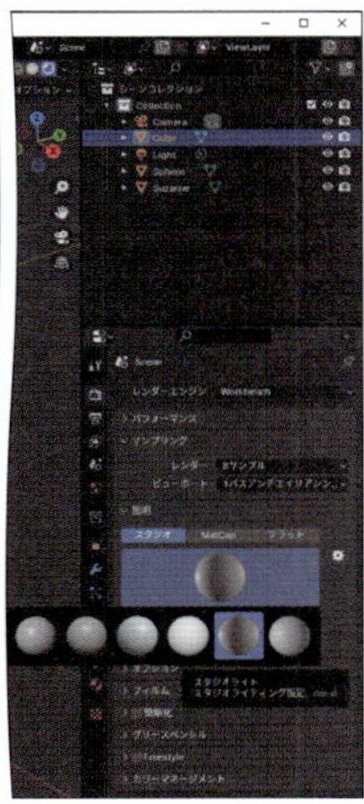

図8-2-8 スタジオ照明

• MatCap

画像によるライティングです。円状の画像が法線の方向に対応しており、カメラに映る面の法線に応じて色がピックアップされます。低負荷に面白い表現ができます。何種類かのプリセットがあります。

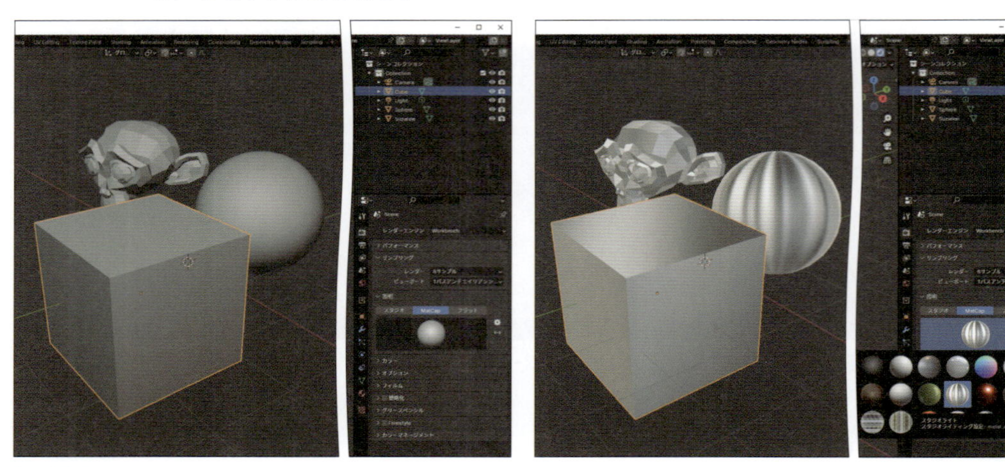

図8-2-9 MatCap照明

• フラット

ライティングを行いません。

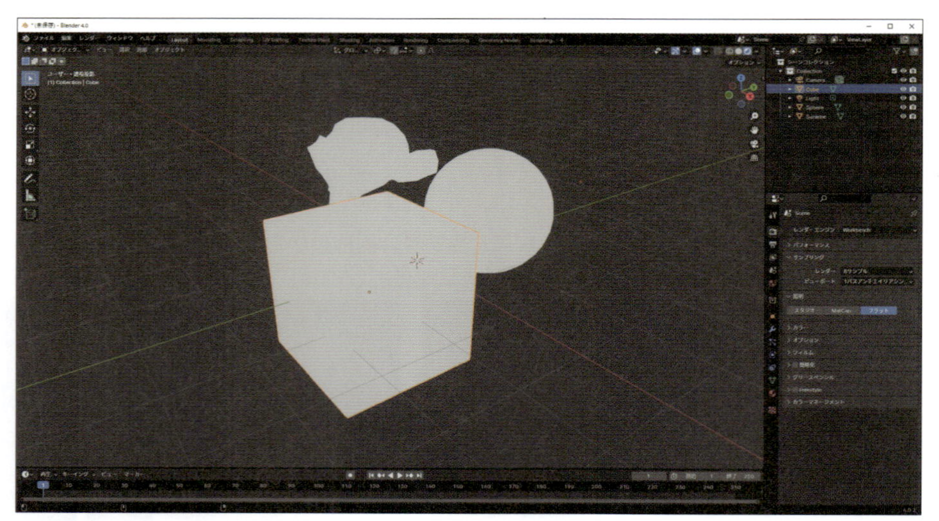

図8-2-10 ライティングなし

▶ カラー

オブジェクトのカラー表示設定を行います。

• マテリアル

マテリアルプロパティの「ビューポート表示」で指定されたカラーで表示します。

Eevee や Cycles のマテリアルで設定したシェーダーノードでの色味とは関係がありません。

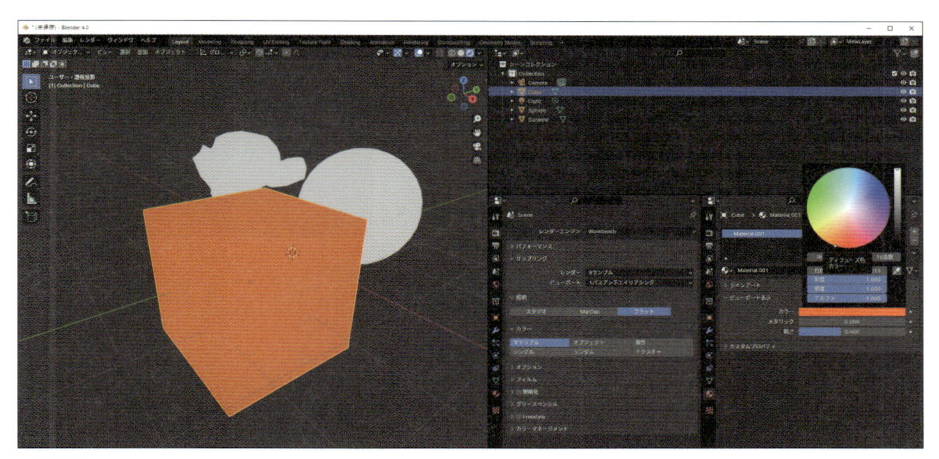

図8-2-11 マテリアルプロパティのカラー設定

• オブジェクト

オブジェクトプロパティの「ビューポート」で「ビューポート表示」で指定されたカラーで表示します。

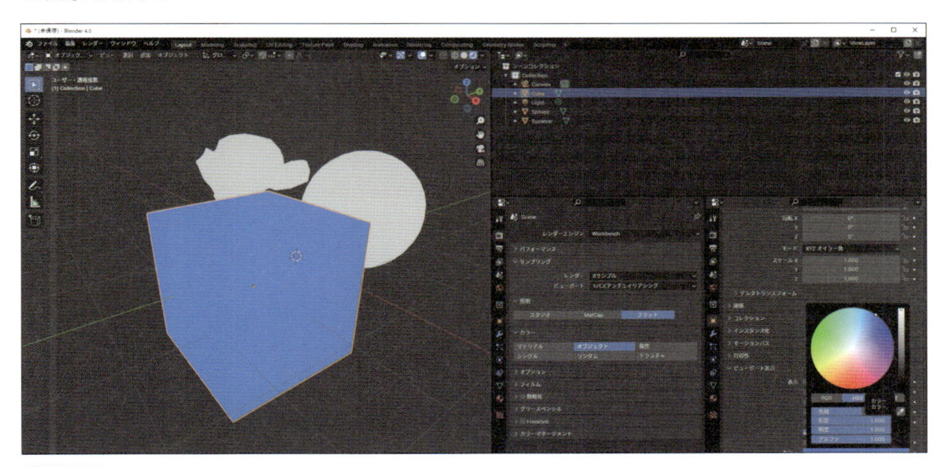

図8-2-12 ビューポート表示のカラー設定

• 属性

頂点カラーペイントなどで設定された「Color Attributes」を参照します。

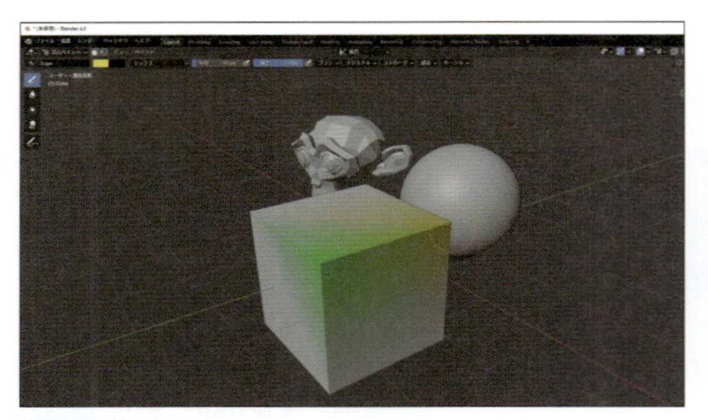
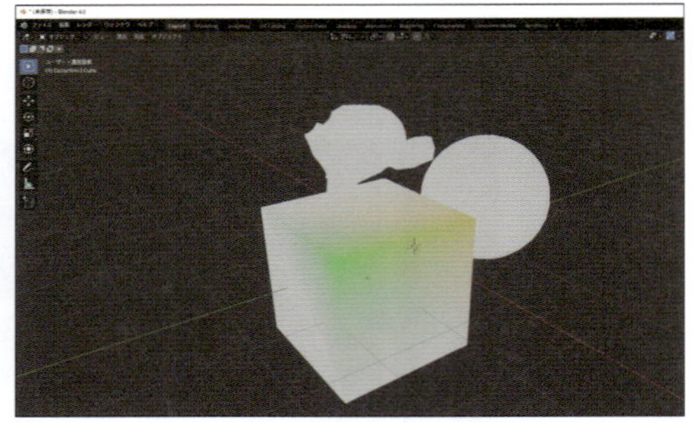

図8-2-13 頂点カラーペイントなど「Color Attributes」でのカラー設定

• シングル

すべてのオブジェクトで単一の色を使用します。

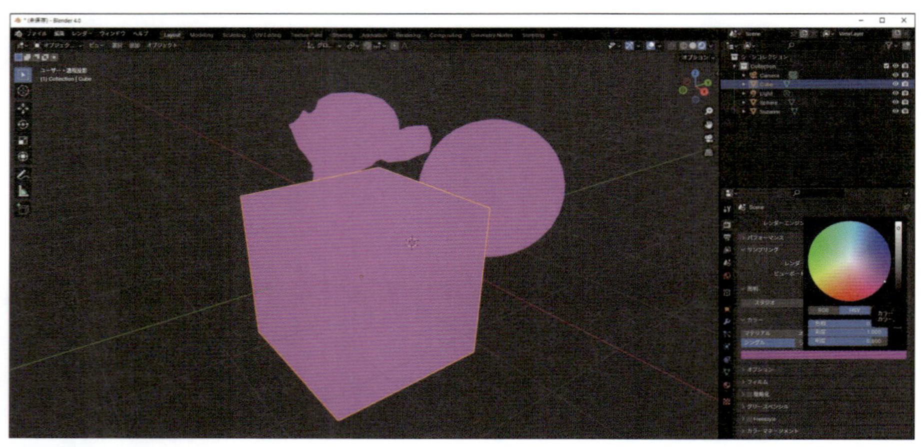

図8-2-14 単一色でのカラー設定

• ランダム

オブジェクトごとにランダムな色を使用します。オブジェクトごとのマスクを作りたいときに便利です。

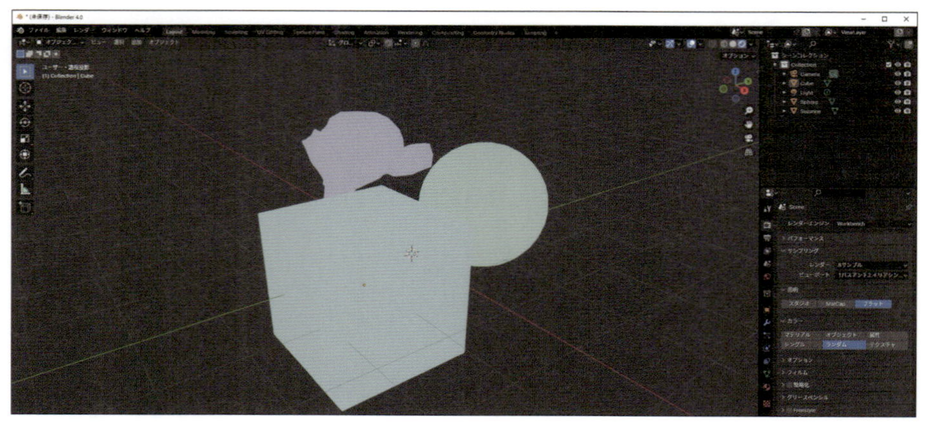

図8-2-15 ランダムなカラー設定

• テクスチャ

マテリアルノード内でアクティブになっている画像テクスチャノードを、アクティブになっている UV マップで表示します。

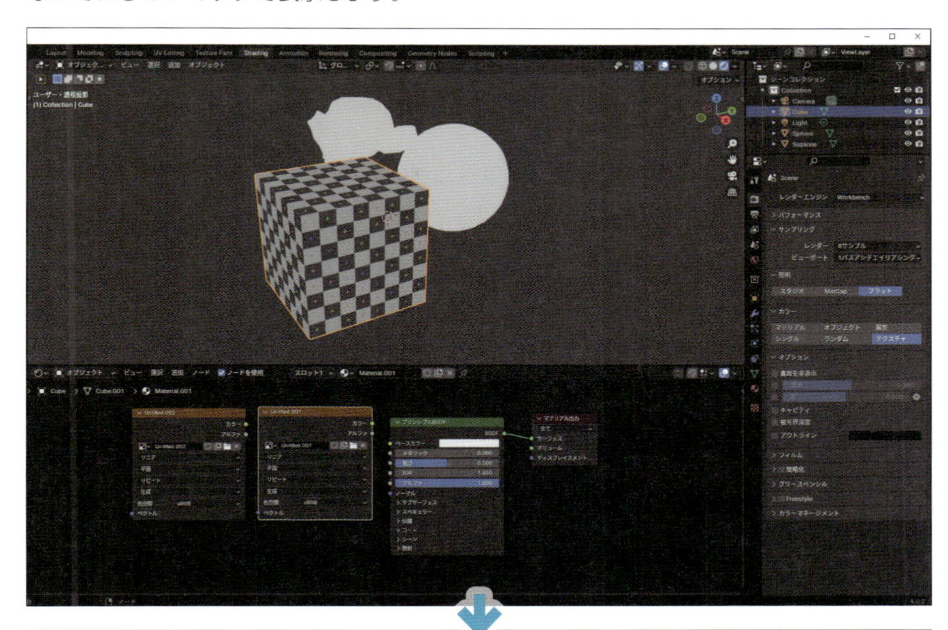

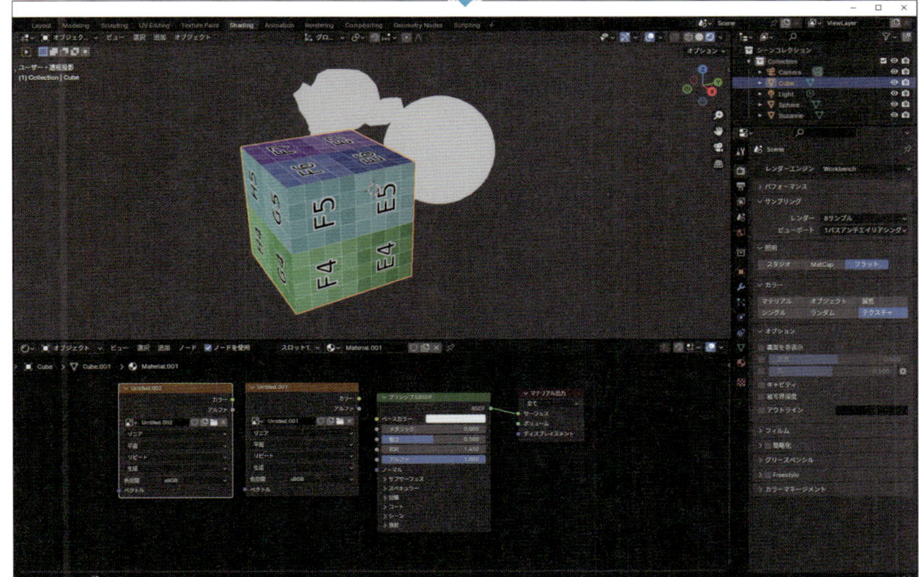

図8-2-16 UVマップでのカラー設定

8-3 レンダリングの基本的な設定

最後に、レンダリングの基本的な設定をまとめておきます。

▶ 解像度

出力する画像の解像度を設定します。「出力プロパティ→フォーマット→解像度」から設定します。

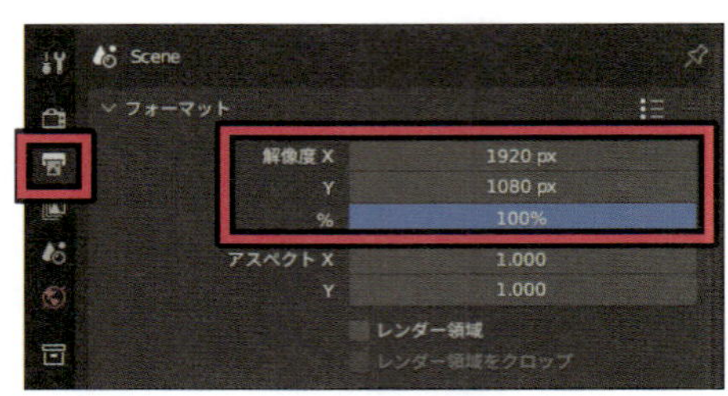

図8-3-1 レンダリング解像度の設定

▶ 静止画レンダリング

上部メニューの「レンダー→画像をレンダリング」から実行します。実行すると新規ウィンドウが開き、画像が描画されていきます。画面左上には、レンダリングにかかった時間や予想完了時間などが表示されます。

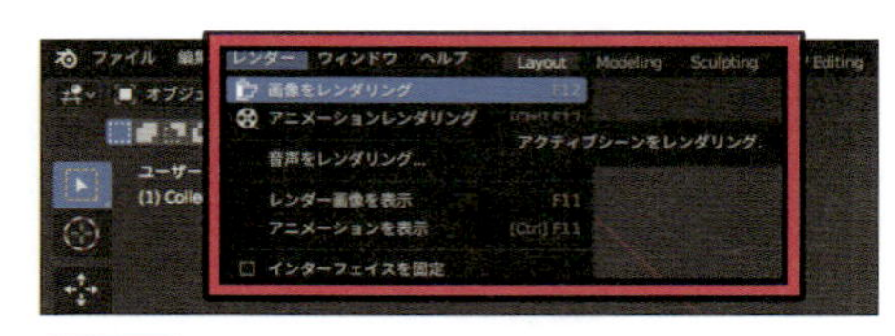

図8-3-2 静止画レンダリングの実行

▶ 画像の保存

レンダリングが完了後、ウィンドウ上部メニューの「画像→名前をつけて保存」から画像を保存することができます。保存ダイアログ上では、ファイルフォーマットを指定できます。ファイルフォーマットは、「出力プロパティ→出力→ファイルフォーマット」と同様の内容です。

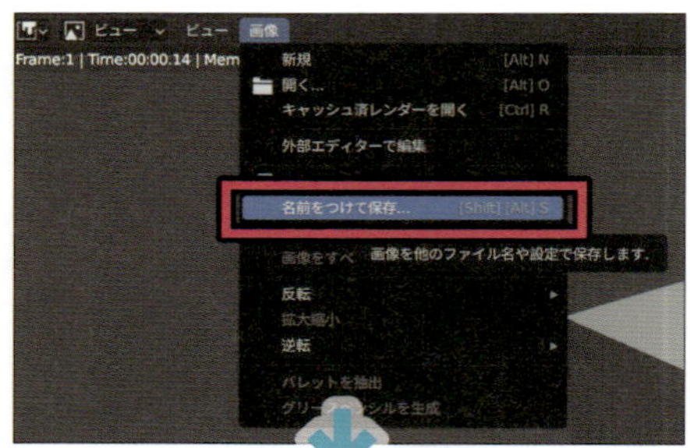

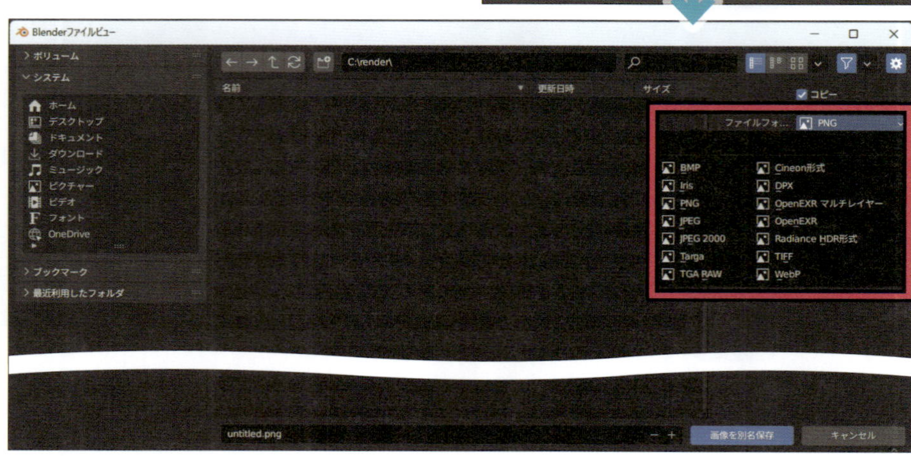

図8-3-3 レンダリング画像の保存

▶ アニメーションレンダリング

アニメーションをレンダリングするには、上部メニューの「レンダー→アニメーションレンダリング」から実行します。

実行すると静止画レンダリング同様に新規ウィンドウが開き、フレームごとにレンダリングされていきます。レンダリング結果は、出力で設定したパスに保存されます。

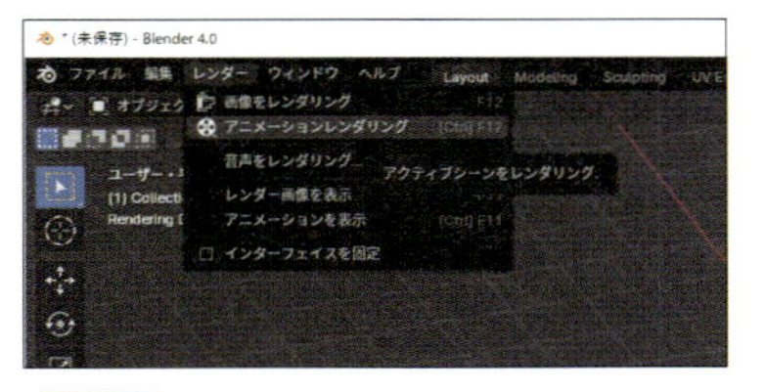

図8-3-4 アニメーションレンダリングの実行

- **出力パス**：ファイルの出力先を指定
- **ファイルフォーマット（画像）**：連番画像としてファイルを保存する。対応形式はBMP、JPEG、PNG、Targa、OpenEXR、TIFFなどがある
- **ファイルフォーマット（動画）**：動画ファイルとしてファイルを保存する。対応形式は、AVI JPEG、AVI Raw、FFmpeg動画がある

プロシージャル マテリアル編

マテリアルノードによる効率的なテクスチャ作成

稲村JIN［解説・作例］

プロシージャルマテリアル編は、初心者から中級者へと移行するユーザー向けに解説します。そのため、ここではUIを含めて英語での解説を行います。それは、DCCツールに対して理解が不充分だとバグの原因になることがあるためです。また、日本語で検索して調べても情報が少なかったり、翻訳の内容が異なっていたりという問題もあります。なお本編では、前半で基本的な知識を解説し、後半で具体的な作例の制作過程を示します。

プロシージャルマテリアルとは？

プロシージャルマテリアルとは、数学的なアルゴリズムを用いてリアルタイムで生成される素材のことです。パターンや色、表面特性を動的に作り出し、無限のバリエーションを作り出すことができます。ノードシステムを使用してフォトリアル（PBR）からセルルック（NPR）まで、さまざまなマテリアルを作ることが可能です。

同じマテリアルを複数のオブジェクトに対して再利用でき、ファイルサイズを抑えられます。テクスチャファイルの管理が不要なため、作業効率も向上します。ノードを使えば、色や模様をいつでも自由に調整でき、細かなバリエーションも簡単に作れます。これにより、アニメーションやゲーム制作など多くのシーンで柔軟に対応できるのが大きな強みです。

1-1 プロシージャルマテリアルのメリット

まずは比較図（図 1-1-1）を見てみましょう。画像は左から「ポリゴンでの色分け」「画像テクスチャ」「プロシージャルマテリアル」の順となっており、さらに上から、「Material View」「WireFrame」「SolidView」「Material View（拡大図）」です。

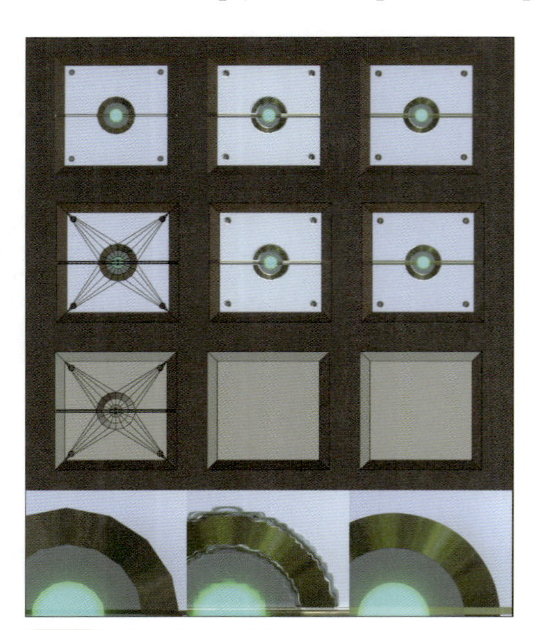

図1-1-1 各種マテリアルの比較

ポリゴンモデルによる造形と色分けは、ポリゴン数やトポロジーの美しさなどが必要となります。ちなみにポリゴン数は右の 2 つが「10」Tris に対して、左のモデルは「274」Tris になっています。

画像テクスチャの場合は、UV 展開の美しさや解像度が必要となります。

対して、プロシージャルマテリアルは解像度やポリゴン数などに依存せず、クオリティの高いビジュアルを作成することが可能です。

またプロシージャルテクスチャは、JPG や PNG などの 2 次元的な画像テクスチャとは異なり、多くが 3 次元で作成されており、可変性の自由度が高いという特徴があります。

▶ UV 展開が不要

Blender のプロシージャルテクスチャは、基本的に 3 次元テクスチャになっているので、文字どおりシームレスに立体物に対してテクスチャを作ることができます。UV の歪みに依存することがないので凹凸や模様を付ける時にも便利です。

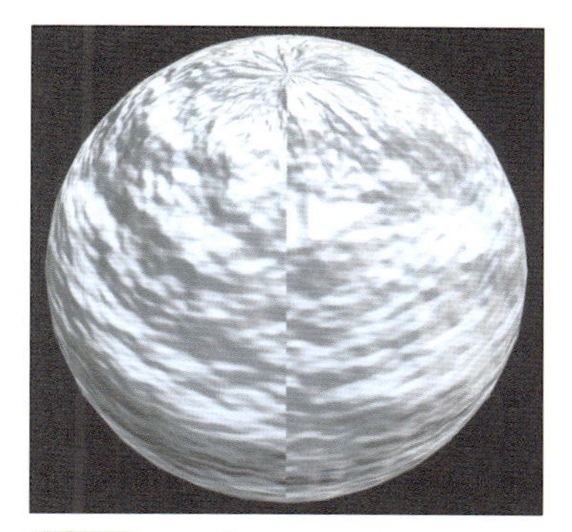

図1-1-2 UVを使用した場合(左)、UVを使用していない場合(右)

▶ 解像度に依存しない

画像テクスチャには解像度やピクセルという概念があるために、UV の歪みによる横伸びが発生したり、近寄るとピクセルの粗が見えることがあります。

厳密に言えばプロシージャルにも解像度はありますが、とてつもなく小さな物体に対して顕微鏡で覗くようなレベルで近寄らなければ、解像度の粗は見えないのであまり気にする必要がありません。

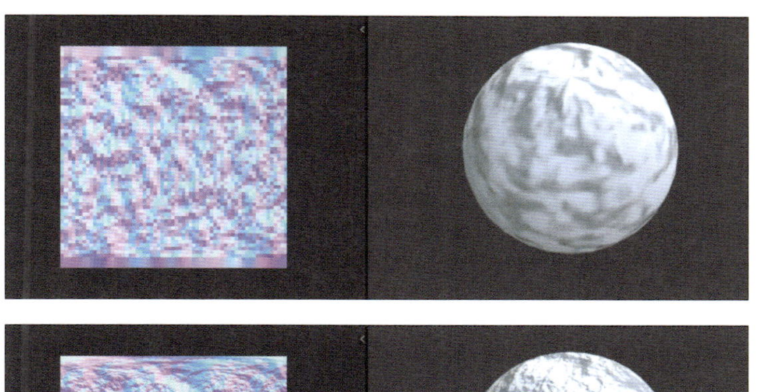
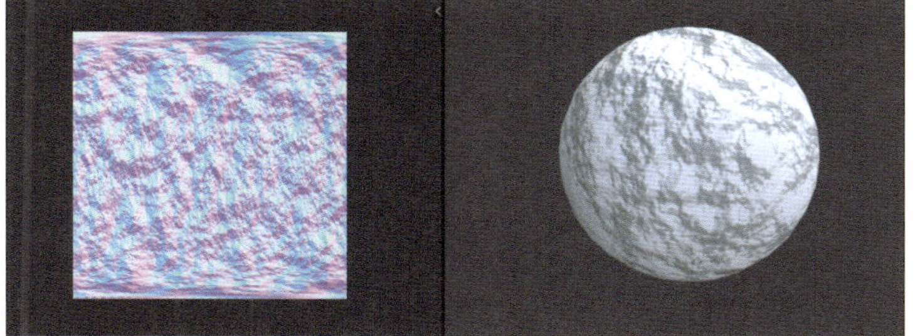

図1-1-3 解像度64×64ピクセル(上)、1024×1024ピクセル(下)

▶ 汎用性が高い

プロシージャルマテリアルは、同じマテリアルを複数のオブジェクトで再利用できるため、効率的かつ柔軟な表現が可能です。たとえば、図 1-1-4 のソファーでは、2 つとも同じマテリアルを使用していますが、色や数値の変更によって異なるバリエーションを表現しています。

　このように、パラメータの調整だけで多様な見た目を生み出せるため、制作時間の短縮やリソースの節約にも繋がります。

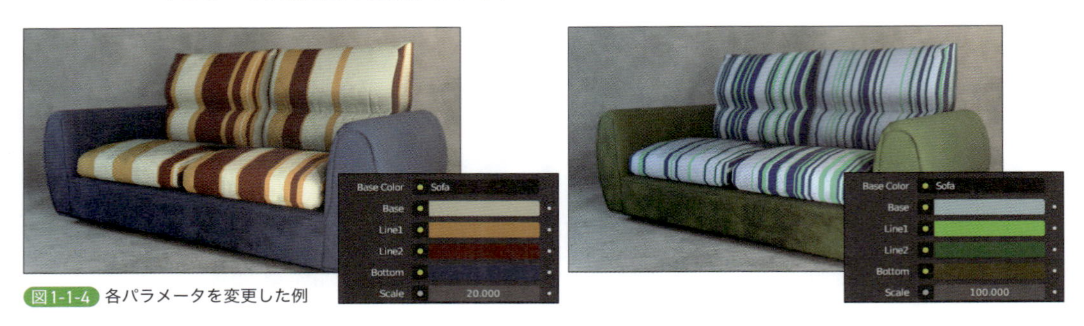

図1-1-4 各パラメータを変更した例

　ほかにも、たとえば木目マテリアルを作っておけば、板のサイズや配置場所を変えたり、物体に関わらず床や壁、机や家具などさまざまな物に応用することが可能となります。以下の図もプロシージャルマテリアルで作成されているため、各パラメータを変更するだけで多様な表現可能です。

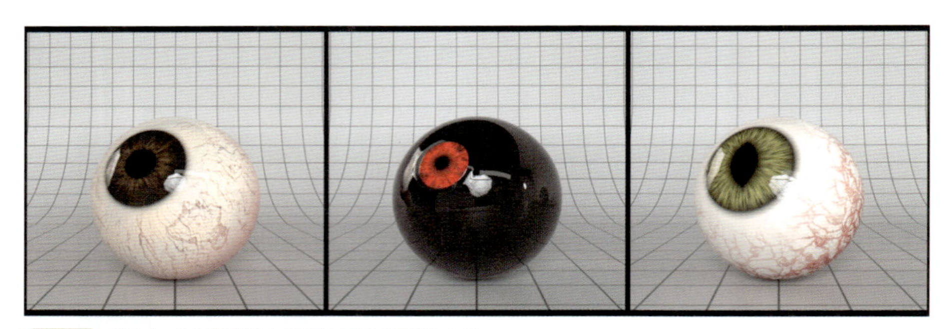
図1-1-5 パラメータの変更だけで多様な表現が可能になる

▶非破壊編集が可能

　ほかのパートでも紹介している「Modifier」のように、数値やカラーでパターンを変更できます。元データには直接手を加えず、エフェクト的にさまざまな効果を加えていくだけなので、必要に応じて改変や復元が可能で、編集によるデータの劣化も一切ありません。

▶テクスチャアニメーションも自由自在

　ベクターを変更したりテクスチャを変えることで、動くテクスチャが簡単に作れます。これによって顔の表情変化や水の波などを表現することも可能です。

▶改変や修正が自由

　汎用性にも通じますが、仕事でBlenderを使う際に最もメリットを感じるかもしれません。お客様や上司から「こうしてほしい」「いや違う、もっとこうしてほしい」とさまざまな変更発注が発生すると、Photoshopを開いて保存してBlenderで更新して…という作業も膨大になります。

ところがプロシージャルで作っておけば、色変更やマッピングの大きさや線の太さ程度であれば、画面を見せながらリアルタイムに変更して、その場で確認を取ることができます。

1-2 プロシージャルマテリアルのデメリット

プロシージャルなマテリアル作成はメリットもある一方で、デメリットもあります。それらも把握しておきましょう。

▶ 習得や作成に時間がかかる

ノードの種類やパラメータが豊富で、基本を覚えるだけでも少々大変です。また、パッと見た感じでは四角と四角が線で繋がっているだけなので、視認性が悪くあまり直感的とは言えません。

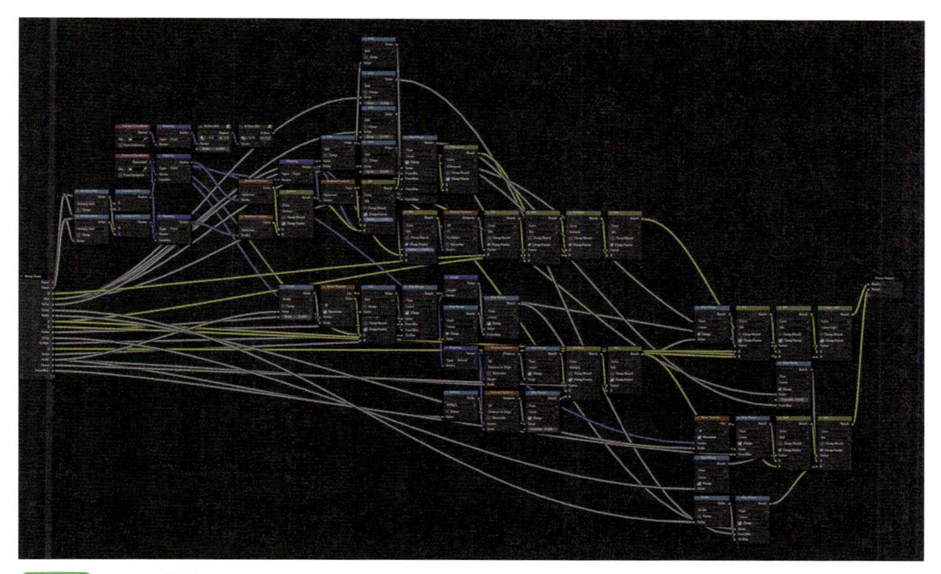

図1-2-1 ノードが複雑化した例

覚えたとしても、何でもかんでもプロシージャルで作るのは逆に非効率的です。線を1本引く程度ならPhotoshopで描いたほうが早いケースもあります。しかし、曲がった立体的オブジェクトに対して真直ぐな直線を引きたい場合は、プロシージャル向きかもしれません。

図1-2-2 複雑な立体オブジェクトに線を引くノードの例

▶ バージョン変更で使えなくなることもある

マテリアルノードでは過度な変更や追加はありませんが、ノードの名前や属性が変更される場合があります。旧バージョンで作り、新バージョンに移行することでノードもバージョンアップに対応することがありますが、それによって以前とは違う見た目になる場合もあります。また、逆手順（新バージョンで作成して旧バージョンに移行）は基本的にできません。

ここでは紹介しませんが、ジオメトリーノードは発展と進化が激しいため、特に気をつけてください。

▶ 外部ソフトにエクスポートできない

Blender に限らず別のソフトでもそうですが、これも「Modifier」と同じく基本的にノードをほかのソフトへ持って行って、同じ見た目にすることはできません。ノードはソフト固有の思想や根底的な設計に違いがあります。

「Principled BSDF」のように、別のソフトでも使える基本的な動作を前提としたノードも数は少ないですが存在はしていますので、学習や作成の一切が無駄ということもありませんので、その点は安心してください。

別のソフトで利用する際、プロシージャルマテリアルを静止画にベイクして、PNG や JPG などのファイルに変換することで移行できます。

1-3 プロシージャルマテリアルの使いどころ

プロシージャルマテリアルは、その強力な柔軟性と高い解像度を活かして、複雑な質感やデザイン要件に対応するための強力なツールです。しかし、習得と作成には時間がかかり、エクスポートやバージョン管理には注意が必要です。

これらの特徴を理解し、プロジェクトのニーズに合わせて外部のマテリアル制作ツールなどでのテクスチャマテリアルと併用しつつ適切に活用することで、より効率的でクリエイティブな成果を得ることができるでしょう。

前述のとおり、Blender 外で使用するプロジェクトには画像としてベイクしてから移行しなければいけませんが、Blender 内で完結するプロジェクトに関してはとても便利です。動画や静止画をレンダリングして完結する内容であれば特に有効と言えるでしょう。ゲーム内の色違いのモブキャラデザインや、家具の色変更などでも活用できます。

なお複雑なノード群を作成する場合、「Eevee」の描画速度や軽量な動作は保証されないため、ノードが複雑でも描画速度に大きな差が出ない「Cycles」の使用をお勧めします。

これらを踏まえて、以降では非効率的な作り方も含め、ノードの扱い方やそのパラメータなどを紹介していきたいと思います。

ノードの基本操作と各エリアの概要

この章では、ノードの基本操作と、マテリアルを作成する上で最も使用頻度の高いエリアの概要を解説していきます。ショートカットを覚えることで、すばやくノード操作を行うことができるので、ここではショートカットについてもまとめています。

2-1 Principled BSDF ノード

Principled BSDF ノードは、Blender4.0 系からパネル機能が実装されました。Principled BSDF は設定が豊富で非常に詳細な設定が可能ですが、その反面視認性が下がりがちでしたが、パネル機能の実装により、ノードパラメータのカテゴライズと視認性が向上しました。

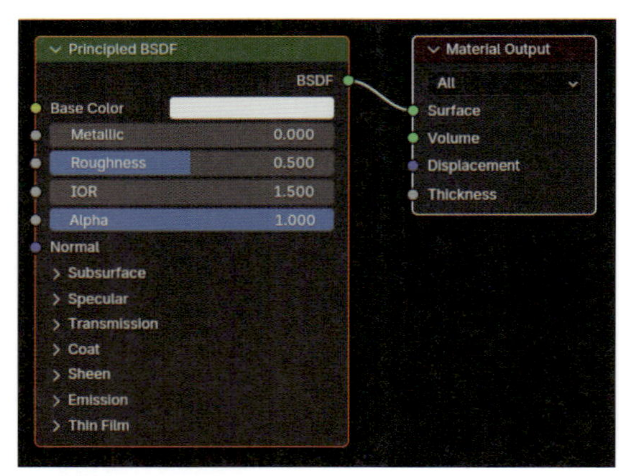

図2-1-1 パネル機能が実装（Ver.4.2の画面）

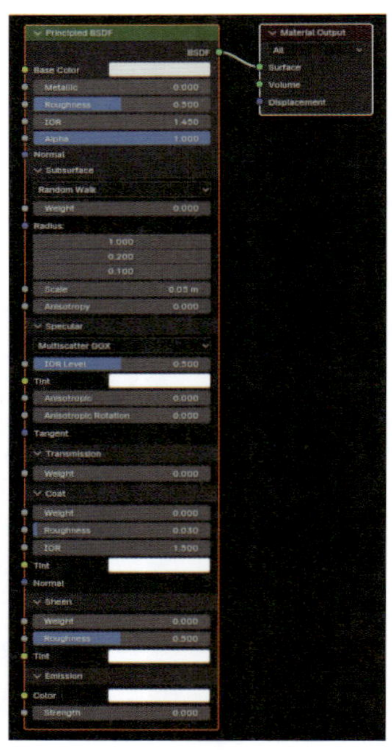

図2-1-2 パネルを展開した例

ノードの入力と出力

サンプルとして作成したグループノードを例に、ノードの入出力の見方を解説します。左側に並んでいる項目と○の部分が入力で、右側の○が出力になっています。

通常○の部分には黄、灰、紫、緑などの色が付いています。それぞれの色は、以下を意味しています。

- **黄**：主にテクスチャや色情報などが入出力される
- **灰**：単一の値を表し、数値や距離、スカラー情報などが入出力される
- **紫**：ベクトル方向。色情報とは違いマイナス値や 1 以上の数値も使用される
- **緑**：シェーダー。上記のすべてと光の当たり具合などが計算されて入出力される

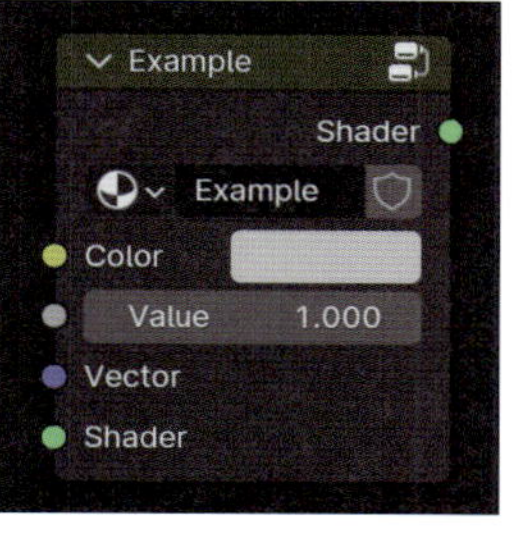

図2-1-3 ノードの入出力

ノードの Settings

マテリアルに関する一般的な設定を行う領域です。ここでは Displacement のモードなどの設定を行うことができます。

Displacement のプルダウンメニューは、デフォルトで「Bump Only」に設定されていますが、これを「Displacement Only」または「Displacement and Bump」に設定すると、メッシュの形状が変位します。

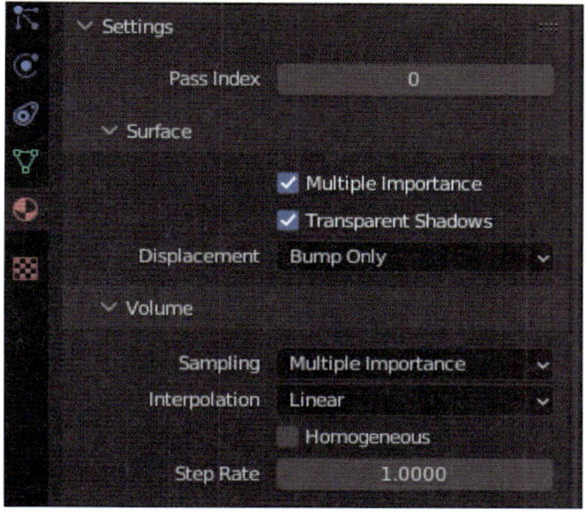

図2-1-4 Settingsの画面

Displacement Only の場合、メッシュの形状変化のみとなるため、詳細な凹凸表現を施したい場合は、あらかじめハイポリゴンで作成する必要がありますが、Displacement and Bump に設定すれば疑似的な凹凸表現も描画されるため、詳細な凹凸のメッシュ変形はないものの、細かいディティールがあるように見せることが可能です。

Ver4.2 から、Displacement Only、Displacement and Bump が「Eevee」でも使用できるようになりました。ここでの Displacement 設定は、レンダリング結果に影響を与えますが、実際のメッシュを変形したい場合は Modifier の Displacement を使用してください。

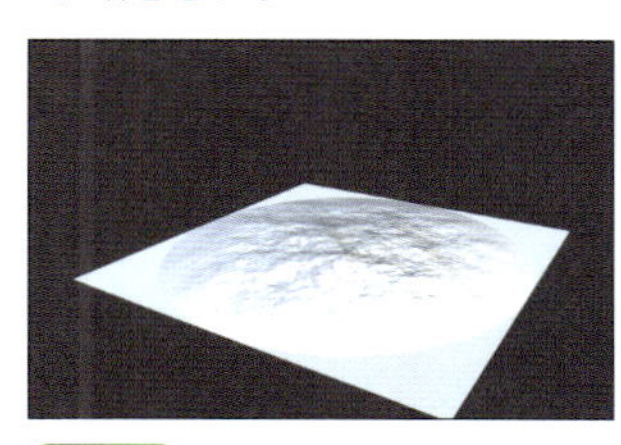

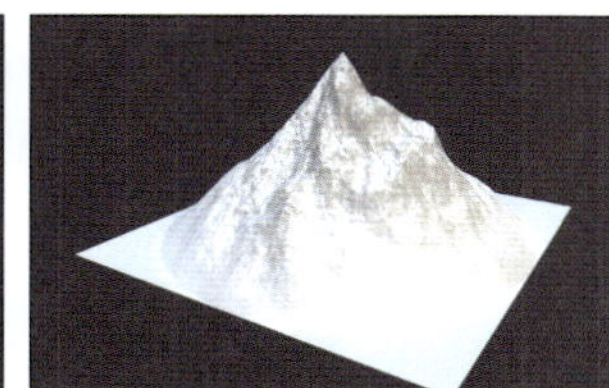

図2-1-5 Bump Only（左）、Displacement Only（中央）、Displacement and Bump（右）

ノード操作のショートカット

ノードの操作には、さまざまなショートカットが用意されています。すべてを覚える必要はありませんが、よく使うものから覚えていくとノード作成の効率が上がります。なお、それぞれの具体的な機能や操作については、以降の章で解説しています。

表2-1-1 ノード操作のショートカット

ショートカット	操作
G(Grab)	移動
R(Rotation)	回転
S(Scale)	拡縮
Shift+A(Add)	ノードの追加
M(Mute)	選択中のノードの一時無効化。再度有効化する場合も同じく「M」キー
X	削除
Ctrl+X	接続された中間のノードを選択してこれを実行した場合、ノードは削除されるが接続は補完される
Back Space	ノードのパラメータをreset
F	複数のノードを繋ぐ
Shift+D(Duplicate)	ノードの複製
Ctrl+Shift+D	選択中のノードのインプットが接続されている場合、これを継承したまま複製
Ctrl+右ドラッグ	ワイヤーの切断
Shift+右ドラッグ	ノードの整理に使用する「ReRoute」を追加
H(Hide)	ノードを折りたたむ
Ctrl+H(Hide)	接続されていないソケットを非表示
Ctrl+J	フレームを追加
Alt+P	フレームから除外
Ctrl+G(Group)	複数のノードをグループ化して1つにまとめる
Tab	ノードグループ内を編集。編集操作を終了する場合も同じく「Tab」キー
右ドラッグ&ドロップ	ワイヤーをミュート(赤い線になり非接続状態)

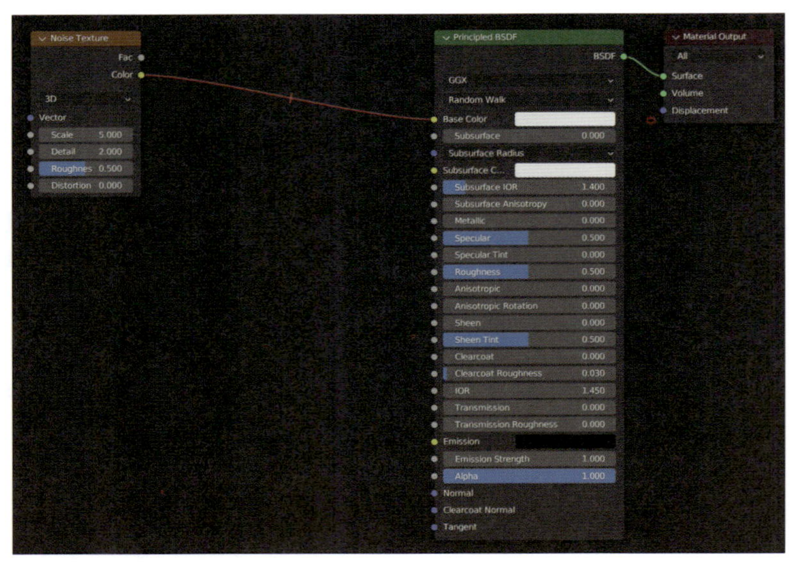

図2-1-6 右ドラッグ&ドロップの操作

2-2 Node Wrangler アドオンの操作

「Node Wrangler」は標準で搭載されるアドオンですが、ノードユーザーには欠かせない便利な機能です。デフォルトでは無効になっていますので、「User Preference」から有効にしてください。ここではよく使用するショートカットのみを紹介しますが、ほかにもたくさんの便利機能がありますので、ぜひ確認してみてください。ここでは、「Blender4.2 Node Wrangler3.55」を使用しています。

- Blender 公式マニュアル
  https://docs.blender.org/manual/en/latest/addons/node/node_wrangler.html

また、引継ぎ設定やバージョン、設定などによっては、以下の解説どおりのショートカットになっていないことがあります。その場合は、公式のショートカットキー一覧を確認するか、「Preferences → Keymap」で検索してください。

• Delete Unused Nodes

Alt+X：使用されていないノードを削除

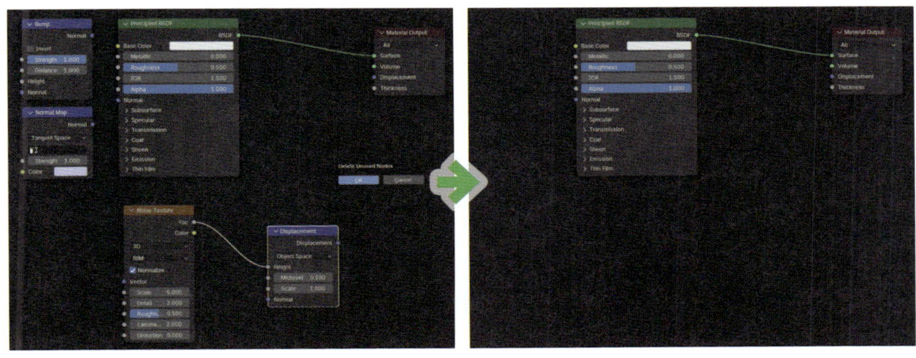

図2-2-1 Delete Unused Nodes

• Reload Images

Alt+R：ノード内に使用されている画像のリロード

• Lazy Connect

Alt+ 右ドラッグ：開いているノードソケットの名称、タイプから判定して自動的に接続（次ページの図 2-2-2）

• Lazy Connect

Alt+Shift+ 右ドラッグ：ソケットを任意選択して接続（次ページの図 2-2-3）

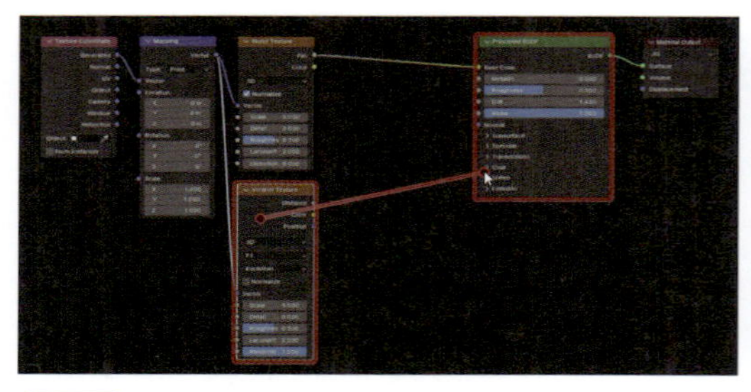

図2-2-2 Lazy Connect

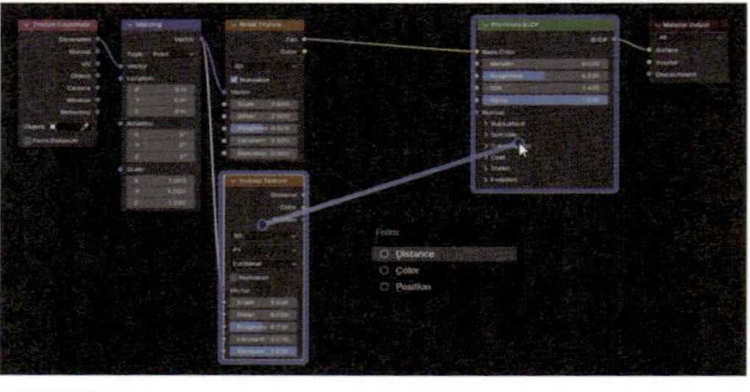

図2-2-3 Lazy Connect

• Detach

Alt+ 右ドラッグ：接続したまま選択中のノードのみを切断して移動

図2-2-4 Detach

• Mix Nodes

Ctrl+Shift+ 右ドラッグ：Mix Color または Mix Shader ノードを追加

図2-2-5 Mix Nodes

• Merge Node

Ctrl+Shift++：Math の Add を追加
Ctrl+Shift+ －：Subtrac
Ctrl+Shift+/：Divide
Ctrl+Shift+*：Multiply

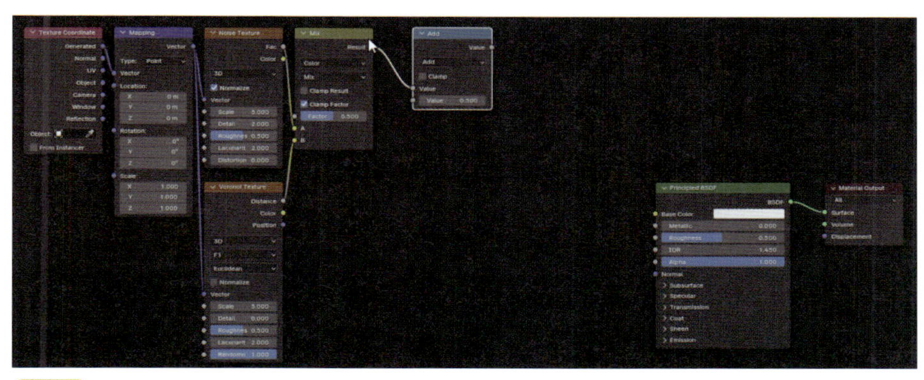

図2-2-6 Merge Node

• Detach Outputs

Shift+Alt+D：インプット側のリンクを接続したままアウトプットを切断

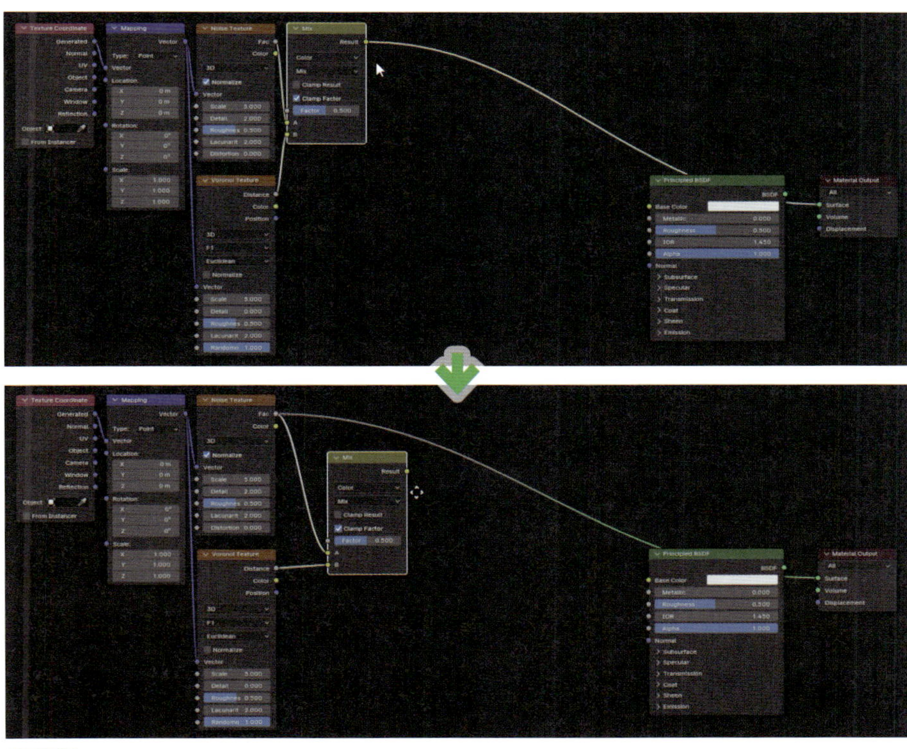

図2-2-7 Detach Outputs

• Switch Type to

Shift+S：選択中のノードを別のノードに変換（4.2x では現在非対応）

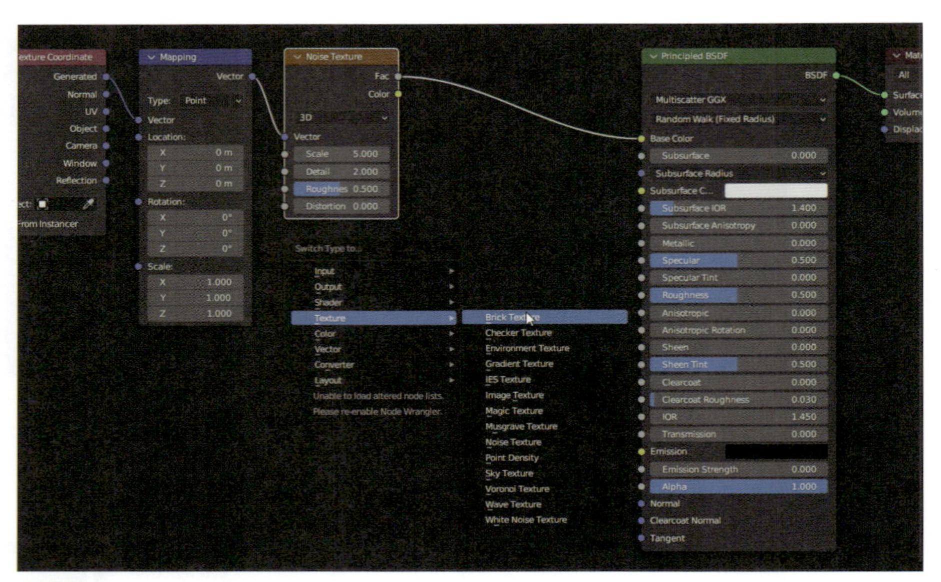

図2-2-8 Switch Type to

• Swap Links

Alt+S：接続の入れ替え

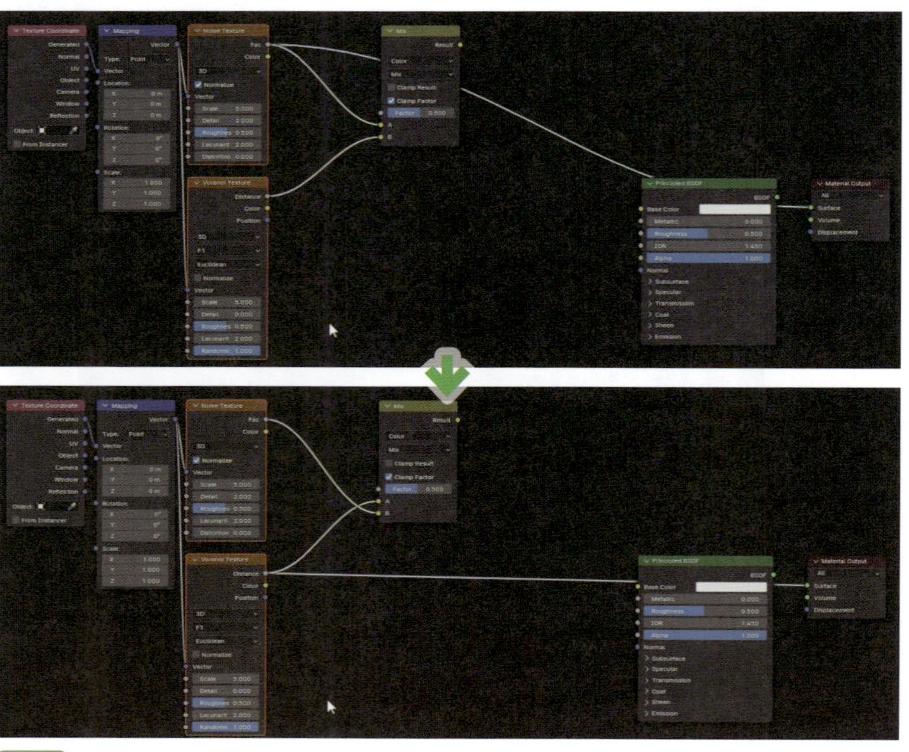

図2-2-9 Swap Links

• Preview Node

Ctrl+Shift+ 左クリック：選択箇所ノードまでのプレビュー

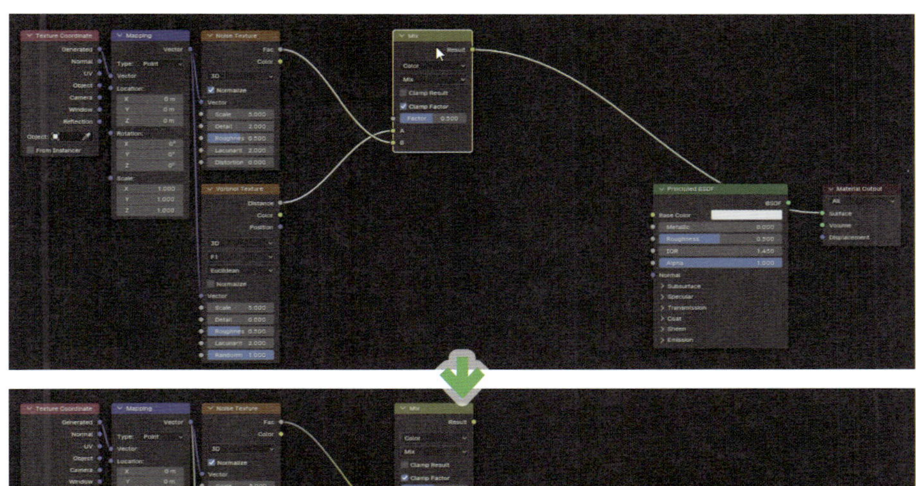

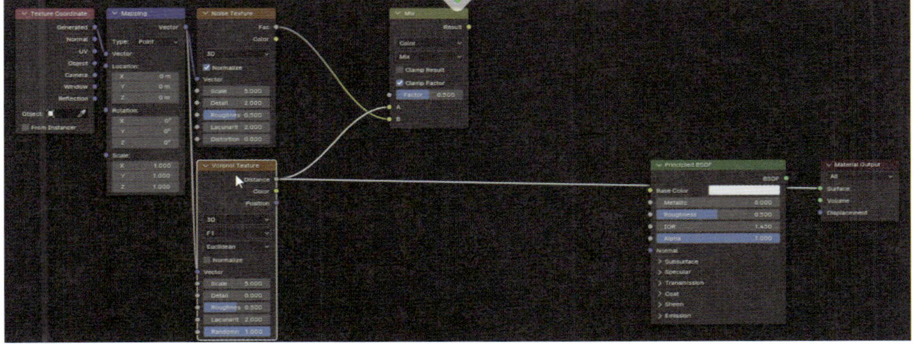

図2-1-10 Preview Node

• Texture Stup

Ctrl+T:Shader 系ノードを選択している場合、「Image Texture」「Mapping」「Texture Cordinate」が追加。Texture 系ノード選択中は「Mapping」「Texture Coordinate」が追加される

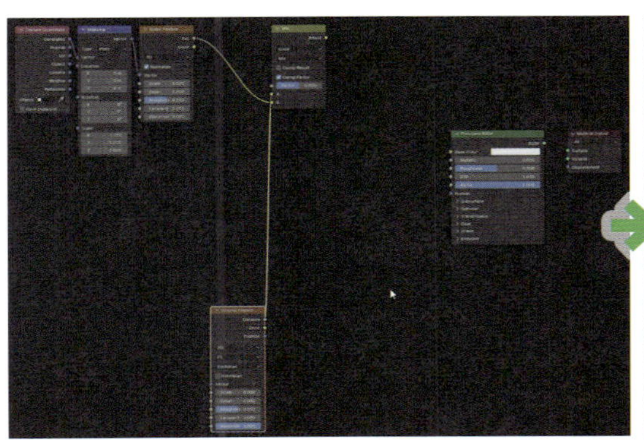

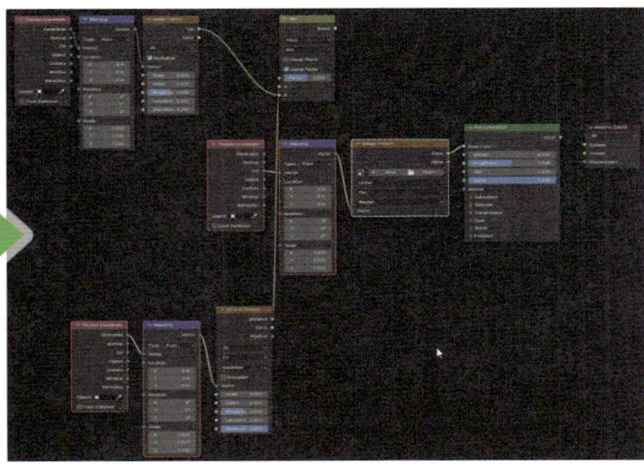

図2-1-11 Texture Stup

• Principled Texture Setup

Ctrl+Shift+T：Base、Roughness、Metallic、Height、Normalなどのテクスチャ名から自動的に判定して接続

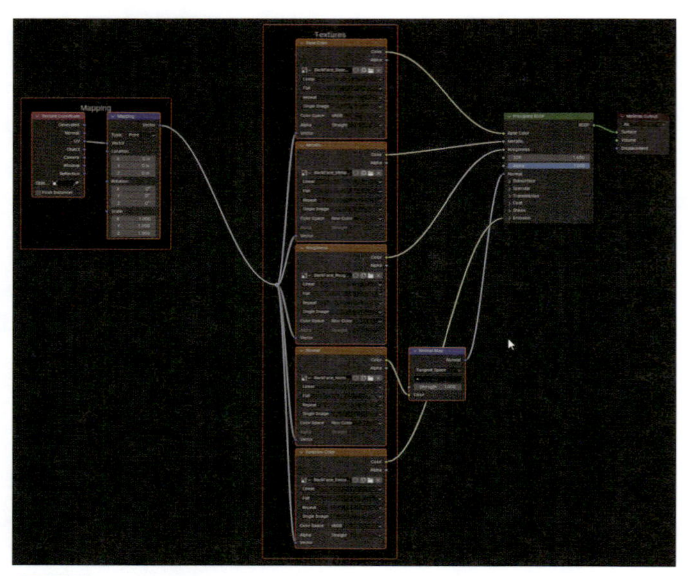

図2-1-12 Principled Texture Setup

2-3 Shading Workspaceの構成

ユーザーの好みや作業内容に依存しますが、私はShading Workspace（Blender画面上一番上のタブ）を図のような構成にしています。以降の節で、各エディターの設定や役割について解説します。

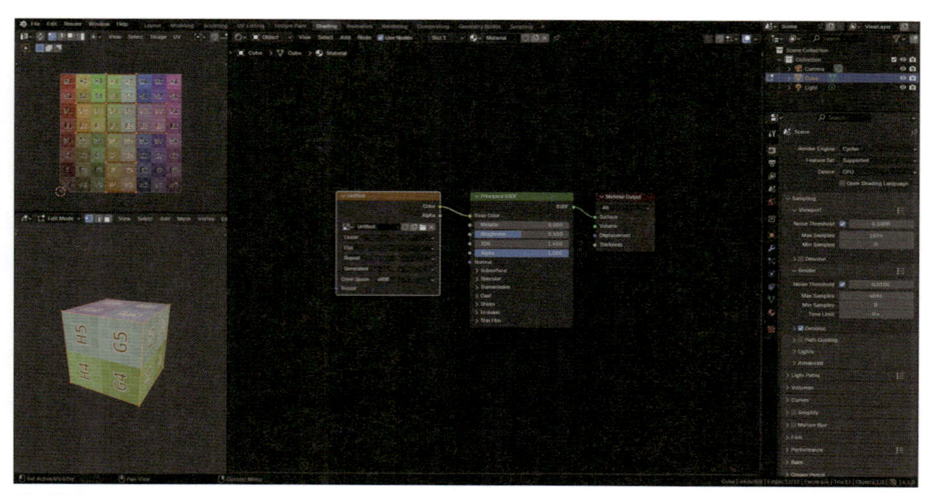

図2-3-1 筆者のShading Workspaceの構成

2-4 Shader Editor

ノードを作成する上でメインとなるEditorです。ここでさまざまなノードを追加し、パラメータを変更することで質感を仕上げていきます。

Editor の UI 設定

PreferenceのEditingにあるNode Editorパネルから、「Auto Offset」を外しておくことをお勧めします。この設定が入っていると、ノードを追加する際に右側（Output側）に向かって広がってしまいます。

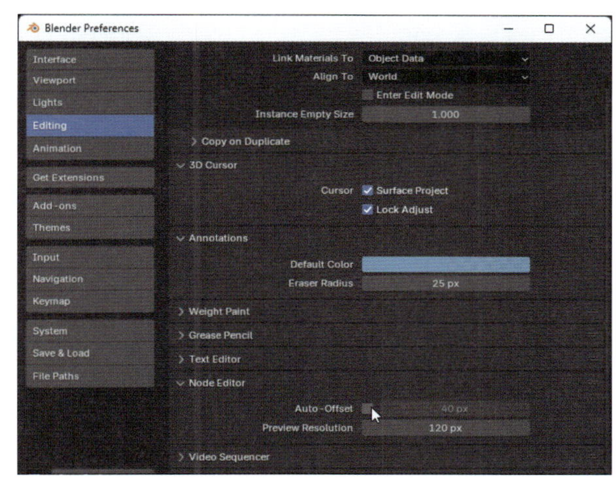

図2-4-1 Node Editor設定で「Auto Offset」をオフ

図2-4-2 複雑化したノード接続例

複数のオブジェクトやマテリアルを作成する場合、別のマテリアルを選択するたびにノードのビューが切り替わり、そのノードの量によって、Material Outputがどこにたどり着くかがわかりにくくなります。そのためMaterial Outputノードを移動させないようにすることで、ノードを再編集する際にノードがどこに行ったかを探す手間が発生しにくくなります。

「Home」キーを押せばすべてのノードが表示されるという方法もありますが、ノードグループを作成して再利用する場合、エディターで表示を切り替えるたびに毎回Homeキーを押して探すのは非効率的です。

したがって、Auto Offsetを外すことで、Material Outputが意図せず移動してしまうことを未然に防ぎ、基準となるMaterial Outputノードの位置を固定することにより整理されたレイアウトを保つことが、効率的な作業に役立ちます。

Node Link 線の Preferences 設定

Blender のヘッダーメニューから「Edit → Preferences → Themes → Node Editor」を開き、さらに下にスクロールすると「Noodle Curving」という設定項目があります。

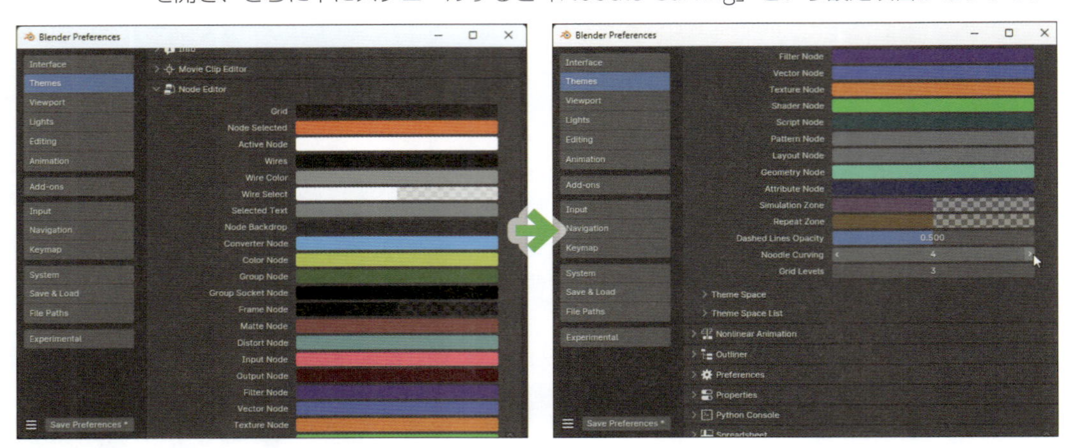

図2-4-3 「Noodle Curving」設定項目

この数値を「1 ～ 10」の間で変更することで、カーブの緩急を変更できます。「1」は直線となり、「10」になるとカーブがより強くかかります。私は「4」に設定していますが、ここはあくまでも自分が認識しやすい視覚的効果のみであり、操作性やシェーディングの効果などには一切影響はありません。みなさんの視認しやすい設定に変更してみてください。

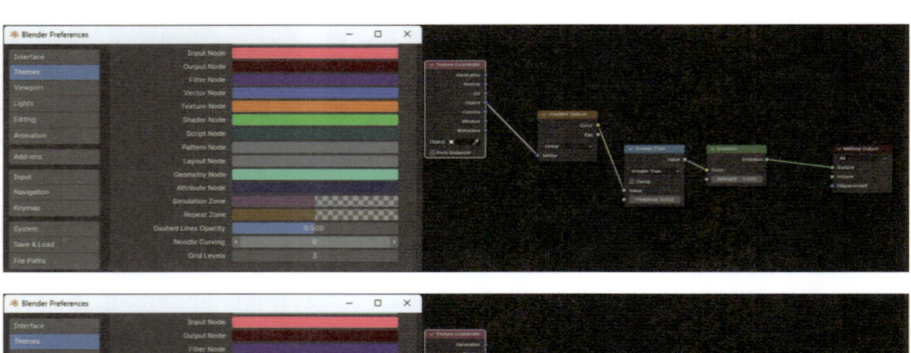

図2-4-4 ノード線の形状

2-5 3D Viewport

マテリアルで作った質感を「3D Viewport」でプレビューします。描画範囲やプレビュー画面の面積が大きいと描画が重くなるので、ここでは少し小さ目にしておいたほうがよいでしょう。

Material Preview は「Eevee」です。複雑なマテリアルを作成する場合、Shader を使用せずにカラーをプレビューして Rendered（Cycles）のほうが早く動作確認できます。

Viewport Shading の「Scene World」を有効にすると、Blender に梱包された「Environment HDRI」が表示されます。これにより、自然なライティングを疑似的に表現してくれます。（レンダリングには影響しません）

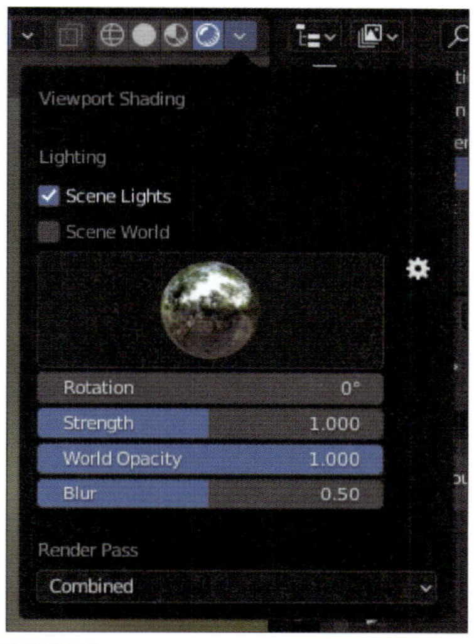

図2-5-1 Viewport Shadingの設定画面

StudioLight：デフォルトでは 8 種類の HDRI を梱包。作成したいシーンによって変更が可能

Rotation：Z 軸を中心に画像を回転させることができる。陰影の具合を確認したい時に便利

Strength：光の強さを設定

World Opacity：背景に表示する不透明度を設定。「0」の場合完全に Blender の背景色が適用され、「1」の場合完全に HDRI 画像が表示される

Blur：HDRI 画像にブラーをかけ、ピンボケのような効果をもたらす

3D Viewport の UI 設定

作業目的や好みによって異なるかと思いますが、私は作業上邪魔になる項目（3D Cursor、HDRI Preview、Text Info、Extra、Bones、Navigate など）は非表示にしています。

また、以下のショートカットも覚えておくと描画負荷の軽減ができます。

H：選択中のオブジェクトを非表示
Shift+H：選択中のオブジェクトのみを表示して、それ以外のオブジェクトはすべて非表示
Alt+H：非表示にしたオブジェクトを再表示

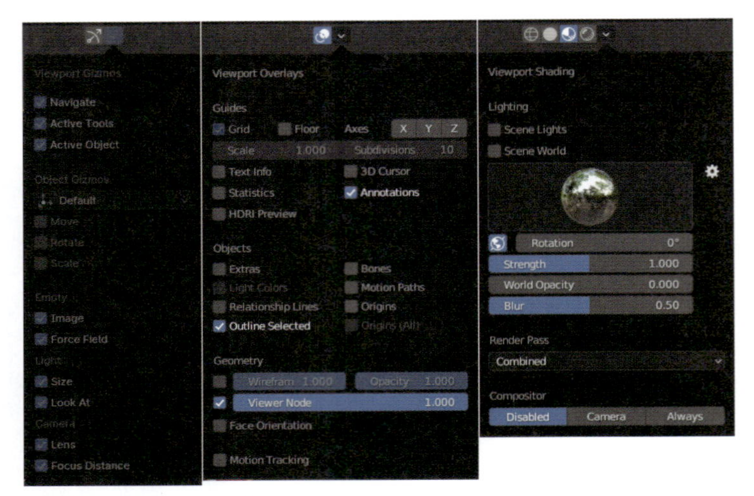

図2-5-2 3D ViewportのUI設定

2-6 UV Editor

UV展開や、微調整などに必要なことがあります。また、Shader EditorでImage Textureノードを選択した際に、テクスチャがここに表示されます。

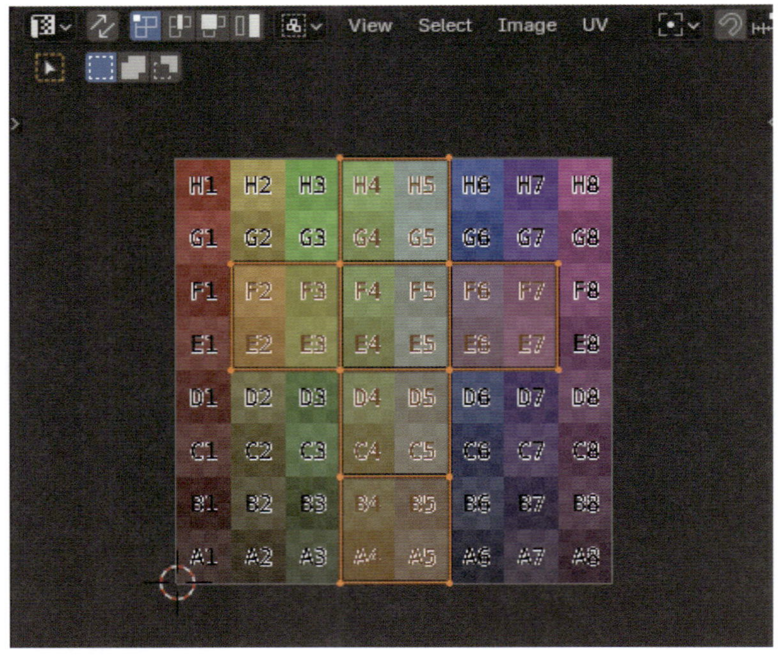

図2-6-1 UV Editorの画面

2-7 Properties

選択したオブジェクトの詳細設定を管理するエリアです。マテリアル、モディファイア、パーティクル、UVチャンネル、Vertex Colorなど、幅広いプロパティをオブジェクト別に調整できます。

これにより、オブジェクトの見た目を細かく設定可能です。また、シーン全体のレンダリング設定やカメラ、ライトの調整もここで行えるため、作業の統一的な管理に役立ちます。

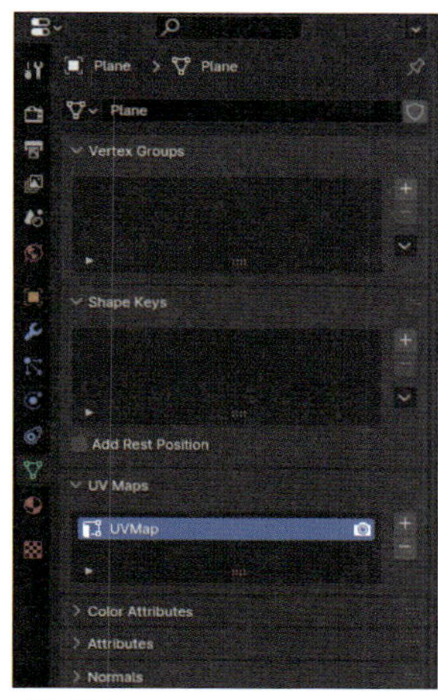

図2-7-1 Propertiesの画面

2-8 Outliner

シーン内のすべてのオブジェクトやコレクションを階層的に、レンダリング設定やビュー上の表示設定などの管理をするエディターです。ここでは、オブジェクトをすばやく選択でき、複雑なシーンであるほど管理に便利です。

また、モディファイアやマテリアルのリンク状態も確認でき、プロジェクト全体の見通しをよくします。

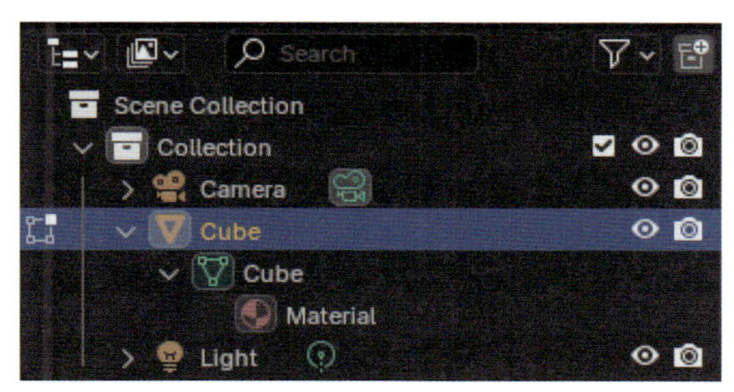

図2-8-1 Outlinerの画面

1
2
3
4
5
6
7
8
9
10
11
12

各ノードの役割を理解する作例

ノードの基本操作や各種画面の概要がわかったところで、実際にメッシュとマテリアルを使って、各ノードの役割を視覚化する簡単な作例を作ってみましょう。

以下の手順で、メッシュの変形を視覚的に確認できるノードを組んでいきます。

1 Mesh Plane を追加して、Subdivide を付加

ベースとなる素材として「Mesh Plane」を追加します。これに対して「Subdivide」を付加します。ある程度ポリゴンを細かく分割しなければスムーズな変移を確認することができませんが、PC スペックによって分割数を調整してください。

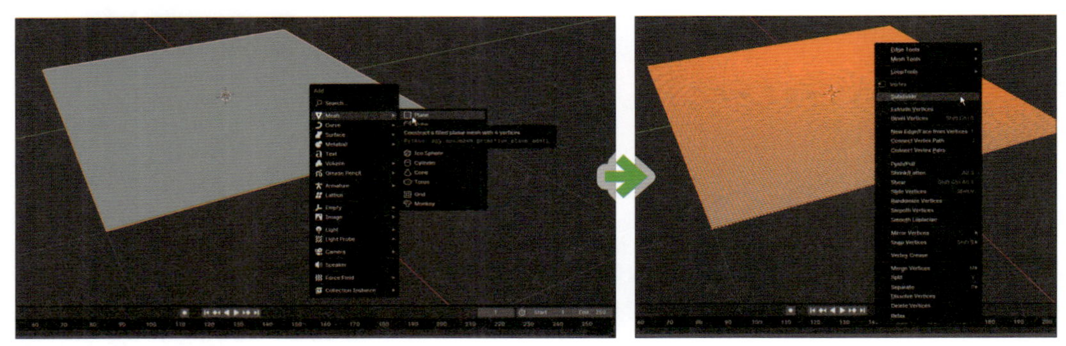

図3-1 Mesh Planeの追加

2 Solidify モディファイアを追加

Modifiers Propertys を開き、「Solidify」を追加します。これにより側面から見た場合も視覚的にわかりやすくなります。

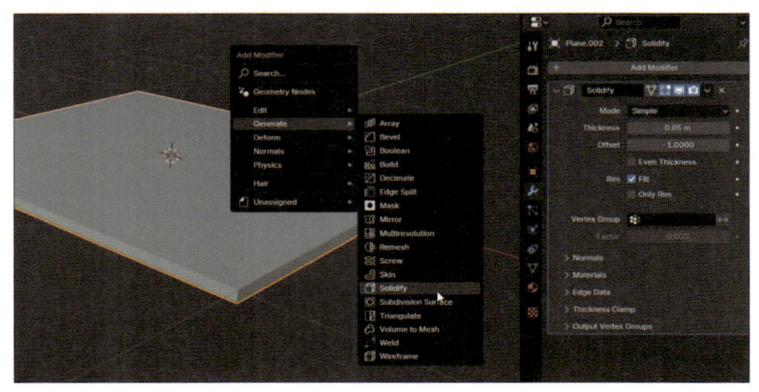

図3-2 「Solidify」モディファイアを追加し、Thicknessを「0.05m」に設定

3 メッシュが変形するように設定を変更

Shadingワークスペースタブに移動し、Material PropertysのSettingsにあるDisplacementを「Bump Only」から「Displacement Only」または「Displacement and Bump」に変更します。これで、Displacementノードを使用した時にメッシュが変形するようになりました。

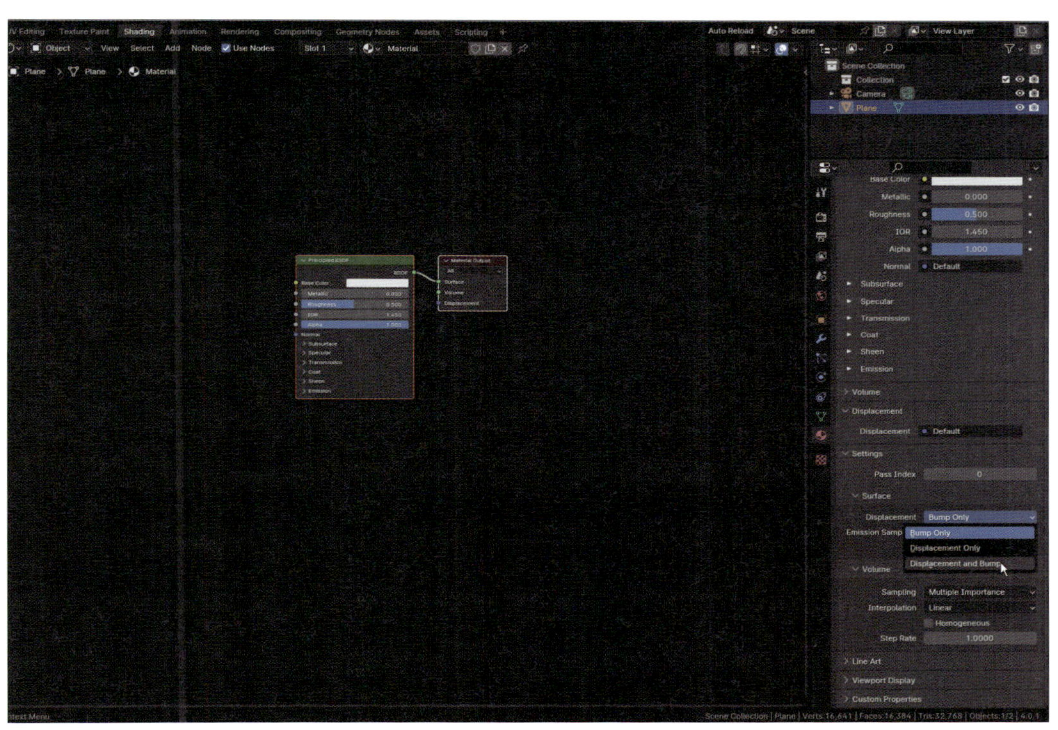

図3-3 Displacementの設定を変更

4 Surface タイプを「Emission」に変更

Principled BSDF は多機能で複雑な表現が可能ですが、その分計算負荷が高く、描画が遅くなります。そのため、よりシンプルで高速な描画を実現するためには、Emission ノードを使用する方が効果的です。

Emission は、反射や複雑な陰影の計算が不要なため、軽量でレンダリング速度が大幅に向上します。特に、リアルタイム性が求められる環境や、シンプルな色の確認で十分な場合には、Emission での確認が推奨されます。

Properties EditorのMaterialタブを開き、SurfaceパネルにあるSurfaceタイプが「Principled BSDF」になっているので「Emission」に変更します（図3-4）。

このプルダウンを出してから、キーボードの「E」を押すと Emission が適用されます。ほかにも「P」を押すと「Principled BSDF」に変更されたりするので、いろいろと試してみてください。

5 Texture Coordinate ノードを追加

Shader Editor 上で、「Shift」+「A」(Add)→「S」(Search)で出てきた検索窓で「Texture Coordinate」を検索してください。Texture と入力するとたくさんのノードが検索されますが、「Cord」と途中まで入力すれば Texture Coordinate に絞られます。

これを選択した状態で「Enter」キー、もしくはクリックで選択することでノードが追加されます。

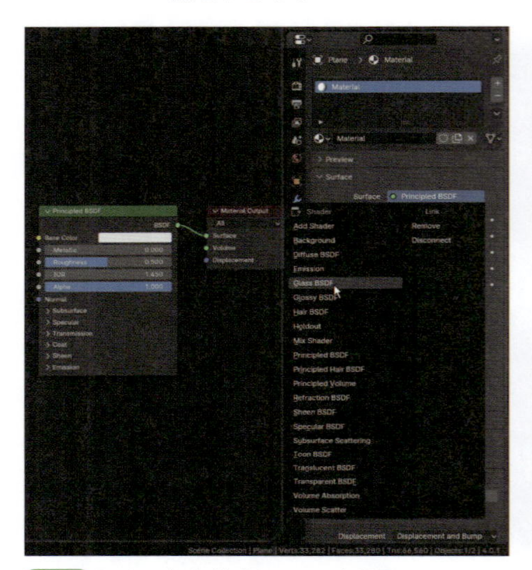

図3-4 Surfaceタイプを「Emission」に変更

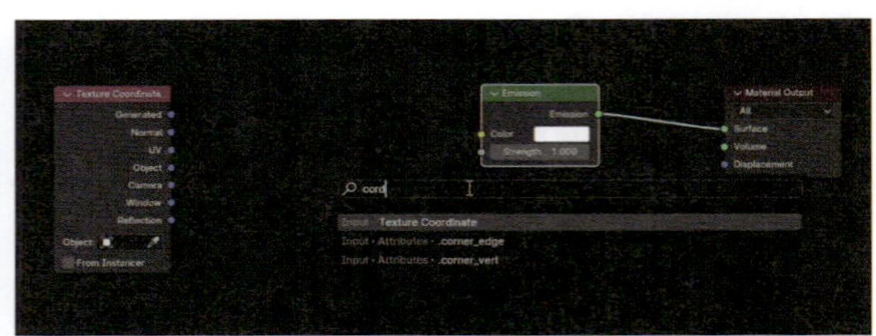

図3-5 Texture Coordinateノードの追加

図3-6 Gradient Textureノードを追加して接続

6 Gradient Texture ノードを追加

⑤と同様の操作で、「Gradient Texture」ノードを検索して追加します。そして、Texture Coordinate の「Object」と Gradient Texture ノードをドラッグ＆ドロップで接続します。

7 Combine XYZ ノードを追加

Gradient Texture ノードの Color アウトプットからドラッグ＆ドロップしますが、何にも接続しない場所でドロップすると検索窓が出てきます。ここで「XYZ Z」と入力します。

Combine XYZ ノードが「Z」インプットに接続された状態で出現するので、Material Output の「Displacement」に接続します（接続図は図 3-8 を参照）。

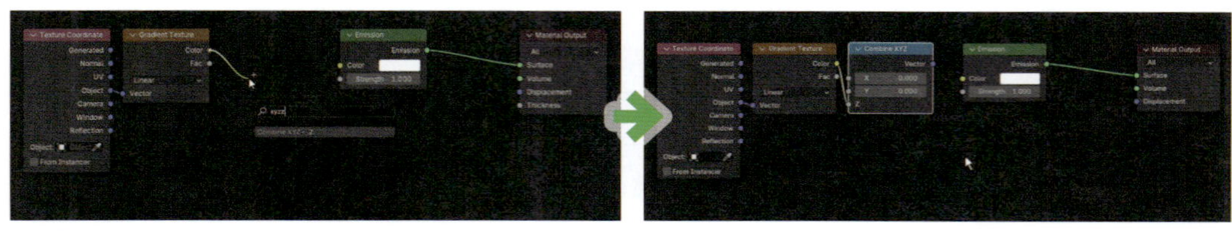

図3-7 Combine XYZノードを追加して接続

各ノードの役割を理解する作例

8 メッシュの変形を確認

3D View 上で「Viewport Shading」に変更します。すると、メッシュが変形していることがわかるようになります。これはZ軸に対して変形するようにCombine XYZノードを使用して、手動でDisplacementマップを作成する方法です。

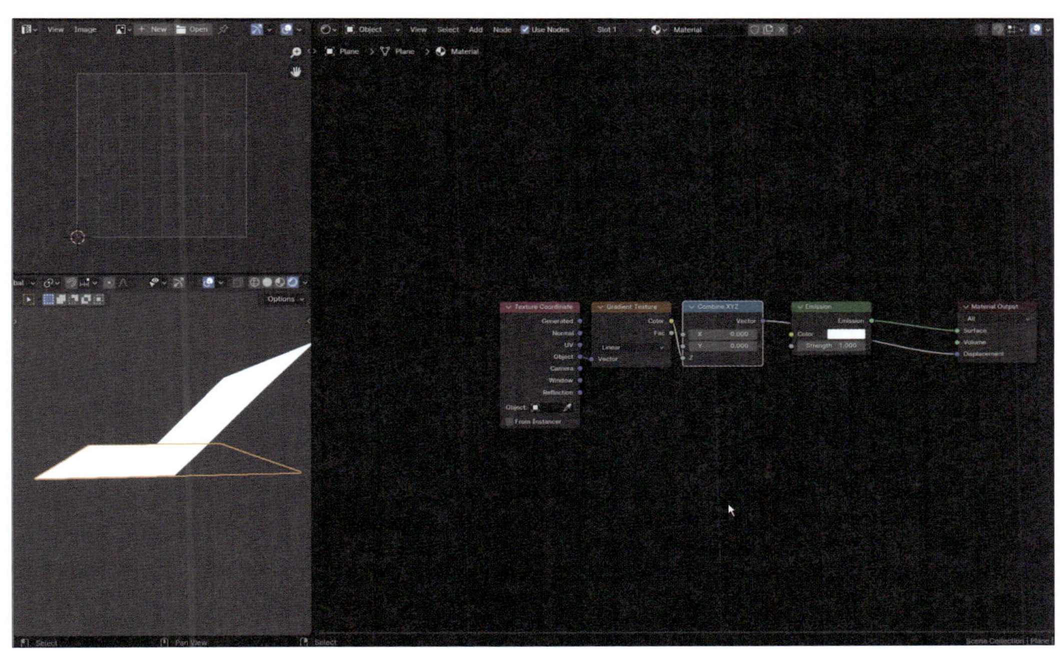

図3-8 3D Viewを「Viewport Shading」に変更

9 変化を視覚的に確認

さらに、どのような色（数値）がメッシュに対して、どのように変化をもたらされるかを視覚的に確認したい場合は、Gradientノードの「Color」とEmissionの「Color」を接続します。

値が「0.0」の場合、メッシュに変更はなくその位置は「0.0」に保たれ、一方で値が「1.0」の場合はメッシュの位置もZ軸が「1.0」になっていることがわかります。なお、視点はテンキー「1」を押してフロントビューに変更しています。

このようにして、次ページの図のようなグラフを作成しています。これにより視覚的に数値が確認しやすくなり、またその変化具合もグラフのように視認しやすくなります。

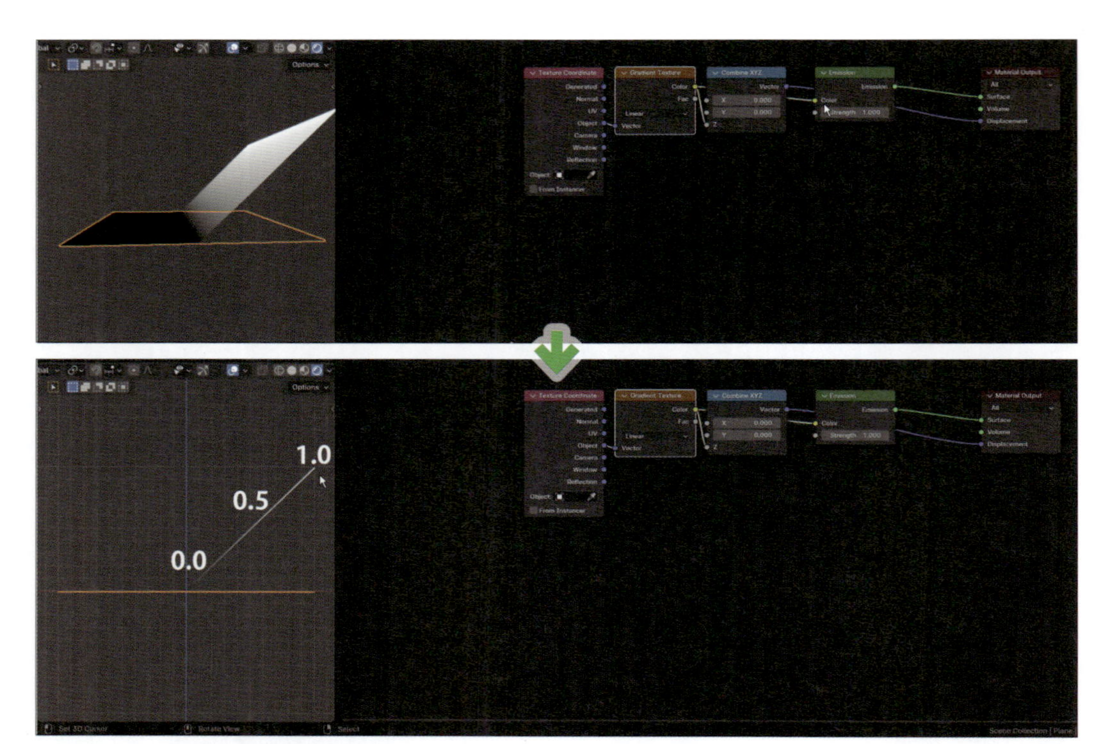

図3-9 メッシュの傾きを色と数値で確認

10 Math ノードで視覚的に変化を確認

ほかにもMath ノードの「LessThan」（または「Greater Than」）を使用して色の変化を見る方法もありますので、紹介しておきます。

3D View はテンキー「7」を押して、トップビューに変更します。「Combine XYZ」ノードはいったん必要ないのでここでは削除しました。「Shift」+「A」→「S」で「Math」ノードを追加します。Gradient Texture ノードとEmission ノードの間にドラッグ＆ドロップすると、リンクの線が白くなります。ここでドロップすると、自動的にノードとの間に補完されます。

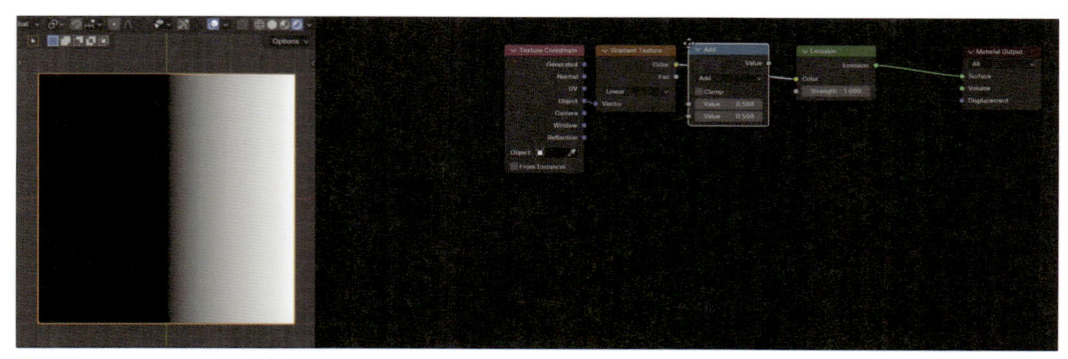

図3-10 Mathノードを追加して接続

11 設定を変更してわかりやすく表示

Math ノードの「Add」となっているプルダウンをクリックして、「Greater Than」に変更すると、Gradient Texture からの出力されるグラデーションは、Threshold で指定された値（デフォルトは「0.5」）を超える場合は白く（HSV=0,0,1）、0.5 以下の場合は黒く（HSV=0,0,0）表示されるようになります。

この状態で Threshold の数値を変更すると、白と黒の位置が変わり、どこが指定した数値になっているのかを視覚的に確認できます。ここでは、テンキー「1」で正面図にして確認しています。

以上のような方法で、色がメッシュに対してどのような変化を与えるか、各ノードがどのような色変化を起こしているかを視覚的に確認することができます。

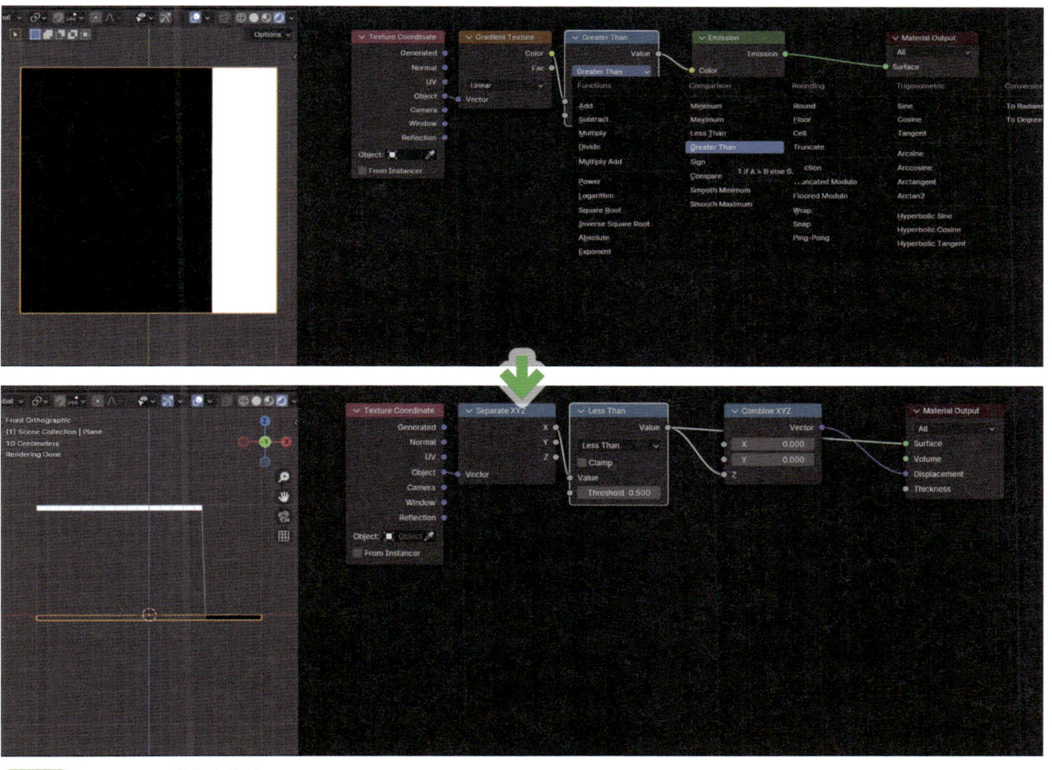

図3-11 Thresholdの数値を変更

効率的なノードの作成

マテリアルノードにおける効率性は、さまざまなシーンで容易に適用でき、パラメータを変更しやすく、見やすく、アップデートや改変がしやすいという要素を含んでいます。

膨大なノードやパラメータを扱うにつれて、これらの要素は非常に重要になり、後で変更や整理を行うことが難しくなります。そのため作成者は、作成の初期段階から整理整頓を心掛けながら進める必要があります。

なお、以降のノード操作については、2章の「表 2-1-1」などを参照してください。

4-1 マテリアルの共有

複数のオブジェクト間でマテリアルを共有することも可能です。たとえば、同じ素材でできている階段と床はマテリアルを共有できます。

その上で画像テクスチャと UV を使用して、テクスチャのサイズ感を合わせるのは意外と難しいと思いますが、プロシージャルで作成した場合、作り方によってはサイズ感はオブジェクト毎に調整しなくてもオブジェクトの面積によって自動で調整されます。

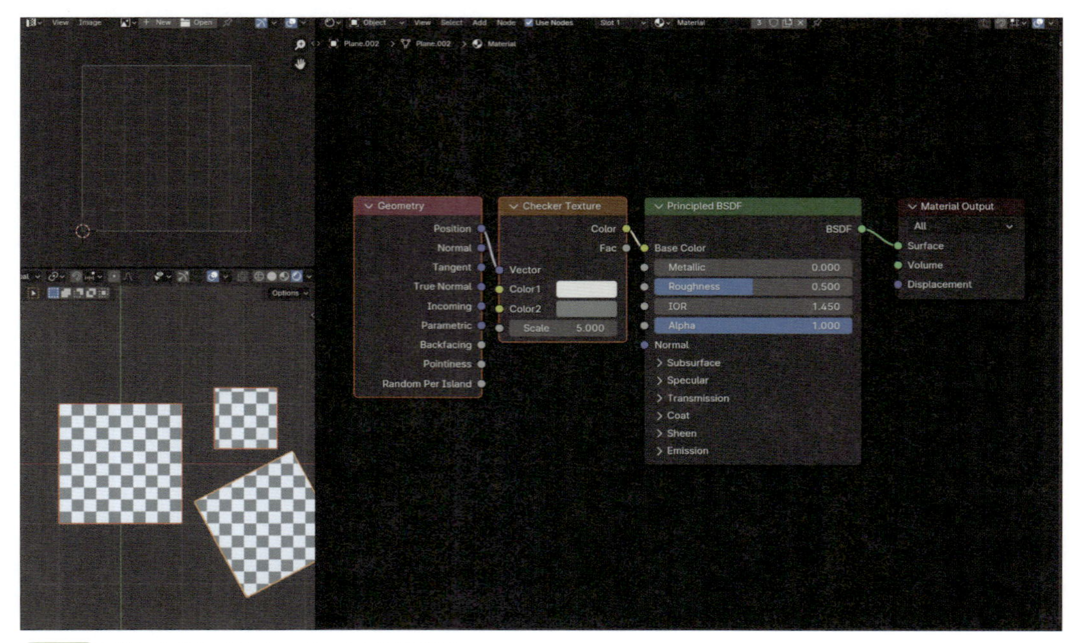

図4-1-1 複数のオブジェクトでマテリアルの共有が可能

4-2 グループ作成

グループとは、複数のノードをまとめて1つのノードのようにして扱える機能です。多くなったノードを整理するのが主な役割ですが、繰り返し似たような計算をする場合に、複製してインスタンス化のように使用する場合にも便利で、最終的にアセット化してマテリアルパラメータを変更してシーンやオブジェクトに合わせて変更することが可能になります。

▶ 変数と定数を設定できる

変数は、ノードグループのインターフェースに表示され、使用する際に色や数値を入力することが可能です。変数の値はノードグループの外部から手軽に設定できるので、ノードグループで頻繁に変更が必要なパラメータに最適です。

対して定数は、ノードグループ内で使用される値を定義するために使用されます。グループの内部でのみ使用され、外部からアクセスできません。定数は、値が変更されることがないパラメータに最適です。また複数のマテリアルに使用される際には、グループ内の定数を変更すれば一括で変更できるメリットもあります。

変数と定数を使用すると、ノードグループの柔軟性と再利用性が向上します。変数を使用することで、グループを使用するたびに値を再入力する必要がなくなります。これに対して定数は、グループノード自体の設定を変更せずに内部ノードのパラメータを変更できます。

▶ 複数のノードをまとめて管理できる

グループを作成することで、複数のノードをインスタンス化することで、1つのまとまりとしてシンプルに管理できます。これにより、複雑なノードマップを作成しても、見通しをよくすることが可能です。

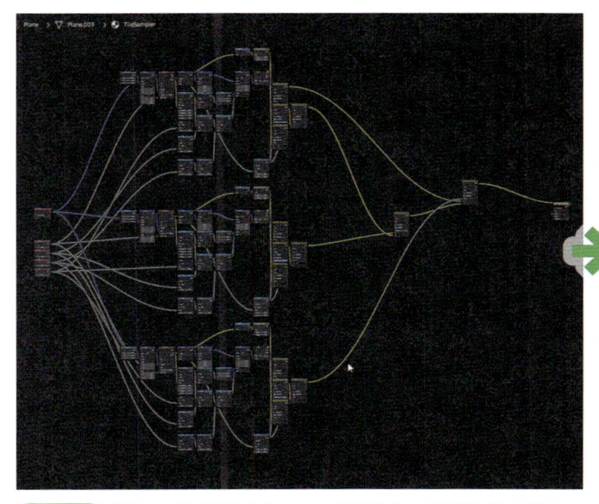

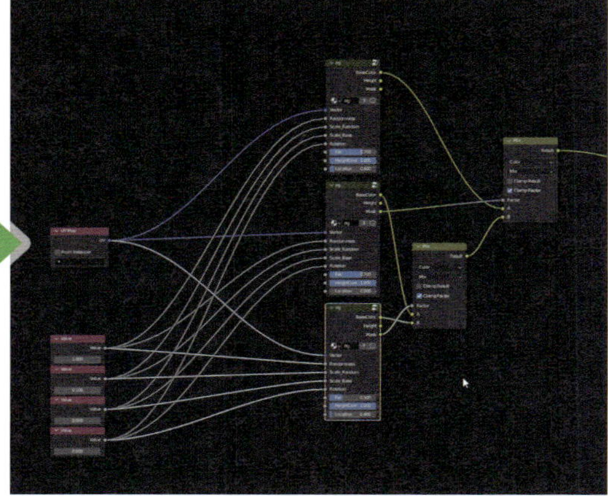

図4-2-1 グループを活用することで視認性や再利用性が上がる

▶ 再利用性が高くなる

グループにまとめたノードは、ほかのマテリアルでも再利用できます。これにより、同じ機能を持つノードを複数回作成する必要がなくなります。

▶ 再編集を容易にする

グループ内の定数ノードを編集することで、グループノードの機能にも反映されます。これにより、複数のマテリアルでもまとめて編集することができ、作業効率が向上します。

4-3 フレームとリルート

複数のノードを囲んで見やすくすることができます。フレームは移動したり、拡大縮小したりすることができます。また、フレームにはコメントを記載したり色を付けることで、ノードの役割や機能を説明することができます。これにより、見やすさを向上させることが可能です。

接続を簡略化するために使用されるのが「リルート」です。2つのノードを接続すると、接続線が直線的に引かれますが、2つ以上のノードが接続されると複雑になり、見やすさが損なわれます。その際に接続線を簡素化して、見やすく管理しやすくするために使用されます。

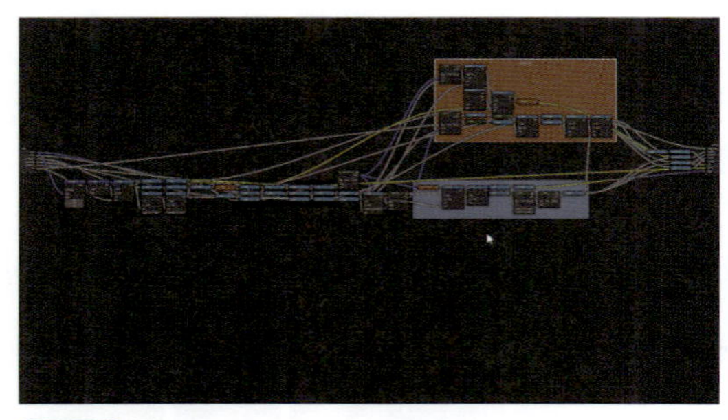

図4-3-1 機能のまとまりをフレームで囲む

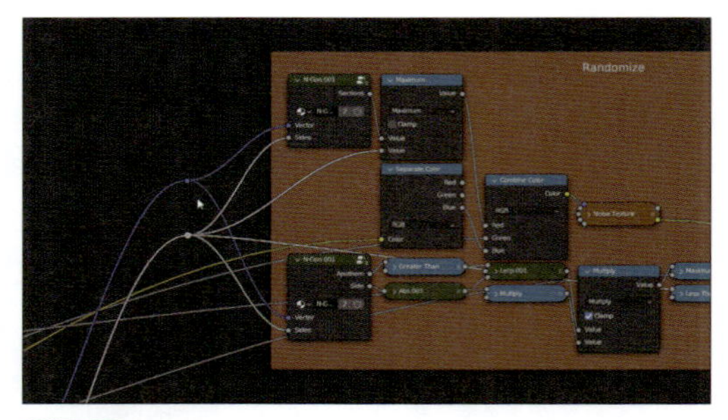

図4-3-2 接続線をリルートで見やすく表示

4-4 意識すべきポイント

ノードグループを作成する際に、意識したいポイントを紹介します。過去に作成したノードを見直したり修正する際や、汎用性と再利用性、チーム内での作成や共有時にも有用です。

▶ 名前付け

グループ名やパラメータ名は、わかりやすく具体的な名前を付けることで、後から見直したりほかの人と共有したりする際に混乱を避けることができます。適切な名前が付いていないと、内容や意図がわからなくなることがあります。作成物の可視性と管理のしやすさの向上を意識しながら作成しましょう。

ノードのラベルや、グループの各パラメータ、フレームなどに名前を付けることができます。

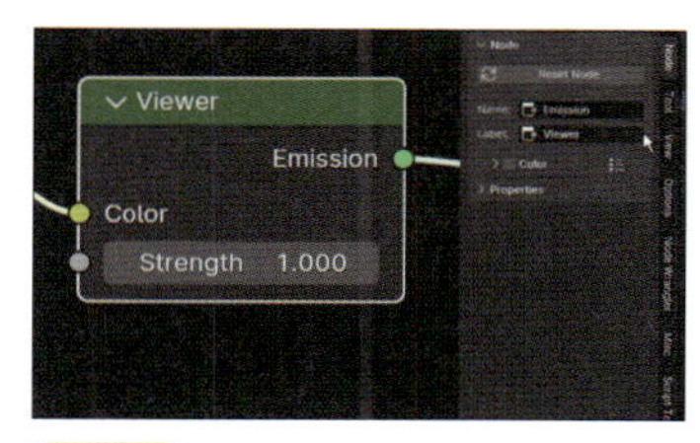

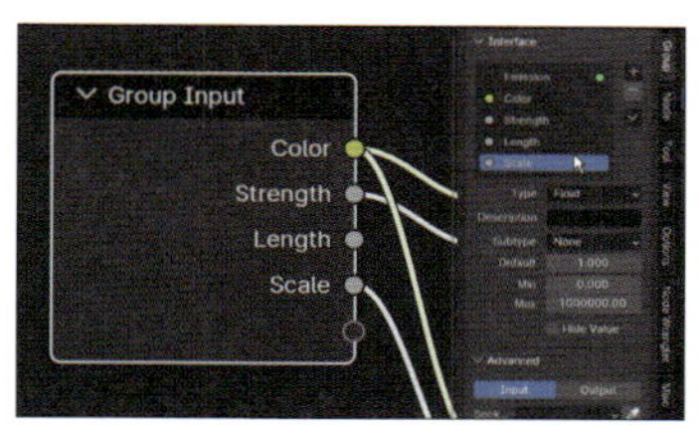

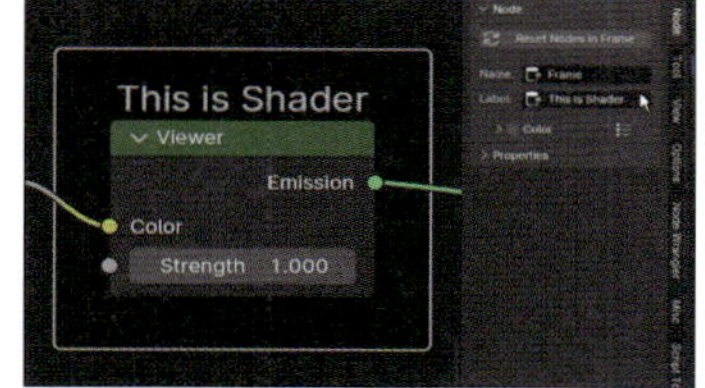

図4-4-1 名前付けの例

▶ 命名規則

たとえば、同じ意味を表す要素でもBaseColor、Albedo、DifColなど一貫性のないバラバラな名前を使ってしまうと、視認性や理解性を著しく低下させるだけでなく、ファイルの検索時にも困難となります。

明確で一貫性のある命名規則を採用することで、作成物の目的や内容を迅速に把握できるため、作業効率を向上させることができます。

▶ 視認性

ノード間の距離やワイヤーの向きなどの視認性も非常に重要です。

ノード間のワイヤーが複雑に絡み合っていたり、ノード同士の距離が離れすぎていると、全体像が見えにくくなり、画面の移動範囲が大きくなるほど、頻繁に画面をスクロールして探す手間が増えるため、作業効率が著しく低下します。

ワイヤーの絡まりを最小限に抑えるためには、ノードの配置にも注意が必要です。関連するノードをまとめて配置することで、視覚的な整理が可能となります。また、ノード同士の距離を適切に保つことで、ワイヤーの絡まりを防ぐことができます。

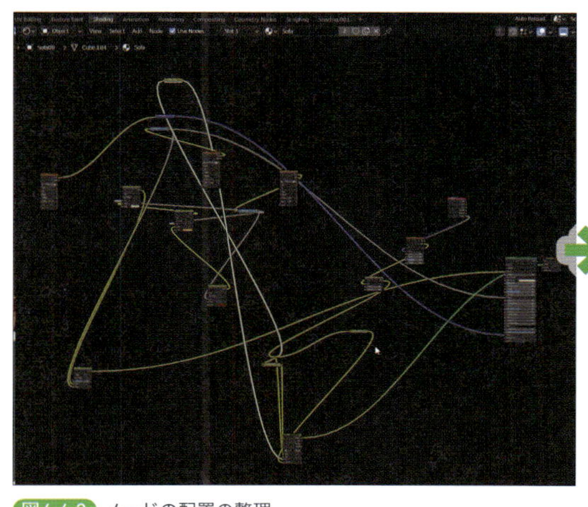

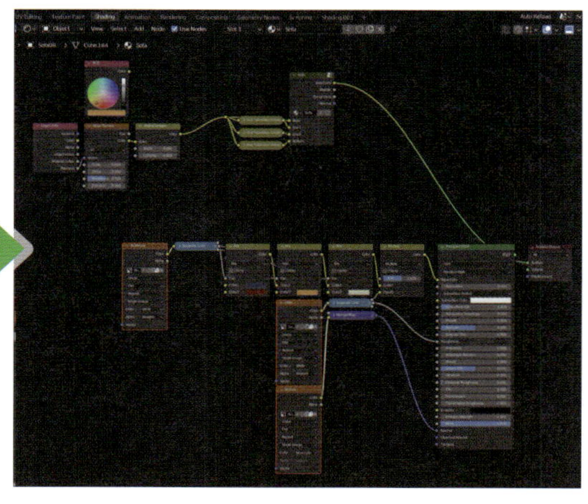

図4-4-2 ノードの配置の整理

▶ インターフェースの設定

グループの外部から調整可能なパラメータを設定することで、より柔軟で再利用性の高いグループを実現することができます。インターフェースの設定には、Vector、Shader、Float、Color などのコントローラーを追加することもできます。

また、可能な限り複数のノードに対して同一のコントローラーを設定しておくことで、1 つのパラメータを調整するだけで統一的に制御されるため、手間やミスのリスクを軽減し、操作が容易になります。

個別設定の必要なパラメータもあるため、適切なバランスを見ながら調整のしやすさと柔軟性を決定しましょう。

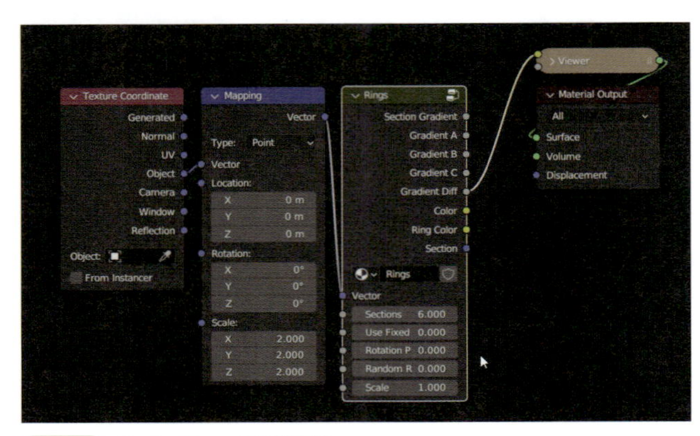

図4-4-3 インターフェースの設定例

▶ パフォーマンスへの影響

グループ内のノードが複雑な計算を含む場合、パフォーマンスへの影響を考慮する必要があります。特に複数のグループを組み合わせて使用する場合や、再帰的なグループの使用を検討する場合には、ノードの実行コストやメモリ使用量などに留意する必要があります。

▶ 共有とドキュメント化

グループ化されたノードを他者と共有する場合は、適切なドキュメント化を行うことが重要です。

マテリアルの目的や使用方法を明確に説明し、必要な情報や注意事項を共有することで、ほかの人もスムーズに理解して利用できるようになります。

また、作成してから月日が経過した制作物は、自分でも理解できない場合があります。これを防ぐ目的もあります。

テクスチャのベイク

Bake（ベイク）には、アニメーションのカーブベイクやライトベイクなどがありますが、この章での「Bake」とはマテリアル制作において、模様や凹凸などの情報を事前に計算してテクスチャとして画像を作成するためのプロセスを指します。

5-1 ベイクの使いどころ

Bake の方法は主に 2 種類あり、ほかのモデルやシーンから影響を受けてテクスチャに Bake する方法と、自身のマテリアルを Bake する方法があります。

Bake されたテクスチャは、リアルタイムレンダリングやゲームエンジンへのエクスポートを容易にして、リソースの節約と高速なレンダリングを可能にします。複雑なノード構成による計算負荷も、事前に計算結果をテクスチャに保存することで軽減できます。

また、Base Color や Roughness、Normal などを Bake しておくことで、Blender で作成したマテリアルに近い質感または効果の再現が期待できるほか、静的なオブジェクトは陰影をあらかじめ Bake しておくことで Cycles の高品質な質感を外部ソフトでも再現することができます。

Bake を活用することで、ワークフローの効率化や互換性の向上が期待できるため、3D アーティストやゲーム開発者などにも幅広く利用されています。

5-2 ベイクの方法

基本的には以下の 4 手順で、ベイクを行います。これらを必要枚数分だけ繰り返します。

①画像を用意する
②ベイクする対象のノードを選択する
③モードを選択してベイク
④ Bake 結果を保存

▶ Bake Type

影や光を含めない、単純な Base Color や Roughness などの色をベイクしたい場合は、直接カラーにノードを繋いで、「Emit」でベイクするのが早くて上質なベイク結果が得られるでしょう。この場合 Max Samples の数値も低く設定して問題ありません。

Normal Map を Bake する場合のみ、Bake Type を「Normal」に変更してください。

影や光などをベイクする場合は Shader ノードを接続して、Max Samples の数値を高めに設定する必要があります（シーンのマテリアルや明るさにもよりますが約 256 以上を設定）。

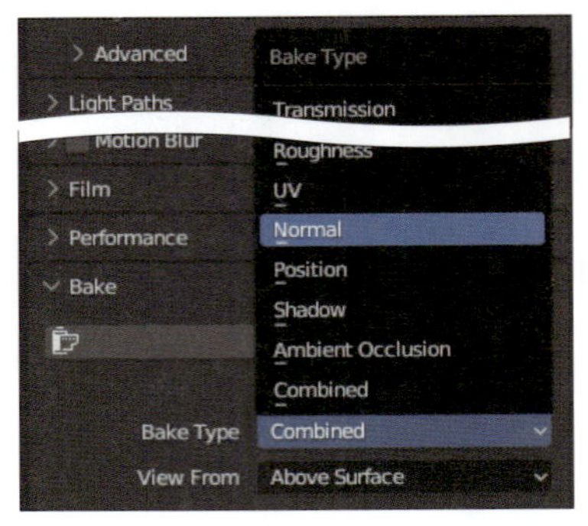

図5-2-1 Bake Typeを「Normal」に変更してベイク

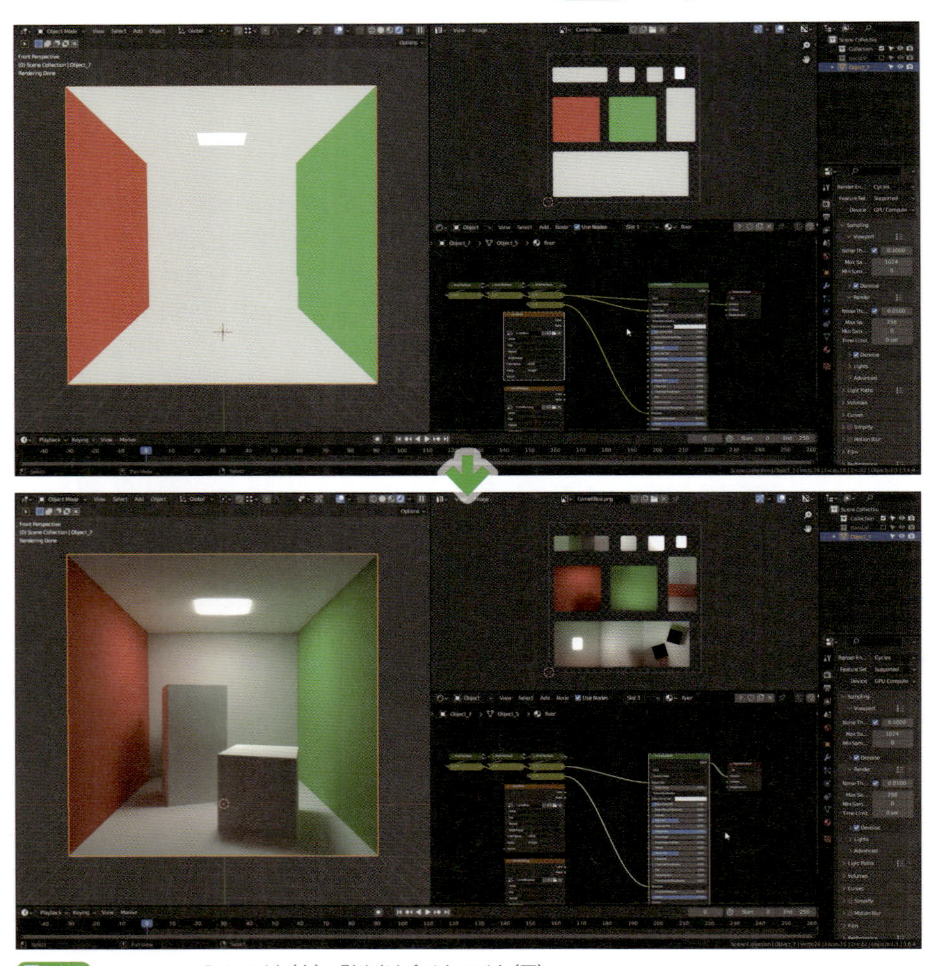

図5-2-2 Base Colorのみのベイク（上）、影や光を含めたベイク（下）

図 5-2-2 のような色や素材が複数あるオブジェクトも 1 マテリアルに統合するとミスが少なく、管理が容易になります。

▶ シェーダーを含めない場合

オブジェクトの基本的な色情報（Base Color、Metallic、Roughness、Normalなど）をテクスチャ画像として保存します。ライティングや影、反射などのシェーダー効果は含まれません。

特徴としては、陰影などの効果がないため、比較的画像編集ソフトでの編集がしやすいことです。動的な陰影や反射は、シェーダーを使うことでリアルタイムに計算されます。

▶ シェーダーを含む場合

Base Color、Metallic、Roughness、Normalなどを含む各種効果を複合的にテクスチャ画像として保存します。

特徴としては、シェーダーによる計算結果を統合したテクスチャ画像1枚にできることです。UnityのUnlitシェーダーなどを使っても、ハイクオリティなビジュアルを保つことができます。

動的なオブジェクトではBase Color、Metallic、Roughness、Normalなどの各テクスチャ画像を作成してシェーダーによる計算結果を付与して、静的なオブジェクトはシェーダーを含む画像をベイクすることでよりクオリティの高いシーンを作成できます。

5-3 レンダリングをBake代わりに使う

板ポリゴンのような平面状の物であれば、レンダリング機能を使用してテクスチャ化するのもよい手段ではないかと思います。レンダリングで行う方法のメリットとデメリットとしては、以下が挙げられます。

● メリット

- 一度にBase ColorやNormalやAlphaなど複数データを同時に書き出すことが可能
- レンダリングサイズを指定できる
- オブジェクトごとに位置や回転を指定できる
- テクスチャアニメーションの作成も可能
- 複数のオブジェクトを同時にベイクできる
- 平面的であれば直接モデリングができるので新しい知識を必要としない

● デメリット

- 複雑なUVや立体的ではない平面でのみ有効
- Metallicマップ、Roughnessマップなどは、Emittionカラーで出力する必要がある
- コンポジットノードを作成するなど、少々特殊な設定をする必要がある

5-4 ベイクできない場合の問題点

さまざまな要因によって、画像にベイクができない場合があります。以降では問題別に対処方法を紹介しますが、すべての対処法は記載しきれないので、2 ページにあるボーンデジタルの Web サイトにも情報を掲載しています。ベイクに限った話ではありませんが、結果として生じる問題が異なっていても、原因が同じ場合があります。そのため、一部内容が重複する箇所があります。

▶ Bake ボタンがない

・Eevee には、その仕様上 Bake ボタンがありません

Render Engin を Cycles に変更してください。

・バグの可能性

Blender の再起動やバージョンの変更、アドオンの無効化などを試してください。

▶ ベイクが進行しない

・テクスチャが選択されていない

Shader Editor 上に Image Texture ノードが設置されており、かつアクティブ選択されていなければなりません。

・UV マップが展開されていない

テクスチャにベイクするためには、画像のどこにどのような模様を描くのかを指定するために、UV を展開しておかなければなりません。

・UV マップが適切に選択されていない

テクスチャやモデリングの過程によっては、複数の UV チャンネルを作成することもありますが、画像ベイクをするには各 UV の島単位で最低 1 ピクセル以上の領域を占有しなければなりません。

・Selected to Active が有効になっている

これを有効にする場合、アクティブ選択を含めて、2 つ以上のメッシュオブジェクトを選択する必要があります。

・テクスチャの解像度が大きすぎる

映像系やゲーム系のプラットフォームやその使用されるカメラとの距離などによって適切な解像度は変動しますが、2048 ピクセルまでが一般的ではないでしょうか。

・対象のポリゴンやオブジェクト過多

選択中のオブジェクトやポリゴンが多すぎると負荷がかかります。オブジェクトを統合したり、メッシュを削減してみてください。

・PCスペック不足

VRAMやRAMが足りていない場合があります。Sample数を下げてみたり、テクスチャの画質を落としてみてください。

▶ベイクが遅い

・テクスチャの解像度が大きすぎる

映像系やゲーム系のプラットフォームやその使用されるカメラとの距離などによって適切な解像度は変動しますが、2048ピクセルまでが一般的ではないでしょうか。

・Sampling回数が多過ぎる

レンダリングと違い、計算が終了するまで最終結果は表示されません。一時的なテストあれば選択対象が多いSampleを「1」にするなどで、時間を短縮するのもよいかもしれません。

・テクスチャの解像度が大きすぎる

映像系やゲーム系のプラットフォームやその使用されるカメラとの距離などによって適切な解像度は変動しますが、2048ピクセルまでが一般的ではないでしょうか。

・対象のポリゴン・オブジェクト過多

選択中のオブジェクトやポリゴンが多すぎると負荷がかかります。オブジェクトを統合したり、メッシュを削減してみてください。

・PCスペック不足

VRAMやRAMが足りていない場合があります。Sample数を下げてみたり、テクスチャの画質を落としてみてください。

▶ノイズが出る

・UVが適切に展開されていない

ねじれや重なりも重要な要因となりえます。

・ほかのオブジェクトと重なっている

ほかのオブジェクトの影響を受けていると、ノイズの原因となる場合があります。「Alt」+「H」で再表示するなど、シーン内のオブジェクトがどのように設定されているかを確認してください。

・ライトが強すぎる

他オブジェクトのEmissionが影響している場合があります。

・マテリアルにノイズが出やすい設定が使用されている

Diffuse、SSS、Transmission、Volumeなどは、比較的ノイズが発生しやすいシェーダーです。

・Light Path が低い

反射光のすべては、反射や屈折などを物理的に計算されています。重力のない空間で壁に跳ね返るボールをイメージしてください。この反射回数が Light Path です。何度も繰り返し跳ねると、計算が重くなり、かつノイズの原因となります。また逆に、跳ね返りが少な過ぎると影が濃すぎて暗闇になってしまいます。

・Caustics

オブジェクトの位置関係や、マテリアルの設定によってはこれもノイズの原因になりますが物体による光の反射や屈折によって発生するため、Sampling や Light Path などを調整したり、Caustics のチェックボックスをオフにしてみてください。

・Sample 数が低すぎる

テストベイク時や Emit を直接ベイクする場合は、低めのほうが効率がよい場合もありますが適宜変更しましょう。

・Denoise が無効になっている

Emission Color をベイクする場合は必要ありませんが、Cobined でベイクする場合は有効にしてみてください。

・モディファイアによる多重ベイク

Mirror や Array などの生成系モディファイアは、多重ベイクを引き起こす原因になります。ベイク時は Apply して、UV を再展開するか、一時オフにしてからベイクしてみましょう。

・オブジェクトトランスフォームに異常がある

主にスケールが影響しやすく、XYZ のいずれかが「0.0」になっている。トランスフォームを Apply するか、Clear Scale してください。

▶ ベイク結果が黒くなる

・UV が適切に展開されていない

ねじれや重なりも重要な要因となりえます。

・UV チャンネルが適切に選択されていない

テクスチャやモデリングの過程によっては、複数の UV チャンネルを作成することもありますが、画像ベイクをするには各 UV の島単位で最低 1 ピクセル以上の領域を占有しなければなりません。

・ライティングされていない

3D View で確認している見た目はあくまでも Studio Light によるプレビューの可能性があります。また、オブジェクトや Collection の設定を確認して、レンダリングに反映される設定になっていない場合は、ベイクにも反映されません。

・オブジェクトの干渉

オブジェクト同士が当たっていると、ベイクに影がかかる場合があります。Booleanなども関わっている可能性があります。

・非表示オブジェクトの干渉

非表示になっていても、レンダリングに反映される設定なっている場合は、影によって干渉する場合があります。

・Selected to Active が有効になっている

オブジェクトの選択状況を確認しましょう。

・モディファイアによる多重ベイク

Mirror や Array などの生成系モディファイアは、多重ベイクを引き起こす原因になります。ベイク時は Apply して、UV を再展開するか、一時オフにしてからベイクしてみましょう。

・オブジェクトトランスフォームに異常がある

主にスケールが影響しやすく、XYZ のいずれかが「0.0」になっている。トランスフォームを Apply するか、Clear Scale してください。

・テクスチャの解像度が大きすぎる

映像系やゲーム系のプラットフォームやその使用されるカメラとの距離などによって適切な解像度は変動しますが、2048 ピクセルまでが一般的ではないでしょうか。

・PC スペック不足

VRAM や RAM が足りていない場合があります。Sample 数を下げてみたり、テクスチャの画質を落としてみてください。

▶ 3DView 上で見えている結果と違う

・非表示オブジェクトの干渉

非表示になっていても、レンダリングに反映される設定なっている場合は、影によって干渉する場合があります。

・モディファイアによる多重ベイク

Mirror や Array などの生成系モディファイアは、多重ベイクを引き起こす原因になります。ベイク時は Apply して、UV を再展開するか、一時オフにしてからベイクしてみましょう。

・ビューポートシェーディングの設定

Scene World のチェックボックスがオフになっている場合、Blender に梱包されている環境テクスチャが適用されていますが、これはあくまでもシェーディングテストの確認用であり、レンダリングやベイクには影響しません。

▶ 重なった模様が出る

・モディファイアによる多重ベイク

Mirror や Array などの生成系モディファイアは、多重ベイクを引き起こす原因になります。ベイク時は Apply して、UV を再展開するか、一時オフにしてからベイクしてみましょう。

・オブジェクトの干渉

オブジェクト同士が当たっていると、ベイクに影がかかる場合があります。Boolean なども関わっている可能性があります。

・Clear Image が無効になっている

これが無効になっていると、前回ベイクした結果が残ります。複数のオブジェクトを個別にベイクしたい場合は有効な手段ですが、不要な場合はチェックを入れておきましょう。

・オブジェクトトランスフォームに異常がある

主にスケールが影響しやすく、XYZ のいずれかが「0.0」になっている。トランスフォームを Apply するか、Clear Scale してください。

・PC スペック不足

VRAM や RAM が足りていない場合があります。Sample 数を下げてみたり、テクスチャの画質を落としてみてください。

▶ 前回の模様が残る

・Clear Image が無効になっている

これが無効になっていると、前回ベイクした結果が残ります。複数のオブジェクトを個別にベイクしたい場合は有効な手段ですが、不要な場合はチェックを入れておきましょう。

▶ 透過されない

・ファイルフォーマットが適切ではない

JPEG や Movie 系などは、透過保存ができません。

・Color チャンネルが選択されていない

RGBA に変更してください。

・Display Channels が適切に選択されていない

Color And Alpha に変更してください。

グリッターマテリアルの作成

これまでの章で、さまざまな設定やパネルなどの基礎的な知識や使い方について解説してきました。Blenderのマテリアルノードを使うことで、色、表面の粗さ、メタリック、凹凸感、光などを設定して、マテリアルの外観を調整していけることがわかったかと思います。

執筆時のタイミングによって、Blenderバージョン3.6や4.2など異なるバージョンを使用しているため、スクリーンショット内のMixRGBノードなどが一部旧バージョンのものになっている場合があります。ただし、基本的な機能やノードの構成に大きな違いはありません。

スクリーンショットと解説の内容に若干の違いがある箇所がありますが、解説を優先して読み進めてください。

また、本文では「Mix Color」ノードのパラメータが「Fac」と表記されていますが、バージョン4.2では「Fac」が「Factor」に変更されていますので、読み替えてください。

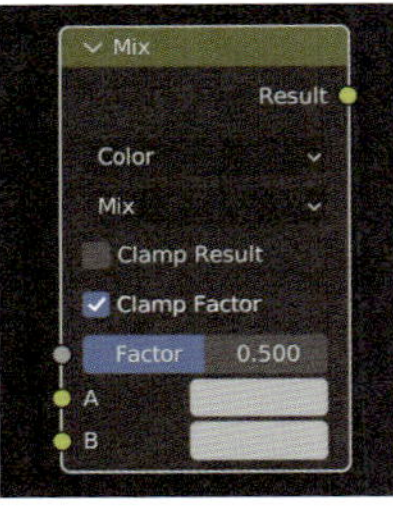

図6-0-1 旧バージョン（左）と新バージョン（右）

6-1 グリッターマテリアルのベースカラーの作成

最初に取り組むのは、比較的簡単な車やバイク、ロボットなどに使用できる塗装マテリアルの制作です。先に完成例を示しておきます。

1 セットアップ

UVSphereオブジェクトを作成し、選択してマテリアルを新規作成してください。

2 Texture Coordinateノードを追加

「Shift」+「A」を押すとメニューが開きます。Searchをクリックして検索窓にノード名を入力します。「Texture」ではなく「Coordinate」で検索すると絞りやすいです。クリックして配置する箇所を決定します。

図6-1-1 グリッターマテリアルの完成例

図6-1-2 Texture Coordinateノードを追加して配置

3 Voronoi Texture ノードを追加

Texture Coordinateの「Object」から、Voronoiの「Vector」に繋ぎます。「Ctrl」+「Shift」+ ノードをクリックすると、そのノードをプレビューできます。

これで、ベースとなる模様ができました。Voronoi は、ひび割れや、雲、血管、葉脈、夜空の星などの生物また自然的な模様や、あらゆる種類の不規則な形状を表現するのに適しています。

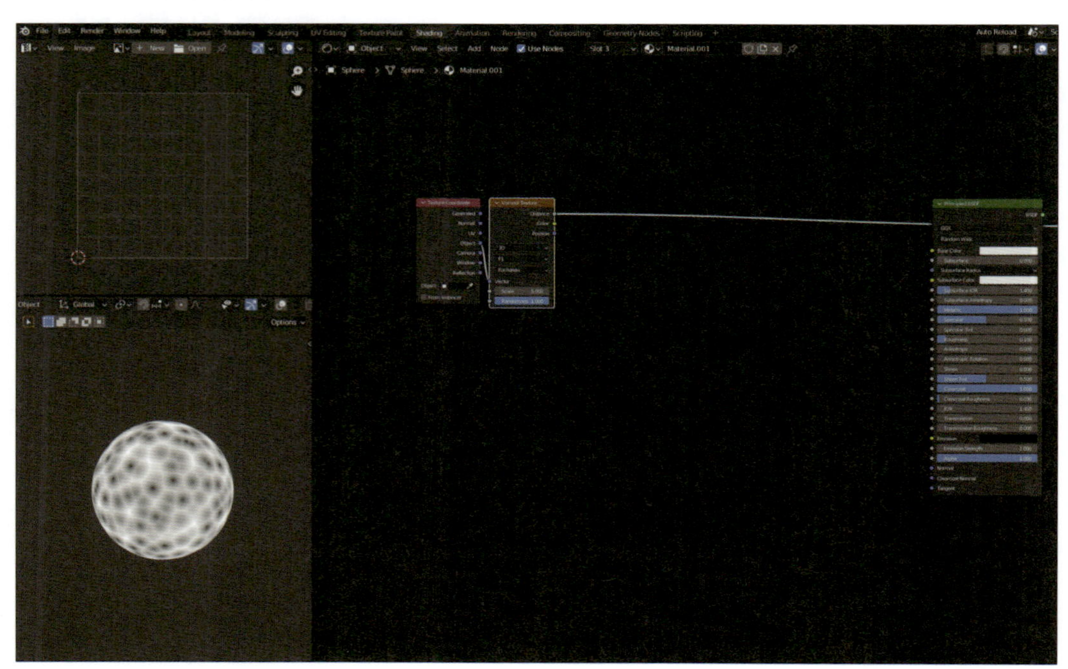

図6-1-3 ベースの模様の完成

4 Value ノードを追加

Value を追加して、適当な数値を入力します。これはコントローラーなので、ノード群の一番左に配置しています。これを、Voronoi の「Scale」に繋ぎます。

Value ノードを使用することで、同じ値を複数のノードのパラメータに共有できるため、効率的に設定を管理できます。たとえば、複数のテクスチャ間でスケール値を使用する場合、Value ノードを使用して共有することで、複数のノードを一括で変更できるため、作業効率を上げることができます。

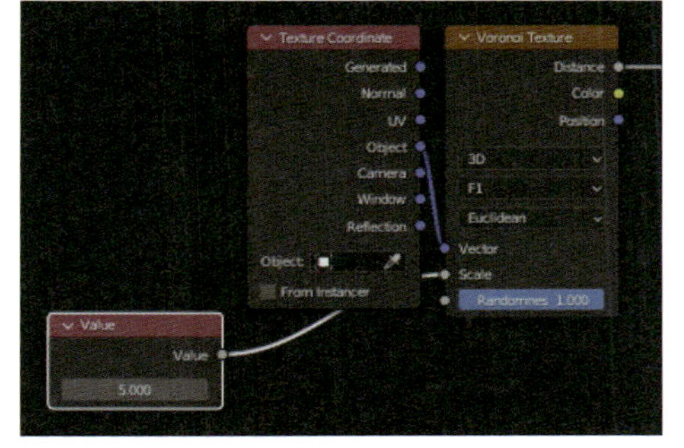

図6-1-4 コントローラーとしてValueノードを追加

今回は、これらを最終的にグループ化する目的があるので Value ノードを追加していますが、Value を繋ぐ対象が複数以上ない場合やグループ化しない場合は、特に必要ありませんが、コントローラー用ノードを設置しておけば、あとから見返した際にどの数値を変更すばいいのかがわかりやすくなるでしょう。

5 Math ノードを追加

Math を追加して、プルダウンを「Less Than」に変更します。Voronoi の「Distance」から Math（Less Than）の「Value」に繋ぎます。

Math ノードはノードエディターで使用されるノードの一種で、数学的演算を実行するために使用されます。たとえば「加算（Add)」「減算（Subtract)」「乗算（Multiply)」「除算（Divide)」「絶対値（Absolute)」「切り捨て（Truncate)」などの演算が可能です。これらの演算は、テクスチャやマテリアルの作成に限らず、Geometry Node でもオブジェクトの動きや変形、コンポジットやライトの設定など、さまざまな場面で活用できます。

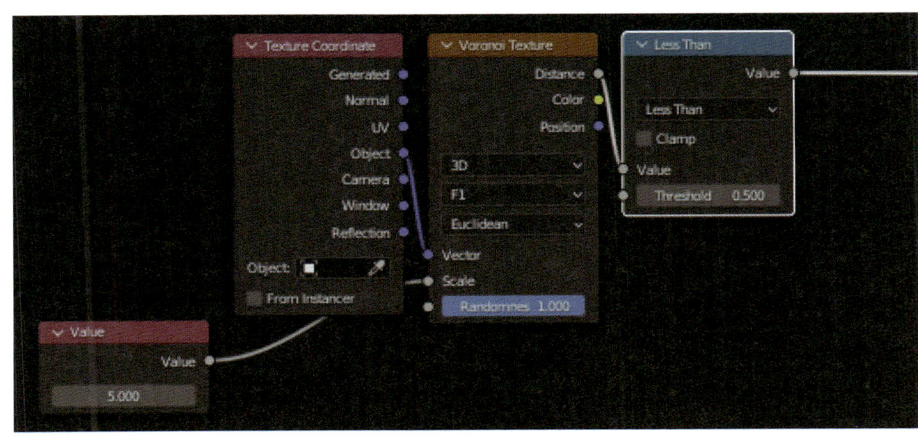

図6-1-5 Mathノードを追加

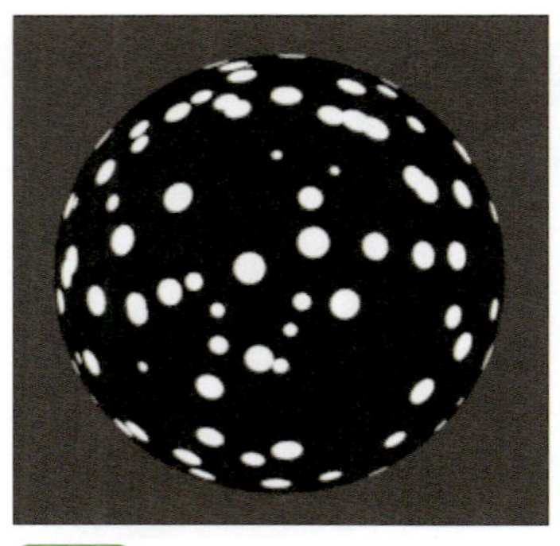

図6-1-6 閾値を変更することで模様が変化する

6 閾値の設定

Less Thanは、黒を「RGB=0,0,0」、白を「RGB=1,1,1」とした場合、Valueから入ってきた数値の範囲で、Thresholdで指定した数値よりも小さい場合、黒（0,0,0）として表示し、それ以上は白（1,1,1）として表示します。

Voronoiに限らず、Blender内に梱包されたテクスチャは「0～1」の数値（明るさ）によって作られており、色から数値へ、または数値から色へシームレスに変換することが可能です。今回は図6-1-5のLess Thanの「Threshold」を約0.3に設定しましょう。

7 Valueノードをもう1つ追加

Valueをもう1つ追加し、これをMath（Less Than）の「Threshold」に繋ぎます。値は0でなければ適当で構いません。ここで値を適切な入力にしないのは、グループ化した際に引き継がれない数値だからです。ただし、現在制作中のプレビューには影響するため、適宜値は変更してください。

8 MixColorノードを追加

MixColorを追加し、プルダウンを「Multiply」に変更します。Math（Less Than）とMixColorの「Fac」を繋ぎます。

MixColorノードは、異なる入力を混ぜ合わせて新しい色を作成します。プルダウン内はMathノードと似た役割のものも多数あります。しかし、Mathが数字を扱うのに対して、MixColorは色を合成するのでほぼ似た役割でも名称が違うことがあります。

MixColorは、2つの色を混ぜ合わせたり、1つの色を別の色で置き換えたりすることができます。また、マスクとなる画像を使用して、「Fac」に繋ぐことでAとBの影響値を調整して部分的に混ぜ合わせたり、別の色で置き換えたりすることも可能です。MixColorは、さまざまなマテリアルの制作に欠かせないノードの1つです。

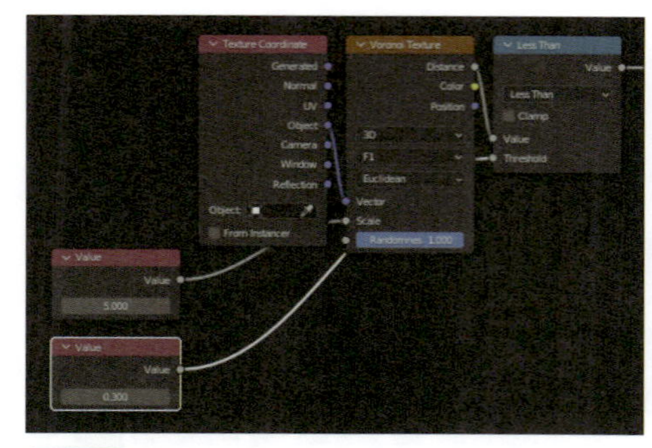

図6-1-7 Valueノードをもう1つ追加

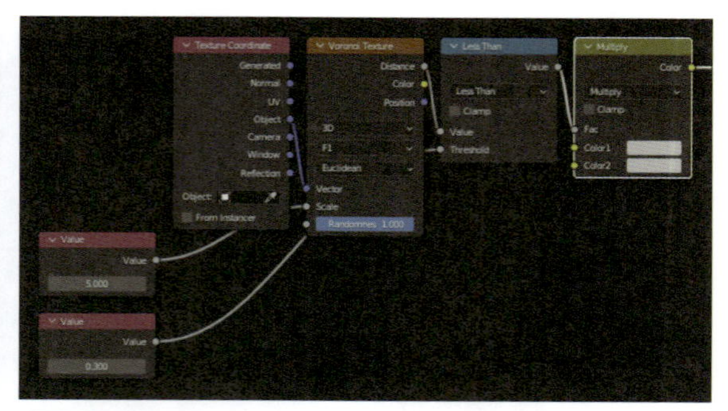

図6-1-8 MixColorノードを追加

9 RGBノードを追加

RGBを追加します。RGBもValueと同じく、主にコントローラー用として使用され、動的に使用したいのでノード群の一番左に置きます。

そして「A」に繋ぎます。これで、ベースカラーは完成です。

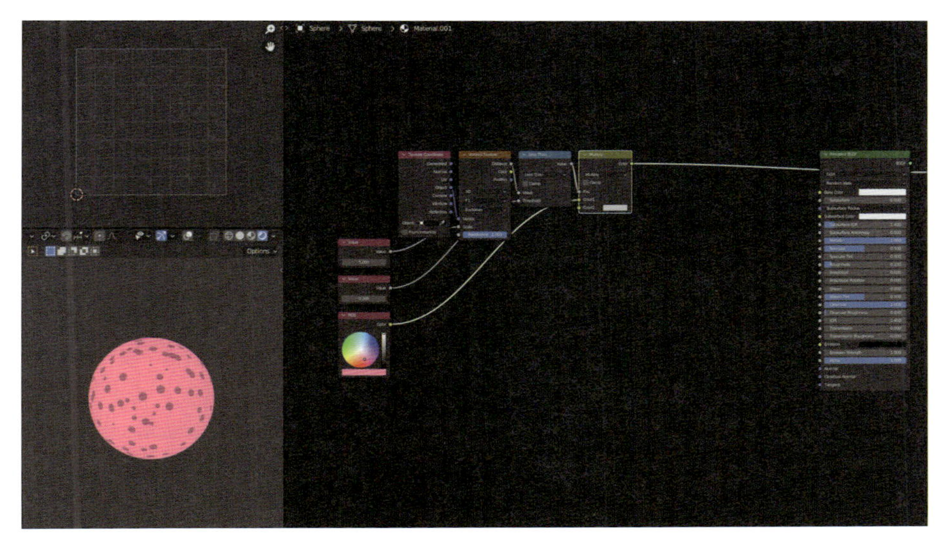

図6-1-9 RGBノードを追加し、ベースカラーの完成

6-2 質感の設定

グリッターのベースカラーの指定ができるようになったので、質感も設定していきましょう。

1 Metallic の設定

今回は特にテクスチャを作成しないので、「1」にしておきます。

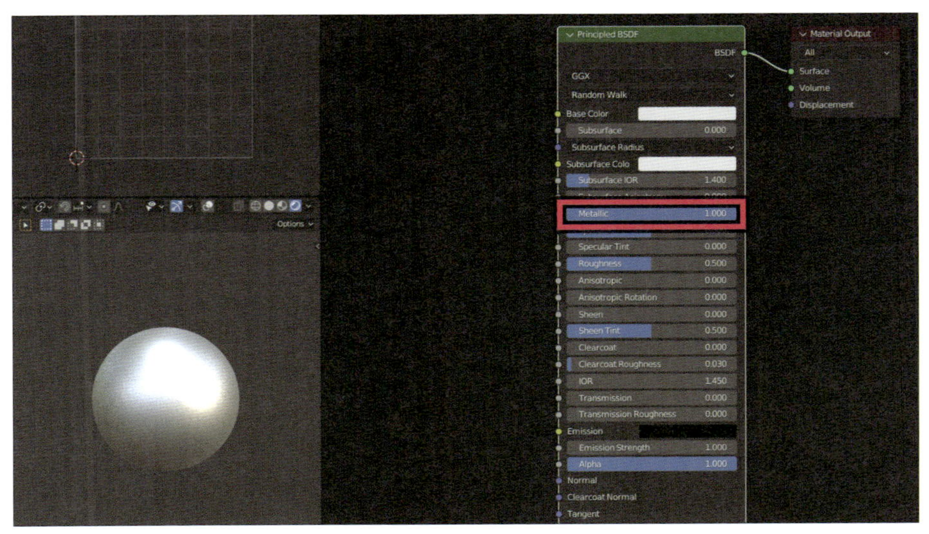

図6-2-1 Metallicは「1」に設定

2 Roughness の設定

今回は特にテクスチャを作成しないので、「0.1」に近い数値にしておきます。

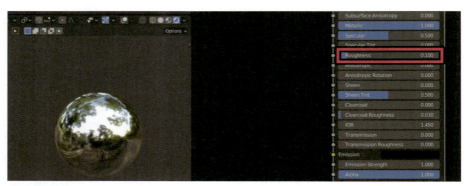

図6-2-2 Roughnessは「0.1」に設定

3 Clearcoat の設定

Roughness に同じく特にテクスチャは作成しないので、「1」にしておきます。

Clearcoat は表面の凹凸に関わらず、さらにその上層にコーティングされたクリア塗料の光沢感を表現するために使用されます。Clearcoat を「1」にすると、光を反射する層が別に作られ、光沢の強さや滑らかさを調整することができます。以下は Clearcoat が「0」の状態と、「1」の状態の比較図です。

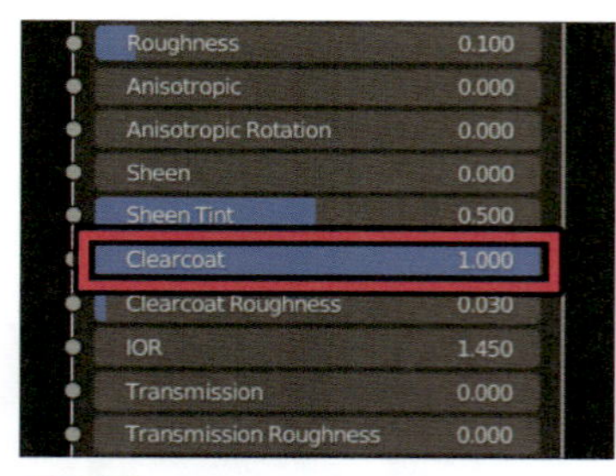

図6-2-3 Clearcoatは「1」に設定

図6-2-4 Clearcoatの設定での光沢の違い

※違いが分かりやすいように、別途Noise Textureで作成もので、作成中のマテリアルとは関係ありません。

4 Height（Normal Map）の設定①

MixColor を追加し、Math（Less Than）の「Value」から MixColor の「Fac」に繋ぎます。Voronoi の「Color」から MixColor の「B」に繋ぎ、A は黒に設定します。

Bump ノードを追加します。これは Height に白黒のテクスチャを入れることで、オブジェクトの表面を疑似的に凹凸させることができるマテリアルノードの一種です。これにより、オブジェクト表面に擬似的な凹凸を与えることができます。しかし、Displacement ノードとは違ってオブジェクト表面の形状が大幅に変化するような凹凸を表現することはできません。今回は、Bump の Normal カラーや Voronoi のカラーはそのまま使いたいので、Bump ノードのインプットには何も繋ぎません。

カラー情報は、「RGB = XYZ」の 3 つの色成分から構成されています。この特性を活かし、Voronoiのランダムなカラーを活用することで、疑似的にランダムな角度を表現でき、これがラメのようなきらめき効果を再現します。

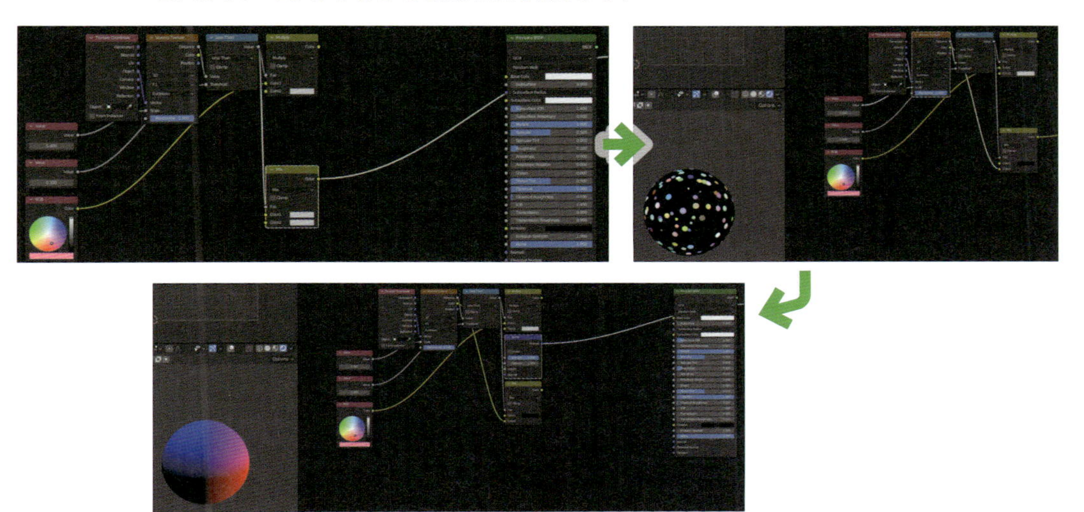

図6-2-5 MixColorノードとBumpノードを追加して接続

5 Height（Normal Map）の設定②

さらにMixColorを追加し、プルダウンを「Add」に変更します。Bumpの「Normal」から、MixColorの「A」に繋げます。Voronoiから接続されているMixColorの「Result」と「B」を繋げます。

Valueノードを追加し、適当な数値を入力して、Mix（Add）の「Fac」に繋ぎます。これにより、ラメの角度の強度を調整することが可能になりました。

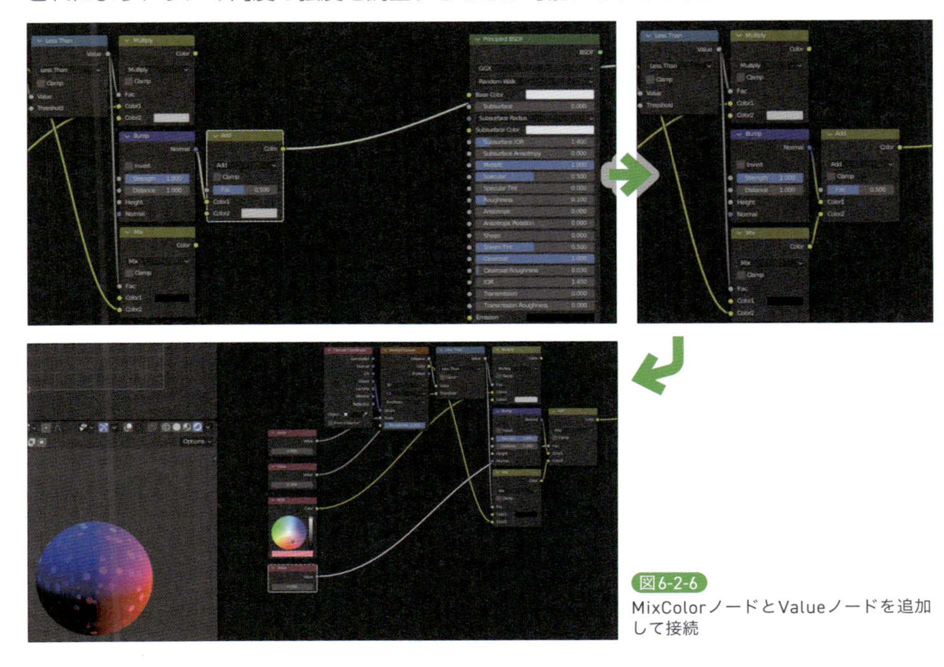

図6-2-6 MixColorノードとValueノードを追加して接続

6-3 グループ化とノードの整理

グリッターのマテリアルは完成したので、グループ化を行ってノードを見やすく整理したり、パラメータの名称をわかりやすいものに変更するなど、活用しやすいマテリアルにしていきます。

1 Principled BSDF に接続してグループ化

MixColor の「Result」を Principled BSDF の「Base Color」に繋ぎます。さらに、Mix Color（Add）の「Result」を Principled BSDF の「Normal」に繋ぎます。

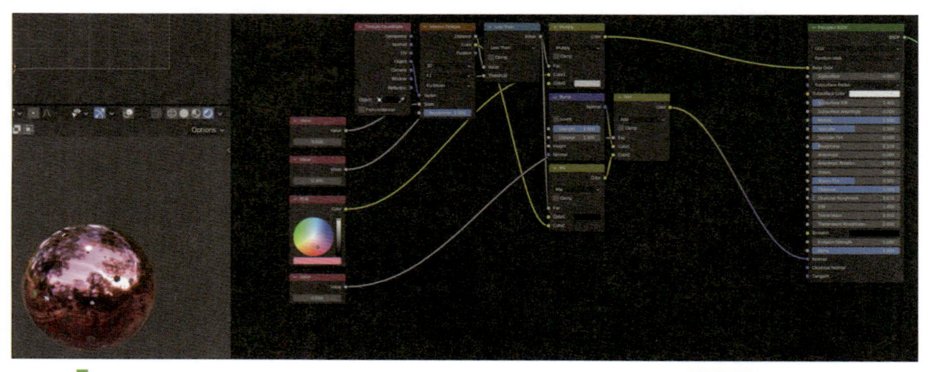

図6-3-1 ノードのグループ化

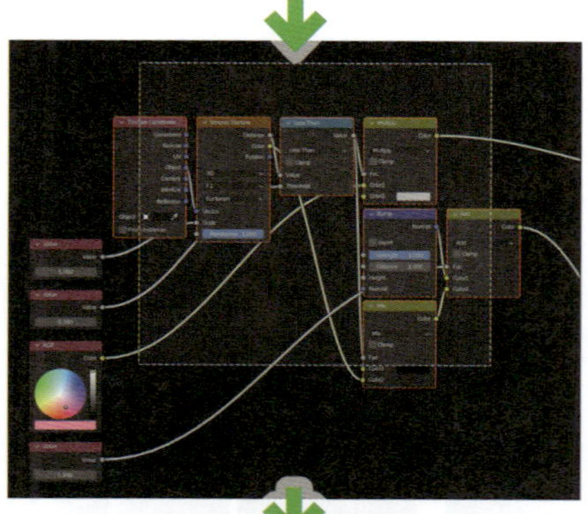

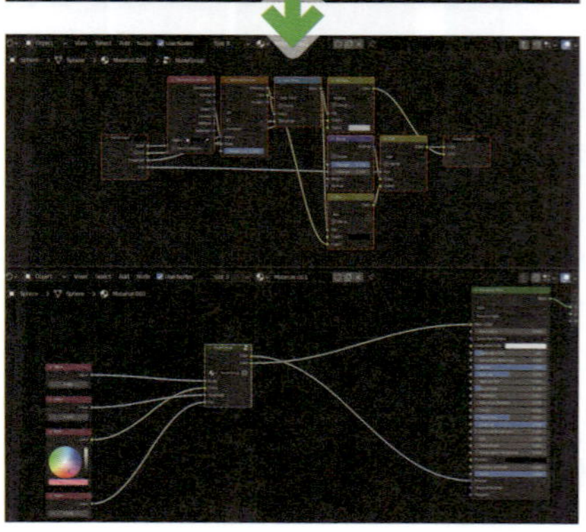

これらをすべて選択します。ドラッグ&ドロップでボックス選択するのが効率的かと思います。次に「Ctrl」+「G」を押します。するとグループ化されて、その内容が表示されます。この時 Shader Editor を縦に分割しておくと便利です。そうすることで、片方のエディターでグループ内を編集し、もう片方のエディターでノードグループのビジュアルを調整できます。

この方法を使うことで、グループ化したノードの構造や機能を見やすく整理することができ、作業の効率化に繋がります。特に、複雑なシェーダーを構築する場合には、この方法が非常に役立ちます。

ノードをグループ化する際、私はあえて Principled BSDF をグループに含めないようにしています。その方がマスクを使って素材を分けやすく、さらに Base Color や Roughness、Metallic などの要素ごとにベイクしやすくなるからです。

また、同じマテリアル内に複数の Principled BSDF を含めると、計算負荷が増大するため、それを避ける目的もあります。シンプルな構造にすることで、パフォーマンスの向上と管理のしやすさを両立できます。

2 Group タブでパラメータの順番の変更

Group の内容が表示されている画面内（図 6-3-1 の右上の画面）で「N」キーを押して、プロパティシェルフの Group タブを開きます。ここで各パラメータの順番を入れ替えることができます。Inputs や Outputs に並んでいる各パラメータ名をドラッグ＆ドロップで見やすい形に入れ替えます。

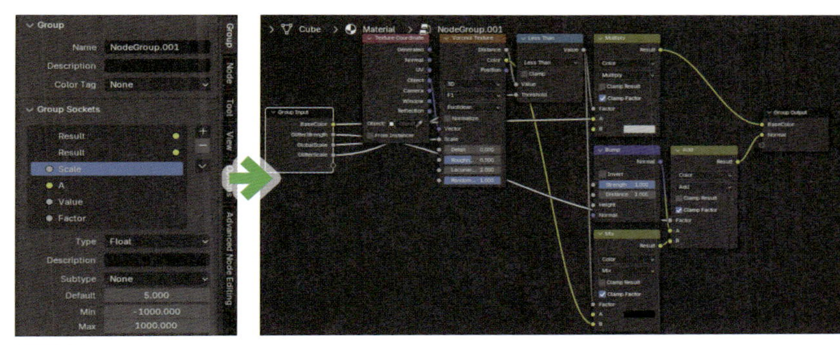

図6-3-2 パラメータの順番の変更

3 パラメータ名の変更

このパネルで各パラメータの名称も変更することができます。パラメータ名をダブルクリックで直接編集や、一度クリックして下にある Name 欄で入力することが可能です。今回は図のように変更しました。

図6-3-3 パラメータ名の変更

図6-3-4 入出力タイプの変更

4 入出力タイプの変更

入出力タイプもここで変更ができます。Normal の Type は「Color」のままでも問題なく動作しますが、「Vector」に変更します。

5 コントローラーの削除

左側のコントローラーはもう必要ないので、すべて切ります。「Ctrl」＋ドラッグをするとナイフツールになり、ワイヤーの上をなぞるとまとめて切ることができます。

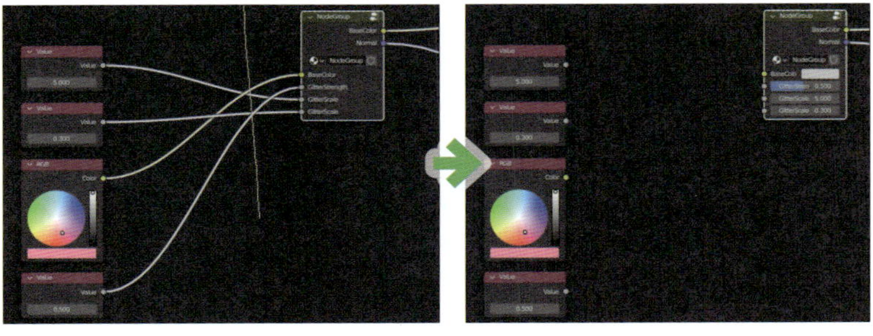

図6-3-5 コントローラーの切断

図6-3-6
ビジュアルが変わってしまう例
（上：コントローラーあり、下：コントローラーなし）

この時、リンクを切断せずにコントローラーを削除してもいいのですが、コントローラーの削除する前後でビジュアルが変わってしまうことがあります。これは、グループノードのパラメータの数値や色などは、左側コントローラーの値ではなく、グループ内部でGroup Inputs（図3-6-7）に直接繋がっているノードの値を継承するため、コントローラーで値を変更しながら、ビジュアルを確認している場合はコントローラーを削除した際にビジュアルが変わってしまいます。ビジュアルを戻したり調整する際に値の参考として、残しておくほうがよい場合もあります。

ここでは各パラメータの数値を調整してから、コントローラーを削除しました。

図6-3-7 パラメータを調整して、コントローラーを削除

6 マテリアル名やグループ名の変更

マテリアル名は赤線部分、グループ名は青線部分をクリックして変更できます。これでグリッターマテリアルの完成です。

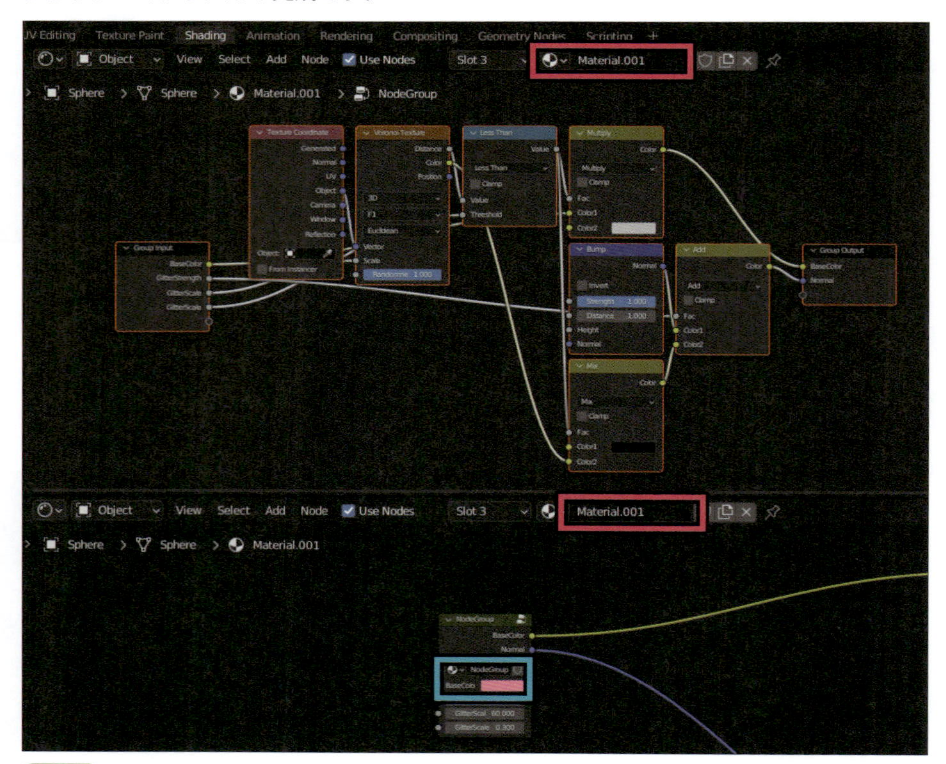

図6-3-8 マテリアルメイトグループ名の変更

布マテリアルの作成

UV の Vector を使用して、模様や質感となるテクスチャを 1 から自作する方法を紹介します。ここでは、布のようなマテリアルを作ってみます。

7-1 タイリング

先に、マテリアルの完成例を示しておきます。

図7-1-1 布マテリアルの完成例

1 オブジェクトの新規作成

Plane を追加して、オブジェクトを新規作成してください。

2 UV Map ノード、Mapping ノード、Noise Texture ノードを追加

まずは UV Map を追加し、さらに Mapping を追加します。この時、UV Map を「Ctrl」+「Shift」+クリックで選択して、Viewer のワイヤーが繋がっているとノードを間に入れるだけで自動的に接続されるため、作業効率が向上します。同様に Noise Texture ノードを追加します。

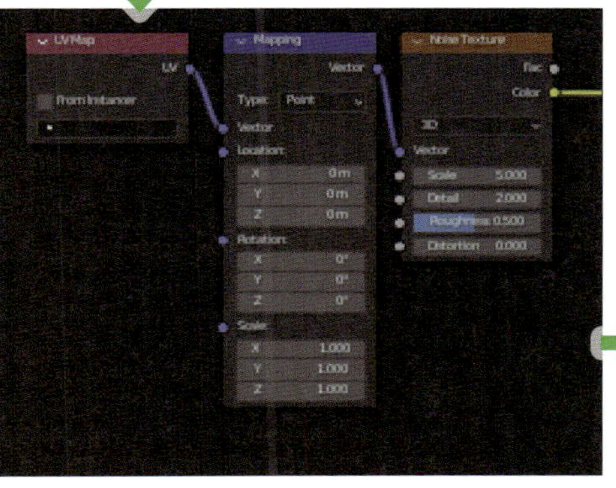

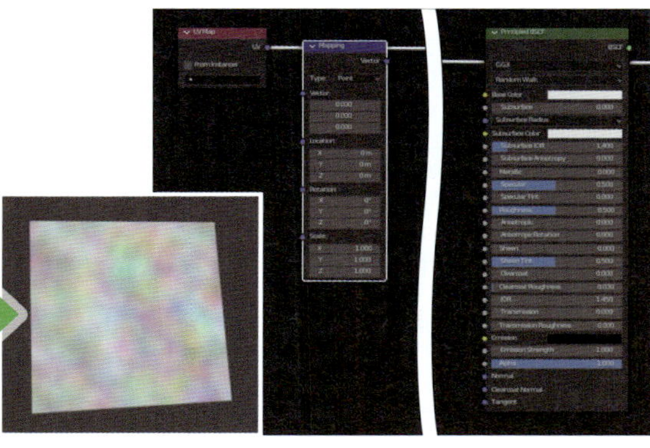

図7-1-2 UV Mapノード、Mappingノード、Noise Textureノードを追加

3 MixColor ノード、Value ノードを追加

MixColorを追加して、プルダウンを「Linear Light」に変更します。そして、Mappingの「Vector」をMixColorの「A」へ、Noiseの「Color」を「B」に繋ぎます。Valueを追加して、MixColorの「Fac」に繋ぎます。値は「0.01」くらいに設定しておきます。

これによりノイズの色によってベクトルを歪める効果が得られ、Facのスライダーを調整することで不規則に歪む表現が可能になります。

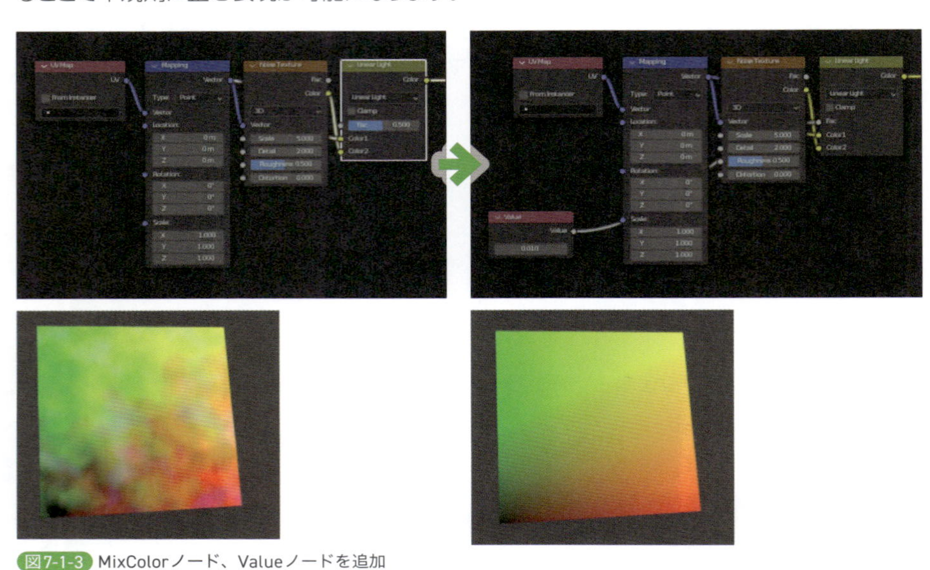

図7-1-3 MixColorノード、Valueノードを追加

4 Separate XYZ ノード、Noise Texture ノードを追加

Separate XYZ を追加し、さらに Noise Texture を 2 つ追加して、Separate XYZ の「X」と Noise Texture の「Vector」を繋ぎ、Separate XYZ の「Y」ともう 1 つの Noise Texture を繋ぎます。

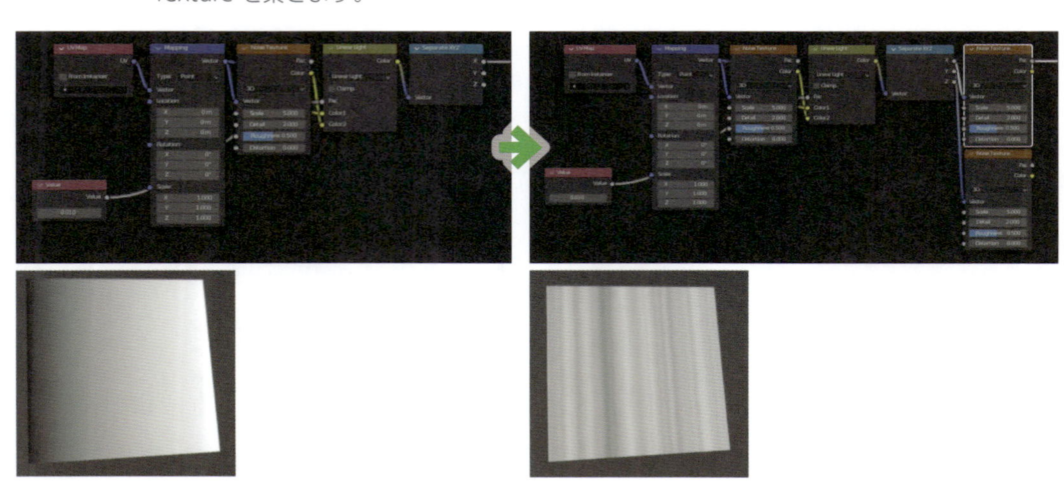

図7-1-4 Separate XYZノード、Noise Textureノードを追加

5 MixColor ノード、Value ノードを追加

MixColor ノードを追加して「Multiply」に変更してください。Noise Texture の「Fac」から「A」と「B」に繋ぎます。MixColor の「Fac」は「1」にします。Value を追加して、2つの Noise Texture の「Scale」に繋ぎます。

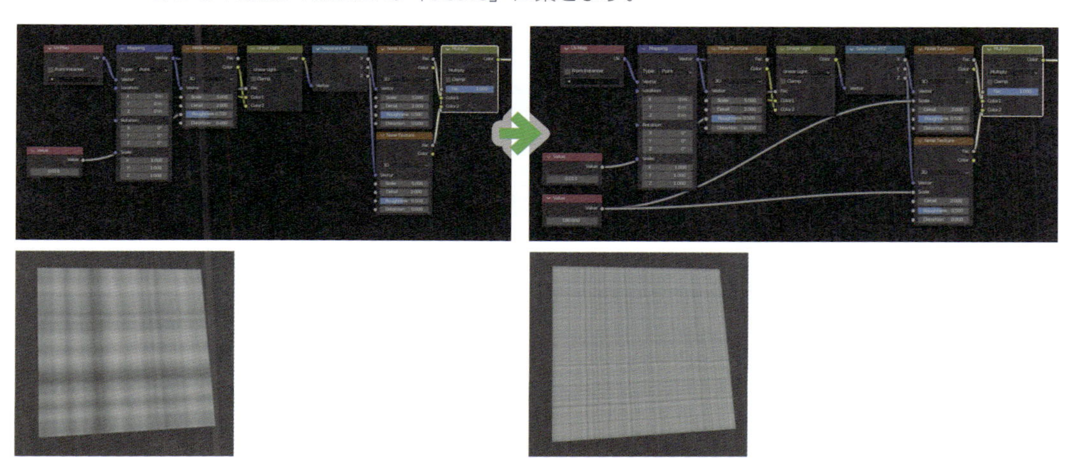

図7-1-5 MixColorノード、Valueノードを追加

6 ノードのパラメータを隠す

Noise Texture から MixColor（Multiply）まで選択して、「Ctrl」+「H」を押します。こうすることで、余計なパラメータを隠してノードが縦に広がるのを防ぎます。また、UV には Z 軸が存在しませんので、これも非表示にします。

この操作はあくまでも、ノードに対してワイヤーが接続されていないパラメータを非表示にするだけであり、計算処理をスキップしたり、機能が失われる訳ではありません。

さらに、Noise Texture と MixColor（Multiply）を選択して「H」キーを押します。選択中のノードが畳まれます。ノード群が複雑化した場合、縦に伸びて視認性が下がることを防ぎ、整理がしやすくなります。

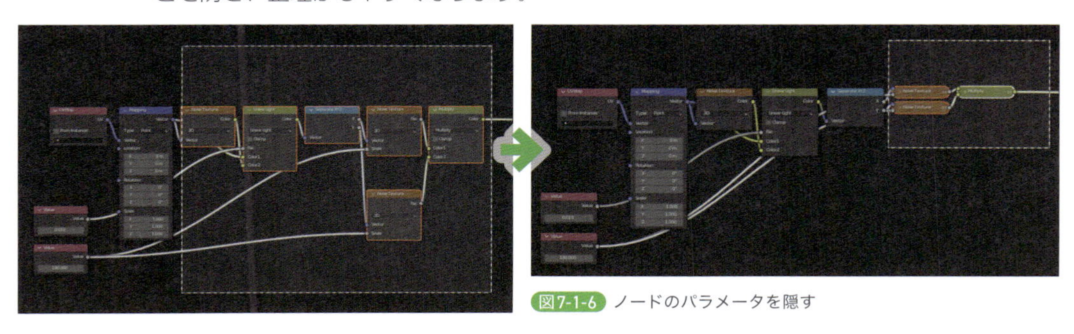

図7-1-6 ノードのパラメータを隠す

7 Math ノードを追加①

Math を追加して「Mltiply」に変更し、Separate XYZ の「X」と Math の上の「Value」を繋ぎます。下の Value は「6.0」に設定します。

このMathノードを選択して、「Shift」+「D」を押して複製します。Separate XYZの「Y」と、複製したMathの「Value」を繋ぎます。

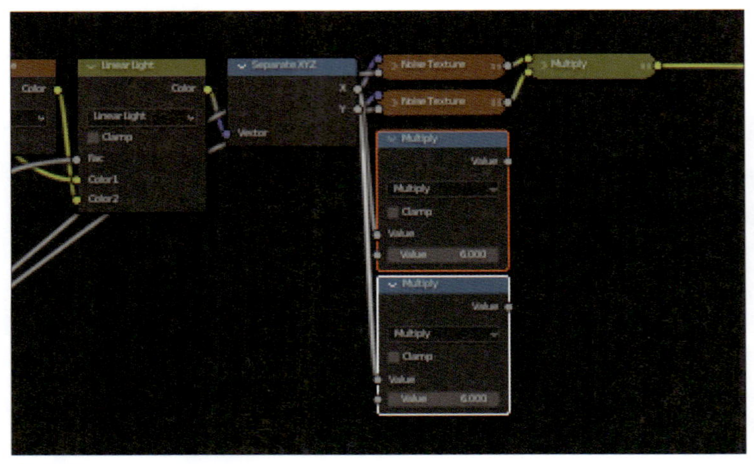

図7-1-7 Mathノードを追加①

8 Mathノードを追加②

Mathを追加して「Png Pong」に変更します。Math（Multiply）とMath（PingPong）の「Value」を繋ぎ、下のValueは「1.0」にします。Math（PingPong）を複製し、Math（Multiply）と複製したMathを繋ぎます。

Multiply（Value：6.0）によって6倍されるので「0～1」の範囲だったが「0～6」にリマップされ、Ping Pong（Value：1.0）によって、入力された数値が「0」から「1」まで増加した後、再び「0」に戻るような、リニア線形で周期的な数値から図7-1-8のような模様が生成されます。

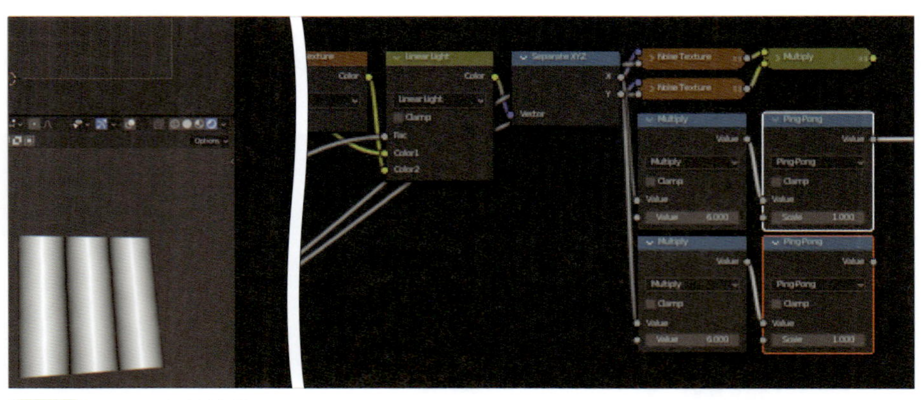

図7-1-8 Mathノードを追加②

9 Mathノードを追加③

Mathを追加して「Minimum」に変更します。2つのMath（Pinng Pong）をMath（Minimum）に繋ぎます。

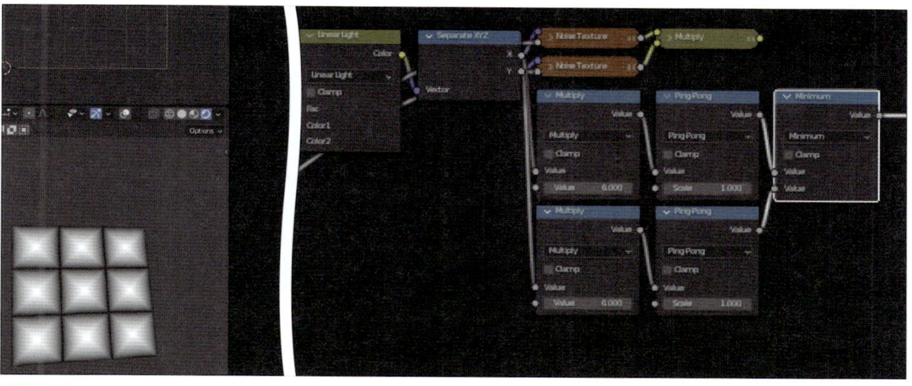

図7-1-9 Mathノードを追加③

10 Math ノードを追加④

Math を追加して「Greater Than」に変更し、Math（Minimum）と繋ぎます。Threshold を「0.1」に変更します。これがマスクになります。

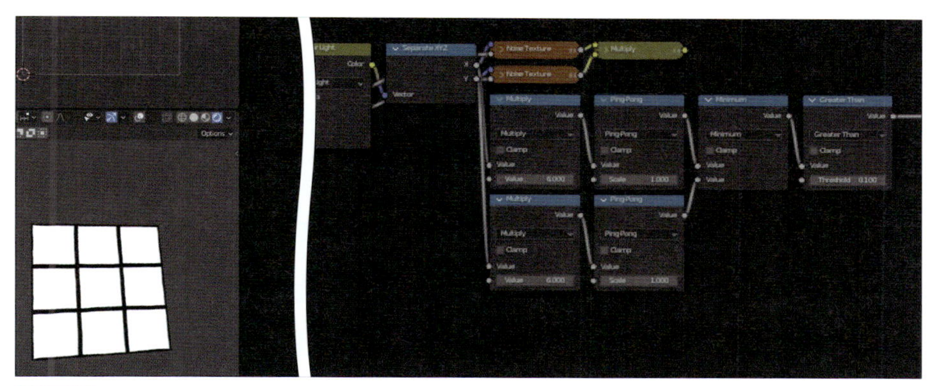

図7-1-10 Mathノードを追加④

11 Value ノードを追加

Value を追加して「6.0」にして、Math（Multiply）の「Value」に繋ぎます。さらに、Value を追加して「0.1」に変更します。Value と Math（Greater Than）を繋ぎます。

この時、Blender4.x バージョンから数値を持ったノードのインプット側のソケットからドラッグ＆ドロップで Value ノードを追加すると、Math の数値が継承される機能が追加されました。

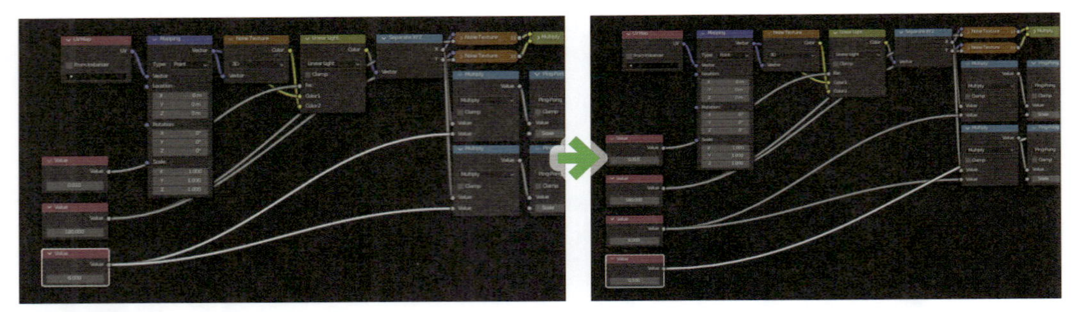

図7-1-11 Valueノードを追加

12 MixColor ノード、RGB ノードを追加①

MixColor を追加します。Math（Greater Than）の「Value」を MixRGB の「Fac」に繋ぎます。「A」は好きな色を指定してください。「B」を「RGB=1,1,1」の白にしておきます。

RGB を追加し、MixColor の「A」に繋ぎます。

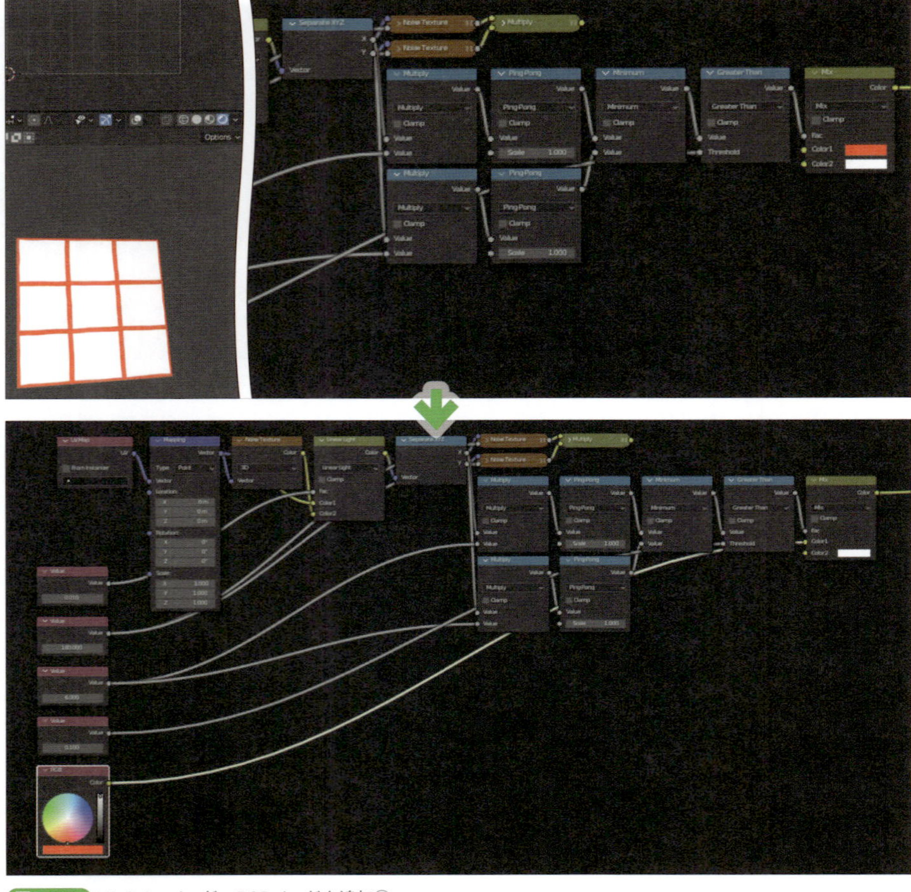

図7-1-12 MixColorノード、RGBノードを追加①

布マテリアルの作成

13 MixColor ノード、RGB ノードを追加②

MixColor を追加し、「A」と MixColor（Multiply）を繋ぎます。さらに、RGB を追加し「B」に繋ぎます。

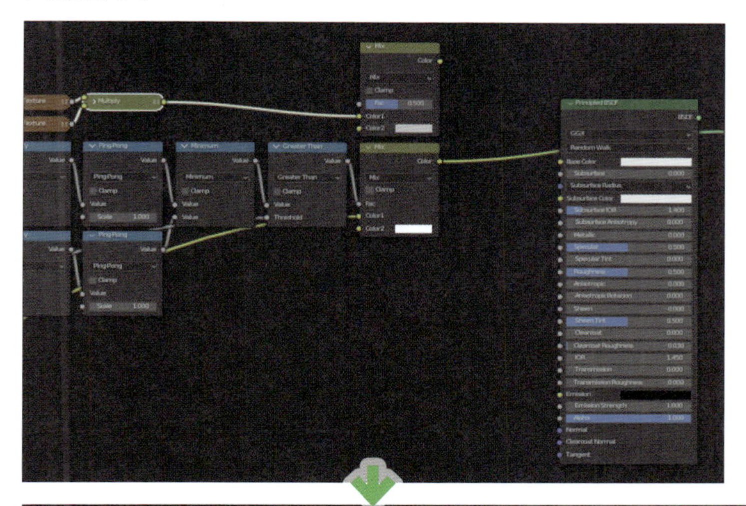

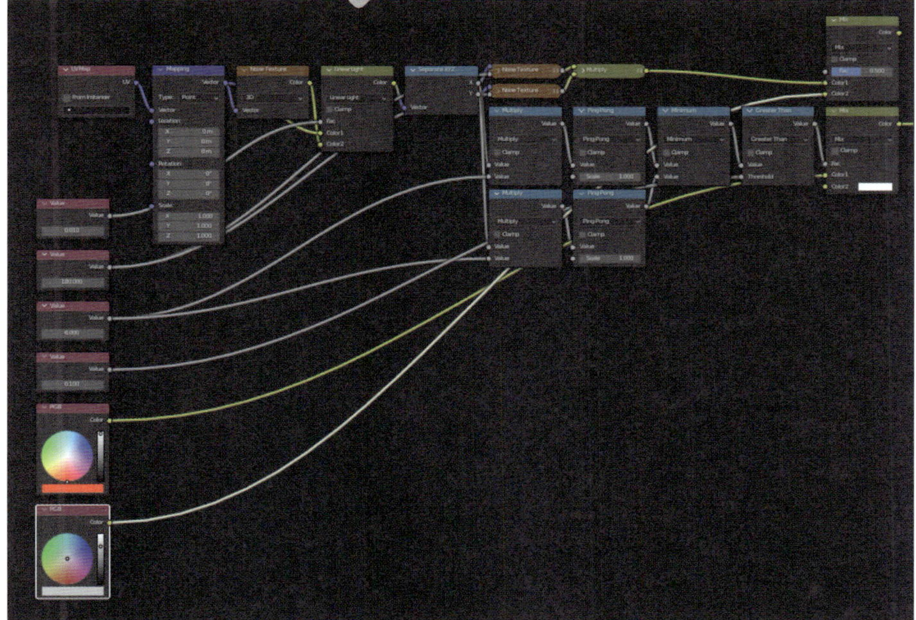

図7-1-13 MixColorノード、RGBノードを追加②

14 Value ノード、MixColor ノードを追加

Value を追加し、MixColor（Multiply）の「Fac」に繋ぎます。MixColor を追加して「Multiply」に変更します。Fac は「1.0」に変更してください。上の MixColor は「A」へ、下の MixColor は「B」へ繋ぎます。

これをPrincipled BSDFの「Base Color」に繋いで完成です。

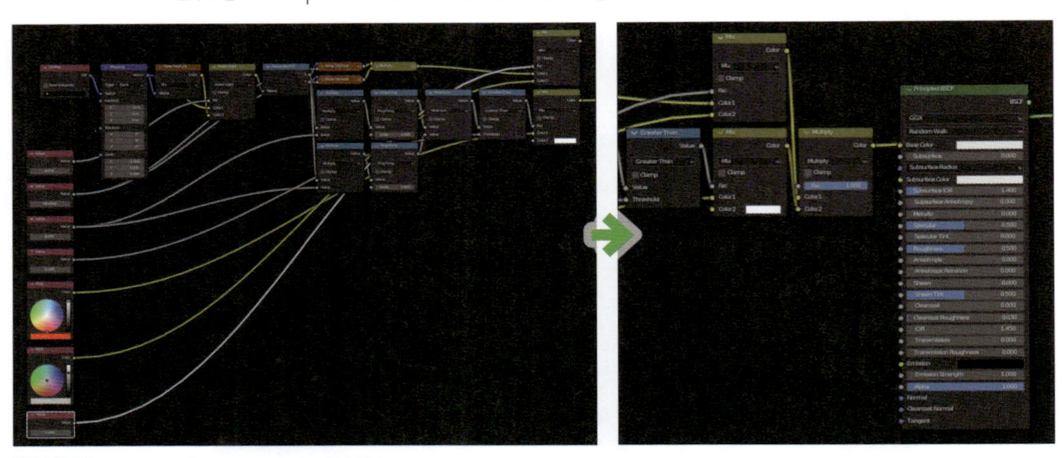
図7-1-14 Valueノード、MixColorノードを追加

7-2 質感の設定

布マテリアルのベースカラーの指定ができるようになったので、質感も設定していきましょう。

1 Roughnessの設定

今回は特にテクスチャを作成しないので、「1」に近い数値にしておきます。

2 Height（Normal Map）の設定

Bumpノードを追加します。Noiseを合成したMixColor（Multiply）から「Height」に繋ぎます。そしてPrincipled BSDFの「Normal」に繋ぎます。

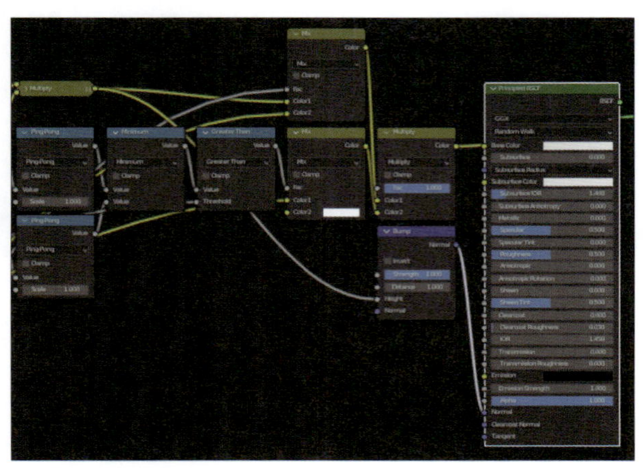
図7-2-1 Bumpノードを追加

7-3 グループ化とノードの整理

前節と同様にマテリアルが完成したらノードを整理して、活用しやすいマテリアルにしていきましょう。

1 Principled BSDF に接続してグループ化

MixColor の「Result」を Principled BSDF の「Base Color」に繋ぎます。UV Map ノードから Mix Color ノードまでのすべて選択します。前節同様に画面を上下に分割して、片方の画面で「Ctrl」+「G」を押します。

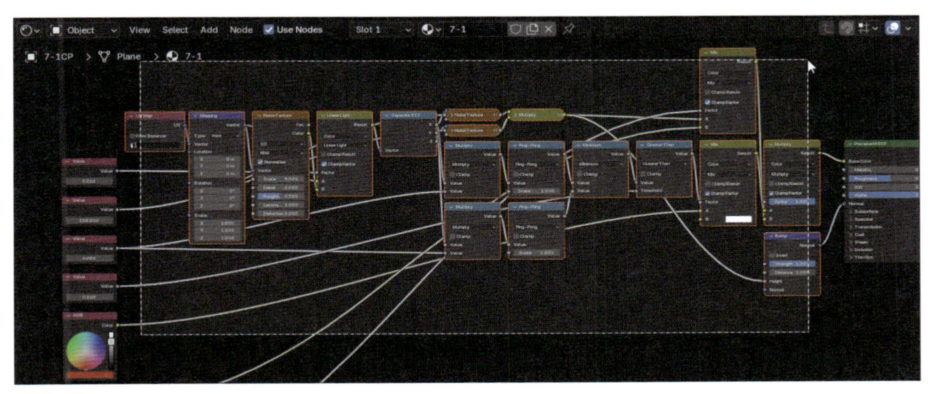

図7-3-1 ノードを選択

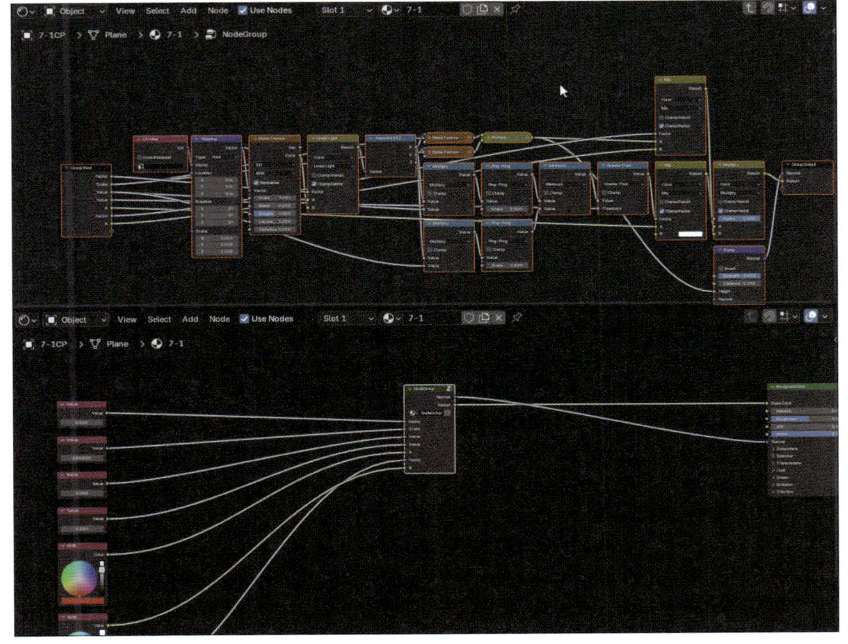

図7-3-2 ノードのグループ化

2 パラメータ名の変更

各パラメータ名やマテリアル名、グループ名などを修正します。

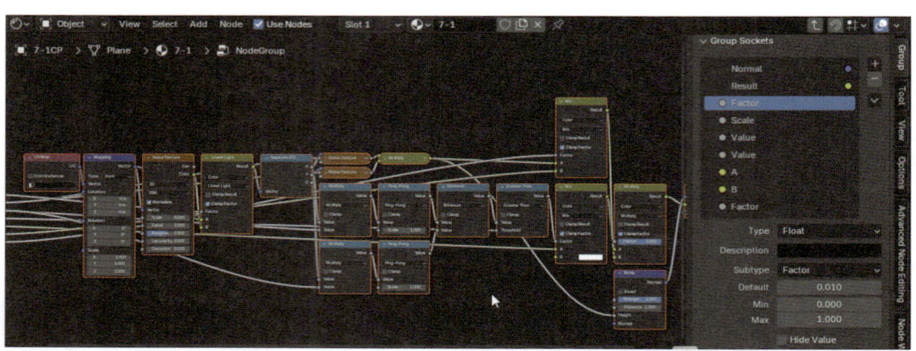

図7-3-3 パラメータの削除と名称の変更

3 パラメータの範囲の制御

今回のようなマテリアル設計の場合、Distortion は「0 ～ 0.1」くらいしか移動させないのではないかと思います。Propertys Panel の Group タブを開き、Inputs にある「Distortion」を選択します。下の「Min」「Max」から数値を変更することが可能です。今回は Min の値を「0.0」、Max の値を「0.1」に変更します。

同様に、Thickness は Min を「0」にして、Max を「1」に変更して「0 ～ 1」しか動かないように制御します。

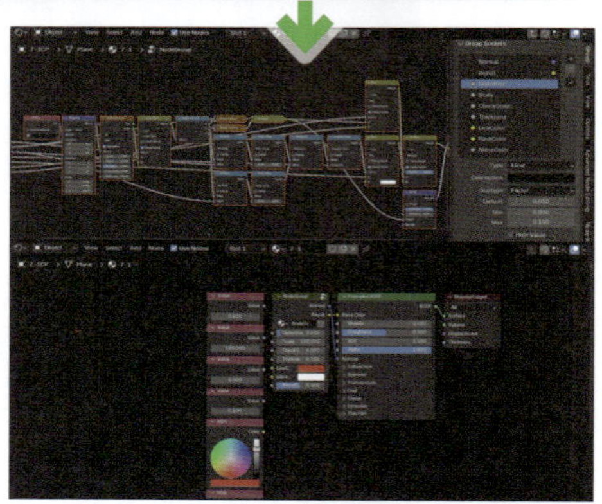

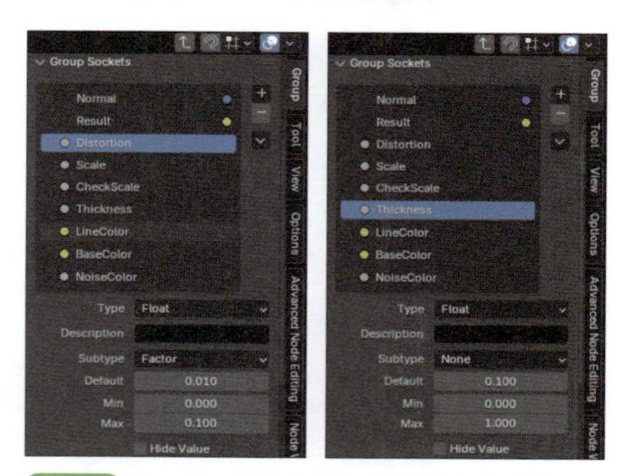

図7-3-4 Distortion（左）とThicknessの値の制御（右）

4 全体のスケール調整

グループ化した後でもグループ内の編集は可能です。今回は全体のスケールをすべて変更できるように、Group Input ノードの一番下にあるグレーになっているアウトプットソケットから Mapping の「Scale」に繋ぎます。

これで、テクスチャ全体のスケールを変更できるようになりました。

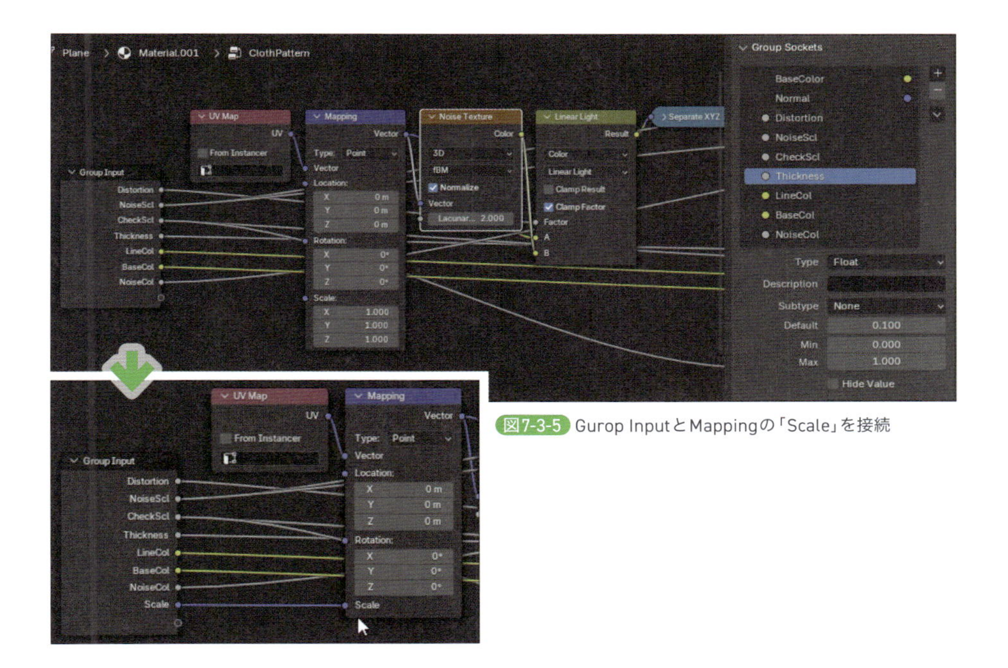

図7-3-5 Gurop InputとMappingの「Scale」を接続

5 布マテリアルの完成

各パラメータの順番を変更します。先述で追加したScaleのソケットは「GlobalScl」に変更しました。これで布マテリアルの完成です。

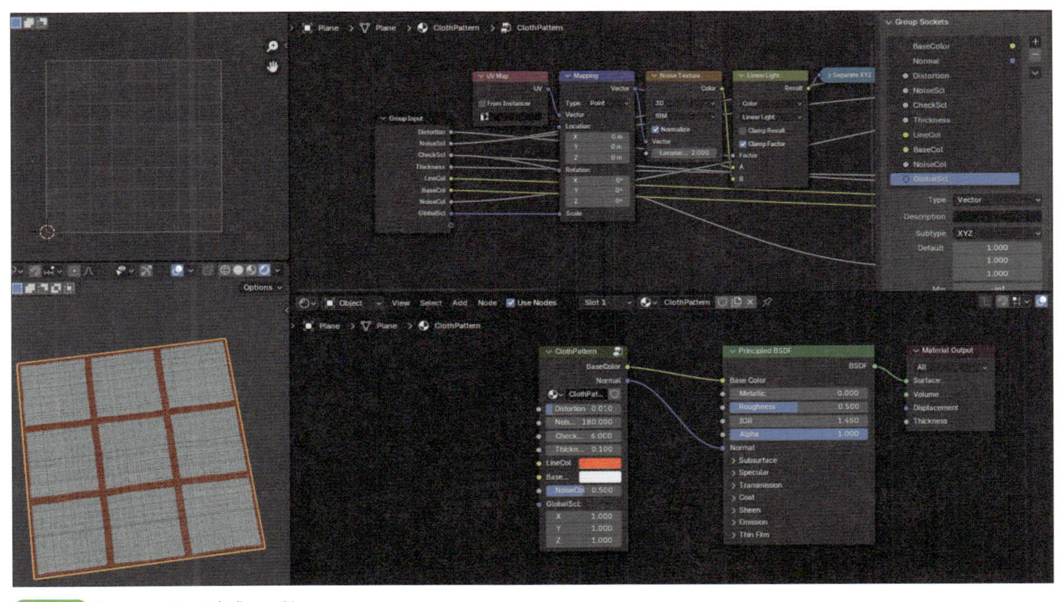

図7-3-6 布マテリアルの完成ノード

1 2 3 4 5 6 7 8 9 10 11 12

ランダムに変化する炎マテリアルの作成

この章では、オブジェクトを複製する毎にランダムに変化するマテリアルを作成します。作例のような炎の揺らめきなどのエフェクトをマテリアルとして利用することができます。

8-1 炎マテリアルの画像を調整

先に、マテリアルの完成例を示しておきます（図 8-1-1）。

1 元になる画像の読み込み

ダウンロードデータにある図の画像を用意します。これは、左右が繋がっていてリピートに適した画像になっています。Planeオブジェクトを追加して、マテリアルを追加します。

用意した画像を Blender に読み込みます。エクスプローラーから Shader Editor にドラッグ＆ドロップすることで追加できます。

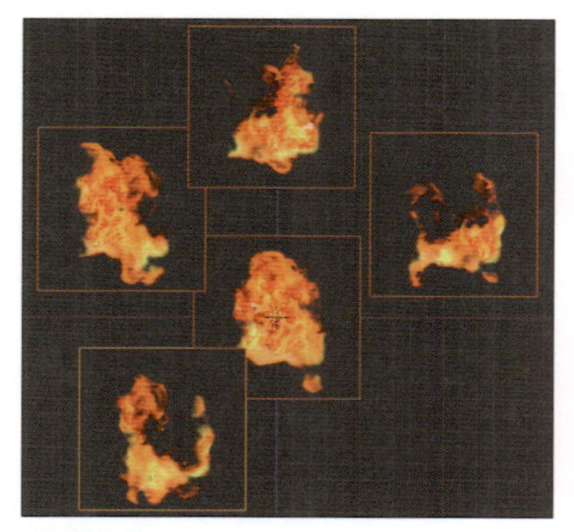

図8-1-1 炎マテリアルの完成例

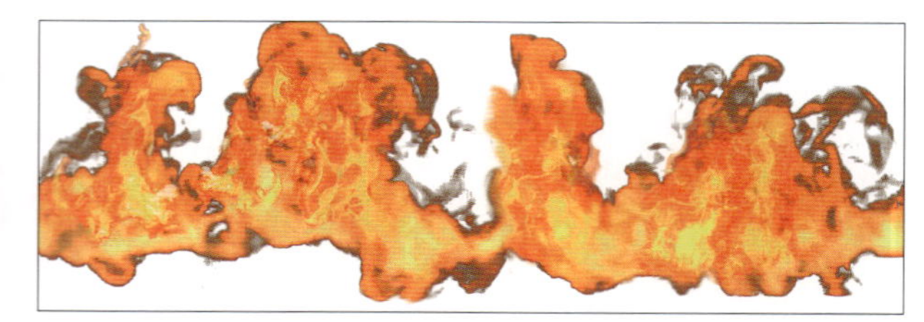

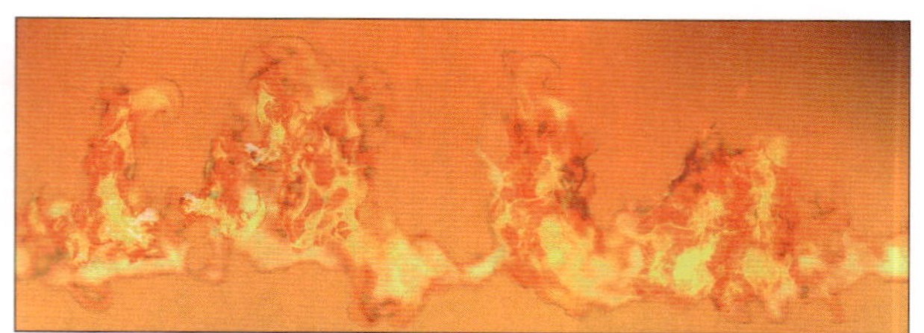

図8-1-2（上：Fire.png、中：FilreBase.png、下：FireAlpah.png）

この章では「Fire.png」を紹介します。残りの「FilreBase.png」「FireAlpah.png」については、この章の最後に触れていますので、そちらをご覧ください。

2 UV の調整

UV を調整します。Plane オブジェクトを Edit Mode に変更して、UV Editor 上でおおよそ正方形にします。

3 Texture Coordinate ノード、Mapping ノードを追加

Edit Mode から Object Mode に戻します。Texture Coordinate ノードを追加して、UV を Image Texture ノードに接続します。さらに、Texture Coordinate と Image Texture ノードの間に Mapping ノードを追加します。

Edit Mode と Object Mode のヒストリーはもともと切り分けて設計されていたため、Edit Mode 中のノードや Modifier などの変更は正常に Undo されませんので、ご注意ください。

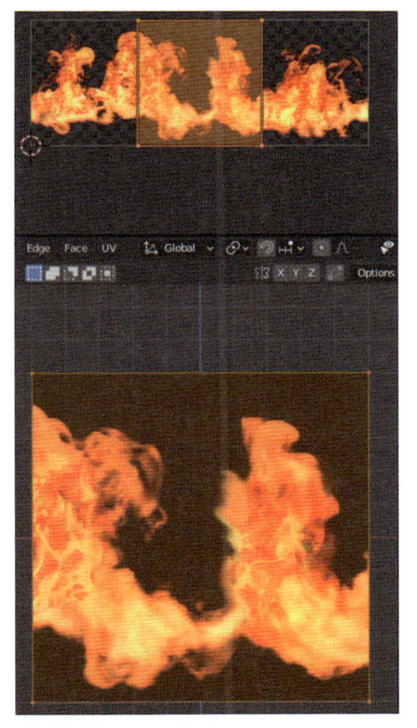

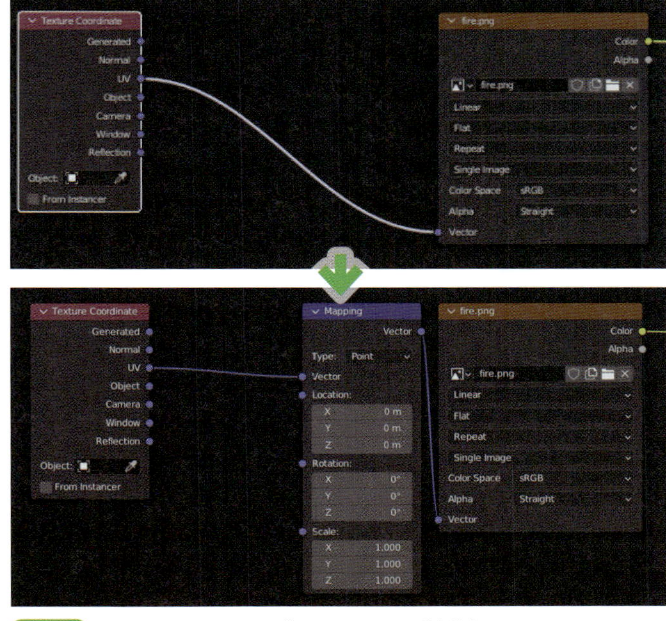

図8-1-3 UVを正方形に切り出す

図8-1-4 Texture Coordinateノード、Mappingノードを追加

4 Object Info ノード、Combine XYZ ノードを追加

Object Info を追加して、Random から Mapping の「Location」に接続します。Combine XYZ を追加して、Object Info と Mapping の間に接続します。

この時点でオブジェクトを複製するたびに、Texture の X Location が変わるので、オブジェクトを複製して確認してみてください。

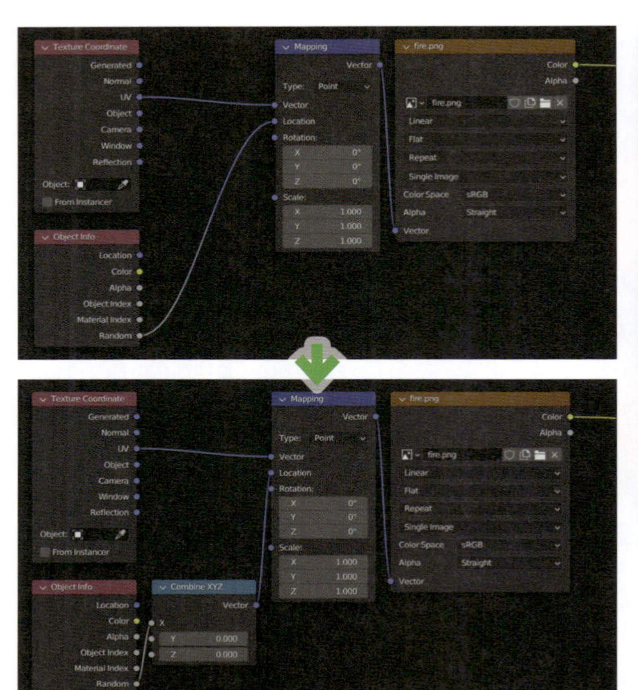

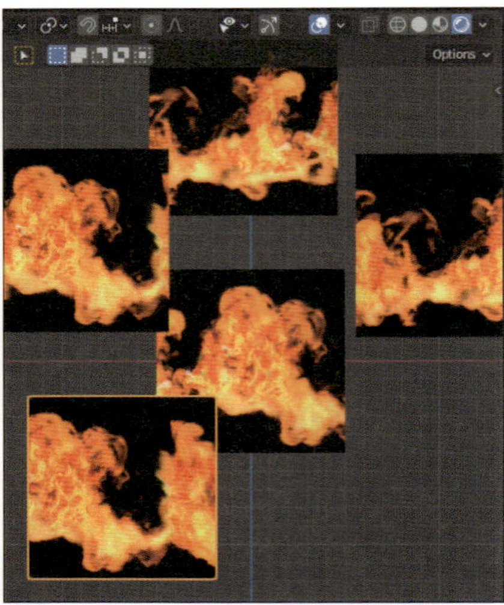

図8-1-5
Texture Coordinateノード、Mappingノードを追加して、オブジェクトを複製して確認

8-2 マスクの作成

炎マテリアルはできましたが、このままでは横が不自然に切れているので、マスクを作成します。

1 Separate XYZ ノード、Math ノードを追加

Separate XYZ を追加して、Texture Coordinate の「Generated」と接続します。Math を追加して、「Ping-Pong」に変更します。

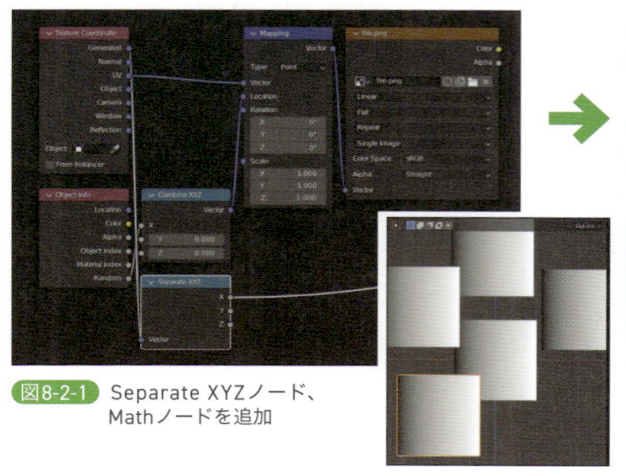

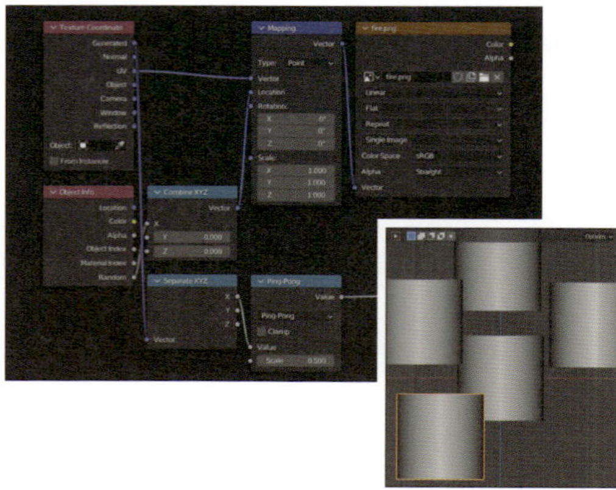

図8-2-1 Separate XYZノード、Mathノードを追加

2 Noise Texture ノード、Math ノードを追加

Noise Texture を追加して、Texture Coordinate の「Object」と接続します。Math を追加して「Multiply」に変更して、Ping-Pong と Noise Texture を接続します。

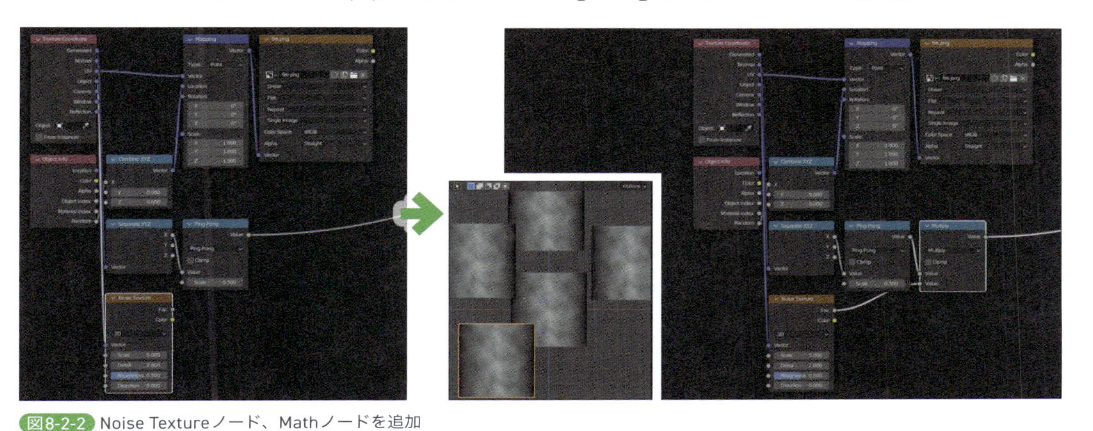

図8-2-2 Noise Textureノード、Mathノードを追加

3 Color Ramp ノード、Math ノードを追加

Color Ramp を追加して、マスクの具合を調整します。Math を追加して、「Multiply」に変更します。Image Texture の「Alpha」と Color Ramp を接続します。Map Range でも構わないのですが、視認性を重視して今回は Color Ramp を採用しています。

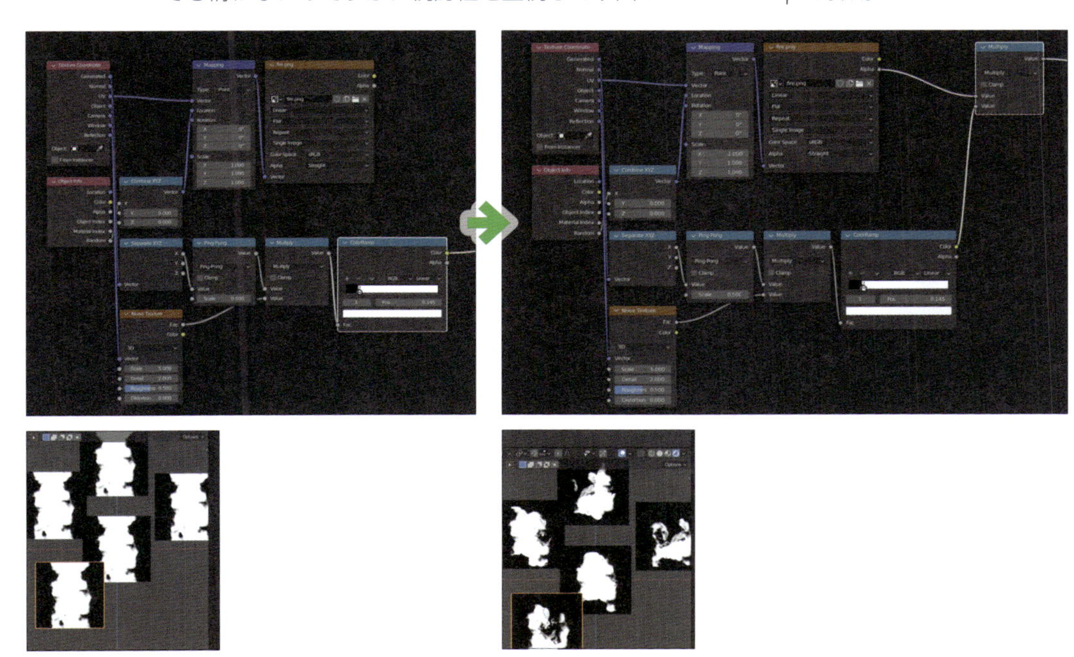

図8-2-3 Color Rampノード、Mathノードを追加

1 2 3 4 5 6 7 8 9 10 11 12

8-3 炎のマテリアルの仕上げ

マスクが作成できたので、炎のマテリアルを仕上げていきましょう。

1 Emission ノード、Tramsparemt BSDF ノードを追加

Emission を追加して、Image Texture の「Color」を接続します。続いて Tramsparemt BSDF を追加します。

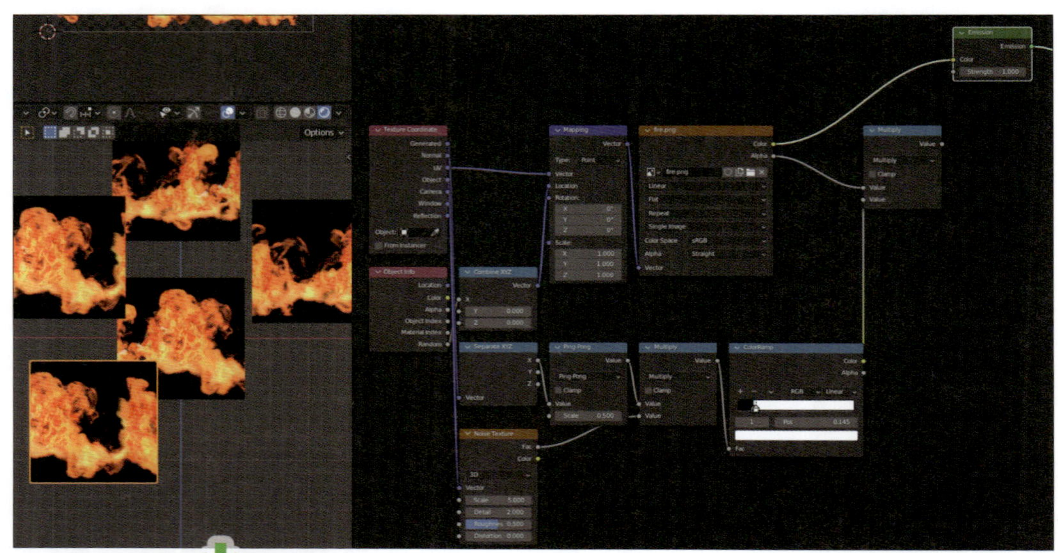

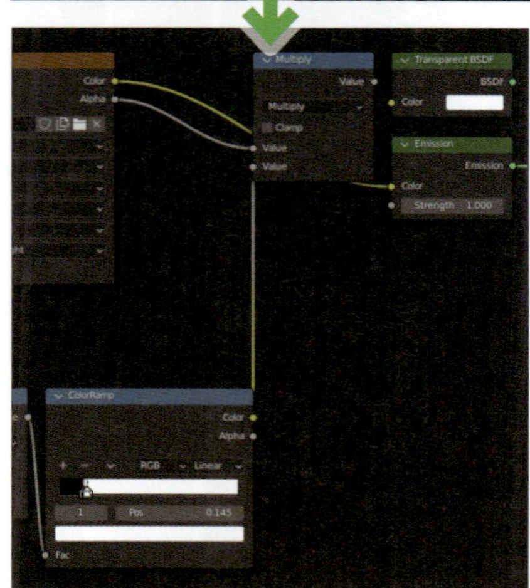

図8-3-1 Emissionノード、Tramsparemt BSDFノードを追加

2 Mix Shader ノードを追加

Mix Shader を追加して、Emission と Transparent を接続します。Math（Multiply）と Mix Shader の「Fac」を繋ぎます。これでランダムに変化するテクスチャの完成です。

今回は Object Info を使い、オブジェクトを複製するたびに自動的に変化する設定にしましたが、たとえば Texture Coordinate の代わりに、Geometry の Random Per Island ノードを使用すれば、同一オブジェクト内でもメッシュを複製するたびに変化させることが可能になります。

また Value ノードを使用して、数値の入力欄に「#frame」と入力することで、再生フレーム数を参照して自動的にスクロールさせることが可能です。これを「Expression」と言います。「#frame/10」と入力すると、現時点の「フレー

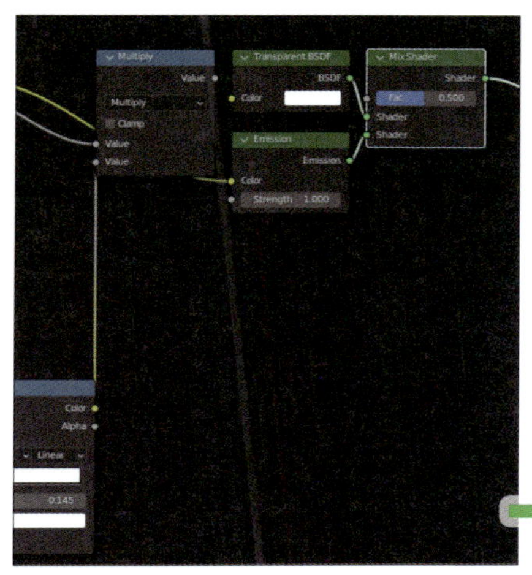

ム÷ 10」といった関数も使用が可能です。

　このようにさまざまな方法を使用することで、より複雑なエフェクトを実現することができます。

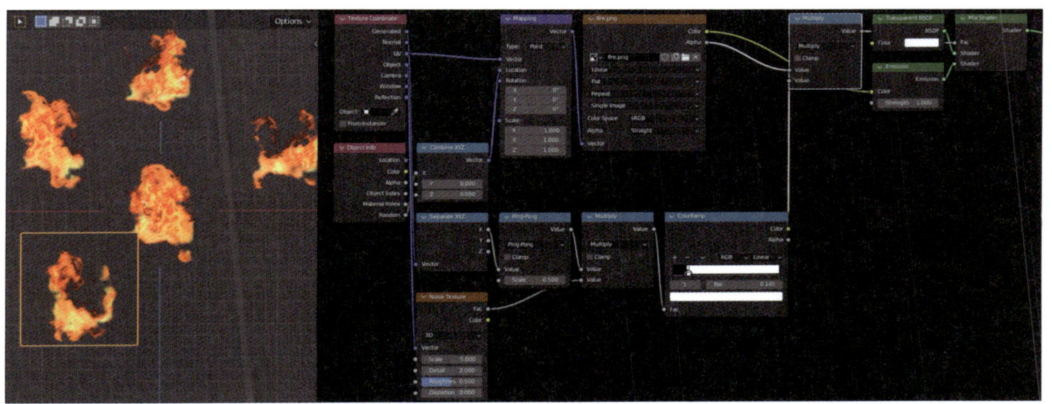

図8-3-2 Mix Shaderノードを追加

　また、Eevee や Unity などで使用したい場合は画像の補完方式が違うため、アルファのエッジに意図しない線が発生する場合があります。その場合は FireBase.png と FireAlpha.png を使用してください。テクスチャの枚数が増えてしまいますが、この手法のほうが確実にエッジが美しく正常に表示されます。

ブラーの活用

平面的なテクスチャや部分的なブラー処理の場合は、Photoshop などの画像編集ソフトウェアを使用するのが手軽で早いかもしれません。しかし、Equirectangular（正距円筒図法）などの立体的なテクスチャや動的な変化が必要な場合には、この章での方法が活用できます。

9-1 ブラー用の素材の準備

Equirectangular（正距円筒図法）とは、球体の表面を平面に展開した画像形式です。この展開方法では、画像の端に歪みが生じるため極地付近ではピクセルが密集しており、ピクセルの密度が不均一です。そのため、通常の方法でブラーを適用してから再度球体化すると、その歪みが強調され、不自然なブラー効果が現れます。

通常のブラー効果はピクセル単位で均等にぼかすのに対し、Equirectangular では自然なブラー効果を得るには球体に対して均一なブラーを付与する必要があります。今回は単純なブラーの作成方法と、Equirectangular 形式のテクスチャや画像を扱う際にブラーを適用する方法について説明します。

それでは、以下の準備を行ってください。

1 UV Sphere を追加して、新規マテリアルを作成

2 画像をダウンロードして用意

以下の URL から Equirectangular 画像を用意してください。ここでは誰でも自由に利用できる「CC0」ライセンスの画像を使います。

- Little Paris Under Tower
  https://polyhaven.com/a/little_paris_under_tower

3 Equirectangular 画像の確認の準備

今まではオブジェクトを外側から見てマテリアルを制作してきましたが、今回は少し違ったアプローチで進めてみましょう。3D View 上で、ヘッダーメニューの「View」をクリックし、「Frame Selected」を選択します。そして、さらにいっぱいまでズームインして UV Sphere の内側から見てください。これで Equirectangular 画像を見る準備が整いました。

9-2 通常のブラー方法

Photoshop などで行われる一般的なブラー方法とは異なりますが、Blender のノードシステムで似たような効果を表現する方法です。現時点での Blender のマテリアルノードにはブラー処理のノードは実装されていません。

1 Equirectangular 画像の読み込み

用意した Equirectangular 画像をインポートします。

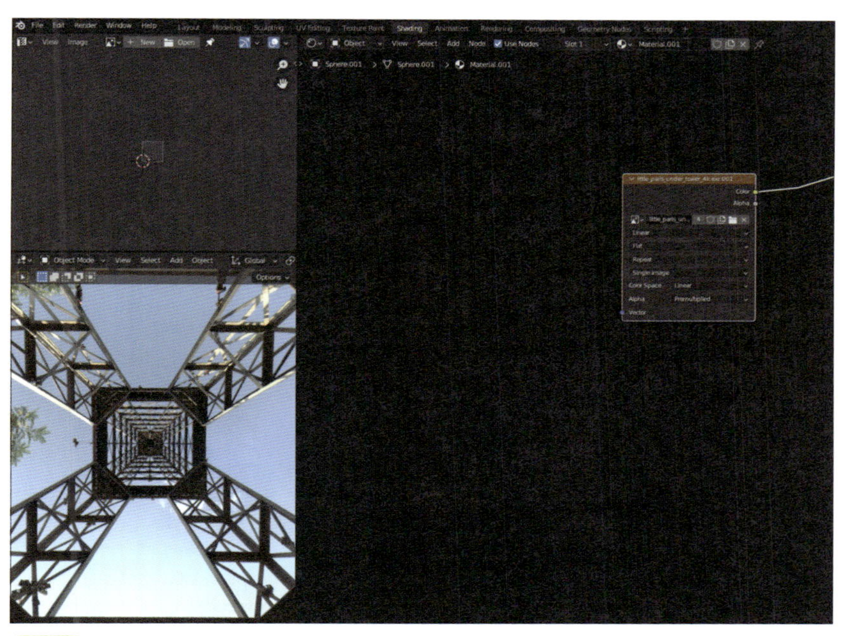

図9-2-1 Equirectangular画像のインポート

2 Texture Coordinate ノード、Noise Texture ノードを追加

Texture CoordinateとNoise Textureを追加します。Texture Coordinateの「Object」から Noise に接続します。Noise の Scale を「10000」に変更します。

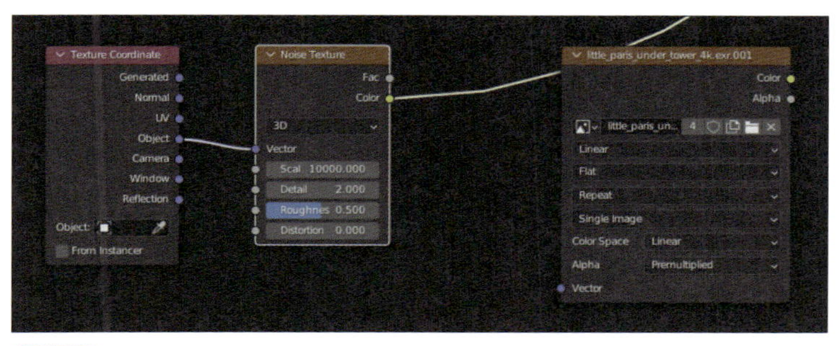

図9-2-2 Texture Coordinateノード、Noise Textureノードを追加

3 Mix Color ノードを追加

Mix Color を追加して「Linear Light」に変更します。Texture Coordinate の「UV」から「A」に接続し、Noise の「Color」から「B」へ接続します。

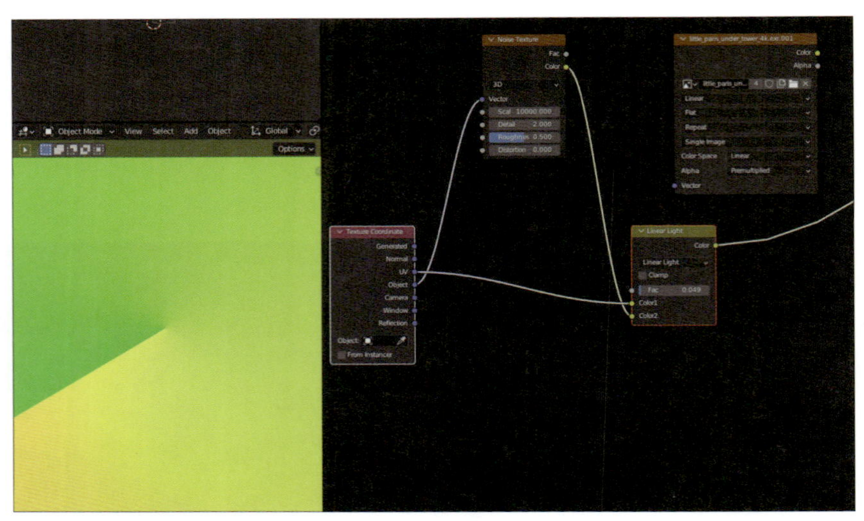

図9-2-3 Mix Colorノードを追加

4 ブラーの調整

Mix Color（Linear Light）の「Color」から Image の「Vector」に繋ぎます。この Mix Color（Linear Light）の「Fac」を変更することで、ブラーの具合を調整することが可能です。

しかし、Equirectangular 画像ではこの方法で作成すると、UV Sphere の上下極地付近では、不自然に密集したブラーとなります。

図9-2-4 ブラーを調整して確認

9-3 Equirectangular 用のブラー

前節でブラー効果は完成していますが、これを Equirectangular 用に変換します。

1 設定と接続の変更

Image Texture の「Flat」になっているプルダウンを「Sphere」に変更します。次に、Texture Coordinate の「Generated」を「A」に接続します。

これで、Equirectangular 用のブラー完成です。

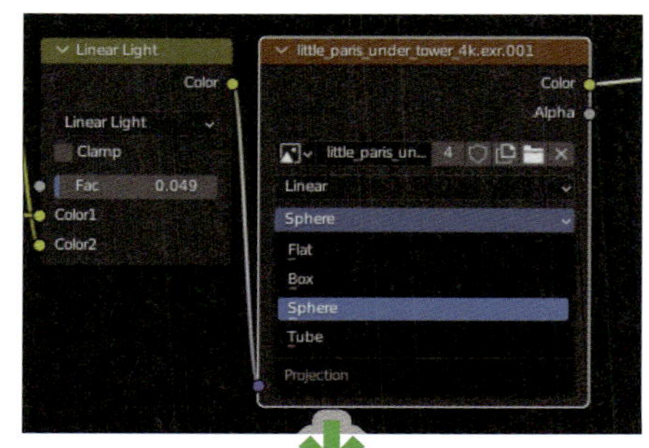

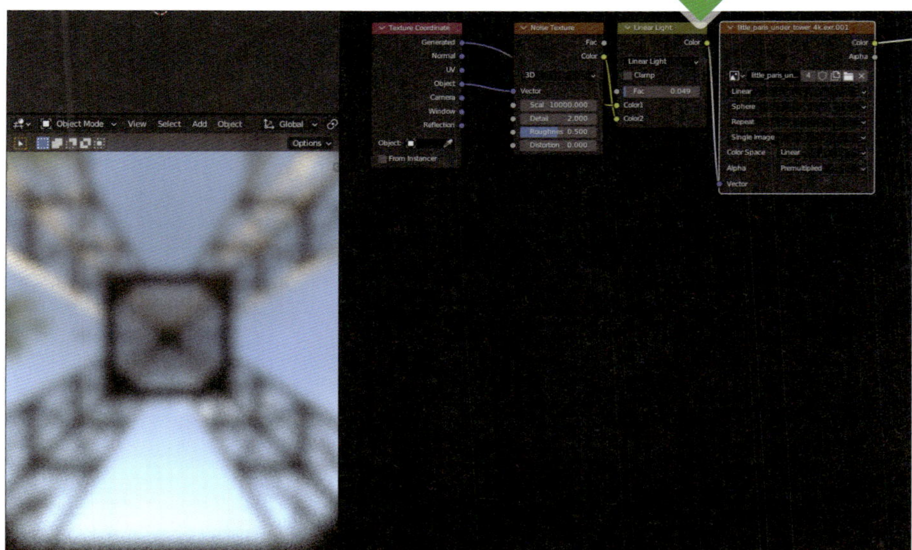

図9-3-1 Equirectangular用ブラーの作成

9-4 一般的なブラー処理との違い

この章の冒頭で「一般的なブラー方法とは異なる」と書きましたが、どのように違うのかを解説します。

まずは 3D View 上で、ヘッダーメニューの「View」をクリックし、「Perspective/Orthographic」を選択します (次ページの図 9-4-1)。これにより通常の遠近投影では、オブジェクトが遠くにあるほど小さく見えますが、平行投影に切り替えられたことで、オブジェクトの距離に関係なく、直線的な視覚の拡大縮小が適用されるため、より詳細に観

1
2
3
4
5
6
7
8
9
10
11
12

察することが可能です。

図 9-4-2 は、左右両方とも拡大した状態です。左の画像は、マテリアル上でブラー化したもので、右の画像は Photoshop でブラー処理したものです。この違いはマテリアルで Vector を細かくして歪ませているだけであり、ピクセル単位の画像処理ではないためです。

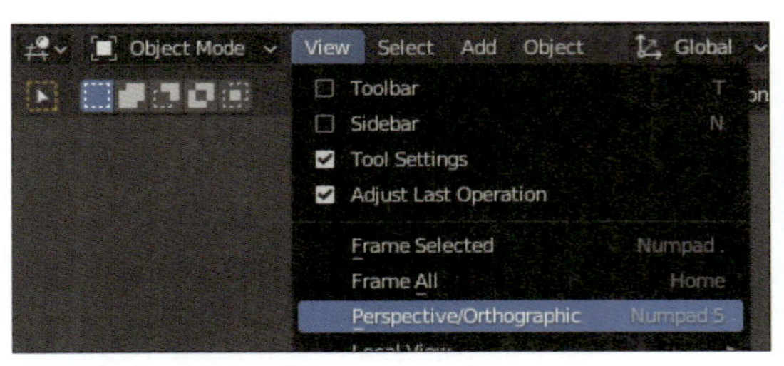

図9-4-1 投影方法の切り替え

図9-4-2 ブラーの比較（左：マテリアル上でブラー処理、右：Photoshopでブラー処理）

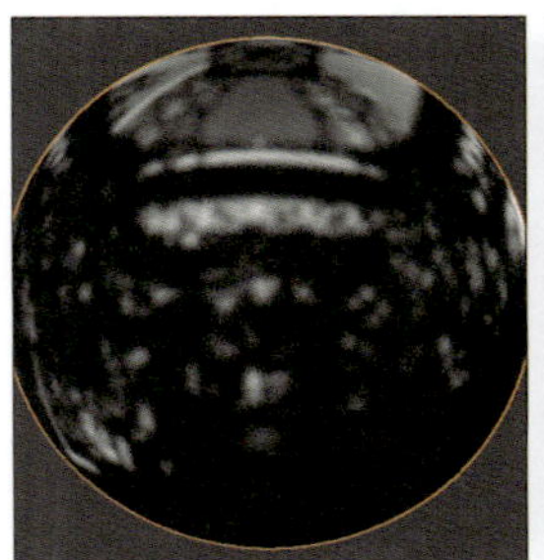
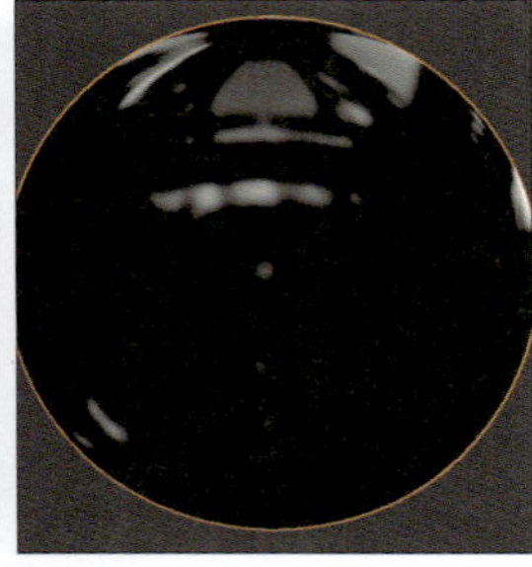

図9-4-3 Color Rampノードでの比較（左：マテリアル上でブラー処理、右：Photoshopでブラー処理）

この違いは Color Ramp ノードによる色範囲指定の際にも影響します（図 9-4-3）。左はマテリアル上でブラー処理したもので、右は Photoshop でブラー処理したものです。

マテリアルによるブラーは、ピクセルに対してではなく、あくまでもベクトルを歪めているだけなので、色が滲んでいるわけではありません。そのためグラデーションにはなっておらず、ブラー処理する前と指定できる色範囲は変わりません。

これに対してピクセル単位でブラーされた画像は、隣の色と滲むことによってグラデーションができるため、Color Ramp によって色の範囲を指定できます。

改めて、それぞれのブラー処理による違いを比べてみましょう。この画像はそれぞれ左から順に、オリジナルデータ、Photoshop によるピクセル（平面）に対して均等なガウスブラー、Blender のマテリアルで作成したピクセル（平面）に均一なブラー、球体に対して均一なブラーという順番になっています。

図9-4-4 ブラー処理の比較

RGBマスクの活用

RGB マスクは、RGB 値を使用して特定の領域や要素を制御するための手法です。RGB マスクは柔軟性が高く、多くの編集ソフトやエフェクト制御などで利用されます。この章では、その詳細を学んでいきましょう。

10-1 マスク作成の準備

UV 展開された画像には、各ピクセルに対して赤（R）、緑（G）、青（B）の値が割り当てられます。これにより、画像を「R」「G」「B」のチャンネルに分けて、個別の操作を行うことができます。たとえば、R チャンネルを使用して特定の領域の色調を変えたり、G チャンネルを使用して凹凸感を表現したりすることができます。

この章の解説では、複数のノード作成ワークフローを紹介します。最終的に得られる結果はすべて同じですが「マスクの作成」「簡潔な作り方」「さらに簡潔な作り方」の３つの手順を紹介しています。

より直感的で効率的な方法や、UV マップを使用した手順を紹介していますので、個々のプロジェクトや要件によって最適な方法は異なるため、状況や作業の効率性に応じて適切なアプローチを選択してください。

それでは、準備を行っていきましょう。

1 Plane を追加して、新規マテリアルを作成

2 UV チャンネルの名前の設定

Object Data Property パネルに移動し、UV Maps のメニューを開きます。右側に表示されている「+」ボタンをクリックして、それぞれの UV マップに名前を設定します。

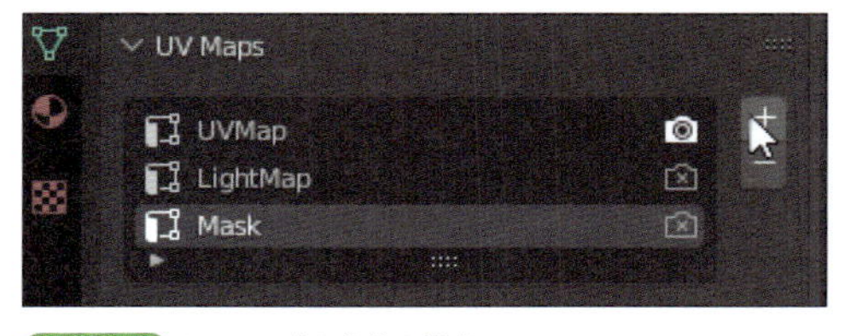

図10-1-1 UVマップの名前の設定

1 番目の UV チャンネルはテクスチャに使用するため、そのままの名前で問題ありません。Unity などでは、通常 2 番目の UV チャンネルがライトマップに使用されることが多いため、「LightMap」という名前を設定することをおすすめします。

3 番目以降の UV チャンネルは、ほかのソフトウェアに影響が出る可能性は少ないかと思いますので、自由に設定することができます。仕事やチームで使用する場合は、制作上

のルールや規定が存在することもあります。その場合は、チームの指示やプロジェクトの要件に従ってください。

10-2 マスクの作成

まずは、通常の方法でマスクを作成していきます。

1 UVMap ノードを作成

UVMap ノードを作成し、これを「Mask」に変更します。

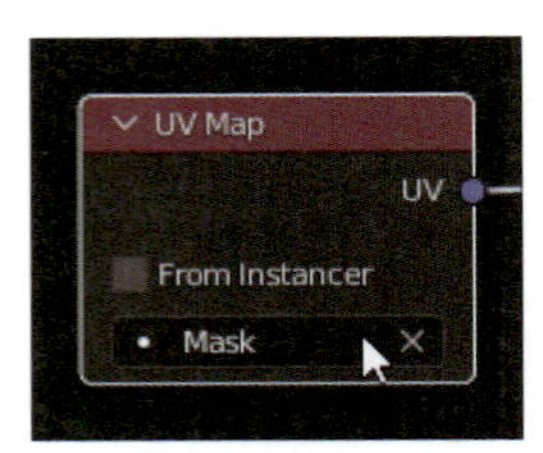

図10-2-1 UVMapノードを作成

2 Separate XYZ ノード、Math ノードを追加

Separate XYZ を追加します。さらに Math を追加して、これを「Snap」に変更します。

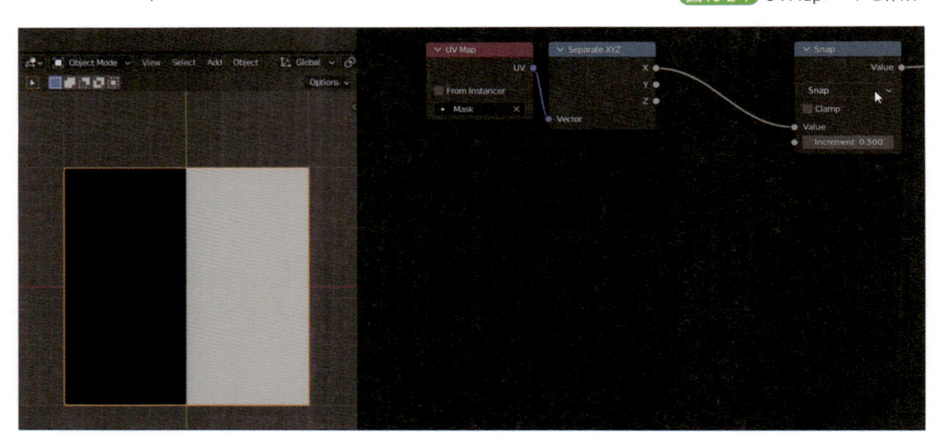

図10-2-2 Separate XYZノード、Mathノードを追加

3 Math ノードを追加①

もう 1 つ Math を追加して、「Divide」に変更します。今回は Input 側には何も繋ぎません。上の Value を「1.0」に変更し、下の Value を「3.0」に変更し、Math（Snap）の Increment に接続します。

これはあくまでも 1/3 にするために追加しているだけのノードですので、「Increment」は 0.333 と入力しても構いません。

4 Math ノードを追加②

Math（Snap）の先にもう 1 つ Math を追加して、これを「Compare」に変更します。Math（Compare）の Input が 3 つに増えました。1 つ目の「Value」に Math（Snap）を繋ぎます。2 つ目の Value には「0.1」、3 つ目の Epsilon には「0.2」と入力します。

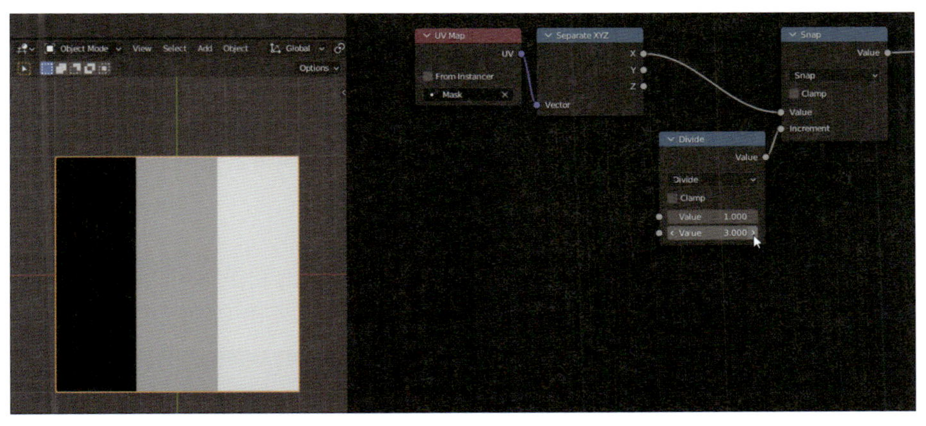

図10-2-3 Mathノードを追加①

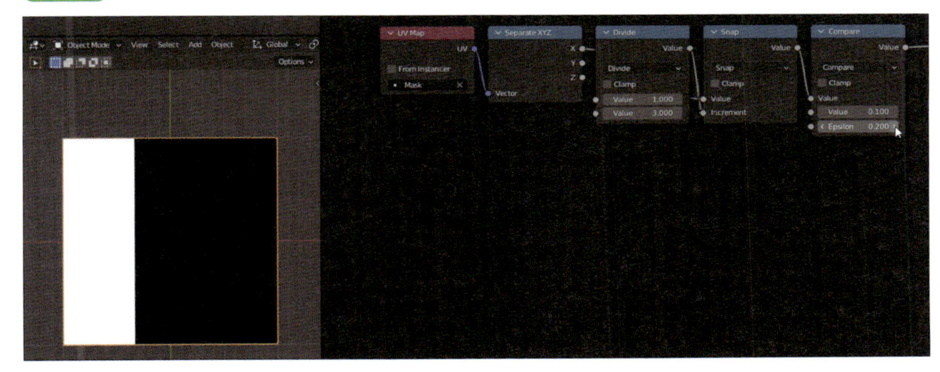

図10-2-4 Mathノードを追加②

5 Mix Color ノードを追加

Mix Color を追加して、Math（Compare）と Mix Color の「Fac」を接続します。Aを「RGB=0,0,0」の黒にして、Bを「RGB=1,0,0」の赤にします。

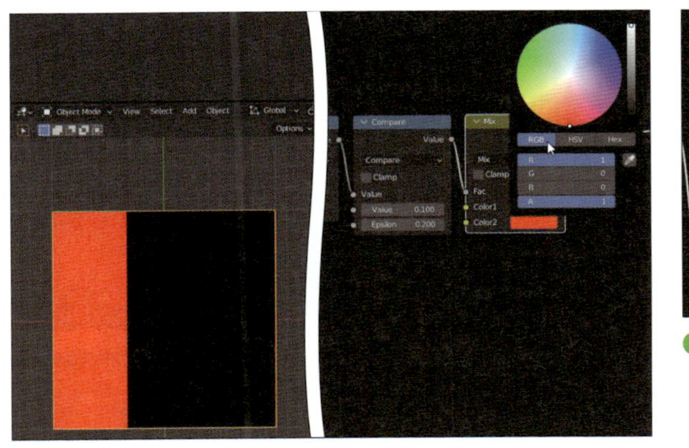

図10-2-5 Mix Colorノードを追加

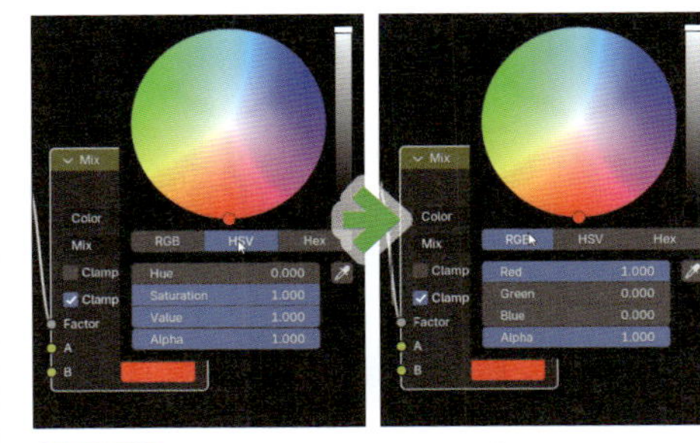

図10-2-6 カラースペースを「RGB」に変更

6 カラースペースの変更

この時、デフォルトではカラースペースが「HSV」になっていると思いますが、このままでは色相（H）の数値で制御しなければなりません。特に今回のように単純な緑や青を作りたい場合は、「H=0.333…」や「H=0.667…」のような数値になります。

「RGB」では、各色の強さを数値で表現し、それぞれの色を個別に操作することができるため、特定の色を正確に設定する際は、RGB カラースペースを使用すると便利です。

7 Mix Color ノードを追加

もう 1 つ Mix Color を追加して、これを「Add」に変更します。⑤の Mix Color と「A」を接続します。Fac を「1.0」に変更し、B を「RGB=0,0,0」の黒にします。

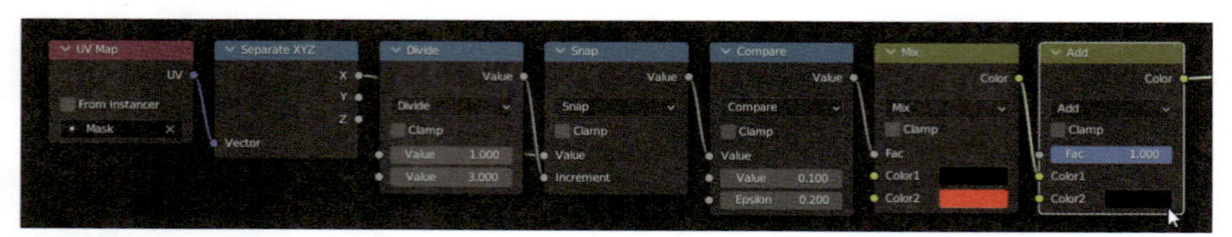

図10-2-7 Mix Colorノードを追加

10-3 インスタンス用グループの作成

完成したノードををグループ化していきます。今回はこのグループを複製して、インスタンス化する目的で使用します。

1 ノードのグループ化

「Math（Divide）」から「Mix Color（Add）」までを選択して、「Ctrl」+「G」でグループ化します。

この時、X 方向にグループ分けしたいときは Separate XYZ の「X」から接続し、Y 方向にグループ分けしたいときは「Y」から接続しやすくなるため、UV ノードと Separate XYZ ノードはグループ外に配置しています。

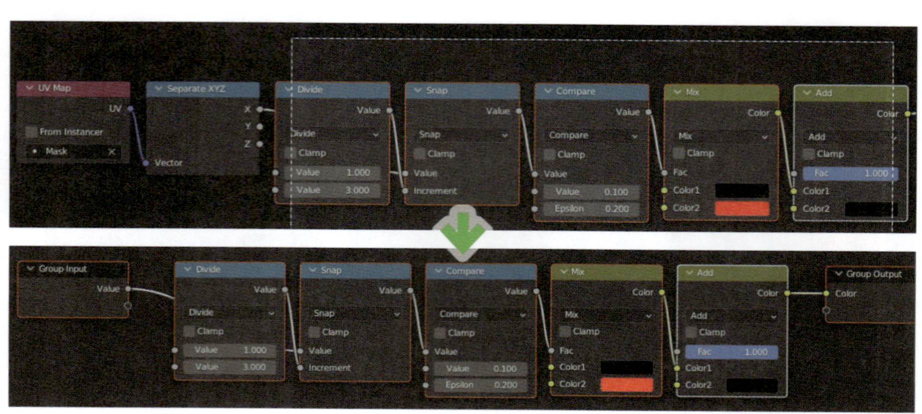

図10-3-1 ノードのグループ化

2 Group Input の接続

Group Input の一番下にある、グレーのアウトプットから Math（Compare）の「Value」に繋ぎます。Group Input と Mix Color（Add）の「B」に繋ぎます。さらに、Group Input と Mix Color の「B」に繋ぎます。

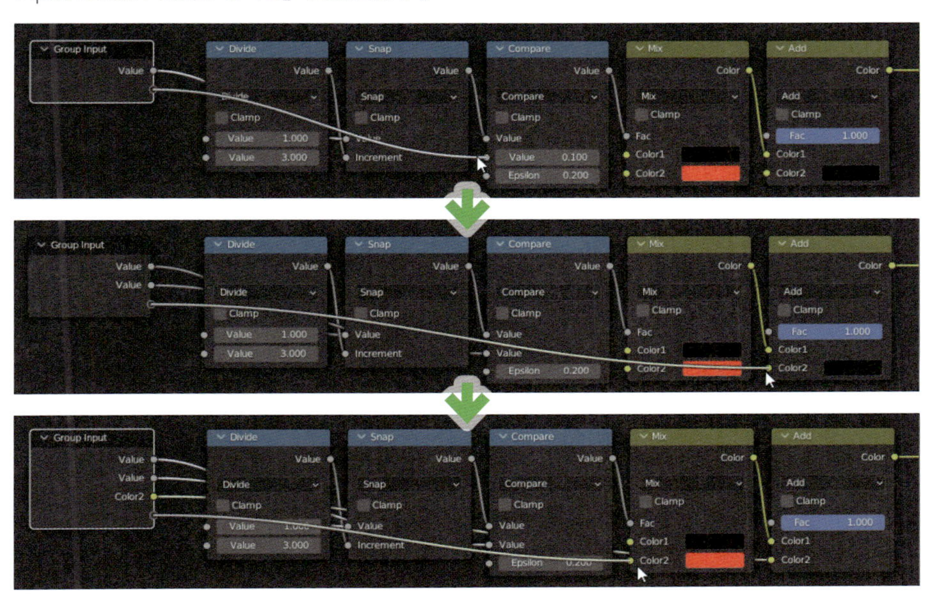

図10-3-2 Group Inputの接続

3 パラメータの名称変更

各パラメータの名称を変更します。Shader Editor 上でプロパティシェルフの Group タブを開きます。インプットにある上から 2 番目の Value を選択して、「MaskLoc」に変更します。

続いて、Min を「0」にして Max を「1」にしておきます。上から 3 番目の B を選択して名称を「Color」に、上から 4 番目の B を選択して名称を「MaskCol」に変更します。

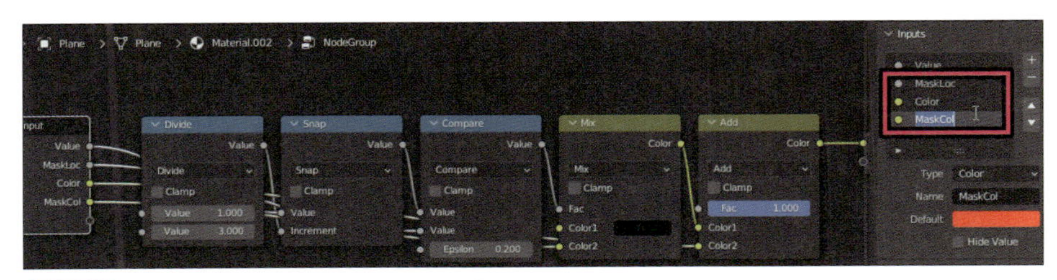

図10-3-3 パラメータ名をわかりやすい名前に変更②

4 パラメータの範囲指定

この MaskCol の Value を「0.0 ～ 1.0」の間で変更することによってマスキングされる場所が変わり、各 Color を変更することで任意箇所の色を変更することが可能になりました。

1 2 3 4 5 6 7 8 9 10 11 12

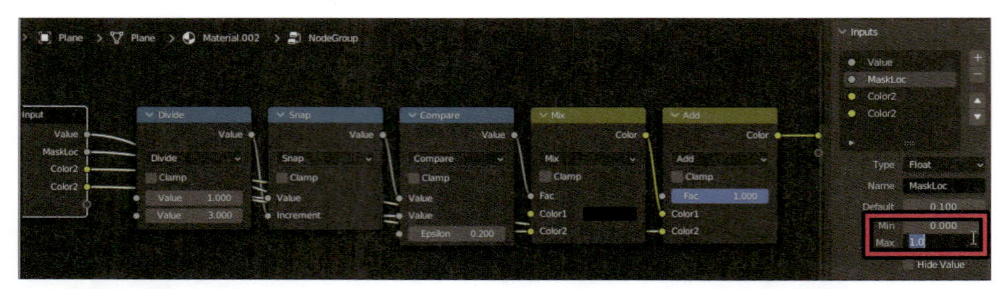

図10-3-4 パラメータの範囲を指定

ここまで終わったら、グループの編集モードを終了します。「Tab」キーを押してグループ編集から抜けてください。

NodeGroupという名前になっている箇所をクリックして、名前を変更します。今回は「Mask」などにしておくと認識しやすいでしょう。

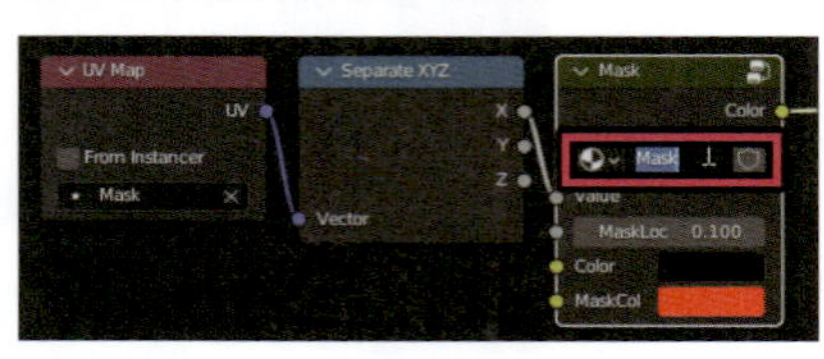

図10-3-5 グループ名を変更

5 Maskグループを複製

今回は接続を維持したままノードを複製したいので、「Shift」+「D」ではなく、「Ctrl」+「Shift」+「D」を押すことで既存の接続リンクが切れないため、再接続の手間が省けます。

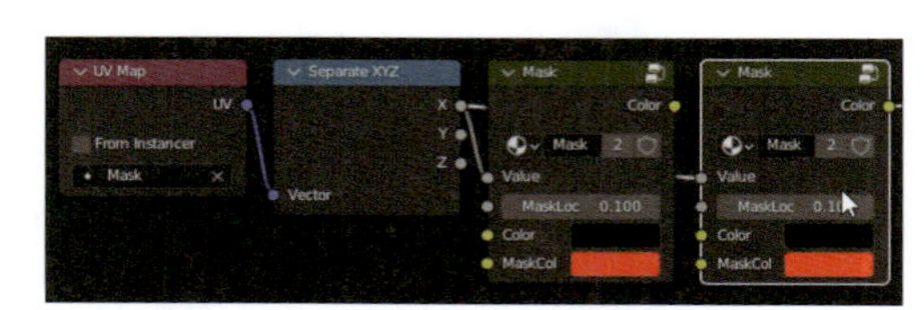

図10-3-6 Maskグループを複製

6 接続と設定の変更

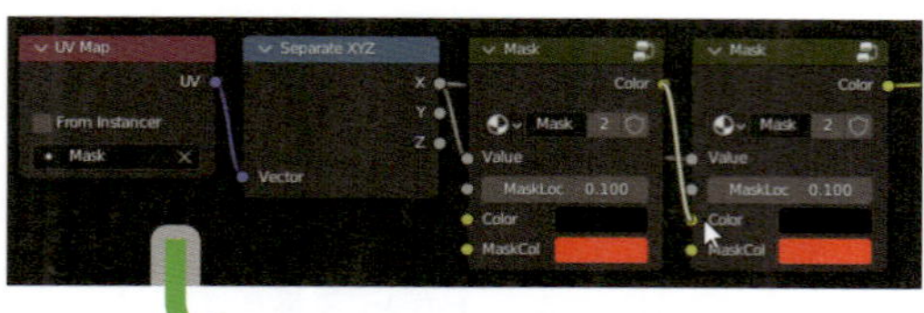

複製前のMaskグループのColorアウトプットと複製後のMaskグループの「Color」を接続します。MaskColを「RGB=0,1,0」の緑にして、MaskLocの数値を「0.4」に変更します。

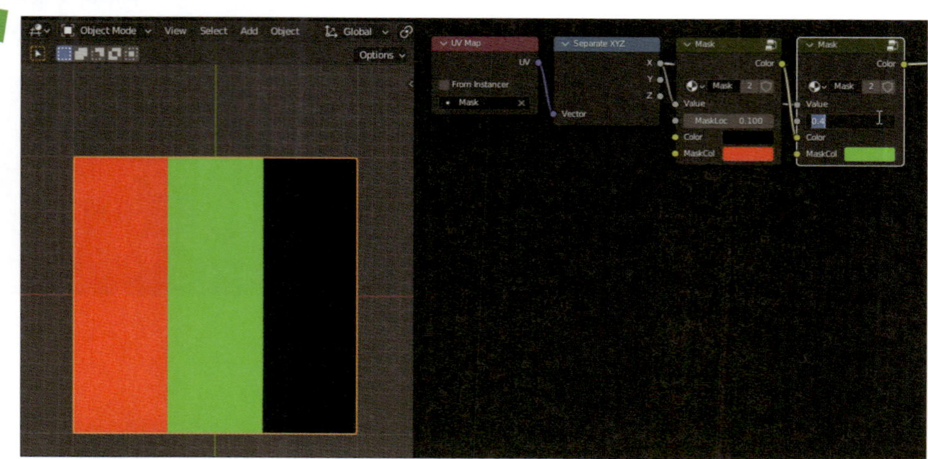

図10-3-7 接続と設定の変更

7 さらにMaskグループを複製

さらにMaskグループを複製して、前述と同様に複製前（緑）のMaskグループの「Color」と、複製後のMaskグループの「Color」を接続します。MaskColを「RGB=0,0,1」の青にして、MaskLocの数値を「0.7」に変更します。

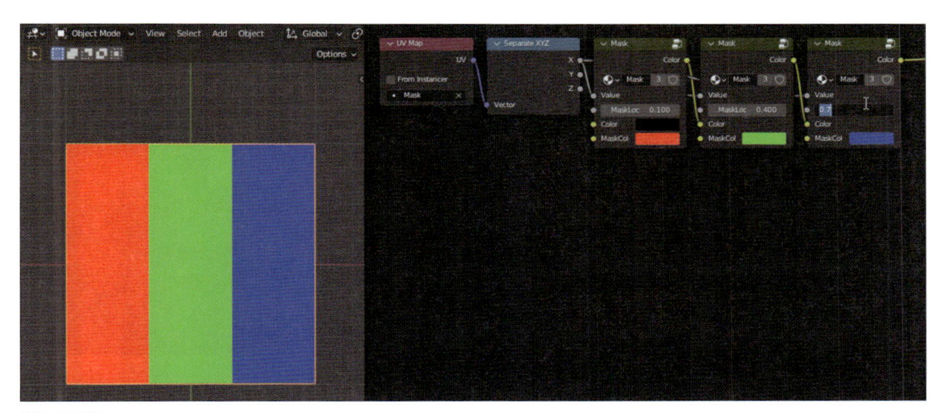

図10-3-8 3つ目のMaskグループを接続して設定

8 グループ化と名前を変更して完成

ノードをすべて選択して、「Ctrl」+「G」を押してグループ化します。名前を「RGBMask」に変更して、RGBマスクが完成しました。

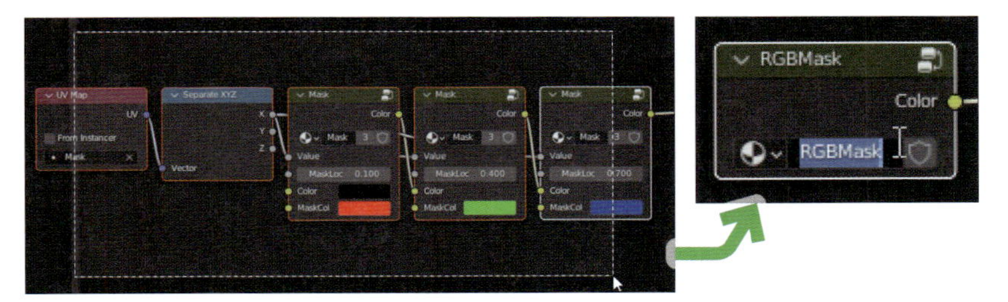

図10-3-9 RGBマスクの完成

10-4 簡潔なRGBマスクの作り方

ここまでRGBマスクを作ってきましたが、ここではもう少し簡易的な作り方を紹介します。先ほどは、横方向に繋げながら進める小グループの作り方として手順を解説しました。今回は縦方向に向かって繋げる形式のインスタンス用小グループの作り方を紹介します。

ここでは一部「Node Preview」という有料アドオンを使用してキャプチャーしています。ノードの上にリアルタイムプレビューが表示されて視認性が向上します。

1 ノードを作成

①UV Map（Mask）、②Separate XYZとMath（Snap）、③Math（Divide）、④Math（Compare）の順でノードを作成して接続します。接続方法は、10-2節の手順①～④までと同じです。

2 ノードをグループ化

Math（Divide）、Math（Snap）、Math（Compare）を選択して、これを「Ctrl」+「G」を押してグループ化します。

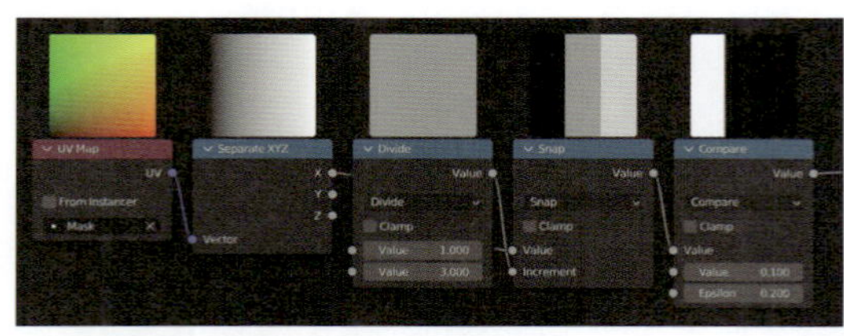

図10-4-1 基本となるノードを作成

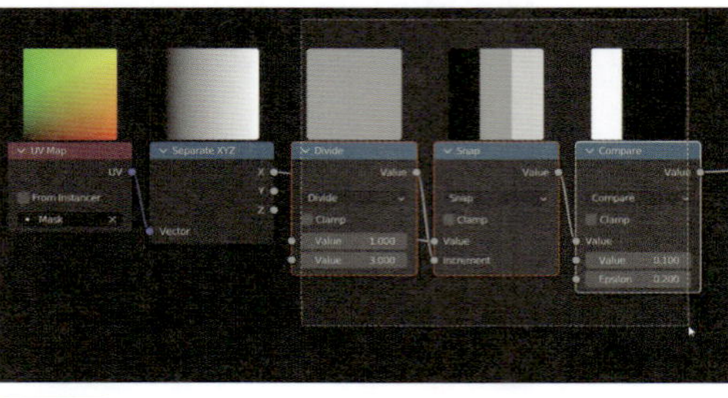

図10-4-2 ノードのグループ化

3 接続の設定

Group Inputノードの一番下のグレーになっているアウトプットと、Math（Compare）の「Value」を接続します。

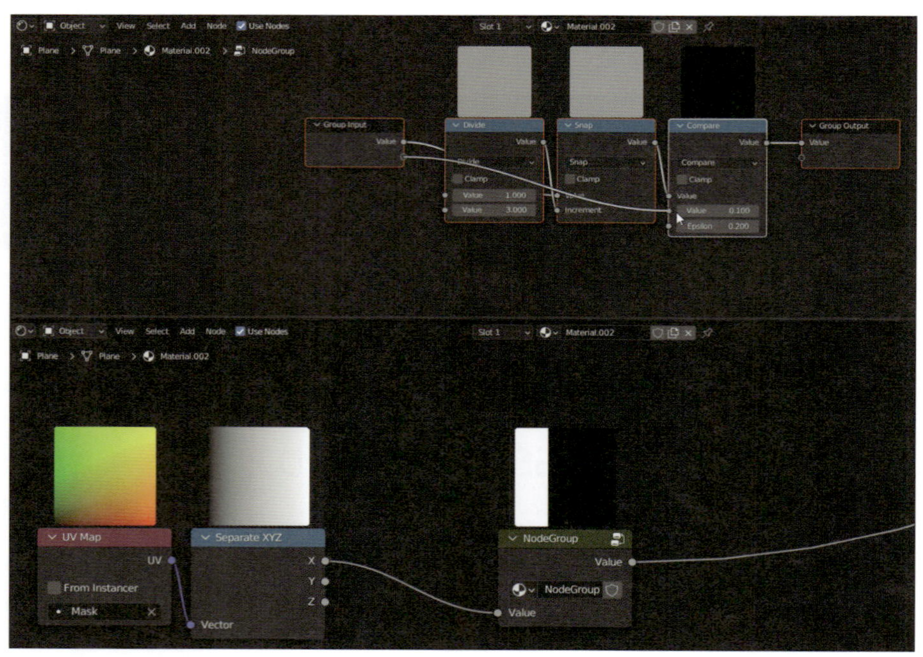

図10-4-3 接続の設定

4 パラメータの名前と範囲の設定

グループ編集モードでNパネルを開き、Groupタブを開きます。Inputsにある上から

2 番目の Value を選択して、名称を「MaskLoc」に変更します。続いて Min を「0.0」、Max を「1.0」に変更します。

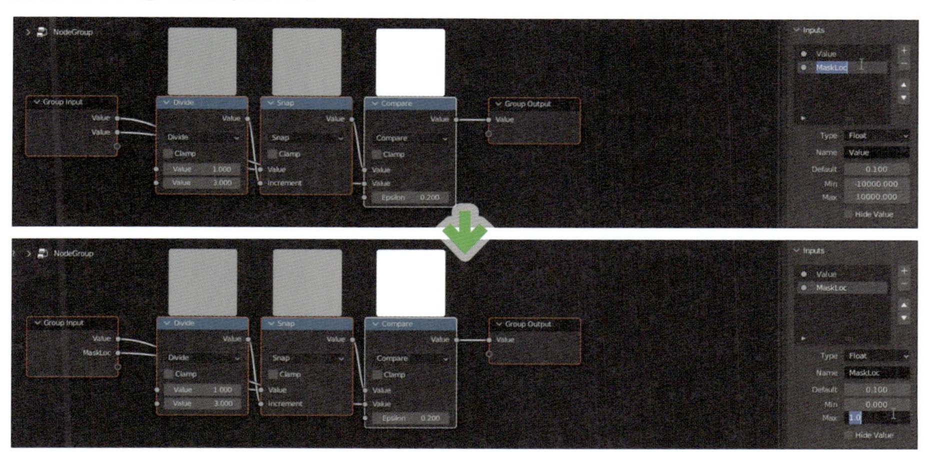

図10-4-4 パラメータの名前と範囲の設定

5 グループノード名の設定

以上でグループ編集は完了しましたので、「Tab」キーを押してグループ編集モードを抜けます。グループノード名をクリックして「Mask」に変更します。

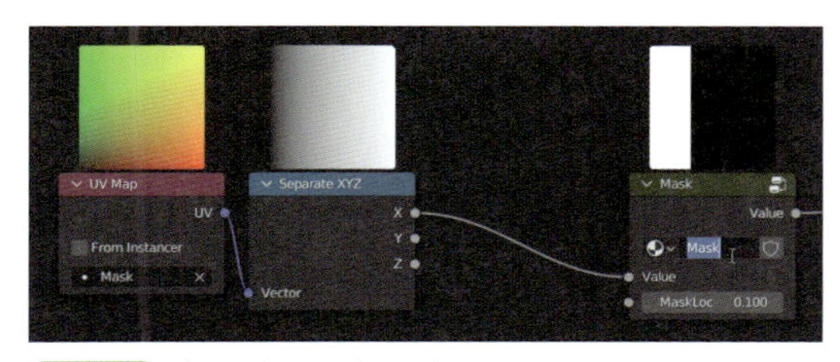

図10-4-5 グループノード名の設定

図10-4-6 グループを複製して3つにする

6 グループの複製

このグループを「Ctrl」+「Shift」+「D」で 3 つに複製します。

7 グループの設定と新規ノードの接続

真ん中の Mask グループの MaskLoc を「0.4」に変更して、下の Mask グループの MaskLoc を「0.7」に変更します。次に Combine Color ノードを追加します。

8 Mask グループの接続

1 番目の Mask グループを「Red」に、2 番目の Mask グループを「Green」に、3 番目の Mask グループを「Blue」に接続します。 グレースケールのテクスチャを Red ソケットに接続すると「1.0」（白）に近い部分は、赤が強調されて表示され、「0.0」（黒）に近い部分は、赤の影響がなくなり、黒として表示されます。同様に、ほかのチャンネル（Green

や Blue）にグレースケールの値を渡せば、緑や青の強さを同じように制御することができます。

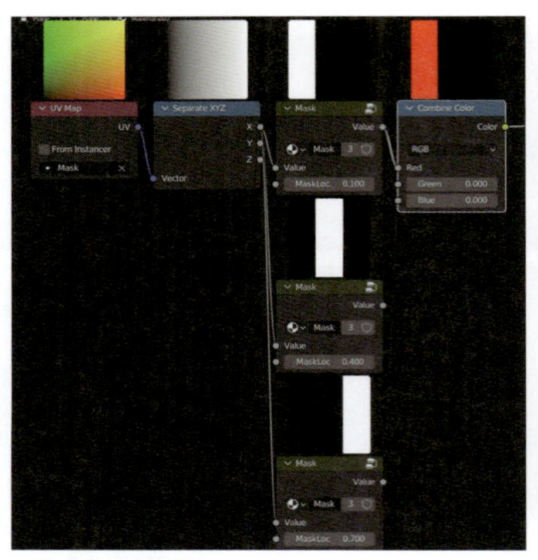

図10-4-7 グループの設定と新規ノードの接続

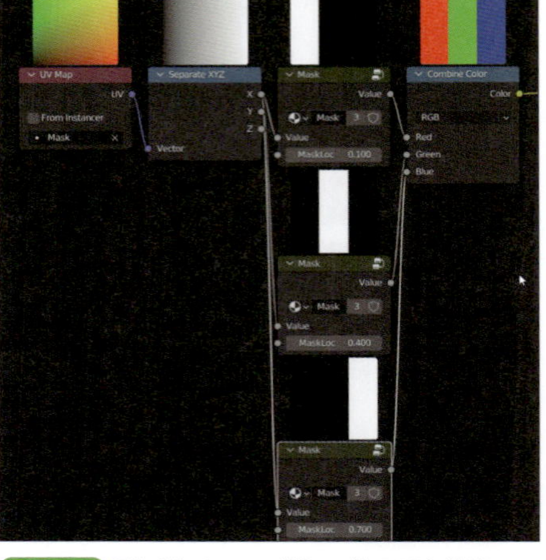

図10-4-8 それぞれのMaskグループをRGBに接続

9 すべてをグループ化

これらをすべて選択して、「Ctrl」＋「G」を押してグループ化します。

10 Group Output の接続

RGB の要素別で白黒のマスクを使用する場面もあるかと思いますので、それらの要素もアウトプットに接続しておくと柔軟性が高くなるかもしれません。

上の Mask グループを Group Output に接続します。続いて、真ん中と下の Mask グループも同様に Outoput に接続します。

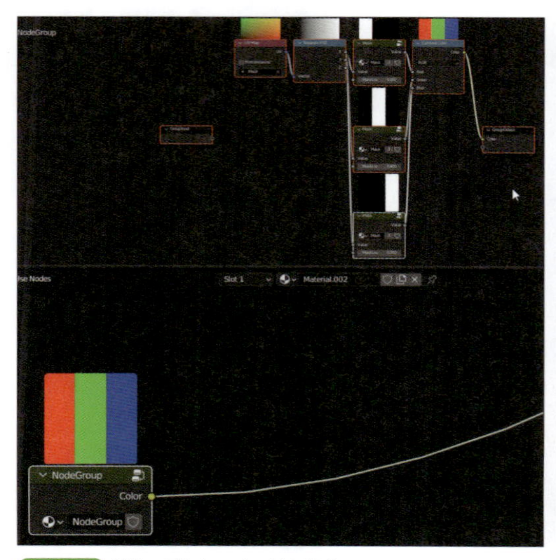

図10-4-9 グループ化してノードの完成

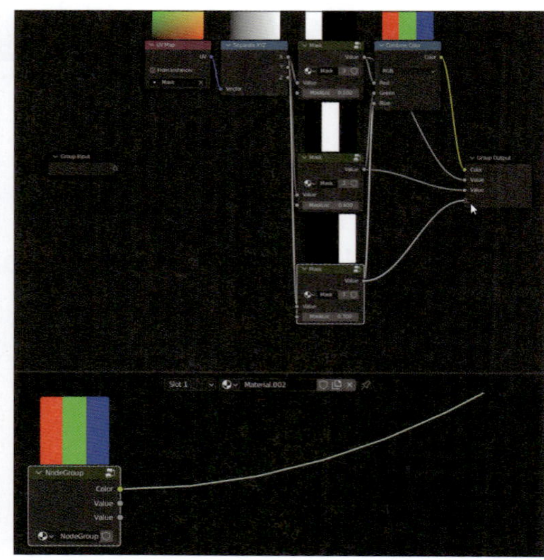

図10-4-10 Group Outputの接続

11 パラメータの名称変更

グループ編集画面でNパネルを出して、Groupタブを開きます。OutPutsの「Value」を選択して、名称を「R」に変更します。続いて、同様にその下のValueもそれぞれ「G」、「B」に変更します。

12 簡潔なRGBマスクの完成

「Tab」キーを押して、グループ編集モードを抜けます。グループノード名を「RGBMask」に変更します。以上で簡潔なマスクの完成です。

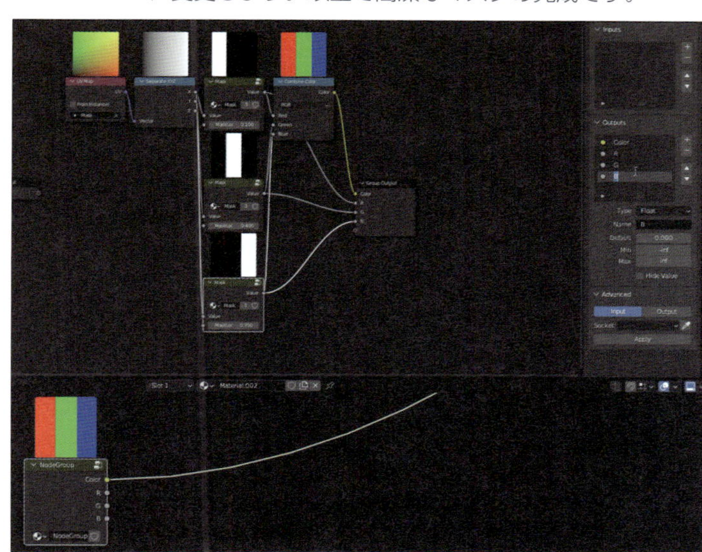

図10-4-11 パラメータの名称変更

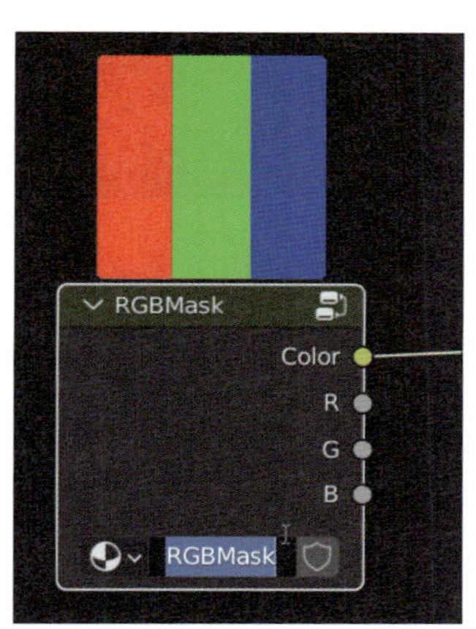

図10-4-12 簡潔なRGPマスクの完成

10-5 さらに簡潔なRGBマスクの作り方

ここまでの作成例が無駄に感じられるかもしれませんが、それらはXYZがどのように作用し、Mathがどう機能しているのかや、ノードグループをインスタンス化して作成する際に必要な知識です。これらのワークフローやノードの活用により、効率的かつ柔軟なマテリアルの制作が可能となります。

たとえば、複数のマテリアルに同じグループを適用する場合や、パラメータを一括で調整する場合など、インスタンス化においてこれらの知識は重要です。これらの手法を使いこなすことで、潤滑で効率的な作業が可能となりますので、ぜひ積極的に活用してください。

1 UV Mapノードを追加

UV Mapノードを追加して、「Mask」を指定します。

1 2 3 4 5 6 7 8 9 10 11 12

2 Separate XYZ ノード、Color Ramp ノードを追加

Separate XYZ を追加します。さらに、Color Ramp を追加して、Interpolation を「Constant」に変更します。

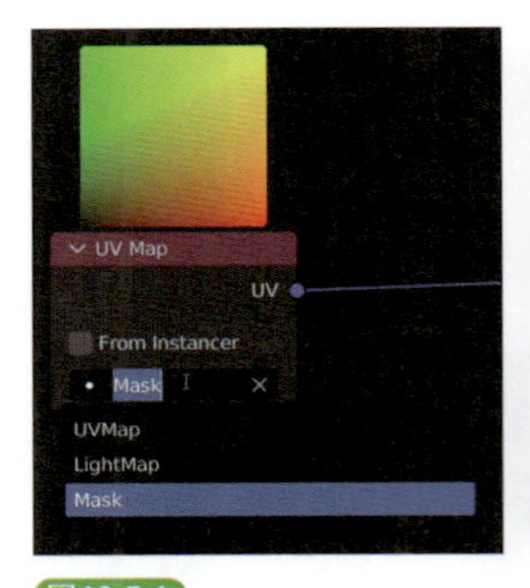

図10-5-1 UV Mapノードを追加して、Maskを指定

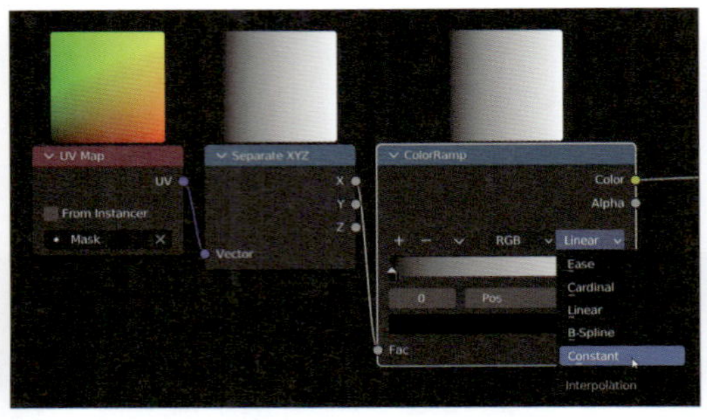

図10-5-2 Separate XYZノード、Color Rampノードを追加

図10-5-3 Interpolationを「Constant」に変更

3 色の指定

Color Stop（白）を選択し、Pos を「0.6666」の位置に移動して、「RGB=0,0,1」の青に変更します。

4 色の追加

Color Ramp ノードの左側にある「+」マークを押して、Color Stop を追加します。これは「0.3333」の位置に追加されていると思いますので、特に変更する必要はありません。「RGB=0,1,0」の緑に変更します。

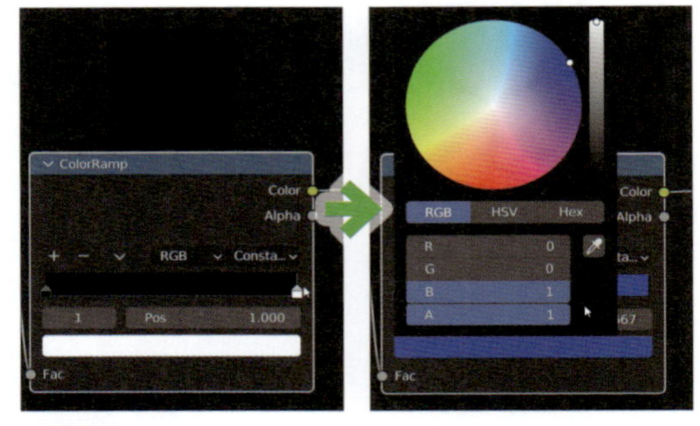

図10-5-4 色の指定

5 色の変更

左の Color Stop を選択して、これを「RGB=1,0,0」の赤に変更します。

図10-5-5 色の追加

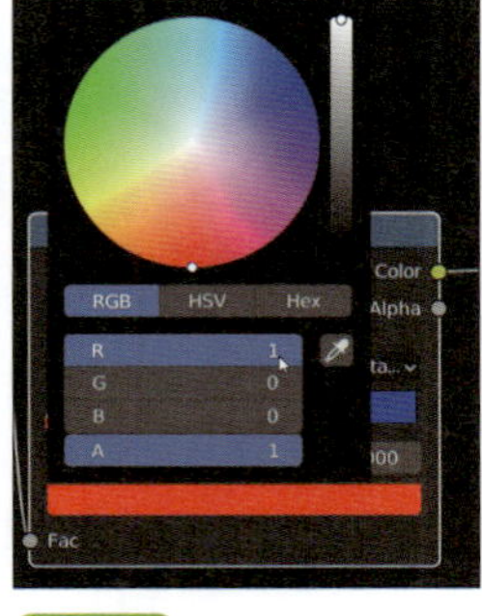

図10-5-6 色の変更

6 ノードを追加して、グループ化

Separate Color ノードを追加します。これらすべてのノードを選択して、「Ctrl」+「G」を押してグループ化します。

この時、Separate Color ではなく Color Ramp のプレビューを表示しています。グループ化した際に、選択されていないノードがアウトプット側（もしくはインプット側）に接続されたワイヤーが存在する場合、グループノードのアウトプットソケット（もしくはインプットソケット）が自動で作成されます。

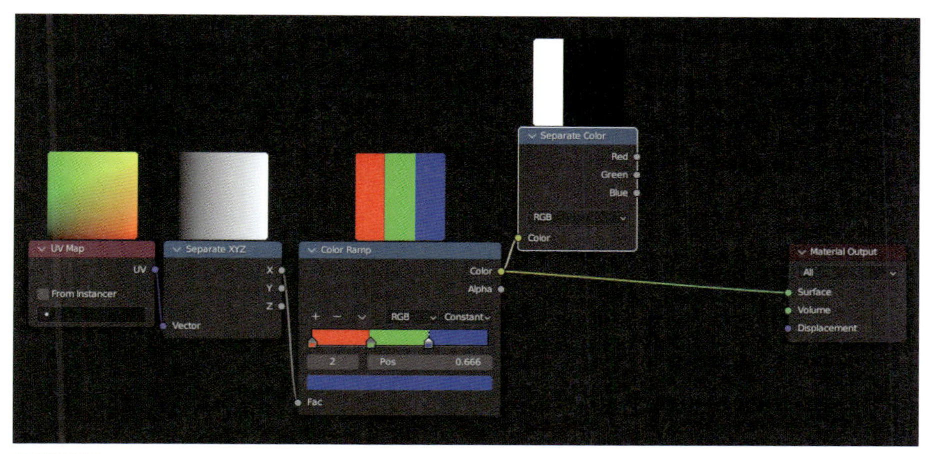

図10-5-7 ノードを追加して、グループ化

7 接続の設定

グループ編集モードでSeparate Colorの「Red」から、Group Outputに接続します。続いて、「Green」と「Blue」も同様にGroup Outputに接続します。

ノードグループ名を「RGBMask」に変更します。以上で、RGBマスクの作成は完了です。

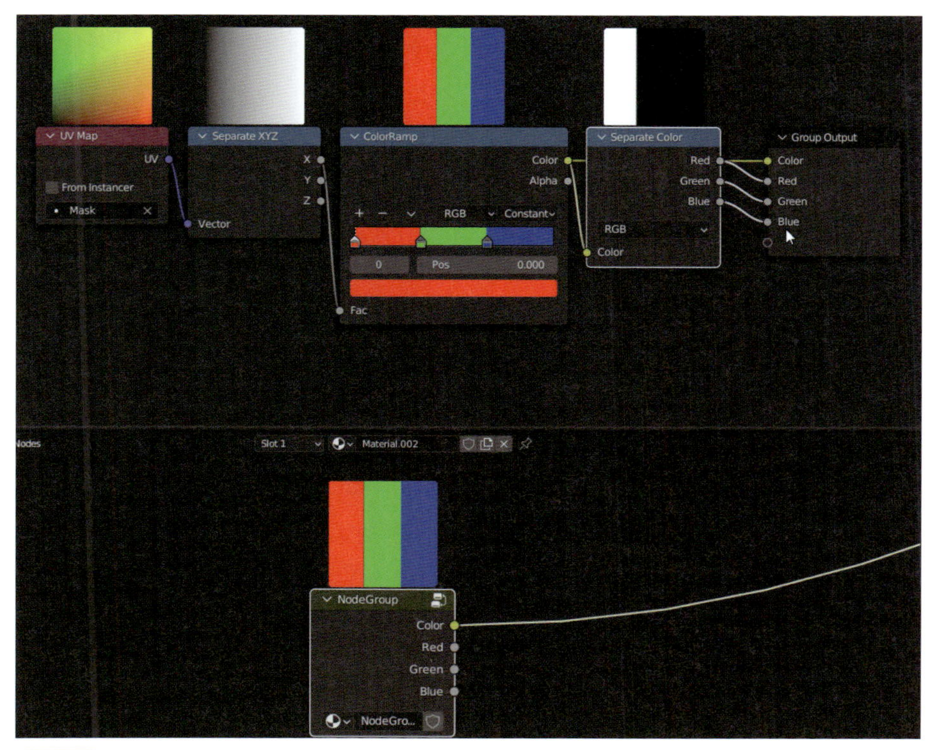

図10-5-8 さらに簡潔なRGBマスクの完成

10-6 RGBマスクの活用方法

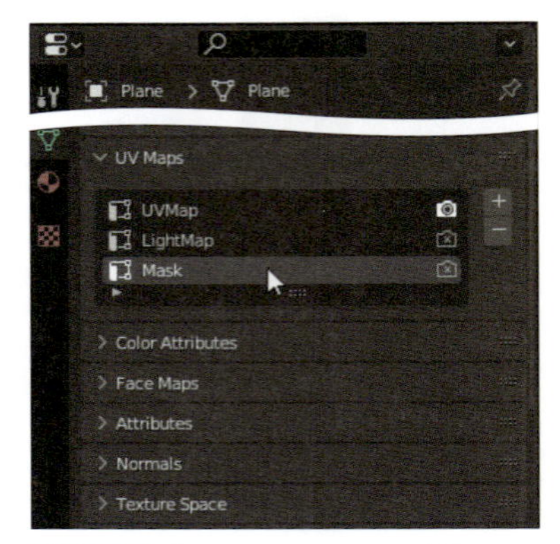

図10-6-1 プロパティのUVMapsの確認

RGBマスクの実際の活用方法を見てみましょう。

まずは、Propertysパネルの Object Data Propertysタブを開いて、UVMapsで「Mask」が選択されていることを確認してください。

作成中のオブジェクトが複数の要素に分かれている場合、そのUVアイランドやメッシュ毎にそれぞれ「R」「G」「B」の位置に配置することで素材を分けることができます。今回はSuzanneオブジェクトで、顔、耳、目のパーツでそれぞれの位置に移動しました。

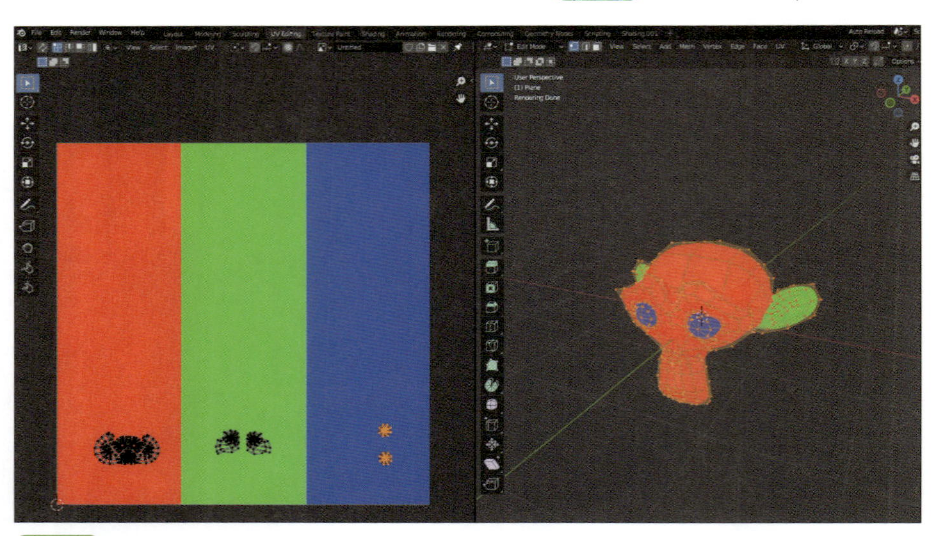
図10-6-2 オブジェクトのパーツを「R」「G」「B」に移動

さらに、これを画像にベイクします。Object Data Propertysで「UVMap」(特に変更していなければ一番上のチャンネル)を選択してください。Render Propertysのタブを開き、Bake Typeを「Emit」に変更してください。「Bake」ボタンを押すと、ベイクが始まります。

このように1枚の画像にすることで、Unityなどの外部ソフトでも活用しやすくなります。この便利なところは、UVの「Mask」チャンネルでのレイアウトを移動しない限りは、「UVMap」チャンネルのレイアウトを変えても再度Bakeすればマスクの色は変わらず使用できます。

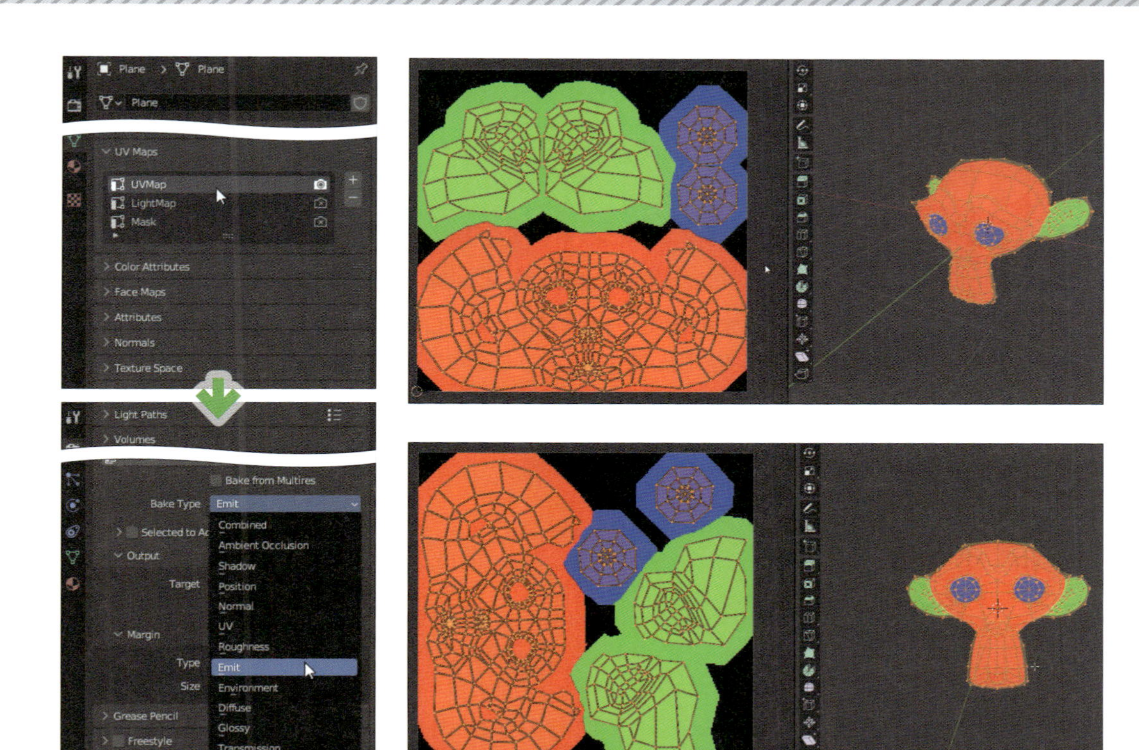

図10-6-3 ベイクの設定

図10-6-4 色別にUVマップに書き出される

次の11章の「11-4節」で簡単な活用法を紹介しますが、同様の手法で「Ambient Occlusion（O）」「Roughness（R）」「Metallic（M）」をまとめる方法もあります。この手法は、ORM=RGBという順番で要素を組み合わせることから「ORM法」と呼ばれています。

CHAPTER 11

実用的でシンプルなマテリアルの作成

ここまでの章で、さまざまなノードを使用したプロシージャルなアプローチによるマテリアル作成方法について解説してきました。この章では、実用的でシンプルなマテリアル作成方法を紹介します

11-1 ほかのソフトとの連携

RGB マスクは、Substance 3D Painter などの外部ツールでレイヤーマスクとして活用することも、非常に有効な手法です。ノードを使ったプロシージャルな手法とマスクを組み合わせた柔軟で効率的なアプローチが可能になります。

また、Unity などの外部ソフトで使用する場合は、外部ソフト内でシェーダーの組み直しは必要ですが、Unity Shader Graph は比較的 Blender のノードと共通点も多く、応用して使用できる技術です。ぜひ実践してみてください。

11-2 椅子のマテリアルの作成

ここでは、椅子のモデルを例にマテリアルを作成してみましょう。鉄、布、樹脂など数種類の複合的な材質を持つオブジェクトであれば、どのようなオブジェクトでも構いませんので、お手持ちの 3D モデルをご利用ください。

1 RGB Mask の作成

RGB マスクを作成します。前章で作成したノードを使用しても構いませんし、Substance や Blender の Paint Mode で制作しても構いません。お好みの手法をご利用ください。

2 Separate Color ノードを追加

これを要素別にマスクとして使用したいので、Separate Color を追加します。次ページの図 11-2-2 の左下のミニウィンドウは、同じ Material を適用した Plane オブジェクトを追加して上面図を投影しています。

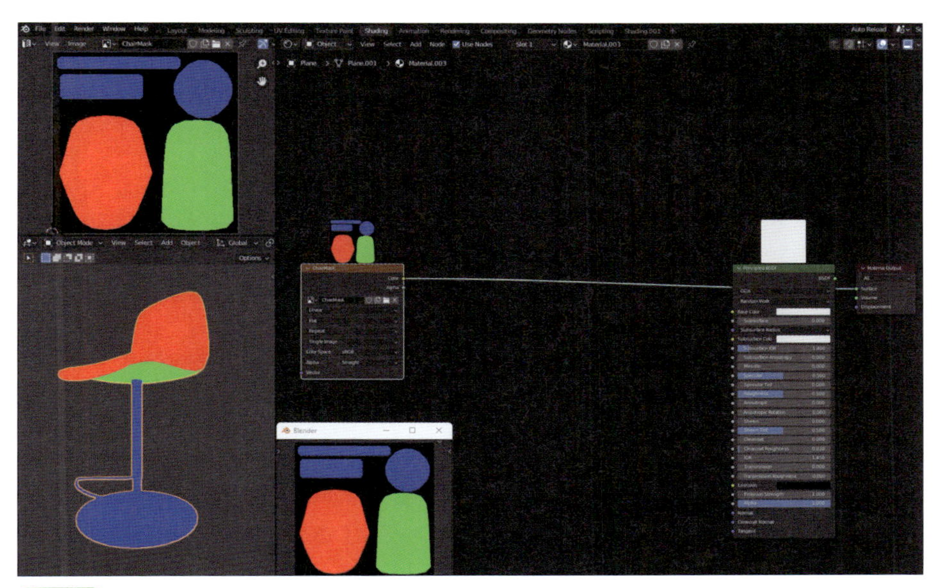

図11-2-1 椅子のモデルとRGBマスク

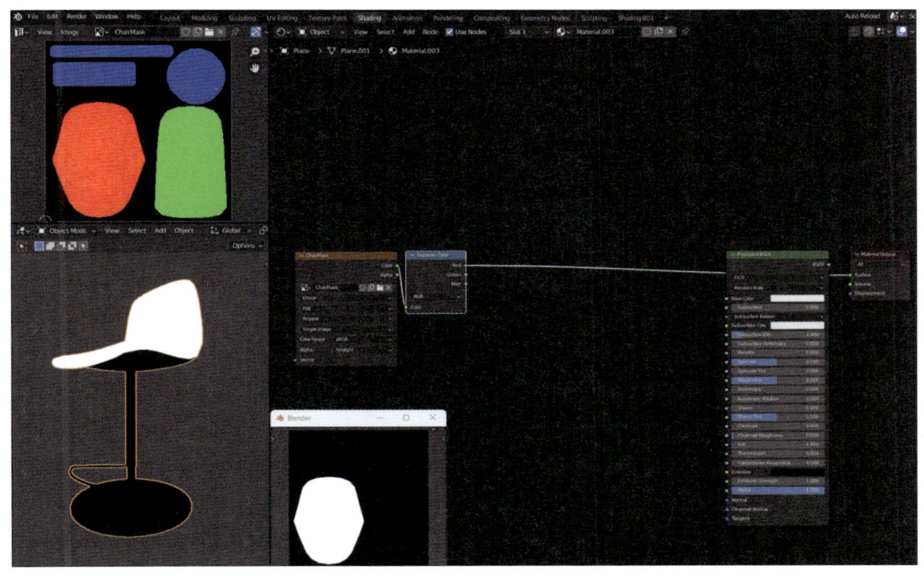

図11-2-2 Separate Colorノードを追加

3 Mix Color ノードを追加①

要素別に色を設定できるようにします。Mix Color ノードを追加して、Separate Color の「Red」と Mix Color の「Fac」を接続します。A を「HSV=0,0,0」の黒にします。B はお好きな色に設定してください。

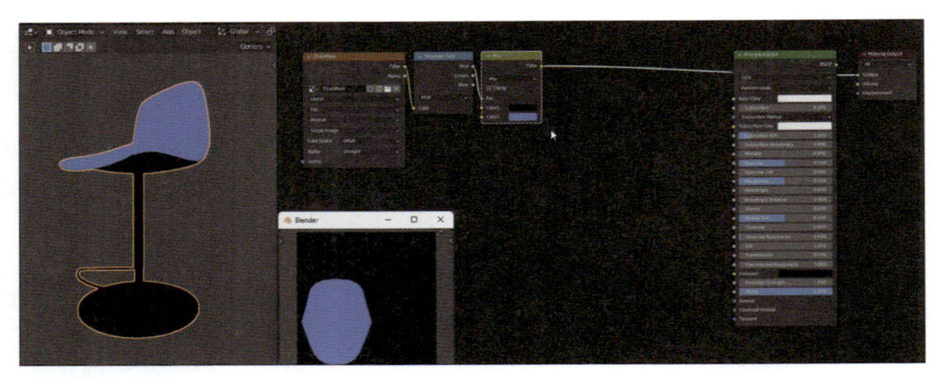

図11-2-3 Mix Colorノードを追加①

4 Mix Color ノードを追加②

さらに Mix Color を追加して、前述の Mix Color と「A」を接続します。Separate Color の「Green」と Mix Color の「Fac」を接続します。B はお好きな色に設定してください。

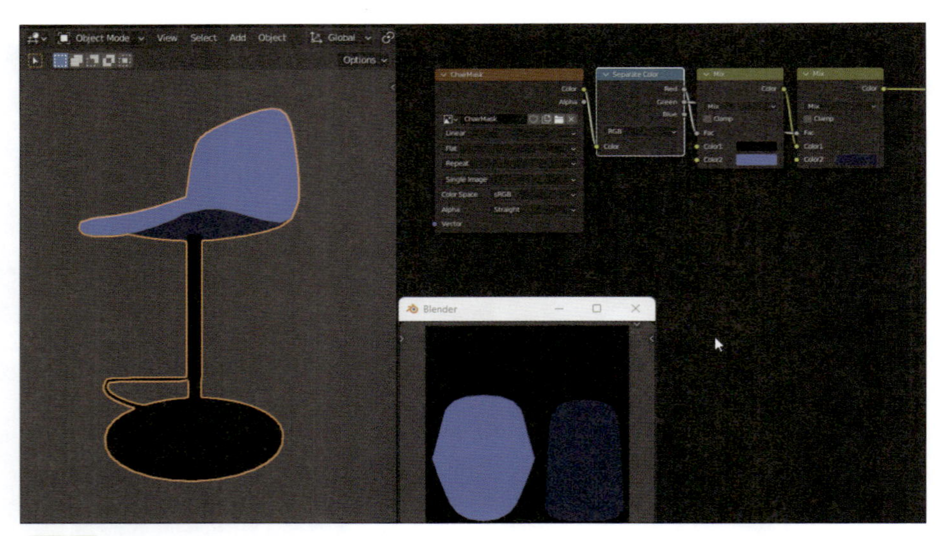

図11-2-4 Mix Colorノードを追加②

5 Mix Color ノードを追加③

もう１つ Mix Color を追加して、前述の Mix Color と「A」を接続します。Separate Color の「Blue」と Mix Color の「Fac」を接続します。B はお好きな色に設定してください。

この Mix Color の「Result」を Principled BSDF の「Base Color」に接続します。

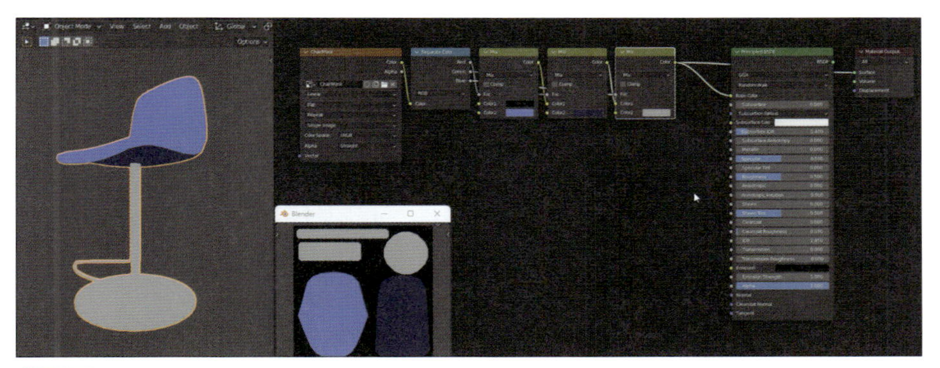

図11-2-5 Mix Colorノードを追加③

6 Metallic の設定

今回の作成例では、RGB マスクの中で Blue の部分を鉄の素材として扱っています。Separate Color ノードの Blue 出力を直接 Principled BSDF ノードの「Metallic」に接続することができます。この接続により、Blue の部分が鉄の質感を持つようになります。

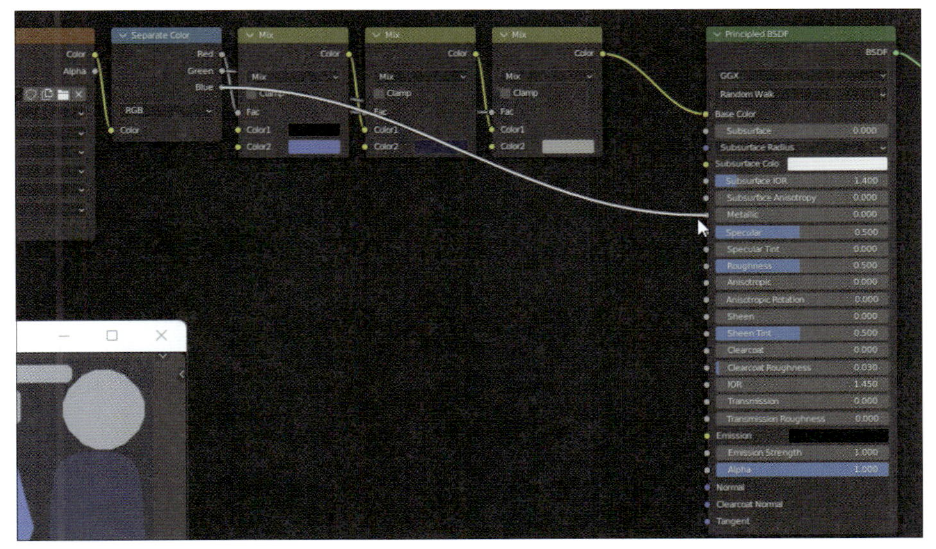

図11-2-6 Metallicの設定

7 Roughness の設定

Map Range ノードを追加します。Separate Color の「Blue」と Map Range の「Value」を接続します。Map Range の「Result」と Principled BSDF の「Roughness」に接続します。

今回は、「To Min/Max」のみを使用し「From Min/Max」は使用しません。「To Min」は黒い部分（今回の場合は座面部）に影響します。「To Max」は白い部分（今回の場合は鉄部分）に影響します。

このように接続することで、マスクの要素別に Roughness を調整することができます。

各数値はお好みで調整してください。画面では Tom Min を「0.3」、To Max を「0.13」に設定しています。

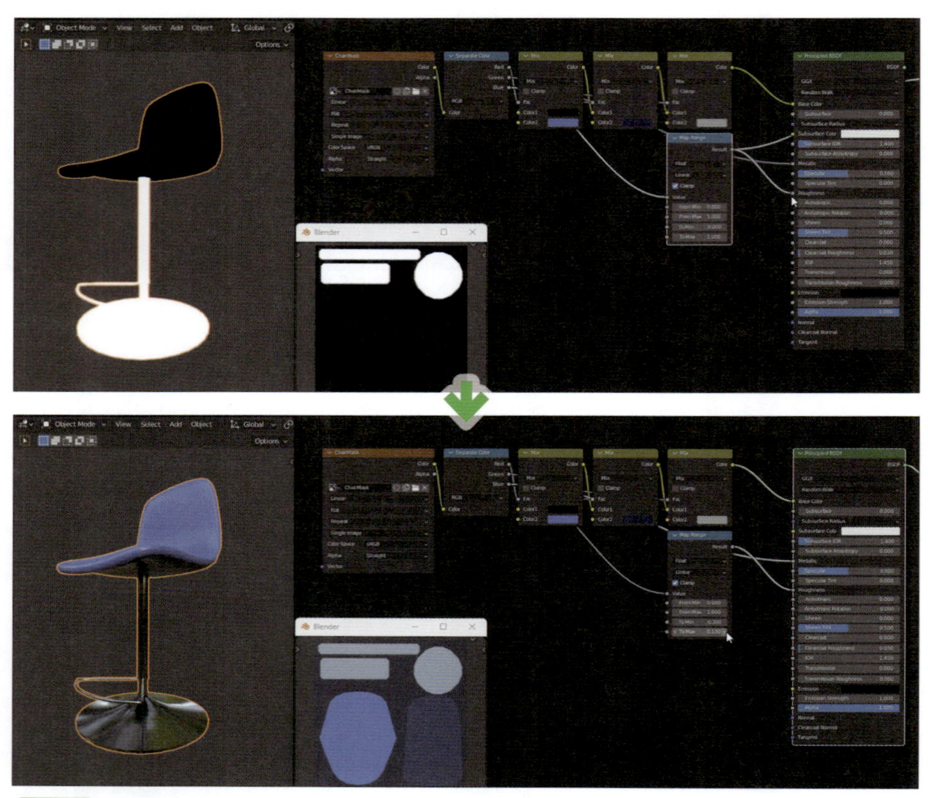

図11-2-7 Roughnessの設定

このように、RGB それぞれの要素を 1 枚の画像にまとめ、マテリアルを 1 つにすることで、ファイルサイズを抑えます。具体的には、メモリ使用量やビルド時間やドローコールが削減されます。また、マテリアル管理やアセット管理が簡素化されることで、ヒューマンエラーも抑えられます。

11-3 ランプのマテリアルの作成

照明器具など、一部光るパーツを持つオブジェクトもあります。作例の卓上ランプでは RGB Mask を使用して、電球部分のマスクを Separate Color で出力して「Emission」に繋いで部分的に光るマテリアルを作成することも可能です。

また、ここに Mix Color ノードを追加することで、電球部分の色を変更することもできます。

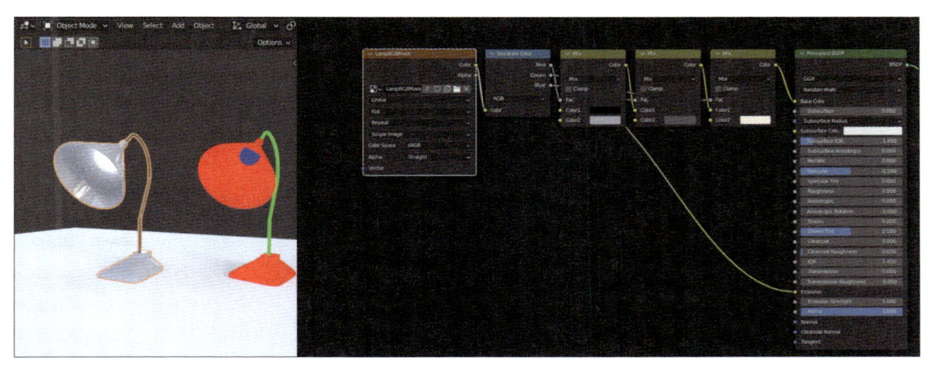

図11-3-1 Separate Colorの「Blue」を「Emission」を接続

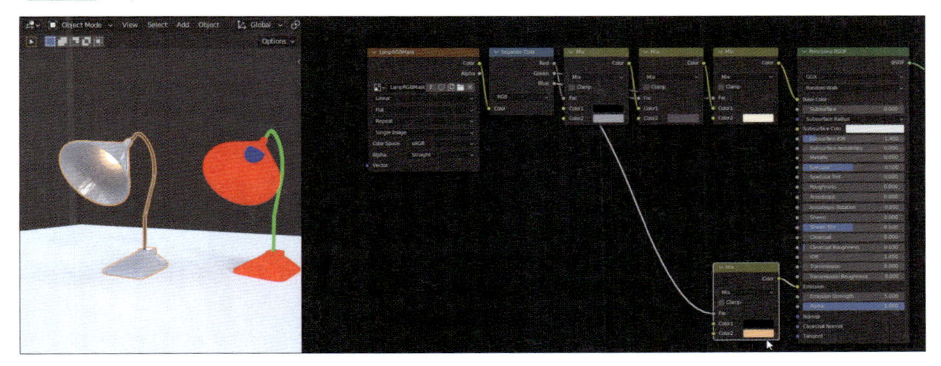

図11-3-2 Mix Colorノードを追加

11-4 ソファのマテリアルの作成

RGB Mask は UV アイランドやメッシュに依存する必要はありません。テクスチャペイントなどで自由に色を分けて使用することも可能です。画像のソファでは縦方向のポリゴンはあまり分割を入れていませんが、テクスチャで塗り分けることによって要素を区別しています。

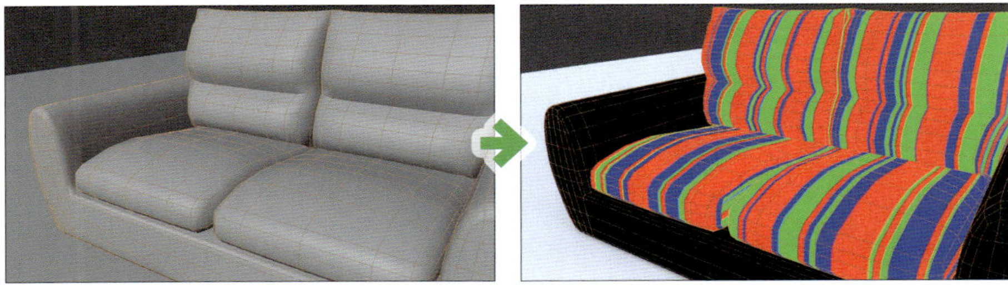

図11-4-1 ソファのモデルとテクスチャの塗り分け

図 11-4-2 は、左から「Ambient Occlusion（AO）」「Roughness」「Metallic」の順になっています。この 3 つは、それぞれの要素を Combine Color に接続してベイクすることで、1 枚のテクスチャにまとめています。

以下の図は、上が 1 枚のテクスチャにまとめたもので、下が Separate Color で分けた状態です。

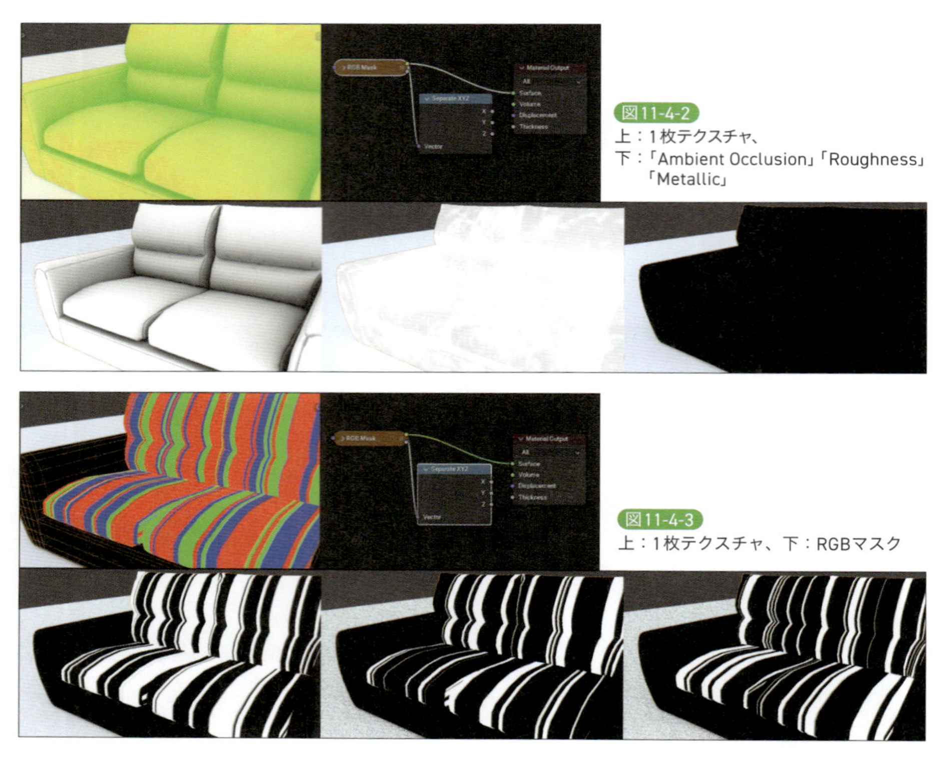

図11-4-2
上：1枚テクスチャ、
下：「Ambient Occlusion」「Roughness」「Metallic」

図11-4-3
上：1枚テクスチャ、下：RGBマスク

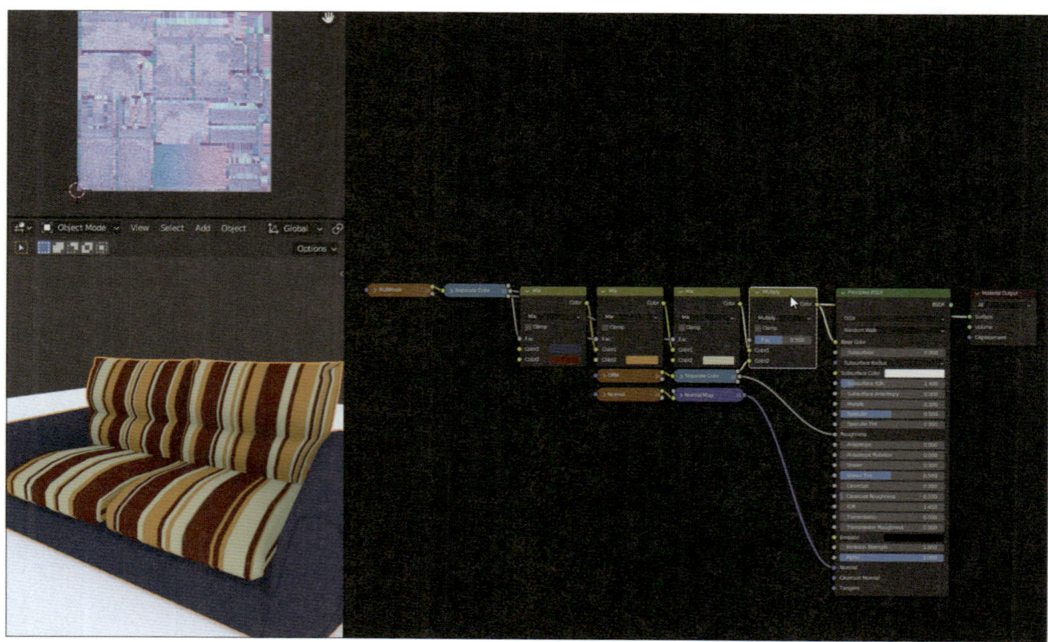

図11-4-4 Ambient OcclusionとMix Colorの調整結果

図 11-4-4 は AO、Roughness、Metallic を Separate Color で分離し、前節で解説した RGB マスク +MixColor の手法に MixColor（Multiply）で AO を合成した結果になります。さらに、Normal Map や Roughness を Principled BSDF に接続した結果が次ページの図 11-4-5 です。

こちらの模様の基本的な作成方法は、これまで解説したプロシージャルマテリアルです。

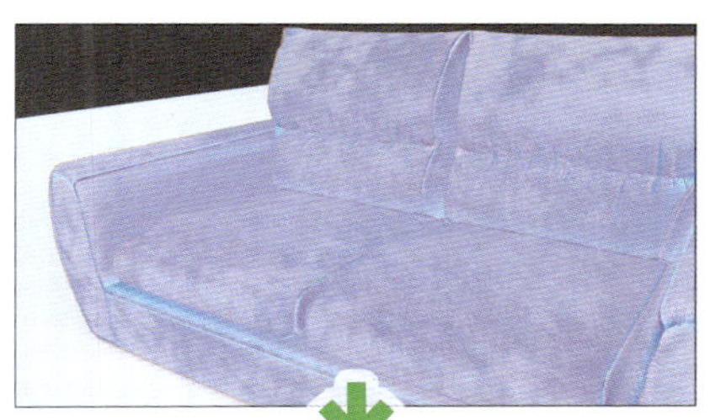

図11-4-5 さらにNormal MapやRoughnessを接続した結果

プロシージャル編

CHAPTER 12

テクスチャスキャッタリングの作成

ここで紹介するのは1枚の画像テクスチャから、位置や角度、大きさをランダムに変えながら配置する方法です。このテクニックにより、自然でバラエティ豊かなタイルを動的な変化を確認しつつ、追加することができます。

この方法は細かいディテールを表現するために効果的で、葉っぱや石、レンガなどのテクスチャに対して単調さを避けつつ、リピートして敷き詰めたいときに非常に便利です。

12-1 Vectorの作成

完成例を先に示しておきます。スキャッタリングするにあたって、全体が緑の葉っぱではふちが見えにくいため、ここでは黒いふちを作った画像を用意しました。

最初にVectorノードでパターンを作成します。

図12-1-1 葉っぱテクスチャの完成例

1 新規マテリアルを作成し、UV MapノードとMappingノードを追加

Planeを追加して新規マテリアルを作成します。今回「Principled BSDF」は必要ないので削除しました。UV MapノードとMappingノードを追加します。ノードのプレビューは「Ctrl」+「Shift」+ノードをクリックで行えます。

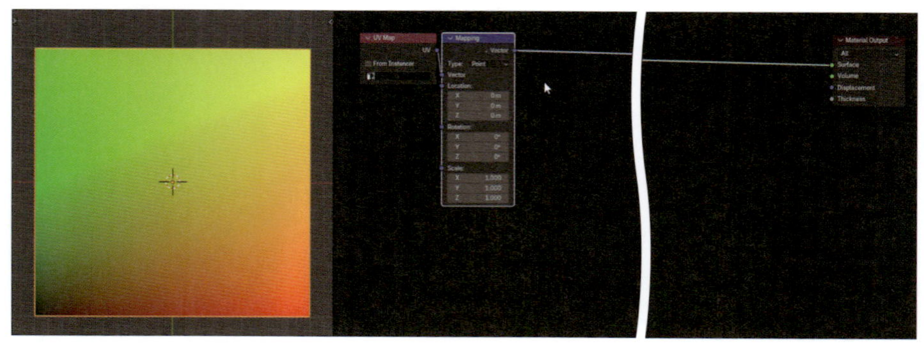

図12-1-2 UV MapノードとMappingノードを追加

2 Voronoi Texture ノードを追加して接続と設定

Voronoi Texture ノードを追加して、Mapping ノードの「Vector」と接続します。Voronoi Texture ノードの一番上にある「3D」と書かれたプルダウンメニューを「2D」に変更します。

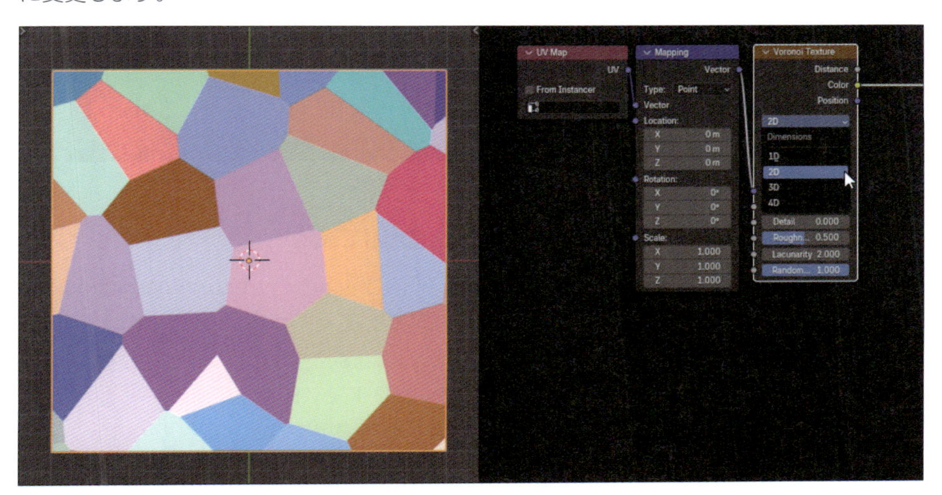

図12-1-3 Voronoi Textureノードの追加と設定

3 Subtract ノードを追加

Mapping のアウトプットからワイヤーを伸ばして、何も繋がずにドラッグ&ドロップを離します。検索窓で Subtract と入力し、「Vector Math → Subtract」を選択して追加します。

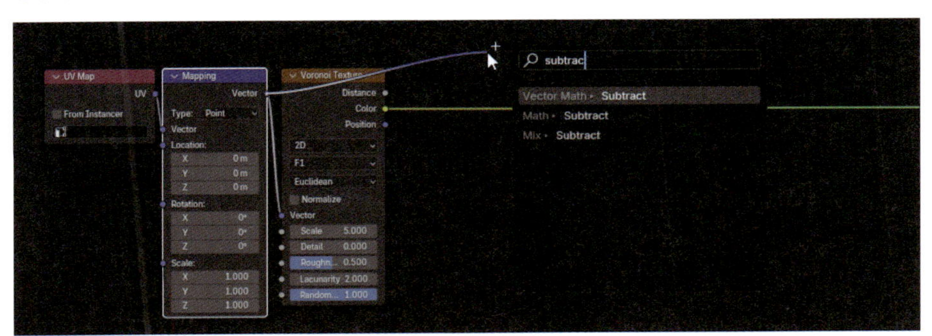

図12-1-4 Subtractノードを追加

4 ランダムなタイルを設定

Voronoi Texture の Position アウトプットから、追加した「Vector Math (Subtract)」の下の Vector インプットに接続します。

UV 座標から Voronoi Texture の Position を引くことで、Voronoi のセルパターンをベースとして Vector 位置がオフセットされ、ランダムなタイルを作り出せます。また、トポロジーに依存しないテクスチャ生成や、模様の動きを伴うアニメーションにも利用できます。

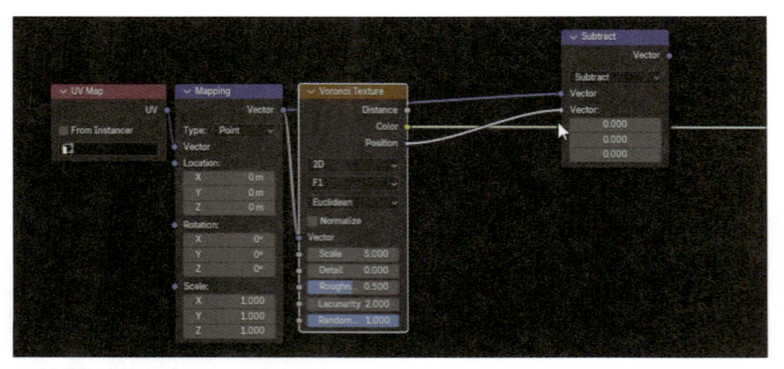

図12-1-5 Voronoi Textureでランダムなパターンを生成

5 Vector Math（Multiply）を追加して設定

「Vector Math（Subtract）」のアウトプットからVector Mathを追加して「Multiply」に変更し、下のVectorを「10」に変更してください。

Voronoi TextureのScaleが「5.0」に設定されており、UV座標からこのVoronoiのPositionを引くことで、セルパターンの1マスあたりのスケールがおよそ「0.2」（1/5）になります。この状態で画像テクスチャを適用すると、各セル内のテクスチャが極端に拡大されてしまいます。そのため、まずこのスケールを「1.0」に近づけるために、5倍にする必要があります。

しかし、今回はさらにセルを小さくしたいという意図があるため、10倍（=2倍の縮小）のスケールを設定しています。これにより、各セルの中で画像テクスチャが適切なサイズで描画されるように調整しています。

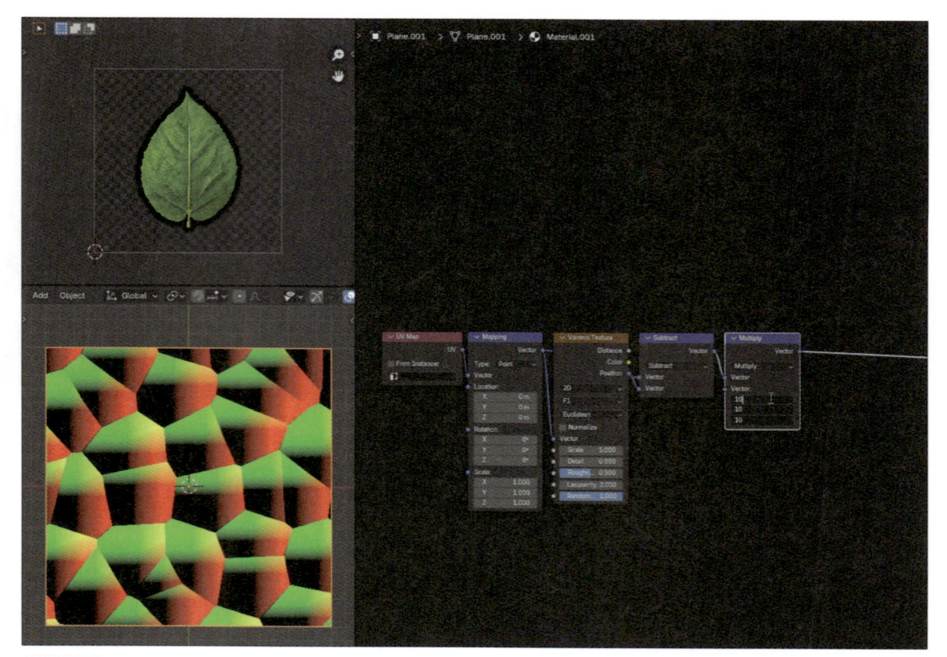

図12-1-6 Vector Math（Multiply）を追加して設定

6 Mapping ノードを追加

もう 1 つ Mapping ノードを追加します。ここでは特に変更せずに、追加するだけとします。ここまでで Vector の完成となります。

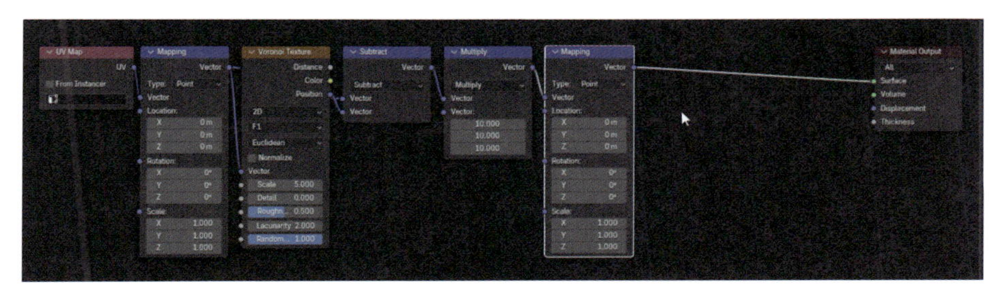

図12-1-7 Vector ノードの完成

12-2 画像のスキャッタリング

Mapping の Vector アウトプットに Image Texture ノードを追加して、Image Texture ノードの上から 4 番目の「Repeat」になっているプルダウンメニューを「Clip」に変更してください。

これにより、Vector が 2 倍以上のスケールになっても繰り返しされなくなります。なお、画面では Image Texture ノードの横幅が広くて見辛くなるので狭くしています。

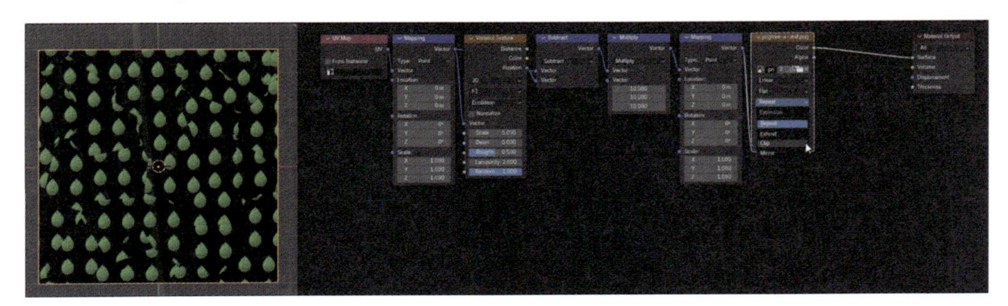

図12-2-1 画像のスキャッタリングの設定

12-3 グループ内コントローラーなどの作成

スキャッタリング画像を調整しやすくするためにコントローラーなどを作成していきます。

1 Mix Color ノードを追加して設定

Mix Color ノードを追加し、Factor を「0」に変更して、B のカラーを黒に変更します。

この時、試しに先ほどの手順⑥で作成した Mapping ノードの Scale や Rotation の数値を変更してみると、画像の中心位置を軸にしていないことがわかると思います。画像中心位置に修正するため、Location の X と Y を「0.5」にしてください。

X から下に向かってドラッグ＆ドロップすると、複数の値を同時に編集できます。また、「0.5」は「0」を入力する必要はなく、ここでも「.5」と入力しています。

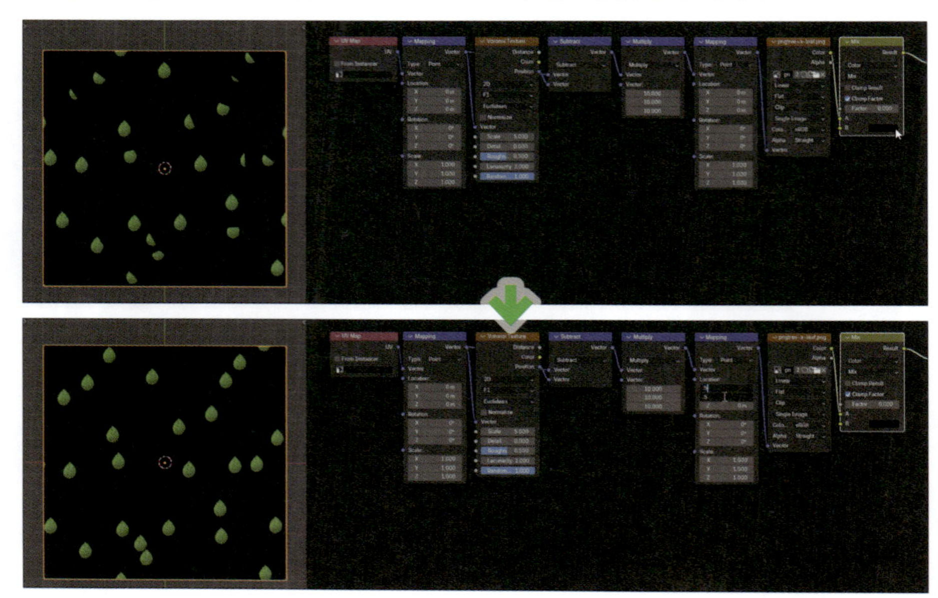

図12-3-1 Mix Colorノードを追加して設定

2 Math（Add）ノードを追加

Image Texture ノードの Alpha アウトプットからワイヤーをドラッグドロップして、「Math（Add）」を追加して、Value を「0」に変更します。

3 Math（Multiply）ノードを追加

Voronoi Texture の Color アウトプットから「Math（Multiply）」を追加します。この時、上のほうには Vector Math のほうが候補に出ているかと思いますが、今回は一次元的な数値しか扱わないので Math にしています。

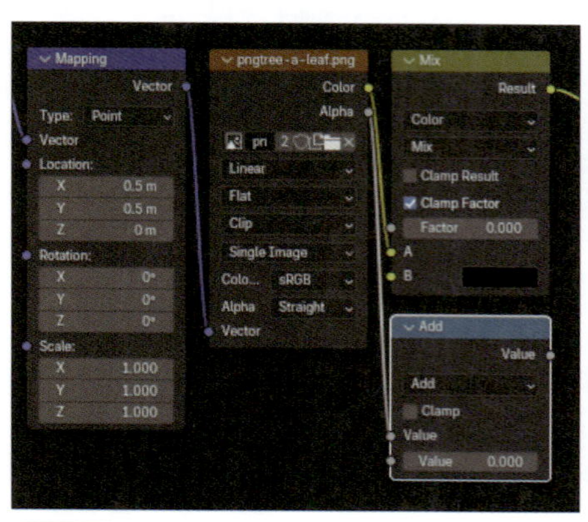

図12-3-2 Math（Add）ノードを追加

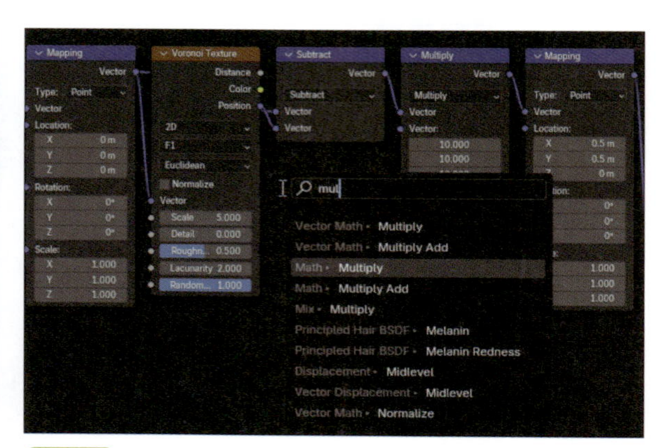

図12-3-3 Math（Multiply）ノードを追加

4 Cobine XYZ ノードを追加して接続

さらにCobine XYZノードを追加して、「Math（Multiply）」とCobine XYZの「Z」に接続し、Cobine XYZのVectorアウトプットとMappingの「Rotation」を接続します。

別の方法としてMathの代わりにVector Mathの下のVectorを使用して「X,Y,Z=0,0,1」にした場合は、まったく同じではありませんが、同様の結果が得られます。

この違いは、Mathに接続するとRGBカラーがBW（白黒）の一次元的な色に変換されるため、赤や緑がグレーになってからConbine XYZノードに接続してRGBに変換しているのに対し、Vector Mathの場合はRGBカラーのままで「X,Y（R,G）」を「0」にし、「Z（B）」のみが参照された計算結果となるためです。

この方法の場合、Cobine XYZノードが必要なくなるので、ノードの計算量が軽減され、見た目もすっきりします。

また別の場面では、人間がより感覚的に計算しやすくするためにMathを追加したり、視覚調整しやすくするためにColor Rampを追加したり、編集性を高めるためにノードを削減したりなど、ノード量を増減する方法はたくさんありますので、ぜひいろいろな方法を覚えて、状況に合わせて使い分けられるようにしましょう。

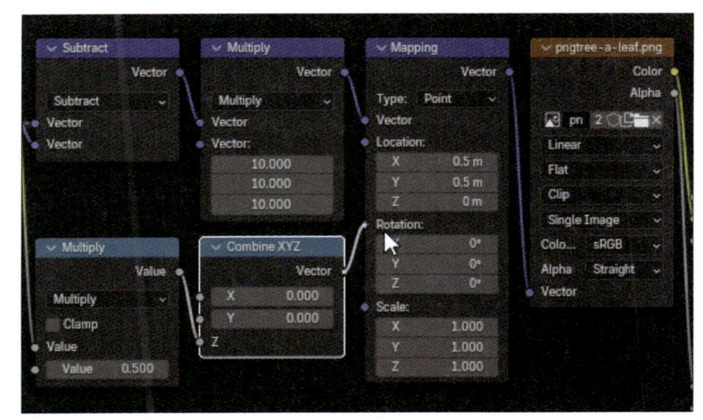

図12-3-4 Cobine XYZノードを追加して接続

12-4 ノードのグループ化

ここまででノード構成は完成したので、グループ化してわかりやすい見た目にしておきましょう。

1 ノードを選択してグループ化

Material Output以外のノードをすべて選択します。グループノードの内部と外部を同時に閲覧、編集できるようにウィンドウを上下に分割します。分割した上のノードエディター内で「Ctrl」+「G」を押して、グループ化します。

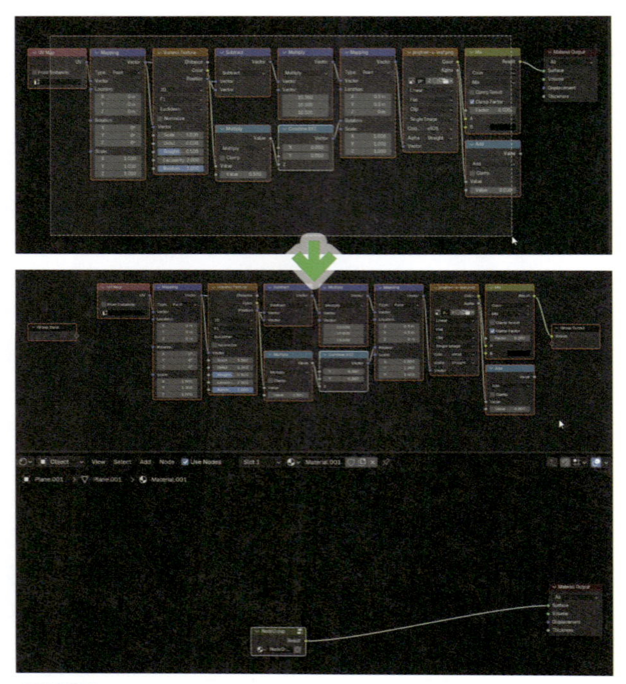

図12-4-1 ノードをグループ化

2 Group Input の接続①

Group Input のグレーになっているアウトプットから Mix Color ノードの「B」へ接続します。同様に、グレーになっているアウトプットから Mix Color ノードの「Factor」に接続します。

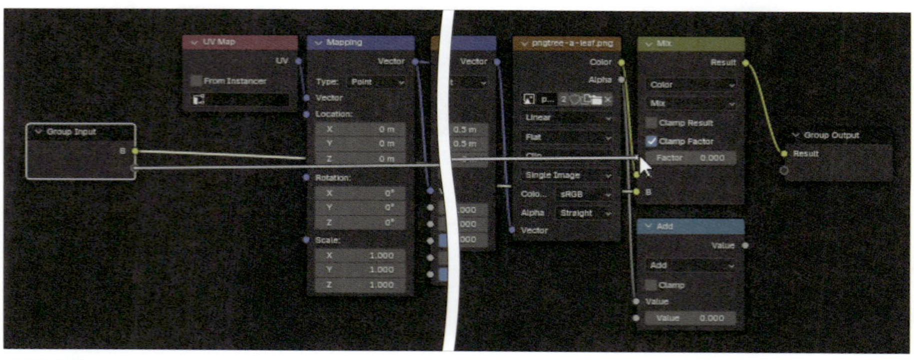

図12-4-2 Group Inputの接続①

3 Group Input の接続②

Group Input の Factor アウトプットから「Math (Add)」の下の Value に接続します。このように、同一のアウトプットから複数のノードに接続することで、計算結果やデータを再利用できて、無駄な処理を省きながら一貫性を保つことができます。

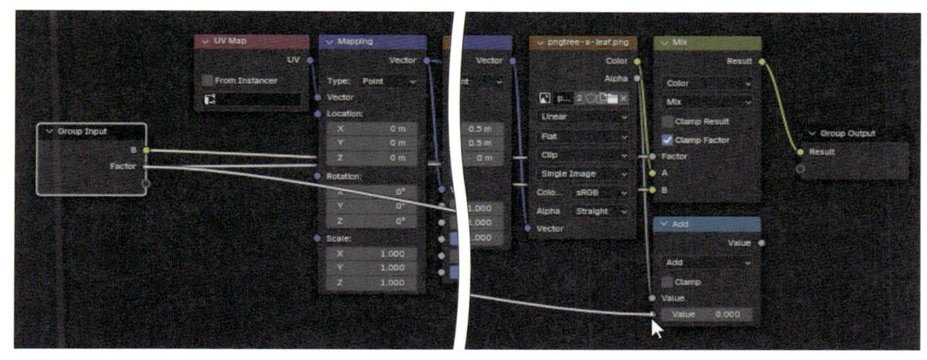

図12-4-3 Group Inputの接続②

4 Math（Add）ノードを追加して接続

「Math（Add）」を追加して、上の Value を「0」に、下の Value を「0.2」に変更してください。

Group Input のグレーになっているアウトプットから「Math（Add）」の上の Value に接続し、さらにいま追加された Group Input の Value アウトプットから Mapping の「Location」に接続してください。

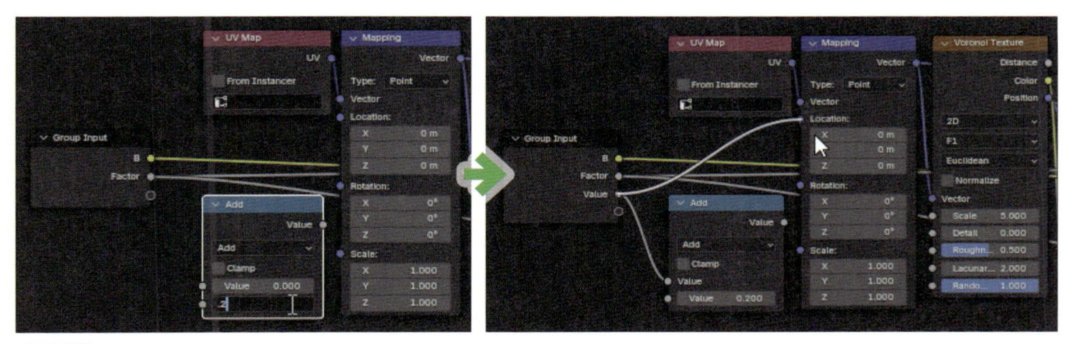

図12-4-4 Math（Add）ノードを追加して接続

5 Group Output のインプットの接続①

12-3 節の手順②で追加した「Math（Add）」から Group Output のグレーになっているインプットへ接続します。

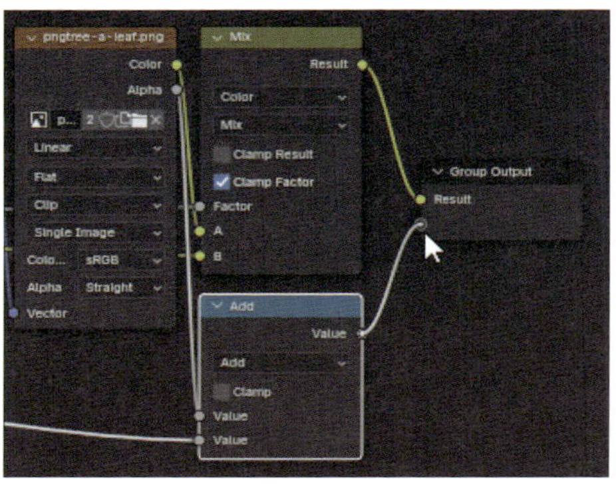

図12-4-5 Group Outputのインプットの接続①

6 Group Output のインプットの接続②

「12-4 ノードのグループ化」の手順④で追加した「Math（Add)」から Group Output のグレーになっているインプットへ接続します。

これにより、入力値「+0.2」が自動で計算されるようになるため、後で解説しますが、グループを複製してこのソケット同士を接続するだけで、「0.2+0.2+0.2...」と変移させる設計になります。

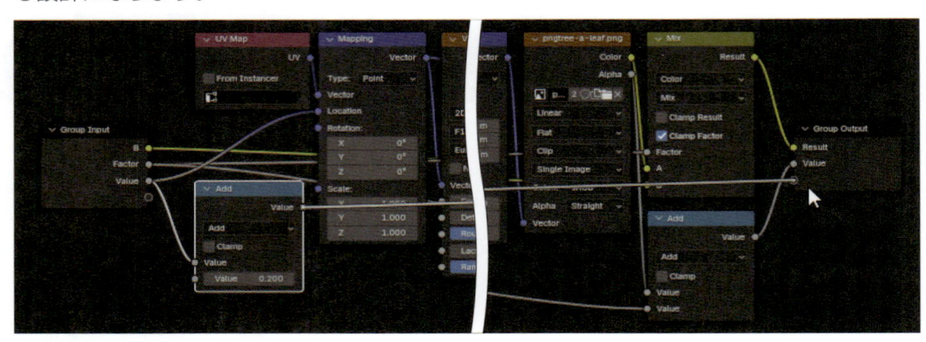

図12-4-6 Group Outputのインプットの接続②

7 グループノードのソケットの名称を変更

グループノードの各ソケットに名称を付けます。グループ内部を表示しているノードエディターの画面で「N」キーを押してプロパティシェルフを出して、Group タブで編集してます。

ソケット名はわかりやすい名前にしてもらえれば構いませんが、「必ずインプット側とアウトプット側の名称は同じ」になるようにしてください。右側に○が付いている項目がアウトプットのソケットで、左側に○が付いている項目がインプットのソケットになっています。

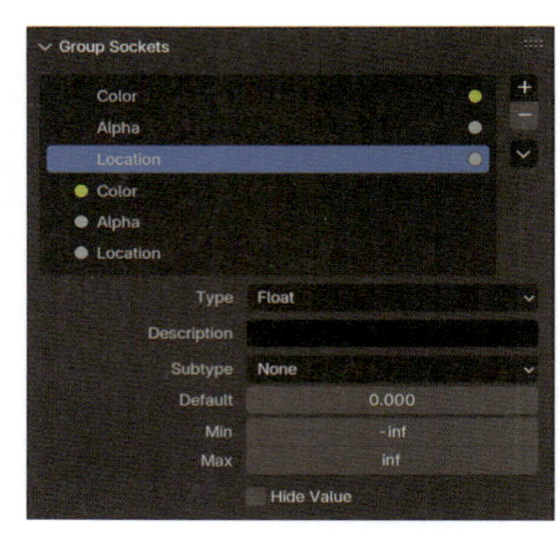

図12-4-7 グループノードのソケット名を変更

12-5 グループノードの合成

複数のグループノードを合成して、葉っぱに動きを付けていきます。

1 グループノードを複製して接続

グループノードを「Shift」+「D」で複製して、右側に移動して既存のリンク間に配置してノードを自動接続します。続いて、複製前ノードと複製後ノードの付近で「Alt」+右クリックでドラッグ＆ドロップすると、接続元と接続先のノードがそれぞれ赤く表示されて、マウスを離すと自動的に同一名のソケットが接続されます（アドオン「Node

Wrangler」を有効にしてください)。
これを 2 回繰り返して、すべてのソケットを接続します。

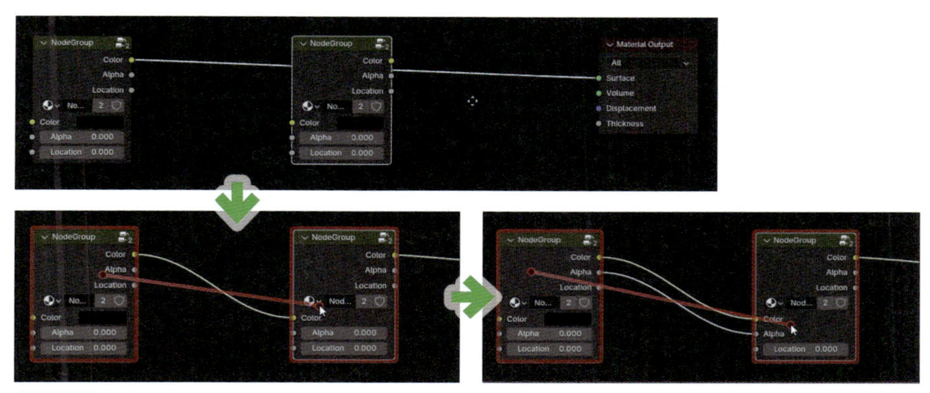

図12-5-1 グループノードを複製して接続

2 さらにノードを複製して接続

さらにノードを複製し、各ソケットを接続します。ちなみに2つのノードを選択して、「F」キーを押すと「ALT」＋ドラッグ＆ドロップの方法と同様に、同一名のソケットが自動で接続されます。

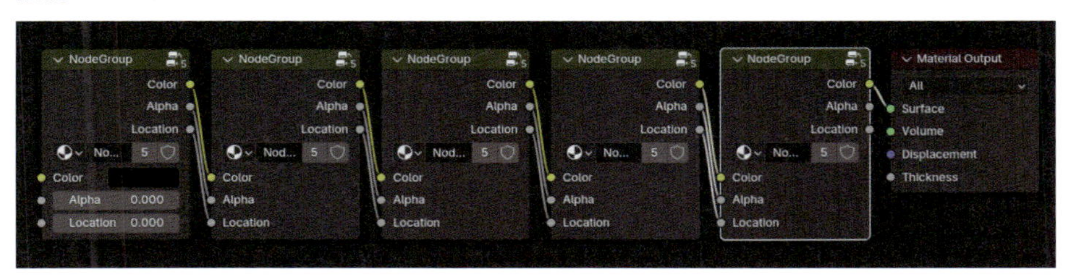

図12-5-2 5つのグループノードを接続

3 葉っぱの向きをランダム化

このままだと葉っぱの向きがほぼ同一なので、「12-3 グループ内コントローラーなどの作成」の手順③の「Math（Multiply）」の Value を「10」に変更します。この値が大きいほど、よりランダムに回転します。

4 葉っぱの大きさの変更

「Vector の作成」の手順⑥で追加した Mapping ノードの「Scale」で、葉っぱの大きさを変更することができます。

これでスキャッターノードの完成です。以降では、ランダム性を追加したり、さらに使いやすいノード構成にしてみます。

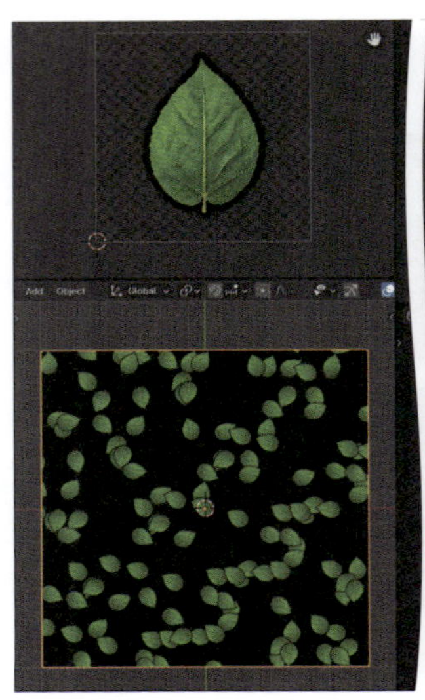

図12-5-3 葉っぱの向きをランダム化

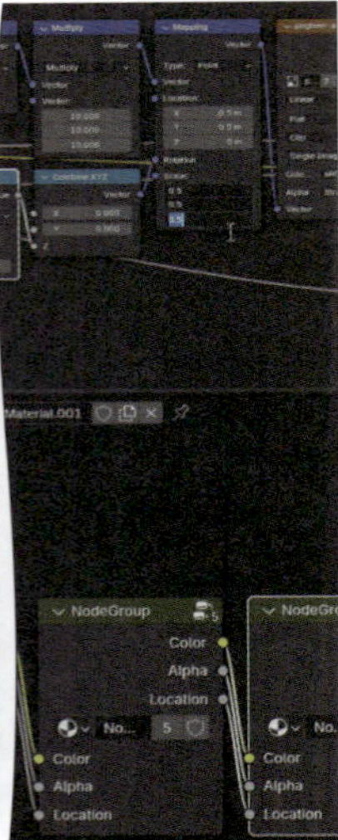

図12-5-4 葉っぱの大きさの変更

12-6 ランダム化による自然な配置

ここまででスキャッターノードはできていますが、よりランダムな配置やスケールになるようにしてみましょう。

▶ 位置のランダム化

Location の数値を変更して確認すると、現在は X と Y に対してそれぞれ「0.2」ずつ加算しているため、移動が斜め方向に固定され、結果としてランダム性に欠けます。

この問題を解消するために、Group Input の Location と「12-1 Vector の作成」の手順②で追加した Mapping ノードの Location の間に White Noise Texture ノードを追加します。これにより、「0.2」という固定値にランダム性を付与することができ、各セルの移動にバリエーションが生まれます。

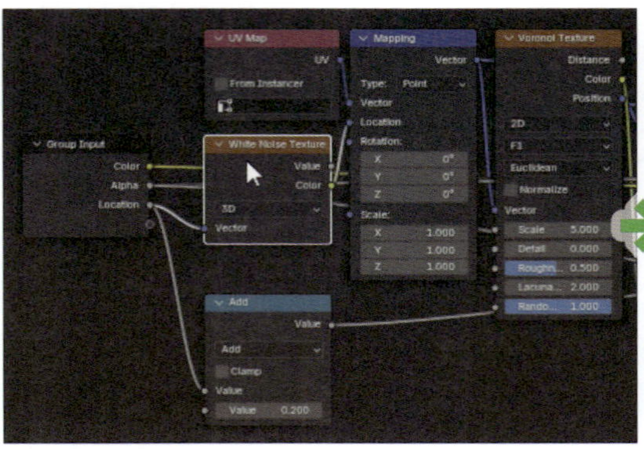

図12-6-1 位置のランダム化

▶ サイズのランダム化

サイズにもランダム性を付与したいので、Voronoi Texture の Color 出力から「Map Range(Float)」ノードを接続します。そのResult出力を、先ほどの手順④のMapping ノードの「Scale」に接続することで、各セルごとに異なるサイズのスケールを適用します。この Map Range ノードで色の値をスカラー化して目的の範囲にリマップしています。

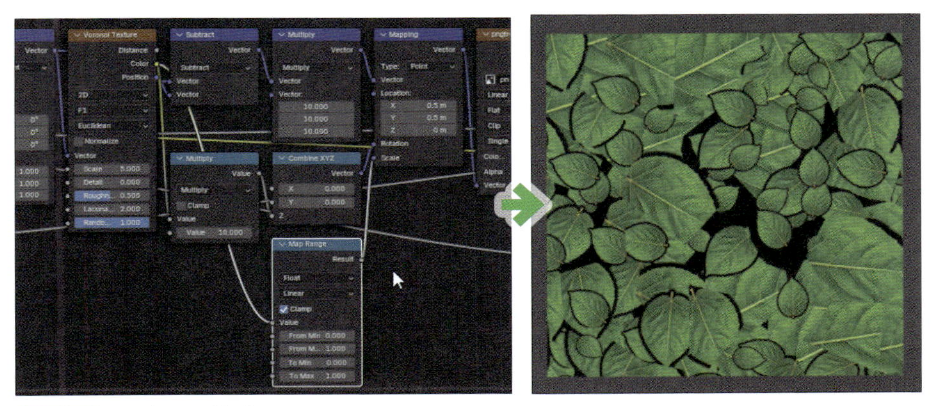

図12-6-2 サイズのランダム化

続けて、Group Input ノードのグレー表示になっているアウトプットから、Map Range ノードの「To Min」に接続します。これにより、グループノードの外部から数値を直接変更できるようになり、テクスチャの挙動をより柔軟にコントロールすることが可能になります。

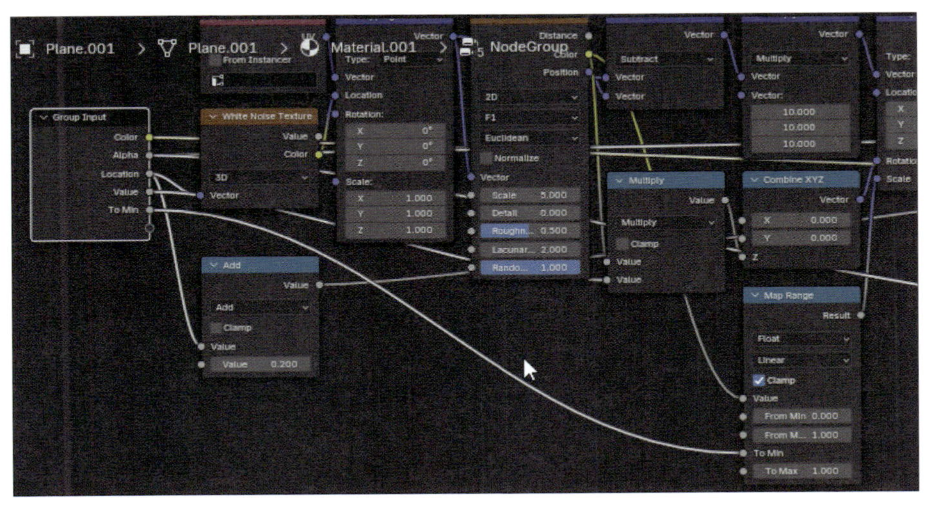

図12-6-3 外部からサイズの変更を可能にする

4 章「4-2 グループ作成」の「変数と定数を設定できる」でも解説していますが、グループノードの内や外から数値を変更するには、それぞれのメリットがありますので使用状況に合わせて適切に設定してください。

グループノードの外部から数値を変更する場合

柔軟な調整が可能です。外部から数値を変更できるため、ほかのシーンやオブジェクトで再利用しやすいです。また、使いやすいUIが作成できます。グループ化したノードに目的に合わせた名称や、カスタムスライダーを設定したコントローラーが表示されるので、調整が直感的になります。

グループノードの内部で数値を変更する場合

一貫した管理ができます。内部での調整なので、そのグループ内での処理が完結し、予期しない変更を防げます。また、安定性が高いです。外部からの誤操作がないため、一括変更がしやすいと言えます。

Group InputのTo Minアウトプットソケットから「Math（Add）」ノードを追加し、このMath（Add）ノードとMap Rangeノードの「To Max」を接続します。続けてGroup Inputのグレー表示になっているアウトプットから、Math（Add）ノードの下側の「Value」に接続します。

この構成により、グループノードの外部「To Min」の数値を変更するだけで、「To Max」も常にTo Minに「0.5」を加えた値に自動で変移するようになります。つまり、テクスチャのスケールは、「To Min+0.5」の範囲でランダムに変化します。

Math（Add）の値が「0」に近づくほどランダム性が低くなり、各セルのスケールがほぼ一定に近づきます。逆に、Math（Add）の値が大きくなるほどランダム性が高くなり、セルごとのスケールに大きなばらつきが生まれます。

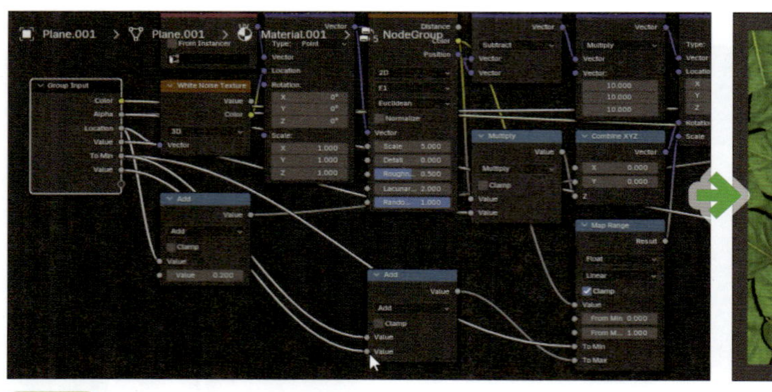

図12-6-4 「To Min」と「To Max」を連動させて、大きさにばらつきを出す

12-7 グループノード内での接続の工夫と効率化

今回は、少し変則的な接続を行います。まず、Group Inputノードのグレー表示になっているアウトプットから、Map Rangeノードの「From Max」に接続します。

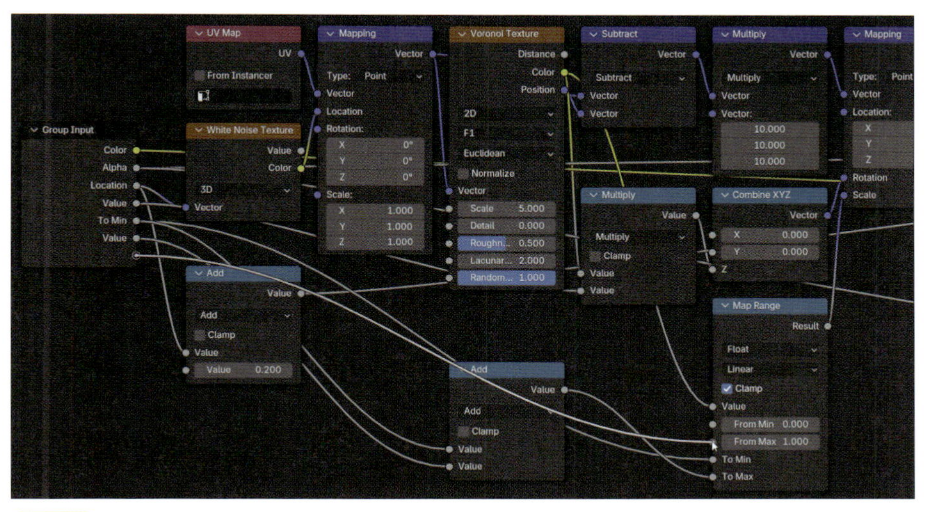

図12-7-1 Group InputとMap Rangeの接続

次に、この接続を一度切断し、左側のMappingノードの「Scale」に接続します。通常、Group Inputノードのアウトプットを直接MappingノードのScaleに接続すると、グループノードのコントローラーがVector形式になってしまいます。

しかし、今回はこの数値をVectorではなく、Float（一次元的な数値）として扱いたいので、プロパティシェルフから「Float」に変更する必要があります。ただし、変更後は初期値が「0」になるため、グループ外から「1」に設定したり、デフォルト値を変更する手間が増えてしまいます。

変則的に見えますが、接続先を変更することで、上記のような手間を省いて、より簡単に目的を達成できる手法を採用しました。

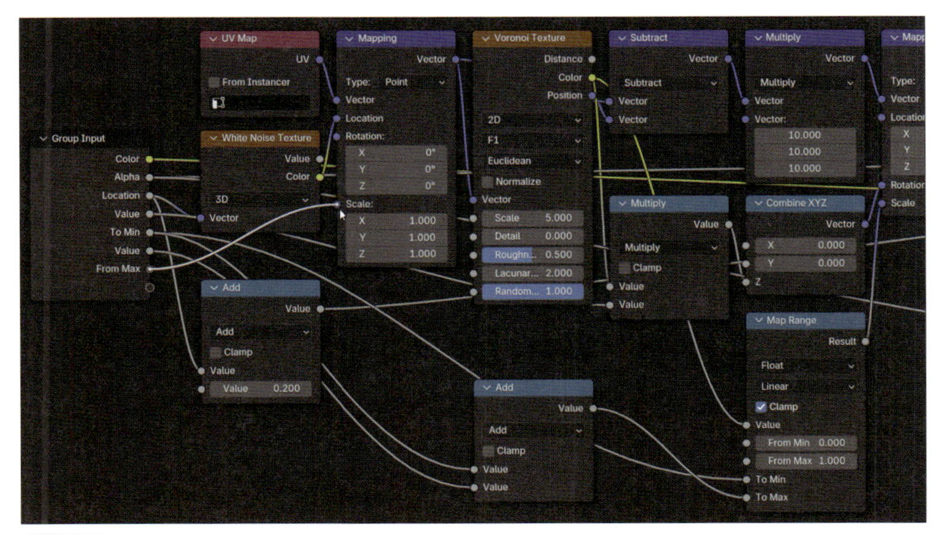

図12-7-2 接続を切断し、Mappingノードの「Scale」に接続

12-8 パラメータの名称変更

各インプットのソケット名は、以下のように設定しています。RandomScl（元Math（Add））のみ、Minを「0」にして、Maxを「10」に変更しています。これは0以下にすることはなく、Max値も大きすぎると描画できなくなるセルが発生しやすくなるためです。

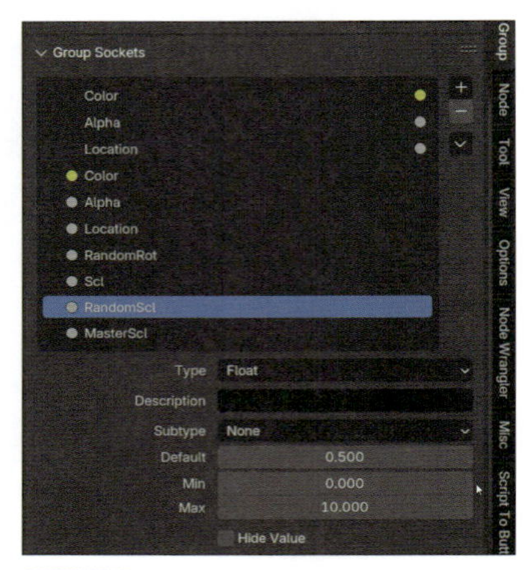

図12-8-1 パラメータの名称変更

12-9 ノード編集の完了と整理の手順

ノードの編集が完了しましたので、今後絶対に変更しない値については、手違いで編集しないように対策を行います。また視認性の向上のため、各ノードの整理を行います。

- 「Ctrl」＋「H」：使用していないソケットを非表示にし、見た目をシンプルに
- 「H」：ノードの縦幅を縮小し、コンパクトに整理

これにより不要な情報を隠し、視覚的にスッキリしたノード構造を維持できます。こうした整理は、誤操作を防ぎつつ、視認性を向上し、効率的な作業環境を作るためにも重要です。

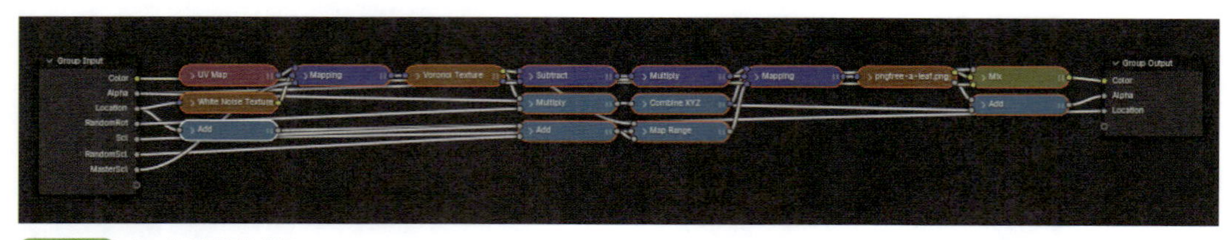

図12-9-1 ノードの整理を行う

▶ コントローラーの追加

さらにグループ化して、ソケットを変更しやすくしましょう。

1 外部コントローラーに Value ノードを追加

グループノードの外部コントローラー「RandomRot」インプットからマウスをドラッグ＆ドロップして Value を検索、追加します。「4.x」バージョンからこの方法で Value を接続すると、自動的にドラッグ＆ドロップしたノードのインプットの数値が自動で継承されるようになりました。

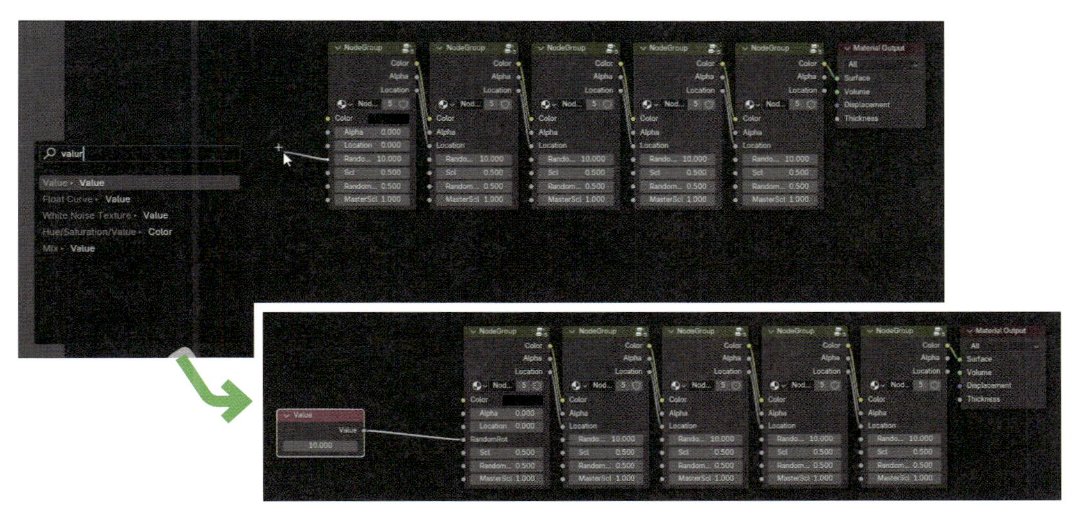

図12-9-2 外部コントローラーにValueを追加

2 ほかのグループノードもすべて接続

「Alt」＋左クリックのドラッグ＆ドロップで、ほかのグループノードのインプットにもすべて接続します。

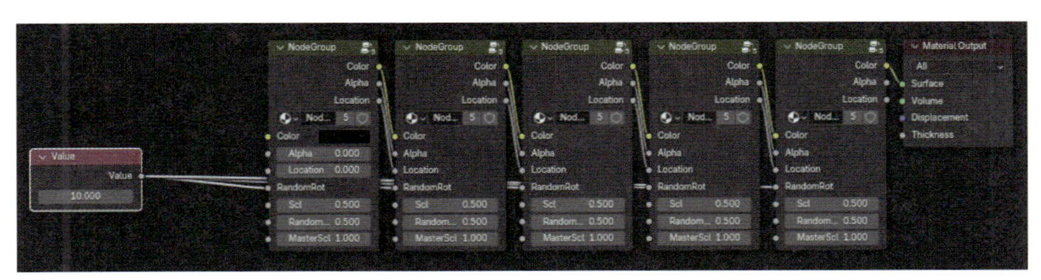

図12-9-3 ほかのグループノードもすべて接続

3 ほかのインプットも Value ノードを接続

ほかのインプットもすべて同様に Value ノードを接続してください。画面では解説の便宜上、Value ノードのラベルに各インプットの名称を付けていますが、特に必要ありません。

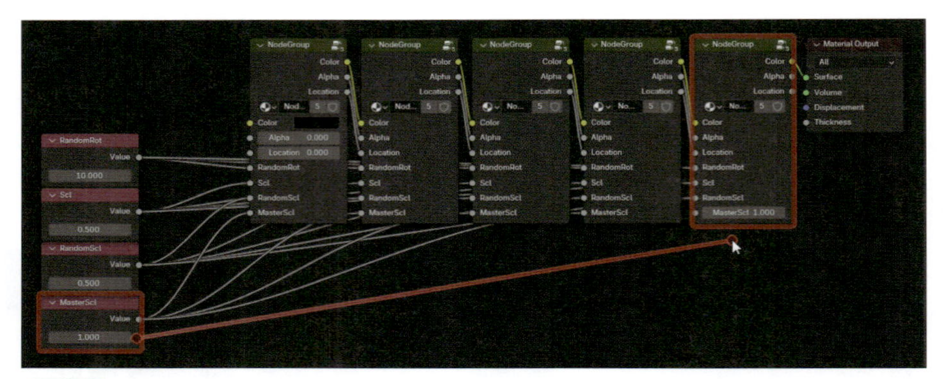

図12-9-4 すべてのインプットにValueノードを接続

▶ グループ化して完成

Value ノードを含めず、グループノードをすべて選択して、グループ化（「Ctrl」＋「G」）を行います。

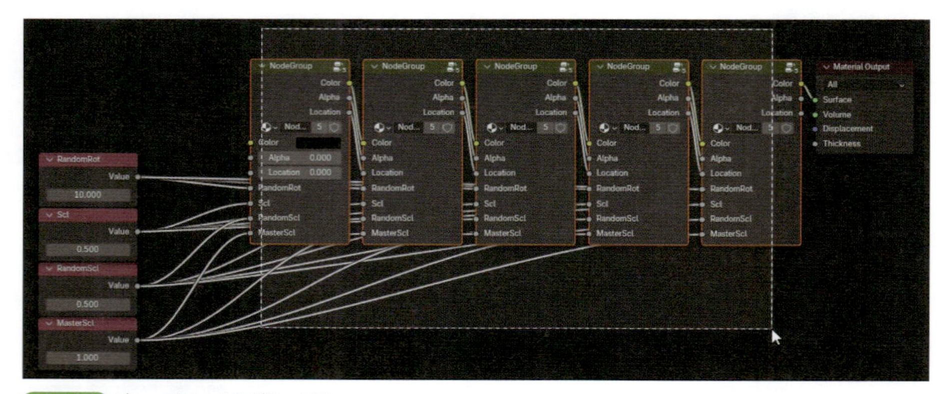

図12-9-5 グループノードをグループ化

この際、Value ノードが各グループノードに接続されているため、グループ化した際に接続されている Value ノード（インプット側に接続されたノード）の数だけインプットソケットが自動的に統合されます。これにより、複数のパラメータが一元管理され、グループ外からも簡単に操作できるようになります。

この手法を使うことで、シンプルなノード構造を維持しながら、グループ化後の調整もスムーズに進められるようになります。

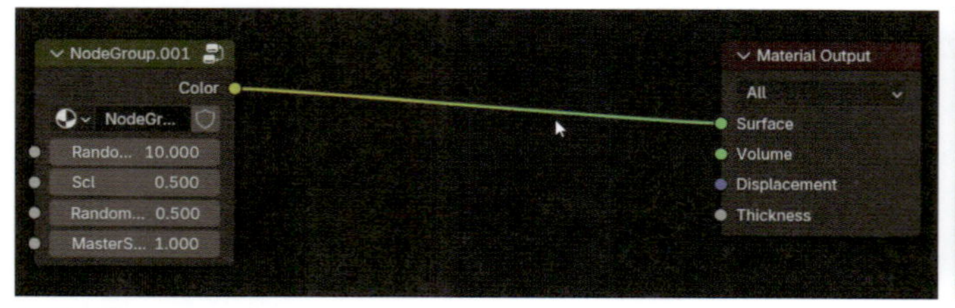

図12-9-6 複数のパラメータが一元管理されて使いやすくなった！

連携編

Blenderのスカルプト機能とSubstance 3Dでのモデリング

mino［解説・作例］

連携編では、これまでの解説とは異なりBlender以外のツールとの連携を行う、少し応用的なワークフローを紹介します。Blenderは単体でもとても強力ですが、昨今、ほかツールとの連携の可能性も公式的なフォローが多くなってきており、さまざまなワークフローが考えられるようになってきました。そこでここでは、Adobe Substance 3D製品との連携でモデリングを効率よく進めるワークフローを紹介します。

効率的なモデリング・ワークフロー

たとえばゲームの制作などで、本番制作ではないが少し詳細なモデルが欲しい場合や、完成にやや時間が掛かりそうだったり、初めて作るジャンルのモデルのテスト作成を行う場合など、コンセプト的なモデルが必要な場面は、制作現場ではよくあることでしょう。

こういった場合、多くは詳細な設定画はなく、ラフイメージからモデリングしたり、複数の資料からイメージを統合してモデリングしたり、口頭の指示でモデリングしなければならないこともあるかもしれません。つまり、モデリング作業上でデザイン的、データ的にある程度の試行錯誤をしなければならなくなります。

テスト制作段階では、できるだけ素早くデータを用意することができれば、試行錯誤を速く回すことで、成果物のクオリティを高めることに繋がります。

1-1 手軽に試行錯誤を可能にするワークフロー

以降では、前述したようなモデル制作の場合に、Blender のスカルプト機能と Adobe Substance 3D 製品を連携することで、できるだけ試行錯誤しやすく、手戻りするとしても時間を浪費しにくい「モデリング・ワークフロー」を紹介できればと思います。

題材としては、シンプルなメカヘルメットを作りたいと思います。今回紹介するワークフローはメカ物と親和性が高いですが、ほかのジャンルのデザインやモデルにも応用できる内容ですので、汎用的なワークフローとして使っていただけると幸いです。

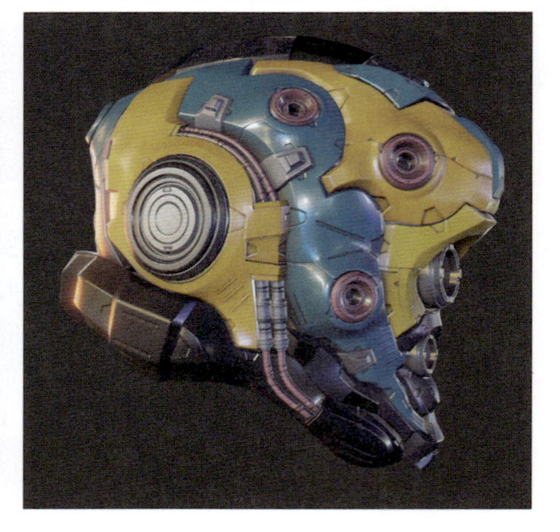

図1-1-1 作例のコンセプトモデル

ワークフローは、ざっくりと以下のような流れになります。

1. 画像素材を作る（Substance）
2. スカルプトスケッチ（Blender）
3. リトポロジー（Blender）
4. 2次スカルプトと2次リトポロジー（Blender）
5. データチェック／UV展開（Blender）
6. ベイク用データの整理（Blender）
7. ディテールアップ（Substance）
8. テクスチャリング（Substance）
9. テクスチャのエクスポート（Blenderやゲームエンジンなど）

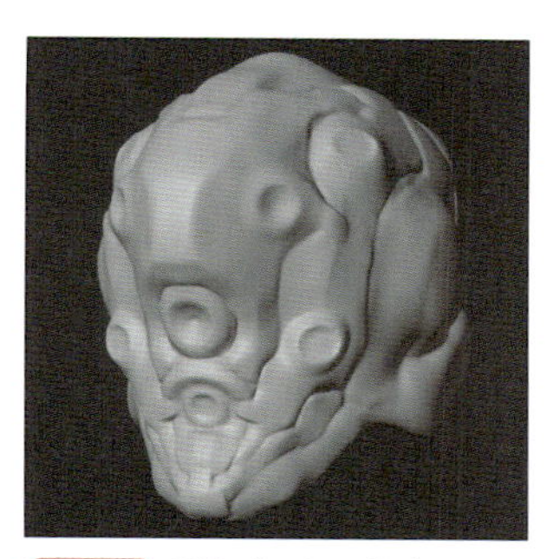
図1-1-2 手順2（スカルプト）の画面

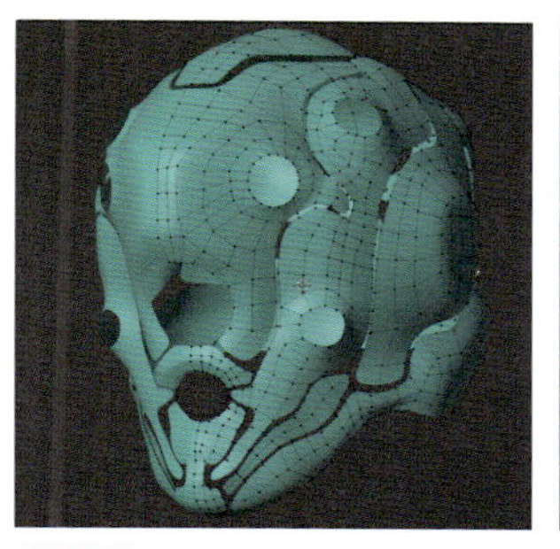
図1-1-3 手順3（リトポロジー）

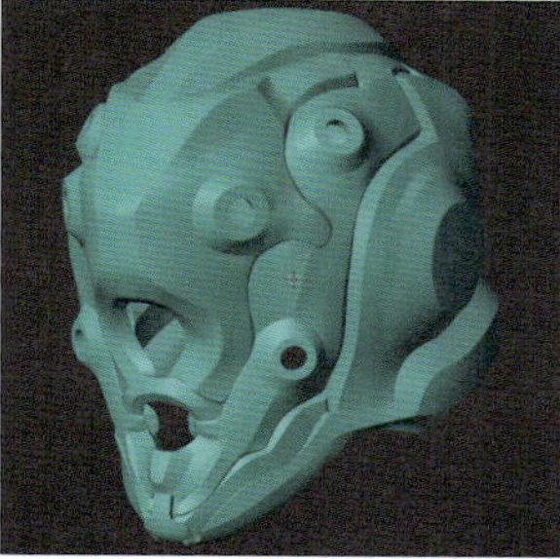
図1-1-4 手順4（2次スカルプト）

図1-1-5 手順4（2次リトポロジー）

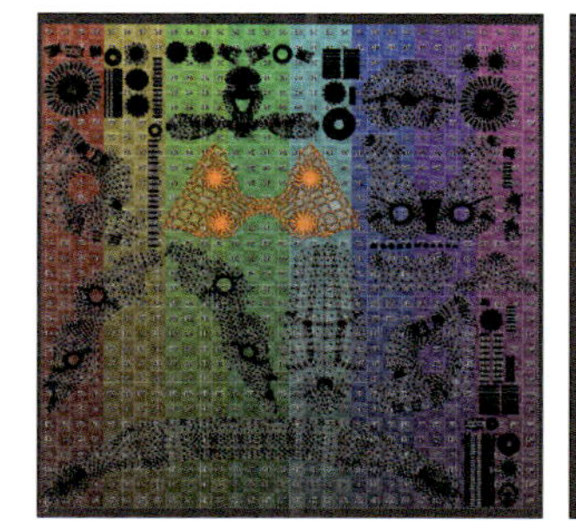
図1-1-6 手順5（UV展開）

図1-1-7 手順7（ディテールアップ）

図1-1-8 手順8（テクスチャリング）

Blenderの「スカルプト機能」は、ZBrushなどの専用ソフトと比べると劣ってしまう点もありますが、Blenderスカルプトなりの使い方を意識していけば、十分に戦力になると思います。今回は、スカルプトを使って基本形状を作っていきます。

スカルプトのメリットとしては、とにかく形を試行錯誤しやすいという点です。ブラシを用いて粘土をこねるように、または彫刻するように形を作っていくことができます。形状の試行錯誤が必要な場合や、スカルプトに

図1-1-9 最終的なモデルの状態

てデザインを行いながらモデリングを進める場合などではとても便利です。

1-2 連携編の概要

連携編では、複数のツールにまたがっての作業になることや、手順がやや多いこと、データフォーマットやワークフローの知識が少なからず必要になるため、3DCG初学者、Blender初心者の方には難しい内容になっているかもしれません。Blenderに慣れていない方は、まずは「入門編」で基本操作などを習熟されるとよいでしょう。

なお紙面の関係で、以下の点をご了承ください。

- 行程の大まかな流れを基本として、要点となる部分や特に紹介したいテクニックなどに焦点を当てた解説となっており、**「手順を追うと同じものができる」という内容にはなっていません。**ただし、作成過程（区切りとなる状態のモデルなど）のファイルはダウンロードできますので、それを元に作業を体験することなどは可能です。
- Blenderの基本操作に関しては「入門編」を参照してください。ただし、特に説明が必要な部分は補足しています。
- Substance 3D Designer や Substance 3D Painter の操作解説は、一部を除き簡易的になっています。Substance 3D 製品の機能概要や基本操作を知りたい方は、別途ほかの書籍やWebなどを参照してください。Substanceで作ったものは編集可能状態のファイルを添付しますので、それらファイルでノードやレイヤーを確認していただく形をもって説明に変えさせていただきます。

Adobe Substance 3D 製品について

連携編では、「Substance 3D Texturing」プランなどの契約（有料プラン）が必要になりますので、ご注意ください。プランについて詳しくは、Adobeの公式サイトをご覧ください。

なお、30日間の無料体験版も用意されています。

- Adobe 公式サイト：3D & AR ソフトウェア
  https://www.adobe.com/jp/products/substance3d/3d-augmented-reality.html

各ツールの使用バージョン

執筆時に使用した各ツールのバージョンは、以下です。下記以外のバージョンで作業する場合、UIや機能が異なる可能性があります。また連携編ではBlenderは日本語UI、ほかツールは英語UIでの解説になっています。

- Blender：4.2
- Substance 3D Designer：12.4.0
- Substance 3D Painter：8.3.0

また著者の環境にてアドオン、プラグインを導入している場合があり、スクリーンショットでの UI がデフォルトの状態と異なる可能性がありますが、特に説明がない限り解説内容に影響はありません。

1-3 ダウンロードデータの概要

連携編でのダウンロードデータについて、まとめておきます。

Blender ファイル

Blender のプロジェクトファイルです。コレクションで分ける形で作成過程のモデルが入っており、いくつかの段階での作業状態を確認することができます。

```
blender
  └mecha_helmet.blend
```

エクスポートした fbx ファイルです。

```
  └fbx
    └mecha_helmet_high.fbx
    └mecha_helmet_low.fbx
```

Blender ファイルのコレクションの構成

コレクションのビューレイヤチェックボックスを ON ／ OFF することで、目的のコレクションを表示させることができます。これらの作業過程データを使うことで、やってみたい作業を体験してみることができます。コレクションの構成は、以下のとおりです。

スカルプトスケッチの結果が入っています。

```
1_1st_sculpt
```

リトポ作業の状態が 3 段階分入っています。

```
2_retopo
  └2_1_retopo  →リトポの初期段階
  └2_2_retopo  →リトポの途中段階
  └2_2_retopo  →リトポの最終段階
```

2次スカルプトの結果とリトポ結果が入っています。

```
3_2nd_sculpt
  └2nd_sculpt  →2次スカルプトの結果
  └2nd_retopo  →2次スカルプトのリトポの結果
```

UV展開後の結果が入っています。

```
4_uv
```

ベイクデータの結果が入っています。

```
5_bake
  └bake_high  →ハイポリ用のモデル
  └bake_low  →ローポリ用のモデル
```

完成モデルとカメラとライトが入っています。

```
6_rendering
  └light  →ライト
  └camera  →カメラ
```


Substance 3D Designer ファイル

アルファ画像とNormalデカールを作成するためのグラフを複数入れたsbs形式のファイルです。

```
sd
  └normal_decal.sbs
```

エクスポートしたアルファ画像とNormalデカールの画像データが入っています。

```
  └decal_alpha
```

Substance 3D Painter ファイル

テクスチャリングの作業プロジェクトファイルの最終状態です。

```
sp
  └mecha_helmet.spp
```

エクスポートしたテクスチャが入っています。

```
  └texture
```

アルファ画像とNormalデカールの作成

参考ファイル	normal_decal.sbs
備考	Normalデカールおよびアルファ画像を出力する完成済みグラフです。Substance 3D Designerで開くと、この章で説明している作業の完成状態が確認できます。

今回の作例ではスカルプトを行ったり、Normalデカールでディテールアップを行います。スカルプトはブラシのみで行うこともできますが、アルファ画像があると素早く形状を試行錯誤することが可能になります。

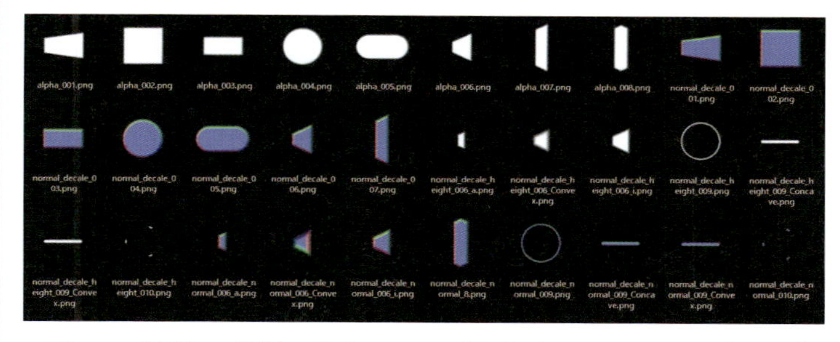

Normalデカールは、Substance 3D Painterにもさまざまな素材が用意されていますが、目的に適う形状や種類がいつもあるとは限りません。これから作るモデルに必要なデカールが作れると、モデリングの幅が広がります。

そこでBlenderでモデリングを進める前に、画像素材をSubstance 3D Designerで作成しておきたいと思います。

2-1 グラフの新規作成

Substance 3D Designeを起動して「File→New→Substance graph」で「Metallic Roughness」を選択して、新規グラフを作成します。設定項目は、特に変更しなくてOKです。

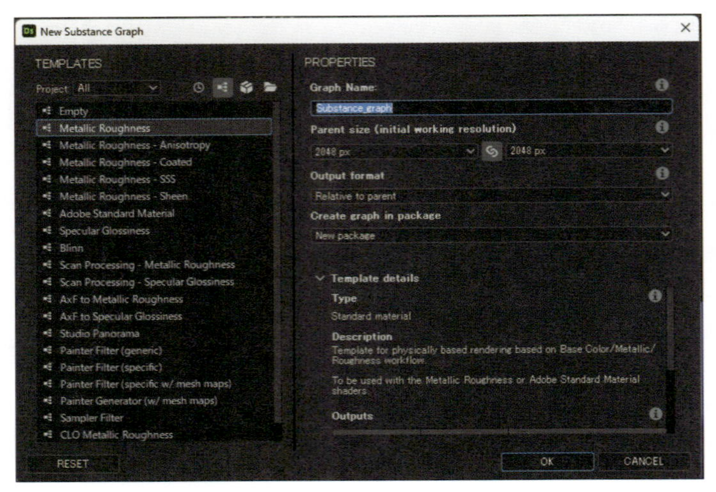

図2-1-1　新規グラフの作成

グラフが作成されると、12個のノードがデフォルトで置かれている状態になっています。右側の6個が最終出力のOutputノードです。上から「BaseColor」「Normal」「Rouhgness」「Metallic」「AO」「Height」のPBRチャネルに対応しています。Outputに繋がっているノードは、それぞれ単色などを出力する最低限のノードが接続されています。

今回はNormalチャネルとHeightチャネルのみを使うので、ほかは接続されているノードごと削除してしまって構いません。

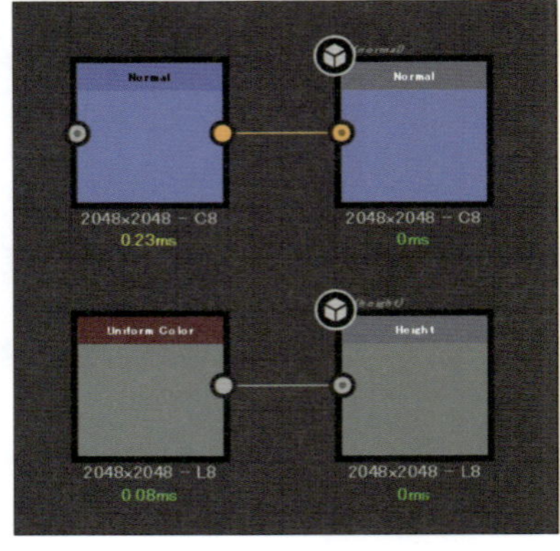

図2-1-2　使用しないアウトプットを削除した状態

2-2 形状の作成

「Shape」ノードでは、四角や丸など基本的な形状を出すことができます。基本的にはShapeノードをベースとして加工していく形になります。

形状のアールは「BlurHQ」や「Stork」ノードを使います。パラメータでぼかし具合がすぐに調整できるので、形状調整がしやすいのが利点です。

形状を変形させたい場合は「QuadTransfrom」ノードを使うとよいでしょう。このノードは4つのコントロールポイントで変形を行います。四角形を台形にするときなどに便利です。

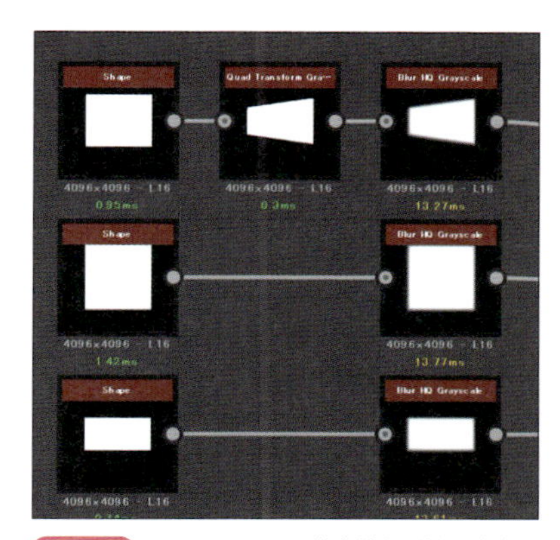

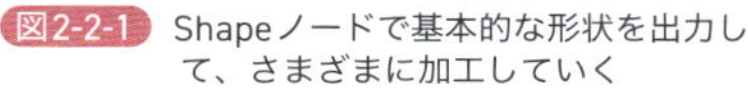

図2-2-1 Shapeノードで基本的な形状を出力して、さまざまに加工していく

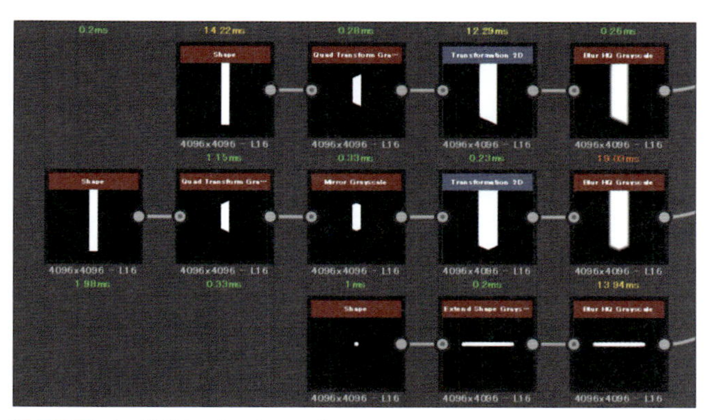

図2-2-2 少し複雑な形状の変形なども行って、欲しい形状を得る

2-3 アルファの付与

Shape ノードからの出力はグレースケール画像であり、そのあとの加工もグレースケールとして行ってきました。しかし、画像のマスクとしてのアルファが存在しているほうが使い勝手がよくなります。これは､形状部分だけが効果として反映されて欲しいためです。

グレースケール画像ではアルファを保持することができない（ファイル形式的な意味合い）ので、最終的にはカラー画像として出力することになります。カラー画像といっても色を付けるわけではないので、見た目はグレースケール画像です。

アルファを追加する方法として「AlphaMarge」ノードを使います。AlphaMarge ノードの入力はカラー入力（RGB）とグレースケール入力（A）の２つです。

最終出力としたいノードを「GradientMap」ノードに接続してカラー出力に変換し、AlphaMarge ノードのカラー入力（RGB）に接続します。さらにマスクとしたい出力をグレースケール入力に接続します。これでアルファを持った状態の出力になりました。

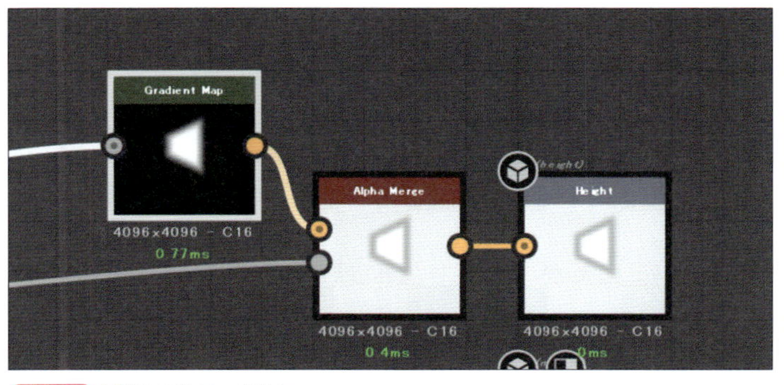

図2-3-1 画像にアルファを付与

2-4 Normal デカール

Substance 3D Designer では、グレースケール出力を高品位に Normal に変換することができます。そのためアルファ画像を作るグラフで同じ形状から、「Normalデカール」も簡単に作ることが可能です。これは、Substance 3D Designer で画像素材を作るときのメリットです。

グレースケールを Normal 化するために「Normal」ノードを使います。Normal ノードにグレースケールをインプットするだけで Normal マップになります。

2-5 画像のエクスポート

アルファ画像と Normal デカールを作るグラフは、最終的に図のようになりました。

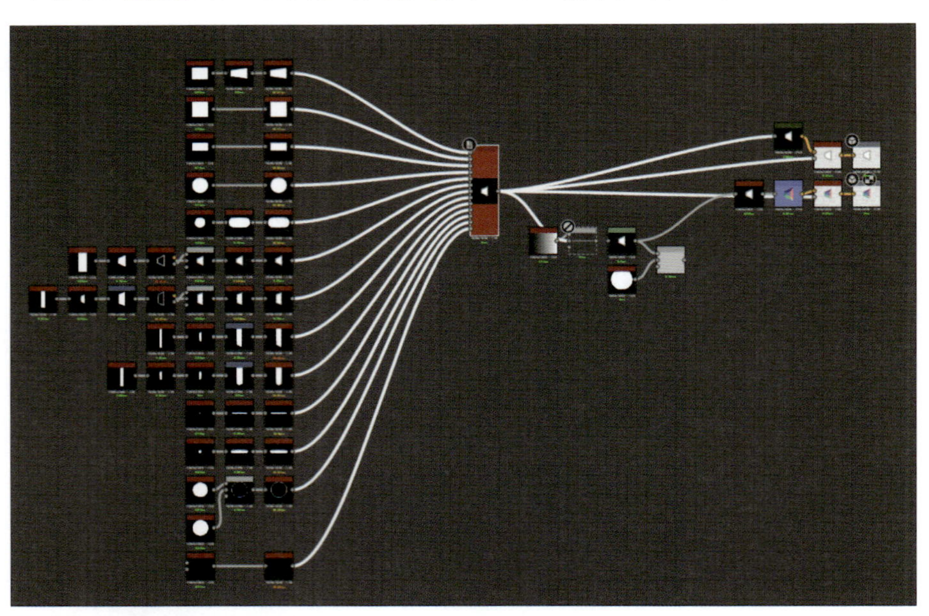

図2-5-1 アルファ画像とNormalデカールのグラフ

スイッチを利用したさまざまな形状の出力

複雑に見えるかもしれませんが、これは「MultiSwitch」ノードで形状を切り替えられるようにしているためです。

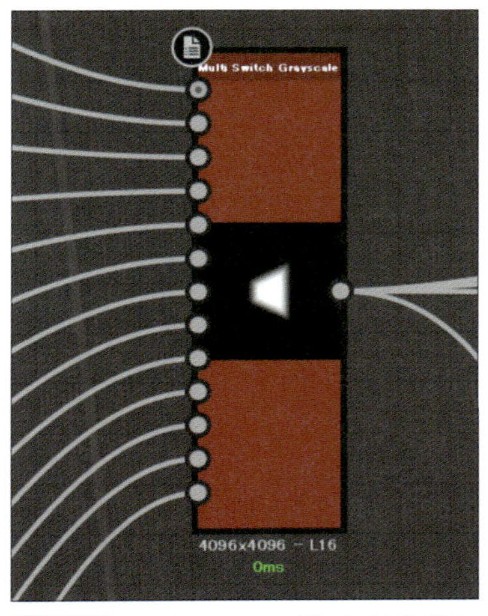

図2-5-2 MultiSwitchノードによる切り替え

1つ1つの形状をグラフに分けて作ることもできますが、どのグラフにどの形状があるのかがわかりにくい可能性があります。そのような時には、スイッチを使って形状を選択できるようにしておくことで、1つのグラフでさまざまな形状を出力することができるようになります。

出力を切り替えるには、MultiSwitchノードを選択してINSTANSE PATAMETERの「Input Selection」を操作します。

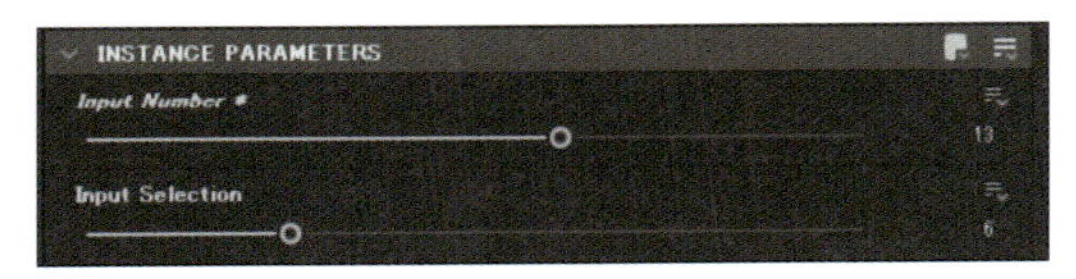

図2-5-3 MultiSwitchノードのInput Selectionパラメータ

バリエーションの出力

MultiSwitchノードの先では、いくつかのバリエーションを出力できるようにノードを構成しています。

Shapeから「Blend」にインプットがあります。Blendノードは点線になっていますが、これはバイパスされている状態です。ここではグラデーションをブレンドすることによって、形状的な傾斜を表現できるようにしています。

また「Level」から「Invert Grayscale」にインプットがされていますが、Invert Grayscaleは反転のノードです。Normalの場合は画像的に反転させることができないので、凸形状と凹形状はそれぞれ出力する必要があります。その切り替えをInvert Grayscaleで行えるようにしています。

実際にいくつかのNormalデカールはConcave（凹形状）、Convex（凸形状）とで出力してファイル名に付けています。

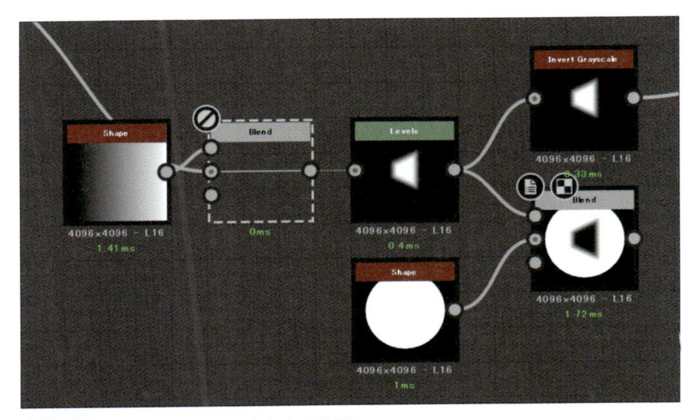

図2-5-4 バリエーションを出力する仕組み

※これらのバリエーション部分は、エクスポートしたアルファ画像および Normal デカールには使っていません。もし添付した以外のものが欲しい場合は、ぜひこのファイルを使って作成してみてください。

また Level からもう 1 つ Blend にインプットがあり､円と合成しています。この Blend はどこにも繋がっていません。これは、プレビュー用です。

Blender のスカルプトブラシは円状シェイプなため、ここで作った形状が円の中に納まっているかどうかを確認できるようにしています。

画像のエクスポート手順

出来上がったアルファ画像と Normal デカールをエクスポートするには、EXPLORER でグラフを右クリックして「Export outputs as bitmaps」を選択します。Output ノードを Normal と Height だけにしておいたことで､その 2 つのみがレンダリング候補になっていると思います。

デフォルトで作業解像度が「2048px」になっていますが、上部にある Parent Size で解像度を変更することも可能です。From Graph タブでのレンダリングは、グラフで設定されている解像度でレンダリングします。レンダリング時に任意に解像度を変えたいときは、Batch タブに切り替えて下段の Output Size で設定できます。

図2-5-5 解像度の変更

「Destination」は、レンダリング画像の保存先ですので、任意の場所を設定してください。

「Pattern」はファイル名です。「$」マークが付いた文字列がありますが、予約語でファイルやグラフによって変化します。ファイル名が Preview に出ますので、確認してください。今回の例では、特に予約語部分を変更する必要はありません。

ただし、エクスポートは 1 つの形状毎に行う必要があります。連続的にエクスポートを行う場合は、ファイル名を都度指定しないと、強制的な上書きになってしまうので注意が必要です。

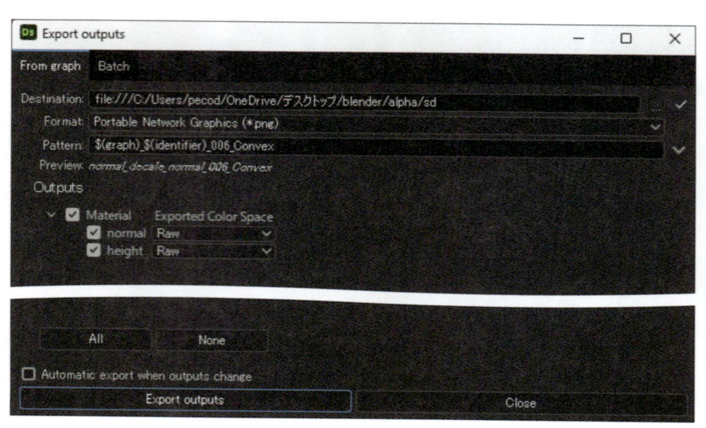

図2-5-6 ExportOutputsダイアログ

2-6 アルファ画像とNormalデカールの完成

作例のためにいくつかの種類の「アルファ画像」と「Normal デカール」を作りましたが、実際に使ったものは限られています。しかしこういった素材はストックしておけるので、もしアイデアがあったら作っておくと、後々ほかのモデルのモデリングやテクスチャリングで使えるかもしれません。

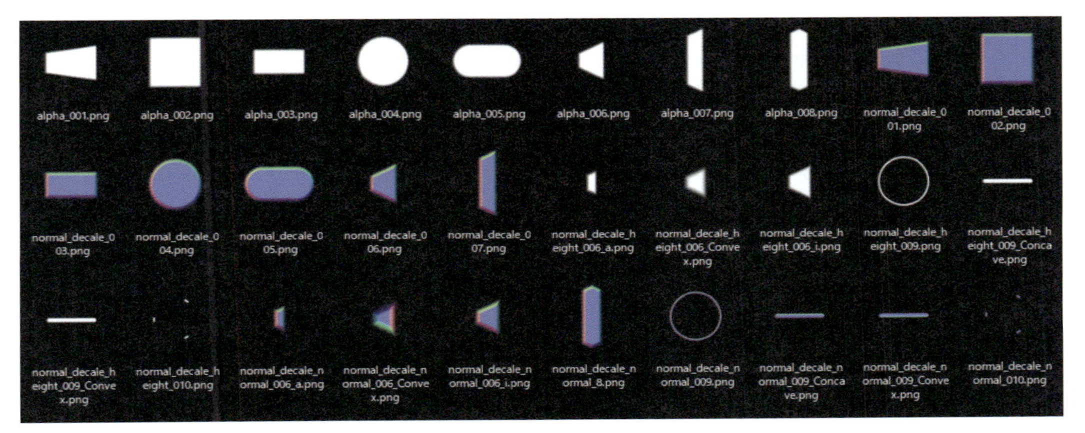

図2-6-1 エクスポートしたアルファ画像とNormalデカール

アルファ画像は、PhotoShop や Illustrator などでも作ることができますし、そのほうが作業に慣れている方も多いかと思います。しかし、Normal 画像のようにベクトルデータを扱うような場合は、通常の画像編集ツールでは難しくなります。

また、アルファ画像と Normal 画像（やそのほかのマップも含めて）を同時に作成できるようなワークフローは、Substance 3D Designer の便利なところだと思います。このような用途ならグラフも簡単なので、この機会に Substance 3D Designer に触れてみることをお勧めします。

Substance 3D Designer に関しては、「作例で学ぶ Substance 3D Designer の教科書」（2022 年、ボーンデジタル刊）にて作例を交えながら詳しく解説していますので、ご一読頂ければ幸いです。

スカルプトでの形状作成

参考ファイル	mecha_helmet.blend（コレクション：1st_sclupt）
備考	3章での作業によるスカルプトスケッチの結果です。

この工程では、Blenderのスカルプト機能でアイデアを大まかな形にしていきます。スカルプト機能である程度細かく形を作っていくこともできますが、最終的にはポリゴンメッシュとして整理していく必要があるので、この段階ではあまりディテールを作り込まずに「形」を見出すことに意識を向けるとよいと思います。

いわば下書きの状態をスカルプトで行う、といった感じです。あまり複雑に考えず落書きするような気持ちで、アイデアをアウトプットしていきましょう。

3-1 スカルプトの準備

それでは、スカルプトを始める準備をいくつか行いましょう。

焦点距離の設定

最初に、ビューの焦点距離を整えましょう。Blenderではビューの焦点距離は、デフォルトで50 mmになっています。カメラのレンズとしては標準レンズに相当しますが、近接での見た目の形状が歪む傾向があります。

できれば望遠レンズに相当する「80 mm以上」にするのがよいのではないかと思います。筆者は150mmにしていますが、好みや作業のしやすさなど個人差もあると思いますので、任意で構いません。

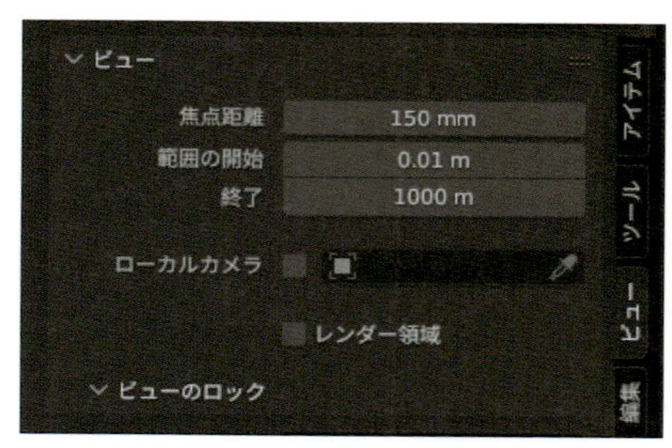

図3-1-1 焦点距離の設定

元になる形状の作成

スカルプトの最初は、「ICO球」か「UV球」から始めるとよいでしょう（今回はUV球を使用）。球を出したらスカルプトモードに移ります。スカルプトするために

図3-1-2 オブジェクトモードで「UV球」を作成

は、少し解像度の高いメッシュのほうがやりやすいので、リメッシュをしてポリゴンを増やしましょう。

右側の「ツールタブ→リメッシュ」のボクセルサイズを「0.01m」程度にして、「リメッシュ」ボタンを押してリメッシュを実行してください。

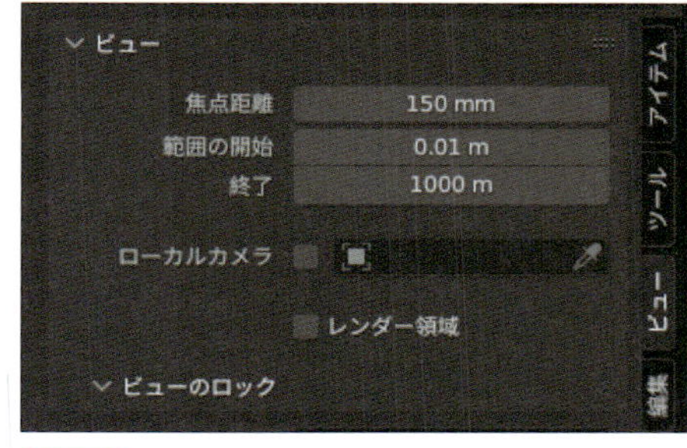

図3-1-3 リメッシュの設定

そして、左側にあるメッシュフィルターからスムーズを掛けます。メッシュフィルターのスムーズを選択後にビューで右にドラッグすると、ドラッグした距離に応じてフィルターが適用されます。ドラッグ毎にスムーズが掛かりますので、何度かドラッグして全体をなめらかにしてください。

これで、球のポリゴンのカクカクが取れて丸い球になったかと思います。このくらい丸い状態からのほうが、スカルプトを行いやすいかと思います。必要であれば「ボクセルサイズを細かくして、リメッシュし、スムーズで均す」を必要なだけ繰り返してください。

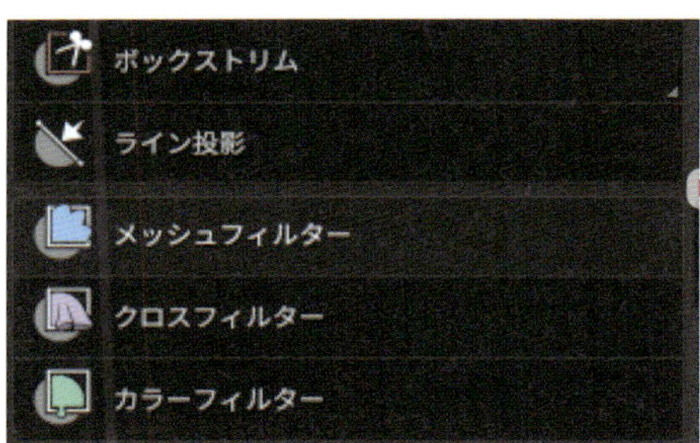

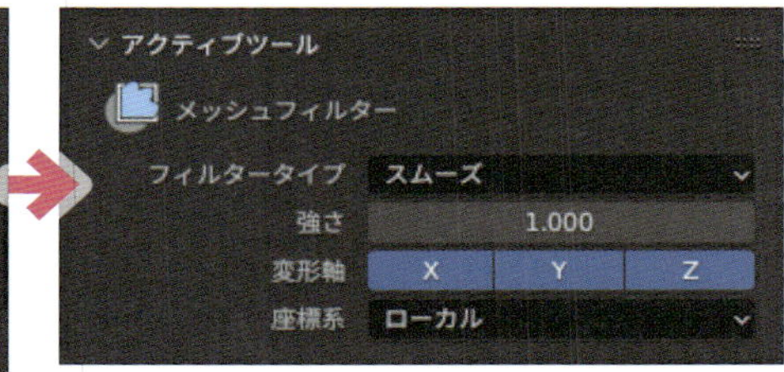

図3-1-4 メッシュフィルターのスムーズ

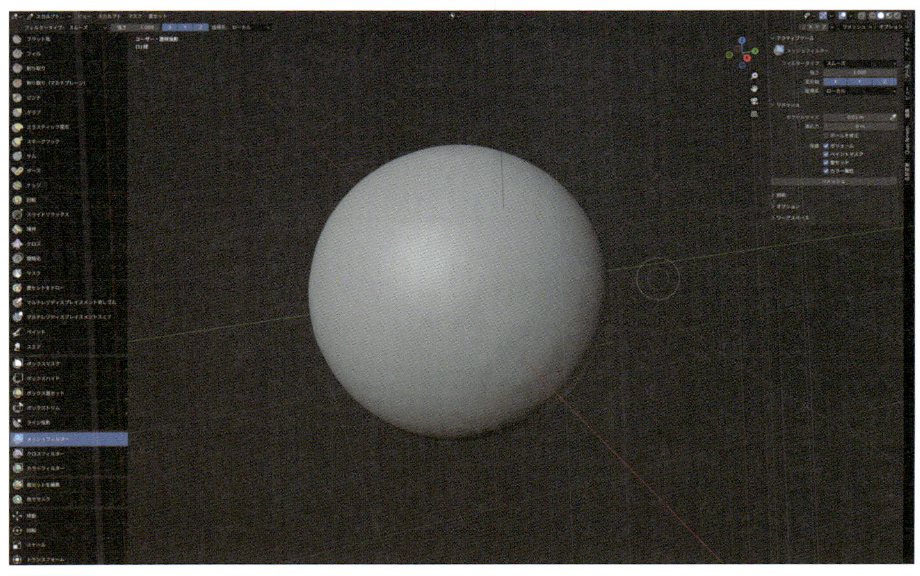

図3-1-5 なめらかになった球

もし「Dyntopo」でスカルプトするほうがやりやすい方は、Dyntopoでスカルプトしても問題ありません。Dyntopoは、ブラシを適用した部分が設定値によって都度分割される機能です。全体をリメッシュする必要がなく、分割が常に行われるので便利ですが、反面、全体の解像度はかなりバラバラになりやすい傾向があります。

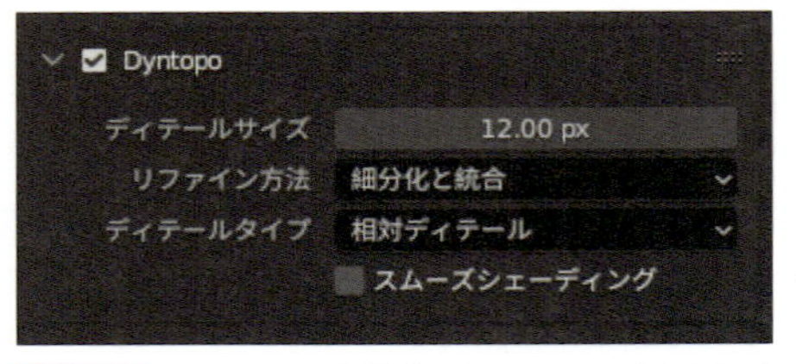

図3-1-6 Dyntopoの設定（有効にするにはチェックを入れる）

左右対称の設定

さらに左右対称に作業を行うために、「ツールタブ→対称」のミラーの「X」を有効にしておきます。これで、X軸対称にスカルプトが反映されます。

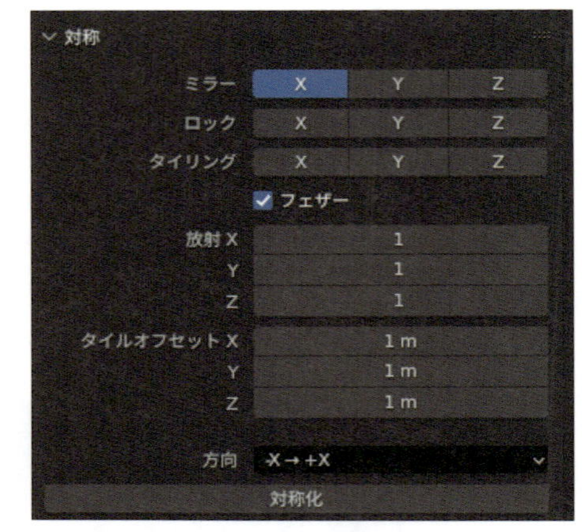

図3-1-7 左右対称にするためミラーのXを有効にする

ボクセルサイズの設定値

ボクセルサイズを細かくすると、全体の解像度が上がり詳細な形状を彫りやすくなりますが、そのぶん負荷も増えます。マシンスペックによりますが過剰に細かくすると、負荷で動作が遅くなったり、最悪の場合Blender自体が落ちたりする場合がありますので、注意してください。

これは、Dyntopoの分割でも同様です。一気に細かくするのではなく、徐々に細かくしていくことをおすすめします。

3-2 スカルプトの作業

準備が整ったので、それでは実際にスカルプトを行って形状を作っていきましょう。

ブラシの挙動

ブラシのサイズは「F」キーで、強さは「Shift + F」キーで変更できます。ブラシ設定で数値入力することも可能です。

Blenderのブラシは、「ツールタブ→ブラシ設定→方向」の追加／減算が「Ctrl」キーを押している間、切り替わります。ブラシによって、追加／減算のどちらがデフォルトかは異なります。たとえば「クレイストラップブラシ」はデフォルトが追加で、Ctrl を押している間は減算になります。Ctrl キーを活用することでブラシを変えなくても盛り上げ、削りができますので便利です。

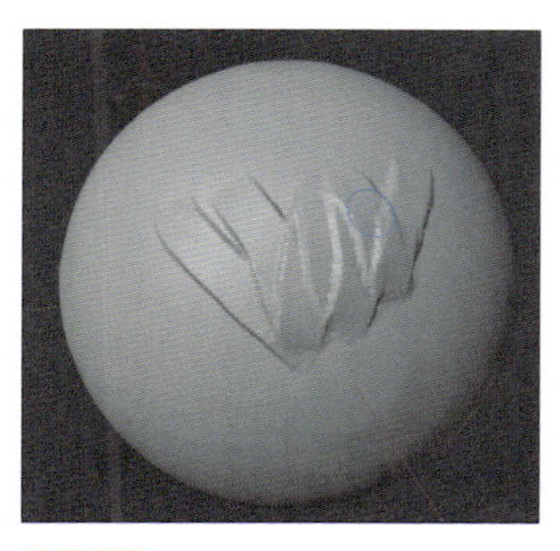

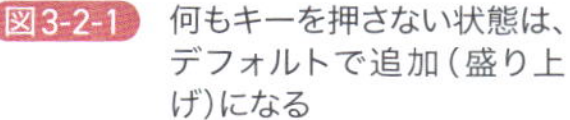

図3-2-1 何もキーを押さない状態は、デフォルトで追加（盛り上げ）になる

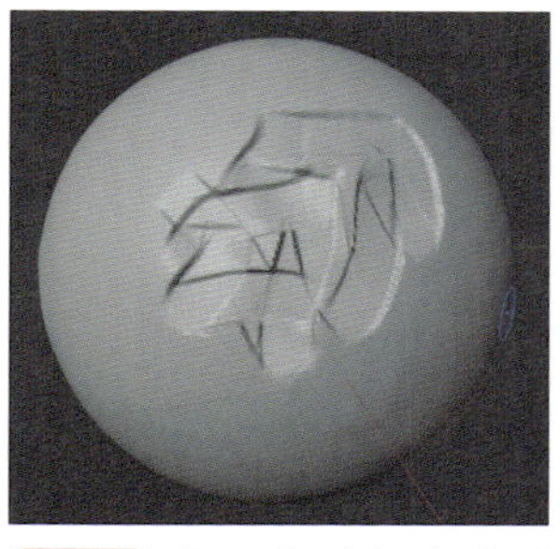

図3-2-2 「Ctrl」キーを押しながらだと、減算（削り）になる

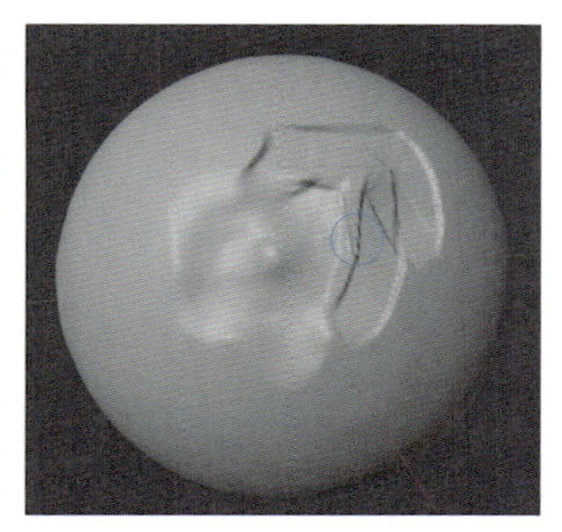

図3-2-3 「Shift」キーを押しながら描画すると「スムーズブラシ」が適用される

また「Shift」キーを押したままにすると、その間「スムースブラシ」に変化します。スムースブラシはよく使うのでいちいちスムースブラシを選択しなくても、Shift キーを押して切り替えられるので、とても便利です。

ブラシを選択する場合は、「Shift+ スペース」キーで「ブラシリスト」を出すことができます。このブラシリストは各ブラシにホットキーが割り振られており、たとえば「クレイストリップ」なら「2」を押すと、ブラシを切り替えることができます。

左のアイコンからブラシを選択してもよいのですが、慣れてきたら「ブラシリスト＋ホットキー」でブラシを切り替えるほうが、便利で速くなると思います。

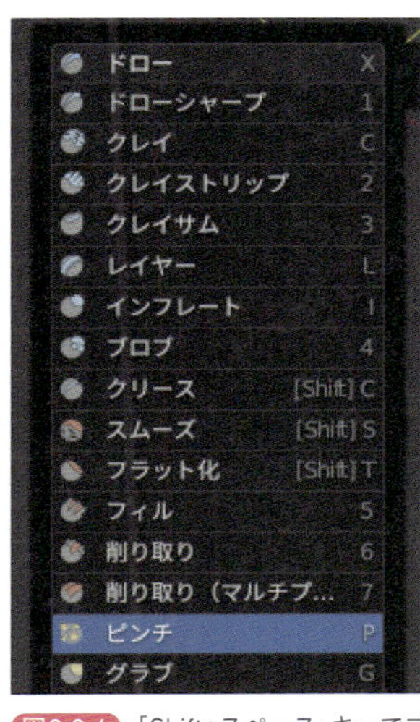

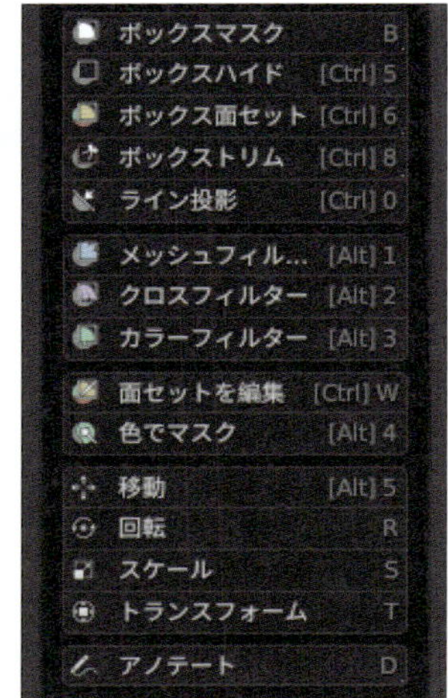

図3-2-4 「Shift+スペース」キーでブラシリストを表示

スカルプトスケッチ

筆者はまず「グラブブラシ」を使って、大まかに変形させて形を探っていきます。ある程度全体的な形のイメージが固まってきたら、今度はより細かい形状を「クレイストラップブラシ」で彫っていくイメージです。ほとんどその 2 つのブラシとスムースブラシで進めていきます。

この段階ではあまり決まり事は少なく、各人のやりやすい方法で形を作っていくのがよいでしょう。

形状が確定してきて綺麗にしたい場合の平面の均しに「削り取りブラシ」や「フィルブラシ」を使います。メッシュの解像度が足りないと感じてきたら、リメッシュの解像度を上げてより詳細な形を彫れるようにします。

今回はこの時点では使っていませんが、スカルプトでは球体や円柱を彫ることはなかなか難しいので、オブジェクトモードで円柱や球を出して当たり用に置くなどしても問題ありません。すべてをスカルプトでやる必要はなくプリミティブ形状も併用すると、スカルプトとプリミティブの便利なところを合わせて作業できるでしょう。

スケッチを進めて、図のような感じの形状を見出せました。

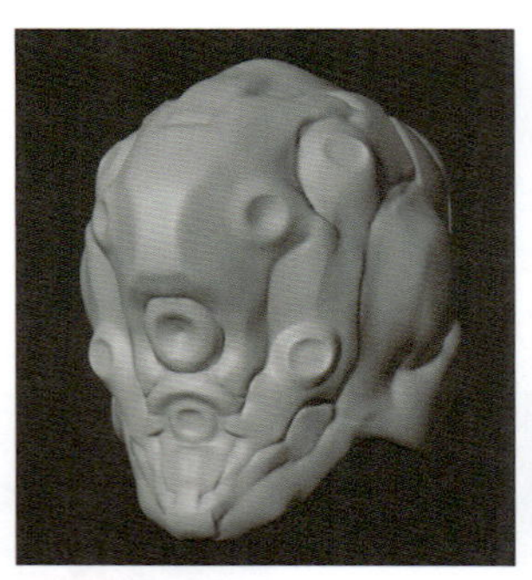
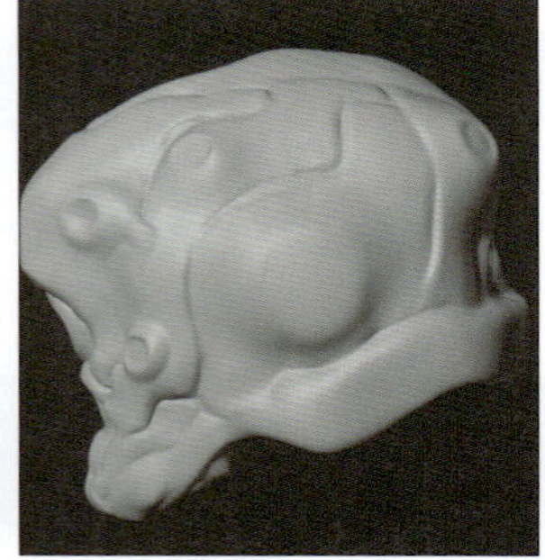
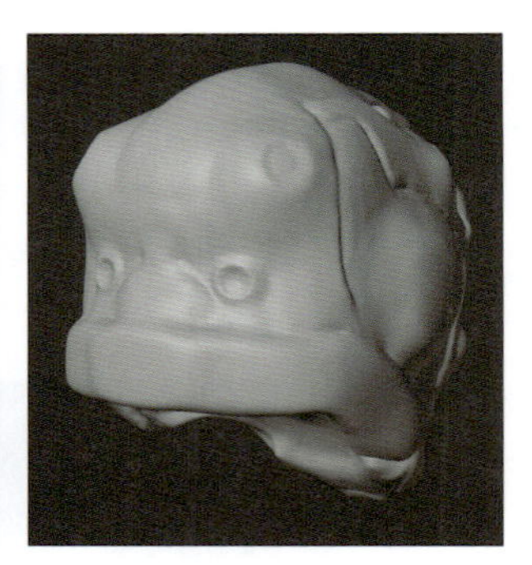

図3-2-5 スカルプトスケッチの正面（左）、横（中央）、後ろ（右）

スカルプトの形状判断

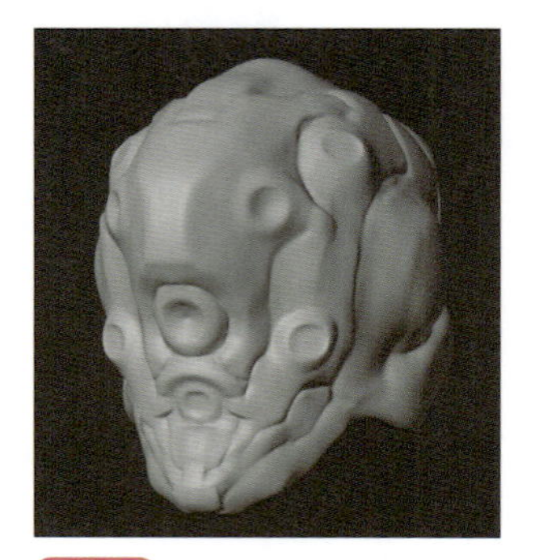

図3-2-6 この段階で次に進む？

ある程度形が明らかになってきたら、次にリトポロジー作業を行い形状を整理していきます。「ある程度の形」の判断は、少し経験が必要かもしれません。

これは、どの程度まで「完成状態をイメージできているか」に関わってきます。完成状態をより早い段階でイメージできている場合は、より確定的にディテールを施すほうが全体としての効率は高くなると思います。

そういう意味で言うと、最初のスカルプトでディテールを詰めていくやり方もあります。しかし状態を確定する段階が早いと、それだけ手戻りは難しくなります。経験を積んでいくうちに、今の段階でどの程度までディテールを詰めるとよいのかという点は掴めてくると思います。

今回の場合は、試行錯誤を考慮しているために手戻りを意識しており、段階を分ける方法を採っているので、ともすると冗長に感じるワークフローとなっています。

もしかしたら、今回説明しているような大まかな形の段階でリトポを行い、リトポオブジェクトに対してディテールを詰めていくワークフローが、逆に煩わしいと感じる方もいらっしゃるかもしれません。

ケースによって、段階を組み替えたり、省略したり、並行させたりすることは十分あり得ます。簡素な形状の状態でもリトポに進んでしまう方法もあるんだといった感じで、方法の１つとして進めてもらえると幸いです。

今回のワークフローでは、ディテールの検討は後の作業で行いますので、ここではいったん大まかな形を見い出せたら、次の工程に進んでしまいましょう。

リトポロジーの実行

参考ファイル	mecha_helmet.blend（コレクション：1st_sclupt） mecha_helmet.blend（コレクション：retopo）
備考	4章では、1st_sculptのモデルを参照しながらリトポ作業を開始しています。この章でのリトポ作業の結果は「3_retopo」です。

リトポロジー（以下、リトポ）はポリゴンの流れを整理することを指します。イメージ的にはスカルプトスケッチが「下書き」なら、リトポロジーは「清書」のような作業だと思ってもらえるとよいでしょう。

4-1 リトポ作業の前に

今回の作例では、Substance 3D Painter でテクスチャリングを行います。その際に、ベイクを行うことになります。そのために、高解像度なモデル（ハイポリ）と低解像度なモデル（ローポリ）が必要です。

異なるメッシュ解像度のモデルを別々に作ると作業負荷が増しますので、今回は「サブディビジョンサーフェスモディファイア」と「マルチレゾリューションモディファイア」を用いて、低解像度と高解像度のメッシュを同時に保持した状態を扱います。

そのためここでのリトポは、サブディビジョンサーフェスモディファイアやマルチレゾリューションモディファイア適用時に細分化が綺麗に行われるように、できるだけ四角ポリゴンで構成されるメッシュを作ることが目的になります。

四角ポリゴンによるトポロジーは、ループ選択やリング選択をしやすくしたり、UV を開きやすいように質感の異なる境界にエッジを配置したり「編集しやすいポリゴントポロジー」でもあります。

三角ポリゴンや N ゴン（五角形以上のポリゴン）があったらダメというわけではありません。Blender では三角ポリゴンはもちろん N ゴンも、サブディビジョンサーフェスで分割できます。ただ四角ポリゴンに比べて分割が極端になったりする可能性があるため、できるだけ四角ポリゴンにできるとよいでしょう。

リトポの方法はさまざまあります。有料アドオンを使う方もいれば、標準機能だけで行う方もいて、正直なところ手に馴染むかどうかが一番肝だったりします。

筆者の場合は、Blender に標準搭載されている「F2 アドオン」の使用と「面に投影」スナップを有効にした頂点押し出しによるリトポが最も手に馴染んでいます。この方法は標準機能（標準搭載アドオン）でのリトポのため、Blender のバージョンやアドオンの開発停止にほぼ左右されないのも魅力です。

またこの章では、サードパーティー製アドオンの説明は趣旨ではないため、できるかぎり標準機能＋標準搭載アドオンでの方法を説明したいと思います。

Blender のポリビルド機能

Blender には、「ポリビルド」というリトポ用の機能があります。この機能は面を張るのにとても有用です。

この章でポリビルドを使っていない理由は、ポリビルドはモーダルな機能なので、ポリビルド中にはコンテキストに縛られる部分があります。筆者は通常操作できるほうが効率が高いと感じているため、ポリビルドを使わず「F2」と「頂点押し出し」を使っています。

好みの問題なので、逆に F2 と頂点押し出しよりも、「ポリビルド」のほうがしっくりくる場合はそちらを使っても問題ありません。

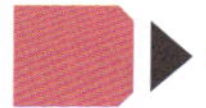

4.2 以降のアドオンの扱いについて

Blender 4.2 で「エクステンション」という仕組みが導入され、アドオンの扱いが変わりました。

いままではいくつかのアドオンが Blender インストーラーにバンドルする形で、別途ダウンロードしなくても有効にすることができたのですが、エクステンションが導入された 4.2 以降はバンドルされていたアドオンのほとんどはエクステンション機能経由にてダウンロードして、インストールすることになります。

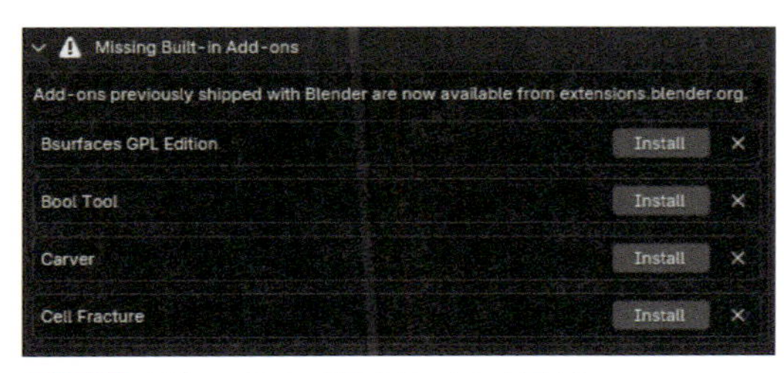

図4-1-1 以前のアドオンが警告リストに表示される

本章で紹介しているアドオンのほとんどは、4.2 以降バンドルされなくなっており、4.2 以前から環境を引き継いで 4.2 をインストールした場合、バンドル経由で有効化されていたアドオンのほとんどは「Missing Bulit-in Add-on」という警告とリストで示されます。そのため、エクステンション機能経由でインストールし直す必要があります。

4.2 以前のバージョンをお使いの方は、次節の「アドオンの有効化」の内容そのままに操作すれば OK ですが、4.2 以降をお使いの方は次の手順でエクステンションから「Extra objects」「F2」「LoopTools」アドオンをダウンロードして、インストールしてください。

1. メニューからプリファレンスをクリック
2. エクステンションを入手タブに移動
3. 必要なアドオンを検索する

4 インストールボタンを押す

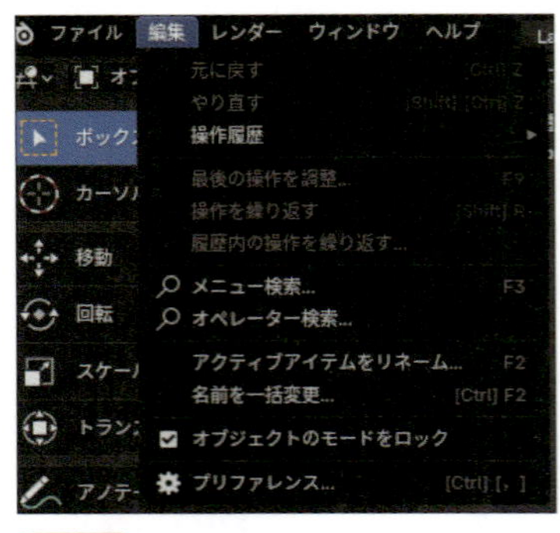

図4-1-2 「編集→プリファレンス」を選択

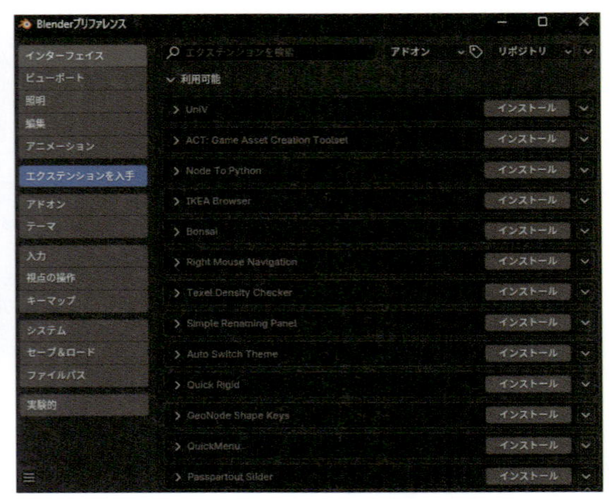

図4-1-3 「エクステンションを入手」タブを選択

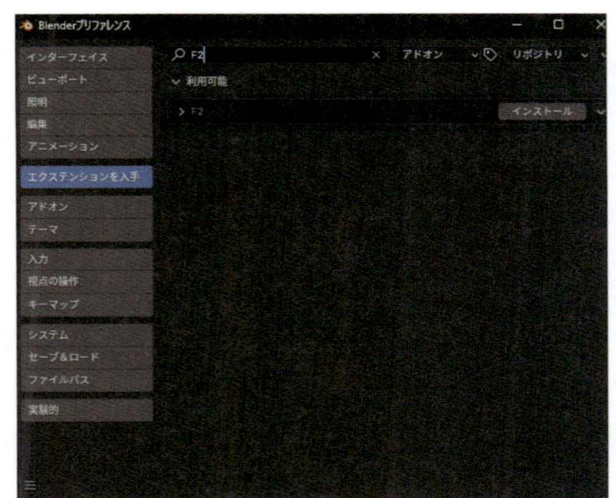

図4-1-4 必要なアドオンを検索

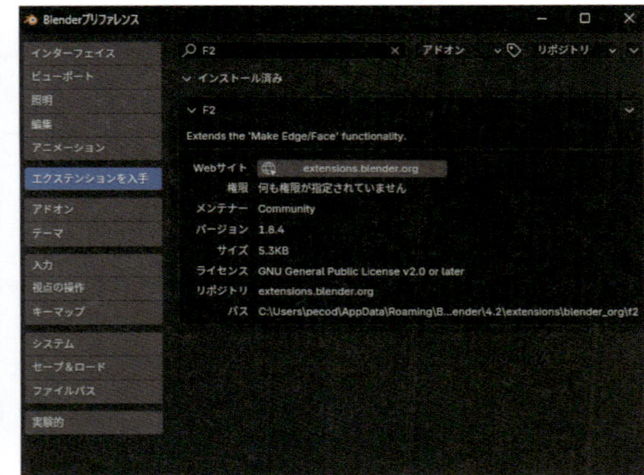

図4-1-5 アドオンをインストール

4-2 リトポ作業の準備

まずは、リトポを円滑に進めるための準備を行います。

アドオンの有効化

この作業で使うアドオンを有効にしておきましょう。「Extra objects」「F2」「Loop Tools」の3つです。「編集→プリファレンス→アドオン」の検索欄でExtra objects、F2、LoopToolsをそれぞれ検索して、チェックを入れて有効化してください。

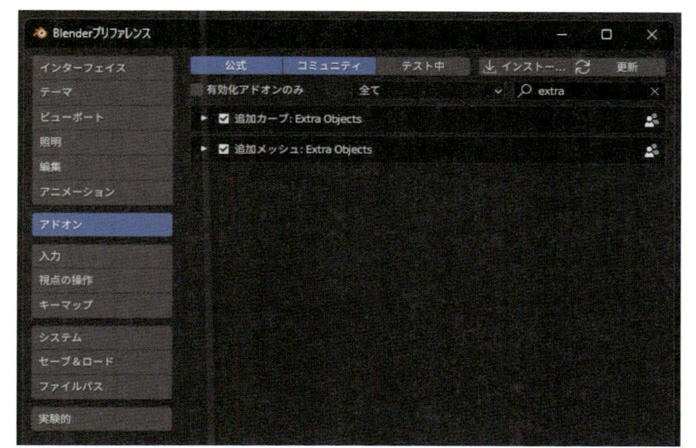

図4-2-1 必要なアドオンの有効化

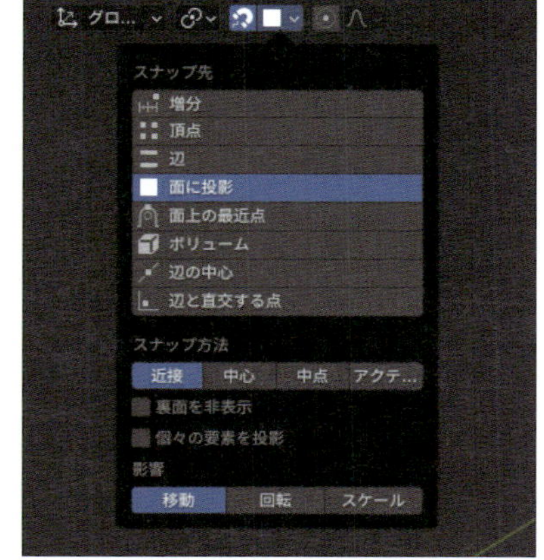

図4-2-2 スナップで「面に投影」を選択

リトポの元になるオブジェクトの追加

「メッシュ→ SingleVert → Add SingleVert」で単体の頂点オブジェクトを出します。なお、Extra objects アドオンを有効にすることで、SingleVert の選択肢が増えます。

図4-2-3「Add SingleVert」で頂点オブジェクト(リトポオブジェクト)を追加

これをもとに、面を張っていくことになります。この頂点オブジェクトを今後「リトポオブジェクト」と呼びます。オブジェクト名は「Vert」になっているはずです。この時点ではオブジェクト名を変える必要はありませんが、任意の名前に変更しても構いません。

Add SingleVert すると、その時点で編集モードになり 1 つだけある頂点が選択状態になっています。ただし、初期位置だと原点と頂点が重なっていることや、頂点 1 つのオブジェクトのため、編集モードで選択モードが「頂点選択モード」になってないと見つけにくいので注意してください。

スナップが有効であれば、Add SingleVert したあとに「G」キーを押して頂点移動させれば、スカルプトオブジェクトの表面に頂点が移動するので、見失いにくいと思います。

スナップの設定

スナップを有効にして、スナップ対象を「面に投影」にします。これでスカルプトオブジェクト表面に対してスナップが効きます。スナップの ON ／ OFF は「Shift+TAB」キーでトグル切り替えができます。

オブジェクトを見やすくする

作業中のポリゴンを見やすくするために、リトポオブジェクトの「オブジェクトプロパティ→ビューポート表示→最前面」にチェックを入れます。これでこのオブジェクトは、常に前側に描画され埋もれずに見やすくなります。

また、その下段にあるカラーに任意の色を設定して（筆者は青系にすることが多いですが、見やすければどのような色でも構いません）、3D ビューの「シェーディング→カラー→オブジェクト」に変更します。するとリトポオブジェクトが、先ほどカラーで設定した色で表示されるようになります。現在面がないので変化は見えませんが、リトポを進めるとわかるようになります。

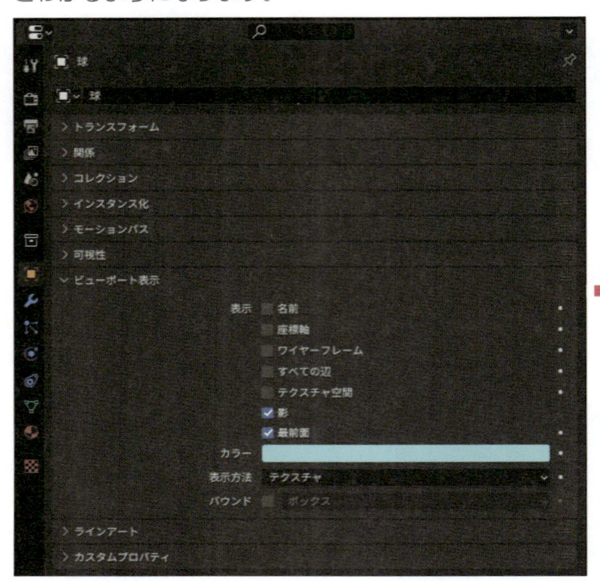

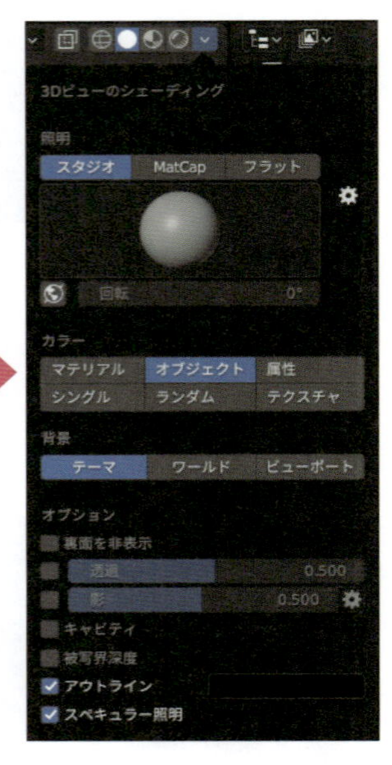

図4-2-4 ビューポートのカラー表示をオブジェクトに変更

ミラーモディファイアの追加

また今回は、左右対象のモデルのため「ミラーモディファイア」を使って、片方のみリトポします。リトポオブジェクトにミラーモディファイアを追加しておいてください。設定は特に変更しなくて大丈夫です。

図4-2-5 ミラーモディファイアの追加

現時点では、「クリッピング」にチェックを入れないでください。クリッピングが有効になると、ミラー中心点にある頂点はＸ軸での移動ができなくなります。

4-3 リトポの作業

それでは、実際のリトポ作業を行っていきましょう。

▶頂点を押し出し辺を作る

最初の頂点を選択した状態で、「E」キーを押すと頂点が押し出されます。押し出された頂点は選択状態になっており、そのまま移動できます。スナップが効いていますので、適切な場所に配置します。こうして押し出しと配置を繰り返すと、辺が作られると思います。

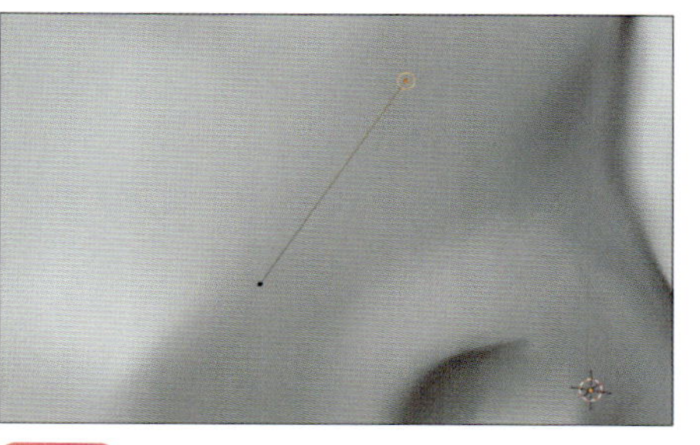

図4-3-1 頂点を押し出して(「E」キー)任意の場所に移動する

頂点のみを離れたところに欲しい場合は、任意の頂点を選択して「Shift+D」でコピーできます。コピーした直後は移動モードになっているので、そのまま任意の場所に置きます。

さらに形状に沿って、辺を作っていきます。辺ができたら、今度は面を張っていきましょう。

▶辺から面を張る

例として、画像のような状態で辺のラインを2本作りました。両方のエッジの隣り合う頂点を選択して「F」キーを押すと、まず選択した頂点間に辺ができます（すでに辺がある場合は面が張られます)。さらにそのまま「F」キーを押すと、マウスカーソルのある方向に面が張られます。

「F」キーを押すたびに、条件に適う頂点間で面が張られます。2つの頂点だけを選択して面が張られるのと、連続的に面が張られるのは「F2」アドオンのおかげです。通常では、3つ以上の頂点を選択しないと面は張られません。

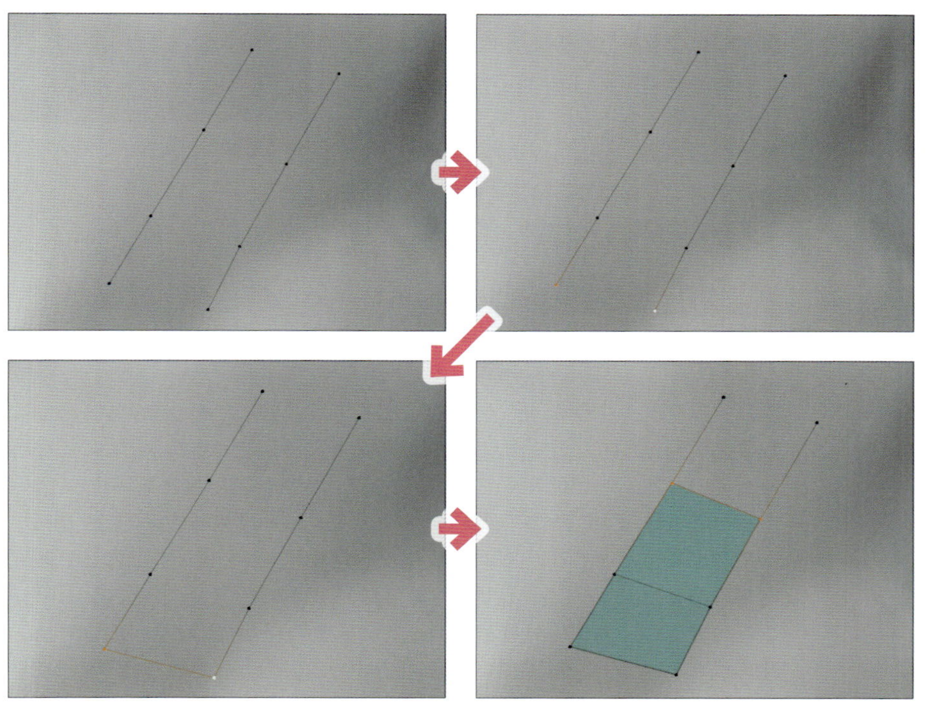

図4-3-2 2本の辺に連続的に面を張る様子

このようにして頂点を押し出し、辺のラインを作り、面を張るといった感じでリトポを進めていきます。できるだけポリゴンの密度が一定になるように頂点数を考えて作業をするとよいでしょう。

この作業でできた面の数が、このモデルの最小のポリゴン数になります。今回のリトポはどちらかというと形状に追従する方向を優先として、ポリゴンを削減する方向では作業していませんが、もし条件としてかなり解像度の低いローポリモデルが必要だとわかっている場合は、なるべくリトポ作業段階で考慮して面を張っていくのをお勧めします。

なお、本作例ではやっていませんが、リトポでのポリゴン数を後からさらに減らすことも可能です。手動のポリゴンリダクションは相応にテクニカルですが、必要なスキルなので機会があったらぜひ挑戦してみてください。

パーツの分割

リトポの段階で、適切にパーツを分割しておきます。全体をひと繋ぎにリトポする必要はありません。ここでいうパーツの分割というのは、メッシュを分割するという意味で、オブジェクトとして個々に分割するという意味ではありません。

リトポ作業中は同じオブジェクト上のほうが作業が楽ですので、リトポしながらパーツ分割を考えて、あとで分離を使ってオブジェクトを分けるのがよいでしょう。

パーツをオブジェクトに分割する作業は、後々の「ベイクデータを用意する」の章で作業することにしますので、今はとりあえずメッシュとして分割されている状態であれば問題ありません。

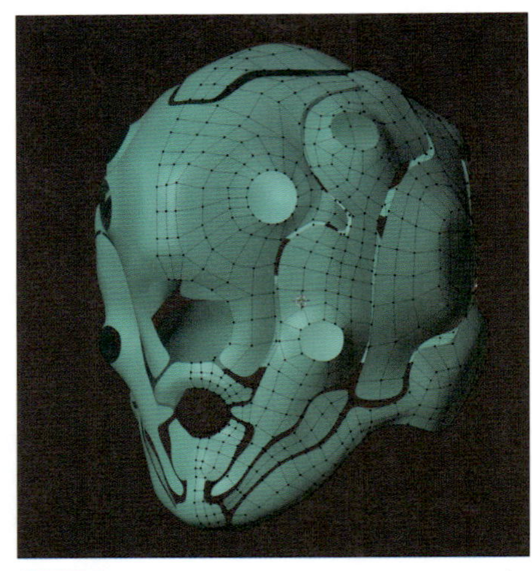

図4-3-3 同一オブジェクト内でメッシュを分割してリトポを進める

参考ファイル	mecha_helmet.blend（コレクション：2_retopo、2_1_retopo）
備考	2_1_retopoはこの時点での作業経過です。

パーツとパーツの境目をどう作るかはいろいろ方法がありますが、今回は単純にパーツ境界の奥行き方向に面を張ってパーツ間隔を調整しています。いわゆるぶっさしの状態になっています。ただこの時点では、まだパーツ間の位置などを調整していく過程なので、奥行きのポリゴンを作ってしまうとかえって作業が煩雑になる可能性があります。

現時点で奥行きポリゴンは、「ソリッド化モディファイア」を使って非破壊な状態で付与しておくとよいでしょう。ソリッド化モディファイアを追加したら、「ふちのみ」にチェックを付けて辺データの外側を「0.6」、ふちを「0.15」に設定しました。これで閉じられた形状でのソリッド化ではなく、奥行きポリゴンのみが生成される状態になります。

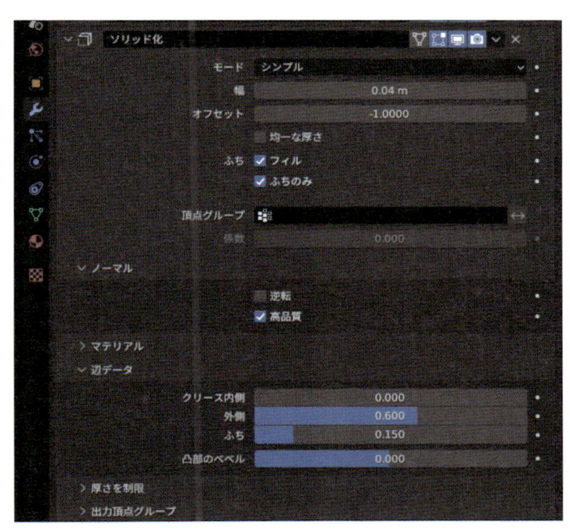

図4-3-4 ソリッド化モディファイアで奥行きポリゴンを生成しておく

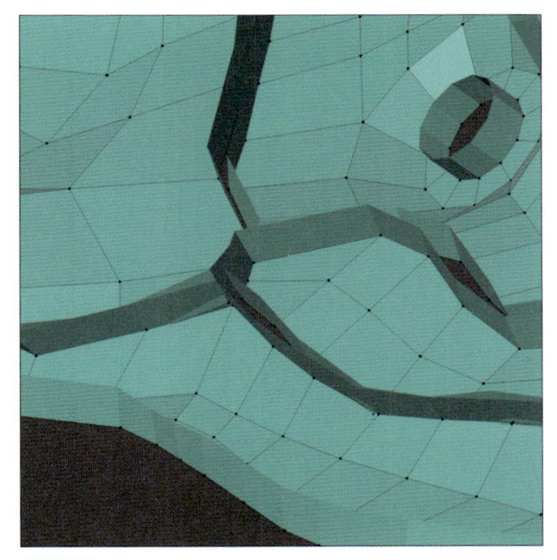

図4-3-5 ソリッド化モディファイアで生成されたポリゴン（モデルを裏側から見たところ）

パーツをどのくらい分割するかはデザインによりますが、パーツを分割する意図としては、Substance 3D Painter 上でのベイクとマスク作成のためというのが主な理由です。これはSubstance 3D Painterで作業時に解説します。またメッシュが分割されていると、UV 展開もしやすい傾向があります。

辺のシャープさとベベル感の調整

リトポを進めていくと、思ったようにシャープなエッジと曲線を作れないことがわかると思います。現時点ではそれで問題ありません。ある程度面が張られてきたらエッジのシャープさをコントロールしていきましょう。ここで「サブディビジョンサーフェスモディファイア」を使います。

リトポモデルに、サブディビジョンサーフェスモディファイアを追加します。ビューポートのレベル数をいったん「3」か「4」程度にしておきます。するとリトポモデルは、なめらかな曲線になって柔らかい形状になります。

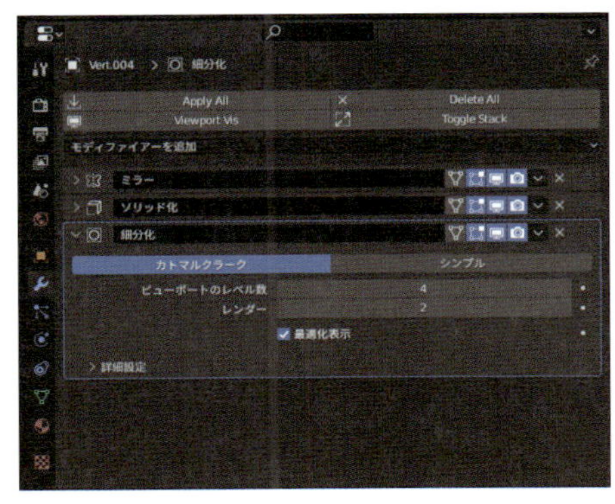

図4-3-6 サブディビジョンサーフェスモディファイアを追加

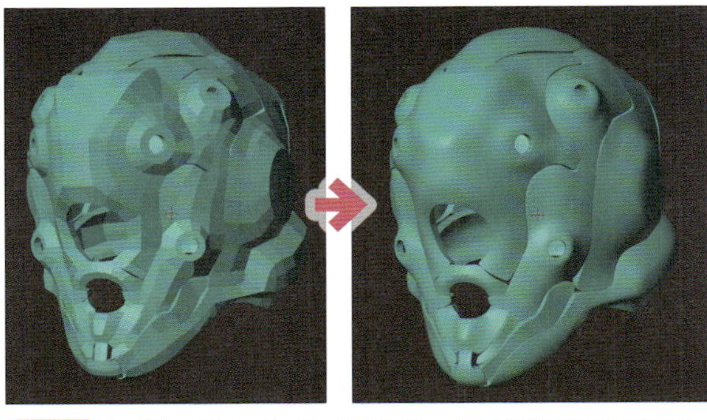

図4-3-7 サブディビジョンサーフェスモディファイアで形状がなめらかになる

この状態に「クリース」を施して､エッジのシャープさとベベル感を表現していきます。クリースとは、サブディビジョンサーフェスモディファイアに適用される辺のシャープさをコントロールする機能です。

シャープにしたい辺を選択して、「Shift+E」キーを押すとクリースを施すモードになります。右に動かすとクリースの設定値が増えて辺がシャープになり、左に動かすと設定値が減る形です。0 以下にはならず、もともとシャープな辺をソフトにする、というような表現はできません。

感覚的に設定したい場合はマウスでもいいのですが、設定値をしっかり決めたい場合は数値入力することもできます。辺を選択した状態で右側タブの「アイテム→辺データ→平均クリース」が数値入力する場所になっています。

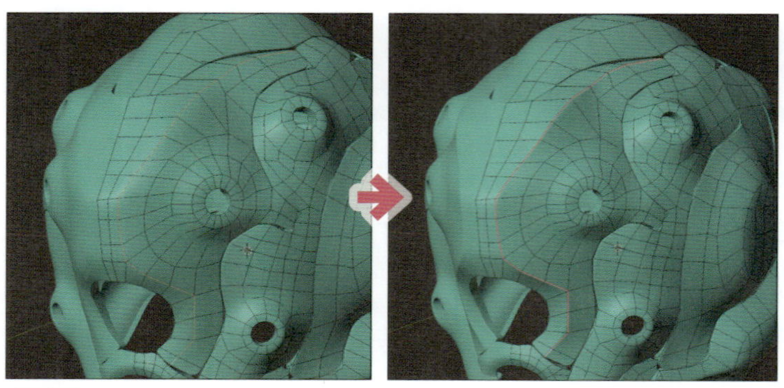

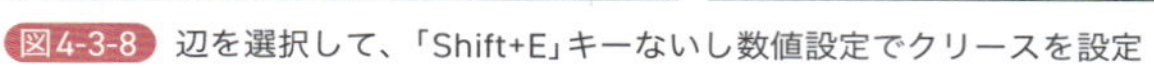

図4-3-8 辺を選択して、「Shift+E」キーないし数値設定でクリースを設定

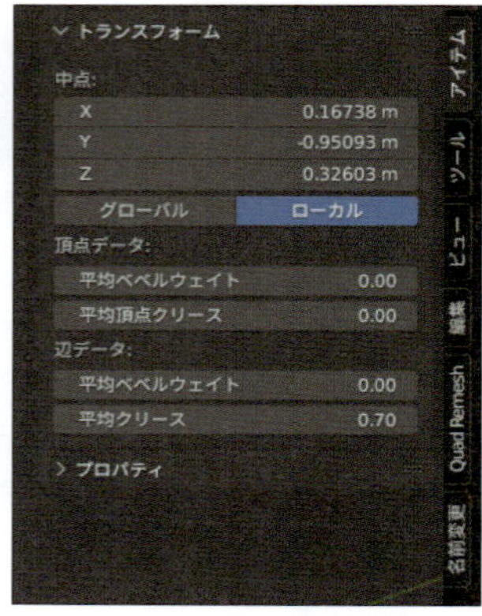

図4-3-9 辺データのクリース（平均クリース）で数値入力できる

マウスで感覚的にやるよりも、いったん一定の数値を入れたほうが全体的なエッジのベベル感やシャープさを後々統一しやすいと思います。今回の作例では、おおよそ「0.7」を基準にしてクリースを施し、もっとシャープさが欲しい場所は「0.9」程度を上限に、もっとソフトでいい場所は「0.4」程度を下限に設定しています。数値に関しては目安ですので、欲しい形状を得るためにいろいろ試行錯誤してみてください。

クリースを施していくと一気に形状が引き締まって、はっきりしてくると思います。

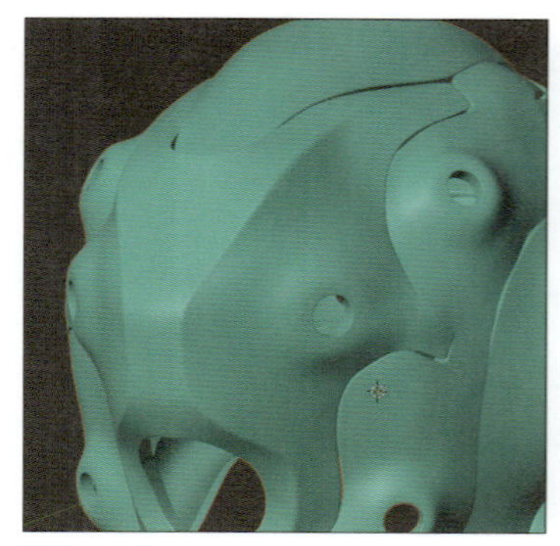

図4-3-10 クリースによりエッジがシャープになった

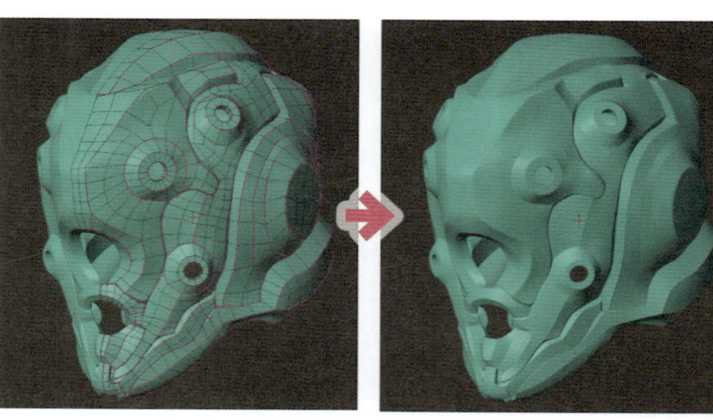

図4-3-11 クリースにより形状が引き締まってメリハリが生まれる

参考ファイル	mecha_helmet.blend（コレクション：2_retopo、2_2_retopo）
備考	この時点での作業経過です。

ここでは説明の順番上、ある程度リトポを進めてから「サブディビジョンサーフェスモディファイアーの追加」→「クリース設定」としましたが、もちろん最初からサブディビジョンサーフェスモディファイアの状態で、リトポとクリースの設定を並行して行っても問題ありません。

筆者も実際は、並行する形で作業を行っています。そのほうが形状を詰めつつ進められるので、感覚的にやりやすいかと思います。

もし最初からサブディビジョンサーフェスモディファイアを追加して作業する際は、ソリッド化モディファイアとの順番に注意してください。この時点でのリトポオブジェクトは、以下の順番になるようにしてください。

①ミラーモディファイア
②ソリッド化モディファイア
③サブディビジョンサーフェスモディファイア

このような順番にするのは、ミラー化やソリッド化で生まれたポリゴンを細分化するためです。順序が異なるとアーティファクト（メッシュの不具合）が出る場合があります。

要素を揃える

リトポとクリース設定を進めていくと形状がハッキリしてくるため、歪んだ面などが見えやすくなり、面や頂点、辺をある方向に揃えたい箇所が出てくると思います。この作業で面、辺、頂点を綺麗に整理しつつ形状をより整えることになります。

面（や辺や頂点）の向きを揃える方法は、トランスフォーム座標系（以下座標系）とトランスフォームピボットポイント（以下ピボット）の組み合わせを中心に数多く存在しています。すべてを説明するのは難しいですが、この作例で使っている基本的な使い方と実例をいくつか紹介したいと思います。

要素を揃える基本的な考え方

要素を揃える際には「軸」と「何を基準に揃える」かが必要です。軸は座標系のことで、基準はピボットのことです。それぞれメニューかパイメニューから選択できます。

座標系のパイメニューは「,」（キーボードのカンマキー）、ピボットのパイメニューは「.」（キーボードのドットキー）です。

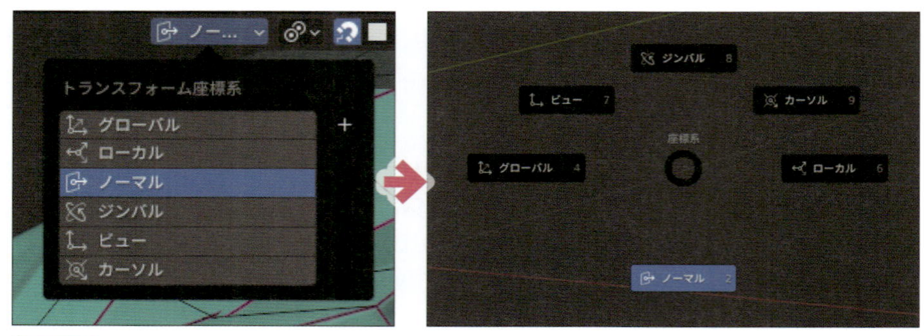

図4-3-12 トランスフォーム座標系の選択

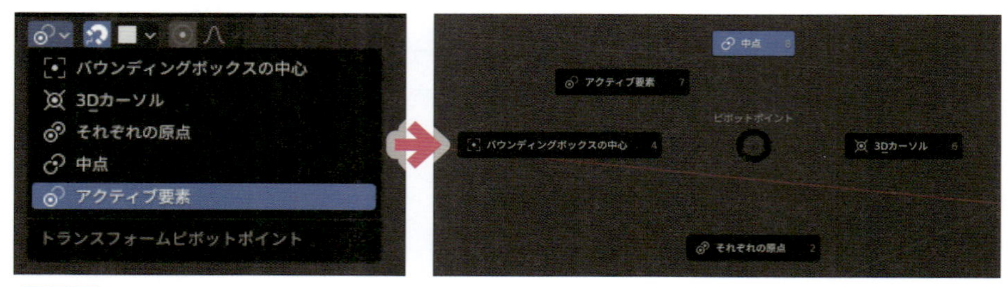

図4-3-13 トランスフォームピボットポイントの選択

「揃える」を実行するホットキーとしては、揃えたい要素を選択してから以下の操作を行います。これは基準（ピボット）に対して指定軸で「0」スケールするという意味になり、つまり基準の0地点に要素が揃うという挙動になります。

「S」キー → 軸指定（「X」「Y」「Z」キーどれか）→「0」（ゼロ）

ちなみに軸の指定は「Shift + XYZキーどれか」とすると、指定した軸以外を指定するという挙動になります（Shift + XはYZが軸として有効になる）。ただしこの場合は、2軸指定になり基準平面上の拡大／縮小になりますので注意してください。

「0」は、基準の0地点に揃うという意味なので、もちろん「0.1」や「－2」なども指定できます。もし挙動がイメージできるなら、0以外で揃えるというのも場合によっては便利でしょう。

▶ ノーマルで揃える

座標系をノーマルにすると、揃える軸がノーマル（法線）になります。

この方法のメリットとしては基本的に面の法線（ノーマルのこと）は、面の向きと同一になっているため、ノーマル基準にすると感覚的に面の向きを揃えやすいと思います。

Blenderの場合、座標系をノーマルにするとZ軸が法線と同じ方向になりますので、ノーマルで揃える場合はZ軸を指定することが多くなると思います。

以下の画像は、座標系をノーマル、ピボットを中点にして面を揃えようとする場面ですが、選択面の中点（この場合は選択面の平均ノーマル方向）にZ軸（青い線）が向いていることがわかると思います。

もちろんピボットによっては、大きく面の向きが変わってしまう場合もあり、形状が崩れてしまう（向きが変わることで頂点が移動することにもなるので）こともあるので注意が必要ですが、うまく基準を考えれば直観的で非常に強力な手段です。

今回は面の向きとして説明しましたが、辺にも頂点にも法線が存在しており、ノーマルを基準として向きを揃えたり、整列させたりすることができます。

法線の方向を確認したい場合は、「ビューポートオーバレイ→ノーマル」から法線を表示させることができます。ただし、ビューポート表示を最前面にしていると、真横から見ないと法線が見えません。この場合は、いったん最前面のチェックを外すとよいでしょう。

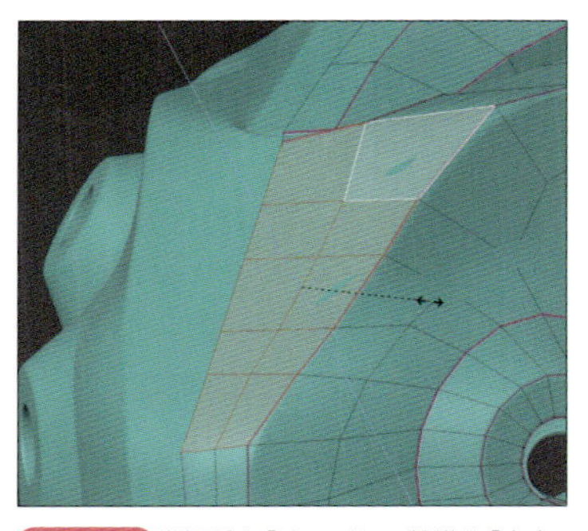

図4-3-14 座標系を「ノーマル」、基準を「中点」で面を揃える場面

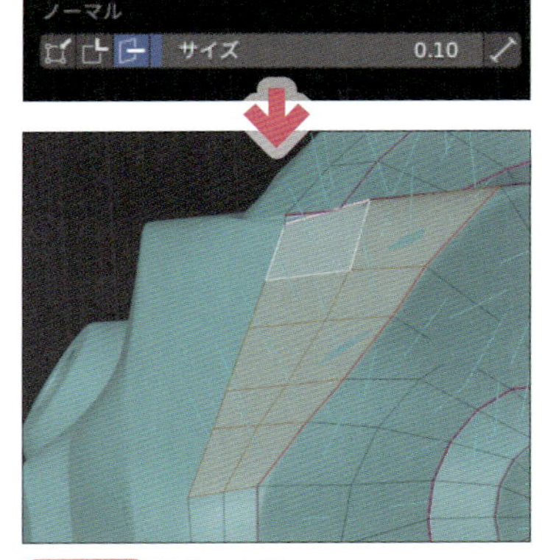

図4-3-15 法線の表示

▶ アクティブ基準で揃える

「アクティブ」とは選択に関しての Blender 上の概念です。Blender では要素を選択すると、基本的に最後に選択された要素が白くなります。この要素がアクティブと呼ばれる選択になります。なお、ここでの話は編集モードの場合です。オブジェクトモードでも、アクティブの概念はありますので注意してください。

ピボットにはアクティブ要素という基準がありますが、これはアクティブ基準で揃えるという意味になります。つまり選択範囲の中に基準としたい要素がある場合、その要素をアクティブとして選択して、アクティブ要素で揃えることが可能です。

アクティブ要素の場合、画像のようにアクティブを中心に軸が表示されるので、アクティブ基準だということが直観的にわかりやすくなっています。

図4-3-16 座標系をノーマル、ピボットをアクティブ要素で面を揃える場面

▶ 任意に軸（座標系）を作って揃える

選択範囲中に基準となる要素がない場合は、アクティブ要素で揃えることができません。そのような際には、基準としたい要素から軸（座標系）を作ることができます。

たとえば選択範囲中にない面を基準にしたい場合、その面を選択した状態で、トランスフォーム座標系を開きます。グローバルの横に「＋」ボタンがありますので、それをクリックしてください。

すると、下段に面という座標系ができています。この基準は頂点、辺、面それぞれで複数作ることができます。もちろん複数要素（たとえば 3 つの面を選択肢として基準を作るなど）でも機能します。

ここでは面で作ったので、（新規に作られた座標系の）面を選択していると、その下に Face と表示されており、その座標系がどの要素から作られたのかがわかるようになっています。

この座標系は削除するまで残りますので、一度作れば再利用が可能です。3D カーソルを使っても同じような揃えの挙動もできますが、3D カーソルは一時的な利用になる（動かせば基準が変わってしまうため）ため、保存できるこの方法は何度も使う方向がある場合にはとても便利です。

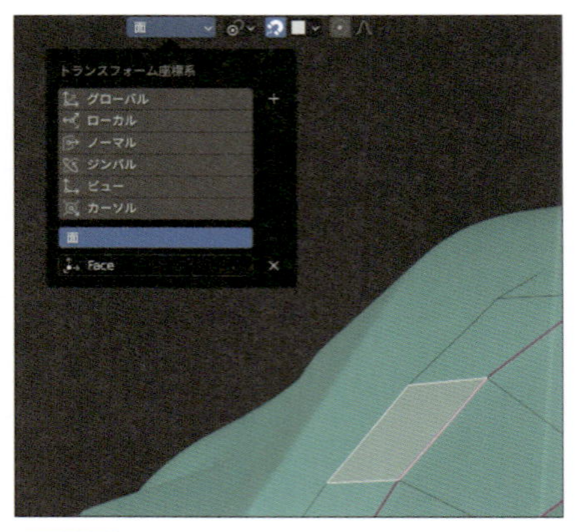

図4-3-17 選択した面から座標系を新規に作った様子

この方法のメリットは、確実に合わせたい方向を確定できる点にあります。場合においては基準となる面を作成する必要があるなど、ちょっとだけ手間がありますが、最も確実に向きを揃えることのできる方法の 1 つですので、標準で用意されている座標系では揃えが難しい場合に活用してみてください。

LoopTools で要素を揃える

リトポ作業の準備で「LoopTools」というアドオンを有効化しましたが、頂点・辺・面を調整する機能が用意されています。座標系やピボットでの揃えとはやや異なりますが、とても有用ですので機能のいくつかを紹介します。

リラックス

選択した要素をリラックスさせる機能です。ガタガタしてしまった頂点などを揃えるのに使います。リラックスは一度で揃うというよりも、何度か実行しながらスムージングが掛かるというイメージの挙動になります。非常によく使う機能の 1 つです。

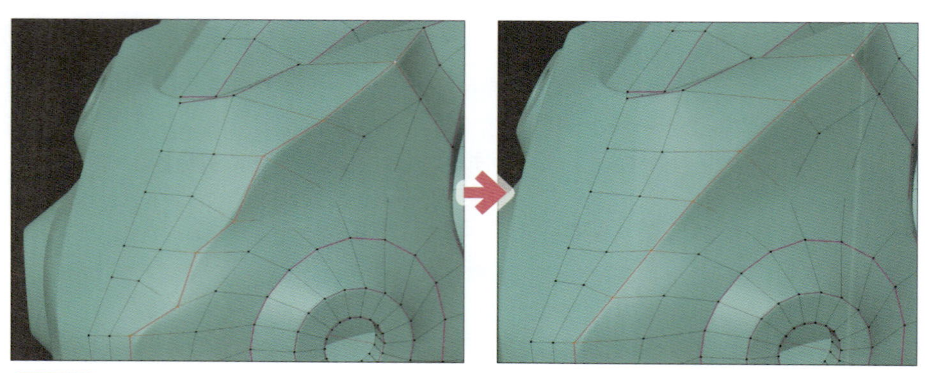
図4-3-18 ガタガタになってしまった頂点をリラックスで揃えたところ

▶ Space

選択した要素の間隔を一定にします。頂点間の距離や辺の長さを一定にする場合などによく使います。面にも使えますが、あまり直観的な結果にはなりません。

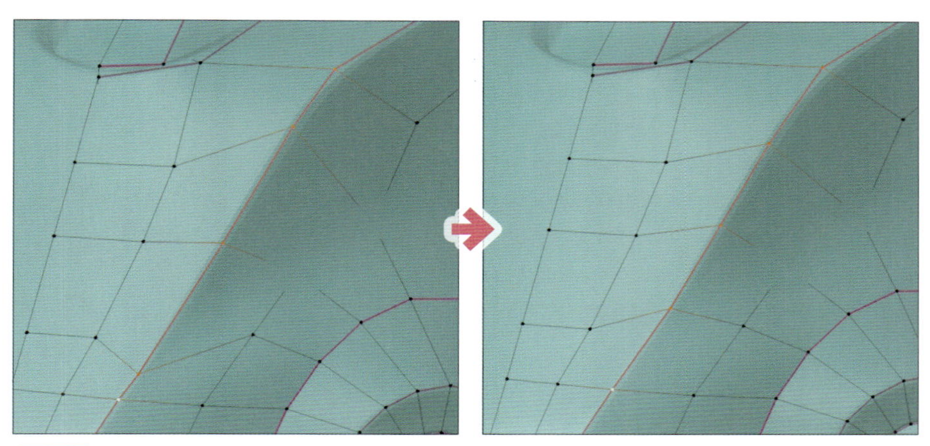

図4-3-19 頂点間の距離が異なる部分をSpaceで揃えたところ

▶ フラット化

選択要素を揃える機能です。座標系とピボットでの揃えと基本的にはいっしょですが、座標系やピボットに気を配らなくても簡単に使えるため、場合によっては便利です。

▶ 円

選択要素を円状に揃える機能です。Blenderの標準機能でも円状にすることは可能（球状に変形という機能でショートカットは「Shift+Alt+S」キー）ですが、LoopToolsの円の場合は、座標系やピボットに気を配らなくてもたいてい綺麗に円状になってくれるので便利です。

筆者は標準機能よりも、LoopToolsの円を使うことが多いです。

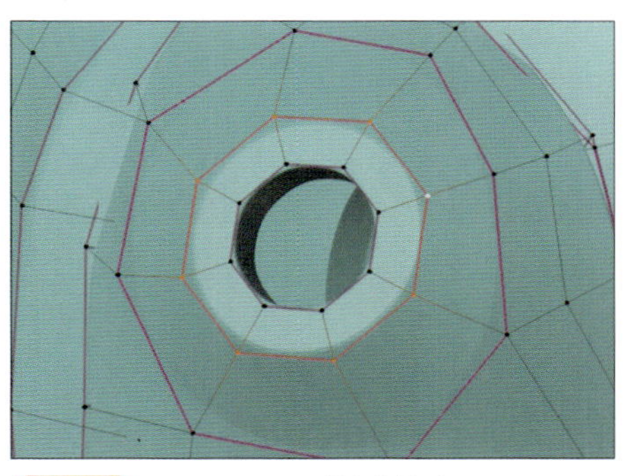

図4-3-20 LoopToolsの円で揃えた箇所

4-4 ポリゴンモデリングでのパーツの作成

この段階で、トポロジーに沿って押し出しやインセットなどで付け加えたい形状（削除したい形状）をリトポ作業の延長として、「ポリゴンモデリング」で施しておきましょう（モデリングの基本操作は「入門編」を参照）。カメラアイなどの部品もこの時点で付け加えました。

円柱状の部品はポリゴンループが扱いやすく、ループから形状を作りやすいかと思います。カメラアイのような円柱部品はスカルプトでやるよりも、ポリゴンモデリングで作ったほうが早い場合があります。スカルプトで当たりだけ付けておいて、さっとポリゴンモデリングで作るという手もアリです。

また、一時的に非破壊の状態で追加していたソリッド化モディファイアを適用し、実メッシュとしています。メッシュ同士の隙間などはソリッド化モディファイアから生まれたメッシュの位置などを調整して埋めています。

細かいディテールの形状追加は、この段階だと試行錯誤に時間がかかり過ぎるので、あくまでも確実にイメージできる比較的大きい形状に留めておきます。中くらいやもっと細かいディテールは、この後の章で解説する2次スカルプトで試行錯誤するとよいでしょう。

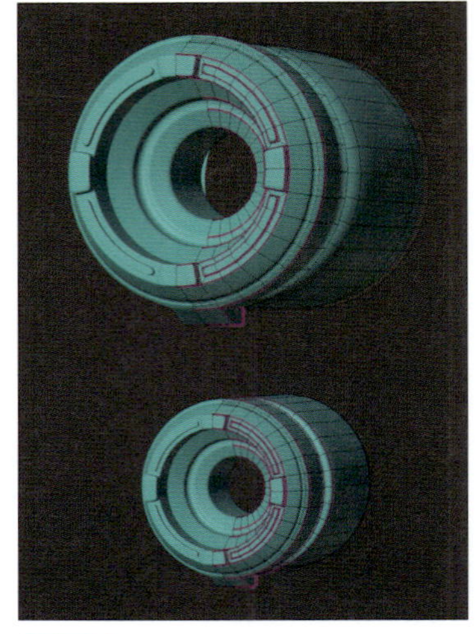

図4-4-1 円柱状の形状はループを使った押し引きがやりやすい

今回の場合でも、単純な押し出しや穴埋め、メッシュの分割で形状追加とブラッシュアップを行いました。また追加での形状変化が必要ない場合でも、形状の整理などはこの時点で行ってください。

ヘルメットの前面と後面にある丸い部品や頭部分の部品などは、この時点でリトポから抽出した辺や頂点などからポリゴンモデリングしています。それに伴って、周囲も整理し、より具体的な形状になるように作業しています。

4-5 リトポの結果

参考ファイル	mecha_helmet.blend（コレクション：2_retopo、2_3_retopo）
備考	この章でのリトポ作業の結果です。

リトポ作業の結果は、画像のようになりました。ポリゴンを修正したり整理することで、メリハリのある形状を目指しました。

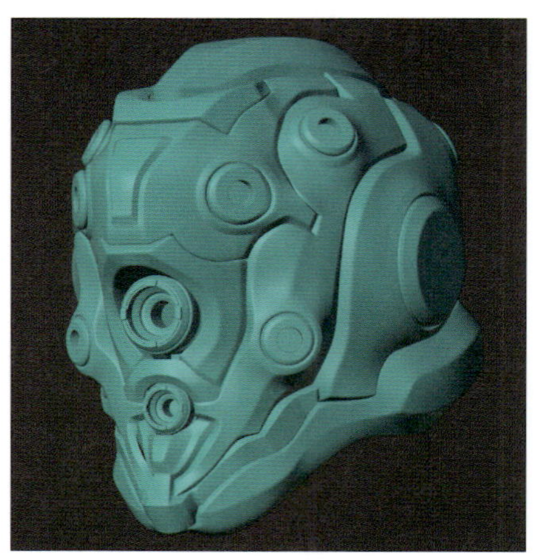

図4-5-1 リトポ作業の結果

2次スカルプトの実行

参考ファイル	mecha_helmet.blend（コレクション：retopo 3_retopo） mecha_helmet.blend（コレクション：2nd_sculpt）
備考	4章では、3_retopoのモデルを元に2次スカルプトを開始しています。結果は2nd_scultpです。

最初のスカルプトでは「大まかな形」で構わないと説明しました。事実、全体形状としては簡素な状態です。このような状態にしたのは、手戻りポイントを明確にしておきたいからです。

筆者はモデリング時に気分が乗ってしまって、一部分のみディテールを掘り下げてしまい、全体の作業時間やクォリティのバランスが取りにくくなってしまうことがよくあります。

気がついた時にはどこまで手戻りすれば状態を戻せるか、わからなくなっていることもしばしばです。いくら試行錯誤とはいえ、完成（それが仮の完成であるとしても）が見えなくなってしまうのは本末転倒です。

そもそも大まかな形すら決まってない状態でディテールを進めても、闇雲に作ることになってしまい、いつ完成するのかがわからなくなってしまいます。状態を１つ１つ確定させていくことが必要で、それが試行錯誤のスピードアップを図ることに繋がるのではないかと考えています。

今回の２次スカルプトではブラシで彫るというより、アルファ画像やマスクを使って形状を押し引きするといった作業がメインになります。

また、スカルプトの分割はリメッシュではなく、マルチレゾリューションモディファイアを使用します。

5-1 2次スカルプトの準備

2次スカルプトでは、「マルチレゾリューションモディファイア」を使用します。

マルチレゾリューションモディファイアは、サブディビジョンサーフェスモディファイアと似ています。どちらも方式に従って、メッシュを細分化する機能自体は変わりません。クリースによるエッジ調整も、どちらのモディファイアでも効きます。大きな違いは、スカルプト機能との連携です。サブディビジョンサーフェスモディファイアは、スカルプトモードに対応できません。

マルチレゾリューションは、分割数を増やすと解像度の階層が作られます。たとえば分割数を「5」まで上げた場合、分割数 0、1、2、3、4、5 の 6 つの解像度状態が保持されており、それらの解像度毎でスカルプトを行うことができます。細かいディテールは高解像度で行い、大きな曲げ伸ばしなどは低解像度で行うといったことができます。

またスカルプトブラシには、マルチレゾリューション専用のブラシが用意されています。「マルチディスプレイスメント消しゴム」と「マルチディスプレイスメントスミア」です。前者はスカルプトブラシで彫った部分を元に戻すことができ、後者は引き伸ばすような効果を与えることができます。特にマルチディスプレイスメント消しゴムは、ディテールを検討する場合の試行錯誤に非常に便利です。

つまり、時間がかかりやすいポリゴンモデリングでの形状の試行錯誤を、アルファ画像やマスクを使った押し引きで行う、というのが 2 次スカルプトの目的になります。

マルチレゾリューションモディファイアの追加

2 次スカルプト用にリトポオブジェクトを複製し、スカルプト用オブジェクトとします。

まず、スカルプト用オブジェクトのサブディビジョンサーフェスモディファイア（細分化）を削除しておいてください。

また、ミラーモディファイアを適用し、左右のポリゴンを確定します。この操作は破壊的なので、ミラーモディファイアを適用する前の状態をバックアップしておくと、手戻りする際にやり直しが楽になります。

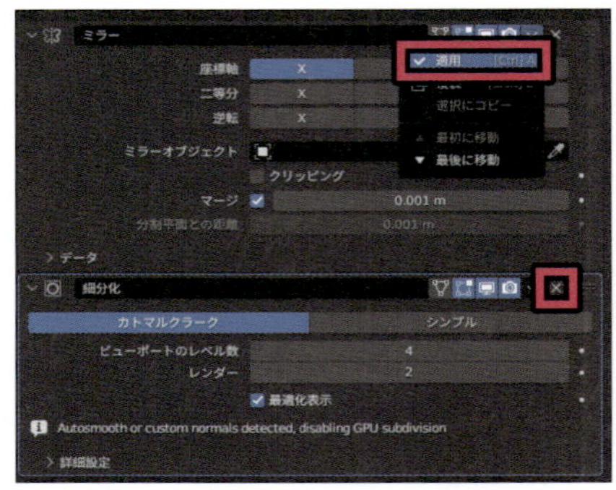

図5-1-1 ミラーモディファイアの適用

ミラーモディファイアを適用してしまうのはいくつか理由がありますが、大きな理由としてマルチレゾリューションモディファイアのモディファイアスタック（モディファイアの順番）が特殊で、一部のモディファイアを除いて強制的に一番上になるためです。

ミラーモディファイアが掛かっていると、マルチレゾリューションモディファイアで分割した後にミラー効果が掛かる状態になり、メッシュにアーティファクト（不具合）が生まれてしまう場合があります。このようにマルチレゾリューションモディファイアを使う際は少し注意が必要です。

マルチレゾリューションモディファイアを追加したら、「細分化」ボタンで分割します。ビューポートのレベル数およびスカルプトの分割数を「5」程度にします。

なお、分割が確定するまでややタ

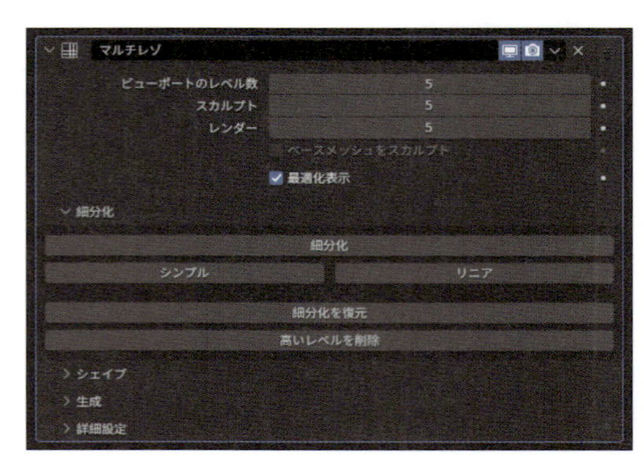

図5-1-2 マルチレゾリューションモディファイアの設定

イムラグがあるので、ボタンを押すたびに分割数が増えるのを確認するようにして、連打しないようにしてください。最悪の場合、Blender が反応しなくなり落ちてしまう場合があります。

今回の場合、マルチレゾリューションモディファイア状態をハイポリモデルとしてそのまま使わず、あくまでもリトポ対象にするだけなので、そこまで細かく分割する必要はありません。

マルチレゾリューションモディファイア状態を、そのままハイポリモデルとして使用するワークフローもありますが、これにはかなりの分割数が必要になり、それ相応なマシンスペックが要求されるため、難易度が高いです。

この後アルファ画像でスカルプトすることになりますが、その際に形状が綺麗に押し引きできるぐらいの分割数で構いません。もしマシンスペックによって負荷が大きいようでしたら、「3 ～ 4」の分割数でも作業は行えると思います（もちろん解像度が低いと、形状の再現性が下がります）。

面セットの適用

2 次スカルプトでは、パーツ毎にスカルプトしたい（パーツを跨がないでブラシを適用したい）場面が出てきます。パーツ単体にスカルプトを効かせるための準備をしておきましょう。

ここでは「面セット」を使います。面セットとはスカルプトモードで使用できる色による識別データです。マスクにしたり、表示／非表示させたり、オブジェクトとして分離したり、とスカルプト作業中に便利な機能です。

スカルプトモードでは、自動マスクとして面セットを設定することが可能です。パーツ毎に面セットを適用しておけば、パーツ単体へのスカルプトとパーツを跨いでのスカルプトを切り替えることが可能になります。

スカルプトモードに入り、メニューの「面セット→面セットを初期化→構造的に分離したパーツ」を選択します。すると図のように、分離したパーツ毎に面セットによる色が塗られます。

図5-1-3 面セットを設定する

このままだと左右対称のパーツも別々な面セット色になっており、パーツ単体の対称スカルプトができなくなりますので、対称パーツは同じ面セット色にしておきます。

対称なパーツ上にマウスカーソルを持っていき、「Shift+H」キーを押します。するとマウスカーソル下にあったパーツが非表示になります。対称のパーツも同じく非表示にします。

メニューの「面セット→面セットの表示を反転」で表示を反転します。すると先ほど非表示したパーツのみが表示されたと思います。この状態でメニューの「面セット→表示部分から面セットを作成」をして、面セットを新たに塗り替えます。

面セットは新たに塗り替えると、既存の面セットと同じ色にはならないようになっているはずですが、もし何らかの理由で同じ色になってしまった場合は、表示部分から面セットを作成を繰り返してみてください。

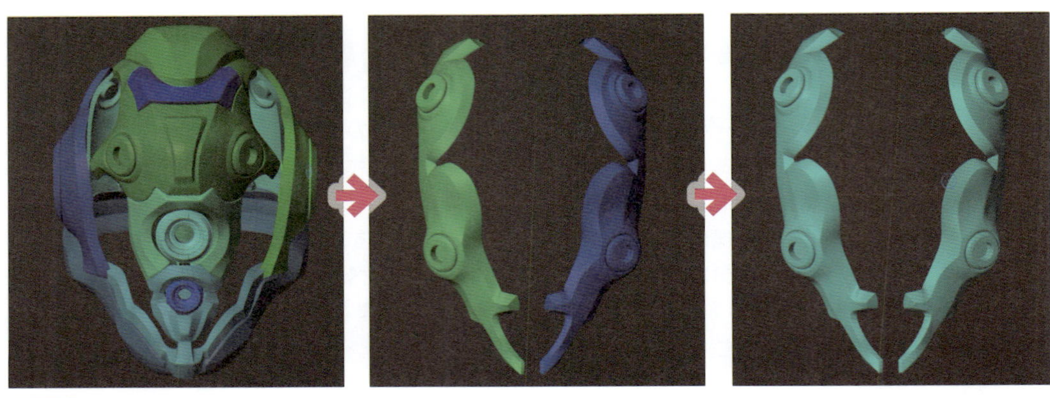

図5-1-4 対称パーツの面セットを揃える

面セット全体を表示させるのは、「Alt+H」キーです。これらの操作を対称になっているパーツ毎に行います。

図5-1-5 面セットの設定の完成

5-2 アルファ画像を使った形状生成

2 章の Substance 3D Designer で作ったアルファ画像を使って、形状の試行錯誤をしていきます。

アルファ画像を使う準備

ドローブラシにアルファ画像を適用したいと思います。「テクスチャ→新規ボタン」をクリックします。すると、テクスチャ欄の表示が変わってテクスチャタブへ移動するボタンがでますので、クリックします。また、マッピングがデフォルトではタイル状になっているので、「エリア平面」に変更しておきます。

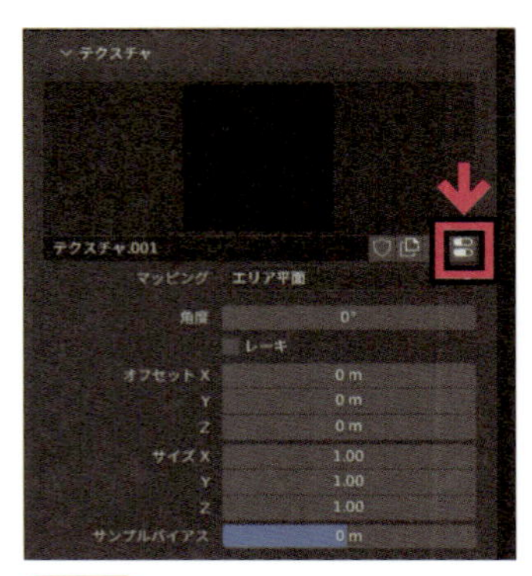

図5-2-1 テクスチャタブに移動

テクスチャタブで「開く」ボタンを押し、アルファ画像を読み込みます。ほかの設定は特に変更する必要はありません。画像を変更する方法はいくつかありますが、筆者はここで読み込み直して変更しています。また、アルファ画像を管理するアドオンもありますので、探してみるのもよいと思います。

さらに「ストローク→ストローク方法」を「アンカー」に変更し、減衰は必要ないので減衰を「一定」にしておきます。

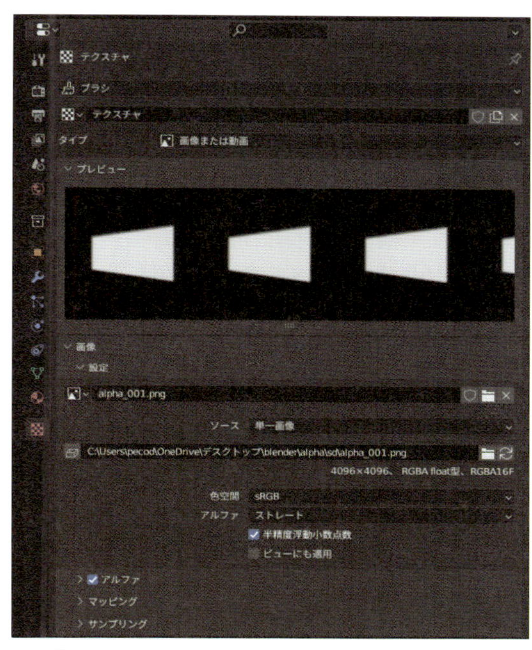

図5-2-2 テクスチャにアルファ画像を読み込む

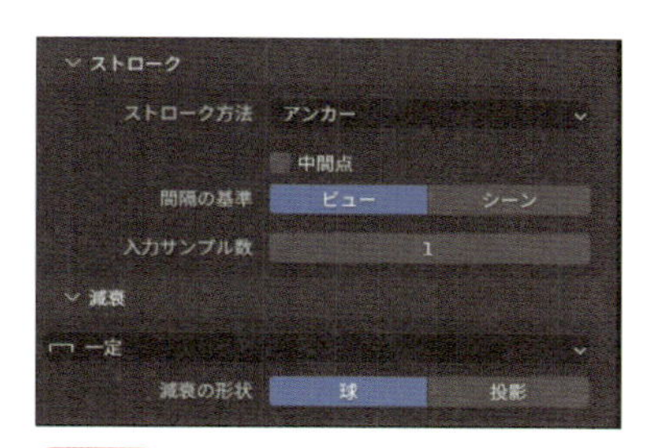

図5-2-3 ストロークを「アンカー」、減衰を「一定」にする

この「アンカー」とは、ブラシを置いた場所でアルファ画像の形状を「拡大／縮小」および「回転」することができるストローク方法になります。

これで、ブラシでアルファ画像を使う準備が整いました。

アルファ画像を使ったスカルプト

ストロークをアンカーにしていますので、普段のブラシの挙動とは異なります。

アンカーの場合は、左クリックした場所（つまりブラシで描こうとした場所）にアルファ画像の形状が現れます。左クリックをしたままマウスを左右にドラッグすると、形状が「拡大／縮小」されます。また、マウスを円を描くようにドラッグすると、形状が「回転」します。確定したい場合は、左クリックを離します。

アンカーでは、ブラシサイズと方向は形状が現れた後に変更することができますが、形状の強さ（この場合だと形状の高低）はあらかじめ決めておく必要があります。

ショートカットは、3 章での最初のスカルプトの時と同じく「Shift+F」キーです。ショートカットを押すとブラシの強さを決めるモード（強さの数値が表示される）になりますので、マウスを左に動かすと「弱く（低く）」、右に動かすと「強く（高く）」設定することができます。一定の数値にしたい場合は、「ブラシ設定→強さ」で数値設定することも可能です。

ストロークをアンカーにしている場合はおそらく使いませんが、念のためブラシサイズは「F」キー、ブラシの回転は「Ctrl + F」キーで行えます。

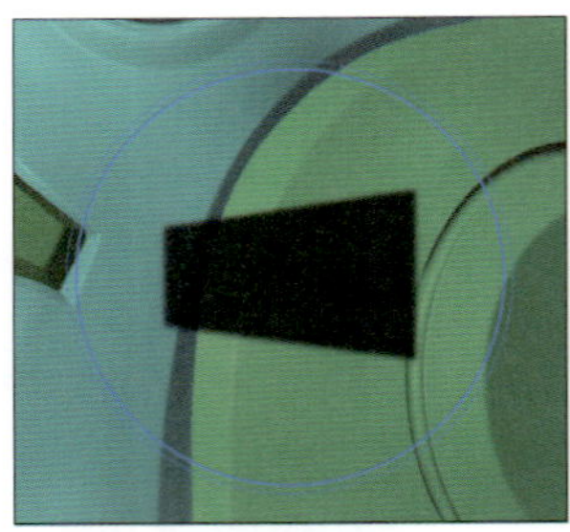
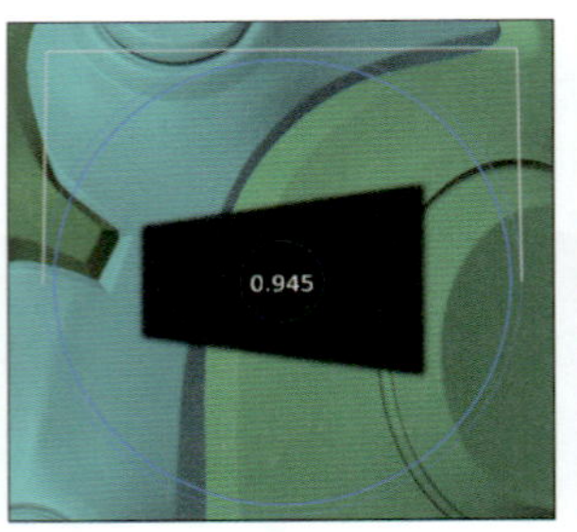

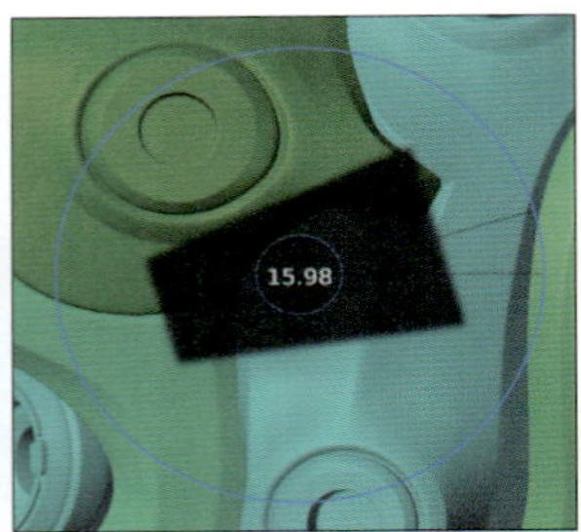

図5-2-4 左：ブラシサイズ（「F」キー）、中央：ブラシの強さ（「Shift+F」キー）、右：ブラシの回転（「Ctrl + F」キー）

また、3章のスカルプトの操作でも説明しましたが、「Ctrl」キーを押している間、（ブラシ設定の）方向の追加、減衰が切り替わります。つまり、盛り上げたい場合はアルファ画像でも「追加」の状態で、凹ませたい場合は「減衰」の状態（「Ctrl」キーを押した状態）でブラシを確定させます。

面セットを設定していることで、面セットによる作業対象の制限が使えます。パーツを跨いでスカルプトする際、Aパーツにはスカルプトしたいが B パーツにはスカルプトしたくないという場合などに便利です。

面セットによる作業対象の制限は、「ツール→詳細設定→面セット」にチェックを入れます。これでいま対象の面セット（マウスカーソルがホバーしていて作業をしようとしている面セットのパーツ）に対してのみ、ブラシが適用されます。

そのほかにもさまざまな制限が可能ですので、試してみるのもよいと思います。

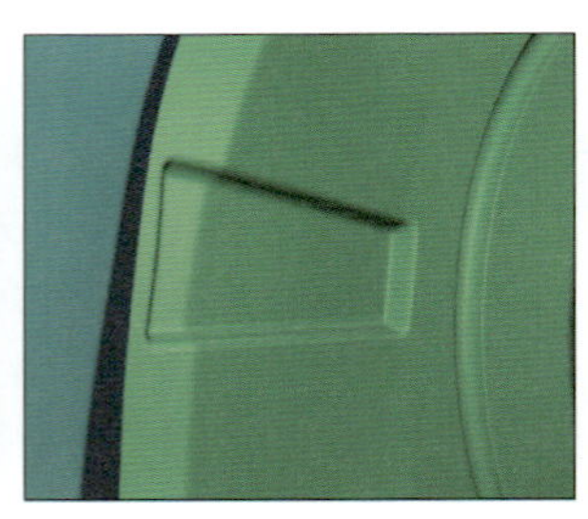

図5-2-5 左：追加（Ctrlを押していない状態）、右：減衰（Ctrlを押した状態）でのスカルプト

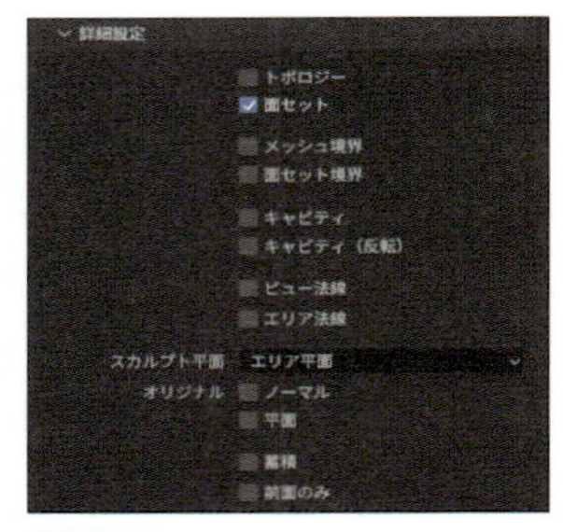

図5-2-6 対象の面セットにのみブラシを適用

また、単純に面セット部分のパーツのみを表示させせることによって、その部分だけにスカルプトを施すことができます。

スカルプトを施したいパーツ（面セット）の上にマウスカーソルを置いて（ホバーさせて）、「H」キーを押すと、その面セット以外がすべて非表示になります。「Shift + H」キーだとマウスカーソルをホバーしていた面セットだけ非表示になります。すべて表示に戻すには「Alt + H」キーです。

非表示部分はスカルプト作業の影響を受けなくなるので、簡易的なマスキングのように使えます。後述するマスキングでの形状生成の場合などに併用すると、各パーツへのスカルプトの影響をしっかりコントロールすることができます。

5-3 マスキングを使った形状生成

スカルプトツールでは、基本的に「マスキングワークフロー」が形状生成の基本になっています。Blender でもさまざまな方法でマスキング行うことができます。またマスク部分に対しての処理もいくつか用意されており、専用ツールほどではないですがマスキングワークフローを実現することはできます。

アルファ画像によるスカルプトはとても便利ですが、形状が固定されているため任意の範囲を押し引きするには適さない場合があります。そこで、マスキングによる押し引きの方法も紹介しておきたいと思います。

マスキングを反転させる

マスキングした部分は、「効果が適用されない部分」になります。ただし、普通は効果を適用したい部分が全体の一部であることが多いため、マスキングする際は「効果を適用したい部分を塗って反転させる」というフローで行うことがほとんどです。

マスクの反転は「Ctrl+I」キーです。トグルで反転になりますので、ショートカットを押すたびに範囲が反転します。

ストロークの安定化でのマスキング

曲線を描きたい場合は、「ストロークの安定化」にチェックを入れて描画すると、手動でも綺麗に曲線を描けるようになります。

ストロークの安定化は、ほかのツールだと「レイジーマウス」などと呼ばれる遅延追従機能です。基本的にはこの機能を使って、マスクの外枠を描くことが多いと思います。

半径を大きくすると、カーソルの追従がより遅延して曲線をなめらかに描くことができますが、細かい曲線を描くのが難しくなります。半径を小さくすると細かい曲線を描けますが、なめらかな曲線を描くのが難しくなります。

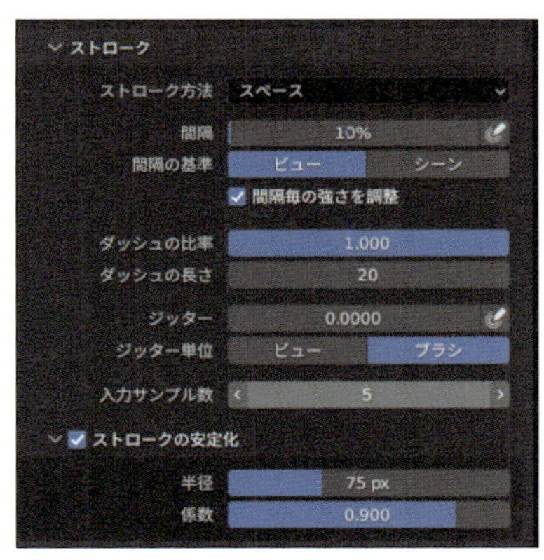

図5-3-1 「ストロークの安定化」にチェック

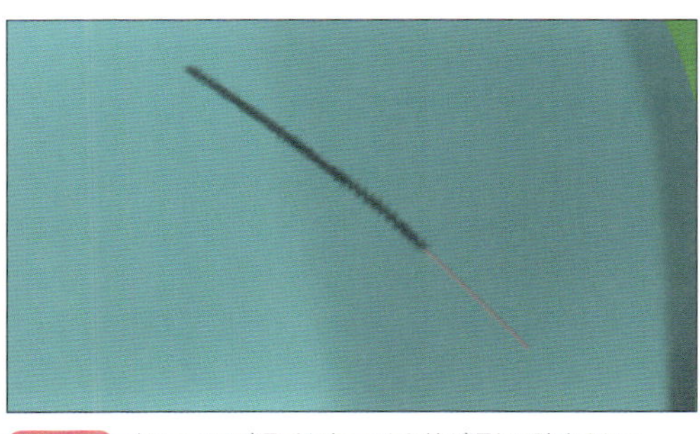

図5-3-2 赤いラインが遅延を表しており線が遅れて確定される

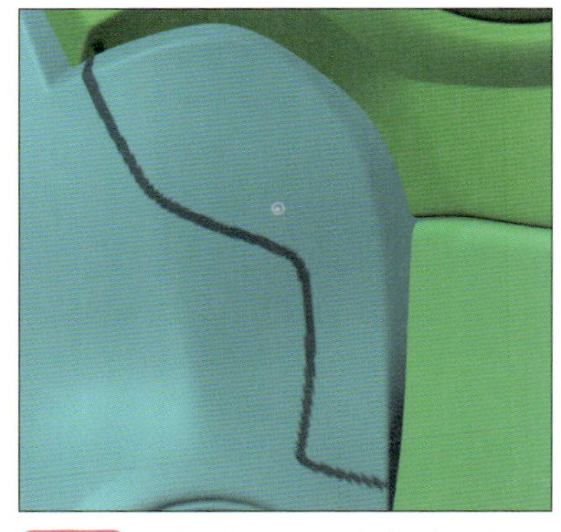

図5-3-3 手書きだと描きにくい曲線を綺麗に描ける

手で曲線を描く都合上、半径の設定には少し慣れが必要かもしれません。とりあえず何度か描いてみて、しっくりくる半径を探してみるのがよいでしょう。

アルファ画像でのマスキング

2 章で作成したアルファ画像を使うと、効率よくマスクを塗りつぶすことができます。ブラシ単体でマスクを塗るとどうしてもムラになりやすく、綺麗に押し引きすることができない場合があります。

また、アルファ画像を使うことで直接形状を押し引きできますが、アルファ画像をマスクとして使った場合、アルファ画像の形状を組み合わせてマスク領域を作れるというメリットがあります。

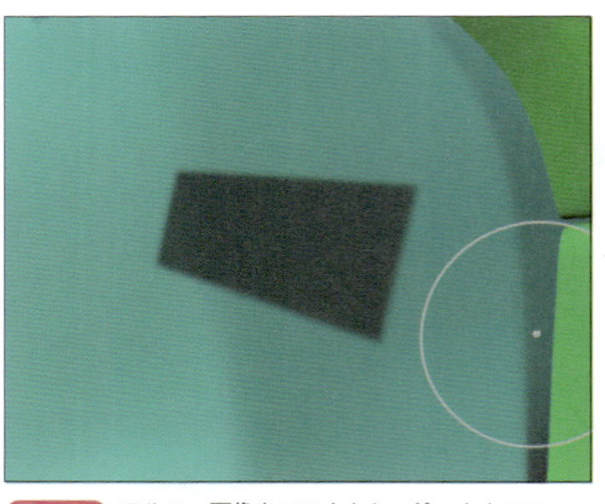
図5-3-4 アルファ画像をマスクとして塗ったところ

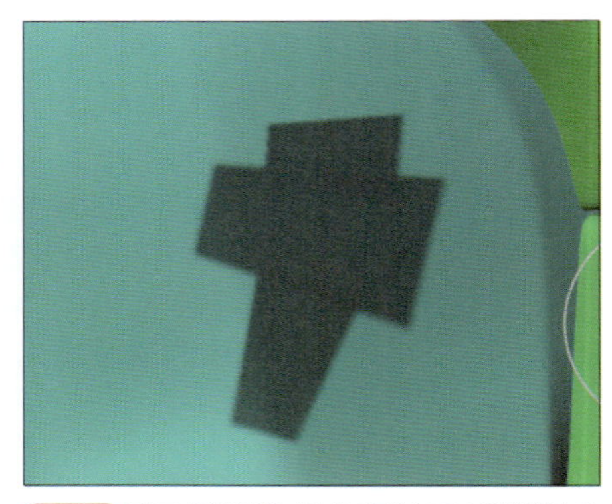
図5-3-5 アルファ形状を組み合わせて複雑なマスク領域が作れる

さらに、塗るというよりスタンプで埋めるといったイメージで塗りつぶしの補助にも使えます。アルファ画像の適用の方法は 5-2 節で解説したとおりですが、ここでもストローク方法は「アンカー」が便利だと思います。

投げ縄マスクでのマスキング（塗りつぶし）

Blender のマスクには、囲んで描いたマスクの内側を塗りつぶす機能はありません。ある程度大きな不定形な範囲の塗りつぶしは、「投げ縄マスク」を使うとよいと思います。

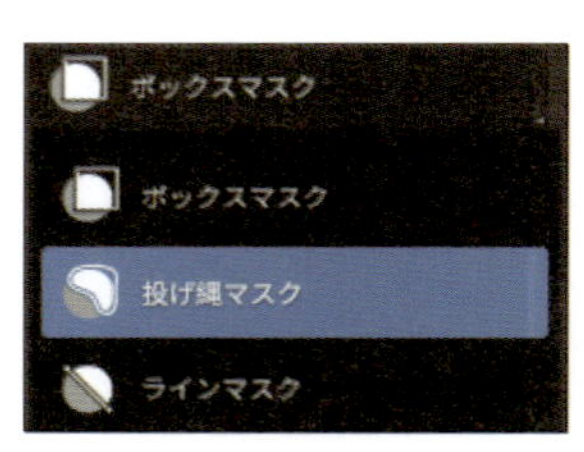

図5-3-6 投げ縄マスクの選択

ボックスマスクの欄に、投げ縄マスクがあります。ボックスマスクを少し長めに左クリックすると、ドロップダウンリストで投げ縄マスクが表示されますので選びます。ブラシリストから選ぶこともできます。

ただし、投げ縄マスクはストロークの安定化やカーブを併用して描けるわけではないことや、面セットでのマスキングが効かないので、もしうまく塗りつぶせない場合は、ブラシを併用するなどしたほうがよいです。

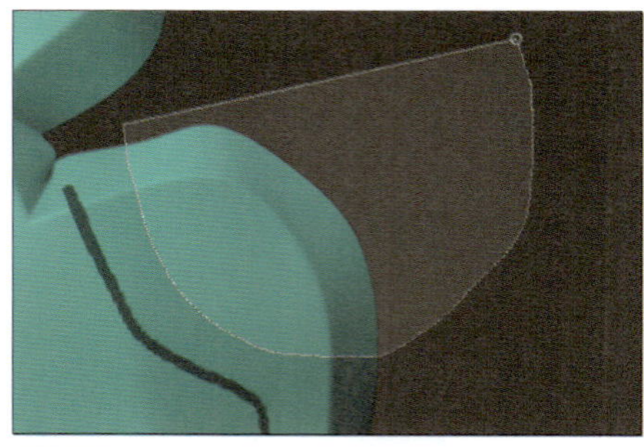
図5-3-7 投げ縄マスクの領域指定

マスキング範囲を補正する

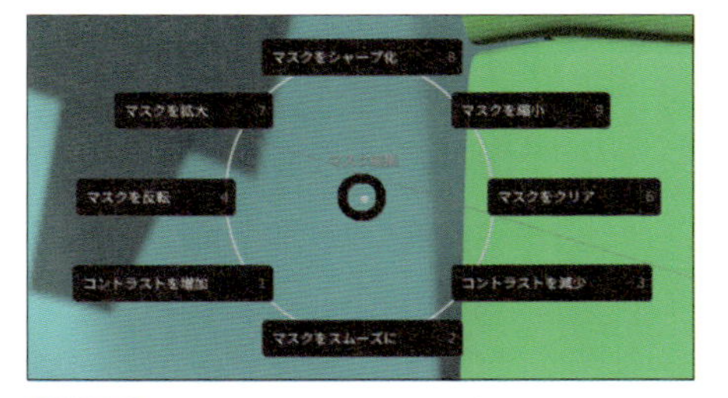

図5-3-8 「A」キーでパイメニューを表示

マスキングは、メッシュの解像度に依存します。現状マルチレゾリューションモディファイアでメッシュ解像度を稼いでいますが、ややエイリアシングが出てしまうのは否めません。また押し引きする形状を柔らかくしたい場合などもあります。そのような場合、マスキング範囲を補正するのがよいでしょう。

マスクメニューから機能を選ぶのでもよいのですが、「A」キーで出るパイメニューから機能選択するほうが便利です。

「マスクをスムーズ」と「マスクをシャープ」で、マスキング範囲をぼかすしたりはっきりさせたりすることができます。マスクのぼかし具合で、このあと行う形状の押し引きの結果に影響します。

コントラストの調整で、マスクの濃淡の調整を行えます。マスクの塗りにムラがある場合は、コントラストで調整するとよいでしょう。

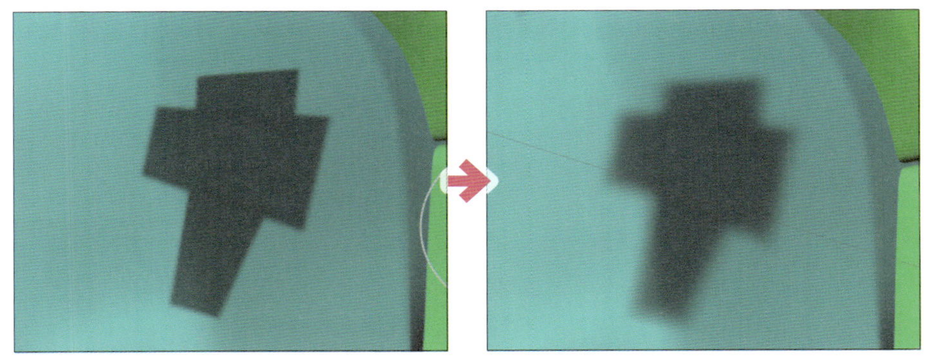

図5-3-9 「マスクをスムーズ」によってぼかしを入れたところ

今回の作例では2次リトポすることになるので、そこまで精緻に形状の押し引きをする必要はないのですが、形状の試行錯誤の意味合いや、ほかのワークフローなどの場合、できるだけイメージに近い形状の押し引きができたほうがよいので、マスキングの状態でどのような形状になるかは、慣れておいたほうがよいでしょう。

形状の押し引き

マスキング（実際にはマスキングしてない部分）部分を押し引きする方法ですが、大きく分けて2つあります。

メッシュフィルターのインフレートによる変形

1つは、メッシュフィルターの「インフレート」を使って膨張／収縮させる方法です。

メッシュフィルターを選択して、ツールタブから「アクティブツール→フィルタータイプ」を「インフレート」にします。インフレートは、膨張の意味（マイナス方向の効果で収縮もできます）です。

前述したようにメッシュフィルターは、左クリック＆マウスドラッグによって効果を適用します。インフレートでは右方向で「膨張」、左方向で「収縮」です。

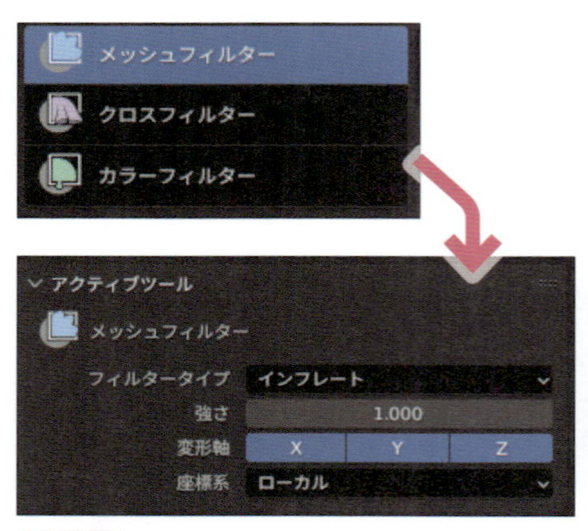

図5-3-10 メッシュフィルターで「インフレート」を設定

図5-3-11 メッシュフィルターのインフレートで形状を押し込んだところ

メッシュフィルターの効果は、基本的に座標系をローカルにしている場合、オブジェクトの原点を起点として効果が掛かります。インフレートの場合は膨張／収縮の効果になるので、変形はオブジェクトの原点を基準とした変形になります。

マスキング範囲が大きかったり長細かったりする場合、膨張／収縮にムラができる場合があります。場合によっては望んだ形状にならないこともありますので、注意してください。

▶ トランスフォームによる変形

2つ目の方法は、「トランスフォーム」を使って変形させる方法です。トランスフォームは、任意に「移動」「回転」「縮小」を行うことのできるギズモツールです。

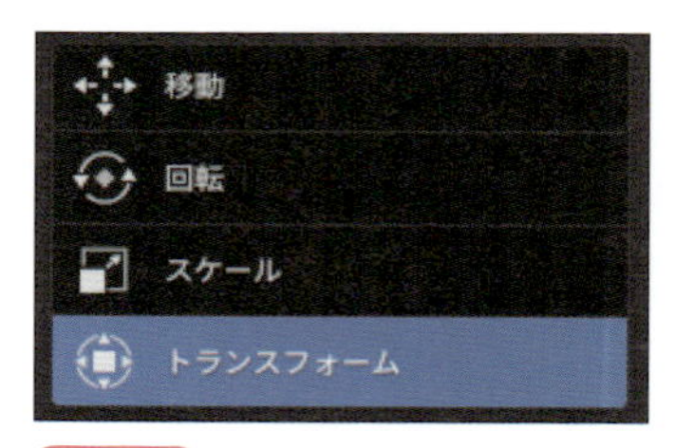

図5-3-12 トランスフォーム

マスクが掛かっていない領域を変形させることになりますが、その領域に「ピボット」を移動させて、ピボットを元に変形を行う方法です。この方法では任意の方向だったり、ピボットを軸として回転させることも可能なため、メッシュフィルターのインフレートによる変形よりも、細やかに形状を変形させることができます。

まず、トランスフォームピボットポイントを「3D カーソル」にします。スカルプトモードの場合、トランスフォームピボットポイントのアイコンが表示されなくなっているので、キーボードの「.」(ドット）キーから選択するとよいでしょう。

ブラシリストから「トランスフォーム」を選択します。すると、ギズモが表示されるようになります。さらにツールタブから「ギズモ→座標系」を「カーソル」にします。

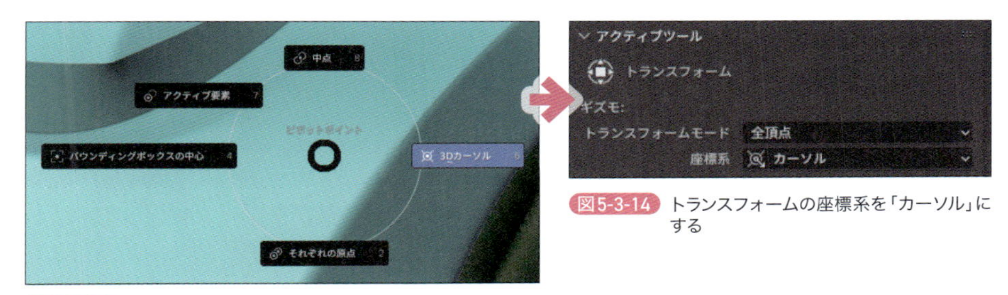

図5-3-13 ピボットを「3Dカーソル」に設定

図5-3-14 トランスフォームの座標系を「カーソル」にする

この状態で、変形させたい箇所に「Shift+右クリック」でギズモを移動させます。

正確に言うと、ギズモが移動しているというよりも3Dカーソルが移動しており、ギズモが追従しているという挙動です。スカルプトモードの場合3Dカーソルは非表示になっていますが、見えなくても移動しています。「Shift+右クリック」による3Dカーソル移動は、スカルプトモード専用の挙動ではないため、ややハック的な使い方かもしれません。

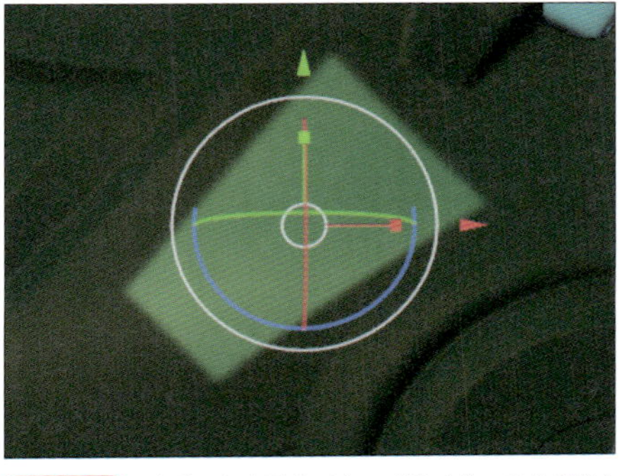

図5-3-15 ギズモを変形させたい部分（非マスク部分）の上に移動させたところ

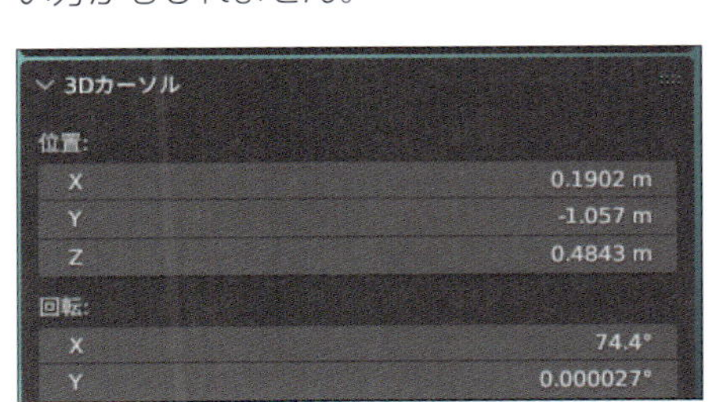

図5-3-16 3Dカーソルの数値調整

この時、ビューの方向（こちらから見ている軸）にギズモのZ軸が向く挙動になります。残念ながら、ギズモをマウスなどで直接微調整することはできません。もし軸を調整したい場合は、ビュータブから「3Dカーソル→回転」で数値調整するとよいでしょう。同様に、位置も数値調整が行えます。

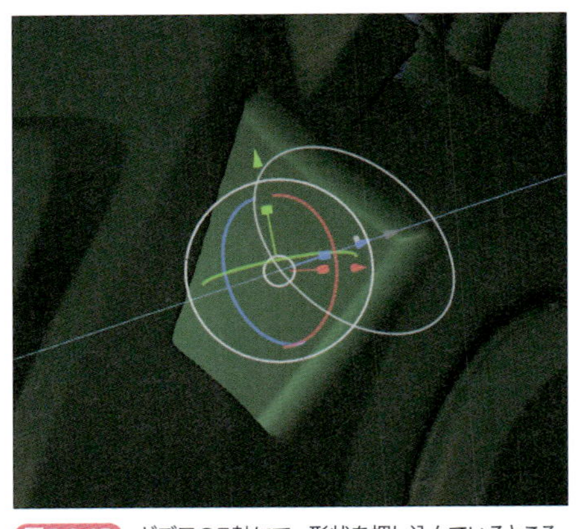

図5-3-17 ギズモのZ軸にて、形状を押し込んでいるところ

この状態でギズモを操作すると、非マスク部分をギズモの軸によって変形させることができます。多くの場合はZ軸（青い矢印）を掴んで押し込む、引き出すという操作になると思います。

もちろん回転や縮小／拡大もできますので、マスキングと併用すると非常に自由度が高い変形が可能な方法です。

5-4 2次スカルプトの結果

2次スカルプトを行い、ディテールを加えた状態です。より情報量が多くなってきて完成状態が見通しやすくなりました。この状態の形状をリトポを行って、リトポオブジェクトに確定させていきます。

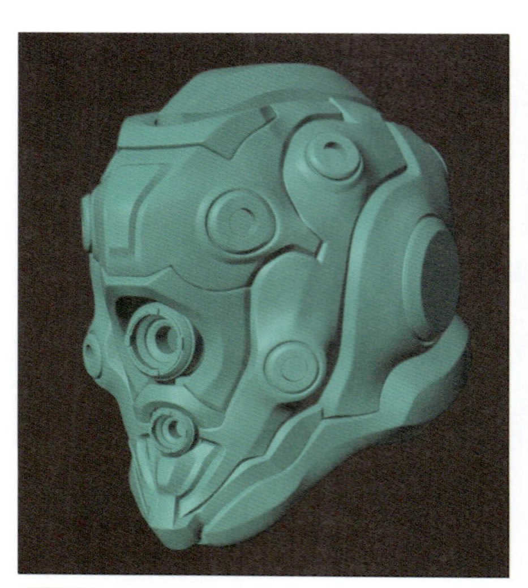

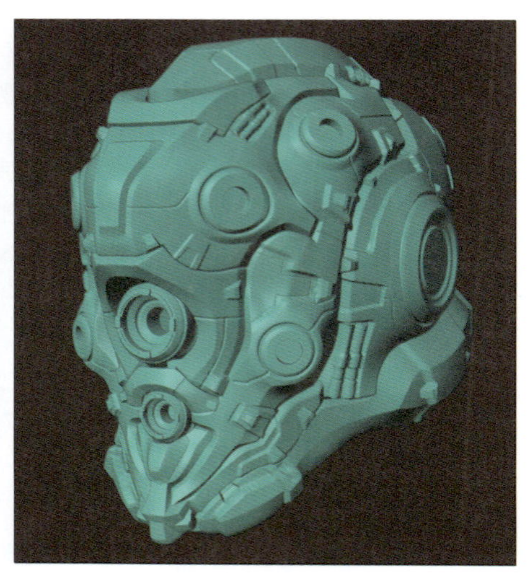

図5-4-1 左：2次スカルプト前、右：2次スカルプトを施した状態

2次リトポの実行

参考ファイル	mecha_helmet.blend（コレクション：2nd_sculpt） mecha_helmet.blend（コレクション：2nd_retopo） mecha_helmet.blend（コレクション：2_3_retopo）
備考	2nd_scluptのモデルを参照しながら、2_1_retopoのモデルを元に2次リトポを開始しています。2次リトポの結果は2nd_retopoです。

2次スカルプトで形状の試行錯誤ができたら、再度リトポ（2次リトポ）を行います。最初のリトポのように全体ではなく、追加した形状部分をリトポオブジェクトに足していくようなイメージです。

6-1 2次リトポの方針

あくまでディテールの検討としての「2次スカルプト」なので、生かす形状を取捨選択しながらリトポする形でもかまいません。

今回の作例でも、2次スカルプトの段階で突起状の細かい部品のような形状をスカルプトしていますが、リトポ中にややうるさくなるように思えたので、細かい突起状部品や一部の形状はリトポしていません。これら部品のニュアンスは、この後に行うNormalデカールにて表現してみようと思います。

6-2 2次リトポの準備

2次スカルプトオブジェクトを選択して編集モードに入り、作業対象パーツを「L」キーで選択します。さらに「P」キーで選択箇所をオブジェクトに分離します。

これで、オブジェクトモードで表示／非表示が切り替えられるようになるので、スナップが余計なところに効いてしまう状況をかなり軽減することができます。リトポしたい箇所以外はアウトライナーなどで不可視（目のアイコンをクリック）にするなどして、非表示にすると作

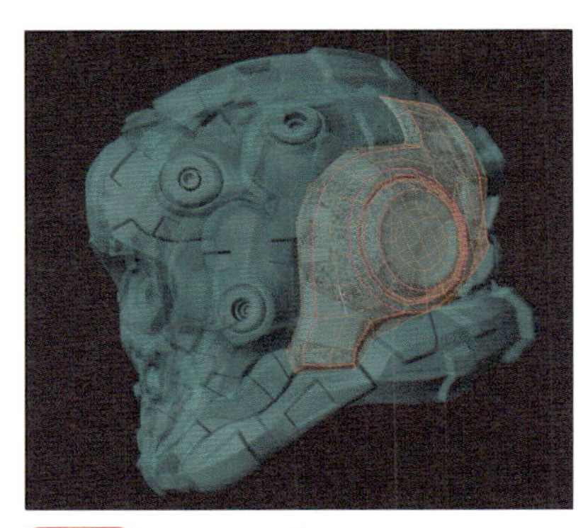

図6-2-1 部位ごとに分割をする

1 2 3 4 5 6 7 8 9 10 11 12

業がしやすくなります。

「透視表示」をONにすると、メッシュが透けて見えるようになります。透過表示は「ALT + Z」キーです。

リトポオブジェクトのリトポ作業したいパーツのみを表示させるために、編集モードで「L」キーによる選択で作業対象パーツのみ選択します。

そのまま「Shift + H」キーで選択しているメッシュのみの表示状態にします。この時点で、2次スカルプトオブジェクトもリトポオブジェクトも作業対象のパーツのみ表示されている状態になっているはずです。この状態で、作業を進めていきます。

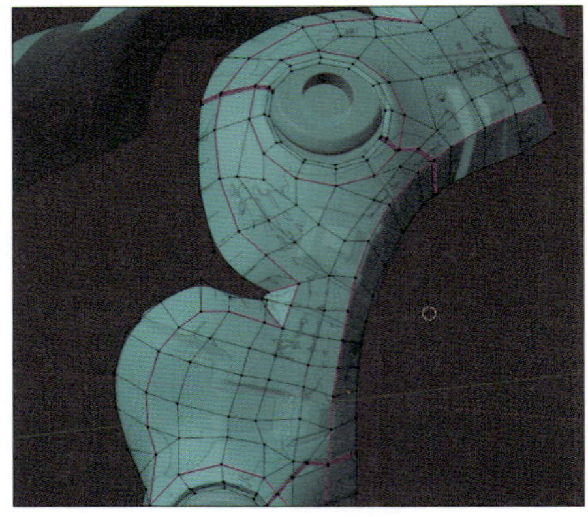

図6-2-2 2次スカルプトモデルと2次リトポモデルを透過表示状態にしたところ（スカルプトオブジェクトが透けて見える）

6-3 2次リトポでの作業

2次リトポでは、基本的には「ナイフツール」を使うとよいと思います。ナイフツールは、Blenderの機能の中でも特に重要です。自由に形状を作っていく際にはナイフツールを多用しますので、扱い方に慣れておくとよいでしょう。

今回の作例でも基本的に2次リトポは、ほとんどナイフツールによる辺の差し込みにて形状をリトポしています。

ナイフツールのショートカットは「K」キーです。ナイフはモーダルな機能で「K」キーを押すと「ナイフモード」になります。ナイフ機能中で選択できるオプションは、デフォルトならビューポート下部に表示されています。角度を制限したり、スナップさせたり、軸をロックする、などさまざまなオプションがあります。

↵/PadEnter/␣:決定、[Esc]:キャンセル、[Ctrl] Z:元に戻す、LMB:カット開始/設定、dbl-LMB:カット終了、RMB:新規カット、[Shift]/[Shift]:中点にスナップ(OFF)、

[Ctrl]/[Ctrl]:スナップ無視(OFF)、A:角度制限 0.00(30.00) (OFF)、C:透過カット(OFF)、MMB:パン、XYZ:方向ロック(OFF)、S:距離/角度を計測(OFF)、V:透過表示(ON)

図6-3-1 ナイフのオプションの表示

ナイフで切りたい部分を指定していきます。選択した箇所は、赤い線や頂点が表示されます。任意の場所が選択できますが、辺や頂点にはスナップが効くようになっています。

指定ができたら「Enter」キーで確定すると、ナイフが実行され辺が差し込まれ、交差箇所には頂点ができます。「ESC」キーで指定をキャンセルできます。

図6-3-2　ナイフを適用する場所を指定しているところ

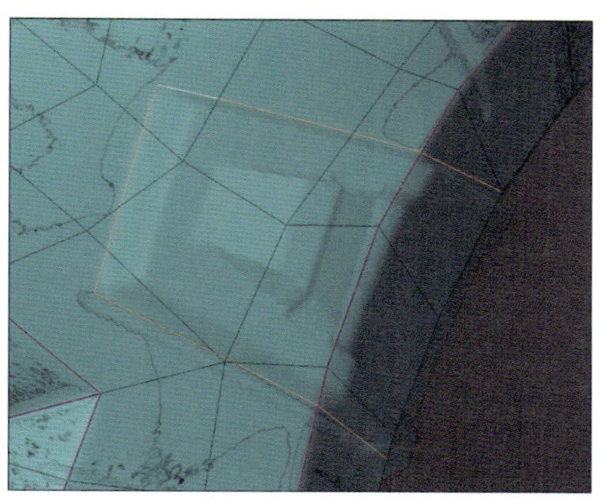

図6-3-3　ナイフを確定し辺が差し込まれたところ（わかりやすいように差し込んだ辺を選択している）

　このように、透けて見える2次スカルプトオブジェクトを目視ガイドにしながら、ナイフで辺を差し込み、形状の領域を作っていきます。領域が作れたら押し出しなどで形を整形していきます。

　または領域を削除して、最初のリトポのように面スナップを効かせながら頂点押し出しで、2次スカルプトオブジェクトを手動リトポするのもよいでしょう。

図6-3-4　ナイフで切った領域を押し出しているところ

図6-3-5　領域面を削除して面スナップで頂点押し出しでのリトポをしているところ

　2次スカルプトのリトポは、ナイフツールを使って既存のトポロジーに頂点や辺を差し込んでいくような作業になるため、気がつかないうちに、5つ以上の頂点を持つポリゴン（Nゴン）を発生させてしまうことがあります。

　Blenderでは「Nゴン」をサポートしているということは前述しましたが、編集的な意味合いとしてはループ選択ができなくなるなどのデメリットがあります。また三角ポリゴン化する際や、サブディビジョ

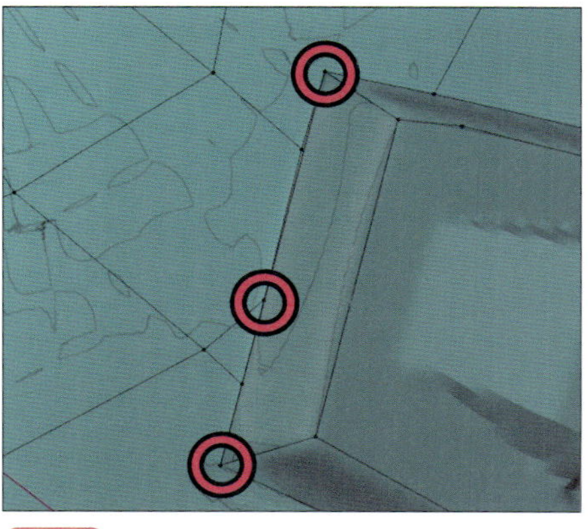

図6-3-6　辺を差し込んでいるためNゴンの原因になる頂点

ンサーフェスモディファイアでの分割において、シルエットが大きく変わってしまう可能性もあります。N ゴンは、できるだけ取り除いたほうがよいでしょう。

N ゴンは、選択で識別することが可能です。メニューの「選択→特徴」で「全選択→面の辺数」にて、頂点数を「4」、タイプを「大きい」にします。すると 5 頂点以上ある面すなわち「N ゴン」が選択されます。N ゴンがあったら三角ポリゴンに分割する、トポロジーを再考して四角ポリゴンに直すなどしましょう。今回の作例では、簡易的に三角ポリゴンにして修正しています。

Blender での N ゴンの扱い

Blender では N ゴンはさまざまな場面で対応されているので、Blender 上の作業では N ゴンがあっても問題になることは少ないです。そういう意味では、N ゴンを許容しても OK だと思います。

ただし、アニメーションなどでの必要なトポロジーにおいてや、ほかのツールでは必ずしも N ゴンを許容しない場合もあるということは、認識しておくとよいと思います。

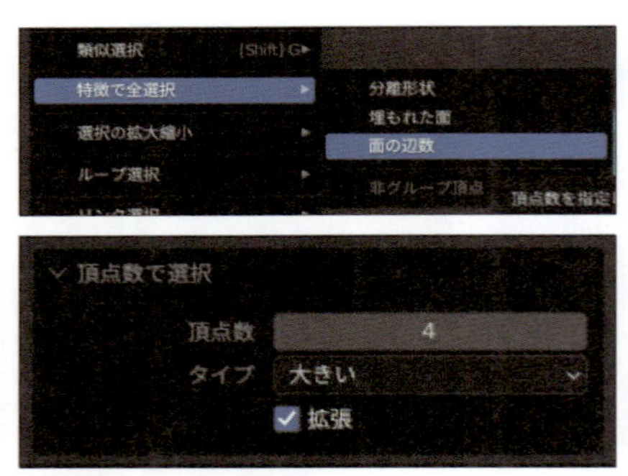

図6-3-7 特徴の全選択から面の辺数で「Nゴン」を選択できる

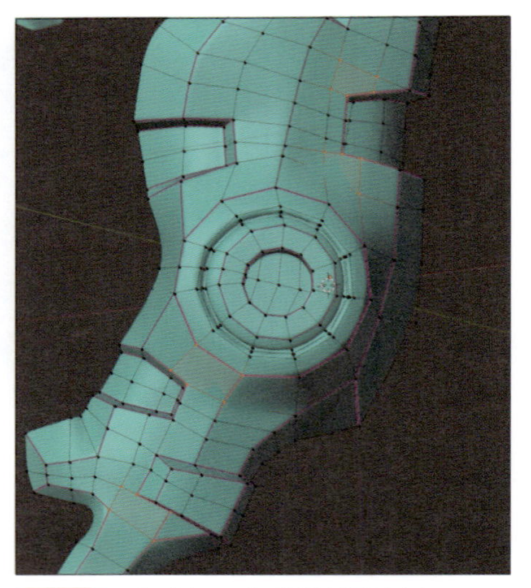

図6-3-8 Nゴン（オレンジの部分）を選択したところ

差し込んだ形状を周囲のトポロジーを考えながら、なるべく N ゴンを作らないように整形していくのはやや難しい作業です。しかしモデリングの習熟という意味においては、トポロジーをどのように修正していくかの経験を大いに積める作業でもあります。たいへんではありますが 1 つ 1 つ処理していくとモデリング力が上がるのではないかと思います。

6-4 2次リトポの結果

2次リトポの結果は、画面のようになりました。前述しましたが、2次スカルプトで施した形状は取捨選択して、一部はリトポをしていません。

筆者の経験上ですが、2次スカルプトでは無意識的に形状を入れ込み過ぎていることが多いように思います。この後、Normalデカールでのディテールやマテリアルが付与されることを考えると「やりすぎ」になってしまっている状態です。そういったバランスはなかなか難しいのですが、先々の状態を考えながら形状を確定できるとよいでしょう。

またこの時点で、円形の部品など一部はポリゴンモデリングでの加工を行って整形しています。さらにチューブなどの部品も、存在感を演出するために付け加えました。

図6-4-1 2次リトポの結果

メッシュのチェックとUV展開

参考ファイル	mecha_helmet.blend（コレクション：2nd_retopo） mecha_helmet.blend（コレクション：4_uv）
備考	2nd_retopoのモデルからメッシュのチェックUV展開作業を開始しています。結果は4_uvです。

リトポが終わったら、「メッシュのチェック」と「UV展開」を行いましょう。

リトポが終わった段階では、ミラーモディファイアで左右対称になっているかと思いますが、今回の作例ではUVは左右どちらとも展開しますので、ここからの作業はミラーモディファイアを適用しておいてください。

先の作業でも説明しましたが、モディファイアの適用は破壊的な作業なので、状態を前に戻すためにバックアップ（オブジェクトのコピーやファイルの世代などやりやすい方法で）を取っておくとよいでしょう。

ミラーモディファイア適用時には、まれにミラーの中心点の頂点がずれたりしていて、接合がちゃんと行えていない場合があったりします。適用後は、中心点付近の頂点をチェックしておくのがよいでしょう。

7-1 メッシュのチェック

UV作業の前に、まずメッシュの状態が正しいかどうかをチェックしていきましょう。これらのチェックは説明の都合上この順序になっていますが、リトポ中に都度行うことをお勧めします。

面の裏返り

ポリゴンには裏表があり、正しい方向に向いているかを確認する必要があります。特にリトポのような作業で手動でポリゴンを生成した場合、頂点を繋げる順番によっては、ポリゴンが裏返ってしまうことがあります。

編集モードに入り「オーバーレイ→ジオメトリ→面の向き」にチェックを入れます。もし面が裏返っている（この場合は法線が反転しているという意味）場合、その面が赤く表示されます。

赤く表示される面が必ずしも裏返っているわけではなく、ちゃんと裏面の可能性もありますので、「意図している方向を向いているか」という視点でチェックしてください。

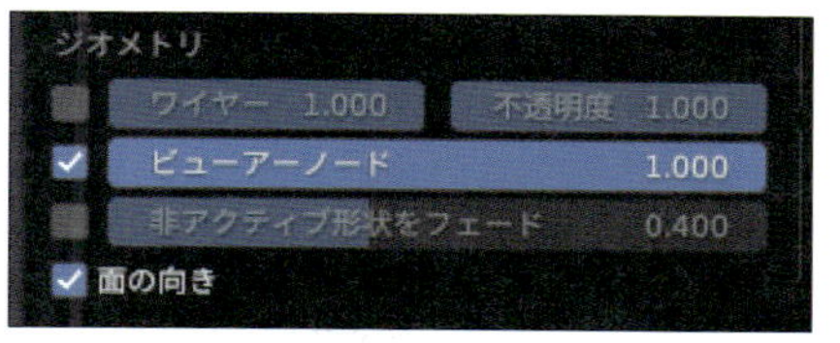

図7-1-1 面の向き

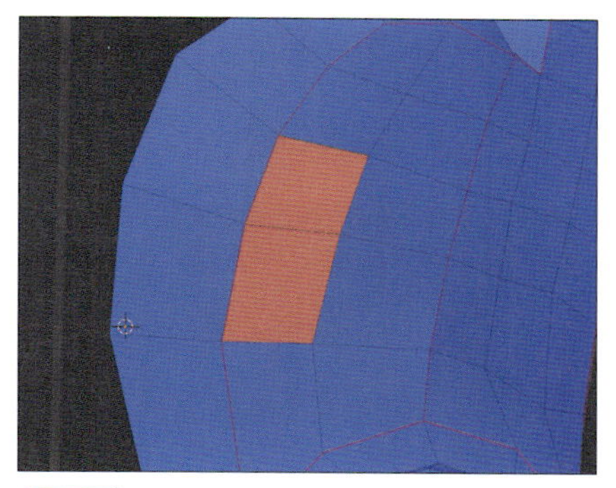

図7-1-2 面の向きによって発見した裏返った面

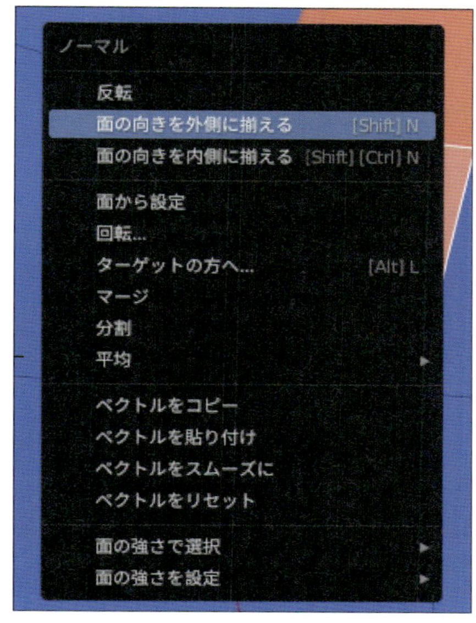

図7-1-3 ノーマルの面の向きを外側に揃える

もし赤い面があったら、その面を選択して「Alt + N」で「ノーマル→面の向きを外側に揃える」をクリックしてください。これで、面の向きが正常になります。

リトポで手動で面を張る場合、結構な確率で面が裏返ってしまっている場合があります。慣れてきたらリトポ作業中に、たびたびメッシュ全体を選択して面の向きを外側に揃えるをしてもよいでしょう。メッシュ全体を選択して面の向きを外側に揃えるをした場合は、裏返っている面のみが修正されます。

面の歪み

面の歪みをチェックしていきます。Substance 3D Painter にインポートした際、メッシュはすべて自動で三角ポリゴン化されます。またゲームエンジンの多くも三角ポリゴンが基本になっています。そのため Blender 上で四角ポリゴンの状態で見ていた時と、シルエットが変化してしまう場合があります。その多くは、四角ポリゴンの歪みによるものです。

特にローポリ傾向のモデルを作成して使用する場合には、三角面化のアルゴリズムによって、シルエットが致命的に変化してしまう場合があります。これは形状を構成するポリゴンが少ないため、シルエットに対する影響が強いからです。

今回の作例では、ローポリ傾向を意識していないモデルなので、シルエットが著しく変化してしまうことはないと思いますが、面の歪みがどのくらい発生しているかを確認しておくのは、ほかにデータを渡す場合にもよい習慣になると思います。

四角ポリゴンの歪みは、「オーバーレイ→メッシュ分析→タイプ」を「歪み」にすることで、歪み量によって色が付き判別することができます。歪みがない場合はデフォルトの面の色（灰色）ですが、「青→緑→黄→橙→赤」といったように歪みが多くなるほど赤く表示されます。

図7-1-4 メッシュ分析の歪みチェック

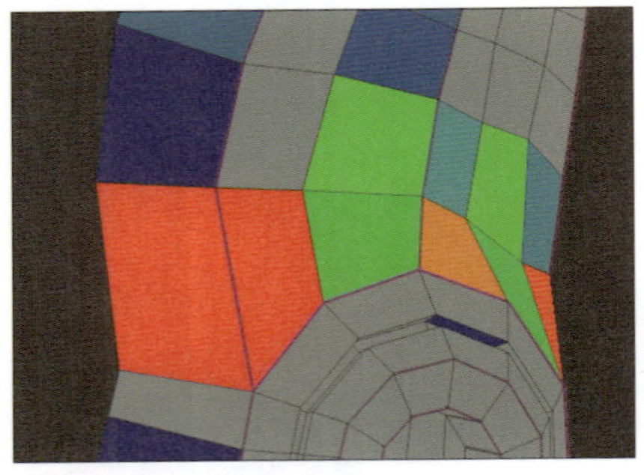
図7-1-5 歪んでいる面が視認できる

理想はすべての面が灰色になっている状態ですが、それは非常に難しいです。

面の向きと同時には確認できませんので、「面の向き」のチェックを外してください。またモディファイアが有効な状態だとベースメッシュでの確認ができないので、面の歪みを確認したい時はいったんサブディビジョンサーフェスモディファイアを OFF にしてください。

三角面化モディファイアを追加し、三角ポリゴン化された状態でのシルエットの変化を確認しましょう。

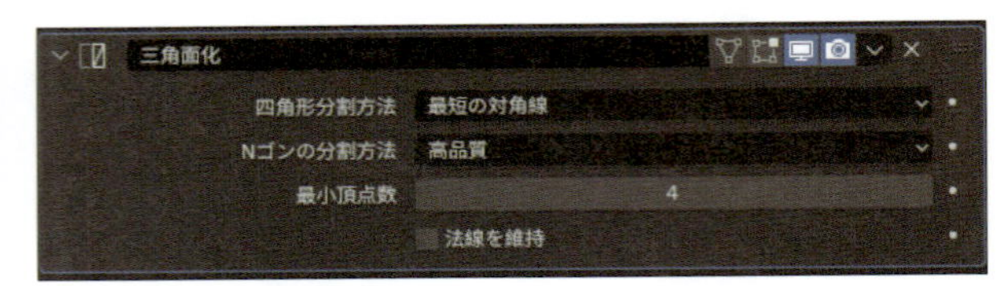

図7-1-6 三角面化モディファイアの追加

もし三角ポリゴン化された状態で、致命的なシルエットの変化などがない場合は、モデルをエクスポートする際に三角面化モディファイアを適用することで、三角ポリゴン化の解釈による違いを気にせず Blender で確認したとおりに、モデルを Substance やゲームエンジンに持ち込むことができます。

また、個別の面の歪みを修正する場合は、方法としては面の向きを揃えるで説明した方法を使ったり、「メッシュ→クリーンアップ→面の平坦化」で面の歪みを修正する方法があります。ただし、歪みを修正すると頂点が動くので、隣合う面も歪む可能性があります。

歪みの修正がほかにも影響してたいへんになる場合は、単純に三角ポリゴンに分割するほうが速い場合も多いです。三角ポリゴンに分割するのは、分割したい対角の 2 頂点を選択して「J」キーです。

ただし、三角ポリゴン化することでループ選択ができなくなるなどの編集上のデメリットはあります。シルエット保護と編集上の都合においては、トポロジー自体を再考する必要があるかもしれません。

今回のモデルでは、シルエットの致命的な変化はなかった（と思う）ので、最終的に三角面化モディファイアを適用することで、歪みの修正としました。

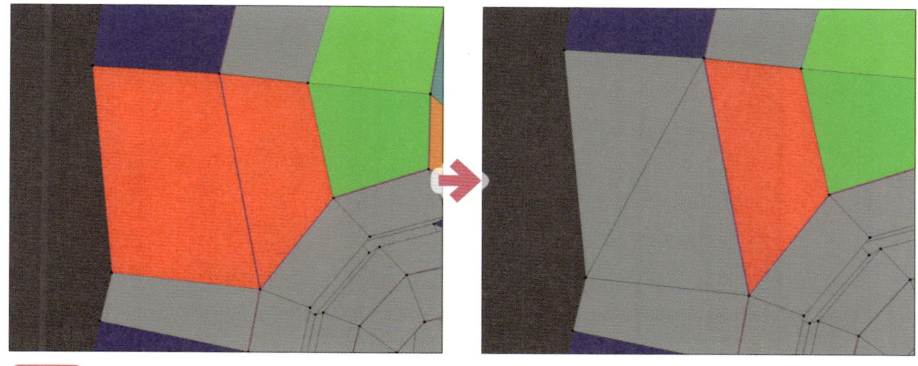

図7-1-7 個別に面を三角ポリゴン化して歪みを修正したところ

7-2 UV展開

今回の作例ではパーツ１つ１つがそれほど複雑ではないのと、カメラ部品やチューブ関係の部品以外は閉塞していない部品が多く、シームを入ずにそのままUV展開を行っても問題なさそうな部品が多かったので、主にシームを入れているのは筒状の部品が中心です。

シームを入れる

UVは、シームを設定することでUVの切れ目を明示的に指定することができます。シームを入れないと大きく形が崩れてしまう「閉じた形状のメッシュ」などでは必須になります。

シームは辺を選択して、「U」キーで表示されるメニューから「シームをマーク」で入れることができます。シームを削除したい場合は、「シームのクリア」でシームを削除できます。

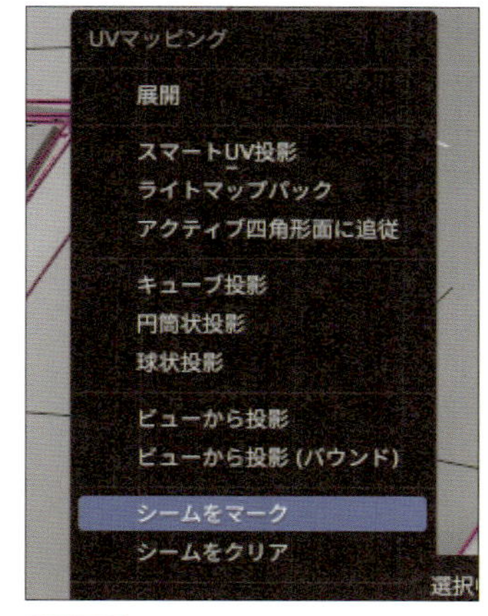

図7-2-1 シームをマーク

この時、最短パス選択やループ選択を使うと素早く対象の辺を選択できます。最短選択とは、任意の辺（頂点や面でも行えます）を選択して、離れたところにある任意の辺を「Ctrlキーを押しながら選択」すると、最初に選択した辺からの最短距離上にある辺が選択される機能です。

「ループ選択」だとループ上にある辺がすべて選択されてしまいますが、「最短パス選択」だと、ループの途中から途中といったような選択が容易に行えるため、シーム指定作業の場合は非常に便利です。

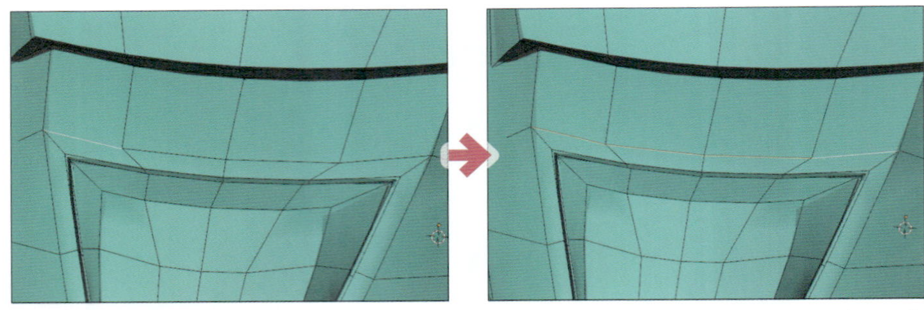

図7-2-2 最初の辺を選択した後、選択したい辺の終端をCtrlキーを押しながら選択すると最短パス（一番短い距離）の辺がすべて選択される

この時すでに「クリース設定」が入っておりシームと同じ赤系表示のため、シームと見分けが付きにくく作業がしにくいかもしれません。そのような場合は、「オーバーレイ→メッシュ編集モード→クリース」をクリックし非表示にします。するとクリースがビューポート上で見えなくなりますので、シームを入れやすくなると思います。

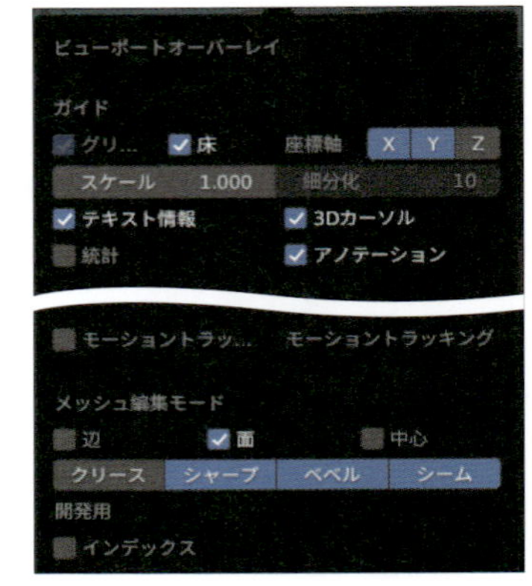

図7-2-3 クリースを非表示にする

▶UV 展開の実行

シームを入れ終わったらメッシュ全体を選択して、「U」キーからメニューで「展開」を選び、UV 展開してください。UV エディタで展開された UV を確認することができます。

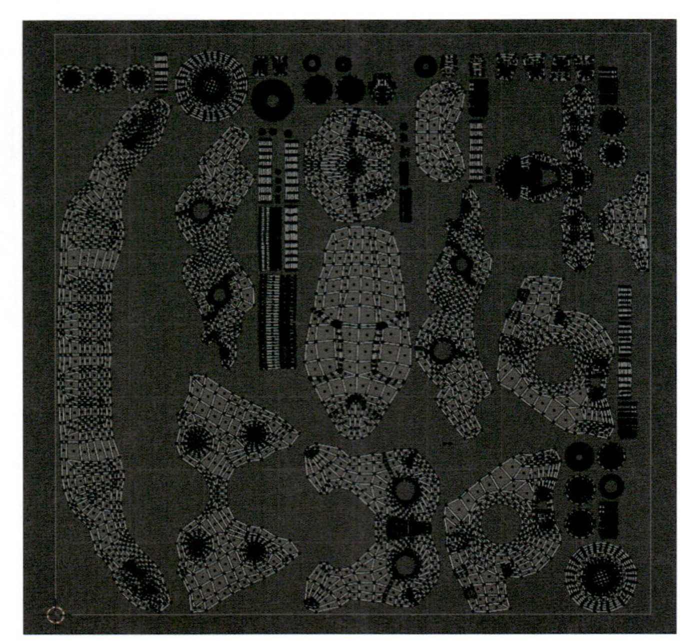

図7-2-4 展開したUV

UV アイランドを短冊に整形

筒状の部品の UV はそのまま開くとたいていの場合、台形的な UV アイランドになります。この状態が必要な場合もありますが、多くはテクスチャの歪みに繋がってしまうので、直線的に UV アイランドを変形させることが多いです。

Blender では「アクティブ四角形面に追従」という機能で UV アイランドを直線的な四角形（短冊）に変形させることができます。

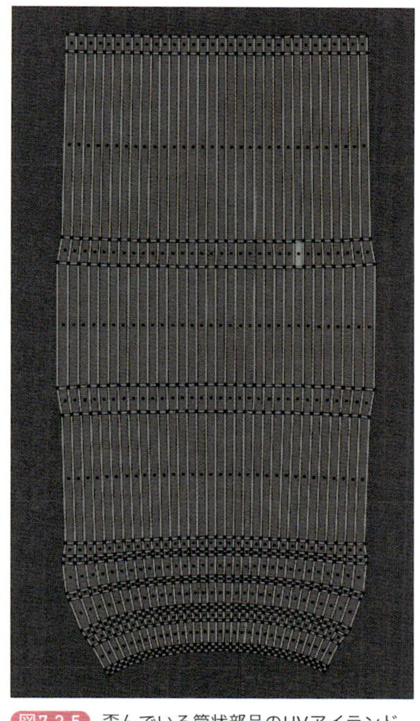

図7-2-5 歪んでいる筒状部品のUVアイランド

まず揃えの基準となる面を、しっかりと X 軸・Y 軸方向に整形します。これは UV 選択モードを辺にして X 方向に揃えたい辺（縦の辺）を選択、「S → X → 0」キーの順で X 方向に揃えられます。縦の辺は 2 本あるので、もう一方の線も同じように揃えます（2 本の辺を同時に揃えると辺が重なってしまうので、1 本ずつ行ってください）。

Y 方向に揃えたい辺（横の辺）を選択、「S → Y → 0」キーで Y 方向に揃えられます。Y 方向も 2 本辺があるので、1 本ずつ揃えます。これでこの面は、XY 方向に直角に揃ったことになり、基準として使えます。

基準の面を選択して、右クリックの UV コンテキストメニューから「アクティブ四角面に追従」を選択します。すると、基準面に繋がっている UV アイランド全体が、基準面に沿って変形し四角形となるはずです。

図7-2-6 基準面にしたい部分のXY方向を整列させた後、基準面をアクティブにして「アクティブ四角形面に追従」を実行

筒状の部品は、このようにして UV の歪みを軽減させることができるので、チューブ関係の部品に対して必要なら、この機能での処理を行っておきましょう。

図7-2-7 UVアイランドが短冊上に整形される

UV のチェック

展開したら「UV グリッド」をテクスチャとして適用して、テクスチャが乗った状態をチェックしましょう。

このチェックの作業は、説明の順序の都合で UV 展開の後になっていますが、UV 展開と並行して行ったほうが効率的です。

リトポオブジェクトにマテリアルを新規で作ります。マテリアルプロパティにあるマテリアルスロットの右の「＋」ボタンを押してマテリアルを作り、新規ボタンを押してください。これでマテリアルが適用された状態になります。マテリアルの名前はいったん「uv_check」にしています。

シェーダーエディタに移行して、「Alt ＋ A」キーでノードメニューを出し、「テクスチャ→画像テクスチャ」をクリックして「画像テクスチャ」ノードを出します。

なお、マテリアルの作成やシェーダーエディタの操作については、「入門編」を参照してください。

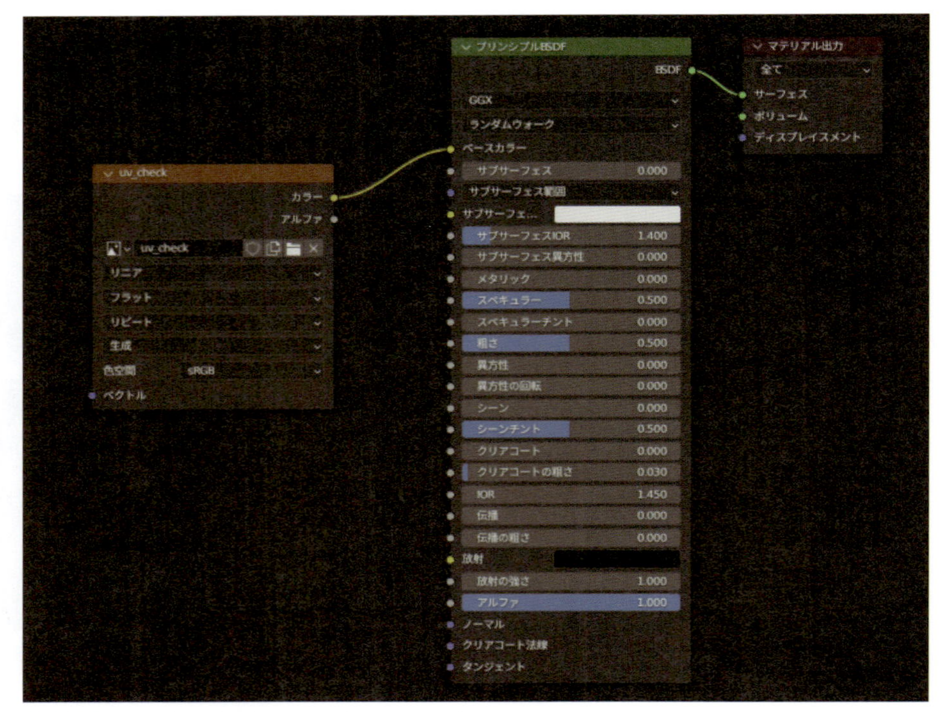

図7-2-8 シェーダーエディタでカラーグリッド画像を追加したマテリアル

画像テクスチャノードの新規ボタンをクリックし、名前を「uv_check」、幅／高さをそれぞれ「4096px」（この解像度はSubstanceで作業するとき4096pxを想定しているため）、生成タイプを「カラーグリッド」に設定し、OKボタンをクリックします。

さらに画像テクスチャノードのカラーから、プリンシプルBSDFのベースカラーに線を繋ぎます。これでカラーグリッド画像（文字と色マスで構成されたチェック用画像）が生成され、モデルに適用されます。

図7-2-9 カラーグリッドを適用した状態

3Dビューのシェーディングを「マテリアルプレビューモード」に変更するか、アクティブワークスペースを「shading」にすると、カラーグリッド画像が適用されたリトポモデルを確認することができます。

歪みの確認

この状態でさまざまな方向からモデルを確認し、カラーグリッドに歪みや伸びがないか（シーム設定が適切かどうか）をチェックしていきます。主に目視での確認になるのでたいへんですが、重要なチェックでもありますのでしっかり行いましょう。

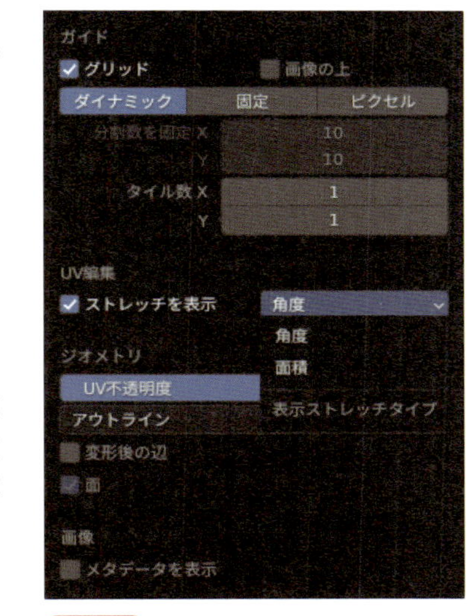

図7-2-10 「ストレッチを表示」でUVの歪みを視覚化できる

UVエディタの「オーバーレイ→UV編集→ストレッチを表示」にチェックを入れると、角度と面積においての歪み量によってUVアイランドに色が付き、歪み量を把握しやすくなります。カラーグリッドの状態とオーバーレイを併用するとよいでしょう。

もし極端な歪みや伸びがある場合は、シームの設定箇所に問題がある可能性があります。UVアイランドがひと繋ぎになり過ぎていると、平面座標の変換に対応しきれずに歪んでしまいます。ただし、だからといってシームをたくさん設定して細切れにすると、シーム境界が問題に（テクスチャの境目ができやすくなる）な

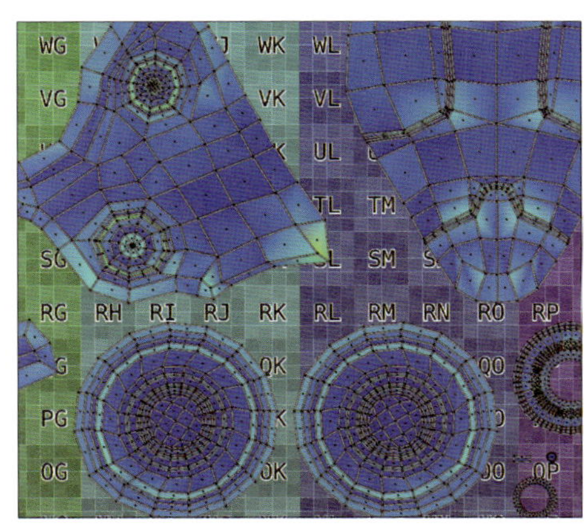

図7-2-11 ストレッチの表示は「青系→緑系→黄色系→赤系」の順に歪みが強い状態を表す

ります。
3D形状を平面座標に変換する関係上、UVが少なからず歪むのは仕方がないことなので、できるだけ歪みを作らず、テクスチャの境目が目立たないシーム設定を試行錯誤しましょう。

UVアイランドの向きの調整

UVアイランドの向きも、この段階で調整しておきます。どのようなテクスチャリングをするかによりますが、できるだけオブジェクトのローカル座標を基準に向きを揃えたほうが、後々向きがあるマテリアル（模様があるマテリアルなど）を適用する場合に作業がしやすくなります。
カラーグリッドの文字の向きを見ると、UVアイランドをどのような方向に動かせば、向きを修正できるのかがわかりやすいです。

ただし、UVアイランドの向きは「UVパッキング」とも兼ね合いがあり、解像度を優先する場合などにはパッキングでの向きを優先する場合もあります。この辺はトレードオフになりますので、必要な条件を確保するようにしましょう。今回の作例では模様を使う予定はありませんが一応、オブジェクトのローカル座標を意識して向きを揃えました。
UVエディタ上でもモデリングのメッシュ選択と同様に、「L」キーで「繋がっている物を選択」が使えます。UVアイランドを選択したら「R」キーを押すと、UVアイランドをマウス移動で回転させることができます（回転のピボットポイントから点線が伸び矢印が表示される）。「Shift」キーを押しながらマウス移動させると、微妙な調整が効きます。

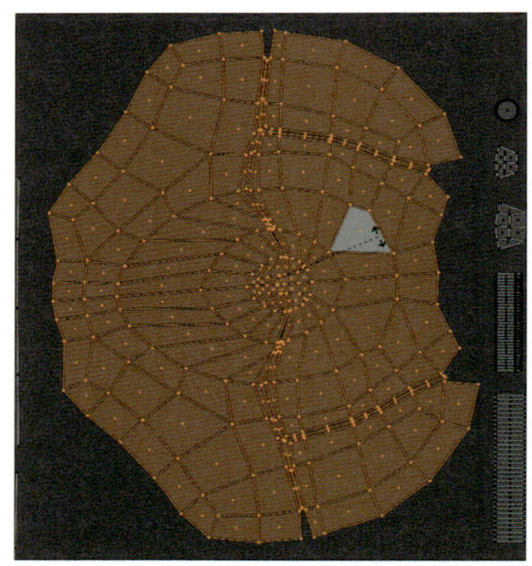

図7-2-12 UVアイランドを「繋がっているものを選択」（「L」キー）で選択後「R」キーで回転させるところ

裏返り／オーバーラップのチェック

UVにおいて「裏返り」や「オーバーラップ」も、修正しておく必要があります。Blenderの標準機能では、UVの裏返りを検知識別することが難しいので、ここでも標準搭載のアドオンを使います。「プリファレンス→アドオン」から「MagicUV」を検索して有効化してください。
UVエディタの右側に、MagicUVタブが増えているはずです。UVすべてを選択して、「Editor Enhancement → UV Inspection」にチェックを

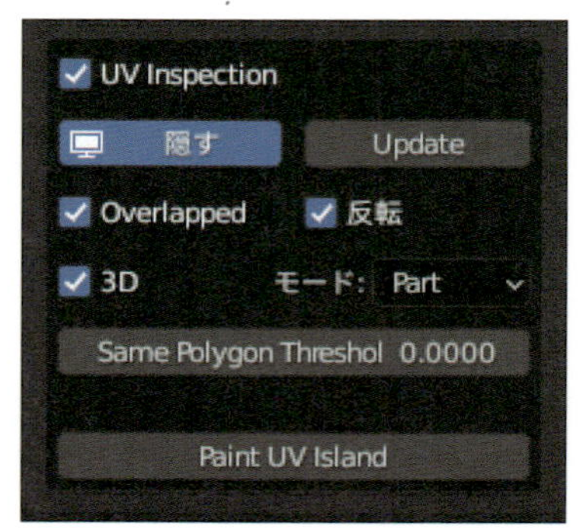

図7-2-13 MagicUVのUV Inspecitonの「Overlapped」と「反転」にチェック

入れ、表示ボタンをクリックし、「Overlapped」と「反転」にチェックを入れて、「Paint UV Island」ボタンをクリックします。すると裏返ったUVが赤で、オーバーラップしている部分は青で表示されます。

UVで裏返りが発生するのは大きく2つあり、メッシュの面の法線が反転しているか、UVアイランドを反転させてしまったかです。後者は、UV編集中に拡大／縮小で間違ってマイナス方向に拡大／縮小してしまい、裏返ってしまうケースなどが挙げられます。

参考ファイル	mecha_helmet.blend（コレクション：4_uv）
備考	4_uvのuvオブジェクトのメッシュには「bad exmple」というUVマップがあり、そのUVは反転やオーバーラップをわざと発生させています。UVのチェックを体験したい場合に使用してください

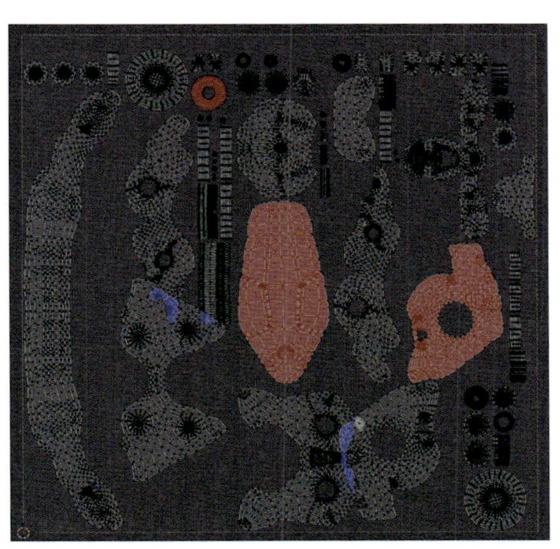

図7-2-14 裏返りは「赤」、オーバラップは「青」で表示される

もしこの時点で反転が見つかったら、おそらくUV編集中のミスの可能性が高いので、UVアイランド自体を修正しましょう。

なお、わざとUVを裏返したり重ねたりして使用する場合もありますので、UVの反転やオーバーラップがデータ上エラーになるというわけではありません。ただし、意図していない場合は望まない結果になってしまいますので、修正をする必要があります。

アイランドを梱包でパッキングした場合、オーバーラップは発生しないはずですが、チェックは一瞬ですので一応確認しておきましょう。

7-3 UVパッキング

手動でUVアイランドの配置を行ってもかまいませんが、標準でパッキング機能があります。パッキングを自動的に行う利点としては、手動で配置するよりも早く配置を最適化でき、解像度を稼ぎやすくなるという点があります。

今回はSubstance 3D Painterでテクスチャリングをするので、UVアイランドの位置に対する工夫はあまり必要ありませんので、今回の作例ではパッキング機能を使用しています。

すべてのUVアイランドを選択して、UVエディタのメニューの「UV → UVアイランドを梱包」をクリックしてください。

UVエディタの下段に「アイランドを梱包」のメニューが出てきますので、UVアイランドの向きを修正している場合は「回転」のチェックを外してください。これでチェックしたUVアイランドの向きを変えることなく、パッキングがされるようになります。

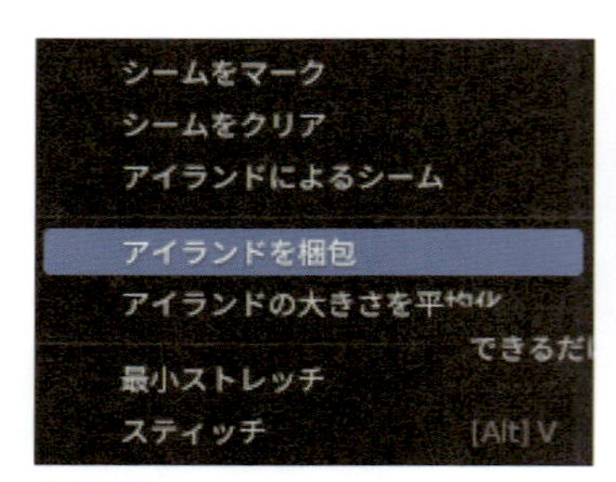

図7-3-1 アイランドを梱包

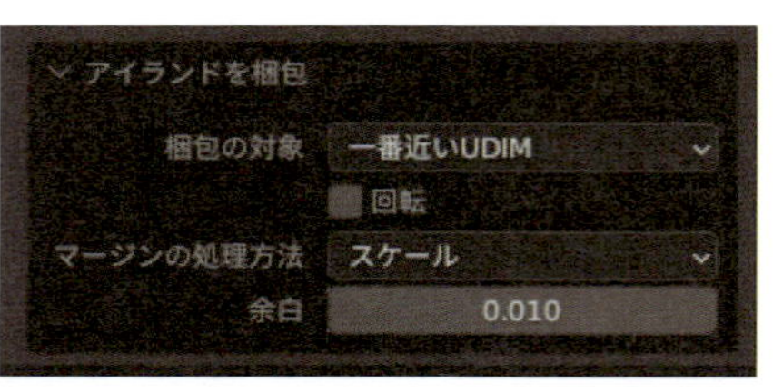

図7-3-2 アイランドを梱包の設定

もし前述したように、解像度優先でパッキングしたい場合は「回転」にチェックを入れたままにしたほうが、隙間を効率的に埋められるため解像度を確保しやすくなります。

また余白を任意に設定することで、UVアイランドの間隔を調整することができます。解像度を稼ぎたいからと言って余白を0にすると、テクスチャが意図しない部分にはみ出してしまう可能性もあります。できれば、初期値の「0.01」以下にはしないほうがよいと思います。

図7-3-3 最終的なUVの状態

ベイク用のデータを用意する

参考ファイル	mecha_helmet.blend（コレクション：uv） mecha_helmet.blend（コレクション：bake bake_high、bake_low）
備考	uvのモデルからベイク用データの用意する作業を開始します。結果はハイポリ用がbake_high、ローポリ用がbake_lowです。

Substande 3D Painter でテクスチャリングをする際、ベイクを行うことでメッシュの情報を画像で扱うことができ、さまざまなジェネレータやフィルターを有効に使用することができるようになります。

そのため、ベイク用にハイポリゴンモデル（ハイポリ）とローポリゴンモデル（ローポリ）をそれぞれ用意します。

今回は、サブディビジョンサーフェスモディファイアの使用を前提にハイポリ状態とローポリ状態を作る予定でした。ハイポリとローポリの違いは、サブディビジョンサーフェスモディファイアの分割数のみです。

いったんパーツをオブジェクトに分ける作業を行って、分割した状態を複製してサブディビジョンサーフェスモディファイアの分割数を変えることで、ハイポリとローポリを用意する形で進めます。

パーツをオブジェクトに分割するメリットとしては、主に 2 点あります。1 つはベイク処理のためです。ベイクの処理は簡単に言うと、メッシュに光線を当ててさまざまな判定をしています。その際パーツが重なったりしていると、「ID マップ」や「AO マップ」が上手くベイクできない（意図したとおりになってくれない）場合があります。

解決策としては、パーツを十分ずらして配置してベイクをすることが挙げられますが、実際にパーツを動かすのはなかなか骨が折れます（そのためのアドオンがあったり、自分でスプリクトを組んでる方もいます）。

そこで、Substance 3D Painter の名称判定を使いたいと思います。これはオブジェクトの名称でハイポリ、ローポリのパーツを判定して内部的にパーツをずらしてくれる機能です。オブジェクト名を規則に沿って付けることができれば、わざわざパーツをずらす必要はなく、ベイクをすることができます。

また、もう 1 つは Substance 3D Painter の「GEOMETRY MASK」のためです。これは後述しますが、オブジェクト単位でマスクを自動的に作る機能で、マテリアルの塗分けに非常に便利です。

8-1 マテリアルを確認する

今回は、全体を 1 つのマテリアルとして Substande 3D Painter に持っていきます。通常素材ごとにマテリアル範囲を分けますが、データ的にマテリアル範囲が分かれていると、全体的な汚れなどを入れる際に少し作業がやりにくい場合があります。

ただしマテリアルは、ゲームエンジン側でマテリアルの機能（エフェクトなど）として使う可能性があります。今回はテクスチャリングの都合でマテリアル範囲を 1 つにしていますが、使用目的によって決定してください。

素材違いは、Blender の「ID マップ」と Substance 3D Painter の「GEOMETRY MASK」にて塗分ける方法にしたいと思います。

いま UV チェック用に使った「uv_check」というマテリアルが適用されているはずです。これを全体のマテリアルとして利用します。このマテリアルを妥当な名称に変更して（「mecha _helmet」にしました）、さらにシェーダエディタでカラーグリッド画像を設定した画像ノードを削除しておきます。

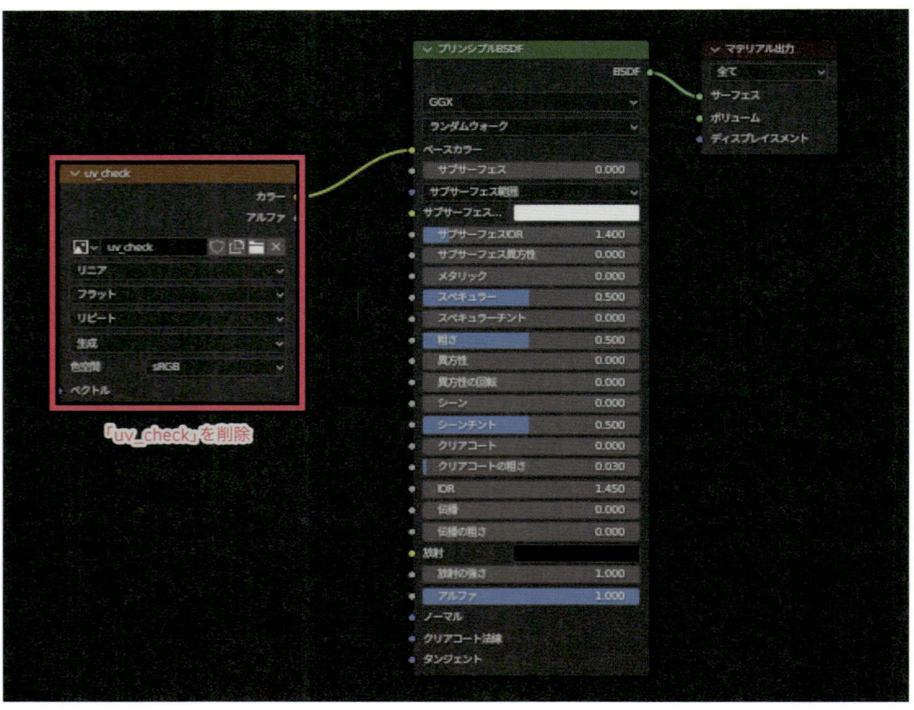

図8-1-1 マテリアルの出力

8-2 モディファイアを確認する

オブジェクトに分ける前に、サブディビジョンサーフェスモディファイアと三角面化モディファイアが付いているかを確認しておきましょう。

パーツをオブジェクトに分ける際、モディファイアも自動的に継承されます。オブジェクトが分かれるとモディファイアはそれぞれのオブジェクトでの管理になるため、今までのように１つのモディファイアで細分化などを管理する形ではなくなります。

もしモディファイアが外れていると、オブジェクトに分けた分だけモディファイアを追加しないといけないので、とても面倒な作業が発生してしまいます。

サブディビジョンサーフェスモディファイアは、分割数でハイポリとローポリを分けることになるので必須です。

三角面化モディファイアは、Substande 3D Painter に持ち込む際にあらかじめ三角面化するために必要になります。適用（状態を固定してしまう）してしまう方法もあるのですが、Blender ではメッシュをエクスポートする際に有効なモディファイアは自動的に適用されるため、三角面化モディファイアが存在していればエクスポート時に三角面化が確定する形になります。

あらかじめ三角面化されていると、Substande 3D Painter でのモデルの読み込みが少し速くなるというメリットがあります。ただし、Substande 3D Painter の三角面化の処理で問題ない場合は、三角面化モディファイアを外しても構いません。

三角面化モディファイアを追加する際は、「サブディビジョンサーフェスモディファイア（細分化）→三角面化モディファイア」の順番になっていることを確認してください。

8-3 パーツをオブジェクトに分ける

パーツをそれぞれオブジェクトにしていきましょう。今のところ同じオブジェクト上で分割されている状態かと思います。これらを個々のオブジェクトとして分割していきます。

「L」キーを押してメッシュパーツを選択すると、メッシュが繋がっている部分のみ選択がされます。さらに「P」キーで「分割→選択」で選択された部分が別オブジェクトに分離します。

図8-3-1 パーツをオブジェクトに分ける

この作業を行って、すべてのパーツをオブジェクトに分割していきます。分割した際には、わかりやすいオブジェクト名を付けておきましょう。

8-4 IDマップを設定する

塗り分けを容易にするために、「IDマップ」を設定していきます。IDマップは、マテリアルか頂点カラーを用いてベイクすることができます。今回は「頂点カラー」を使います。この時点で塗り分けたいと思う部分に頂点カラーを施すという状態でOKです。

なお、仮にテクスチャリングの作業に進んだときに、IDマップを施したい場所に気づいたら、Blenderに戻ってIDマップを付与し直して、Substance 3D Painterで再ベイクすれば、IDマップの追加はたいていの場合問題なく行えます。

オブジェクトで分割できる部分は、Substance 3D Painterの「GEOMETRY MASK」機能で塗分けができるので、基本的には同じオブジェクト内で塗分けをしたい部分に、頂点カラーを施していきます。

頂点カラーの付け方はいくつか方法がありますが、頂点ペイントモードを使うのが視覚的に一番やりやすいかと思います。まず、塗り分けたい部分を編集モードにて面で選択します。

選択したままの状態で、パイメニュー（「Ctrl+TAB」キー）などから「頂点ペイント」モードに移行します。

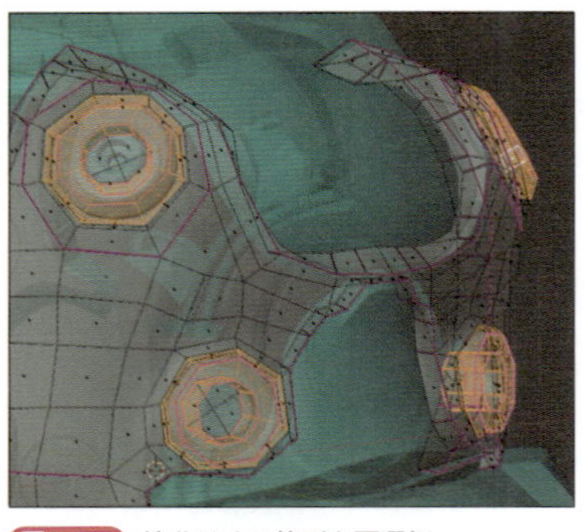

図8-4-1 塗分けする箇所を面選択

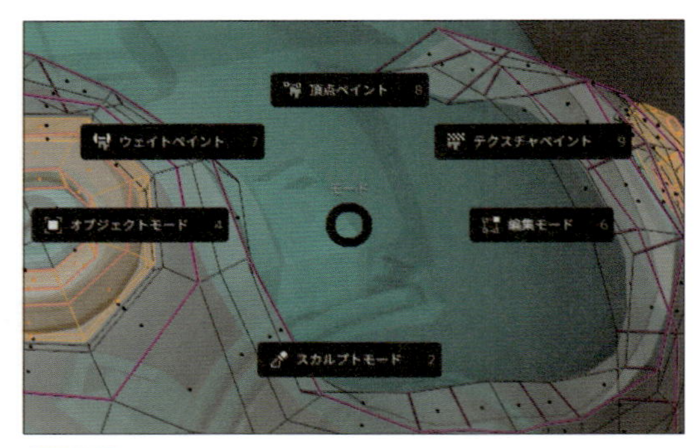

図8-4-2 頂点ペイントモードに移行する

頂点ペイントモードで、上部にあるペイントマスクを「面」にします。通常、頂点ペイントは頂点に対して施すと、隣の頂点までのぼかしたような状態で色が入ります。今回は塗分け用途で頂点カラーを使うので、それだと都合がよくありません（マスクがぼけてしまう）。

ペイントマスクを「面」にすることで、その面のみ色が塗られることになるので、マスク用途に適した塗り方になります。

ペイントマスクを「面」に設定すると、少しわかりにくいかもしれませんが、ビューポート上では編集モードで選択している箇所が白い線で囲われたように表示されます。これで、頂点カラーを塗る箇所を限定している状態になっています。

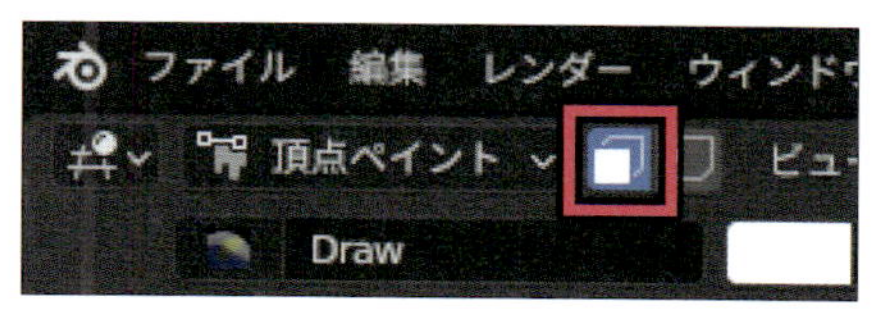

図8-4-3 ペイントマスクを「面」にする

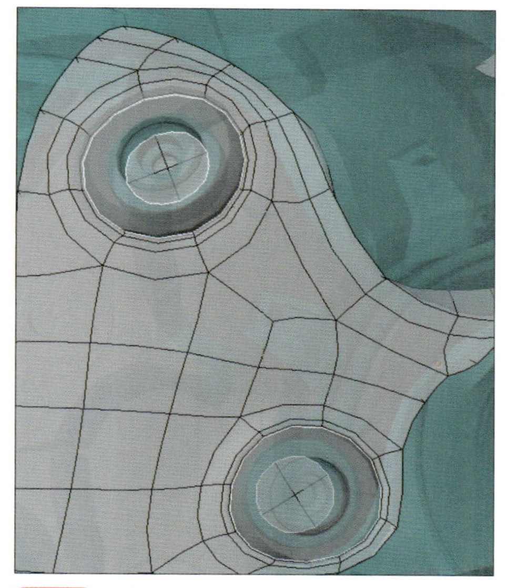

図8-4-4 頂点カラーを塗る箇所を限定した状態

さらに、「ツールタブ→カラーピッカー」にて任意の頂点カラーを選んでください。この時の色を検知してマスクに変換するので、同一オブジェクト内で複数塗分けがしたい場合は、色を変えていく必要があります。準備ができたらメニューの「ペイント→頂点カラーを設定」を実行します。

頂点カラーが塗られると、画像のようにビューポート上でも色が確認できます。必要な箇所すべてに、頂点カラーを施していきましょう。

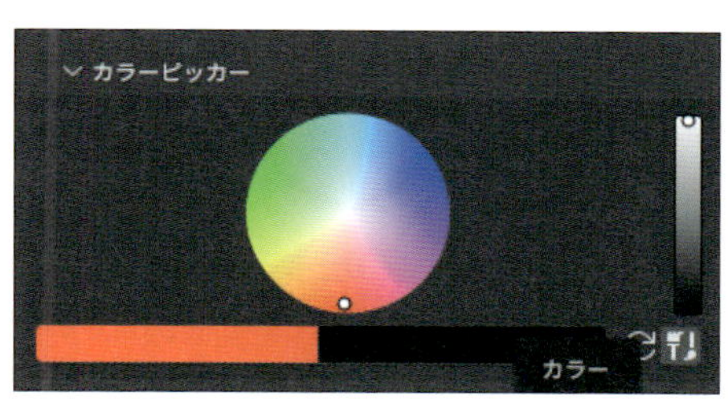

図8-4-5 頂点カラーを選択する

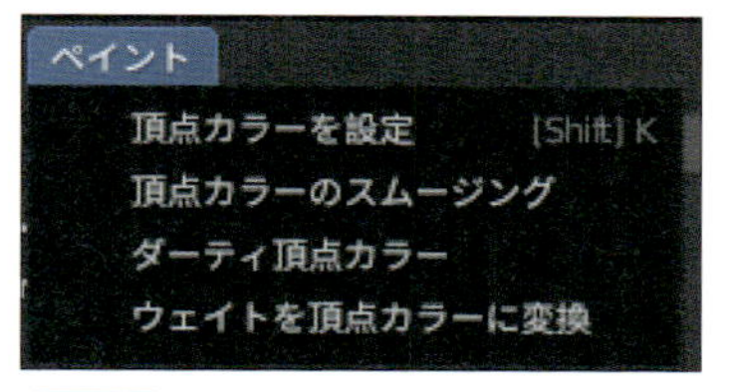

図8-4-6 頂点カラーを設定

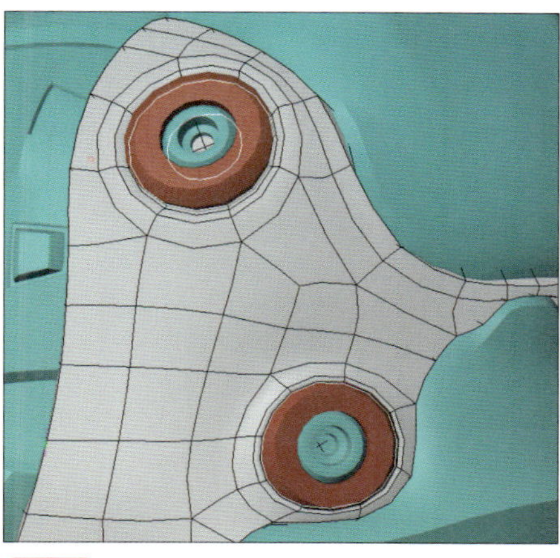

図8-4-7 頂点カラーが施された状態

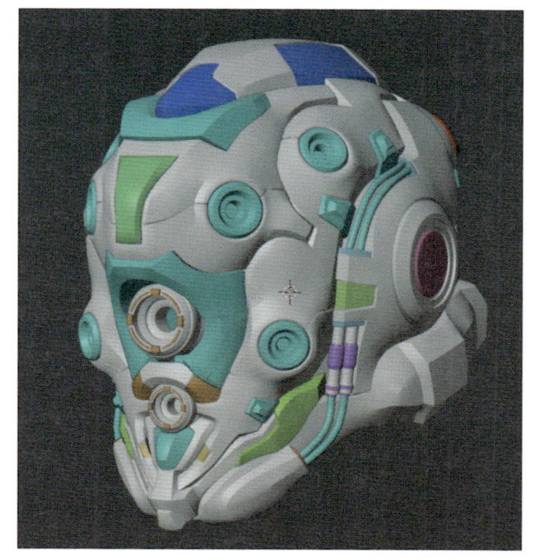

図8-4-8 頂点カラーを施した全体の様子

今回の作例のワークフローではハイポリとローポリを分けるため、分ける前のこの時点でIDマップを設定することでローポリ側も頂点カラーを持つことになります。

マスク用途での頂点カラーはハイポリ側に存在していればOKなので、本来ローポリ側には必要ありません。しかしローポリ側が頂点カラーを持っていても、今回の行程では特に問題にならないので、この後ローポリ側で頂点カラーを削除するなどは行っていません。

8-5 コレクションに整理していく

ハイポリとローポリがそれぞれ複数のオブジェクトに分かれるため、きちんと整理しないと混乱してしまいます。このような場合は「コレクション」を使うと、整理がしやすいです。

コレクションにより、表示やレンダリング対象の指定が一括でできるなど、データとして扱いやすくなります。またFBXなどにエクスポートする際、「アクティブコレクション」を指定することができ、出力したいオブジェクトの切り替えや選択も容易になります。

新規にコレクションを作り、分割していくオブジェクトをそのコレクションの中に入れていきます。アウトライナーで右クリックから「新規」で新規コレクションが作れます。

Blneder の日本語 UI と英語 UI

連携編では、書籍の都合で「日本語 UI」で説明していますが、ファイル名やオブジェクト名などを日本語（などのマルチバイト言語）で付けると、さまざまな場面で問題が起こる場合があります。

日本語 UI はわかりやすく便利ではありますが、実のところあまり推奨できず、できれば「英語 UI」で使うことをお勧めします。もし日本語 UI で使いたい場合は、ファイル名の生成などデフォルトで付けられる名称をアルファベットにする設定がありますので、設定をしておくほうがよいでしょう。

メニューの「編集→プリファレンス→インターフェース→翻訳→影響→新規データ」のチェックを外しておくと、新規で作られるデータに日本語による命名がされなくなります。これで少なくともデフォルトで日本語名称はなくなりますので、知らない間に日本語データがあった、という状況を回避できるかと思います。

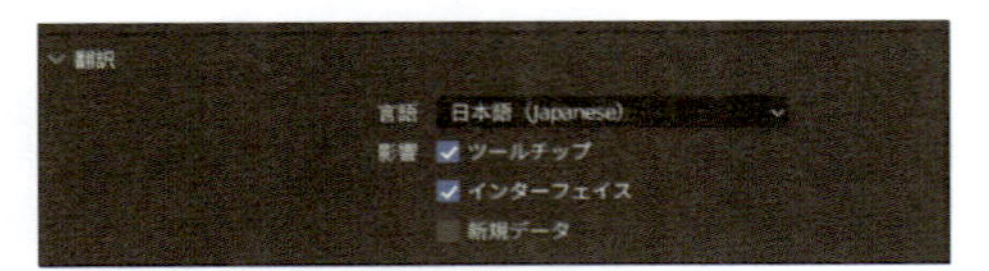

図 新規データの日本語による命名を避ける

コレクションに整理できたら、ハイポリ用コレクションとローポリ用コレクションに分けます。アウトライナー上で複製したいコレクションを選択して、右クリックから「コレクションを複製」にて複製ができます。わかりやすいようにコレクションの名前も変更しておきましょう。

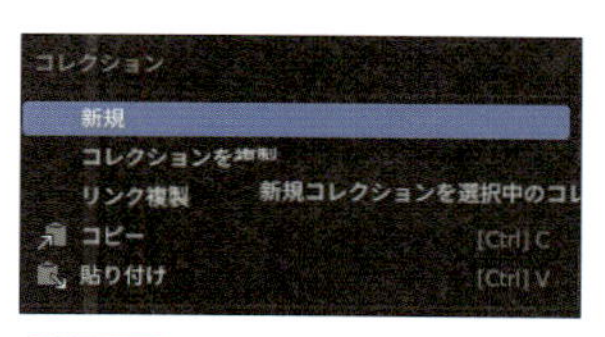

図8-5-1 コレクションの新規作成

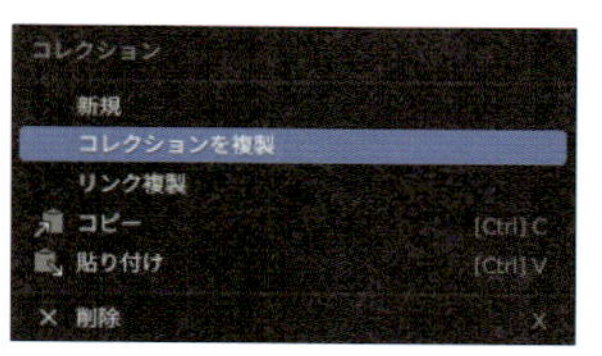

図8-5-2 コレクションを複製する

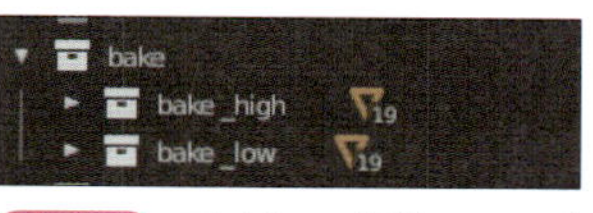

図8-5-3 コレクション複製で、ハイポリ用とローポリ用に分ける

8-6 オブジェクトの名称を変更する

Substance 3D Painter でベイクする際に、オブジェクトの名前検知に使える接頭辞（Prefix）、接尾辞（Suffix）のパターンはいくつかありますが、「_high」、「_low」の接尾辞で行うのが一般的かと思います。今回の作例でも、この接尾辞を使います。

多数のアイテムの名前を１つ１つ変更するのはたいへんですので、名前の一括変更機能で接尾辞を付けていきます。

まず、ハイポリ用のコレクションの中のオブジェクトをすべて選択します。「編集→名前の一括変更」にて、対象の設定が「選択」「オブジェクト」になっていることを確認した後、タイプを「名前を設定」にし、方式を「接尾辞」にします。

ハイポリ用の場合は名前に「_high」を指定します。最後に OK ボタンを押すと、選択したオブジェクト名に「_high」が付きます。同じ作業でローポリ用のオブジェクトに対して「_low」を付けます。

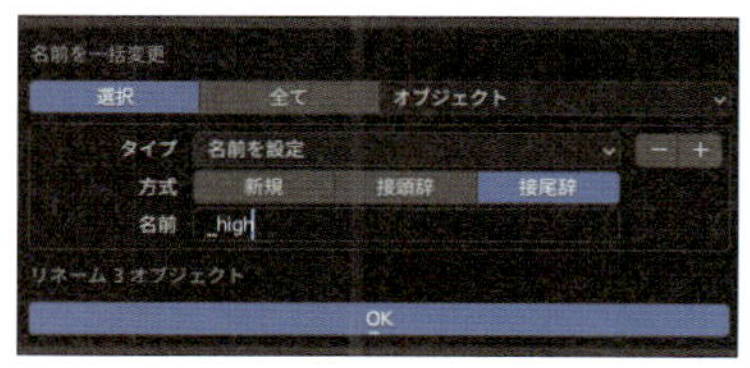

図8-6-1 名前を一括変更

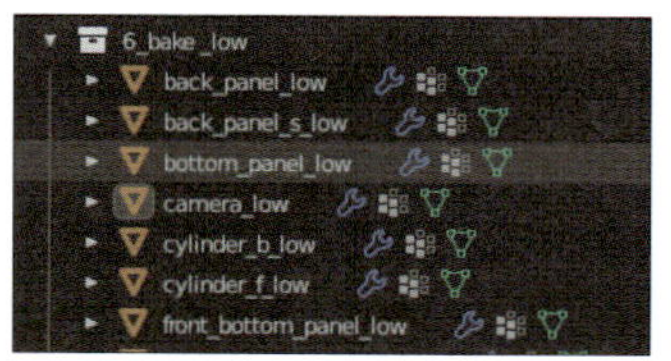

図8-6-2 オブジェクト名称に接尾辞を付けた状態

8-7 分割数とスムーズシェードの設定

現在、ハイポリ用とローポリ用のサブディビジョンサーフェスモディファイアの分割数はいっしょになっています。

ローポリ側では分割数を「1」に、ハイポリ側は「4」にしたいと思います。現在はオブジェクトが分かれているので１つ１つモディファイアを設定する必要がありますが、サブディビジョンサーフェスモディファイアには、複数オブジェクトの分割数を一括で変更するショートカットが標準で設定されています。

サブディビジョンサーフェスモディファイアの分割数を変更したいオブジェクトを選択して、「Ctrl+ 数字」キーです。数字キーは分割数になるので、「Ctrl+3」だと分割数が「3」になります。

ショートカットを押した段階で、ビューポート下部に「細分化レベルの設定」が出ますので、そこからでも分割数を変更することが可能です。

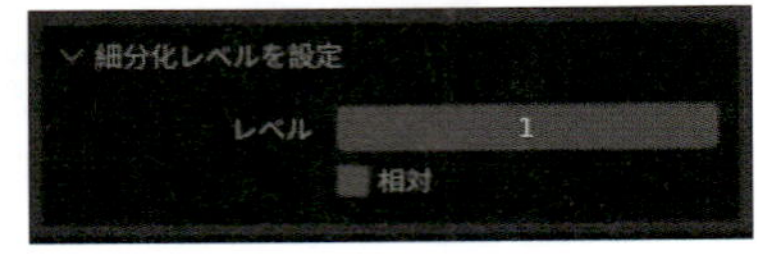

図8-7-1 サブディビジョンサーフェスモディファイアの分割数設定

さらにローポリ用のオブジェクトは、すべて「スムーズシェード」に変更しておいてください。シェードを変更したいオブジェクトをすべて選択して、右クリックから「スムーズシェード」です。

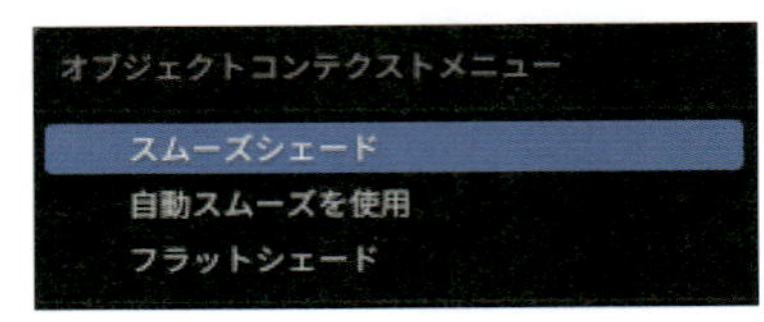

図8-7-2 ローポリには「スムーズシェード」を適用

スムーズシェードにする理由としては、ベイク時に特に Normal マップに出てしまう不具合を回避するためです。ハードエッジの状態だと、ベイクの時に使われる光線の当たり方に不都合が出てしまい、ハードエッジになっている部分に線が浮いてしまうという現象があります。

ハードエッジが必要な場合はほかの回避方法を採りますが、今回はハードエッジは必要ないので一括でスムーズシェードにすることで回避したいと思います。

8-8 モデルをエクスポートする

すべての準備が整ったら、Substance 3D Painter に持っていくために「FBX」にエクスポートします。

まず、ハイポリ用とローポリ用をそれぞれエクスポートします。エクスポートしたいコレクションを選択して、念のためそれ以外のコレクションのビューポートレイヤーチェックを外しておきます。

メニューの「ファイル→エクスポート→ FBX (.fbx)」を選択します。FBX をエクスポートするためのファイルビューが表示されます。

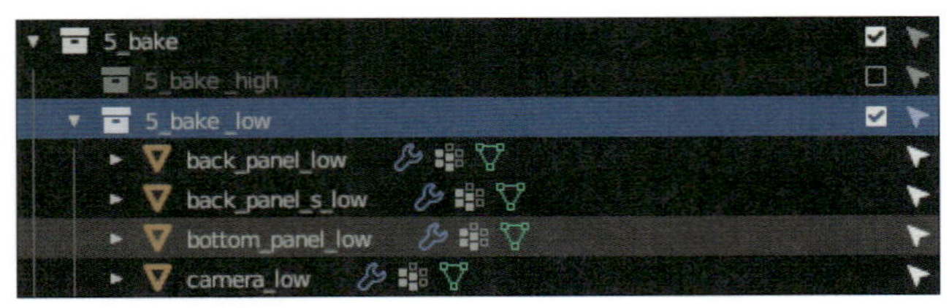

図8-8-1 エクスポートしたいコレクションを選択

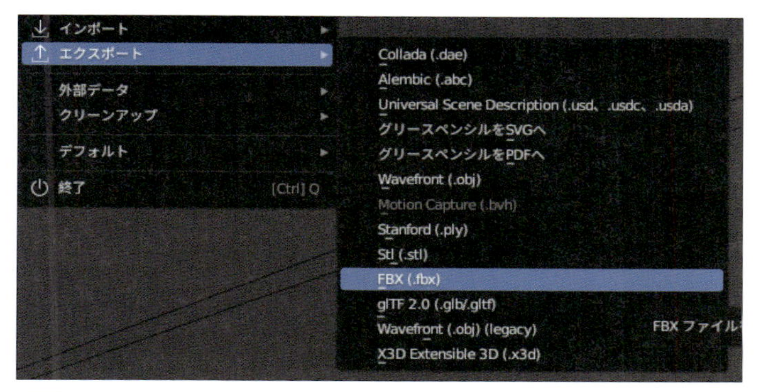

図8-8-2 エクスポートからFBX (.fbx)」を選択

「対象→アクティブコレクション」にチェックを入れておきます。保存先のフォルダやファイル名は任意で指定してください。ファイル名に high や low などを付けておくと、見分けがつきやすくなるでしょう（ファイル名の接尾辞、接頭辞は特に名称検知などに使われるものではありません）。

FBX のエクスポートではさまざま設定がありますが、今回の場合はアクティブコレクションにする以外、デフォルトの状態で問題ありません。

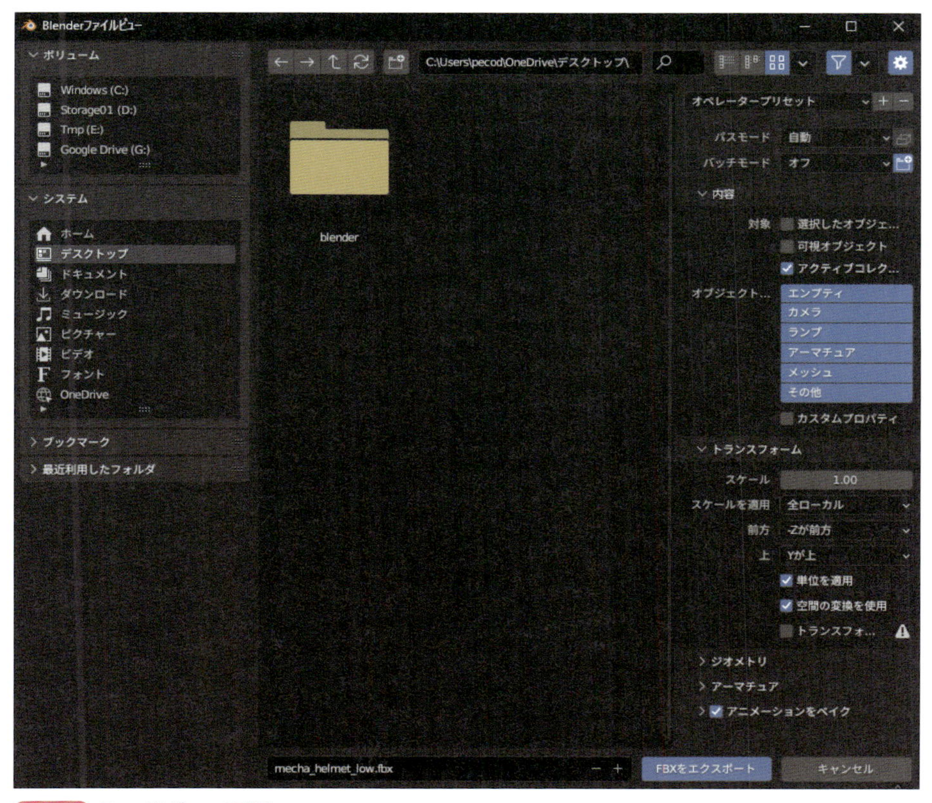

図8-8-3 ファイルビューの画面

ローポリ用モデルのエクスポートはほぼタイムラグなしに完了しますが、ハイポリ用は完了するのにやや時間が掛かります。

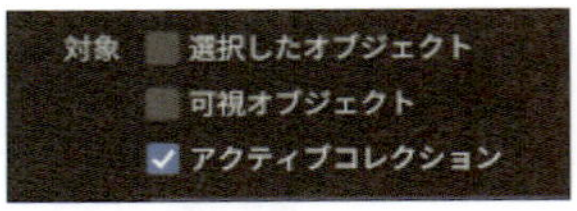

時間の掛かるエクスポート中にはステータスバーなどは表示されず、Blender の操作ができなくなる状態（ビジー状態）になるので注意が必要です。

図8-8-4 選択しているコレクションが対象になる

マシンスペックによりますが、もしハイポリモデルのエクスポートで Blender の反応がいつまでたっても返ってこないなど、固まってエクスポートができない様子なら、ハイポリでのサブディビジョンサーフェスモディファイアの分割数を下げて対応する形になります。

なお、ベイク用のデータを用意するような、所定の行程を繰り返す作業の場合、自動化を考えたほうがより効率的です。データセットアップ用の既存のアドオンを探すのもよいですし、もし望むようなアドオンがない場合は、本書の「スクリプト編」で解説しているようにスクリプトを作成して処理を自動化させるなどするのも手です。

連携編

CHAPTER 9

Substance 3D Painter でディテールアップ

参考ファイル	mecha_helmet.spp
備考	テクスチャリングが済んだ状態のプロジェクトファイルですが、レイヤーフォルダのnormalだけを表示すると、Normalデカールでの作業結果が確認できます。

Blender の作業から、Substance 3D Painter での作業に移ります。ここでは、Normalデカールによるディテールアップの作業を行います。

9-1 Normal デカール作業の準備

Substance 3D Painter を起動して、先ほど Blender からエクスポートしたローポリの FBX を読み込んでプロジェクトを新規作成します。

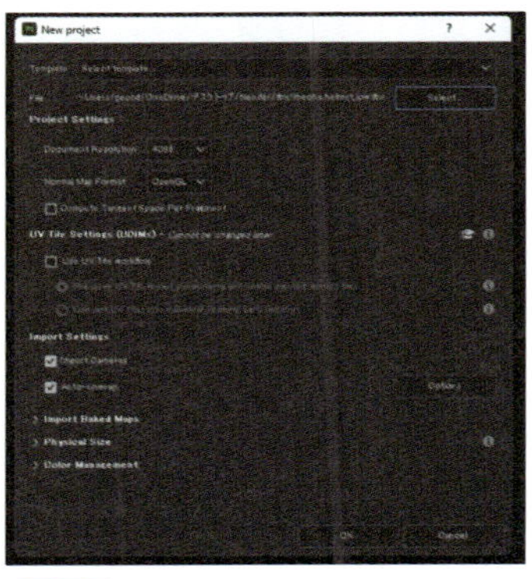

図9-1-1 新規プロジェクトの作成

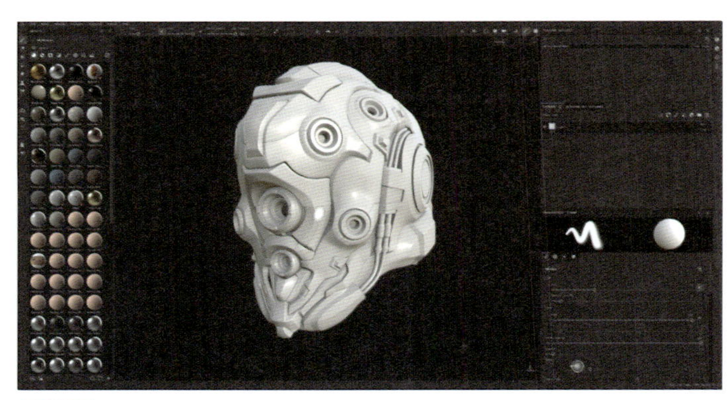

図9-1-2 FBXを読み込んだところ

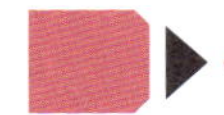

ベイクの作業

ベイクの設定は解像度を 4096px に設定し、「High Definition Meshes」にエクスポートしたハイポリの FBX を指定します。

Match を「By Mesh Name」に変更すると、先ほど準備したオブジェクト名による名称検知が行われ、適切なベイクが行えます。

また、ID マップは頂点カラーでベイクしたいので、「ID → ColorSource」を「Vertex Color」に変更します。

そのほかアンチエイリアスなど必要な設定が済んだら、「Bake Select Texture」ボタンをクリックしてベイクします。

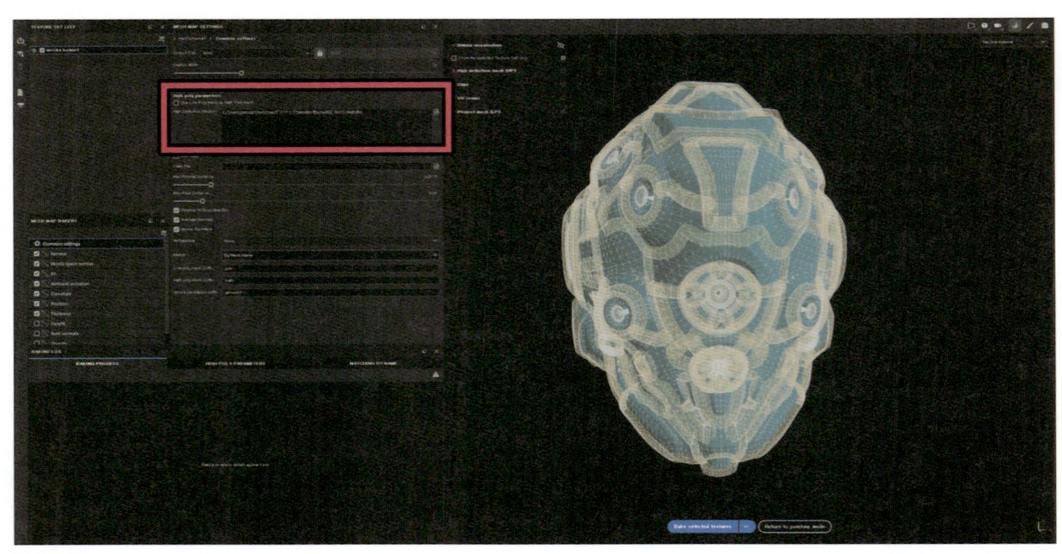

図9-1-3 ベイクUI

Match　By Mesh Name

Low poly mesh suffix　_low

High poly mesh suffix　_high

図9-1-4 By Mesh Nameで名称検知を行う

MESH MAP SETTINGS

> mecha_helmet > ID

Color Source　Vertex Color

Color Generator　Hue Shift

図9-1-5 IDマップは「VertexColor」でベイクする

Normal デカールのインポート

2 章で作成した Normal デカールは、シェルフにドラッグ＆ドロップすることでインポートできます。

インポート設定ダイアログが出ますので、すべて「texture」にします。各項目をマウスでドラッグすると選択状態になり、一括で変更できます。多くの素材をインポートしたい場合は、一括で変更しましょう。

「Import your resources to」はどこにインポートするかです。今回は「Project」にインポートしています。使い回せる素材などは、「シェルフ」にインポートしてもよいでしょう。

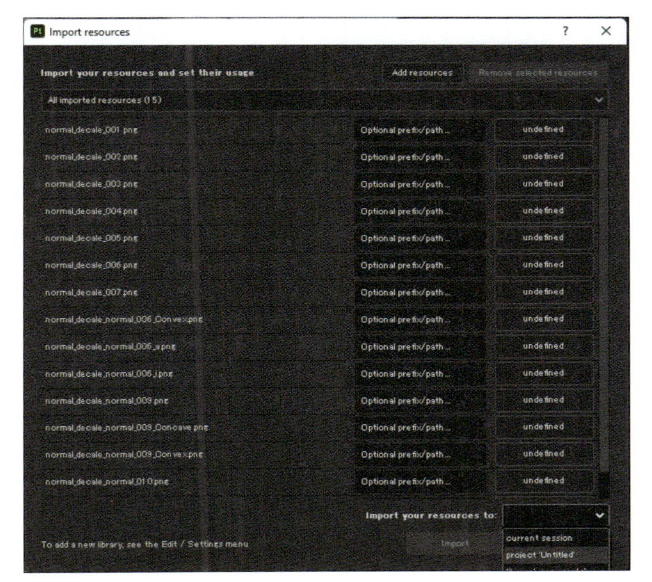

図9-1-6 Normalデカールはtextureでインポートする

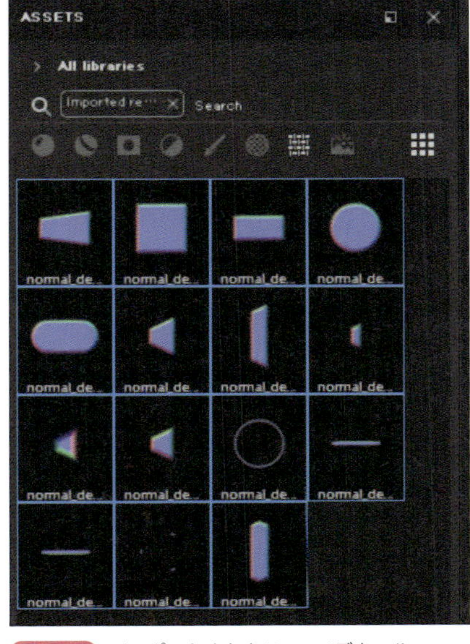

図9-1-7 インポートされたNormalデカール

9-2 Normal デカールの適用方法

Normal デカールを適用する方法は、2 つあります。1 つはデカール機能を使う方法です。

これは、画像をシールのように貼ることができます。非破壊で後から位置や大きさを変更することができ、修正や変更がやりやすいですが、非破壊にするには張り付ける Normal 画像ごとにレイヤーが必要です。また、全体的なミラーリングが行えません。

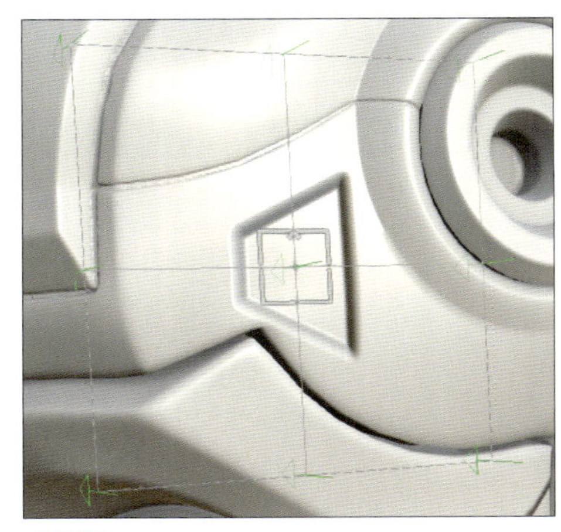

図9-2-1 デカール機能を用いた場合

もう 1 つはブラシとして、Normal 画像を使う方法です。ブラシのサイズや方向に追従するので、素早く Normal を適用できますが、扱いとしては「塗り」になるため破壊的で後から位置や大きさなどを変えることができず、変更したい場合は消しゴムツールで消して再度塗り直す必要があります。こちらは、全体ミラーリングが適用できます。

個人的にはディテールアップの試行錯誤には、後者の方が作業スピードが速いと思うので、今回は後者の方法を使って作業したいと思います。

9-3 Normalデカールによるディテールアップ作業

新規作成後はデフォルトでレイヤーが1つあると思います。このレイヤーは塗り用のレイヤーなのでそのまま使いましょう。後々の整理のために、レイヤーの名前を「normal」にしておきます。

ツールがPaintになっているかを確認して、Normalデカールのレイヤーを選択します。アルファがあるとNormalデカールがマスキングされてしまうので、Alphaの画像を削除して（×ボタンをクリック）ブラシにアルファの効果をなしにします。

さらに、MATERIALのPBRチャネルを「nrm」（Normalチャネルのことです）のみにします。Normalのみのレイヤーにすることで、間違ってほかの要素が入らないようにするためです。

Normalデカールを「Normal」にドラッグ＆ドロップします。これで、Normalデカールを適用する状態になりました。

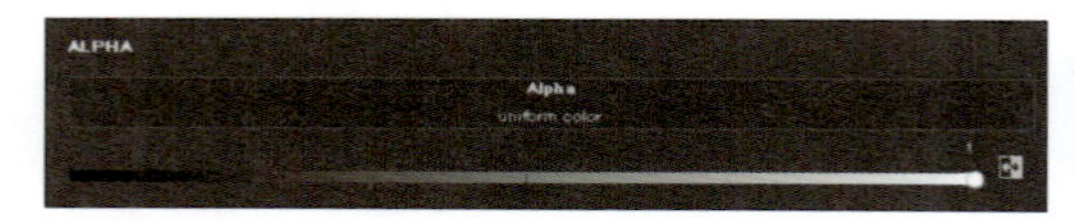

図9-3-1 ブラシのアルファを削除

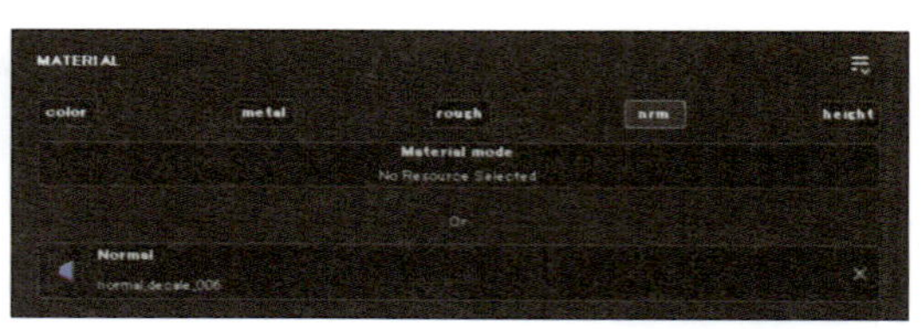

図9-3-2 Normaデカールをセットする

ブラシの挙動ですが、以下のようになります。

表9-3-1 ブラシの操作

操作	機能
Ctrl＋右クリック＋左右ドラッグ	Normalデカールを拡大／縮小
Ctrl＋左クリック＋上下ドラッグ	Normalデカールを回転
Ctrl＋左クリック＋左右ドラッグ	NormalデカールのFlow（ここではNormalの強さになる）

ブラシですので、メッシュ表面をドラッグしてなぞると、連続的にNormalデカールで塗られてしまいます。多くの場合、Normaデカール1個分をその場所に適用したい場合がほとんどだと思いますので、描くイメージではなく、Normalデカールを置きたい場所にカーソルを合わせて、拡大／縮小、向き、強さを調整して、一回クリックする感じでNormalデカールを適用していきます。

もし間違った場合などは、Eraser（消しゴムツール）で消すことができます。Normalデカールを一括で消すイメージではなく、普通の塗りを消すような状態です。

多くの場合は、左右対称に作業したいと思いますので、「ミラー編集」をONにしておきます（上部メニューの「Symmetry」アイコンをクリック）。ONにするとモデルの中央に赤い線が表示されるので、ミラー状態であることがわかりやすいかと思います。

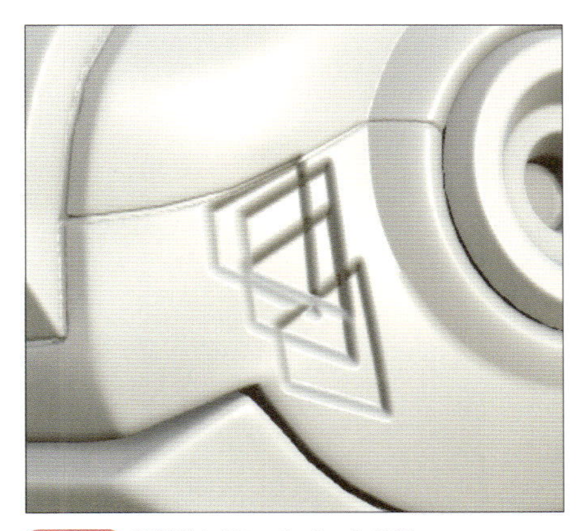

図9-3-3 連続的に描いてしまった状態

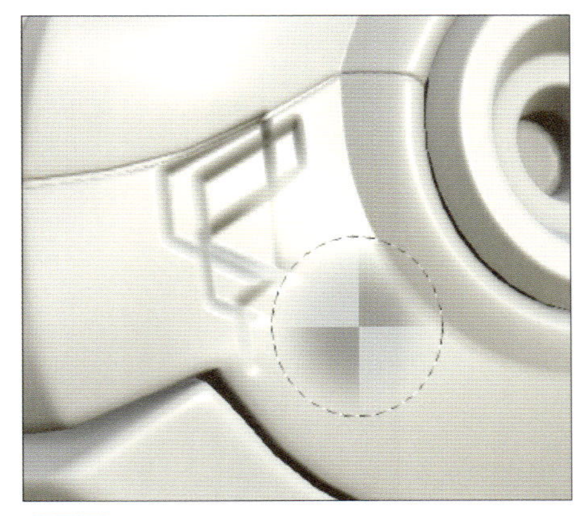

図9-3-4 Eraserで塗りを消す

図9-3-5 SymmetryをONにする

9-4 GEOMETRY MASKの併用

今回の作例ではBlenderの作業の時点で、パーツを分ける旨を説明しました。そのメリットの1つが「GEOMETRY MASK」機能にあります。

これは、データ的に分かれているメッシュやUVなどを元にマスクを作る機能です。Substance 3D Painterでの作業において、あるパーツ部分のみに効果を適用したくて、ほかのパーツには影響させたくないという場面が結構あります。通常は、IDマップなどからマスクを作成することになりますが、パーツ分割からもマスキングすることができ、とても便利な機能です。

今回の場合だと、たとえばAパーツとBパーツの境目にNormalデカールを施したいが、Bパーツには影響させたくないといった場合などに利用できます。

GEOMETRY MASK機能はレイヤーに対してON／OFFになりますので、マスクする対象毎にレイヤーを作る必要があり、ややレイヤーが増えやすい傾向があります。

レイヤーの右端にある点線の四角をクリックすると、PROPERTIESに「GEOMETRY MASK」のメニューが表示されます。MaskTypeを「Mesh names」にすると、下段に各パーツのメッシュ名（Blender上ではオブジェクト名）にチェックボックスが付いたリストが出ます。

図9-4-1 レイヤーの右側の点線の四角がGEOMETRY MASK

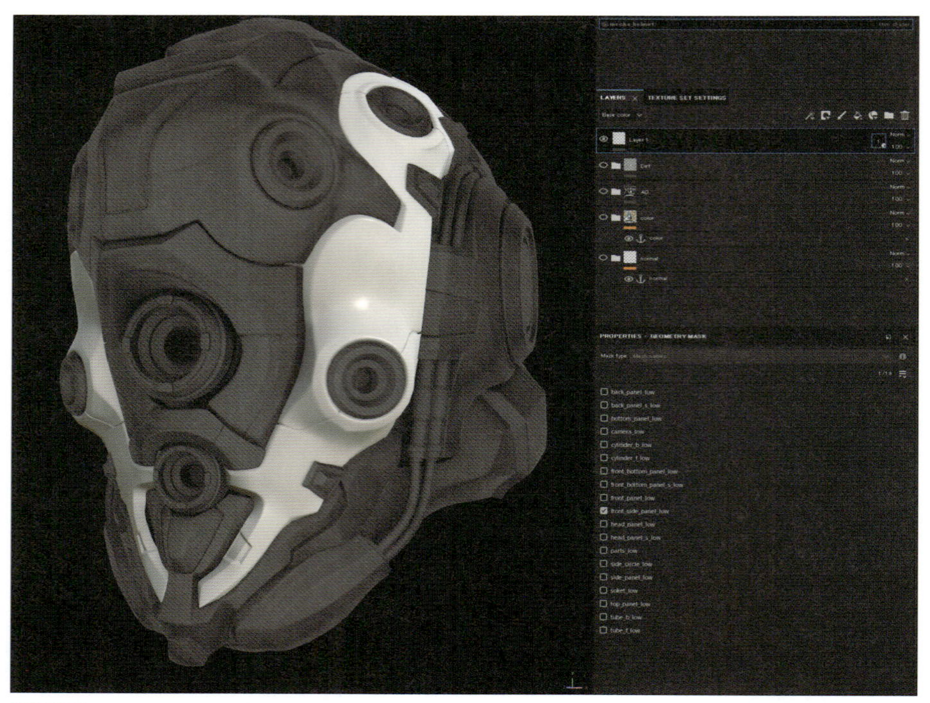

図9-4-2 1つのメッシュ（オブジェクト）のみ有効にした状態

チェックを外すとそのメッシュはマスキングされ、そのレイヤーの効果は影響しなくなります。たとえばAパーツのみ影響させたいなら、Aパーツのみチェックが付いた状態にするということです。

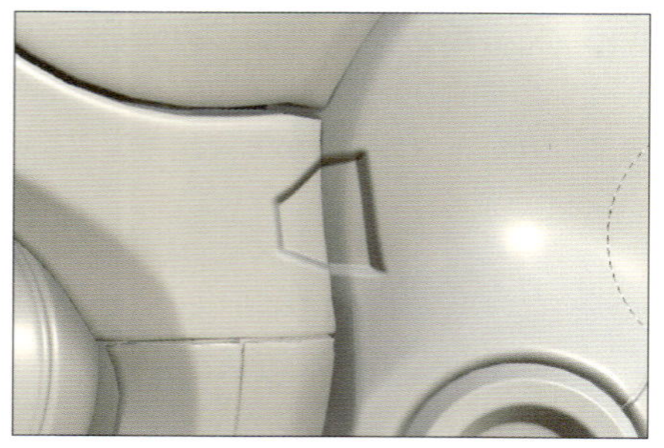

図9-4-3 マスクを使わない場合、パーツを跨いでNormalデカールが適用される

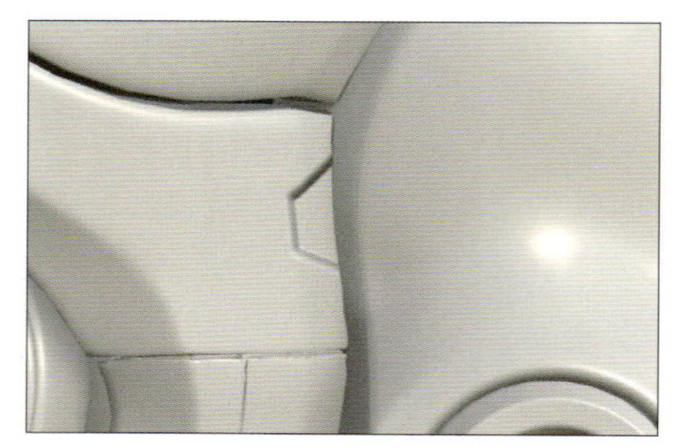

図9-4-4 マスクを使うと、キワの部分などではかのパーツに影響を与えない

メッシュ毎にレイヤーを作り、マスクを使いながらの作業になるので、必然的にレイヤーが増えますので、フォルダにレイヤーを整理し、レイヤーには適切な名前を付けつつ作業すると、のちのちテクスチャリングに進む際に作業がしやすくなります。

このようにして、Normal デカールによるディテールアップ作業を進めていきます。

9-5 ディテールアップからのメッシュ形状の再考

前節でNormalデカールを適用し、ディテールを施すことができました。簡素だったメッシュにディテールが入り、完成イメージがより具体的にできたのではないかと思います。

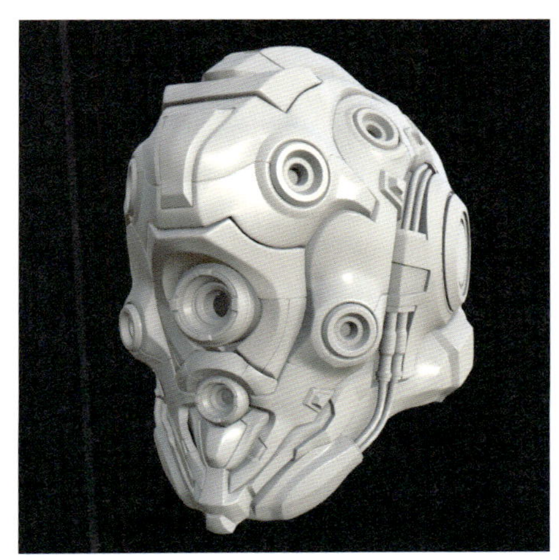

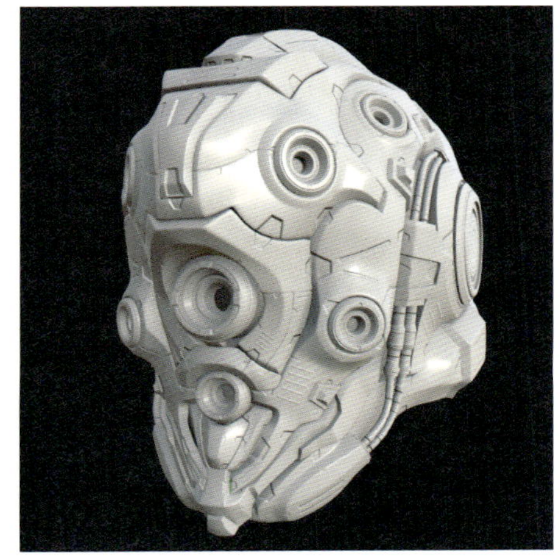

図9-5-1 左：ディテールアップ前、右：ディテールアップ後

Normalは法線による疑似的な形状表現ですので、実際にはメッシュは変形していません。しかし、プレビューで見る限りは「ここにこういった形状があるとよさそうだ」ということはイメージできるかと思います。

実際にポリゴンモデリングでメッシュ形状を試行錯誤する場合、もちろんそのほうが正確に形状を作れるわけですが、ディテールを作成するには相応のメッシュ解像度が必要だったり、細かい形状のトポロジーを整理していくのは、なかなかに時間がかかります。

このように、Normalで疑似的にでも形状の結果を試行錯誤できると、ポリゴンモデリングを施すべき場所を具体的に絞ることができるかと思います。

もしこの段階でメッシュの形状を修正する必要を感じたら、5章の2次スカルプト（もしくはポリゴンモデリング）→6章のリトポ→7章のメッシュのチェック／UV展開に戻ります。

この段階からの手戻りになると、少したいへんではありますが習熟を目的とするなら、積極的に手戻りを体験してみるのもありかと思います。

今回の作例では、Normalデカールによるディテールアップの結果を、実際の形状にする必要はないと判断し、手戻りをせずにこのままテクスチャリングの作業に移行したいと思います。

テクスチャリングとエクスポート

Normal デカールを施し、ディテールアップをして形状の試行錯誤が済んだら、最終的にテクスチャリングの作業を行って、Blender やゲームエンジン向けのエクスポートを行います。

10-1 テクスチャリングの作業

参考ファイル	mecha_helmet.spp
備考	テクスチャリングが済んだ状態のプロジェクトファイルです。

テクスチャリングに関しては、Substance 3D Painter での作業になり、本書の Blender の範疇から外れますので、詳しい操作やテクニックは「作りながら覚える Substance Painter の教科書」(2021 年、ボーンデジタル刊) や Web などの情報を参照していただけたら幸いです。

図10-1-1 テクスチャリングを行った状態

今回の作例は、Blender でのワークフロー紹介を意図しているので、テクスチャリングもシンプルに行っています。全体の色分けと素材感、あとは軽く汚れなどを施している程度ですが、コンセプトモデル的な用途なら目的に適うかなと思います。

プロジェクトファイルはダウンロードできますので、そちらを確認してください。

10-2 Blender 用にエクスポートする

参考ファイル	mecha_helmet.spp mecha_helmet.blend(コレクション:rendering)

備考	完成したモデル、カメラ部品のレンズ、カメラ部品のレンズを光らせるエミッションオブジェクトのほか、レンダリング用カメラとライトが入っています。

エクスポートしたテクスチャを、Blender で使う方法を解説しておきます。

Substance 3D Painter のメニューの「File → Export Texture」で作成したテクスチャをエクスポートできます。

Blender 用のテクスチャの場合、デフォルトの設定のままでも OK です（拡張子や出力先などは適宜に設定してください）。

Blender は OpenGL 系を採用していて、DirectX 系でエクスポートされた Normal Map はそのままでは使えませんが、デフォルト設定で OpenGL 系での Normal Map も出力してくれるため、別途加工や設定は必要ありません。

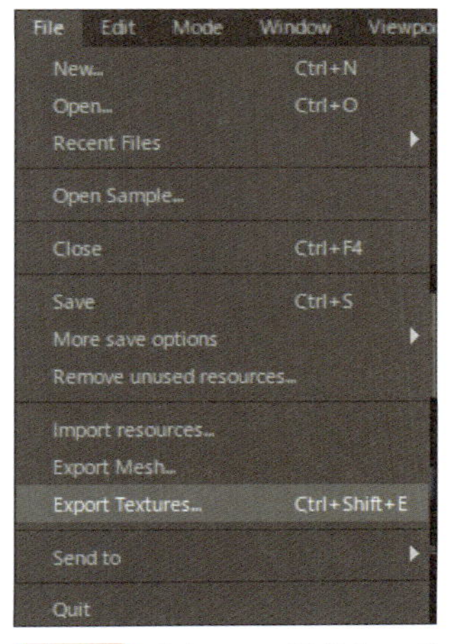

図10-2-1 Substance 3D Painterの「Export Texture」

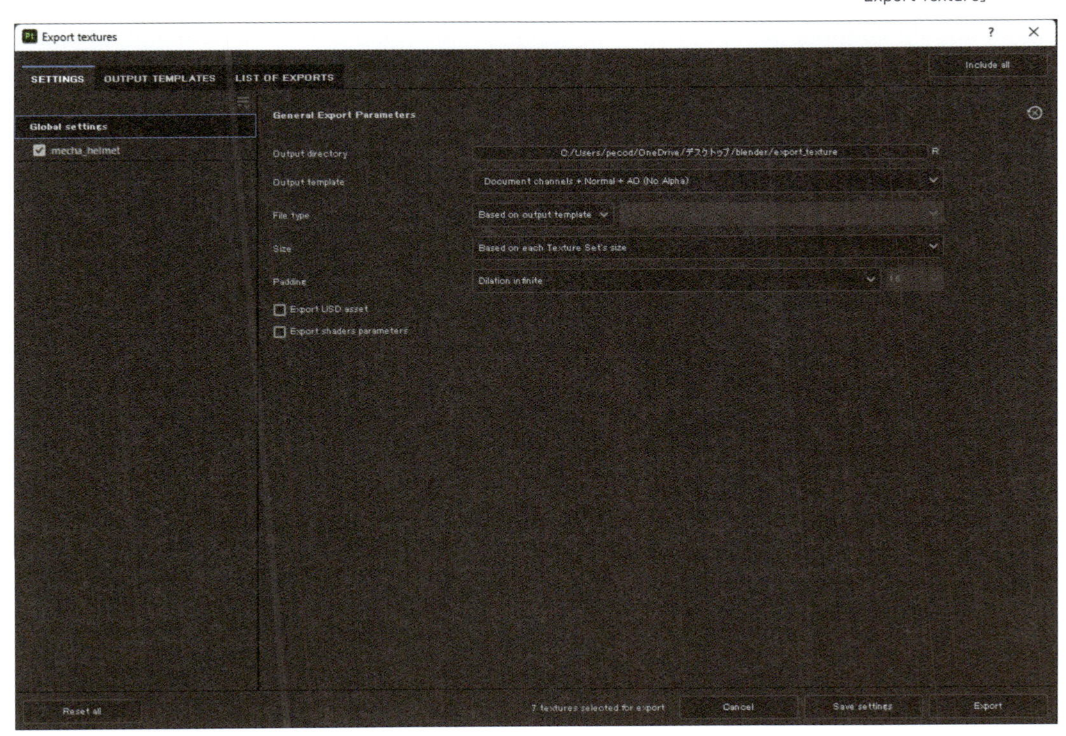

図10-2-2 エクスポートのダイアログ

「Export」ボタンを押すと、エクスポートが始まります。UDIM の有無や解像度によっては、やや時間が掛かるかもしれません。ステータスを確認しつつ、処理が終わるのを待ちます。

処理が終わると、指定したフォルダにテクスチャが出力されています。先ほど説明したようにNormal Mapは2枚出力されており、ファイル名にOpenGLと付いているNormal Mapが、Blenderで使うNormal lMapになります。

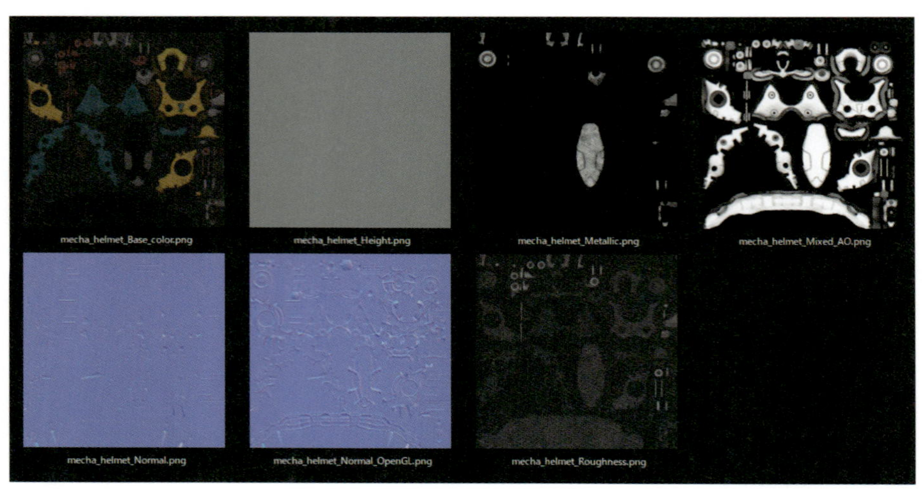

図10-2-3 出力されたテクスチャ（Normal MapはOpenGL用も出力されている）

現在、モデルには「mecha_helmet」というマテリアルが1つあるかと思います。そのマテリアルに、Substance 3D Painterから書き出されたテクスチャを設定していきます。

Blenderのシェーダーエディタを開いて、「画像テクスチャ」ノードにて、以下のようにテクスチャを設定してください。

表10-2-1 「画像テクスチャ」ノードでのテクスチャ設定

用途	テクスチャ	色空間
ベースカラー用	mecha_helmet_Base_color.png	sRGB
ラフネス（粗さ）用	mecha_helmet_Roughness.png	非カラー
メタリック用	mecha_helmet_Metallic.png	非カラー
ノーマル用	mecha_helmet_Normal_OpenGL.png	非カラー

ベースカラー用はプリンシプルBSDFの「ベースカラー」に、ラフネス用は「粗さ」に、メタリック用は「メタリック」にそれぞれ繋いでください。

ノーマルはそのまま繋いでも、Normal Mapとして働きません。「ノーマルマップ」ノードを出して、ノーマル用のカラーからノーマルマップノードのカラーに繋いで、ノーマルマップノードのノーマルをプリンシプルBSDFの「ノーマル」に繋ぎます。

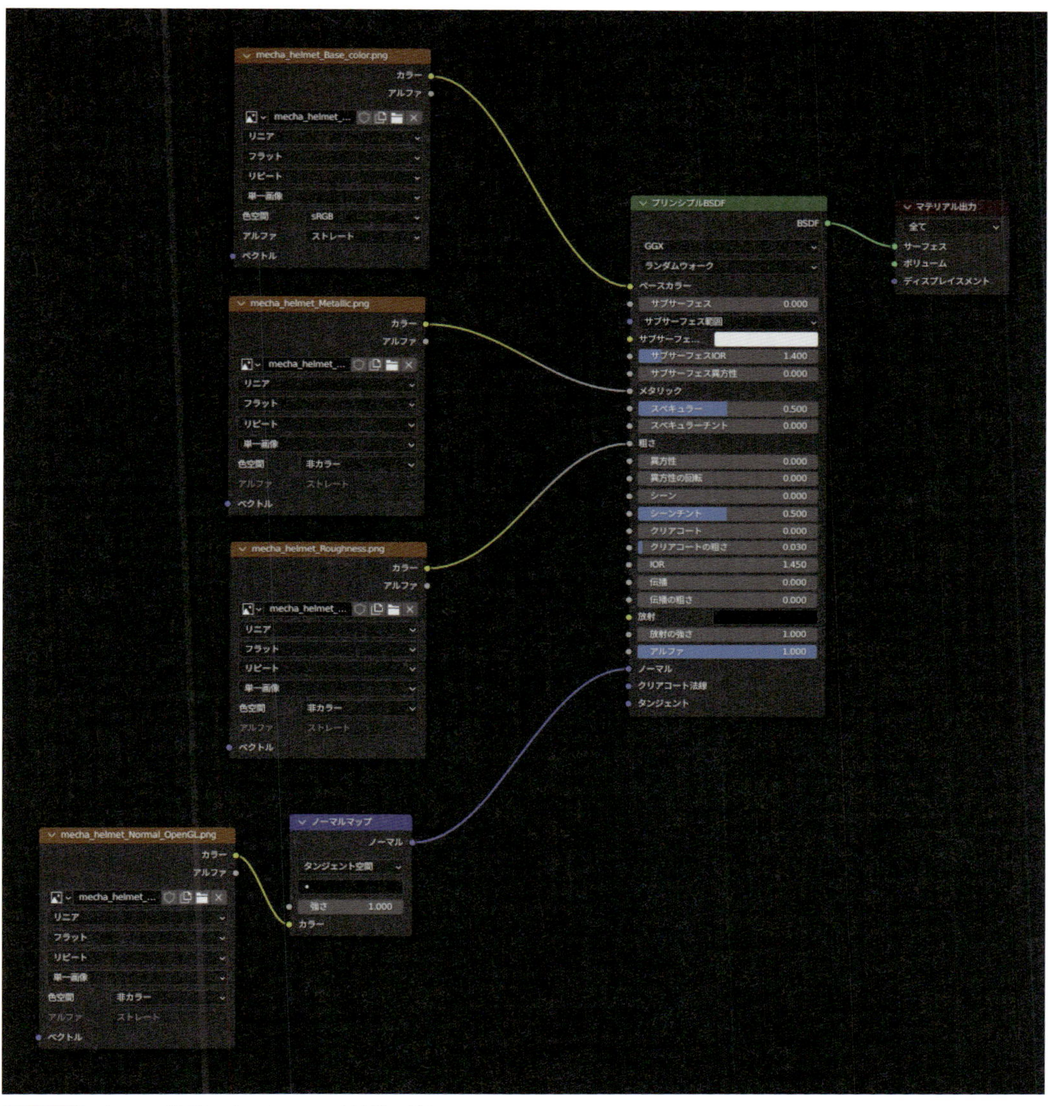

図10-2-4 すべての「画像テクスチャ」ノードを繋いだところ

画像はHDRIやポイントライトを設定して、「Cycles」でレンダリングしてみたところです。なお、レンダリングの設定などについては、「入門編」で確認してください。

また、レンダリングに必要なライトやカメラも最低限配置しているだけので、ダウンロードファイルで確認してもらえればと思います。

図10-2-5 Cyclesでレンダリングしたところ

10-3 Unreal Engine ／ Unity 用のエクスポート

Blender とは直接的に関係ありませんが、Blender で作ったモデルをゲームエンジンに持っていきたいという方は多いと思います。ごく簡単ではありますが、Unreal Engine ／ Unity 用のテクスチャエクスポートに関しても触れておきます。

ゲームエンジン用のテクスチャの扱い

Substance 3D Painter では、エクスポート用にさまざまなフォーマットが用意されています。Blender 用ではデフォルトの設定をそのまま使いましたが、ゲームエンジンではデータ削減などの理由からテクスチャ画像枚数を減らす工夫がされます。

そういった経緯から、各 PBR マップを 1 枚の画像としてエクスポートするのではなく、カラー画像の RBG チャネルに画像を格納する方法が採られます。

PBR マップでは Basecolor、Normal、Roughness、Metallic、AO などが使われることが多いですが、このうち Basecolor と Normal は 1 枚の画像で RGB チャネルすべてを使う必要があるため、1 枚の画像として扱います。

これに対して、Roughness、Metallic、AO はデータ的にグレースケール画像なので、たとえばRチャネルにRoughnessを格納するといったことができます。
　このように、チャネルに組み合わせて画像枚数を減らし、オーバーヘッドを減らすという仕組みです。

テンプレートを使ってエクスポート

　Unreal Engine／Unity用のテンプレートはいくつか用意されていますので、テンプレートの中で目的にかなうものがあれば、それを使うのがよいでしょう。
　実はBlender用のテンプレートも用意されていますが、アルファやエミッシブをPainterで作っていないので、デフォルトで出してもあまり差異がないので、上記では使いませんでした。

　どのチャネルにどのマップが格納されているのかを詳しく知りたい場合は、Export Texturesダイアログの「OUTPUT TEMPLATES」から確認することができます。たとえば「Unreal Engine4（Packed）」を確認すると、図のような構成になっています。

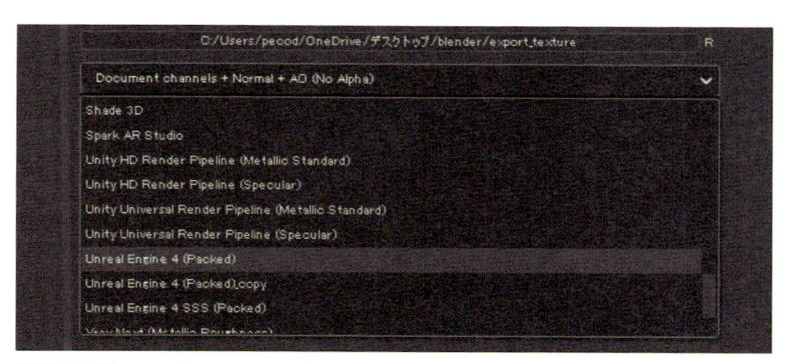

図10-3-1　さまざまなエクスポートテンプレート

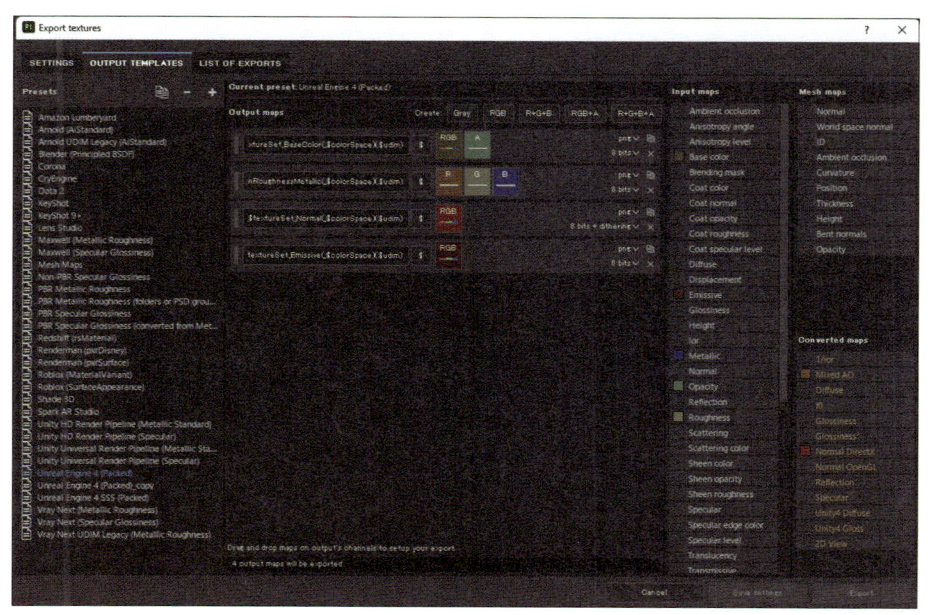

図10-3-2　「Unreal Engine4（Packed）」の構成

少し複雑に見えますが、２列目の画像でAOマップがRチャネル、RoughnessマップがGチャネル、MetallicがBチャネルに格納されているのがわかります。ゲームエンジンによって推奨される格納先のRGBチャンネルが異なるので、詳しくは使用したいゲームエンジンのドキュメントなどで確認してください。

なお、どのようにパックしてもたいていのゲームエンジンは、チャネルから画像を抽出できる仕組みがあるはずなので、テクスチャが使えなくなるわけではありませんが、データの解釈や自動化などで問題が出る場合があるので、知識として知っておくとよいかもしれません。

もし、テンプレートに目的にかなうものがなかったり、独自のパックをしたい場合は、自分でテンプレートを作成することもできます。

こうした画像フォーマットの知識は、データのやり取りに役に立つ場合がありますので、時間があったらぜひいろいろ調べてみることをお勧めします。

図10-3-3 独自で作ったテンプレート

連携編の最後に

ここまで、早足でのワークフローの解説にはなってしまいましたが、Blenderのスカルプト機能とSubstanceとの連携でモデリングしていく利点などが、お伝えできたでしょうか。

Blenderには、アドオンを作成するためのPython APIが存在しており、サードパーティー製アドオンも盛んに作られ、有料・無料問わず配布されています。なかには劇的にワークフローを効率化できる人気のアドオンも多数ありますので、アドオンを使って制作される方も多いのではないかと思います。

今回紹介したワークフローは、ほぼBlenderの標準機能と標準搭載アドオンで作業するもので、サードパーティー製アドオンを使わない状態でしたが、もしBlenderの習熟を目指すなら、標準機能でどういうことができるのかを知っておくことも重要です。標準機能をより知っていくと、アドオンがどのように動作しているかを理解でき、アドオンの使いどころや、どのようなアドオンを選べばよいかが的確にわかるようになります。

Blenderはさまざまな機能があり、機能の組み合わせにより用途に応じたワークフローを組み上げることのできる素晴らしいツールです。このようなツールが誰でも使えるのは、とても嬉しいことですよね。

ぜひ、今回のワークフローも知識の１つに加えていただき、Blenderをより活用していってもらえる機会になれば幸いです。

スクリプト 入門編

Blenderの基礎とオブジェクトの扱い方を押さえる

實方 佑介［解説・作例］

Blender は「スクリプト」を作成して実行することで、さらに便利に効率よく操作を進めていくことができます。ここでは、初めてスクリプトにチャレンジする方に向けて基礎から解説していきます。また、スクリプトは「Python」というプログラミング言語で記述しますが、Python の基本的な文法についても整理してあります。

入門編では、Blender 内の「Python コンソール」を使って実際にスクリプトを記述して動作を確認していきます。後半ではより複雑なスクリプトを記述するための「テキストエディター」を使ってより実践的なスクリプトも作成します。

スクリプトによる Blender の制御

スクリプトとは、いわゆるプログラムのことです。Blender は、「Python」というプログラミング言語を搭載しているため、プログラム次第でさまざまな処理を行うことができます。

1-1 スクリプト制御するメリット

Blender をスクリプトで制御するメリットをいくつか挙げてみましょう。単純な例で言えば、レンダリングやモデリングの自動化が挙げられます。面倒なレンダリング設定やレンダリングパス別の出力をできるようにする、モデリングでよく行う操作をボタン 1 つでできるようにする、というようなことが行えるようになります。

また、Python というのは機械学習やサーバーサイド、ロボットなど、さまざまな本格的な用途に用いられる強力なプログラミング言語ですので、スキル次第で理屈上どんなことでもできるようになります。
たとえば、機械学習を使って画像から Blender の 3D モデルを作るということもできるでしょう。筆者は逆に、Blender 上のモデルをあらゆる方向からレンダリングして大量の画像データを用意し、機械学習用の学習データとして出力する、ということをしたことがあります。

さらに、自分自身でスクリプトを書く力がついていると、お気に入りの Addon が新しいバージョンの Blender に対応しなくなったときに自力でメンテナンスするということも行えます。Blender をスクリプトで制御できれば、発想力と腕前次第でありとあらゆることができるようになるでしょう。
また、発想力や腕前に自信がなくても、普段の繰り返し作業を格段に楽にしたり、ミスを減らしたりできます。このように、プログラミングには無限の可能性が広がっています。ワクワクしてきたらぜひ、トライしてみましょう。

1-2 スクリプトの実例

スクリプトによる Blende の制御の詳細を学んでいく前に、いくつかスクリプトの例を列挙してみます。実際に試してみて、スクリプト制御によるメリットを感じてみてください。それぞれ、テキストエディタ上部メニューからテキストを新規作成し、テキストを貼り付けてみてください。上部メニューの「テキスト→スクリプト実行」から、実行することができます。

特に、繰り返し処理に対するスクリプトによる自動化の恩恵はすさまじく、簡単なスクリプトでも大幅に時間短縮をすることがわかるでしょう。

非多様体を持つメッシュオブジェクトをハイライトする

シーン内にあるメッシュオブジェクトのうち、非多様体（頂点が5つ以上ある面）を持つオブジェクトを選択し、ハイライトします。大量にあるオブジェクトの中から、不具合のあるオブジェクトを簡単に探し出すことができます。

5角形以上のポリゴンを持つオブジェクトを作成し、実行してみてください。

リスト1-2-1 非多様体を持つメッシュオブジェクトをハイライト

```
import bpy

bpy.ops.object.mode_set(mode="OBJECT")
bpy.ops.object.select_all(action="DESELECT")

for object in bpy.context.scene.objects:
    if object.type != "MESH":
        continue

    mesh = object.data
    for face in mesh.polygons:
        if len(face.vertices) > 4:
            object.select_set(True)
            continue
```

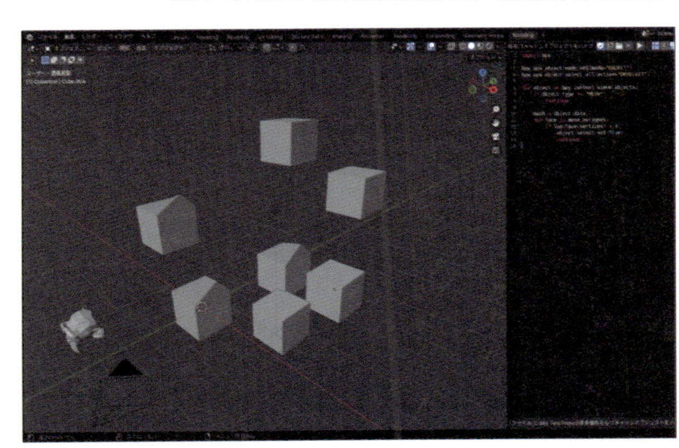

図1-2-1 スクリプト実行前

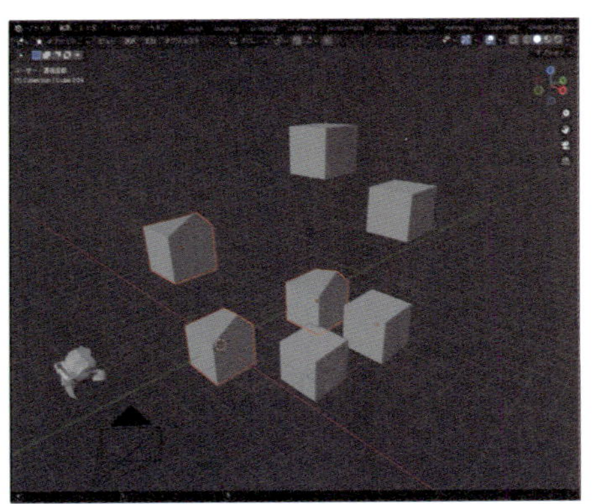

図1-2-2 スクリプト実行後

シーン内のすべてのメッシュオブジェクトの Boolean を表示する／非表示にする

シーン内のすべてのメッシュオブジェクトの Boolean を表示する、もしくは非表示にするスクリプトです。Boolean を多用してモデリングを行っていると、Blender の動作が極めて重くなってきます。Booleanが特に重要ではないタイミングで非表示にしておくと、軽快に作業を進めることができます。

Booleanモディファイアを設定したオブジェクトをいくつか用意して、実行してみてください。

リスト1-2-2 Booleanの表示／非表示

```
import bpy

# ここをTrueにすると、ブーリアンのモディファイアを表示する
show_viewport = False

for object in bpy.context.view_layer.objects:
    for mod in object.modifiers:
        if mod.type != "BOOLEAN":
            continue
        mod.show_viewport = show_viewport
```

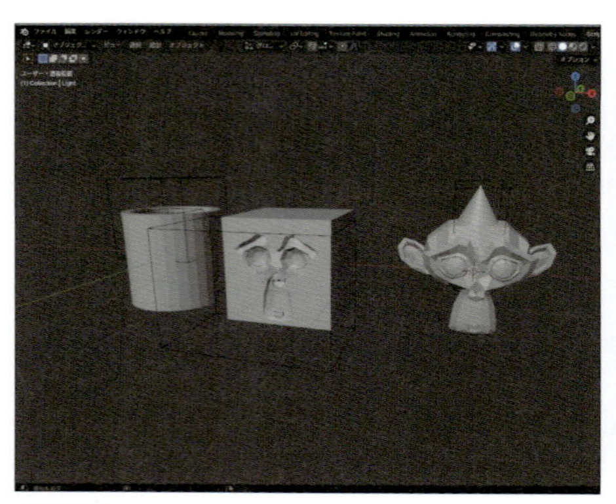

図1-2-3 スクリプト実行前

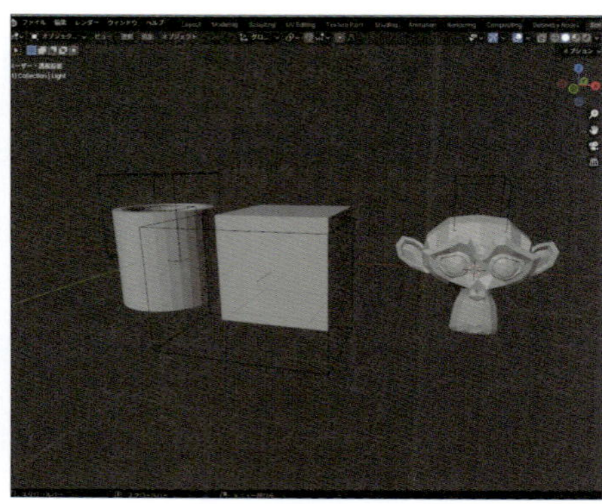

図1-2-4 スクリプト実行後

選択メッシュオブジェクトの原点をすべてメッシュ最下部に合わせる

選択しているメッシュオブジェクトの原点をすべてオブジェクト下部に合わせるスクリプトです。部屋やフィールドを作る際に便利です。

リスト1-2-3 原点をメッシュ最下部に合わせる

```
import bpy, math
from mathutils import Vector

current_active_object = bpy.context.view_layer.objects.active
current_cursor_location = bpy.context.scene.cursor.location

selection = bpy.context.selected_objects

for object in selection:
    bpy.ops.object.select_all(action="DESELECT")
```

```
    if object.type != "MESH":
        continue

    object_location_world = object.matrix_world.to_translation()

    min_z_world = math.inf
    mesh = object.data
    for vert in mesh.vertices:
        co_world = object.matrix_world @ vert.co

        if co_world.z < min_z_world:
            min_z_world = co_world.z

    if min_z_world == math.inf:
        continue

    bpy.context.view_layer.objects.active = object
    object.select_set(True)
    bpy.context.scene.cursor.location = Vector(
        (object_location_world.x, object_location_world.y, min_z_world)
    )

    bpy.ops.object.origin_set(type="ORIGIN_CURSOR")

for object in selection:
    object.select_set(True)

bpy.context.view_layer.objects.active = current_active_object
bpy.context.scene.cursor.location = current_cursor_location
```

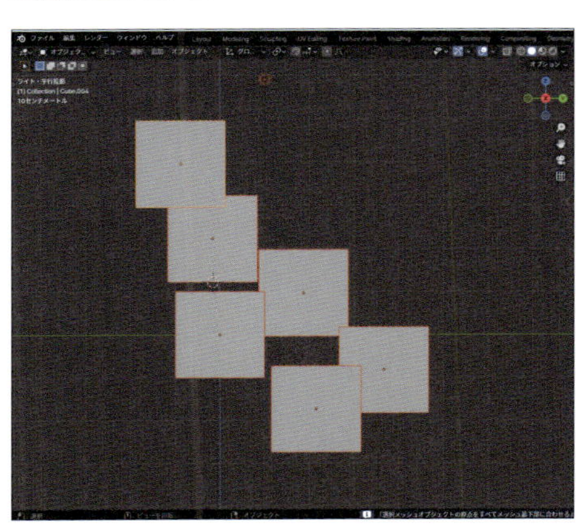

図1-2-5 スクリプト実行前

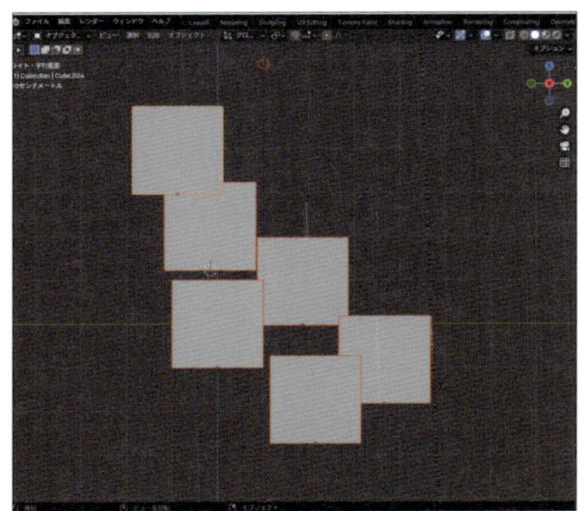

図1-2-6 スクリプト実行後

1 2 3 4 5 6 7 8 9 10 11 12

スクリプトの前提知識

この章では、初めてスクリプト制御にチャレンジする方向けに、前提となる知識をまとめておきます。まずは、ざっくりこんなものということだけ理解してください。

2-1 基本用語

まずは、基本用語から押さえていきましょう。プログラミング言語は実行形態によって、いくつかの種類に分けられますので、そこから見ていきます。

コンパイル言語

ソースコードから実行ファイルを生成し、実行ファイルからプログラムを実行します。実行ファイルとは、Windowsでよく見る「.exe」ファイルのことです。

ソースコードから実行ファイルを生成するプロセスのことを「コンパイル」と呼び、この形態を取る言語を「コンパイル言語」と呼びます。実行に必要なライブラリをすべてまとめることができるため、配布しやすいなどのメリットがあります。

主なコンパイル言語は、Basic、C/C++、C#、Go、Swiftなどがあります。Blender本体は、C言語で作られており、コンパイルされて実行ファイルが生成されています。

スクリプト言語

実行ファイルを生成するのではなく、何らかのスクリプトエンジンプログラムがその都度スクリプトを読み込み実行する言語です。コンパイルする必要がないため、プログラムの変更、テストが楽というメリットがあります。

主なスクリプト言語は、JavaScript、Perl、PHP、Pythonなどがあります。

プログラムのいろいろな呼び方

プログラムには、以下のようなさまざまな呼び方があります。これらは文脈次第でいろいろな呼び方をされますが、指している内容は基本的に同じです。

- ソースコード
- コード
- スクリプト
- プログラム
- リスト

プログラムの処理を記述した一連のテキストのことを「ソースコード」と呼びます。なかでも、スクリプト言語のソースコードのことを「スクリプト」と呼びます。また、「コード」はプログラムのくだけた簡便な言い方です。

Python

Python は、スクリプト言語の一種です。機械学習やサーバーサイドなどの幅広い分野で採用されています。

豊富な基本ライブラリが用意されている、パッケージマネージャーが標準的に付属している、特にプロジェクト設定もなく書き始められるなど、お手軽かつ充実した機能が人気の言語です。

文法にも特徴的な点があり、コードのまとまりを字下げで表現します（一般的なプログラミング言語の場合「{}」でくくることが多い）。これによって、ソースコードの可視性が高まることが期待されています。

また、メインの Python エンジンは C 言語で書かれているため、C 言語と親和性が高く、C/C++ で開発されている Blender と相性がよいようです。

API

API とは、「Application Programming Interface」の略です。API という言葉はさまざまな文脈で用いられますが、ざっくりと言えば OS や Blender と言ったシステムなどが提供する、プログラムからシステム機能を利用するためのインターフェイスです。

Blender の機能を Python スクリプトから呼び出すためには、何らかの呼び出し窓口がなければならないわけですが、それらを指して「API」と呼びます。Blender の Python API は、「bpy」というモジュールにまとまっています。

Python スクリプトから Blender 機能を呼び出す際には、以下のようなコードを書きます。これは「選択されているオブジェクトを X 軸＋方向に 1.0 動かす」という意味のコードです。

```
bpy.ops.transform.translate(value=(1, 0, 0))
```

このような機能を呼び出したいときには、「bpy.ops.transform.translate」という API を呼び出ことで実行できます。

GUI

グラフィカルユーザーインターフェイス（Graphical User Interface）の略です。グラフィカルなユーザーインターフェイス、つまり普段いじっている Blender のエディターのようなインターフェイスのことを「GUI」と呼びます。マウス操作できるものが、GUI であると思ってよいでしょう。

逆に、Python コンソールなどのように文字列のみで表現されるインターフェイスを「CUI（Character User Interface）」と呼びます。

2-2 Blender で Python スクリプトを実行する方法

Blender では、Python スクリプトのさまざまな実行方法を提供しています。

コンソールから実行する

コンソールエリアは、入力した Python コードを直接実行するインターフェイスです。コードは 1 行入力するごとに、都度そのまま実行されていきます。

結果を素早く確認できる一方、1 行ずつ確定されてしまうため、複雑なコードを記述するのにはあまり向いていません。主に、単純な処理を即確認したい場合に適しています。

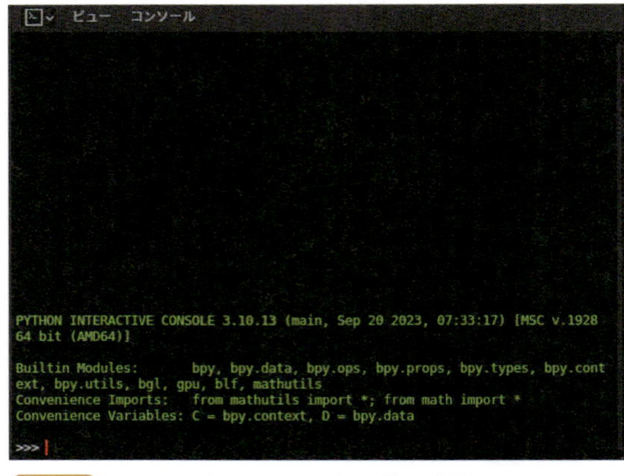

図2-2-1 コンソールからPythonスクリプトの実行

テキストエディターから実行する

テキストエディターは、テキストデータを編集できるエリアです。テキストエリアでは、テキストデータを Python コードとして実行することができます。

テキストエディターで取り扱うテキストは、通常のテキストファイルであるかコードであるかを特に区別しません。通常のテキストを Python コードとして実行した場合は、単純に実行エラーが発生します。

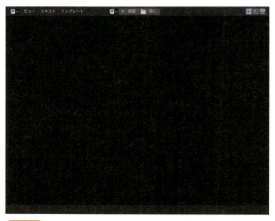

図2-2-2 テキストエディターからPythonスクリプトの実行

テキストデータは「.blend」ファイル内に保存されるため、3D モデルといっしょにスクリプトを扱いたい場合に重宝します。

コマンドラインからスクリプトファイルを指定して実行する

OS には、Windows であれば「Powershell」や「コマンドプロンプト」、mac であれば「ターミナル」のようなテキスト入力でソフトウェアを実行できるインターフェイスが搭載されています。テキスト入力インターフェイスを通してコマンドを実行することを「コマンドライン実行」と呼びます。

Blender は、コマンドラインから呼び出すことができます。これにより、ほかのソフトウェアから Blender の API を呼び出して処理に役立てたりすることが可能になります。

図2-2-3 コマンドラインからスクリプトを指定して実行

Addon として実行する

Blender にさまざまな機能を追加することができる「Addon」ですが、これらは Python スクリプトで記述されています。

Addon を作成し、Blender に読み込ませることで、インターフェイスにボタンを追加したり、起動時に自動実行したり、あるいは毎フレーム自動実行したりなど、さまざまな方法で Blender に自作機能を実行させることができます。

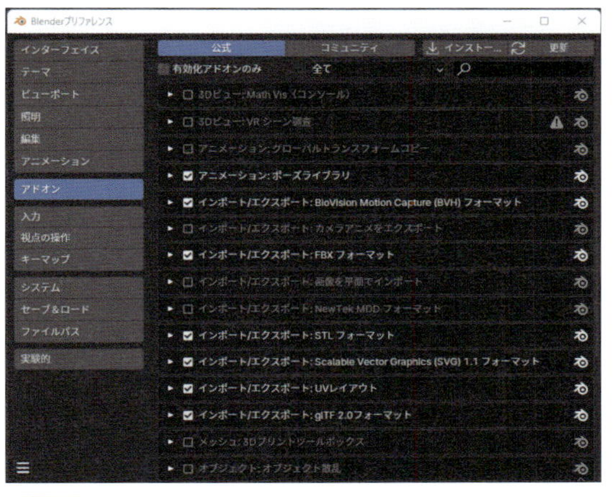

図2-2-4 Addonとして実行

インストールした Addon はユーザー設定に保存されるため、以後は特に明示することなく機能を利用できるというメリットがあります。

2-3 スクリプティングに関わるエリアタイプとウィンドウ

ここでは、スクリプティングに関わるエリアを紹介します。それぞれのエリアは、デフォルトでは上部メニュー内「Scripting」ワークスペースにまとまっています。

テキストエディター

テキストデータを扱うエリアです。作成したテキストは、テキストデータブロックとして「.blend」ファイルに保存されます。スクリプトを記述して、実行させることもできます。

テンプレートメニューがあり、Addon などの雛形を呼び出すこともできます。インデントの切り替えやコメントアウトなどの、ごく基本的なコード編集も一部備えています。

Python コンソール

Python コードをコマンドライン実行するためのエリアです。コードを 1 行ずつ入力し、都度実行することができます。実行結果は都度文字列として出力されるため、コードの簡易的な確認に便利です。変数を入力した際は中身を簡易的に表示してくれるため、Blenderの内部構造や状態の確認に便利です。

読み飛ばしがちですが、コンソール画面の冒頭にはいくつかの便利な情報が表示されています。

Builtin Modules

あらかじめBlenderに組み込まれているモジュールを示しています。ここに並んでいるモジュールは、import文を使用せずに、すぐに利用することができます。

Convenience Imports

利便のためにあらかじめimport処理をしてあるモジュールです。mathなどのモジュールの中身を、直接利用することができる状態になっています。

Convenience Variables

利便のために定義された変数です。

図2-3-1 テキストエディター

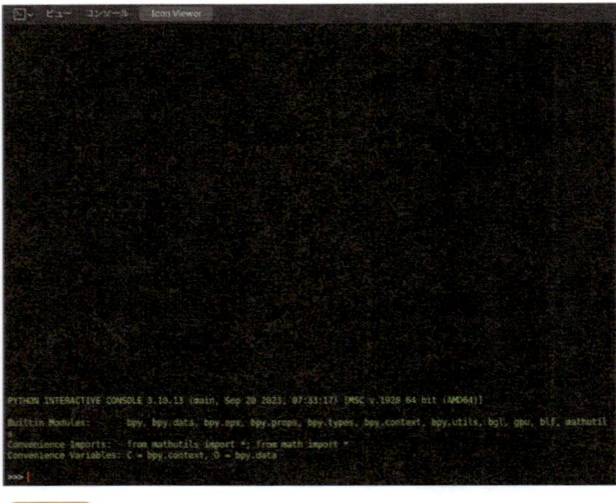

図2-3-2 Pythonコンソール

情報エリア

情報エリアは、さまざまなログが出力されるエリアです。Blenderの操作のコマンドログ、コマンドの成功／失敗ログなどが出力されます。

特にコマンドログは、スクリプティングの上で重要です。Blender上で行った操作が、Pythonコードとして出力されます。

図2-3-3 情報エリア

システムコンソール

システムコンソールはほかのものと違い、Blender のエリアではありません。ウィンドウメニューのシステムコンソール切り替えから表示します。

システムコンソールには、Blender の標準出力の内容が表示されています。標準出力とは、プログラムのごく基本的な出力先のことです。Python スクリプト上から print 関数を使用して文字出力をした場合や、エラーが出た際の文字出力が表示されます。

自作の Python スクリプトのほかにも、Blender 上で使用されているさまざまな Python スクリプトや、Blender 本体の出力が表示されることもあります。

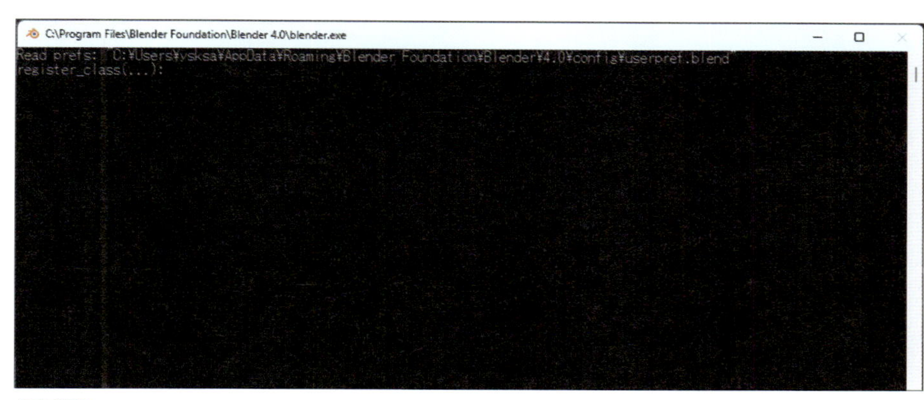

図2-3-4 システムコンソール

2-4 ヘルプを見る

「ヘルプ」ドキュメントは、スクリプティングでは心強い味方です。

Python ドキュメント

Python の言語仕様そのものについては、以下の公式ドキュメントが役立ちます。基本文法や基本機能などについてわからないことがあったら、こちらを参照して見るとよいでしょう。

- Python 3 系 ドキュメント
  https://docs.python.org/ja/3/index.html

Blender Python API Documentation

Blender の Python 機能については、公式リファレンスが役立ちます。バージョン 4.2 のリファレンスは、以下になります。

- Blender 4.2 Python API Documentation
  https://docs.blender.org/api/4.2/

こちらのページは、ヘルプメニューの「Python API リファレンス」から開くことができます。使用している Blender のバージョンに適したリファレンスが開くため、こちらからヘルプを開くのがおすすめです。

2-5 データパスのコピー

プログラミングを行うにあたって、自分が操作したいデータがどこにあるかを探すのは、なかなかたいへんな作業です。インターフェイス上で表示されているカテゴリをもとに、「それらしい場所をくまなく探す」というのはかなりよくあるパターンです。

Blender には、UI と実際のデータを紐付ける便利なコマンドが用意されています。Blender の UI 上の入力欄を右クリックすると、ほとんどのケースで「データパスをコピー」「フルデータパスをコピー」というコマンドが表示されます。

試しに、立方体のプロパティの「オブジェクト→トランスフォーム→位置 X」で「データパスをコピー」してみると、「location」という文字列が得られます。「フルデータパスをコピー」してみると、「bpy.data.objects["Cube"].location[0]」という文字列が得られます。

たいへん便利な機能ですので、よく覚えておきましょう。

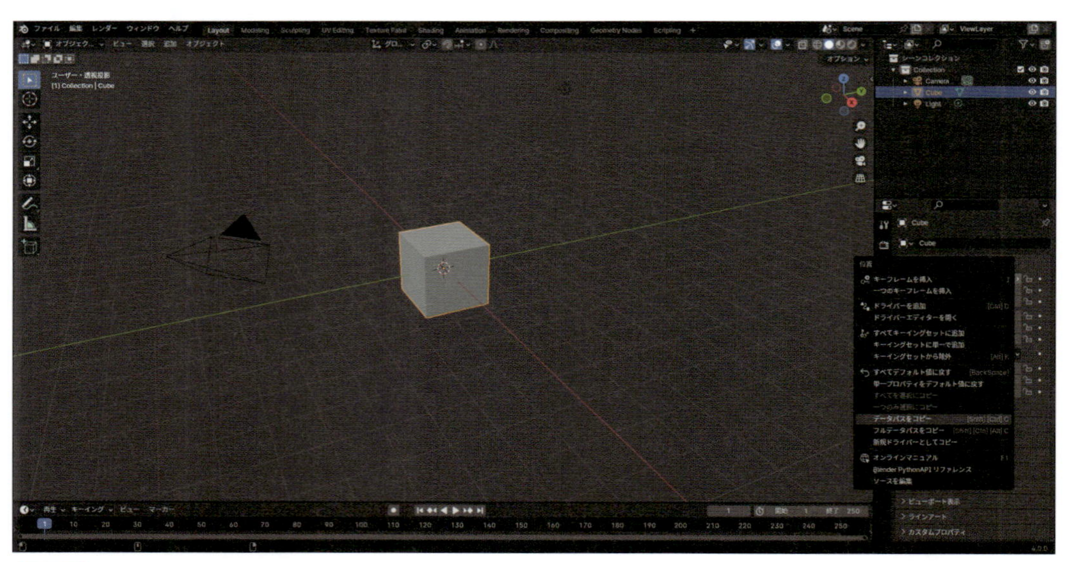

図2-5-1 右クリックでデータのパスをコピー

スクリプト基礎編

Python でスクリプトを作成するための基礎知識が理解できたところで、ここからは実際に手を動かして、スクリプトを記述して実行してみましょう。

Blender で Python スクリプトを実行する手段として、一番簡単なのは Python コンソールを使用することです。まずは Python コンソールを通して、コードを実行し Python の基本文法を習得しましょう。

3-1 スクリプト開発の基本的な心構え

プログラミングを行うにあたって、重要で基本的な心構えがあります。それは「機械は人間が作った通りに動作する」ということです。

機械は人間が作った通りに動作する

コンピュータはハードウェア的な不良がない限りは、プログラムされた通りに動きます。コンピュータにはユーザーの意図を忖度し、空気を読んでいい感じにする、というような機能はありません。意図した通りに動かなかったときは、不本意な動きをするようなプログラムを、自分自身が組んでしまったということです。

プログラミングを行う際、プログラムを意図通りに動かす責任は作者自身にあります。自分の書いたプログラムが実際に何を行っているのか、動作確認を繰り返し行いよく確かめることが重要です。

まれに、API にバグがあり適切に動作しないこともあります。そのような場合でさえも、動作検証し API にどのようなバグがあるのかを洗い出し、回避策を取るのかバグレポートを行うのかなど、実際的な対応をするのは作者自身の責任になります。

プログラムの直接的な目的はデータを加工すること

プログラムの直接的な目的は、究極的にはデータを加工することであると言えます。最終的にどのような形のデータが欲しいのか、そのためにはどのような工程を踏む必要があるのか、ということを意識することが肝要です。

最終的なデータの形をイメージして、そのためにはどのような手順を踏めばいいのかを逆算していくと、設計が求まります。どうしてもうまくいかないときには出鱈目に API を呼び出してみたり、呼び出しを削ってみたり、順番を替えてみたりしてみることもよいでしょう。偶然欲しい結果が得られたら、その手順がいったい何をしていたか、ということを考察してみてください。

3-2 Python コンソールの使い方

実際にスクリプトを入力する Python コンソールの使い方を見ていきます。

入力補完

Blender の Python コンソールには、入力補完機能があります。コードを入力中に「メニュー→コンソール →オートコンプリート」を選択する、もしくは「Tab」キーを押すと、入力中の内容に応じて文字列が補完されます。

候補が複数ある場合は、候補がリストとして表示されます。変数名が補完されるだけではなく、オブジェクトのプロパティもリストとして表示されます。これによって、現在のオブジェクトの状態やオブジェクト構造を容易に確認することができます。

```
ビュー  コンソール
すべてクリア
行をクリア              [Shift] [Return]
前の単語を削除          [Ctrl] [BackSpace]
次の単語を削除          [Ctrl] [Del]
スクリプトとしてコピー  [Shift] [Ctrl] C
カット                  [Ctrl] X
コピー                  [Ctrl] C
貼り付け                [Ctrl] V
インデント
インデントを解除        [Shift] [Tab]
履歴の後方              [↑]
履歴の前方              [↓]
オートコンプリート
カーソル位置まで名前空間を評価してオプションリスト表示，またはーつしかない場合は名前を補完します．

PYTHON INTERACTIVE CONSOLE 3.10.13 (main, Sep 20 2023, 07:33:17) [MSC v.1928 64 bit (AMD64)]

Builtin Modules:       bpy, bpy.data, bpy.ops, bpy.props, bpy.types, bpy.context, bpy.utils, bgl, gpu, blf, mathutil
s
Convenience Imports:   from mathutils import *; from math import *
Convenience Variables: C = bpy.context, D = bpy.data

>>> bpy.
        app
        context
        data
        msgbus
        ops
        path
        props
        types
        utils
>>> bpy.
```

図3-2-1 Pythonコンソールの入力補完

データのドロップ

Blender の Python コンソールは大変便利で、ドラッグ＆ドロップでコンソールにデータを挿入することができます。たとえば、アウトライナー上にある「Cube」をコンソールにドロップしてみましょう。すると「bpy.data.objects["Cube"]」と表示されます。

そのままエンターキーを入力すると、「bpy.data.objects['Cube']」とコンソールに出力されます。また、bpy.data.objects["Cube"] と入力した状態で「.」キーと続けて、「Tab」キーを押してみます。すると、Cube が持っている大量の要素が一覧されます。

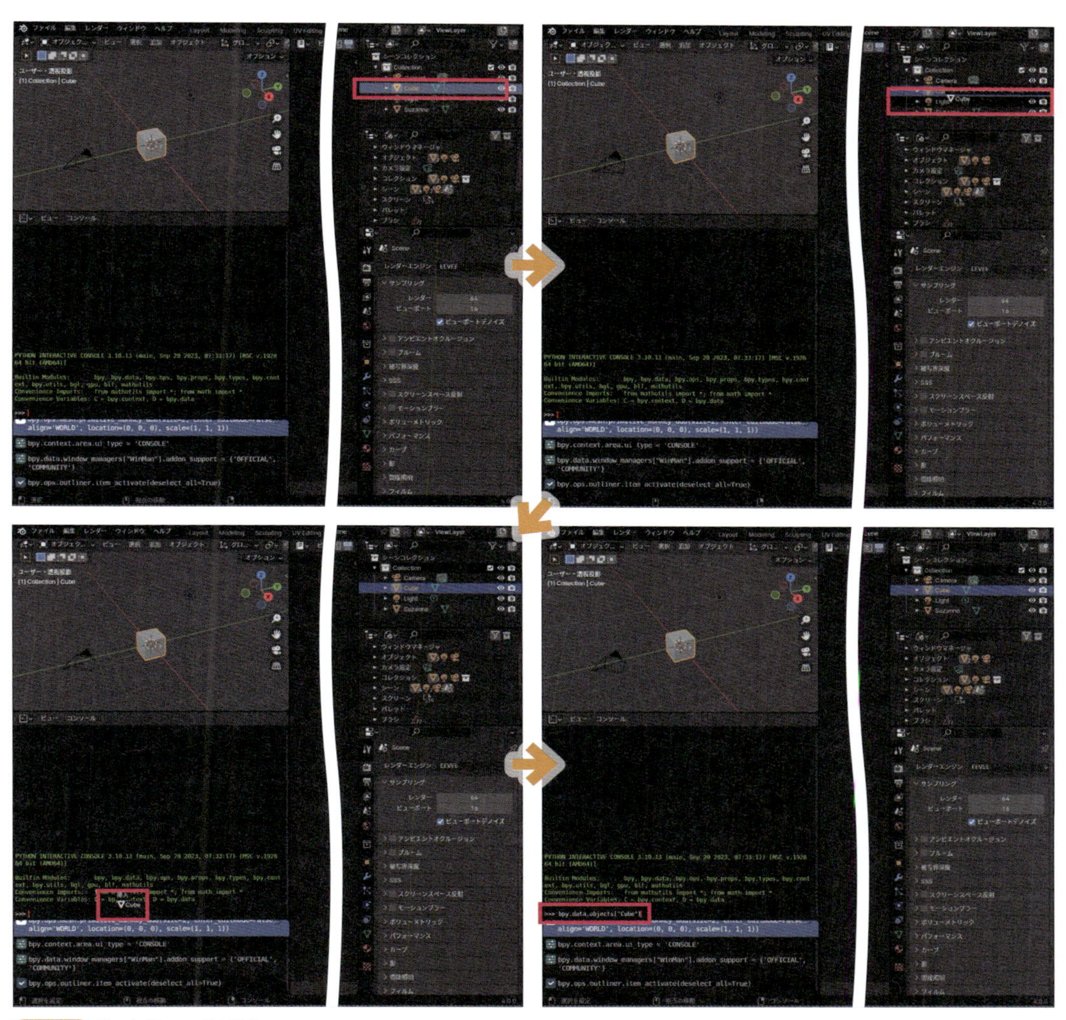

図3-2-2 データドロップの操作

図3-2-3 補完処理により次の候補が表示される

メッシュオブジェクト以外にも、マテリアルやほかのデータなど、Blenderのデータブロックとなっているものは、すべてこのようにドラッグ＆ドロップでコンソールに入力することが可能です。アウトライナー以外にも、マテリアルのプルダウンボタンなどもドラッグできます。

たいへん便利ですので、ぜひ活用してみてください。

3-3 情報エリアの使い方

ここでは、2 章でも簡単に紹介した情報エリアの詳細を解説します。

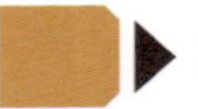 コマンドログの意味

情報エリアに表示されるログの 1 つが「コマンドログ」です。コマンドログは、Blender のユーザーインターフェイス上で行った操作を Python スクリプトとして出力したものです。

ただし、すべての操作が確実に表示されるわけではありません。たとえば、アクティブオブジェクトの変更、オブジェクトの選択／解除などは、情報エリアに表示されません。たとえば、移動を行うと以下のようなログが出力されます。

```
bpy.ops.transform.translate(value=(1, 1, 1), orient_type='GLOBAL',
orient_matrix=((1, 0, 0), (0, 1, 0), (0, 0, 1)), orient_matrix_
type='GLOBAL', constraint_axis=(True, True, True), mirror=False, use_
proportional_edit=False, proportional_edit_falloff='SMOOTH',
proportional_size=1, use_proportional_connected=False, use_proportional_
projected=False, snap=False, snap_elements={'INCREMENT'}, use_snap_
project=False, snap_target='CLOSEST', use_snap_self=False, use_snap_
edit=True, use_snap_nonedit=True, use_snap_selectable=False)
```

コマンドログを初めて見ると、文字の多さに面食らってしまうかもしれません。しかし、1 つ 1 つの要素を細かく見てみると、それぞれがわかりやすい意味を持っていることがわかります。

上記の移動コマンドを分解して見てみましょう。ぱっと見ると、「bpy」とか「transform」とか、「value=(1,1,1)」とか、そのような単語が目につくかと思います。また、「()」でくくられている箇所や、「.」で区切られた箇所、「,」で区切られた箇所などが目に付きます。

ざっくりと様子を見てみると、上記のコマンドは以下のような構造をしていることがわかります。

```
xxx.xxx.xxx(aaa=(n, n, n), bbb="ccc", ...)
```

一番はじめの「.」で区切られた部分は、API の場所と名前を表しています。「bpy.ops.transform.translate」は、bpy というモジュールの中の、ops というモジュールの中の、transform というモジュールにある、translate という関数（ざっくりと機能のことです）を表しています。

bpy と ops はよくわからないかもしれませんが、transform というのは変形のこと、translate は移動させることです。つまり、「変形に関するモジュール内にある、移動コ

マンドを呼び出した」ということを意味します。

そして、その後は「()」でくくられています。この () 内は、translate 関数に与える引数が記述されています。「value=(1,1,1)」を見てみると、value というのは値のことで、(1,1,1) というのは「XYZ」それぞれの移動量を表しています。つまり、どの程度移動するのか、というのをここで指定しているわけです。

ある程度 Python の文がどのように構成されているかという知識は必要になるものの、このように 1 つ 1 つの要素は比較的わかりやすい単語で構成されています。これらの単語を読んで見ると、ある程度は意味を把握することができます。

コマンドログを貼り付けて、同じ操作をしてみる

コマンドログは Python スクリプトですので、Python コンソールにコピー＆ペーストすることで、そのまま実行することができます。

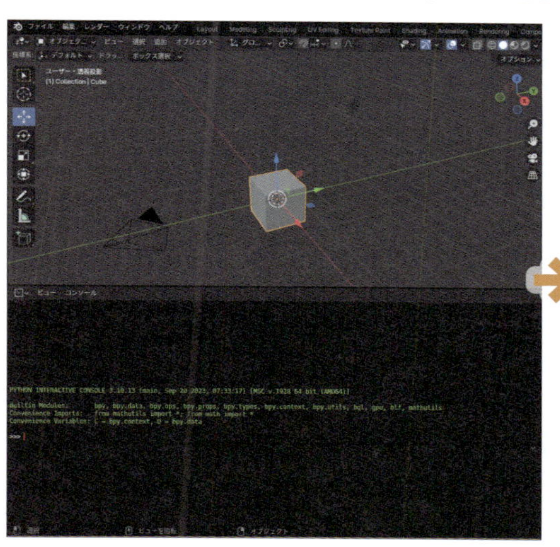

試しに、移動を実行してみましょう。まずは普通に 3D ビュー上の移動ツールを使って、オブジェクトを適当な方向に移動させます。すると、情報エリアに移動コマンドのログが出力されます。このログをクリックし、青く選択された状態にします。右クリックし、コピーを選択します。これで、クリップボードにコマンドがコピーされました。

次はペーストですが、このコマンドには移動しか含まれていない

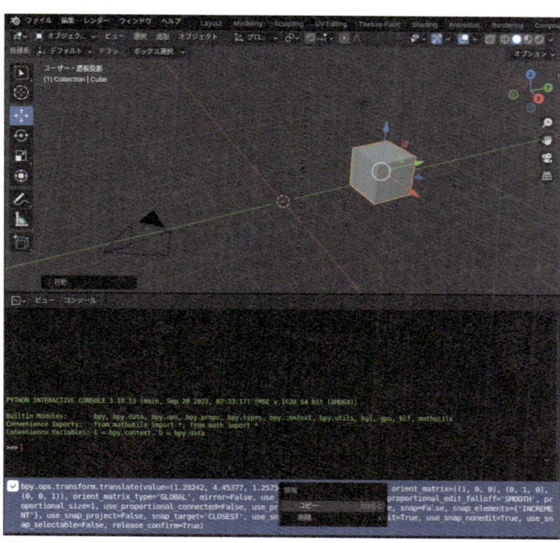

図3-3-1 コマンドログのPythonスクリプトをコピー

ので、オブジェクトを選択状態にしておきます。Python コンソールを右クリックし、貼り付けを選択します。すると、コマンドが入力され実行されます。

オブジェクトの様子を見てみると、先ほど移動ツールで移動させたのと同じだけ、さらに移動していることがわかります。

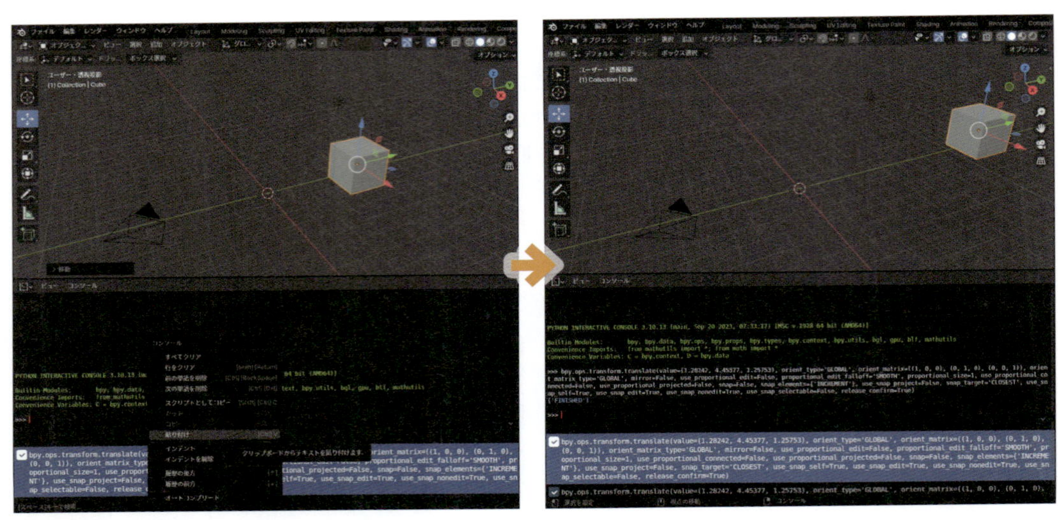

図3-3-2 コピーしたPythonスクリプトの実行

Python コンソールでは、「↑」「↓」キーを入力することで、過去に入力したコマンドを呼び出すことができます。「↑」キーを入力し、再度コマンドを表示した上で「Enter」キーを押すことで、繰り返し同じ動作を行うことが可能です。

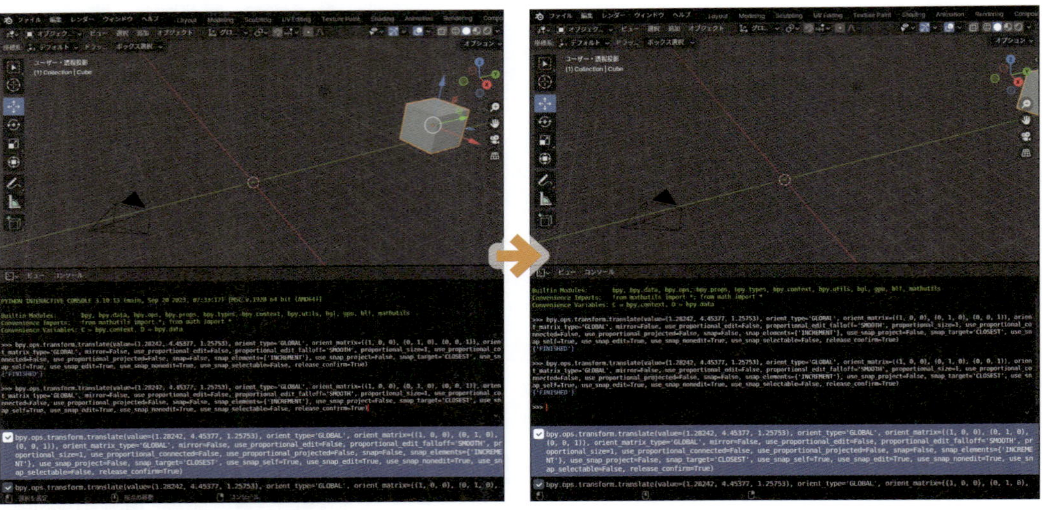

図3-3-3 Pythonスクリプトの繰り返し実行

3-4 エラーログを確認する

入門者の方だけに限らず、プログラミングにはエラーがつきものです。エラーが出たときの対応について、ここでは見ていきましょう。

エラーメッセージを読む

実行不能なコードを記述し実行させると、Python インタプリタはエラーを出力します。たとえば、Python コンソール上で存在しない変数にアクセスしようとすると、以下のようなエラーが出力されます。

```
print(a)
```

```
Traceback (most recent call last):
  File"<blender_console>", line 1, in <module>
NameError: name 'a' is not defined
```

はじめは突然出てくるエラーメッセージに面食らってしまうかもしれませんが、エラーが発生したときは内容をよく確認することが大切です。

このエラーメッセージの 1 行目はエラー発生場所についての情報です。今回は Python コンソール上で 1 行目でいきなりエラーを出したので、その旨が記載されています。3 行目に書いてある内容が一番重要です。

```
NameError: name 'a' is not defined
```

日本語に訳してみると「名称エラー：'a' という名前は定義されていません」という意味になります。どうやら、a という変数を定義する前に、呼び出したことが問題だったようです。

それでは、コードを以下のように変更して実行してみましょう。今度は、エラーが発生せずにそのままきちんと実行されました。

```
a = 10
print(a)
```

```
10
```

このように、エラーメッセージにはプログラムが動かない直接的な要因が記述されています。エラーが発生した際には、エラーメッセージを読み飛ばさずによく確認することが大切です。

エラーメッセージが表示される場所

エラーが出力される場所は、実行状況によってさまざまです。

Python コンソールでコードを実行すると、エラーは Python コンソール上で表示されます。テキストエディター上でコードを実行すると、エラーは情報エリアに表示されます。

Addon として実行している場合は、ツールチップやシステムコンソールに出力されます。

図3-4-1 Pythonコンソールでのエラーの表示

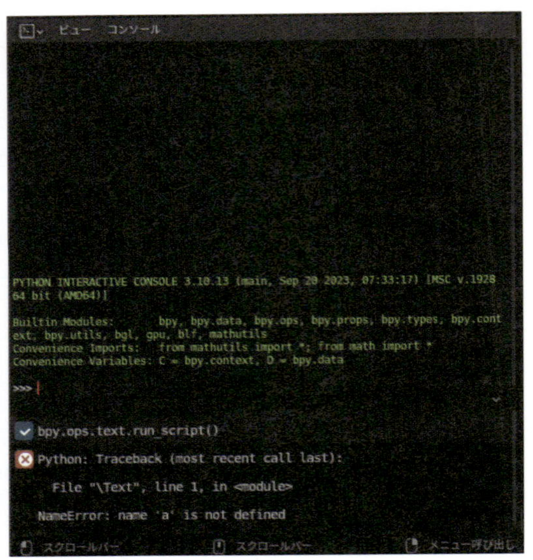

図3-4-2 テキストエディターでのエラー表示

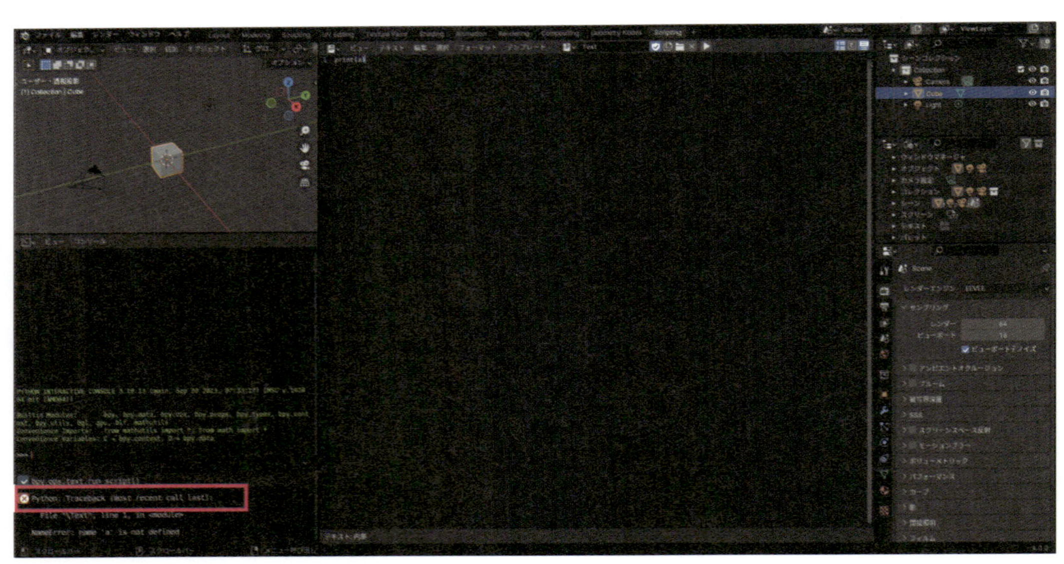

図3-4-3 Addonでのエラー表示（ツールチップ）

```
C:\Program Files\Blender Foundation\Blender 4.0\blender.exe
    bpy.utils.register_class(ROBOTSKINNER_PT_main_panel)
NameError: name 'ROBOTSKINNER_PT_main_panel' is not defined
Exception in module register(): C:¥Users¥ysksa¥AppData¥Roaming¥Blender Foundation¥Blender¥4.0¥scripts¥addons¥robot_skinn
er¥__init__.py
Traceback (most recent call last):
  File "C:¥Program Files¥Blender Foundation¥Blender 4.0¥4.0¥scripts¥modules¥addon_utils.py", line 401, in enable
    mod.register()
  File "C:¥Users¥ysksa¥AppData¥Roaming¥Blender Foundation¥Blender¥4.0¥scripts¥addons¥robot_skinner¥__init__.py", line 81
, in register
    bpy.utils.register_class(ROBOTSKINNER_PT_main_panel)
NameError: name 'ROBOTSKINNER_PT_main_panel' is not defined
繧ｨ繝ｩ繝ｼ: Python: Traceback (most recent call last):
  File "¥Text", line 1, in <module>
NameError: name 'a' is not defined

Traceback (most recent call last):
  File "¥addon_add_object.py", line 57, in execute
NameError: name 'a' is not defined
繧ｨ繝ｩ繝ｼ: Python: Traceback (most recent call last):
  File "¥addon_add_object.py", line 57, in execute
NameError: name 'a' is not defined

Traceback (most recent call last):
  File "¥addon_add_object.py", line 57, in execute
NameError: name 'a' is not defined
繧ｨ繝ｩ繝ｼ: Python: Traceback (most recent call last):
  File "¥addon_add_object.py", line 57, in execute
NameError: name 'a' is not defined
```

図3-4-4 Addonでのエラー表示（システムコンソール）

Pythonの基本文法：その1

それでは、Pythonの基本的な文法を見ていきます。

4-1 コメント

コメントとは、実行時には無視される文字列です。コードを読みやすく、わかりやすくするために挿入します。

コメントを表すには、行頭に「#」を付与します。またデバッグなどのために、有効なコードの行頭に「#」を付けてコメント化することを、「コメントアウト」と呼びます。

以降のリストで、特に注釈なくコメントで値を付記する場合は、コードの実行結果を意味します。

```
# これはコメントです。実行されません。
```

4-2 基礎となるデータ型

Pythonには、データの種類を表す「データ型」が用意されています。

オブジェクト型

すべてのデータ型の根幹として、「object型」というものがあります。以降に説明する数値や文字列などもオブジェクト型の派生クラスです。また、以降で説明するクラスによって生成した実態データもオブジェクト型です。オブジェクトとは日本語で「モノ」のことで、乱暴に言ってしまえばとにかく何らかのデータであるということを意味しています。

オブジェクト型は、Blender上でいう「オブジェクト」とはまったく違うものである点に注意してください。Blenderでの「オブジェクト」も、Pythonコード上ではオブジェクトの1つとして取り扱われますのでたいへんややこしいのですが、同じ名前がまったく違う文脈で用いられていると理解してください。

Python のオブジェクト

Python プログラミング上のもっとも基本的なデータ型。すべてのデータはオブジェクトの派生として作られる。

Blender のオブジェクト

3D 空間上の物体のこと。Python プログラム上では、これも Python のオブジェクトから派生したもの。3D 空間を構成するために、さまざまな付加機能が付いている。

オブジェクト型は直接的に言及することはあまりありませんが、すべての基礎となる型があることを認識しておいてください。

数値型

数値には、2 種類の型があります。整数を表す「int 型」と、浮動小数を表す「float 型」です。

int 型はたとえば、「-1」「0」「1」「2」「10」のような数値です。float 型は、「3.141592653589793」のような、小数を持つ数値です。

Blender 上の数値データの扱いを、3D オブジェクトで確認してみましょう。メッシュオブジェクトのプロパティ一覧を見てみると、「location」というプロパティがあります。これは、文字どおり位置を表す要素です。さらにその中のプロパティを見てみると、「x, y, z」というプロパティが入っています。

試しに、location.x の値を確認してみましょう。Cube オブジェクトをアウトライナーからコンソールにドロップして、続けて「.location.x」というプロパティを指定します。「0.0」が出力されました。これは、オブジェクトの X 座標と一致しています。

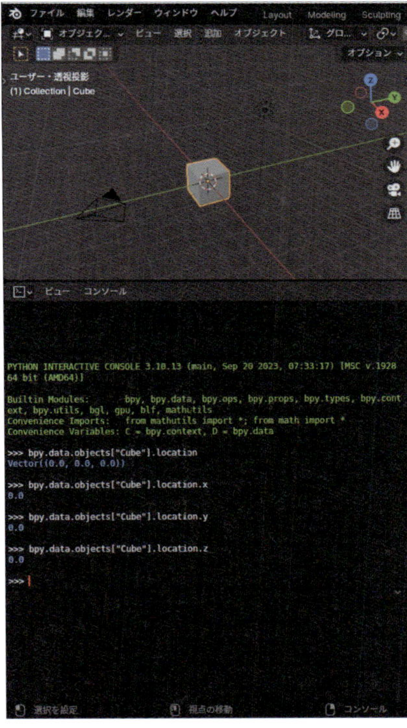

図4-2-1 locationのプロパティ

```
bpy.data.objects["Cube"].location.x
```

```
0.0
```

次に、オブジェクトを適当に X 方向に移動してから、同様のことを実行してみます。

```
bpy.data.objects["Cube"].location.x
```

```
6.7317681312561035
```

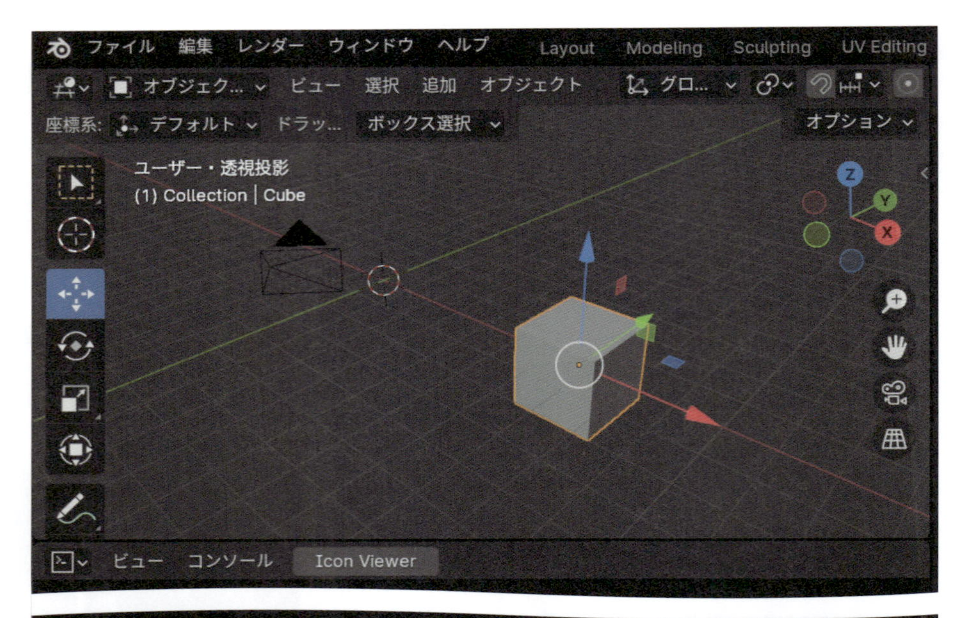

図4-2-2 オブジェクトを移動して、再度locationのプロパティを表示

先ほどとは、数値が変わりました。オブジェクトのプロパティを見てみると、同じ値が設定されていることがわかります。このように、Blender のデータ上で設定されている値は、Python コード上で直接アクセスすることができます。

文字列型

文字列は、str 型といって”abc あいうえお 01234”のように「"」（ダブルクォーテーション）もしくは「'」（シングルクォーテーション）でくくった形で表します。

また、複数行の文字列は「"""」（ダブルクォーテーション× 3）や「'''」（シングルクォーテーション× 3）でくくります。

```
”””
これは
複数行の
テキストです
”””
```

Blender では、たとえば「名前」が文字列データとして格納されています。以下のようにすると、オブジェクトの名前を出力することができます。

```
bpy.data.objects["Cube"].name
```

```
'Cube'
```

エスケープシーケンス

「"」で囲まれた文字列内で「"」と表現したいときや、「'」で囲まれた文字列内で「'」と表現したいときは、どうしたらいいでしょうか？ 素直に入力してみます。

```
text = "He said, "I am Ken.""
```

上記のコードを実行すると、文法エラーが発生します。Pythonの約束では、「"」で囲まれた範囲が文字列なので、2つ目の「"」が出現した時点で、文字列の定義が終わっていると判断されるためです。

「"」を使用したいときは「'」で囲む、逆に「'」を使用したいときは「"」で囲むという方策を取ることもあります。しかしそれでは、両方使いたいときにうまくいきません。

そのような状況を回避したり、発展的な文字表現を実現するために「エスケープシーケンス」という仕組みが備わっています。具体的には、文字の前に「\」を付与することで、それが特別な文字であるということを示す仕組みです。上記の例を修正すると、以下のようになります。

```
text = "He said, \"I am Ken.\""
```

エスケープシーケンスには、さまざまな種類があります。以下に一部を示します。

表4-2-1 エスケープシーケンス（一部）

エスケープシーケンス	意味
\（改行）	コードの途中で改行をしても、連続した文字列として扱われる
\\	\自体を表現したいときに使用
\'	一重引用符（'）
\"	二重引用符（"）
\n	改行
\t	タブ文字

「\」が「¥」になる

テキストエディタによっては「\」が「¥」として表示されてしまうことがあります。これは「\」が日本語フォント上では「¥」として処理されているからです。単に文字表示上の問題にすぎないので、そのままで問題ありません。

真偽値

真偽値（bool型）とは耳慣れない言葉ですが、非常に便利なデータ型です。主に条件分岐の際に利用されるデータ型で、内容は「True」と「False」のいずれかのみです。

乱暴にいってしまえば、True は日本語で「真」「本当」「正しい」という意味です。False は日本語で「偽」「嘘」「正しくない」という意味です。条件分岐の際にこの値を与えることで、コードを実行するか否かを分岐させることができます。

オン／オフするタイプのプロパティ（以下の例では「is_holdout」）は、真偽値で格納されています。

```
bpy.data.objects["Cube"].is_holdout
```

```
False
```

4-3 変数

データを格納する箱を「変数」と言います。変数は自由に名前を付けることができ、また任意の値を出し入れすることができます。わかりづらいので、まずは用法を見てみましょう。以下は、「a」という変数に「123」という値を代入する例です。

```
a = 123
```

Python では左辺に「変数」、真ん中に「イコール」、右辺に「値」を書くことで、左辺の変数に値を入れることができます。

プログラミングにおけるイコールは数学のイコールの用い方とは少し違い、「代入」を表しています。コンソールで変数を確認するには、以下のようにします。実行すると「123」と表示され、代入された内容が変数に入っていることがわかります。

```
a
```

```
123
```

試しに、以下のようにａに「1」を足す演算をさせてみます。すると「124」と表示されるはずです。変数は式中で、値の代わりに用いることができます。

```
a + 1
```

ただし、上記の「a + 1」には注意すべき点があります。このコードを言葉に直すと、「a に 1 を足す」ではなく、「a に 1 を足した結果を返す」という意味になります。直接的に「a」に変更を加えたわけではなく、あくまでも式の結果を出力しています。

わかりにくいかもしれませんが、実際にコンソールでコードを入力してみるとわかります。上記の「a + 1」を行ったあとに、さらに以下のように入力してみましょう。出力を見てみると、「a」自体の値は変化していないことがわかります。

```
a
```

```
123
```

では、aの値自体を「+1」したい場合はどうしたらよいでしょうか？ その場合は「aにa+1」を代入します。

```
a = a + 1
```

再度「a」を表示させてみます。今度は「a」の値が変更されました。

```
a
```

```
124
```

「a = 11」、「b = 22」としたとき、「a = b」を行うとどうなるでしょうか？ 試してみましょう。変数の代入は、必ず右辺から左辺に代入されます。

```
a = 11
b = 22
a = b
a
```

```
22
```

このとき、「b」の値はどうなっているでしょうか？ 確認してみましょう。「b」は右辺にあり、参照されているだけなので変化はありません。

```
b
```

```
22
```

変数を利用したBlenderの操作例

変数に値を代入することで、Blenderが操作できる例をいくつか示してみます。

Blenderのオブジェクトの位置を設定するには、該当の「プロパティに数値を代入」すればよいです。試しに、CubeをX方向に移動してみます。

```
bpy.data.objects["Cube"].location.x = 10
```

実行すると、次ページの図4-3-1のようにオブジェクトが移動します。オブジェクトのプロパティを見てみると、該当プロパティが指定した値に変化したことがわかります。

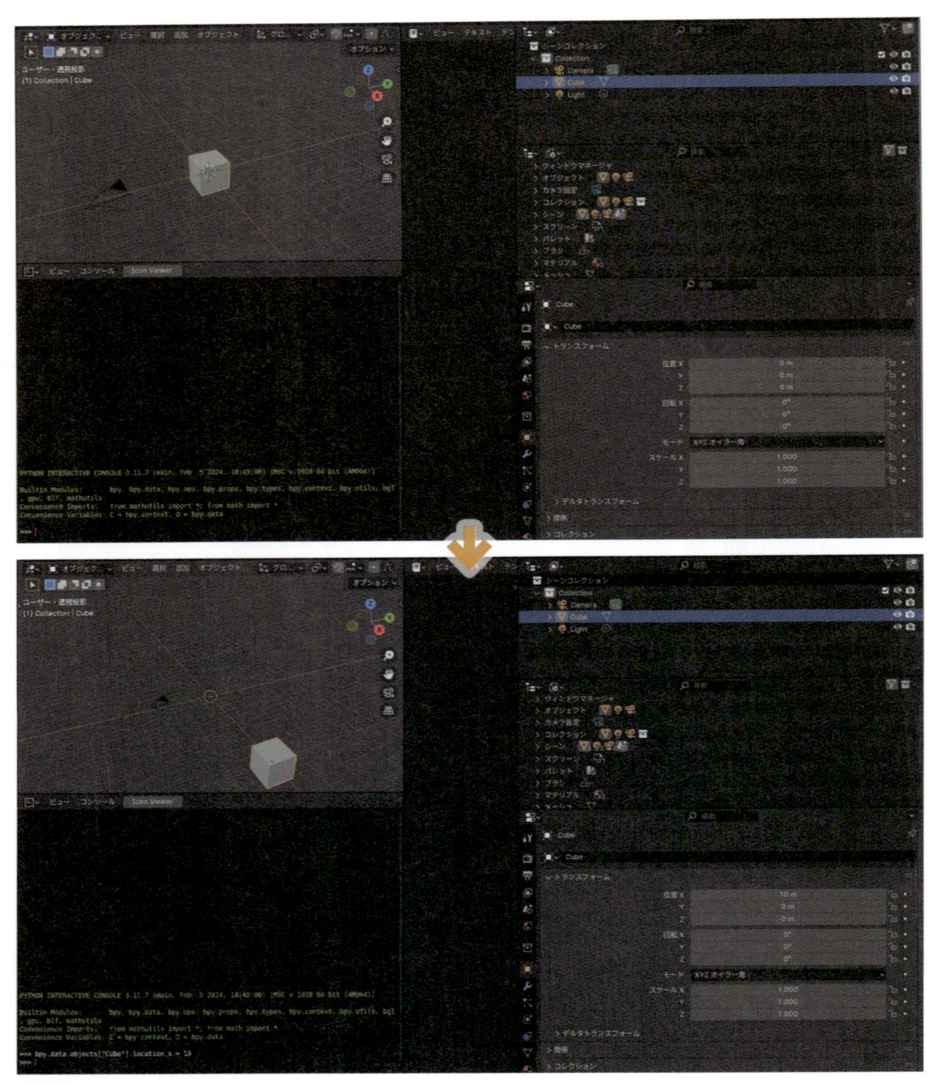

図4-3-1 CubeがX方向に移動した

もう１つ、オブジェクトの表示を切り替える例を示します。レンダリングで「表示する」「非表示にする」というようなオン／オフ切り替えのプロパティは、「真偽値」になっています。

レンダリングでのオン／オフは、「hide_render」というプロパティに格納されています。

```
bpy.data.objects["Cube"].hide_render = True
```

上記を実行すると、レンダリング時にオブジェクトが非表示になります。インターフェイスではプロパティパネルのオブジェクトタブ、可視性の「レンダー」のチェックが外れています。

4-4 四則演算

足し算、引き算、掛け算、割り算をまとめて「四則演算」と言います。それぞれ、「+」「−」「*」「/」という記号を使用します。

数値の演算

Python コンソールに以下のように入力してみると、計算結果を得ることができます。

```
1 + 1
```

```
2
```

```
1 - 1
```

```
0
```

```
3 * 3
```

```
9
```

```
5 / 2
```

```
2.5
```

文字列の演算

数値が計算できることは、普通の感覚としてわかると思いますが、文字列でも一部の演算が可能です。文字列については、文字列同士を足し算することができます。

```
"abcd" + "あいうえお"
```

```
'abcdあいうえお'
```

文字列では、「+」は文字列の連結として機能します。ほかの演算を行うことはできません。実行するとエラーが発生します。

```
"abcd" / "あいうえお"
```

```
Traceback (most recent call last):
  File "<blender_console>", line 1, in <module>
TypeError: unsupported operand type(s) for /: 'str' and 'str'
```

演算の順番

演算は、基本的に左側から順番に実行されます。四則演算の順番は数学と同じです。()を使用して、演算単位をまとめることもできます。

以下の例では、まず（1 + 2)、(3 / 4）が計算され、それぞれ「3」、「0.75」となっています。次に、「3 * 0.75」が計算され「2.25」が出力されています。

```
(1 + 2) * (3 / 4)
```

```
2.25
```

1 2 3 4 5 6 7 8 9 10 11 12

Pythonの基本文法：その2

引き続き、Pythonの基本的な文法を見ていきます。

5-1 インデント

Pythonでは、処理のまとまり（ブロック）を「インデント＝字下げ」で表現します。インデントは特に、後述の制御構文を使用する際に使用します。

インデントは「スペース」もしくは「タブ」を使用して表します。どちらの文字でも、何文字でも問題ありませんが、1つのブロック内では統一する必要があります。Blenderのコンソールや、Visual Studio Codeなどでは、インデントは「スペース×4文字」がデフォルトで使用されています。

具体例は、制御構文の節で紹介します。

インデントを増やして行を追加することを「インデントを下げる」、インデントを減らして行を追加することを「インデントを上げる」と表現することがあります。

Blenderのコンソールでは、ブロックが終わったらインデントを上げないと、エラーが出ることがあるので注意してください。

5-2 関数

関数とは、いろいろな処理を1つにまとめた単位です。関数は内部でいろいろな処理をした後に、値を返すことができます。

複雑な処理を関数にまとめることで、同じコードを何度も繰り返し書くことをせずに、シンプルな記述で何度も呼び出すことが可能になります。

関数を定義する

関数は、以下のような形式で定義します。

```
def 関数名(引数1, 引数2):
```

```
    # 実際の処理
    # …
    return 返り値
```

1 つずつ説明していきます。

def

これは関数を定義していますよ、という宣言です。

関数名

関数名はその名のとおり、関数の名前です。

(

ここから引数がはじまるよ、という宣言です。

引数

引数は、関数に引き渡される変数です。任意の数の引数を定義することができます。複数の引数を定義する際は、「,」で繋ぎます。

)

ここまでが引数ですよ、という宣言です。

:

ここまでは関数定義の始まりですよ、という宣言です。うっかり忘れやすいので注意してください。入れ忘れると、文法エラーになります。

インデント

def 以降の行には、インデントが入っています。これによって、コードがひとまとまりの単位であることを示しています。

実際の処理

ここでいろいろな処理を行います。

return

最終的な値を返します。ここで関数は終わりです。特に返す値が必要ないときは、省略することもできます。

関数を呼び出す

関数を呼び出すには、「関数名（引数）」という形で呼び出します。関数が返り値を持つ（return 値が最後にある）場合は、その結果を変数で受け取ることもできます。

結果を受け取る場合は、「変数＝関数（引数）」という形式で受け取ります。これは、変数に値を代入するのと同じ形です。

関数を作ってみる

関数の作り方と呼び出し方がわかったので、簡単な関数を作って、使ってみましょう。まずは一番簡単な例として、足し算を行う関数を考えてみます。

この関数は、「a」と「b」という値を受け取って、足し算をして、結果を返すという関数になっています。

```
def add(a, b):
    result = a + b
    return result
```

この関数を利用するには、以下のようにします。

```
add(1, 2)
```

```
3
```

また、関数は他の式に繋げることもできます。

```
10 * add(1, 2)
```

```
30
```

デフォルト引数

引数には、デフォルト値を設定することができます。引数が何も与えられなかった場合は、デフォルト値が使用されます。以下のように指定します。

```
def 関数名(引数=デフォルト値):
    # 実際の処理
    # …
    return 返り値
```

実際に使ってみましょう。

```
def add(a, b=10):
    result = a + b
    return result

x = add(1)
print(x)

y = add(1, 1)
print(y)
```

```
11
2
```

add は 2 つの引数を取る関数ですが、2 つ目の引数を省略しても動作しました。省略した場合はデフォルト値が使われています。省略せずに引数を2つとも指定した場合は、きちんと指定した値が使われています。

なお、デフォルト引数は省略された場合に採用されるものですので、定義順に制約があります。デフォルト引数は、通常の引数より後にしか定義できません。以下のようなコードは、解釈不能になるからです。

```
def add(a, b=10, c, d=20, e):
    result = a + b + c + d + e
    return result

x = add(1, 2, 3)
# どの変数が省略されている？判断ができない
```

複数定義したい場合は、以下のように「通常の引数たち」「デフォルト引数たち」という順番で定義する必要があります。

```
def add(a, b, c=10, d=20, e=30):
    result = a + b + c + d + e
    return result

x = add(1, 2, 3)
# d、eが省略されているとわかる
```

▶ 特定のデフォルト引数の値を指定する

特定のデフォルト引数のみ値をしたい場合は、呼び出し時に「引数名＝値」という記述を追加します。

```
def add(a, b, c=10, d=20, e=30):
    result = a + b + c + d + e
    return result

x = add(1, 2, e=100)
```

5-3 既存の関数を利用する

プログラミングをする際には、多くの場合、言語やフレームワークに便利な関数や機能がたくさん用意されています。既存の関数の効果的な利用法も押さえておきましょう。

▶ 組み込み関数

Python にも、さまざまな便利な関数があらかじめ言語側で用意されています。それらを「組み込み関数」と呼びます。

組み込み関数の一覧は、以下の公式サイトで確認することができます。

- Python ドキュメント：組み込み関数
  https://docs.python.org/ja/3/library/functions.html

▶ print 関数

代表的な組み込み関数を紹介します。print 関数は、コンソールに文字列を表示する関数です。引数として与えられた値を、コンソールに文字列として表示します。前述の関数呼び出しと同じように、「print（値）」という形式で使用します。

コンソールでは、値を入力するとそのまま出力されるためあまりありがたみがないかもしれませんが、制御構文などが絡んでくると途端に真価を発揮します。

また、変数に格納された値が実際の処理の過程でどう変化していくのか、それは実際に確認して見ないとわかりません。自分の頭の中ではこうなるはず！と思っていても、どこかに誤りがあり思ったとおりにいかない、というのはよくあることです。

そのような時に大活躍するのが print 関数です。使い方を押さえておきましょう。

```
print(1)
```

```
1
```

```
print("abcdefg")
```

```
abcdefg
```

```
print(True)
```

```
True
```

▶ オブジェクトの座標を表示する

print 関数を使用してオブジェクトの座標を表示するには、以下のようにします。

```
print(bpy.data.objects["Cube"].location)
```

```
<Vector (0.0000, 0.0000, 0.0000)>
```

X 座標のみ表示したい場合は、以下のようにします。

```
print(bpy.data.objects["Cube"].location.x)
```

```
0.0
```

▶ オブジェクトの名前を表示する

オブジェクトの名前を表示するには、以下のようにします。

```
print(bpy.data.objects["Cube"].name)
```

```
Cube
```

関数のヘルプを表示する

既存の関数には、詳しいヘルプが付いていることが多いです。ヘルプには、その関数がどんな引数を取るのか、どのような結果を得られるのかという情報が書いてあります。

コンソールには、関数のヘルプを表示する便利な機能があります。コンソールに関数名を入力し、エンターではなく「Tab」キーを押して補完機能を使用することで、ヘルプを表示することができます。

```
print(
```

```
print(value, ..., sep=' ', end='\n', file=sys.stdout, flush=False)
Prints the values to a stream, or to sys.stdout by default.
Optional keyword arguments:
file:   a file-like object (stream); defaults to the current sys.
stdout.
sep:    string inserted between values, default a space.
end:    string appended after the last value, default a newline.
flush:  whether to forcibly flush the stream.
```

上記では、print関数の詳細な説明が表示されています。英語が苦手な方は戸惑うかもしれませんが、Web翻訳などにかけるとよいでしょう。

1行目には関数の呼び出し方が書いてあります。print関数は、「print(value, ..., sep=' ', end='\n', file=sys.stdout, flush=False)」という形式で呼び出せるようです。ヘルプを見てみると、print関数には思ったよりもいろいろな機能があることがわかります。

引数を見てみると、「value, ...,」と書いてあります。また、説明を見てみると、「複数の値をストリームに出力します」と書いてあります。どうやら、いくつも引数を取れるようです。以下のように、試してしてみます。

```
print(1, 2, 3, 4)
```

```
1 2 3 4
```

確かに、複数の値を入力できました。

また、sepの説明を見ると「値の間に挿入される文字列。デフォルトはスペース」と書いてあります。よく見ると、確かに出力の間にはスペースがはさまっています。それでは試しに、以下のようにしてみます。

```
print(1, 2, 3, 4, sep="-")
```

```
1-2-3-4
```

確かに、出力の間の文字が変わりました。このように関数にはヘルプがあり、ヘルプを見るとそれが何をするものなのかよくわかりますし、より高度で効果的に関数を使うことができます。

よくわからない関数を見つけたら、積極的にヘルプを見てみましょう。

type 関数

もう 1 つ組み込み関数を見てみましょう。type 関数は、変数の型を調べられる便利な関数です。「type（変数）」と入力すると、変数の型を返してくれます。

特に Blender でコーディングする場合は、与えられたオブジェクトがいったい何の型を持っているのかを調べる際に極めて有用です。オブジェクトの型がわかれば、公式ヘルプで調べることができます。

以下のように使用します。

```
type(0)
```

```
<class 'int'>
```

```
type("asdf")
```

```
<class 'str'>
```

```
type(bpy.data.objects["Cube"])
```

```
<class 'bpy_types.Object'>
```

Blender の関数を呼び出す

これまで Python の基本的な文法を見てきました。関数についても理解できたところで、Blender に備わっている関数を呼び出してみましょう。

6-1 Blender 関数の使用例

呼び出すためには、まず何の関数を呼び出せばいいのかを調べなくてはなりませんが、Blender の関数を調べて呼び出す一番簡単な方法は、「GUI 上で操作して、情報エリアのログを見る」ことです。

まずは、3D ビュー上で「モンキー」を追加してみましょう。メニューから「追加→メッシュ→モンキー」から追加します。

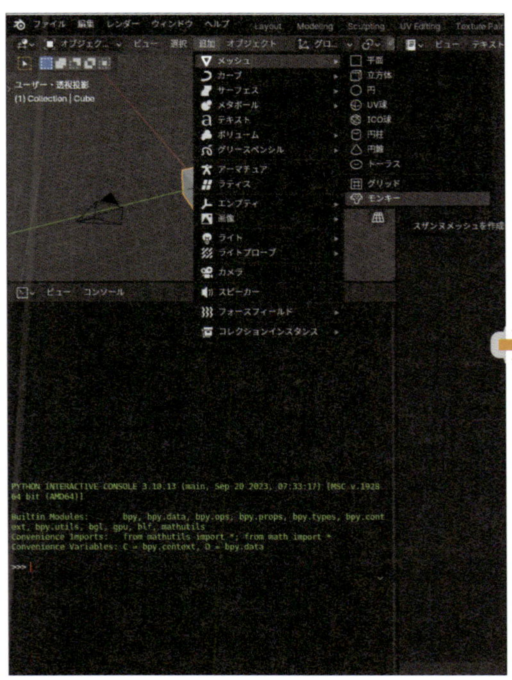

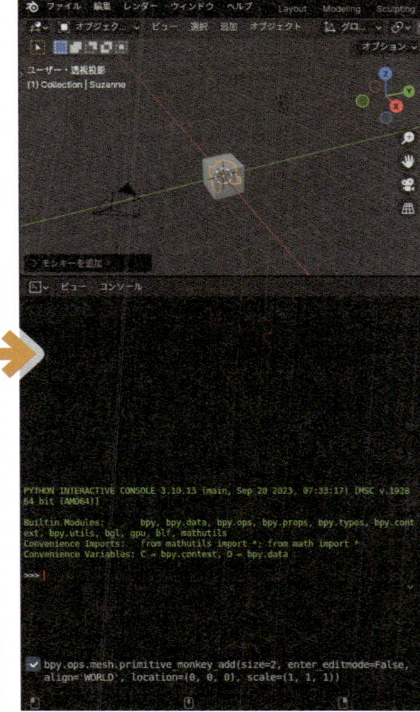

図6-1-1 「モンキー」の追加

1 2 3 4 5 6 7 8 9 10 11 12

すると情報エリア上に、ログが追加されます。

```
bpy.ops.mesh.primitive_monkey_add(enter_editmode=False,
align='WORLD', location=(0, 0, 0), scale=(1, 1, 1))
```

() が付いているので、どうやら関数のようだということがわかります。関数ヘルプを見てみましょう。

```
primitive_monkey_add()
bpy.ops.mesh.primitive_monkey_add(size=2, calc_uvs=True, enter_
editmode=False, align='WORLD', location=(0, 0, 0), rotation=(0, 0, 0),
scale=(0, 0, 0))
Construct a Suzanne mesh
```

「Suzanne」というメッシュを構築する関数であると書いてあります。また、さまざまな引数を取ることがわかります。すべての引数にはデフォルト値が設定されているため、省略可能であるということもわかります。

この関数を呼び出す最小限のコードは、以下でよさそうです。

```
bpy.ops.mesh.primitive_monkey_add()
```

各引数の役割は、名前のとおりです。以下のようにすれば、座標（1, 1, 1）の地点にSuzanneのメッシュが生成されます。

```
bpy.ops.mesh.primitive_monkey_add(location=(1,1,1))
```

ごく基本的な自動化は、この時点で実装することができます。平面の上に台座を置いて、その上に小さなモンキーの頭をちょこんと乗せるというようなコードは、以下のように実現できます。

```
bpy.ops.mesh.primitive_plane_add()
bpy.ops.mesh.primitive_cylinder_add(radius=0.5, depth=1, location=(0, 0,
0.5))
bpy.ops.mesh.primitive_monkey_add(size=0.5, location=(0, 0, 1.131),
rotation=(-0.581195, 0, 0), scale=(1, 1, 1))
```

これをテキストファイルにメモしておいて、都度コンソールにコピー&ペーストすれば簡単に同じ物体を作成できるというわけです。

6-2 Blenderのデータを調べる

前章でtype関数を学んだので、これによってBlenderのデータについて、詳細に調べることができるようになりました。試しに、オブジェクトについて調べてみます。

```
type(bpy.data.objects["Cube"])
```

```
<class 'bpy_types.Object'>
```

何やら、基本的なデータ型で取り扱ったものとは、まったく違う様子のものが表示されました。これは、Blender によって定義されたデータ型です。Python にはクラスという機能があり、独自のデータ型を定義することができるのです。クラスの詳細については後述しますが、この独自のデータ型には、子としてさまざまな変数や関数を持たせることができます。

この「bpy_types.Object」は、Blender が定義した、さまざまな便利な変数や関数を持ったデータ型なのです。このデータ型がどのような変数や関数を持っているのかについては、Blender 公式の Blender Python API リファレンスに書いてあります。

Blender Python API リファレンスは、インターフェイスの「ヘルプ→ Python API リファレンス」から開くことができます。Blender のバージョンに応じて URL の詳細が変わってしまうので、基本的にインターフェイスから開くことをおすすめします。

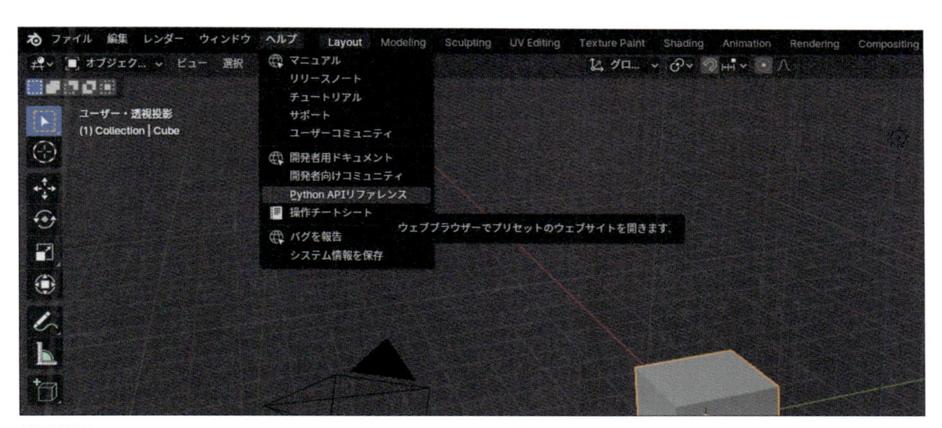

図6-2-1 Blender Python APIリファレンスの表示

Blender Python API リファレンスは、バージョンが変わっても基本的な構成は同じです。今回は「bpy_types.Object」について調べてみましょう。

次ページの画面左の「APPLICATION MODULES」というカラムを見てみると、たくさんの「bpy.」ほにゃららという項目が並んでいることに気づきます。「bpy.types」という項目もあります。これはどうも関係がありそうですので、ページを開いてみます。

すると、アルファベット順にずらっといろいろな型が並んでいます。その中から「Object」という項目を探してみると、「Object(ID)」というものが見つかりますので、これを開いてみます。

これが「bpy_types.Object」のリファレンスです。さまざまなプロパティの解説や、ちょっとしたサンプルなども載っています。

このようにして、Blender 独自のデータ型を確認することができます。

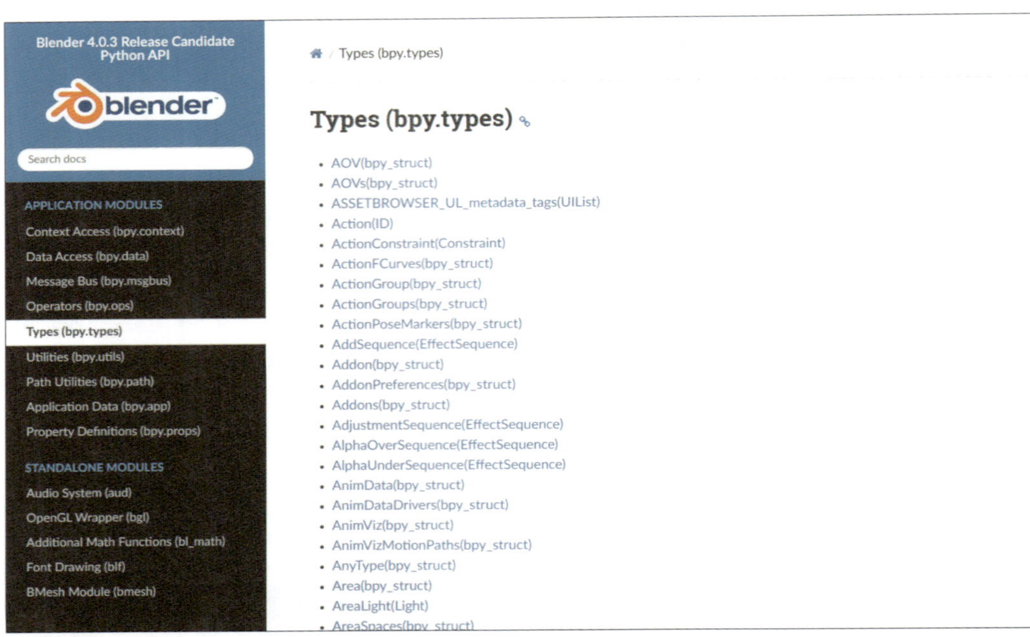

図6-2-2 bpy.typesの項目

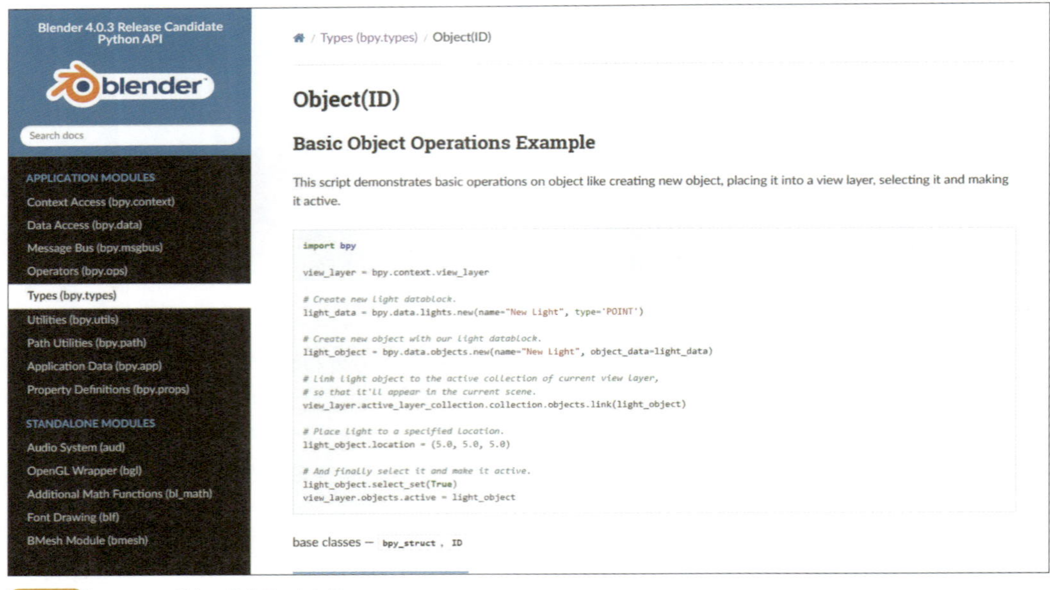

図6-2-3 bpy_types.Objectのリファレンス

Python の基本文法：その3

Blender からいったん離れて、再び Python の基本文法の話に戻ります。

7-1 命名規則

コードの可読性を上げるために、変数や関数などの名前を付けるときに、一定の命名規則に従うことが推奨されています。

そのほかもろもろのコーディング規則について、Python Code Quality Authority による以下のドキュメントが参考になります。

- pep8-ja 1.0 ドキュメント
  https://pep8-ja.readthedocs.io/ja/latest/

ここでは、取り急ぎ必要なもののみ取り上げます。

• スネークケース

スネークケースとは、すべて小文字かつ単語の間を「_」でつないだ命名規則です。「snakecased_variable_name」のように定義します。

全体的ににょろにょろとした蛇のように見えることから、「スネークケース」と呼ばれています。変数名や関数名に使用されます。

• キャメルケース

キャメルケースとは、単語の頭を大文字、ほかを小文字とした命名規則です。「CamelCasedVariableName」のように定義します。

全体的にでこぼことしたらくだのように見えることから、「キャメルケース」と呼ばれています。クラス名などに使用されます。

7-2 定義と呼び出しの順番

Pythonでは基本的に、コードは冒頭から順番に実行されます。そのため、変数や関数の定義と呼び出しの順番は非常に重要です。以下のような例は、失敗してしまいます。

```
print(a)
a = 10
```

```
Traceback (most recent call last):
  File "<blender_console>", line 1, in <module>
NameError: name 'a' is not defined
```

これは「a」という変数を定義する前に呼び出したため、未定義エラーが発生しています。コードが複雑になってくると、うっかり関数定義の手前に関数呼び出しを書いてしまうということが起きてきますので、気をつけるようにしましょう。

7-3 変数のスコープ

ここで、少しややこしい概念に手を付けなければなりません。4章で解説した「変数」には、アクセスできる範囲があります。これを「スコープ」と言います。

関数などの中からは、その外側で定義された変数にアクセスすることはできますが、外側からはアクセスすることができません。

これは、コードをシンプルで理解しやすいものにするために非常に重要な機能です。スコープがあるおかげで、関数などを記述している最中に、外側のコードと変数名が被ったりだとか、外側での値操作の影響を考慮する必要がなくなり、やるべきことが非常にシンプルになります。

以下は、スコープの例です。各行の実行結果をコメントで示します。

```
variable_on_the_outside = "this is outside"

def test_function():
    variable_on_the_inside = "this is inside"
    print(variable_on_the_inside)
    print(variable_on_the_outside)

test_function()
# this is inside
# this is outside

print(variable_on_the_outside)
# this is outside
```

```
print(variable_on_the_inside)
# Traceback (most recent call last):
#   File "<blender_console>", line 1, in <module>
# NameError: name 'variable_on_the_inside' is not defined
```

このコードでは、まずコードの一番外側で「variable_on_the_outside」という変数を定義しています。test_function関数では、variable_on_the_inside変数を定義し、その後に2つの変数をprintしています。

関数を実行してみると、関数の内側と外側両方で定義した変数が表示されています。しかし、その後関数外で「variable_on_the_inside」を呼び出そうとすると未定義エラーが発生してしまいました。

このように、関数などコードブロックの内外ではアクセスできる変数が異なります。「定義したはずの変数にアクセスできない！」と困ってしまった際には、変数のスコープを確認してみる必要があります。

スコープが違う同名の変数

ここで、さらにややこしい状況を想定してみます。

```
a = 10

def temp_function():
    a = "abcdef"
    print(a)

temp_function()
# abcdef

print(a)
# 10
```

このコードでは「a」という変数に2回代入していますが、それぞれが別のスコープに所属しています。その結果として、temp_functionを呼び出したときの「a」と、最後にprint(a)したときの「a」は、違うものとして機能しています。

temp_function呼び出し後も「a」の内容が保持されていることから、temp_function内での「a」への代入は、別の変数の定義として機能しているように見えます。

グローバル宣言

内側のスコープ（「ローカルスコープ」と言います）から、外側のスコープ（「グローバルスコープ」と言います）の変数にアクセスするには、「グローバル宣言」を行います。「global 変数名」という形で行います。

コードを以下のように、改変してみます。

```
a = 10

def temp_function():
    # a = "abcdef"
```

1
2
3
4
5
6
7
8
9
10
11
12

```
    print(a)

temp_function()
# 10

print(a)
# 10
```

今回は、temp_function 内での「a」への代入をコメントアウトしました。その結果、temp_function を実行すると、外側の「a」が出力されています。内側のスコープからは、外側の変数を参照することができるからです。

しかし、このままでは temp_function の内側で、外側にいる「a」に対して代入することができません。内側で代入を行うと内側スコープ（ローカルスコープ）の新しい変数として定義されてしまうからです。

ここで、「グローバル宣言」の出番です。今度は、本来 10 であるはずの外側にある変数を、temp_function を通じて変更してみようと思います。

```
a = 10

def temp_function():
    global a
    a = "abcdef"
    print(a)

temp_function()
# abcdef

print(a)
# abcdef
```

今度は temp_function の外側でも、代入結果が反映されています。temp_function 冒頭で「global a」を行った結果、後の代入は外側にいる「a」に対して行われるようになりました。

Python の基本文法：その4

4章「Python の基本文法：その 1」では、基礎となるデータ型を解説しましたが、この章では、そのほかの発展的なデータについて取り上げます。

8-1 配列型

配列（list）型は、今までのものとは少し違ったデータ型です。複数のデータを、順番付きのリストとして格納します。

配列を作成する

配列を作成するには、［データ , データ , データ］という形で定義します。

```
[0, 1, 2, 3]
```

```
[0, 1, 2, 3]
```

配列にはさまざまなデータを入れることができます。

```
[0, "asdf", bpy.data.meshes["Cube"]]
```

```
[0, 'asdf', bpy.data.meshes['Cube']]
```

配列の定義はワンライナーだけではなく、複数行で行うこともできます。

```
[
  0,
  1,
  2,
  3,
]
```

```
[0, 1, 2, 3]
```

配列の要素にアクセスする

配列の各要素を取り出すには、「格納した変数［要素の番号］」という形でアクセスします。なお、要素の番号は 0 番から始まります。要素の番号は「インデックス」と呼ばれます。

```
a = [0, "asdf", bpy.data.meshes["Cube"]]
a[2]
```

```
bpy.data.meshes['Cube']
```

既存の配列に要素を追加する

既存の配列に要素を追加するには、その配列についている「append」というメソッドを使います。配列を定義した後にコード補完を使用してその配列の要素を調べてみると、さまざまな関数を持っていることがわかります。

配列は単にインデックスでアクセスできるだけでなく、さまざまな便利な機能を備えています。

```
a = []
a.
      append(
      clear()
      copy()
      count(
      extend(
      index(
      insert(
      pop(
      remove(
      reverse()
      sort(
```

append もその 1 つです。append のヘルプを表示してみます。

```
append(object)
Append object to the end of the list.
```

ヘルプにあるとおり、append には引数を 1 つ追加することで、リストの最後に要素を追加することができます。以下のように使用します。

```
a = [1, 2, 3, 4]
a.append(5)
print(a)
```

```
[1, 2, 3, 4, 5]
```

配列の要素を削除する

配列の要素を削除するには、「del」文を使用します。del 文は「del 配列 [インデックス]」という形式です。

以下のように使用します。配列の 3 番目の要素が、削除されているのがわかります。

```
a = [0, 1, 2, 3, 4]
del a[3]
print(a)
```

```
[0, 1, 2, 4]
```

len 関数

配列などの要素数や文字列の長さを取得するには、「len 関数」を使用します。len 関数のヘルプを見てみると、以下のように表示されています。

引数として与えられたオブジェクト（データのことです）の「アイテム数を返す」とあります。

```
len(obj)
Return the number of items in a container.
```

試しに使ってみましょう。作成した配列の要素数が、きちんと返されています。

```
a = [1,2,3,4,5,6]
len(a)
```

```
6
```

イテラブル型

配列型のように、順番に要素を取り出せるデータ型を「イテラブル型」と言います。配列そのものではなくても、プログラム上配列のように繰り返しデータの取り出しを行えるデータ型です。ただし、要素の追加や削除などの関数は、必ずしも付随していません。

たいていの場合、ビルトイン関数や Blender のデータとしてあらかじめ与えられるので、大筋配列のように扱えるという点だけ押さえておきましょう。

8-2 Blender にある配列

配列ははじめはなじみがないかもしれませんが、かなり多用されるデータ型です。同じタイプのデータを大量に格納する際によく使われています。Blender ではたとえば、メッシュデータの「頂点」「辺」「面」などがそうです。

試しに、メッシュデータの頂点の様子を見てみましょう。

```
len(bpy.data.meshes['Cube'].vertices)
```

```
8
```

デフォルトキューブのメッシュデータには、頂点が 8 個含まれていますので、「8」と返ってきました。それぞれの要素の様子を調べてみます。

配列のインデックスを入力して、「.」を入力して、そして「Tab」の補完機能でそのオブジェクトがどのような要素を持っているかを一覧表示します。以下のように、頂点はさまざまなプロパティを持っていることがわかります。

```
bpy.data.meshes["Cube"].vertices[0].
                                    as_pointer(
                                    bevel_weight
```

```
                                         bl_rna
                                         bl_rna_get_subclass(
                                         bl_rna_get_subclass_py(
                                         co
                                         driver_add(
                                         driver_remove(
                                         get(
                                         groups
                                         hide
                                         id_data
                                         id_properties_clear(
                                         id_properties_ensure(
                                         id_properties_ui(
                                         index
                                         is_property_hidden(
                                         is_property_overridable_library(
                                         is_property_readonly(
                                         is_property_set(
                                         items(
                                         keyframe_delete(
                                         keyframe_insert(
                                         keys(
                                         normal
                                         path_from_id(
                                         path_resolve(
                                         pop(
                                         property_overridable_library_set(
                                         property_unset(
                                         rna_type
                                         select
                                         type_recast(
                                         undeformed_co
                                         values(
```

今回は、「co」というプロパティを見てみましょう。co は「coordinate」、つまり「座標」のことです。この中身は Vector 型で、中身は順番に「x、y、z」を示しています。

```
bpy.data.meshes["Cube"].vertices[0].co
```

```
Vector((1.0, 1.0, 1.0))
```

ほかの vertices のインデックスの中身も見てみましょう。

```
bpy.data.meshes["Cube"].vertices[0].co
# Vector((1.0, 1.0, 1.0))

bpy.data.meshes["Cube"].vertices[1].co
# Vector((1.0, 1.0, -1.0))

bpy.data.meshes["Cube"].vertices[1].co
# Vector((1.0, 1.0, -1.0))
```

```
bpy.data.meshes["Cube"].vertices[2].co
# Vector((1.0, -1.0, 1.0))

bpy.data.meshes["Cube"].vertices[3].co
# Vector((1.0, -1.0, -1.0))

bpy.data.meshes["Cube"].vertices[4].co
# Vector((-1.0, 1.0, 1.0))

bpy.data.meshes["Cube"].vertices[5].co
# Vector((-1.0, 1.0, -1.0))

bpy.data.meshes["Cube"].vertices[6].co
# Vector((-1.0, -1.0, 1.0))
```

値を見てみると、それぞれが立方体の各頂点の座標を示していることがわかります。ただし、verticesは厳密には配列ではありません。「type(bpy.data.meshes["Cube"].vertices)」としてみると、「<class 'bpy_prop_collection'>」と表示されます。

コード補完で要素を見てみても、配列のものとはだいぶ違った内容が表示されています。

```
bpy.data.meshes["Cube"].vertices.
                                          add(
                                          as_bytes(
                                          bl_rna
                                          data
                                          find(
                                          foreach_get(
                                          foreach_set(
                                          get(
                                          id_data
                                          items(
                                          keys(
                                          path_from_id(
                                          rna_type
                                          update(
                                          values(
```

del文を試してみると、以下のような結果になります。Blenderにはこのように、だいたい配列のように扱えるけれども、実際には配列そのものではない、というようなデータが多数存在しますので、必要に応じて都度確認するようにしてください。

```
del bpy.data.meshes["Cube"].vertices[0]
```

```
Traceback (most recent call last):
  File "<blender_console>", line 1, in <module>
TypeError: del bpy_prop_collection[key]: not supported
```

8-3 タプル

タプル（tuple 型）とは、「,」区切りのデータの集まりです。配列のようなものですが、より単純で機能の少ないものです。ほぼ配列のように扱えますが、後から変更ができません。

タプルを作成する

タプルの作成は配列とほとんどかわりませんが、（データ , データ , データ）という形で定義します。さまざまなデータを入れることができる点も、配列と同じです。

```
(0, 1, 2, 3)
```

タプルの要素にアクセスする

タプルの各要素の取り出し方も配列と同じです。「格納した変数［要素の番号］」という形でアクセスします。

```
a = (0, "asdf", bpy.data.meshes["Cube"])
a[2]
```

```
bpy.data.meshes['Cube']
```

8-4 辞書

辞書（dictionary 型）は、配列のように複数のオブジェクトを格納できるオブジェクトですが、数字のインデックスではなく名前でアクセスするという点が大きく違います。

辞書を作成する

辞書を作成するには、「{"データ名"：データ , "データ名"：データ} という形で定義します。

```
{"a": 100, "b": 200, "c": "abcdef"}
```

```
{'a': 100, 'b': 200, 'c': 'abcdef'}
```

辞書の定義はワンライナーだけではなく、複数行で行うこともできます。

```
{
"a": 100,
"b": 200,
"c": "abcdef"
}
```

```
{'a': 100, 'b': 200, 'c': 'abcdef'}
```

辞書の要素にアクセスする

辞書の各要素を取り出すには、「格納した変数 [要素の名前]」という形でアクセスします。

```
a = {"a": 0, "b": "asdf", "c": bpy.data.meshes["Cube"]}
a["c"]
```

```
bpy.data.meshes['Cube']
```

既存の辞書に要素を追加する

既存の辞書に要素を追加するには、新しい要素に直接代入を行います。

```
a = { "a": 0, "b": 1, "c": 2}
a["d"] = 3
print(a)
```

```
{'a': 0, 'b': 1, 'c': 2, 'd': 3}
```

辞書の要素を削除する

辞書の要素を削除するには、配列と同様に del 文を使用します。

```
a = { "a": 0, "b": 1, "c": 2}
del a["c"]
print(a)
```

```
{'a': 0, 'b': 1}
```

Blender にある辞書

辞書項目へのアクセス方法を見て、ピンときた方もおられるかもしれませんが、「bpy.data.meshes」も辞書的なものです（配列同様、辞書そのものではありません）。

「bpy.data.meshes['Cube']」が、まさに辞書的なアクセスの仕方です。ただし、辞書そのものではないので、以下のコードはエラーになります。

```
del bpy.data.meshes['Cube']
```

```
Traceback (most recent call last):
File "<blender_console>", line 1, in <module>
TypeError: del bpy_prop_collection[key]: not supported
```

8-5 制御構文

条件に応じてプログラムの動作を変化させるための構文を、「制御構文」と呼びます。

複雑ですが、とてもプログラミングらしい部分です。

▶if 文

if 文は条件分岐をさせる制御構文です。以下のような形式で使用します。

```
if 条件(bool値):
    条件がTrueだったときの処理
```

与えられた bool 値が「True」のとき、すぐ隣のブロックを実行します。「False」のときは、ブロックをスキップします。

```
if True:
    print("Trueなら表示される")

print("ifとは関係なく表示される")
```

```
Trueなら表示される
ifとは関係なく表示される
```

```
if False:
    print("Trueなら表示される")

print("ifとは関係なく表示される")
```

```
ifとは関係なく表示される
```

else は、if 文に追加で使用できる節です。else 以下のブロックは、if 文の結果が「False」の時のみ実行されます。

```
if True:
    print("Trueなら表示される")
else:
    print("Falseなら表示される")

print("ifとは関係なく表示される")
```

```
Trueなら表示される
ifとは関係なく表示される
```

```
if False:
    print("Trueなら表示される")
else:
    print("Falseなら表示される")

print("ifとは関係なく表示される")
```

```
Falseなら表示される
ifとは関係なく表示される
```

for 文

for 文は、繰り返しをさせる制御構文です。以下のような形式で使用します。

```
for 変数 in イテラブルオブジェクト:
    処理
```

挙動としては、以下になります。自動化にあたって多用する構文ですので、しっかりと押さえておきましょう。

① イテラブルオブジェクトから変数にデータを読み出す
② 処理を実行する
③ イテラブルオブジェクトが空になるまで繰り返す

以下の例では、イテラブルオブジェクトとして「0～5」までの配列が与えられています。配列の各要素を変数 a に取り出しているので、処理 print(a) では各要素が表示されています。

```
for a in [0,1,2,3,4,5]:
    print(a)
```

```
0
1
2
3
4
5
```

range 関数

range 関数は、for 文と組み合わせて使うと便利な組み込み関数です。「range（個数）」とすると、0 から個数分の数値を出力してくれます。

引数に開始値、終了値、ステップを指定することもできますが、そちらの用法についてはヘルプを参照して、実際に試してみてください。

```
for i in range(10):
    print(i)
```

```
0
1
2
3
4
5
6
7
8
9
```

enumerate 関数

enumerate 関数も、for 文と組み合わせると便利な組み込み関数です。「enumerate(iterable, start=0)」という形式で使用します。

この関数にイテラブルオブジェクトを与えると、インデックスとその値を出力します。

```
for i, data in enumerate(["abc", "def", "ghi", "jkl"]):
    print(i)
    print(data)
```

```
0
abc
1
def
2
ghi
3
jkl
```

continue 文

continue 文は、for 文などで、部分的に処理をスキップするための文です。for 文中のコードブロックで continue があると、それ以降の実行はスキップされ次のループに移ります。

```
for i in range(10):
    print(i)
    continue
    print("ここはスキップされます")
```

```
0
1
2
3
4
5
6
7
8
9
```

continue 文は実際には、主に if と組み合わせて使われます。条件に応じて処理をスキップするということができます。

```
for i in range(10):
    print(i)
    if i > 5:
        continue
    print("iが5以下のときだけ表示されます")
```

```
0
iが5以下のときだけ表示されます
```

```
1
iが5以下のときだけ表示されます
2
iが5以下のときだけ表示されます
3
iが5以下のときだけ表示されます
4
iが5以下のときだけ表示されます
5
iが5以下のときだけ表示されます
6
7
8
9
```

break 文

break 文は continue と似ていますが、ループからそのまま抜けてしまいます。for 文中のコードブロックで break があると、それ以降の実行はスキップされ、ループも終了します。

```
for i in range(10):
    print(i)
    break
    print("ここはスキップされます")
```

```
0
```

はじめの「0」を表示したすぐ次に break があるので、そこでループが終了しています。break 文も実際には、主に if 文と組み合わせて使われます。条件に応じてループを終了するということができます。

以下の例では、break が数値の表示の後に配置されているので、数値の表示後ループが終了しています。

```
for i in range(10):
    print(i)
    if i > 5:
        break
    print("iが5以下のときだけ表示されます")
```

```
0
iが5以下のときだけ表示されます
1
iが5以下のときだけ表示されます
2
iが5以下のときだけ表示されます
3
iが5以下のときだけ表示されます
4
iが5以下のときだけ表示されます
```

```
5
iが5以下のときだけ表示されます
6
```

複数の Blender のデータを一括処理する

for 文を使用すると、便利な一括処理が簡単にできるようになります。いくつか活用例を見てみましょう。

すべてのオブジェクトの名前を表示する

以下は、「.blend ファイルに含まれているすべてのオブジェクトの名前を表示する」という簡単な例です。

「bpy.data.objects」は、.blend ファイルに含まれているすべてのオブジェクトが格納された、イテラブルオブジェクトです。これを for 文を使用して各要素を obj に取り出し、名前を表示しています。

```
for obj in bpy.data.objects:
    print(obj.name)
```

```
Camera
Cube
Light
```

選択中のオブジェクトの名前を変更する

Blender には、便利なオブジェクトや変数がいくつも用意されています。bpy.context もその 1 つです。context とは日本語で言えば文脈のことで、現在の状況に応じたさまざまな変数が用意されています。要素を見てみると、たくさんの便利そうな要素が並んでいます。

選択中のオブジェクトを取得するには、「bpy.context.selected_objects」を使用します。名前を変更するには、オブジェクトの name に新しい名前を代入すればよいです。選択中のオブジェクトの名前を変更するコードは、以下のようになります。

```
for obj in bpy.context.selected_objects:
    obj.name = "This is Selected Object"
```

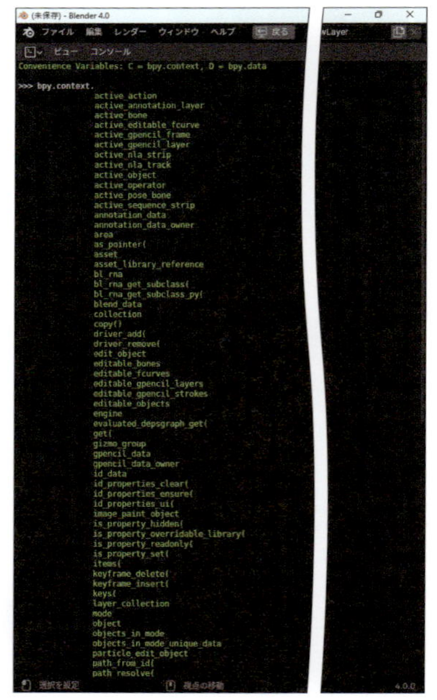

図8-5-1 bpy.contexの変数

Python の基本文法：その4

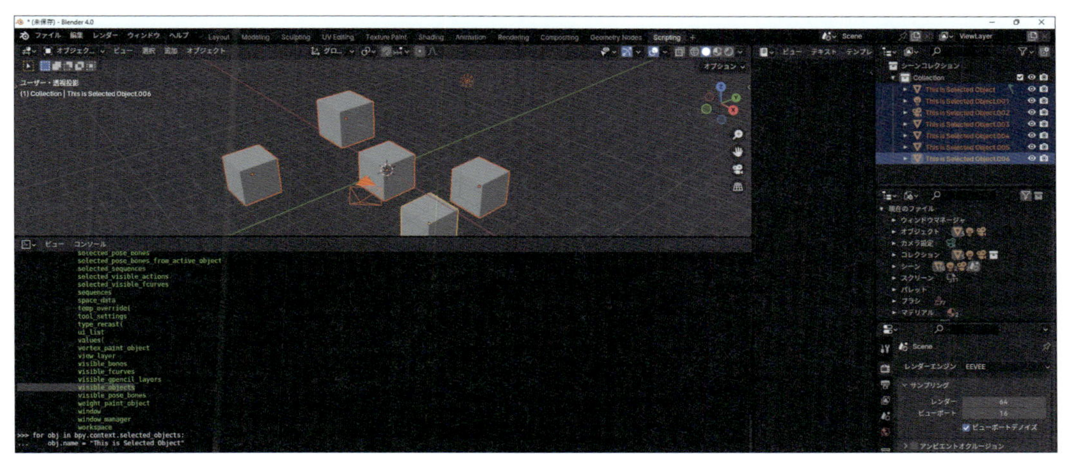

図8-5-2 選択したオブジェクトの名前を変更

選択していたオブジェクトの名前が変わっています。Blenderでは、同じ名前のオブジェクトは基本的には存在できないので、複数のオブジェクトに対して実行したときには、自動的に名前に「.001」のような番号が付加されます。

▶ 選択中のメッシュオブジェクトだけ名前を変更する

for 文を if 文と組み合わせると、さらに高度なことができます。せっかく自動化をするのですから、できる限り便利に作りたいものです。乱暴に選択しても、目的のオブジェクトだけに処理をしてくれるようにプログラムを組めば、作業の効率化が図れるでしょう。

今回は単純なユースケースとしてメッシュオブジェクトのみを処理の対象にしたい、と想定します。Blender のオブジェクトのタイプは、各オブジェクトの type 要素に格納されています。まずは、メッシュオブジェクトのタイプを確認しましょう。

```
bpy.data.objects["Cube"].type
```

```
'MESH'
```

「MESH」という文字列であることがわかりました。if 文で、type が MESH であるときだけ処理を実行すればよさそうです。前回のコードに if 文を追加します。これで、メッシュオブジェクトのみ処理することができるようになりました。

```
for obj in bpy.context.selected_objects:
    if obj.type != "MESH":
        continue
    obj.name = "This is Selected Object"
```

▶ while 文

while 文も繰り返しをさせる制御構文ですが、for と違う点は条件が「True」の時、無限に繰り返すことです。簡単にハングアップや無限ループを引き起こすので、使用には注意が必要です。

以下のような形式で使用します。

```
while bool値:
  処理
```

簡単な例は、以下の通りです。この例では、本当に無限にprintを試みるため、Blenderがハングアップします。

```
while True:
     print("無限に出力されます")
```

```
<Blenderが応答なしになる>
```

以下では条件が偽であるため、一度も出力されません。

```
while False:
  print("一度も出力されません")
```

whileはごく基本的な構文ですが、初心者には扱いが難しいため、はじめのうちは使用を控えることをおすすめします。特に、保存していない重要なデータがある時には使用しないでください。

8-6 条件式

値同士の比較は、「比較演算子」を使います。比較結果は、bool値として出力されます。

比較演算子

比較演算子には、以下の種類があります。

== 演算子

左辺と右辺の値がそれぞれ等しいかどうかを比較します。

```
1 == 1
```

```
True
```

```
1 == 2
```

```
False
```

等しいかどうかの判定であるので、数値と文字列を比較することもできます。数値と文字列は違うデータ型であるので、常にFalseが返ります。

```
123 == "123"
```

```
False
```

▶ ！＝演算子

左辺と右辺の値が、違うかどうかを比較します。違った場合、Trueが返ります。！は「not」「否定」を表しており、== 演算子の逆の挙動になっています。

```
1 != 1
```

```
False
```

```
1 != 2
```

```
True
```

```
123 != ”123”
```

```
True
```

▶ > 演算子

左辺が右辺より大きいとき、「True」を返します。

```
1 > 0
```

```
True
```

```
0 > 1
```

```
False
```

文字列同士の比較をすることもできます。比較基準は、文字の並び順になっています。

```
”z” > ”a”
```

```
True
```

▶ >= 演算子

左辺が右辺よりも大きいか、等しいときに「True」を返します。

```
1 >= 0
```

```
True
```

```
1 >= 1
```

```
True
```

```
0 >= 1
```

```
False
```

```
”z” >= ”a”
```

```
True
```

▶ < 演算子

右辺が左辺より大きいとき、「True」を返します。

```
0 < 1
```

```
True
```

```
1 < 0
```

```
False
```

文字列同士の比較をすることもできます。比較基準は、文字の並び順になっています。

```
"a" < "z"
```

```
True
```

▶ <= 演算子

右辺が左辺よりも大きいか、等しいときに「True」を返します。

```
0 <= 1
```

```
True
```

```
1 <= 1
```

```
True
```

```
1 <= 0
```

```
False
```

```
"a" <= "z"
```

```
True
```

▶ bool 演算子

bool 値同士の演算を「bool 演算」と呼びます。複数の比較結果などを統合したい場合に使用します。if 文などの分岐条件を記述する際に多用します。

▶ and 演算子

論理積を計算します。「値 1 and 値 2」という形式で使用します。値 1 と値 2 が両方 True なら、「True」を返します。False が含まれていたら、「False」を返します。

```
True and True
```

```
True
```

```
True and False
```

```
False
```

```
False and False
```

```
False
```

▶ or 演算子

論理積を計算します。「値 1 or 値 2」という形式で使用します。値 1 か値 2 どちらかが True なら、「True」を返します。

```
True or True
```

```
True
```

```
True or False
```

```
True
```

```
False or False
```

```
False
```

▶ not 演算子

論理否定を計算します。「not 値」という形式で使用します。値と逆の結果を返します。「not True」なら False、「not False」なら True を返します。

```
not True
```

```
False
```

```
not False
```

```
True
```

8-7 クラス

Python の重要な機能として「クラス」があります。入門者には難しい概念もありますが、この節ではクラスの基礎を解説します。

▶ クラスとは

クラスは、自身でデータ型のようなものを定義できる極めて柔軟な仕組みです。配列オブジェクトには、中にあるデータとそれに加えてさまざまな関数などがぶらさがっていましたが、そのようなものを自分自身で実装することができます。

いままで触れてきた Blender のさまざまなデータ型も、クラスによるものです。クラスは「オブジェクト指向」という考え方から生まれた仕組みです。データを「オブジェクト=モノ」として、データの振る舞い自体もデータ自体に実装するというような考え方から生まれています。

クラスを作るということは、データの形式とその処理の仕方を定義するということになります。また、クラスから生成される実体としてのデータを「インスタンス」と呼びます。
クラス自体は、プログラミングを効果的に行う手段として頻用されるものですが、Blender では特に Addon 制作時に重要になります。
Blender の Addon で作るコマンドは、すべてクラスで作成する仕様になっています。Addon に関する詳細は以降の Part で説明するので、まずはクラスの基本について押さえましょう。

クラスの定義

クラスの定義は、以下のように行います。

```
class クラス名:
    def __init__(self):
        pass
```

「__init__」は、インスタンス生成時に必ず実行される初期化関数です。この特別な初期化関数のことを「コンストラクタ」と呼びます。
この中には、初期化処理を記述します。特に内容がない時は、ただ「pass」と記述します。pass は、空のコードブロックを埋めるための、特に何も起きない処理です。
「self」は特別な引数です。クラスによって生成されたインスタンスが、関数の引数として与えられます。

インスタンスの生成

MyClass というクラスがあった時に、インスタンスを生成するには以下のようにします。見た目上関数の呼び出しのようにも見えますが、「クラス名 ()」とするとこれはインスタンス生成となります。

```
instance = MyClass()
```

以下では、a、b、c それぞれが独立した別個のデータとなります。

```
a = MyClass()
b = MyClass()
c = MyClass()
```

インスタンス変数

クラスインスタンスは、変数を持つことができます。「self. 変数名」とすることで定義できます。また、定義された変数は、「インスタンス . 変数名」とすることでアクセスすることができます。

```
class MyClass:
    def __init__(self):
        self.a = 10

myInstance = MyClass()
print(myInstance.a)
```

```
10
```

メソッド

メソッドとは、インスタンスに持たせる関数のことです。クラスのメソッドは、以下のように定義します。

```
class クラス名:
    def 関数名(self, 引数):
        処理内容
```

self はコンストラクタ同様、インスタンスです。引数や処理内容は、通常の関数と変わりません。

```
class MyClass:
    def __init__(self):
        self.a = 10

    def add(self, value):
        self.a = self.a + value

myInstance = MyClass()
print(myInstance.a)
# 10

myInstance.add(5)
print(myInstance.a)
# 15
```

コンストラクタ引数

コンストラクタには self 以外にも、引数を追加することができます。コンストラクタでの引数追加は、関数の場合と変わりありません。

```
class クラス名:
    def __init__(self, 引数):
        pass
```

```
class MyClass:
    def __init__(self, a):
        self.a = a
```

```
myInstance = MyClass(10)
print(myInstance.a)
```

```
10
```

モジュール

モジュールは、ソースコードをまとめる単位です。基本的には、「1 ファイル =1 モジュール」となります。Blender のデータにアクセスする際に使用していた「bpy」もモジュールです。

モジュールは、ソースコードを分割し、必要な時に必要なものを利用することによってプログラムをわかりやすく、利用しやすくする仕組みです。また、モジュール化することによって再利用も容易になります。

import 文

モジュールを利用するためには、import 文を使用します。基本的には、「import モジュール名」という形式で使用します。

以下の例では、「math」というモジュールを「import」して、その中に含まれている「pi」という定数を表示しています。math とは数学、pi は円周率のことです。

```
import math

print(math.pi)
```

```
3.141592653589793
```

標準ライブラリ

import 文で使用できるモジュールは、標準でかなり幅広いものが用意されています。これらは「標準ライブラリ」と呼ばれています。

標準ライブラリは以下のページで確認できますので、用途にあったライブラリを探してみてください。

- Python 標準ライブラリ
  https://docs.python.org/ja/3/library/index.html

from 文

モジュール全体ではなく、モジュール内の特定の要素を選択的に import したい場合は、「from」を使用します。「from モジュール名 import 要素名」という形で利用します。

```
from math import pi
print(pi)
```

```
3.141592653589793
```

▶ すべての要素を直接 import する

あるモジュールに含まれる要素をすべて直接 import したい場合は、「*」を使います。

```
from math import *
print(pi)
```

```
3.141592653589793
```

コンソールのビルトインモジュール

ところで、今まで「bpy. ～ . ～」という関数やデータなどを扱ってきました。本来であれば「import bpy」とする必要がありますが、どういうわけか特にそのようなことをする必要なく使えています。

これは、コンソールが利便のためにあらかじめ用意しているので問題がなかったのです。立ち上げ直後のコンソールをよく見ると、以下のように書いてあります。

```
PYTHON INTERACTIVE CONSOLE 3.10.12 (main, Jun 21 2023, 08:36:07) [MSC
v.1928 64 bit (AMD64)]
Builtin Modules:       bpy, bpy.data, bpy.ops, bpy.props, bpy.types,
bpy.context, bpy.utils, bgl, gpu, blf, mathutils
Convenience Imports:   from mathutils import *; from math import *
Convenience Variables: C = bpy.context, D = bpy.data
```

bpy は、この中の Builtin Modules に含まれています。ビルトインモジュールとしてあらかじめ用意されているため、特に import せずに使用できたわけです。

ファイルの import

コンソールではなく、ファイルからスクリプトを実行している場合は、別のファイルを import することができます。

以下のような構成のディレクトリがあったとします。

```
my_project/
    __init__.py
    my_module.py
    sub_dir/
        __init__.py
        sub_module.py
```

「my_project/__init__.py」からは、ほかのモジュールを以下のように import することができます。モジュールとしてインポートする際は、拡張子「.py」は省略します。

```
import .my_module
import .sub_dir
import .sub_dir.sub_module
```

「__init__.py」は、そのディレクトリがモジュールであるということを示す特別なファイル名です。「import .sub_dir」のようにディレクトリ名のみ指定した際は、実際にはその中の「__init__.py」の中身が読み出されます。

「.」は相対パスを示す文字です。import を記述しているファイルからみて、同一ディレクトリであれば、単に「.」と書きますが、上の階層であれば「..」、さらに上の階層であれば「...」と書きます。

「my_project/sub_dir/__init__.py」から、「my_project/my_module.py」を import する場合は以下のようになります。

```
import ..my_module
```

from を使用する際も、モジュールの指定方法は同じです。以下のように記述します。

```
from .my_module import *
from .sub_dir import *
from .sub_dir.sub_module import *
```

実践編：サイズの参考になるオブジェクトを作成する

Blender における Python プログラミングで重要な文法は、だいたい理解できたかと思います。以降では、テーマを決めて、実際のプログラミングをステップ・バイ・ステップでやってみましょう。

ステップ・バイ・ステップで行いますので、最終的には不要となる処理を含みます。しかし、プログラミングの雰囲気・考え方を学ぶ参考になると思いますので、そのままやってみてください。

9-1 要件を考える

最初のサンプルケースとして今回は、モデルのアタリ、サイズ感の把握として Cube などを設置したいというケースを想定してみます。プログラミングを始める前に、まずは何を実現したいのか、ゴールはどこなのかをきちんと把握することが重要です。

今回は、「サイズの参考になるオブジェクトが欲しい」というゴールを想定します。寸法をある程度考慮したモデルを作成する際に、アタリとなるオブジェクトを置くというのは、ある程度一般的な手法なのではないでしょうか。

ここでは、そのようなケースをスクリプトで自動化してみようと思います。以下のような要件を想定します。

- サイズ感の参考となる何かが欲しい
  - 作業中邪魔になるので、ワイヤーフレーム表示になっていて欲しい
  - レンダリングには写って欲しくない
- 指定したサイズでモデルを生成したい
- 生成位置は 3D カーソルで指定する

9-2 手動でやってみる

要件を考えたら、インターフェイス上で手動で実現できるかどうかを確認します。プログラムで実行する以前に、そもそも Blender 上でそれが可能なのか？を明らかにしなければなりません。

また、手動で実行する過程でプログラムの素材となるコードやデータを取得し、メモしておきます。

下準備：Scripting ワークスペースを開く

作業を開始する前に、まずは Scripting ワークスペースを開きます。情報エリアやコンソール、テキストエリアなどがあり作業に便利です。

今回はコマンドをメモしたりするので、テキストエリアで新規テキストも作成しておきましょう。

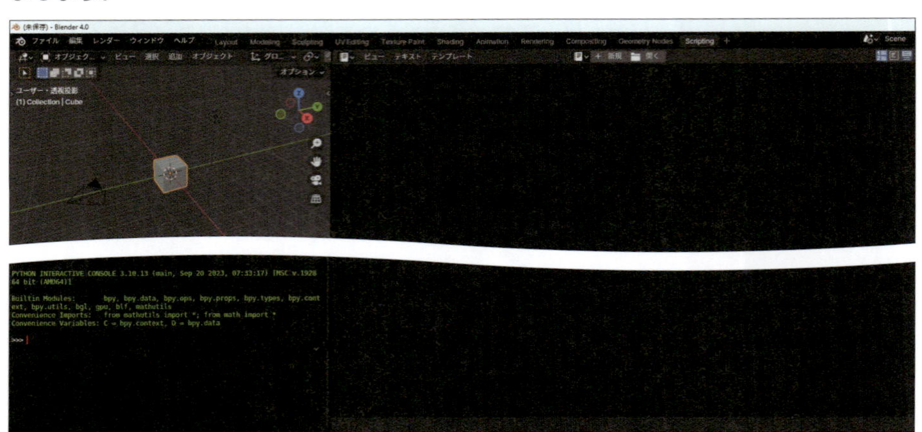

図9-2-1 Scriptingワークスペースを開く

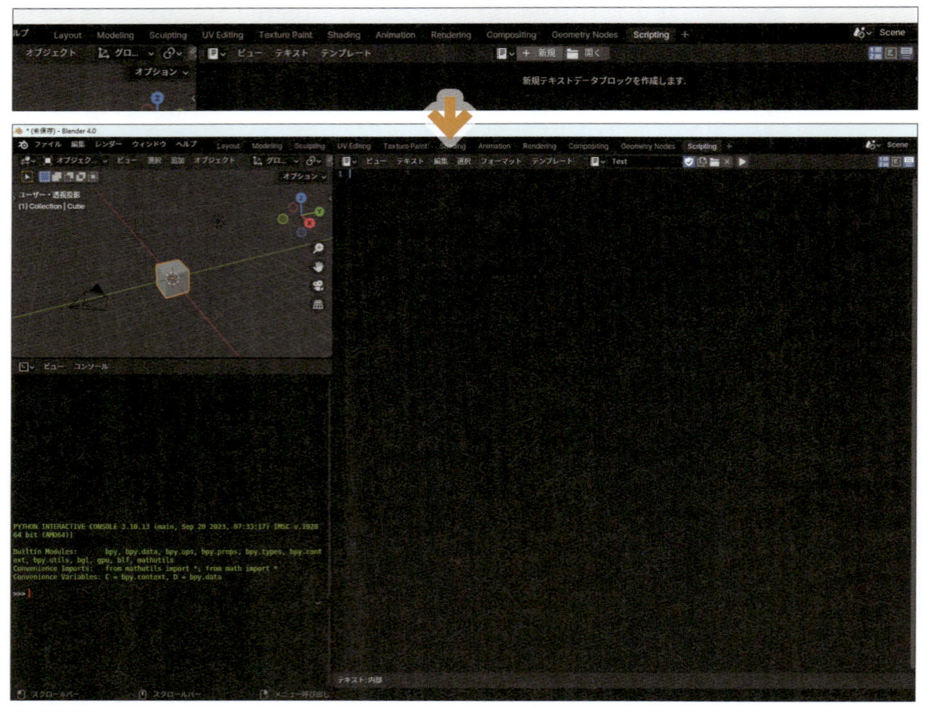

図9-2-2 新規テキストウィンドウを開く

まずは適当な場所に3Dカーソルを設置し、立方体オブジェクトを作成します。

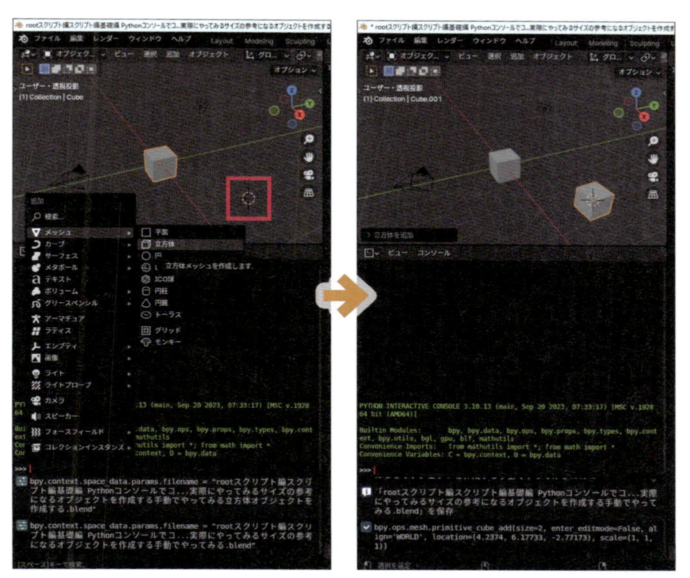

図9-2-3 立方体オブジェクトを作成

立方体オブジェクトを作成した時点で、以下のようなスクリプトが情報エリアから採取できます。

```
bpy.ops.mesh.primitive_cube_add(size=2, enter_editmode=False, align='WOR
LD',location=(4.2374, 6.17733, -2.77173), scale=(1, 1, 1))
```

今回の目的として、作成時のオプションでサイズを指定してしまいたいところですが、「X、Y、Z」それぞれを個別に設定する、ということはできなさそうなので初期値の「2」のままにしておきます。locationに適当に指定した3Dカーソルの位置が反映されています。

このコードをテキストエリアにメモしておきます。

オブジェクトのサイズを設定する

オブジェクトのサイズを設定します。今回は試しに、横:0.5m、縦:1.25m、高さ:2.5mの物体だということにします。数値に特に意味はありません。

3Dビューの右側パネル「アイテム→寸法」で、それぞれの数字を設定します。

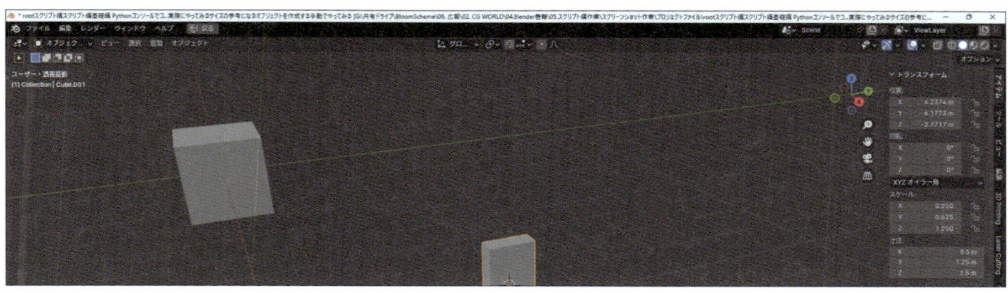

図9-2-4 オブジェクトのサイズを設定

情報エリアには何も出てきません。「そんなものかな、とりあえずデータパスを取得するか」と思いながら寸法の入力欄を右クリックします。しかし、こちらも何も起こりません。

図9-2-5 右クリックでのパスの取得もできない

よくわからないので、コンソールでオブジェクトのプロパティを確認してみます。それっぽいものは見つかりません。

インターフェイスの翻訳のせいで「寸法」の英語が何なのかわからないので、翻訳をオフにしてみます。「Dimensions」と書いてあります。

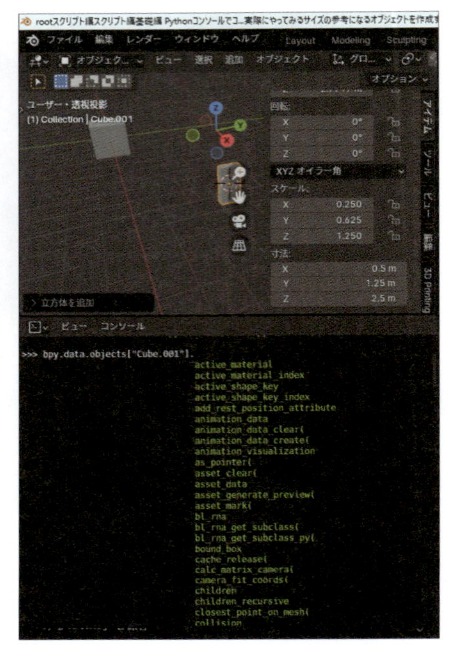

図9-2-6 コンソールでプロパティを確認

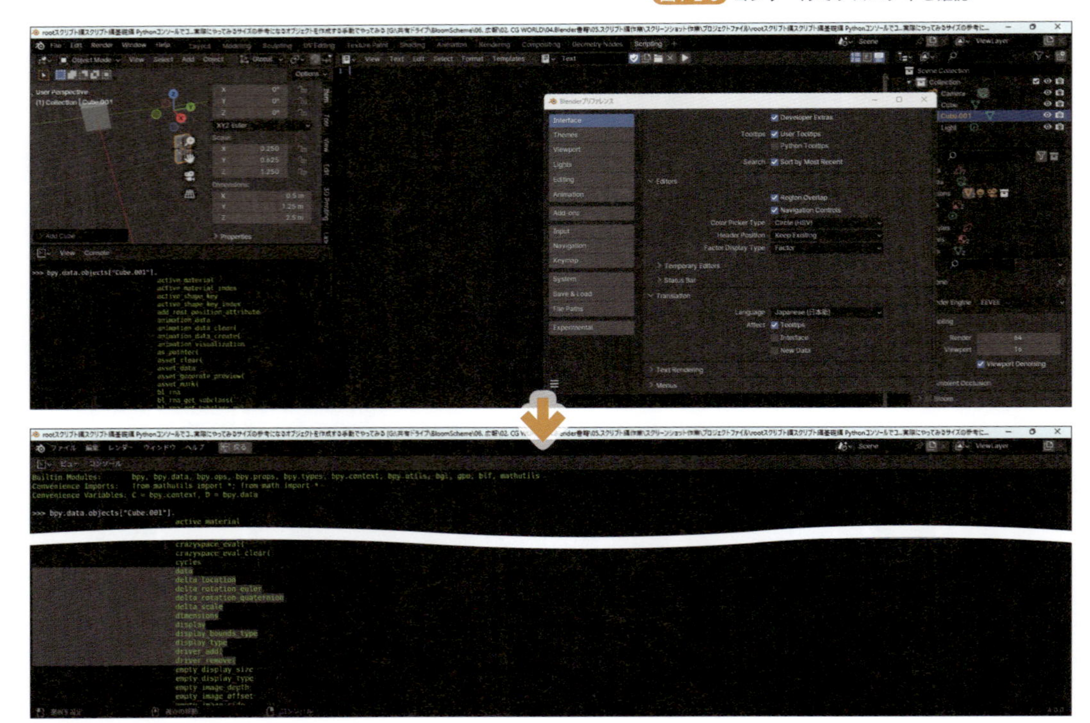

図9-2-7 UIを英語に変更して再度確認

再び、コンソールでオブジェクトのプロパティを見直してみます。実は、寸法エリアの入力は利便性のために用意されているだけで、オブジェクトは寸法という直接的な値は保持していないのです。

これは困りました。何か違う手を考えなくてはいけません。

ふと目を寸法から上にあげて、「スケール」の欄を見てみます。すると、特にスケールの値をいじっていないのに、値が変化していることがわかります。よく観察して見ると、スケールの「X、Y、Z が寸法の半分の値になっている」ことに気づきます。

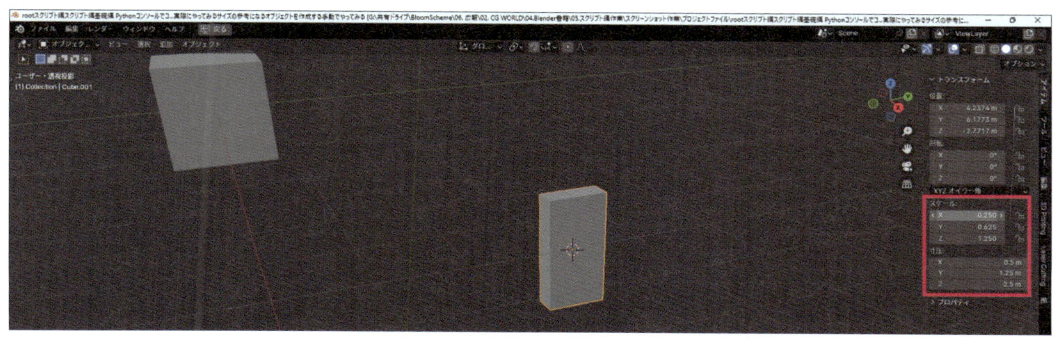

図9-2-8 寸法とスケールの関係を見つける

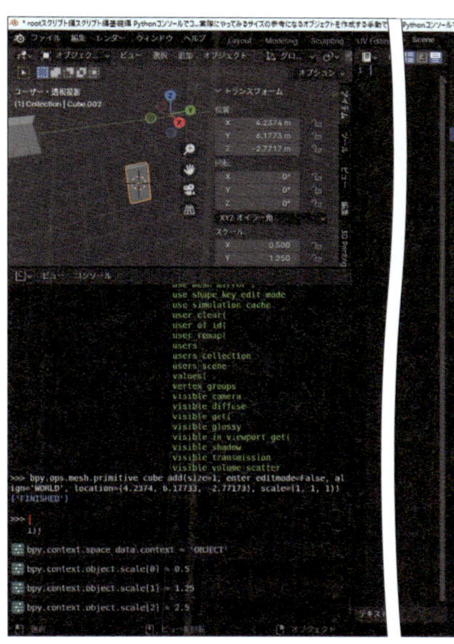

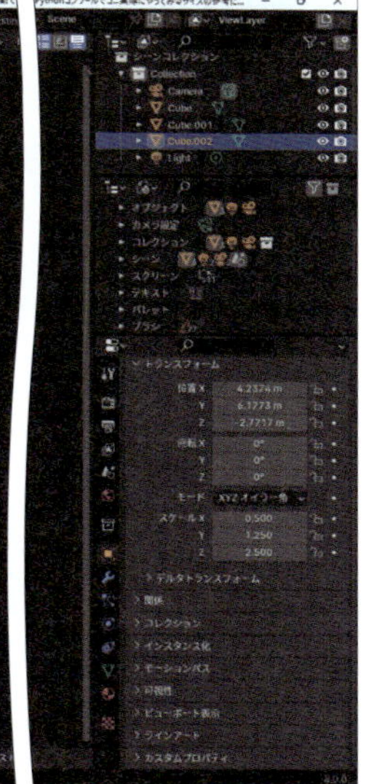

図9-2-9 サイズを1にしてスケールを設定

ここで、寸法をいじる前のことを思い出してみます。元々作成した立方体のサイズは 2 メートルでした。2 メートルの物体を目的の寸法にするには、まさしくそのスケールを掛ければよい、ということに気づきます。寸法入力欄は、単に寸法に合うようにスケールを計算していただけなのです。

ということは、そもそも立方体作成時にサイズを 1 にしておけば、面倒なサイズの計算をせずに直接スケールに目的のサイズを入れればよさそうです。

ということで、立方体を作成し直します。今度は、以下のようなコードが取得できましたので、これもメモしておきます。

```
bpy.ops.mesh.primitive_cube_add(size=1, enter_editmode=False, align='WOR
LD',location=(4.2374, 6.17733, -2.77173), scale=(1, 1, 1))
```

引数が「size=1」になっています。次に、オブジェクトのスケールを設定します。オブジェクトのプロパティの「オブジェクト→トランスフォーム→スケール」の値を、それぞれ「X：0.5」「Y：1.25」「Z：2.5」にしてみます。今度は、寸法と一致しました。

また情報エリアを見ると、以下のように出力されています。これも役に立ちそうですので、メモしておきます。

```
bpy.context.object.scale[0] = 0.5
bpy.context.object.scale[1] = 1.25
bpy.context.object.scale[2] = 2.5
```

ワイヤーフレーム表示にする

メッシュオブジェクトができたので、ワイヤーフレーム表示にします。プロパティパネルの「オブジェクト→ビューポート表示→表示方法」をワイヤーフレームに変更します。

すると、以下のように出力されています。これもメモしておきます。

```
bpy.context.object.
display_type = 'WIRE'
```

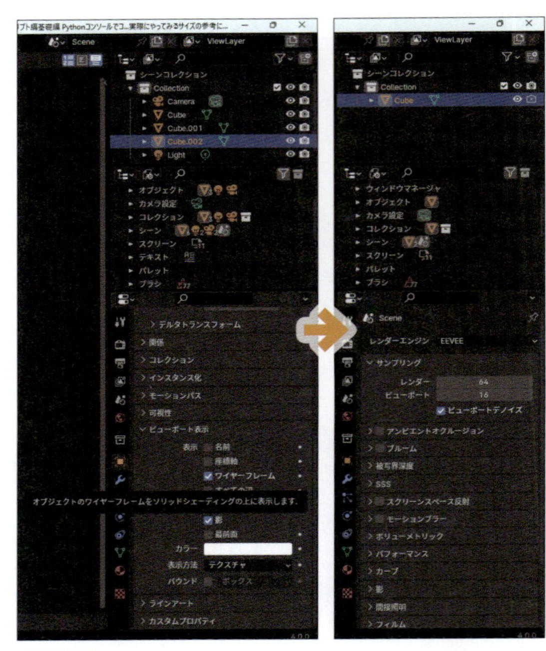

図9-2-10 ワイヤーフレーム表示にするスクリプトを表示

レンダリングを非表示にする

あとは、レンダリングを非表示にするだけです。ワイヤーフレーム表示とほぼ変わりません。プロパティパネルの「オブジェクト→可視性→表示先」のレンダーのチェックを外します。

すると、以下のように出力されます。これをメモして、手動処理の完了です。

```
bpy.context.object.hide_render = True
```

9-3 プログラム化する

これまでの順番に進めていれば、メモしたプログラムは以下のようになっているかと思います。

```
bpy.ops.mesh.primitive_cube_add(size=1, enter_editmode=False, align='WOR
LD',location=(4.2374, 6.17733, -2.77173), scale=(1, 1, 1))
bpy.context.object.scale[0] = 0.5
bpy.context.object.scale[1] = 1.25
```

```
bpy.context.object.scale[2] = 2.5
bpy.context.object.display_type = 'WIRE'
bpy.context.object.hide_render = True
```

新しいBlenderを立ち上げて（もしくは新規ファイルを作成、あるいはすべてのオブジェクトを削除でも構いません）、とりあえずこれをそのまま実行してみます。

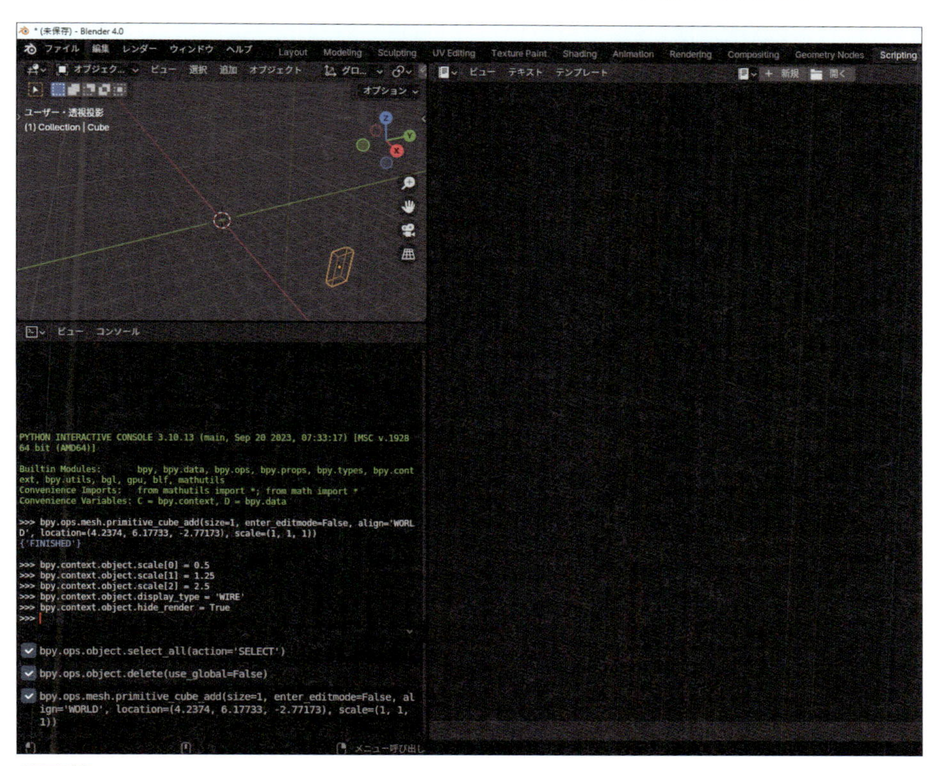

図9-3-1 メモしたスクリプトを実行してみる

おぉ、先ほどの操作が再現されて結構いい感じです！ ただし、現時点だとそのままですので要件と異なるところがあります。このメモを整えていけば、コンソールでコピー&ペーストで使えるプログラムに仕上がりそうです。

1行目を確認します。要件では、3Dカーソルの位置にモデルを設置したいため、locationの指定を省略する必要があります。locationを特に指定しなければ、モデルは3Dカーソルの位置に生成されます。

ほかにも、必要のなさそうな引数、デフォルト値でよさそうな引数は削っておきます。enter_editmode、alignは今回は必要なさそうです。すると、以下のようになります。随分シンプルになりました。

```
bpy.ops.mesh.primitive_cube_add(size=1, scale=(1, 1, 1))
```

scaleもこの段階で直接指定できるようです。bpy.context.object.scaleで指定していた内容をscale引数に移動してしまいましょう。すると、以下のようになります。随分シンプルで扱いやすそうになりました。

```
bpy.ops.mesh.primitive_cube_add(size=1, scale=(0.5, 1.25, 2.5))
bpy.context.object.display_type = 'WIRE'
bpy.context.object.hide_render = True
```

コードを変更したら、動作を必ず確認します。これをまた新しいBlenderで実行してみます。

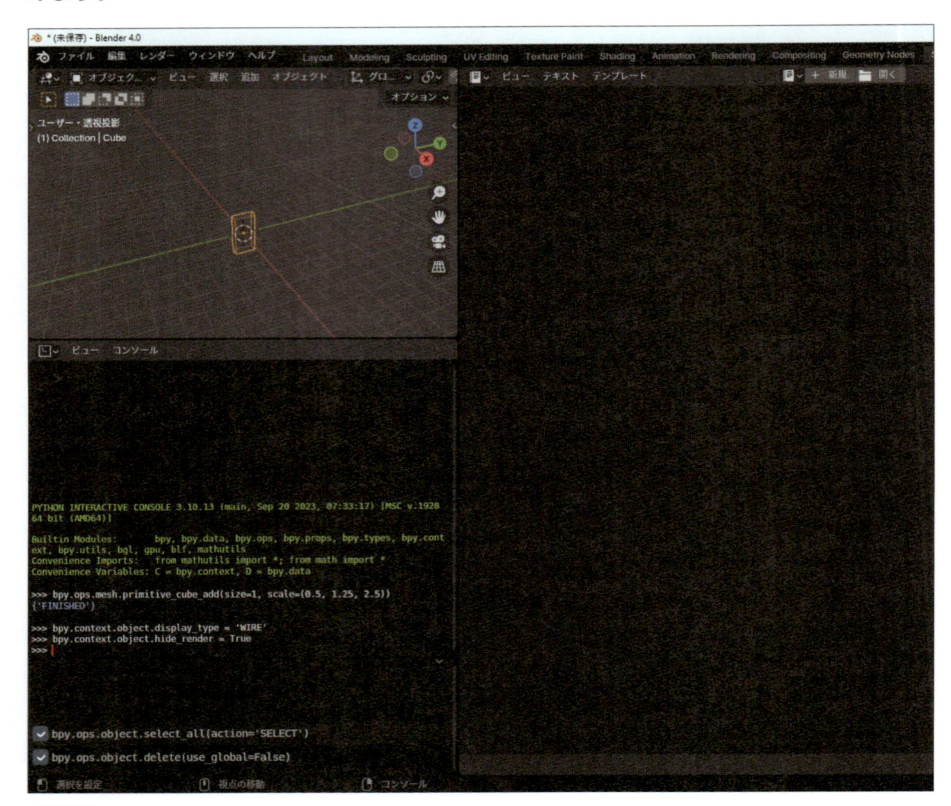

図9-3-2 整理したスクリプトを実行

たいへんいい感じです！これでコピペコードが完成！のように見えるのですが、もう少しだけ修正します。コピペのたびに、scaleの値を書き換えるので、使いやすい形にします。

```
scale_x = 0.5
scale_y = 1.25
scale_z = 2.5
bpy.ops.mesh.primitive_cube_add(size=1, scale=(scale_x, scale_y , scale_
z))
bpy.context.object.display_type = 'WIRE'
bpy.context.object.hide_render = True
```

上記のコードでは、毎回内容を変える変数部分と実行部分が分離しました。可変部分を変数に分離することは、以下のようなメリットがあります。

- コードの変更すべき部分とそうでない部分がわかる
- 変数の名前を見れば実装の詳細を忘れても、指定すべき変数の意味がわかる
- 関数化する際にコードの変更が少なくて済む

あとは、これが何なのかのコメントを付けて、コピペしやすいように数値を削除して完成です。

```
# ガイドオブジェクトを作成する
# 引数にガイドオブジェクトのサイズを入れ、コンソールにコピペして実行する
# ガイドオブジェクトはレンダリングに写らない

# 引数
scale_x =
scale_y =
scale_z =

# 処理部分
bpy.ops.mesh.primitive_cube_add(size=1, scale=(scale_x, scale_y , scale_
z))
bpy.context.object.display_type = 'WIRE'
bpy.context.object.hide_render = True
```

プログラミングを始めると、大量のコードを扱うようになります。そしてそれらの詳細は、どんどん頭の中からこぼれていきます。特に数ヶ月も経てば、いったい自分が何のためにコードを書いたか、どうやって使えばいいのか、綺麗さっぱり忘れてしまいます。

そのようなときのために、「わかりやすい構造にしておくこと」「コメントで使途と用法を書いておくこと」は、極めて重要です。

完成したプログラムは、テキストファイルにわかりやすい名前を付けて保存しておきましょう。

テキストエディターでスクリプトを編集する

ある程度プログラミングに慣れてくると、多少長くて複雑なコードを編集したくなってくるでしょう。Python コンソールに慣れてきたら、Blender の「テキストエディター」を使用してある程度長いコードを書いてみましょう。

なお、テキストエディターで作成したテキストは、テキストデータとして「.blend」ファイルに格納されます。

10-1 テキストエディターが適しているケース

テキストエディターは、以下のようなケースに適しています。

• ある程度以上の分量が必要な処理

入力するたびに実行されるコンソールとは違い、書き溜めてから実行できるので、より複雑な処理を作成しやすいです。

• 保存が必要な処理

コンソールではコードは書き捨てになりますが、テキストエディターでは「.blend」ファイルに保存されます。コード量が増えていくとそのまま破棄というのは問題がありますので、早めにテキストエディターに慣れたほうがよいでしょう。

• .blend ファイルにスクリプトを同梱したい

Blender の機能では直接的に実行できない高度な機能を、Addon をインストールすることなく提供したいというときにテキストブロックを使用することがあります。標準 Addon の Rigify などは、そのような目的でテキストデータを同梱し、起動時に自動実行しています。

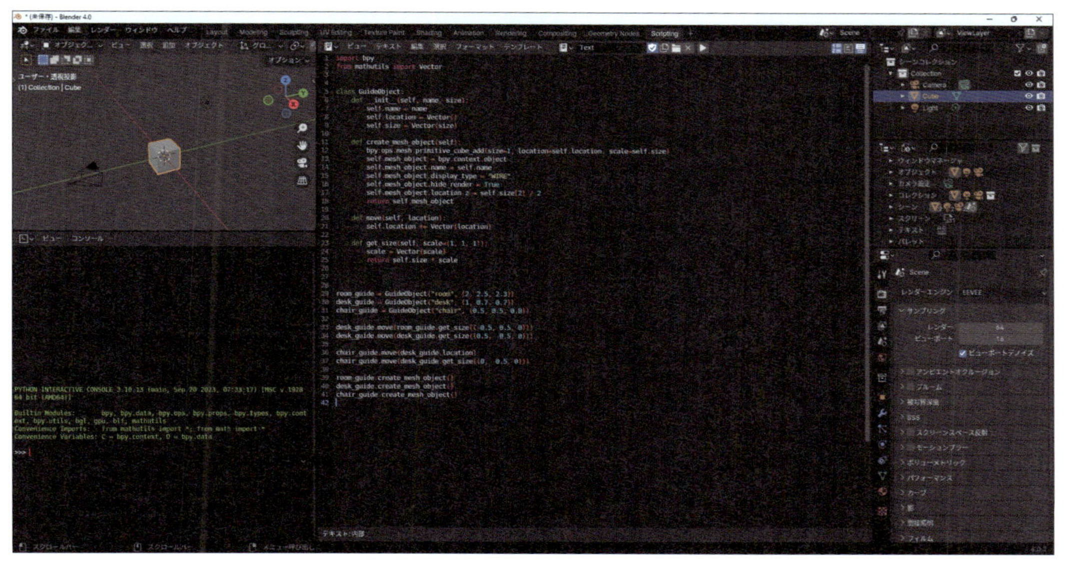

図10-1-1 テキストエディターを使ったスクリプト作成

10-2 テキストエディターの基本操作

それでは、Blender のテキストエディターの使い方を見ていきましょう。

テキストの新規作成

テキストを新規作成するには、上部メニューの「テキスト→新規」から行います。もしくは、テキストデータが1つもない場合は、上部テキスト選択ボタンに「新規」ボタンがありますので、そこから作成します。

図10-2-1 テキストの新規作成

外部テキストを開く

.blend ファイル外部のテキストファイル（.txt ファイルや .py ファイルなど）を開くには、上部メニューの「テキスト→開く」から行います。

もしくは、テキストデータが１つもない場合は、上部テキスト選択ボタンに「開く」ボタンがありますので、そこから開きます。

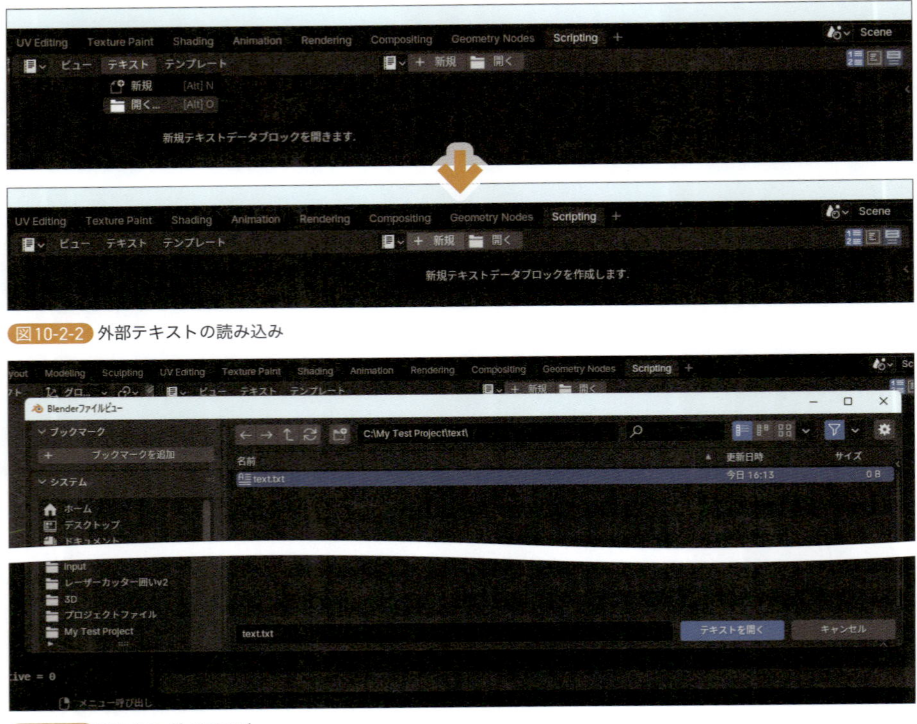

図10-2-2 外部テキストの読み込み

図10-2-3 読み込みダイアログ

外部テキストの取り扱い

外部テキストは、Blender 内部テキストとは区別されます。実体ファイルへのファイルパスを持っており、Blender は実体と内部テキストとどちらのバージョンが新しいのかを判断します。

実体テキストと内部テキストの内容が食い違っている場合は、テキストエディター上部に警告が表示されます。警告をクリックすると、どの対処をするのか選択肢が表示されますので、適切なものを選んでください。

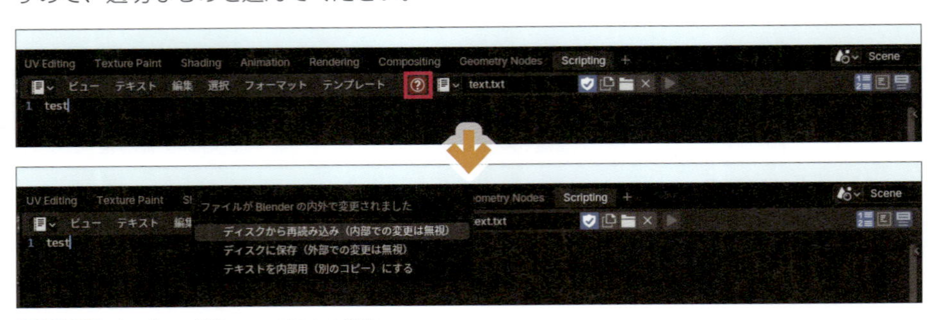

図10-2-4 バージョンが違っていることの警告

テキストの保存

基本的にテキストデータは、通常の「.blend」ファイルを保存した際に、内部データとして保存されます。このため Blender 上で新規作成し、特に外部に保存していないテキストについては、単純に .blend ファイルの保存をすれば問題ありません。

外部ファイルについても、内容自体は内部テキストと同様に .blend ファイル上に保持されています。ただし、変更した内容を外部ファイルに上書きしたければ、上部メニューの「テキスト→保存」を行う必要があります。

また以下の場合は、上部メニューの「テキスト→名前を付けて保存」を行います。

- 内部テキストを外部テキストとして保存したい
- 別名で保存したい

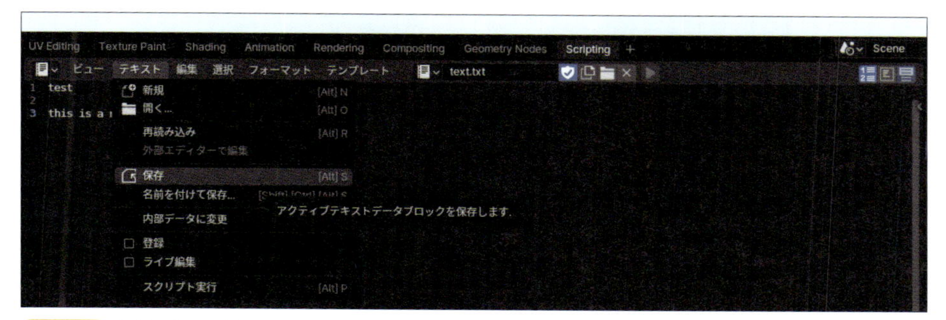

図10-2-5 名前を付けて保存

10-3 テキストエディターによるコード編集

基本的な操作はメモ帳など通常のテキストエディターとあまり変わりませんが、Python スクリプティングをする上で重要な操作が一部あるので解説します。

テキストの入力

特別なことはありません。テキストエリアをクリックし、テキストを入力してください。画面左には、行番号が表示されます。

エラーが出た際には問題が発生した行番号が表示されるので、該当箇所を確認するのに役立ちます。

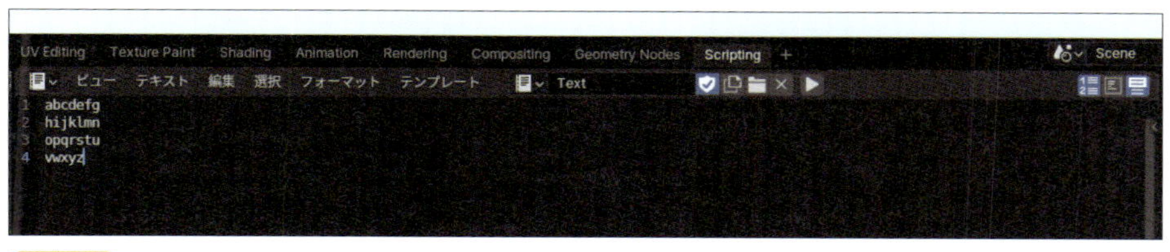

図10-3-1 テキストの入力

スクリプト実行ボタン

通常のテキストエディタと大きく違うのは、この「スクリプト実行」ボタンでしょう。スクリプト実行ボタンを押すと、編集中のテキストの内容をPython スクリプトとして実行します。メニューの「テキスト→スクリプト実行」でも同様の動作をします。

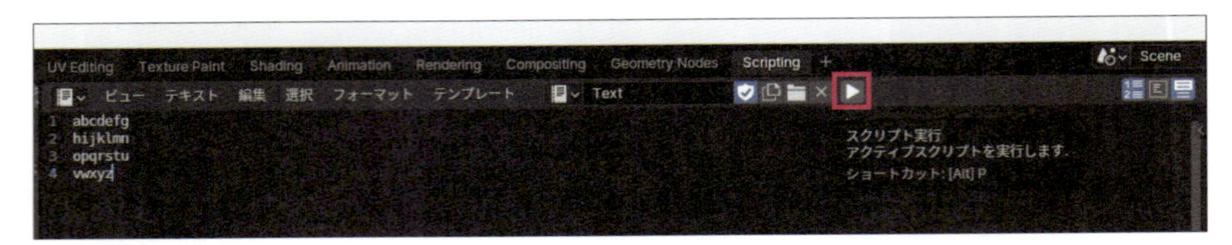

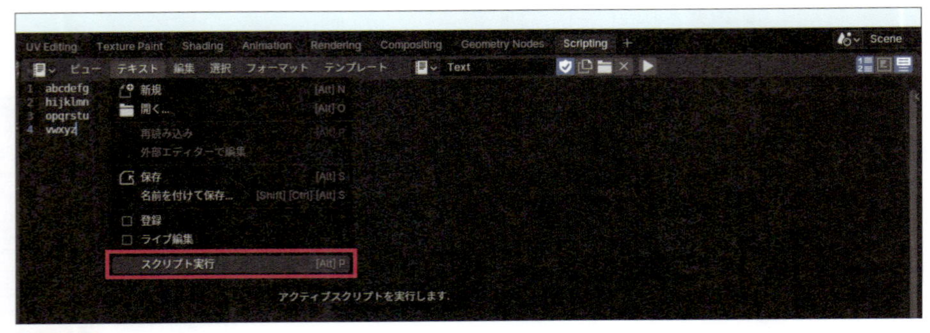

図10-3-2 スクリプトの実行

コメントを切り替え

選択している行を、コメントアウト、もしくはコメント解除します。通常のテキストエディタではなかなかありませんが、コードエディターではよくある機能です。メニューの「フォーマット→コメントを切り替え」から実行します。

書いたコードの動作を確認したい、一度部分的になかったことにしたい、バリエーションを試したいなど、部分的にコメントアウトを行いたいことはままあります。そのような際に、たいへん有用なコマンドです。

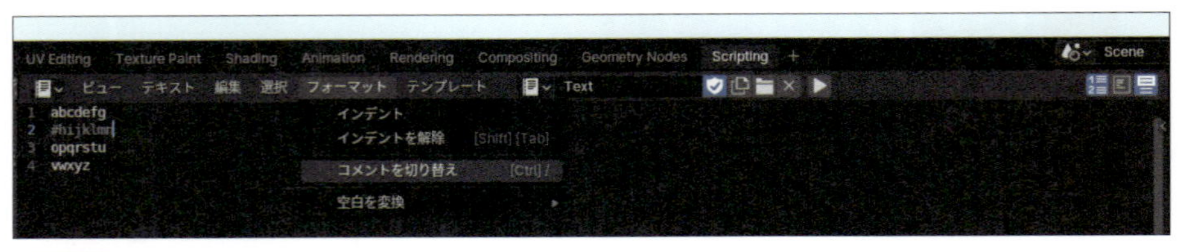

図10-3-3 スクリプトのコメントの切り替え

オートコンプリート

そこまで高機能ではないですが、テキスト補完機能が搭載されています。メニューの「編集→オートコンプリート」から実行します。

テキスト中にすでに入力した単語であれば、入力が途中まででも最後まで補完してくれます。専門のコードエディターではより高度な補完機能が使えますが、このオートコンプリートはごく限定的な動作である点に注意してください。

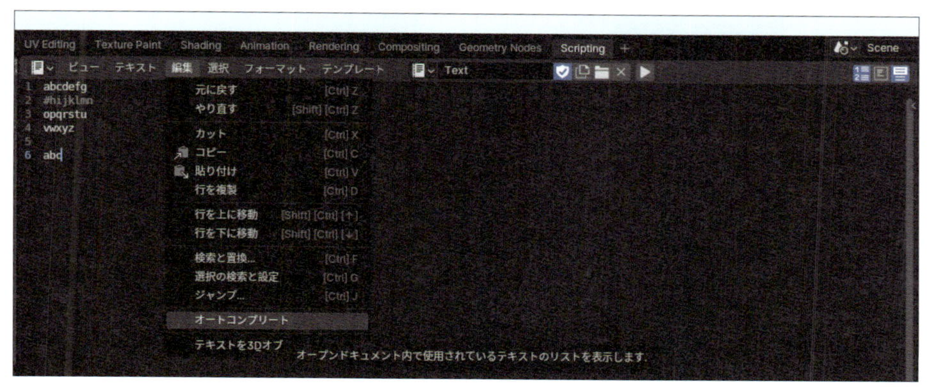

図10-3-4 オートコンプリートによる補完

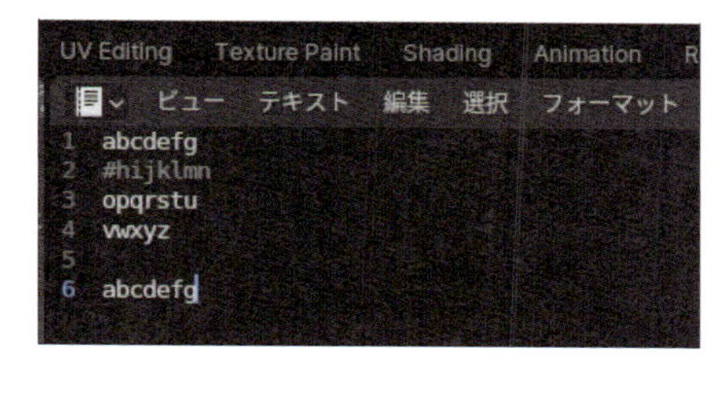

テンプレート

Blender にはあらかじめ、大量のテンプレートスクリプトが登録されています。メニューの「テンプレート→ Python」からアクセスできます。

主要処理を書き足せば、そのまま使えるたいへん便利な状態のコードを取得することができます。また勉強になりますので、自分のやりたい処理に近い内容があったら、眺めて見ることをおすすめします。

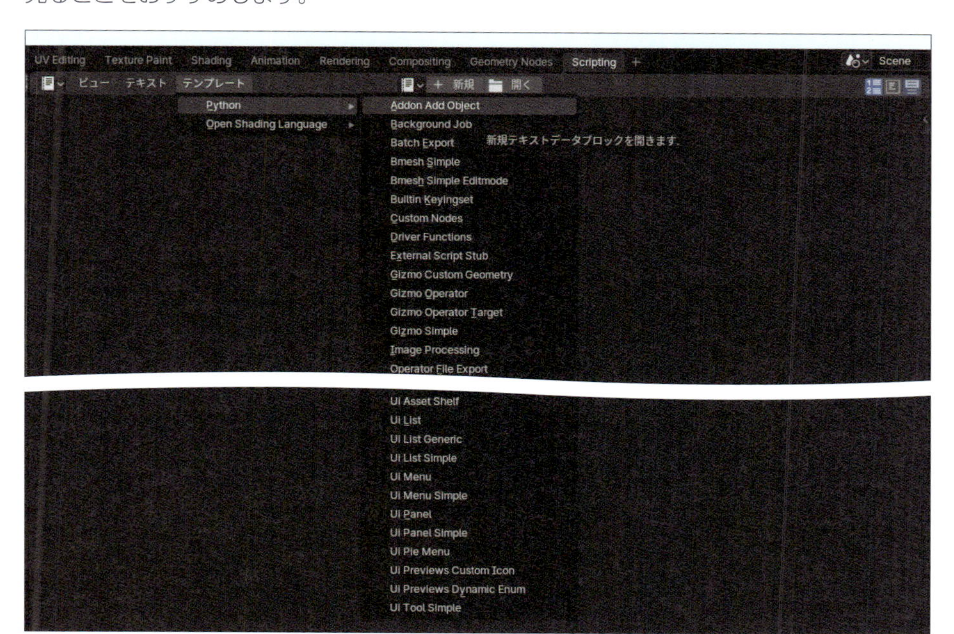

図10-3-5 テンプレートスクリプトのメニュー

```
UV Editing  Texture Paint  Shading  Animation  Rendering  Compositing  Geometry Nodes  Scripting  +   Scene
ビュー  テキスト  編集  選択  フォーマット  テンプレート   addon_add_object.py
1  bl_info = {
2      "name": "New Object",
3      "author": "Your Name Here",
4      "version": (1, 0),
5      "blender": (2, 80, 0),
6      "location": "View3D > Add > Mesh > New Object",
7      "description": "Adds a new Mesh Object",
8      "warning": "",
9      "doc_url": "",
10     "category": "Add Mesh",

48     scale: FloatVectorProperty(
49         name="scale",
50         default=(1.0, 1.0, 1.0),
51         subtype='TRANSLATION',
52         description="scaling",
53     )
54
55     def execute(self, context):
56
テキスト: 内部
```

図10-3-6 テンプレートスクリプトの読み込み

コンソールとの違い

スクリプトファイルで実行する場合は、コンソールでのコード実行とは、大きく異なるので注意が必要です。

空行を使える

コンソールでは入力中のコードブロック（以下の for 文の 2 行目以降など）に、空行が含まれるとそこでコードブロックが終了だと判断されてしまいましたが、テキストファイルで実行する場合は無視してきちんと実行してくれます。

空行が無視されるため、コンソールよりコードを見やすく記述することができます。

```
for i in range(10):
    print(i)

    print("ここでループ") # コンソールではここで文法エラー
```

自分で import する必要がある

コンソールでは利便のために、さまざまなモジュールがあらかじめ用意されていました。しかしテキストファイルによる実行では、すべて自分で「import」を行わないと使用することができません。

以下の例では「NameError: name 'bpy' is not defined」というエラーが出てしまうので、以下のようにする必要があります。

```
print(bpy.context.object.name)
```

```
import bpy
print(bpy.context.object.name)
```

実践編：関数を使ったプログラムを作ってみる

コンソールではあまり長いプログラムは組みづらいので、関数の出番はそれほどありませんでした。

長い分量を扱えるようになると、必然的にプログラムの複雑さが増していきます。似たような処理を何度も記述するようなことは、なるべく避けなければなりません。そのような際に「関数」は非常に有用です。

11-1 サイズの参考になるオブジェクトを作成して関数化

9章の「サイズの参考になるオブジェクトを作成する」で作成したプログラムのより高度な利用ケースを考えてみます。たとえば、部屋のレイアウトのベースを作成したいときを想定してみます。それは、以下のような条件だとします（寸法値はX：幅、Y：奥行き、Z：高さの順）。

- 部屋のサイズはあらかじめ決まっている
  –2m、2.5m、2.3m
- 置きたい家具もあらかじめ決まっている
  – 机
    寸法：1m、0.7m、0.7m
    位置：部屋の左前隅
  – 椅子
    寸法：0.5m、0.5m、0.8m
    位置：机の前、中央

これまでのコードの再利用

これをプログラムで実装しようとしたとき、前回のコードをそのまま利用すると、以下のようになるでしょう。

```
import bpy
# 部屋の作成
scale_x = 2
scale_y = 2.5
scale_z = 2.3
```

```
bpy.ops.mesh.primitive_cube_add(size=1, scale=(scale_x, scale_y , scale_
z))
bpy.context.object.display_type = 'WIRE'
bpy.context.object.hide_render = True

# 机の作成
scale_x = 1
scale_y = 0.7
scale_z = 0.7

bpy.ops.mesh.primitive_cube_add(size=1, scale=(scale_x, scale_y , scale_
z))
bpy.context.object.display_type = 'WIRE'
bpy.context.object.hide_render = True

# 椅子の作成
scale_x = 0.5
scale_y = 0.5
scale_z = 0.8 # 背もたれ含む高さ

bpy.ops.mesh.primitive_cube_add(size=1, scale=(scale_x, scale_y , scale_
z))
bpy.context.object.display_type = 'WIRE'
bpy.context.object.hide_render = True
```

図11-1-1 前回のコードを使って配置してみる

このコードを実行してみると、いろいろな問題があることに気づきます。

- location の指定がないので、すべて同じ場所に作成されてしまう
- name の指定がないので、どれがどれだかわからない

そこで、それぞれの修正を試みてみようとすると、すぐにこのコードがごちゃごちゃしており、たいへん不便であることに気づきます。特に、location の指定は厄介です。

name はそれぞれに「bpy.context.object.name = "desk"」などと入れていけばよいですが、location は地面からの位置にしたり、基準になる位置を計算したり、などなか

なか面倒です。

関数化するメリット

それでは、今度は関数化してみます。部屋や机の処理を書き始める前に、まずは関数を作成します。

```
def make_guide_object(scale_x, scale_y, scale_z):
    bpy.ops.mesh.primitive_cube_add(size=1, scale=(scale_x, scale_y , sc
ale_z))
    bpy.context.object.display_type = 'WIRE'
    bpy.context.object.hide_render = True
```

シンプルな関数です。参考用オブジェクトの作成ということで、「make_reference_object」という名前を付けました。scale_x、scale_y、scale_z は、関数の引数となっています。

内部の処理は、インデントが付けられていること以外は同じです。この関数を利用して、先ほどのコードを書き直してみます。

```
import bpy

def make_guide_object(scale_x, scale_y, scale_z):
    bpy.ops.mesh.primitive_cube_add(size=1, scale=(scale_x, scale_y , sc
ale_z))
    bpy.context.object.display_type = 'WIRE'
    bpy.context.object.hide_render = True

# 部屋の作成
make_guide_object(2, 2.5, 2.3)

# 机の作成
make_guide_object(1, 0.7, 0.7)

# 椅子の作成
make_guide_object(0.5, 0.5, 0.8)
```

随分シンプルでわかりやすくなりました。この状態で一度実行してみます。

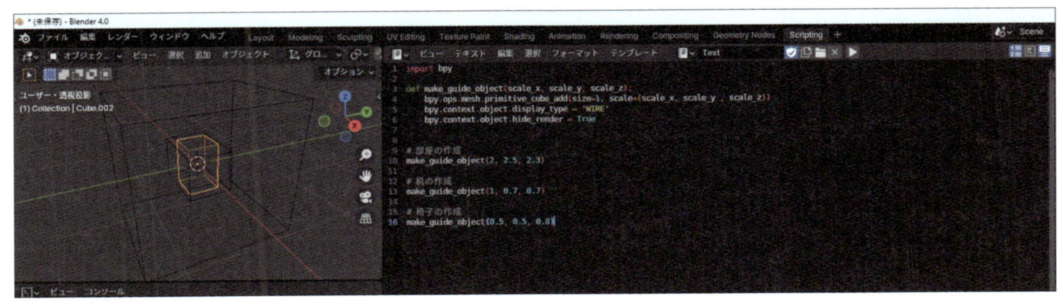

図11-1-2 関数を使ったスクリプトに修正

きちんと同じように機能しています！ しかし、まだ前回と同じ機能しかないですから、いろいろ追加する必要があります。

1 2 3 4 5 6 7 8 9 10 11 12

11-2 関数に機能を追加する

それでは、関数に機能を追加していきます。

名前の指定

まずは、一番簡単そうな名前の指定をしてみましょう。名前の指定をしたければ、引数に名前を追加して、内部に設定処理をしてあげれば OK です。

```
def make_guide_object(scale_x, scale_y, scale_z, name):
    bpy.ops.mesh.primitive_cube_add(size=1, scale=(scale_x, scale_y , sc
ale_z))
    bpy.context.object.name = name
    bpy.context.object.display_type = 'WIRE'
    bpy.context.object.hide_render = True
```

```
# 部屋の作成
make_guide_object(2, 2.5, 2.3, "ref_room")

# 机の作成
make_guide_object(1, 0.7, 0.7, "ref_desk")

# 椅子の作成
make_guide_object(0.5, 0.5, 0.8, "ref_chair")
```

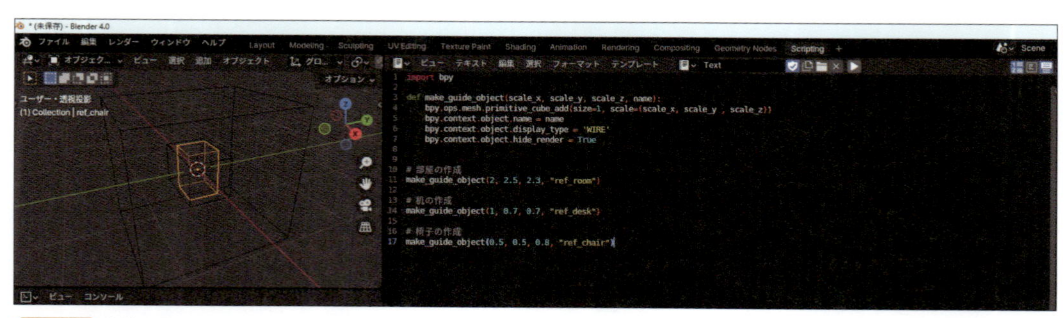

図11-2-1 名前の設定

この状態で実行してみると、今度はオブジェクトの名前まで設定されています。たいへんいい感じです。

床面上への移動

今度は、次に簡単そうな床基準の位置に移動する機能を追加しようと思います。オブジェクトの原点は中心にあるので、高さの半分だけ上に移動してあげれば、下の面が「Z = 0」に合います。この処理は、特に追加の引数は必要ありません。関数内部の処理を変更すればよいだけです。

```
def make_guide_object(scale_x, scale_y, scale_z, name):
    bpy.ops.mesh.primitive_cube_add(size=1, scale=(scale_x, scale_y , sc
ale_z))
    bpy.context.object.name = name
    bpy.context.object.display_type = 'WIRE'
    bpy.context.object.hide_render = True
    bpy.context.object.location.z = scale_z / 2 # 地面にあわせる処理
```

実行してみると、すべて地面(Z＝0)の上に乗りました！ 呼び出し部分は特に変更なく、関数内部だけで変更が実装できました。

ところで、「bpy.context.object」の繰り返しがそろそろ気になってきました。「obj」という変数にまとめて、見た目をすっきりさせてみます。

```
def make_guide_object(scale_x, scale_y, scale_z, name):
    bpy.ops.mesh.primitive_cube_add(size=1, scale=(scale_x, scale_y , sc
ale_z))
    obj = bpy.context.object
    obj.name = name
    obj.display_type = 'WIRE'
    obj.hide_render = True
    obj.location.z = scale_z / 2 # 地面にあわせる処理
```

位置の指定

残る機能は、位置の指定です。位置の指定は、bpy.ops.mesh.primitive_cube_add の location でできますので、そちらに与える変数を引数として受け取ればよさそうです。以下のように変更します。

```
def make_guide_object(scale_x, scale_y, scale_z, name, location_x,
location_y, location_z):
    bpy.ops.mesh.primitive_cube_add(size=1, scale=(scale_x, scale_y , sc
ale_z), location=(location_x, location_y, location_z))
    obj = bpy.context.object
    obj.name = name
    obj.display_type = 'WIRE'
    obj.hide_render = True
    obj.location.z = scale_z / 2 # 地面にあわせる処理
```

引数を整理する

ところで、そろそろ引数がごちゃついてきました。bpy.ops.mesh.primitive_cube_add を見ると、scale や location は 1 つの引数で受け取ってもよさそうに思えます。

引数の順番もかなり気になります。「scale」「name」「location」という順番は、あまりわかりやすくありません。ということで、引数を整理してみます。

```
def make_guide_object(name, location, scale):
    bpy.ops.mesh.pri
```

```
mitive_cube_add(size=1, scale=(scale[0], scale[1] , scale[2]), location=
(location[0], location[1], location[2]))
    obj = bpy.context.object
    obj.name = name
    obj.display_type = 'WIRE'
    obj.hide_render = True
    obj.location.z = scale[2] / 2 # 地面に合わせる処理
```

まず、順番を整理しました。name が一番初めにあれば、呼び出し部分でいったい何を作っているのか一目でわかります。location、scale という順番は、オブジェクトの UI でよく見る順番です。

また location、scale の値は、インデックスを付けて取得しています。これはタプルとして受け取る想定をしています。bpy.ops.mesh.primitive_cube_add の値の渡し方はそもそもタプルなので、その場でタプルを作成しています。ここも、まとめてしまってよいでしょう。すると、以下のようになります。随分とすっきりしました！

```
def make_guide_object(name, location, scale):
    bpy.ops.mesh.primitive_cube_add(size=1, scale=scale, location=locati
on)
    obj = bpy.context.object
    obj.name = name
    obj.display_type = 'WIRE'
    obj.hide_render = True
    obj.location.z = scale[2] / 2 # 地面に合わせる処理
```

呼び出し部分の修正

これまでの修正に合わせて、呼び出し部分を修正します。

```
# 部屋の作成
make_guide_object("ref_room", (0, 0, 0),(2, 2.5, 2.3))

# 机の作成
make_guide_object("ref_desk", ( ? , ? , ? ), (1, 0.7, 0.7))

# 椅子の作成
make_guide_object("ref_chair", ( ? , ? , ? ), (0.5, 0.5, 0.8))
```

おっと、机と椅子の location にどこの座標を入れればよいのかわかりませんね。プログラムで計算して入れてみましょう。変数の使い方も含めて、高度にまとまってきました。

```
# 部屋の作成

# 部屋のサイズ
# 使い回すので変数に入れておく
room_size = (2, 2.5, 2.3)

make_guide_object("ref_room", (0, 0, 0),room_size)

# 部屋の左前隅
```

```
# 部屋の中心が(0, 0, 0)なので、部屋のサイズの半分だけ動かせば角の座標になる
left_front_corner = ( # ()などでくくっている範囲、は途中で改行して見やすくすることができる
    room_size[0] / 2 * -1, # 左側=X軸のマイナス方向なので* -1している
    room_size[1] /2,
    0) # 高さはゼロ

# 机の作成
desk_size = (1, 0.7, 0.7)

# 机の位置。角から机のサイズ半分だけ動かせば求められる
desk_location = (
    left_front_corner[0] + desk_size[0] / 2,
    left_front_corner[1] - desk_size[1] / 2, # 手前に移動
    0) # 高さはゼロ
make_guide_object("ref_desk", desk_location, desk_size)

# 椅子の作成
chair_size = (0.5, 0.5, 0.8)

# 椅子の位置。机の位置を基準に、手前に設置する
chair_location = (
    desk_location[0],
    desk_location[1] - desk_size[1] / 2 - chair_size [1] / 2, # 手前に移動
    0) # 高さはゼロ
make_guide_object("ref_chair", chair_location, chair_size)
```

11-3 完成コード

現在のコード全体は、以下のようになっています。

```
import bpy

def make_guide_object(name, location, scale):
    bpy.ops.mesh.primitive_cube_add(size=1, scale=scale, location=location)
    obj = bpy.context.object
    obj.name = name
    obj.display_type = 'WIRE'
    obj.hide_render = True
    obj.location.z = scale[2] / 2 # 地面に合わせる処理

# 部屋の作成

# 部屋のサイズ
# 使い回すので変数に入れておく
room_size = (2, 2.5, 2.3)
```

```
make_guide_object("ref_room", (0, 0, 0),room_size)

# 部屋の左前隅
# 部屋の中心が (0, 0, 0) なので、部屋のサイズの半分だけ動かせば角の座標になる
left_front_corner = ( # ()などでくくっている範囲は、途中で改行して見やすくすることができる
    room_size[0] / 2 * -1, # 左側＝X軸のマイナス方向なので* -1している
    room_size[1] /2,
    0) # 高さはゼロ

# 机の作成
desk_size = (1, 0.7, 0.7)

# 机の位置。角から机のサイズ半分だけ動かせば求められる
desk_location = (
    left_front_corner[0] + desk_size[0] / 2,
    left_front_corner[1] - desk_size[1] / 2, # 手前に移動
    0) # 高さはゼロ
make_guide_object("ref_desk", desk_location, desk_size)

# 椅子の作成
chair_size = (0.5, 0.5, 0.8)

# 椅子の位置。机の位置を基準に、手前に設置する
chair_location = (
    desk_location[0],
    desk_location[1] - desk_size[1] / 2 - chair_size [1] / 2, # 手前に移動
    0) # 高さはゼロ
make_guide_object("ref_chair", chair_location, chair_size)
```

このコードを実行すると、次ページの図 11-3-1 のようになります。これで完成です。

もし動かない、エラーが発生する場合は、タイプミスがないか、もしくは何かほかのエラーではないか、エラーを確認してみてください。

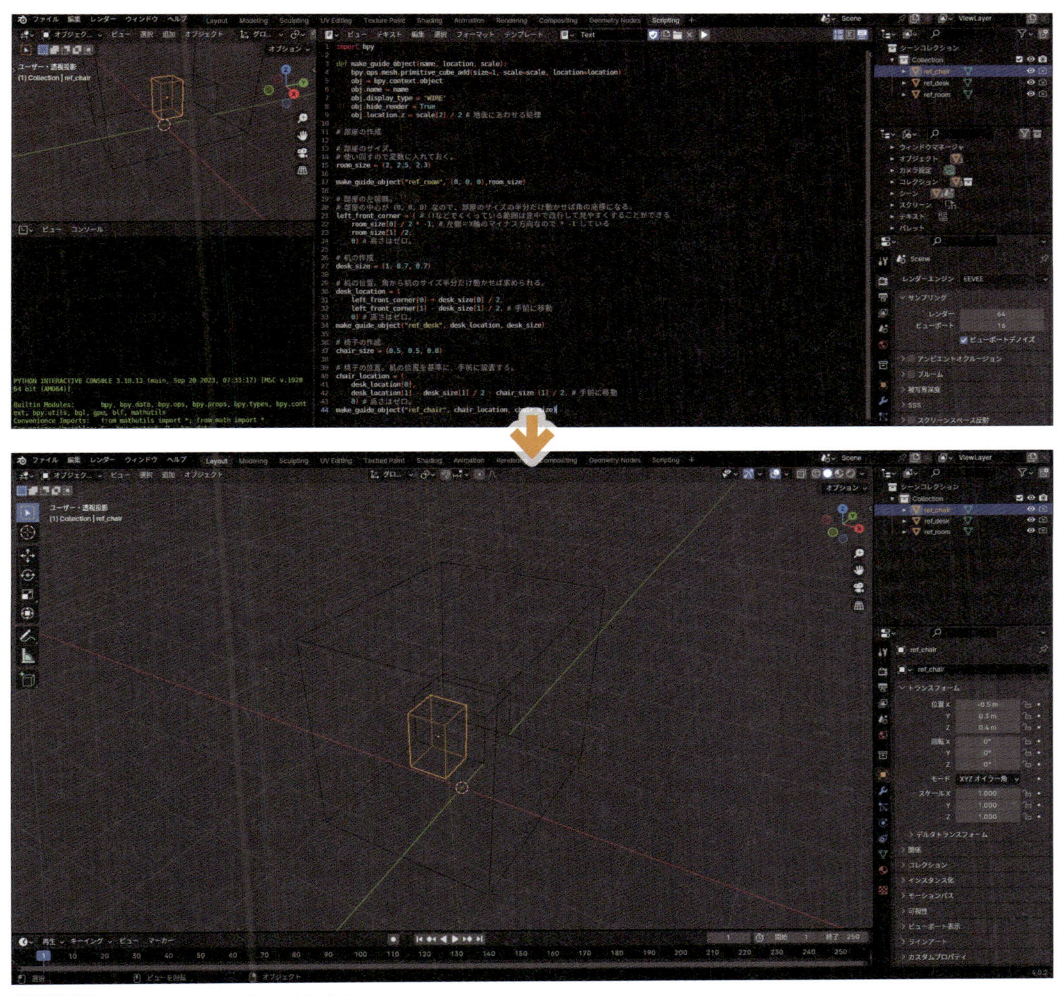

図11-3-1 関数によるスクリプトの実行結果

実践編：クラスを使ったプログラムを作ってみる

クラスを使うと、さまざまな変数や関数を 1 つのオブジェクトにまとめることができ、より高度で扱いやすいプログラムを作成することができます。

12-1 さらに便利にサイズの参考になるオブジェクトを作成する

前章では、関数を使ってサイズの参考になるオブジェクトを作成し、部屋のレイアウトを作成しました。しかし、オブジェクト同士の位置計算など、まだまだごちゃごちゃしている印象はありました。

ガイドオブジェクトの要件を考える

よりすっきりしたコードにするために、ガイドオブジェクトのクラスを作ってみましょう。

関数を使って一通りプログラミングしたことで、欲しい機能はだいたい洗い出せました。また、一通りの流れを辿ったことで、やりたいことには以下の性質があることがわかりました。

- ガイドオブジェクトは位置とサイズを持つ
- 別のガイドオブジェクトの角や真ん中に隣接した位置で置くことが多い

これらを踏まえた上で、要件を洗い出します。以下の機能を満たすクラスを作っていきます。

- 欲しい変数
  - 名前
  - 位置
  - サイズ
- 欲しい機能
  - ガイドメッシュオブジェクトを生成する
  - 角、真ん中などの座標を取得する
  - 隣接した状態に設置できる

12-2 クラスを作り始める

要件をもとに、クラスを作り始めます。細かい点や実用上の利便性などはまだわからないので、書ける部分から書いていきます。

```
class GuideObject:
    def __init__(self, name, size):
        self.name = name
        self.size = size
```

とりあえず､インスタンスを作成する際に必ず用意できるのは｢名前｣と｢サイズ｣なので､この 2 つを持っておきます。サイズはタプルで、(x, y, z) という形で受け取る想定です。

オブジェクトを実際に作成する部分も、確実に作れそうなので作っておきます。

```
    def create_mesh_object(self):
        bpy.ops.mesh.primitive_cube_add(size=1, location=self.location,
scale=self.size)
        self.mesh_object = bpy.context.object
        self.mesh_object.name = self.name
        self.mesh_object.display_type = "WIRE"
        self.mesh_object.hide_render = True
        self.mesh_object.location.z = self.size[2] / 2
        return self.mesh_object
```

メッシュオブジェクト作成部分は、関数で作ったときの「make_guide_object()」と処理内容的にはまったく同じです。

name、scale などはインスタンスが保持していますので、引数を省いて「self.name」のように取得しています。location もいちいち呼び出し時に指定するよりは、インスタンスに持たせておいたほうがよさそうです。取得部分を書いておきます。

上記に合わせて、コンストラクタを修正します。location をとりあえず、(0, 0, 0) で初期化しておきます。

```
class GuideObject:
    def __init__(self, name, size):
        self.name = name
        self.location = (0, 0, 0)
        self.size = size
```

現時点では、下記のようなコードになっています。

```
import bpy

class GuideObject:
    def __init__(self, name, size):
        self.name = name
        self.location = (0, 0, 0)
        self.size = size
```

```
    def create_mesh_object(self):
        bpy.ops.mesh.primitive_cube_add(size=1, location=self.location,
scale=self.size)
        self.mesh_object = bpy.context.object
    self.mesh_object.name = self.name
    self.mesh_object.display_type = "WIRE"
    self.mesh_object.hide_render = True
    self.mesh_object.location.z = self.size[2] / 2
    return self.mesh_object
```

簡単に動作を確認してみます。特に問題なさそうです。

```
room_guide = GuideObject("room", (2, 2.5, 2.3))
room_guide.create_mesh_object()
```

図12-2-1 クラスの実装テスト

12-3 移動メソッドを追加する

現状では位置の指定ができないため、何らかの移動メソッドが必要そうです。位置はほかのプロパティと同じくインスタンスに持たせているため、それを変化させるメソッドがあるとよさそうです。

以下のようなメソッドを追加します。

```
    def move(self, location):
        self.location = (self.location[0] + location[0],
                         self.location[1] + location[1],
                         self.location[2] + location[2])
```

location を受け取ってそのまま代入するのではなく、保持している値に加算しています。これによって、現在位置から相対的な移動が実現できます。これも試しに実行してみます。

```
room_guide = GuideObject("room", (2, 2.5, 2.3))
desk_guide = GuideObject("desk", (1, 0.7, 0.7))
```

```
desk_guide.move((1,2,3))

room_guide.create_mesh_object()
desk_guide.create_mesh_object()
```

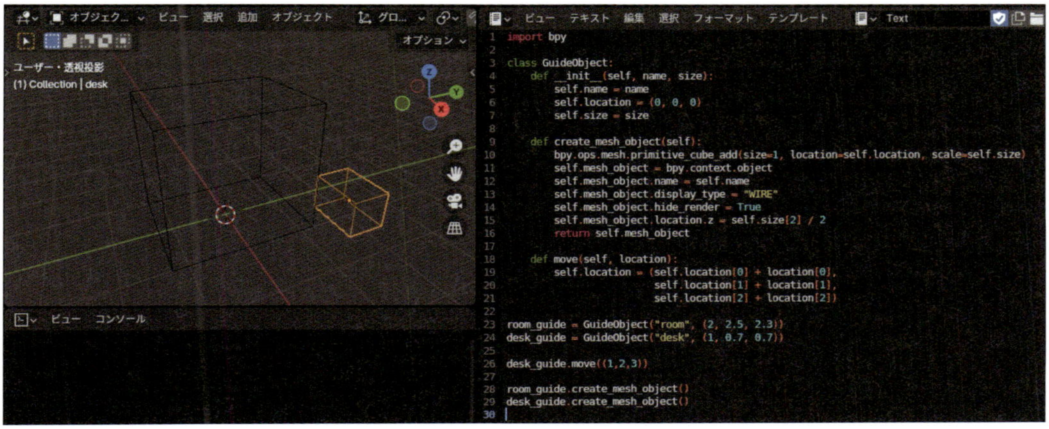

図12-3-1 メソッドの実装テスト

12-4 Vector クラスの利用

位置のような x、y、z 要素を持った数値の組みを「ベクトル」と言います。ベクトルの演算には、Blender から便利な Vector クラスが用意されています。Vector クラスを使用すると、ベクトル同士の計算を非常に簡単に実行できます。

Vector クラスの簡単な使用方法は、以下のとおりです。

```
from mathutils import Vector

# (x, y, z) の形式のタプルを引数として渡してオブジェクトを作成する
a = Vector((1,2,3))
b = Vector((4,5,6))

# ベクトル同士の足し算
c = a + b
print(c)
# <Vector (5.0000, 7.0000, 9.0000)>
# 各成分同士が足し合わされている

d = a - b
print(d)
# <Vector (-3.0000, -3.0000, -3.0000)>
# 各成分同士が引かれている

e = a * b
```

```
print(e)
# <Vector (4.0000, 10.0000, 18.0000)>
# 各成分同士がかけ合わさっている

# 各成分には .x, .y, .z でアクセスできます
print(c.x)
# 5.0

print(c.y)
# 7.0

print(c.z)
# 9.0

# 各成分にインデックスでアクセスすることもできます
print(c[0])
# 5.0

print(c[1])
# 7.0

print(c[2])
# 9.0

# ベクトルに数値を掛けることもできます
f = c * 2
print(f)
# <Vector (10.0000, 14.0000, 18.0000)>

# ベクトルを数値で割ることもできます
f = c / 2
print(f)
# <Vector (2.5000, 3.5000, 4.5000)>
```

Vector クラスを使って書き直す

位置を取り扱う場合は、Vector クラスを使用したほうが便利で簡単なので、Guide Object クラスを書き直します。

Vector のインポートを追加し、コンストラクタを修正します。location を Vector で初期化します。Vector オブジェクトの各要素の初期値は「0」なので、引数は特に指定しません。

```
import bpy
from mathutils import Vector

class GuideObject:
    def __init__(self, name, size):
        self.name = name
        self.location = Vector()
        self.size = size
```

移動メソッドは、以下のように書き直すことができます。運用時にタプルで数値を渡すと手軽なので、受け取った引数をVectorで包んでいます。非常にシンプルなメソッドになりました。

```
    def move(self, location):
        self.location += Vector(location)
```

ところで、引数のlocationにVectorが渡ってきた場合は、問題はないのでしょうか？別のGuideObjectのlocationを受け取る、という場合もあるかもしれません。

挙動が読めない、よくわからないというときはミニマムなコードを書いて試してみましょう。

```
a = Vector((1,2,3))
b = Vector(a)
print(b)
# <Vector (1.0000, 2.0000, 3.0000)>
```

VectorにVectorを与えると、まったく同じベクトルになるようなので、問題なさそうです。同様の利便性を考えると、sizeもVectorにしておくとよさそうです。コンストラクタを、以下のように書き換えます。

内部的な書き換えのみですので、先ほどと同様のコードで動作確認をしておきましょう。

```
import bpy
from mathutils import Vector

class GuideObject:
    def __init__(self, name, size):
        self.name = name
        self.location = Vector()
        self.size = Vector(size)
```

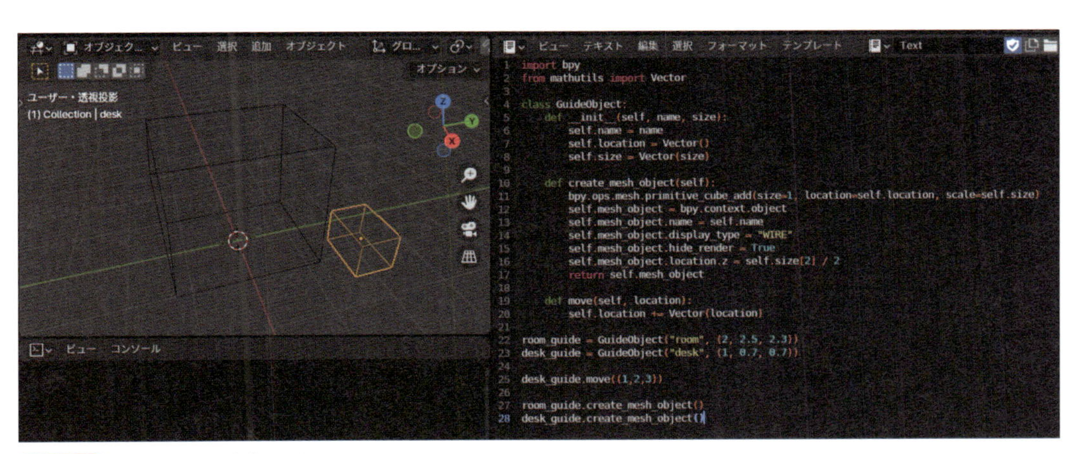

図12-4-1 Vectorクラスの実装テスト

12-5 角や隣に移動させる

ほとんどの機能ができてきました。あとは、どうやって角や隣に移動させるかです。現時点でも、関数のみだったころに比べると、多少簡単に記述することができます。

```
room_guide = GuideObject("room", (2, 2.5, 2.3))
desk_guide = GuideObject("desk", (1, 0.7, 0.7))
chair_guide = GuideObject("chair", (0.5, 0.5, 0.8))

# 部屋の角までの移動
desk_guide.move((
    room_guide.size.x / 2 * -1,
    room_guide.size.y / 2,
    0
))
# 机サイズの半分だけ戻すと、角がぴったり合う
desk_guide.move((
    desk_guide.size.x / 2,
    desk_guide.size.y / 2 * -1,
    0
))

# 椅子はまず机の位置まで移動させる
chair_guide.move(desk_guide.location)
# y方向に机のサイズの半分だけ移動させると、辺がぴったり合う
chair_guide.move((
    0,
    desk_guide.size.y / 2 * -1,
    0
))

room_guide.create_mesh_object()
desk_guide.create_mesh_object()
chair_guide.create_mesh_object()
```

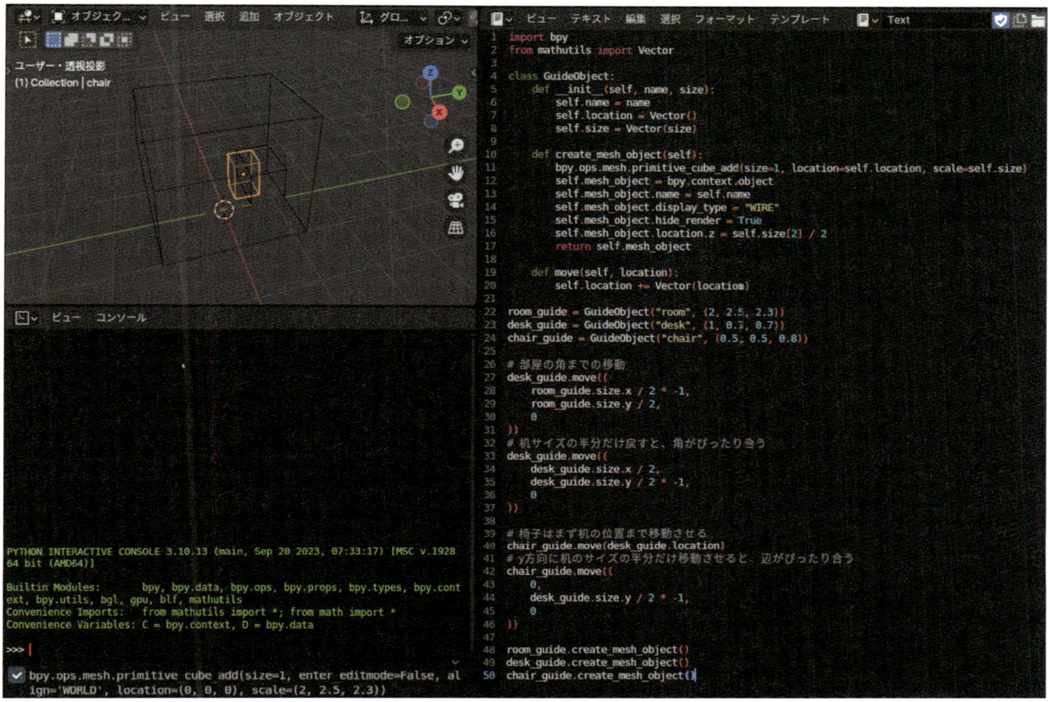

図12-5-1 移動の動作テスト

しかし、まだまだ煩雑な感じがします。せっかく .size が Vector なので、もう少し整理してみましょう。

```
room_guide = GuideObject("room", (2, 2.5, 2.3))
desk_guide = GuideObject("desk", (1, 0.7, 0.7))
chair_guide = GuideObject("chair", (0.5, 0.5, 0.8))

desk_guide.move(
    room_guide.size * Vector((-0.5, 0.5, 0))
)
desk_guide.move(
    desk_guide.size * Vector((0.5, -0.5, 0))
)

chair_guide.move(desk_guide.location)
chair_guide.move(
    desk_guide.size * Vector((0, -0.5, 0))
)

room_guide.create_mesh_object()
desk_guide.create_mesh_object()
chair_guide.create_mesh_object()
```

だいぶよくなってきました。ここで、コードを眺めてみると、単にガイドオブジェクトのサイズにスケールを掛け合わせている、ということに気づきます。

GuideObject クラスに、スケールを掛け合わせたサイズを返す便利なメソッドを追加すれば、さらに簡単な記述にできるのではないでしょうか？ 以下のようなメソッドを追加します。

```
def get_size(self, scale=(1, 1, 1)):
    scale = Vector(scale)
    return self.size * scale
```

タプルでスケールを受け取って Vector に変換し、スケールを掛け合わせたサイズを返します。引数を省略した場合は通常のサイズを返すように、デフォルト引数として（1, 1, 1）を指定してあります。

このメソッドを使用すると、以下のように記述することができます。かなり簡単になりました！

```
room_guide = GuideObject("room", (2, 2.5, 2.3))
desk_guide = GuideObject("desk", (1, 0.7, 0.7))
chair_guide = GuideObject("chair", (0.5, 0.5, 0.8))

desk_guide.move(room_guide.get_size((-0.5, 0.5, 0)))
desk_guide.move(desk_guide.get_size((0.5, -0.5, 0)))

chair_guide.move(desk_guide.location)
chair_guide.move(desk_guide.get_size((0, -0.5, 0)))

room_guide.create_mesh_object()
desk_guide.create_mesh_object()
chair_guide.create_mesh_object()
```

このようにクラスはうまく作成すると、コードを単純化し把握しやすくできます。単純で扱いやすいコードは、さらに複雑なものを作る役に立ちます。

いきなりすべてを考えるのは難しいので、一歩ずつ変更を加える形で使いやすいクラス、読みやすいコードを目指してみてください。

12-6 完成コード

現在のコード全体は、以下のようになっています。以下のコードを実行すると、図12-6-1のようになります。これで完成です。

```
import bpy
from mathutils import Vector
```

```
class GuideObject:
    def __init__(self, name, size):
        self.name = name
        self.location = Vector()
        self.size = Vector(size)

    def create_mesh_object(self):
        bpy.ops.mesh.primitive_cube_add(size=1, location=self.location, 
scale=self.size)
        self.mesh_object = bpy.context.object
        self.mesh_object.name = self.name
        self.mesh_object.display_type = "WIRE"
        self.mesh_object.hide_render = True
        self.mesh_object.location.z = self.size[2] / 2
        return self.mesh_object

    def move(self, location):
        self.location += Vector(location)

    def get_size(self, scale=(1, 1, 1)):
        scale = Vector(scale)
        return self.size * scale


room_guide = GuideObject("room", (2, 2.5, 2.3))
desk_guide = GuideObject("desk", (1, 0.7, 0.7))
chair_guide = GuideObject("chair", (0.5, 0.5, 0.8))

desk_guide.move(room_guide.get_size((-0.5, 0.5, 0)))
desk_guide.move(desk_guide.get_size((0.5, -0.5, 0)))

chair_guide.move(desk_guide.location)
chair_guide.move(desk_guide.get_size((0, -0.5, 0)))

room_guide.create_mesh_object()
desk_guide.create_mesh_object()
chair_guide.create_mesh_object()
```

1
2
3
4
5
6
7
8
9
10
11
12

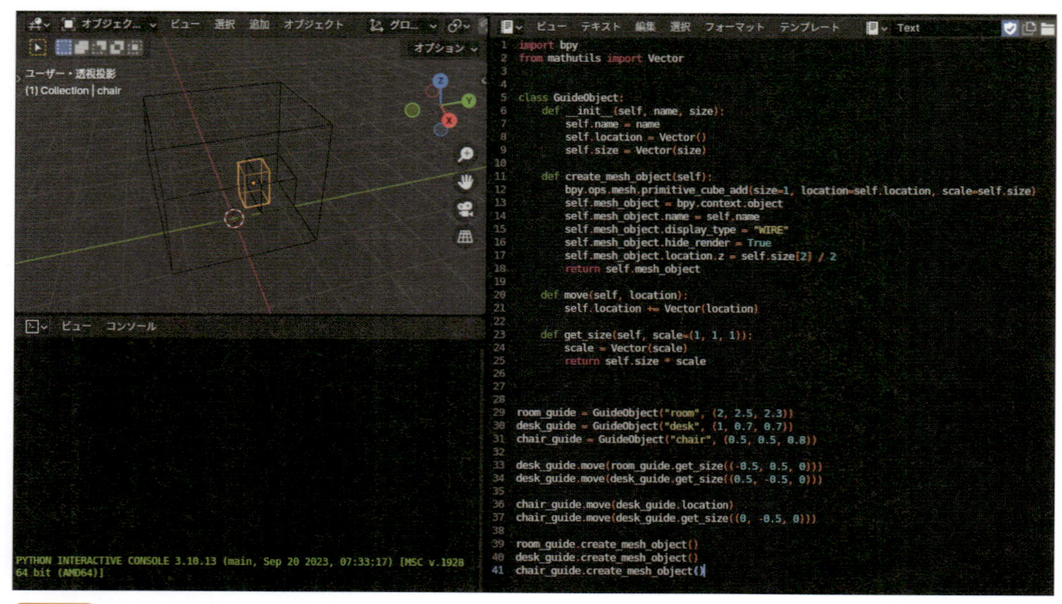

図12-6-1 クラスによる完成コードでの実行画面

スクリプト 応用編

スクリプトを活用してBlenderの操作を自動化する

實方 佑介［解説・作例］

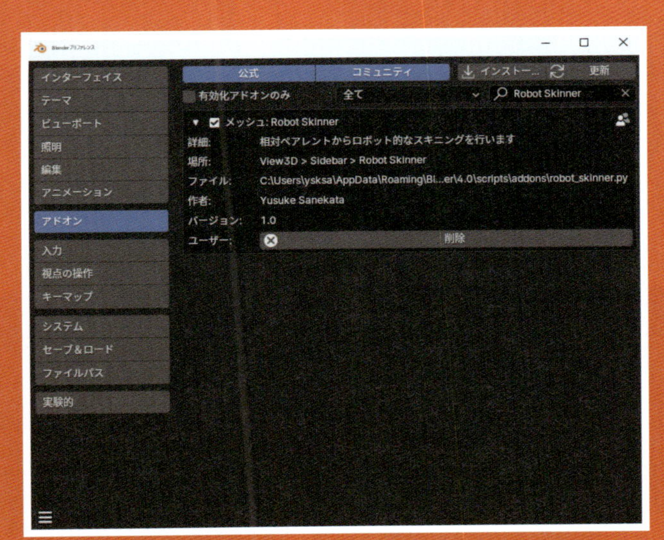

「スクリプト 入門編」では、Blender のスクリプトの基礎知識や Python の基本文法について学び、コンソールで簡単なスクリプトを記述して実行してみました。この「スクリプト 応用編」からがいよいよ本番です。ここでは Blender 内のコンソールではなく、外部スクリプトを作成して Blender を呼び出して各種機能を実行させせます。サンプルとしては、どのような制作でも必ず行われる「レンダリング」と「外部モデルデータを読み込んで Blend ファイルへの変換」をスクリプトで自動化してみます。なおスクリプトは、理解しやすいようにステップを追って拡張して作成していきます。

外部スクリプトによるBlenderの制御の基本

スクリプト入門編では、Blender内でPythonスクリプトによるBlenderの機能の実行について、順を追って紹介してきました。スクリプト応用編では、外部のスクリプトからBlenderを制御する方法について解説していくことにします。

1-1 外部スクリプトを利用するメリット

ターミナルから文字でコマンドを打ち込んでプログラムを起動することを、「コマンドライン実行」と言います。コマンドライン実行は、GUIによる操作とは違い、定型的に呼び出し繰り返し同じ処理をさせたり、ほかのプログラムから呼び出したりなど、プログラマブルでたいへん有用な実行方法です。

Blenderは、コマンドラインから起動することで、テキストエディターだけでなく外部のスクリプトファイルを指定して実行させることができます。外部スクリプトには、以下のような特徴があります。

```
PowerShell 7.4.1
PS C:\My Test Project> blender -b --python test.py
Blender 4.0.2 (hash 9be62e85b727 built 2023-12-05 13:01:12)
Read prefs: "C:\Users\ysksa\AppData\Roaming\Blender Foundation\Blender\4.0\config\userpref.blend"
隴ｦ蜻・ 繝莉hreed_printing_tools繝阪↓繝契PT_繝阪→・梧磁鬆ｭ霎槭ｄ謗･蟆ｾ霎槭′蜷ｫ縺ｾ繧後※縺・∪縺帙ｓ
register_class(...):
警告:「threed_printing_tools」に「_PT_」と、接頭辞や接尾辞が含まれていません
Exception in module register(): C:\Users\ysksa\AppData\Roaming\Blender Foundation\Blender\4.0\scripts\addons\robot_skinn
er\__init__.py
Traceback (most recent call last):
  File "C:\Program Files\Blender Foundation\Blender 4.0\4.0\scripts\modules\addon_utils.py", line 401, in enable
    mod.register()
  File "C:\Users\ysksa\AppData\Roaming\Blender Foundation\Blender\4.0\scripts\addons\robot_skinner\__init__.py", line 81
, in register
    bpy.utils.register_class(ROBOTSKINNER_PT_main_panel)
NameError: name 'ROBOTSKINNER_PT_main_panel' is not defined
Exception in module register(): C:\Users\ysksa\AppData\Roaming\Blender Foundation\Blender\4.0\scripts\addons\robot_skinn
er\__init__.py
Traceback (most recent call last):
  File "C:\Program Files\Blender Foundation\Blender 4.0\4.0\scripts\modules\addon_utils.py", line 401, in enable
    mod.register()
  File "C:\Users\ysksa\AppData\Roaming\Blender Foundation\Blender\4.0\scripts\addons\robot_skinner\__init__.py", line 81
, in register
    bpy.utils.register_class(ROBOTSKINNER_PT_main_panel)
NameError: name 'ROBOTSKINNER_PT_main_panel' is not defined
This is test script.

Blender quit
PS C:\My Test Project> |
```

図1-1-1 コマンドラインによる外部スクリプトの実行例

- .blendファイルに対する依存性がないため、複数のファイルに対して同一の処理を行うことができる

- 複数のスクリプトファイルに分割することができるため、分量が多くより高度で複雑な処理を記述することができる
- 任意のコードエディターで編集することができる

このため外部スクリプトは、Blender 内部データとしてのテキストよりも、遥かに可搬性や拡張性に優れています。

外部スクリプトが適しているケース

外部スクリプトでの実行が適しているケースには、以下のようなものがあります。

• 自動で複数のファイルを処理したい

複数のファイルに対して、同一の処理を自動的に適用したいケースで極めて有効です。よくあるケースとしては、レンダリングを一括で行いたいという場合でしょう。複数のファイルで複数のレンダリング素材をそれぞれ特定の形式のネーミングで行い、特定のルールでフォルダに振り分けたいというようなケースが考えられます。

あるいは、所持している非 Blender ファイルアセットのインポートを自動で行い、すべて.blend ファイル化したいということもあります。あるいは、すでに作った.blend ファイルアセット群に対して特定の構造に修正したい、などというケースでも有用です。

• サーバー上などでヘッドレス環境で実行したい

ヘッドレス環境とは、Web サーバーのような GUI を持たない環境を指します。Web サーバー上で実行し、レンダリングを行いユーザーにレスポンスを返したい、というようなケースでも外部スクリプトを指定して実行することになります。

• バックグラウンドで実行したい

バックグラウンドで Blender を走らせたいケースもままあります。たとえば、別のツールやプログラムからの呼び出しなどです。メインとなる別のプログラムから Blender を呼び出し、特定の処理をさせるケースがあります。

具体的には、対象ファイルのマネージを別のプログラムが行い、実行部分のみを Blender にやらせたいとか、管理用インターフェイスを別のプログラムから提供し、実行部分は Blender を呼び出したいというケースなどです。

1-2 コマンドラインから Blender を呼び出す

Blender をコマンドライン経由で呼び出す方法は、以下のとおりです。

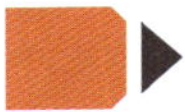

コマンドで起動する

コマンドライン経由でプログラムを起動する際、通常は「プログラムファイルの配置ディ

レクトリ／プログラム名」という形で入力し、起動します。

Windows のコマンドプロンプトで Blender をコマンドラインから起動したい場合は、コマンドプロンプトを起動して、たとえば以下のように打ち込みます。

```
"C:\\Program Files\\Blender Foundation\\Blender 4.0\\blender.exe"
```

インストール場所が同じ場合、上記のコマンドを実行すると Blender が起動します。しかし、このようなパスを毎回起動時に入力するのはたいへん面倒です。インストールしている Blender のバージョンが変わると、パスも変化してしまいますし煩雑です。

このような問題を解決するために、あらかじめ OS にプログラムの場所を教えておくことを「パスを通す」と表現します。パスを通すと上記のコマンドの変わりに、以下のような簡単なコマンドで Blender を起動できるようになります。

```
blender
```

Windows でのパスの設定

Windows でのパスの設定は、以下の手順で行います。

1 設定画面を表示

スタートメニューを押し、歯車マークから「設定」を起動します。もしくは、スタートメニューを右クリックし、「設定」を選択します。

2 「システム」タブから「バージョン情報」を選択

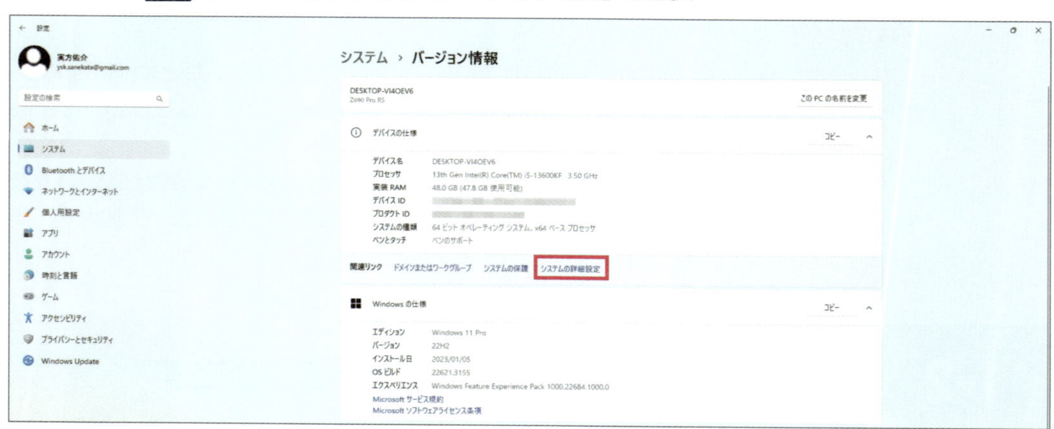

図1-2-1 「設定→システム→バージョン情報」の画面

3 システムの詳細設定を選択

デバイスの仕様の関連リンクから、「システムの詳細設定」を選択します。

4 立ち上がったダイアログの「環境変数」ボタンをクリック

環境変数一覧が表示されます。

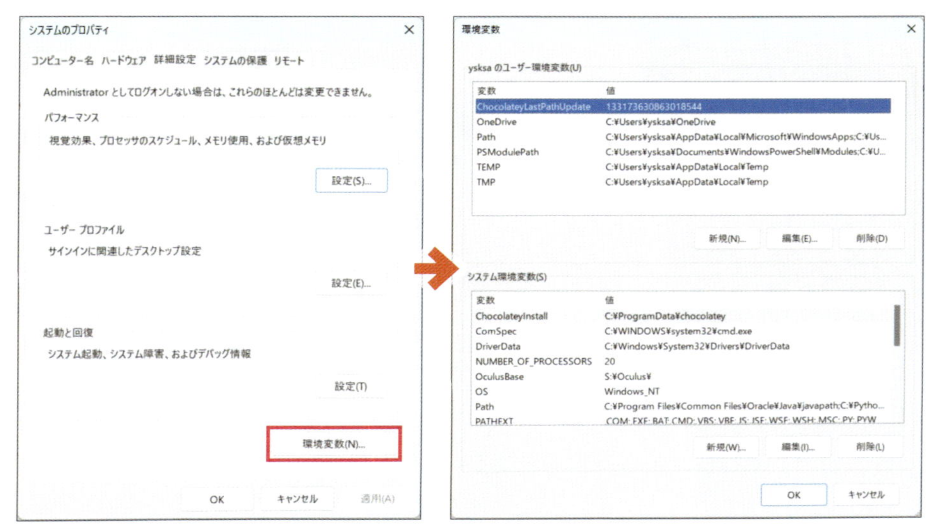

図1-2-2 環境変数の設定画面

5 Path の設定画面の表示

ユーザー環境変数内の「Path」をダブルクリックして、「環境変数の編集」ダイアログを表示します。一覧の中に「C:\Program Files\Blender Foundation\Blender 4.0」がすでに登録されていないことを確認して、「新規」ボタンをクリックします。

図1-2-3 Pathの設定画面

6 Blender の Path の追加

新規項目の入力状態になるので、「C:\Program Files\Blender Foundation\Blender 4.0」と入力し、OK を押します。

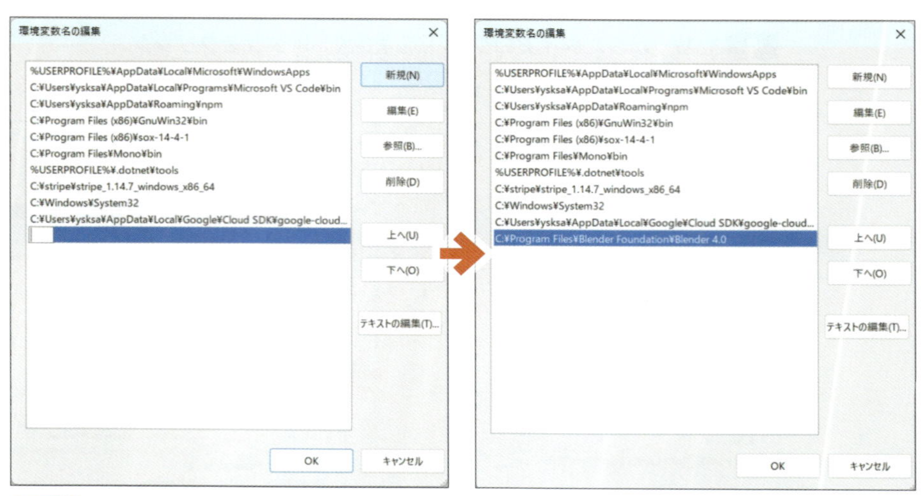

図1-2-4 BlenderのPathの追加画面

これで、パスの追加は完了です。すでに登録されている場合は、変更する必要はありません。また、メジャーバージョンによってファイルパスが変化することもあります。

macOS でのパスの設定

macOS でのパスの設定は、以下の手順で行います。

1 Finder を起動し、ホームディレクトリに移動

Finder のメニューの「移動→ホーム」からホームディレクトリに移動します。隠しファイルが非表示になっている場合、「Command」＋「Shift」＋「.」で表示させます。

「.zhrc」ファイルがあったら、ダブルクリックして開きます。手順⑤に進みます。

2 アプリケーションフォルダ内のテキストエディットを起動

「.zhrc」ファイルがなければ、テキストエディットで作成する必要があります。

3 テキストエディットで「新規作成」を選択し、フォーマットをテキストに設定

メニューから「フォーマット→標準テキストにする」を選択します。

図1-2-5 テキストファイルの新規作成

4 ファイルを保存

メニューから「ファイル→保存」を選択します。保存ダイアログが縮小表示になっている場合は、▽をクリックし拡張表示にします。

名前は「.zhrc」、場所は「ユーザー→［ユーザー名］」フォルダを選択します。「拡張子が未指定の場合は、”.txt”を使用」のチェックは外しておきます。

「保存」ボタンをクリックして保存します。「. ではじまるファイル名はシステムで予約されている」という警告が表示されますが、「”.”を使用」をクリックして確定します。

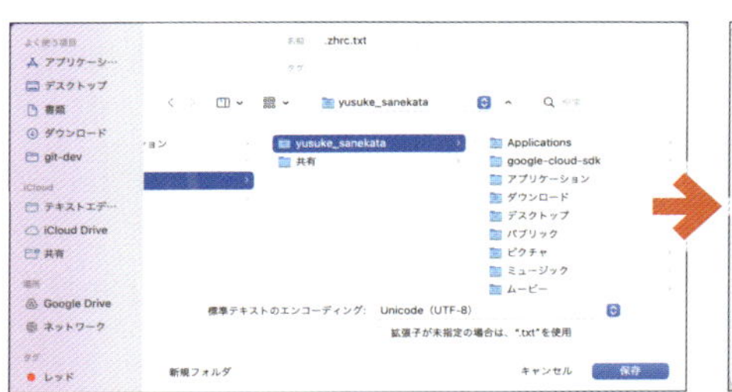

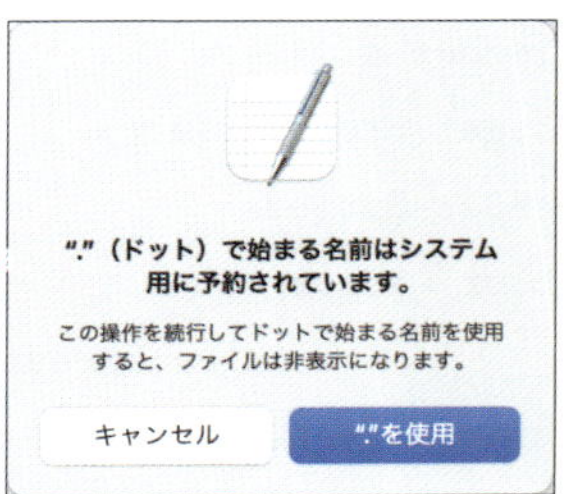

図1-2-6 場所と名前を指定してファイルを保存

5 .zhrc ファイルに内容を追加します。

新しい行を追加して、以下を追記します。

```
export PATH=Applications/Blender.app/Contents/MacOS/
```

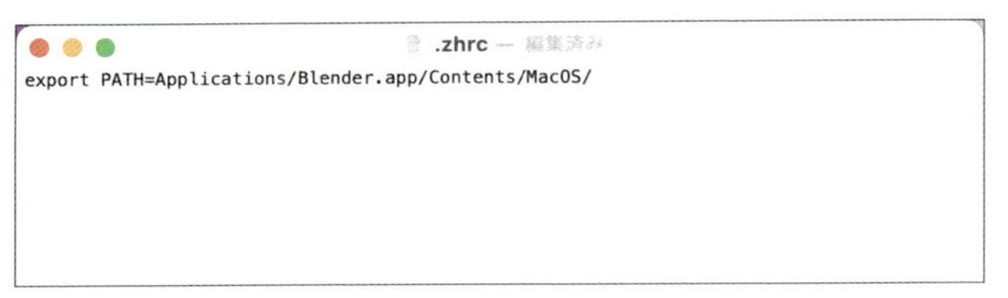

図1-2-7 .zhrcファイルに内容を追加

6 ファイルを保存

メニューから「ファイル→保存」から保存します。これで完成です。

1-3 コマンドラインオプションの基本

コマンドラインでBlenderを起動する際、blenderに続けてオプションを指定することができます。コマンドラインオプションは、半角スペース区切りで複数指定することが可能です。

Blenderには、さまざまなオプションが用意されており、コマンドラインから高度な操作が行えるようになっています。コマンドラインオプションで注意すべき点は、指定したオプションが指定した順番に実行されていくという点です。Blenderには多数のオプションがありますが、以降では重要なオプションを解説していきます。

なお後述しますが、オプションを組み合わせる場合は、オプションの指定順を考慮しないと思ったとおりに実行されない場合があります。

ヘルプ

一番重要なオプションは、ヘルプでしょう。「--help」と入力すると、Blender で使用可能なコマンドラインオプションがすべて表示されます。表示後、Blender は終了します。

```
blender --help
```

```
Blender 4.0.0
Usage: blender [args ...] [file] [args ...]
Render Options:
-b or --background
        Run in background (often used for UI-less rendering).
-a or --render-anim
        Render frames from start to end (inclusive).
-S or --scene <name>
        Set the active scene <name> for rendering.
...(略)
```

ファイルを開く

ファイルを開くには、ファイルパスを指定します。ファイルパスは「絶対パス」、もしくは「相対パス」を指定します。相対パスは、カレントディレクトリ起点である点に注意してください。

```
blender C:\test.blend
```

このように直接ファイルパスを記述することもできますが、スペース区切りのパスを指定する際に問題が出てきます。たとえば、「C:\My Test Project\test.blend」のようなファイルパスを指定すると、以下のようなエラーが発生します。

```
blender C:\My Test Project\test.blend
```

```
(略)
Error: argument has no '.blend' file extension, not using as new file,
exiting! C:\My

Blender quit
```

これは、C:\My の後にあるスペースがコマンドラインオプションの区切り文字として解釈されてしまったためです。このようなエラーを防ぐには、文字列を「"」で囲みます。

```
blender "C:\My Test Project\test.blend"
```

バックグラウンドで実行する

「-b」もしくは「--background」を指定します。バックグラウンド実行とは、GUI を起動せずにコマンドラインのみで Blender を使用することを指します。

バックグラウンド実行を行うと、Blender はそのほかのコマンドラインオプションで指定された処理を実行し、その後自動的に終了します。コマンドラインで Blender を使用する際は、ほぼすべてのケースでこのオプションを使用することになります。

```
blender -b
```

Python コードを実行する

「--python-expr」オプションに続けて、Ptyon コードを指定します。文字列として指定した Python コードが実行されます。

```
blender -b --python-expr "print('hello blender commandline!')"
Blender 4.0.0 (hash 878f71061b8e built 2023-11-14 01:20:37)
(略)
hello blender commandline!

Blender quit
```

複数のコードを実行したい場合は、改行の代わりに「;」で区切ります。

```
blender -b --python-expr "for i in range(10):print('hello blender commandline!');print(i);"
Blender 4.0.0 (hash 878f71061b8e built 2023-11-14 01:20:37)
(略)
hello blender commandline!
0
hello blender commandline!
1
hello blender commandline!
2
hello blender commandline!
3
hello blender commandline!
4
hello blender commandline!
5
hello blender commandline!
6
hello blender commandline!
7
hello blender commandline!
8
hello blender commandline!
```

1
2
3
4
5
6
7
8
9
10
11
12

```
9
Blender quit
```

Python スクリプトを実行する

「-P」もしくは「--python」オプションに続けて、ファイルパスを指定することで、指定した Python スクリプトを実行します。

C:\My Test Project\test.py

```
print("This is test script.")
```

```
blender -b --python "C:\My Test Project\test.py"
Blender 4.0.0 (hash 878f71061b8e built 2023-11-14 01:20:37)
（略）
This is test script.
Blender quit
```

コマンドラインオプションを組み合わせる

コマンドラインオプションは、複数のものを組み合わせて使用することができます。コマンドラインオプションを複数指定する場合は、スペースで区切って繋げていきます。

一部のオプションは、指定順がそのまま実行順になります。たとえば、特定の .blend ファイルに対してスクリプト処理を実行したい、という場合は以下のように記述します。以下の例では、test.blend を開き、その後スクリプトを実行しています。

```
blender -b "C:\My Test Project\test.blend" --python "C:\My Test Project\test.py"
```

オプションの指定順序

前述したようにコマンドラインオプションは、指定された順番に実行されていきます。たとえば test.py で test.blend に、さまざまな操作を実行しようとしたとします。文法的には、以下のような順番でも書くことができますが、順序的に無意味になってしまいます。

```
cd "C:\My Test Project\"
blender -b --python test.py test.blend
```

この場合、先に test.py の内容が実行され、その後 test.blend が読み込まれています。test.blend に対して操作を実行したい場合は、以下のように書く必要があります。

```
cd "C:\My Test Project\"
blender -b test.blend --python test.py
```

この順番であれば、まず test.blend が読み込まれ、次に test.py が実行されるわけです。

また、コマンドラインオプションは、複数回指定することができます。複数のファイルに同一のスクリプトを実行させたい場合は、以下のようにします。

```
cd "C:\My Test Project\"
blender -b test.blend --python test.py test1.blend --python
test.py test2.blend --python test.py
```

1-4 カレントディレクトリ

コマンドラインで操作を行う際の重要な概念として、「カレントディレクトリ」というものがあります。カレントディレクトリとは、ターミナル上で現在どこのフォルダで作業を行っているか？という情報です。

ターミナルを開くと入力欄の手前に「C:\Users\ <ユーザー名>」というような表示がされていますが、これがカレントディレクトリです。

コマンドライン操作では、絶対パスを指定しない限り基本的にこのカレントディレクトリ起点でファイルの検索が行われます。

カレントディレクトリの確認

カレントディレクトリを確認するには、「cd」コマンドを使用します。cd と入力すると現在のディレクトリが表示されます。

```
cd
C:\Users\ユーザー名
```

カレントディレクトリの移動

カレントディレクトリを移動する場合も、cd コマンドを使用します。以下のような形式で使用します。

```
cd ディレクトリへのパス
```

パスには、「相対パス」を使用することができます。相対パスでは上位のフォルダは、「..」と表現します。親フォルダに移動する場合は、以下のように入力します。

```
cd ..
```

一度に複数の親をたどりたいときは、以下のようにディレクトリの区切り文字を使って「..」を繋げます。

```
cd ../../
```

現在のフォルダは「.」で表現されます。たとえば、「child」という名前の子フォルダに移動したいときは、以下のように入力します。

```
cd ./child/
```

カレントディレクトリの活用

カレントディレクトリを活用すると、以下のように記述することができます。始めにカレントディレクトリを移動しているので、ディレクトリを特に指定していないtest.blendやtest.pyを「C:\My Test Project\」内にあるものとして認識しています。

```
cd "C:\My Test Project\"
blender -b test.blend --python test.py
```

スクリプトで特定のフォルダにレンダリングさせる

前章で Blender のコマンドラインオプションの基本がわかったところで、プログラムを作って Blender を呼び出してみましょう。この章ではごく基本的な、レンダリング用のスクリプトを作成します。

1 2 3 4 5 6 7 8 9 10 11 12

2-1 スクリプトの要件

例として、「C:\My Test Project\test.blend」というファイルを想定して話を進めます。また、スクリプトファイルは「C:\My Test Project\render.py」とします。まずはこの 2 つのファイルをそれぞれ作成して、開発を始めましょう。

今回は、以下のような要件を想定します。

- ファイル読み込みは、コマンドラインオプションで行う
- スクリプトは、すでに読み込まれている .blend ファイルをレンダリングする
- レンダリング結果は、さらに下の階層の render フォルダにまとめる
- レンダリングファイル名は、.blend ファイルの名前部分と同じにする
- .png で保存する

2-2 レンダリングを行うスクリプトの準備

レンダリングを処理するスクリプトを作成します。ファイルのロードはコマンドラインオプションで行い、スクリプト実行時点では読み込まれているという想定です。

レンダリング関数を確認する

まずは、レンダリングに関する Blender の機能を GUI から確認します。メニューから「レンダリング→画像をレンダリング」を右クリックし、「Blender Python API リファレンス」を選択します。

次ページの図 2-2-1 のようなリファレンスページが開き、次の関数が確認できます。

```
bpy.ops.render.render(animation=False, write_still=False, use_
viewport=False, layer='' , scene='' )
```

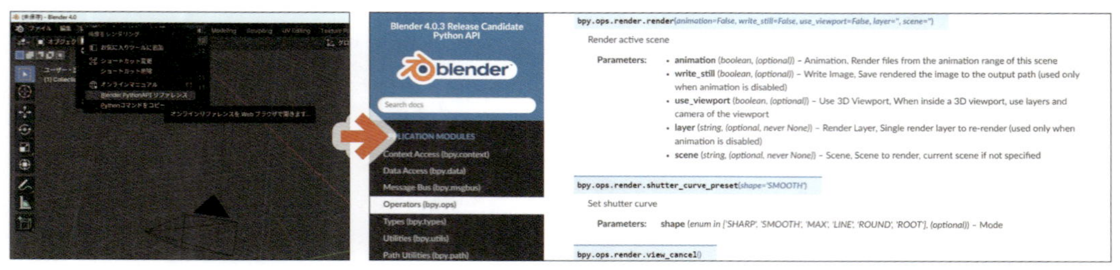

図2-2-1 レンダリングを行う関数を確認

説明には、アクティブなシーンをレンダリングすると書いてあります。また、パラメータはそれぞれ次のような説明が書いてあります（訳は筆者による）。

> animation (boolean, (optional))－アニメーション、このシーンのアニメーション範囲からファイルにレンダリングする

> write_still (boolean, (optional))－画像書き込み、レンダリングされた画像を出力パスに書き出す（アニメーションが無効なときのみ有効）

> use_viewport (boolean, (optional))－3Dビューポートを使用する、3Dビューポート内のとき、ビューポートのカメラとレイヤーを使用する

> layer (string, (optional, never None))－レンダーレイヤー、サイレンだするための単一レンダーレイヤー（アニメーションが無効なときのみ有効）

> scene (string, (optional, never None))－シーン、レンダリングするシーン。なければ現在のシーンを使用

Python コンソールでの動作確認

動作を確認するために、まずは単純に Blender の Python コンソールに、「bpy.ops.render.render()」と打ち込んでみます。

```
PYTHON INTERACTIVE CONSOLE 3.10.13 (main, Sep 20 2023, 07:33:17) [MSC v.1928 64 bit (AMD64)]

Builtin Modules:       bpy, bpy.data, bpy.ops, bpy.props, bpy.types, bpy.context, bpy.utils, bgl, gpu, blf, mathutils
Convenience Imports:   from mathutils import *; from math import *
Convenience Variables: C = bpy.context, D = bpy.data

>>> bpy.ops.render.render()
{'FINISHED'}

>>>
```

図2-2-2 Pythonコンソールで挙動確認

```
bpy.ops.render.render()
{'FINISHED'}
```

{'FINISHED'} と表示されるものの、特に何も変化はないように見えます。しかし、

Rendering ワークスペースに移動してみると、レンダリング画像が表示されています。普段の動作とは違いますが、画像のレンダリング自体は正常に動作しているようです。

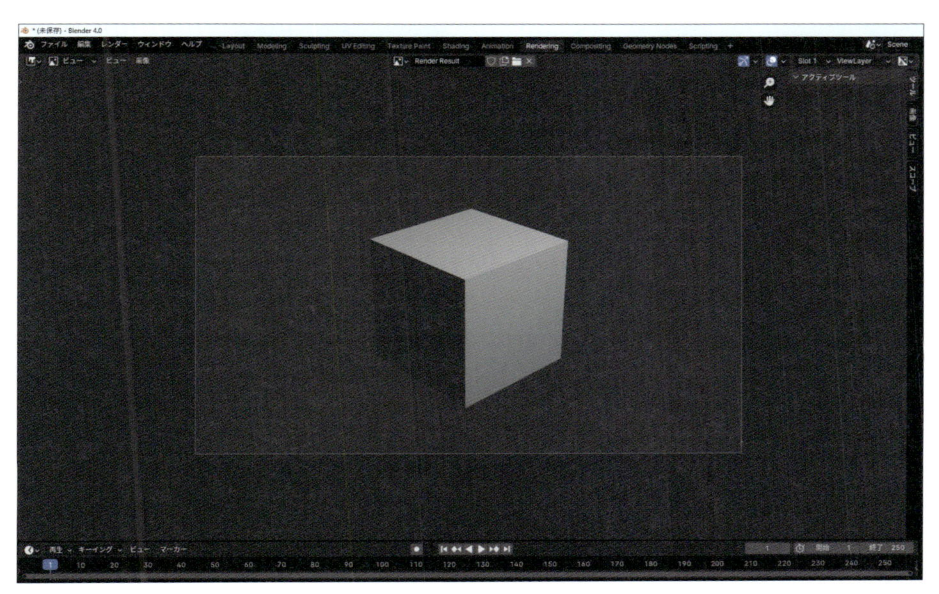

図2-2-3 Renderingワークスペースにはレンダリング結果が表示された

今回は画像をファイルに書き出したいので、何かよい方法がないかを探してみます。パラメータの一覧を見ると、「write_still」が画像書き出しフラグであるという旨のことが書いてあります。

そこで今度は、write_still を有効にして実行してみます。こちらも問題なく機能したようです。

```
bpy.ops.render.render(write_still=True)
{'FINISHED'}
```

```
PYTHON INTERACTIVE CONSOLE 3.10.13 (main, Sep 20 2023, 07:33:17) [MSC v.1928
64 bit (AMD64)]

Builtin Modules:       bpy, bpy.data, bpy.ops, bpy.props, bpy.types, bpy.cont
ext, bpy.utils, bgl, gpu, blf, mathutils
Convenience Imports:   from mathutils import *; from math import *
Convenience Variables: C = bpy.context, D = bpy.data

>>> bpy.ops.render.render()
{'FINISHED'}

>>> bpy.ops.render.render(write_still=True)
{'FINISHED'}

>>>
```

図2-2-4 保存オプションを付けて再実行

2-3 出力パスの設定とレンダリング結果の確認

エラーなく実行されていますが、画像はいったいどこに書き出されたのでしょうか？マニュアルにあった出力パスのところでしょうか？ パラメータには、特にファイルパスのようなものはありません。

GUI から探してみる

GUI を隅々まで探してみます。とはいえ、すべてをくまなく探すと手間がかかるので、ありそうなところにあたりをつけてみます。レンダリングに関係しそうな項目がありそうなのは、以下のどれかが考えられます。

- 上部メニューのレンダー
- Rendering ワークスペース
- プロパティエリア

これで見つかったらよし、見つからなければさらに探すことになります。順番に確認していきます。

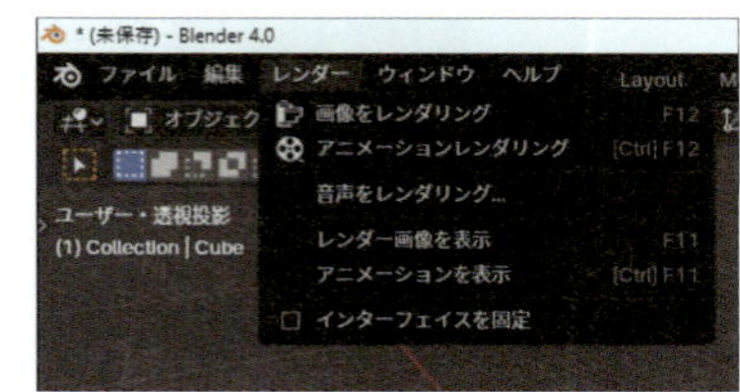

図2-3-1 出力先の候補1：メニューのレンダー

図2-3-2 出力先の候補2：Renderingワークスペース

上部メニューのレンダーまわりには、特に設定できそうな項目はありません(図2-3-1)。違うようです。

Renderingワークスペースを開いてみます(図2-3-2)。これは、画像ビューワーを表示しているだけです。特にファイルパスを指定できそうな場所はありません。

残りは、プロパティエリアです(図2-3-3)。タブにカーソルを合わせ、タブ名を上から順番に確認してみると、「レンダー」「出力」などがあります。「出力」タブの中を確認します(図2-3-4)。

中を見ると、「出力」というカテゴリーの中にファイルパスの入力欄や、ファイルフォーマットの選択プルダウンなどが入っています。どうやらこれのようです。

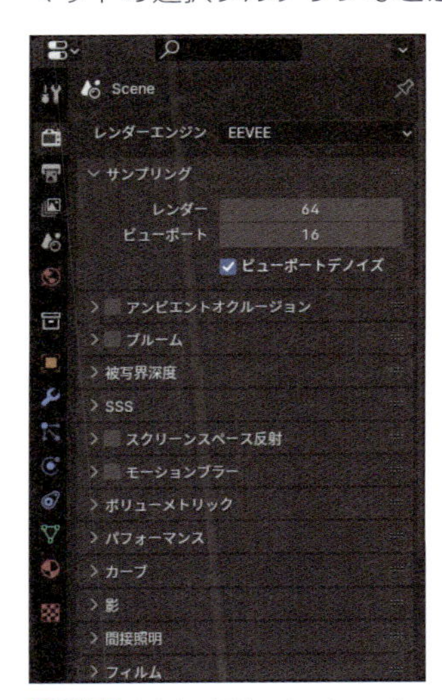

図2-3-3 出力先の候補3:プロパティエリア

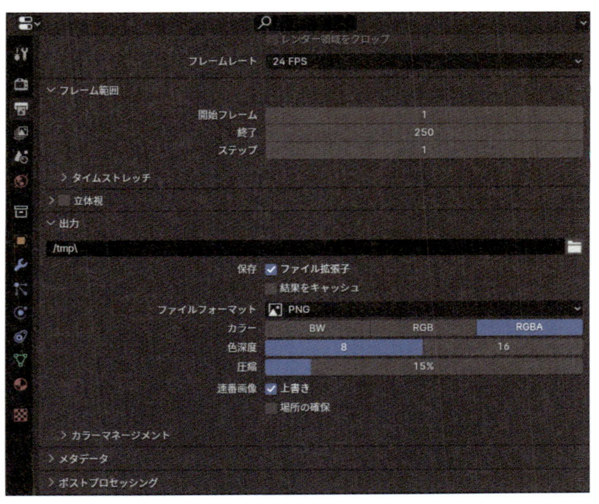

図2-3-4 プロパティエリアの出力カテゴリー

Python コンソールでの出力の確認

動作を確認してみましょう。出力カテゴリーのファイルパスの中に「C:\render_test\test_render.png」と入力、ファイルフォーマットは PNG を選択しておきます(次ページの図 2-3-5)。

Python コンソールに再びレンダリングメソッドを打ち込みます。

```
bpy.ops.render.render(write_still=True)
{'FINISHED'}
```

本当に出力されているか、フォルダを確認してみます(次ページの図2-3-6)。きちんとレンダリングされたファイルができています！こちらの設定を変更すれば、任意の場所にレンダリングできそうです。

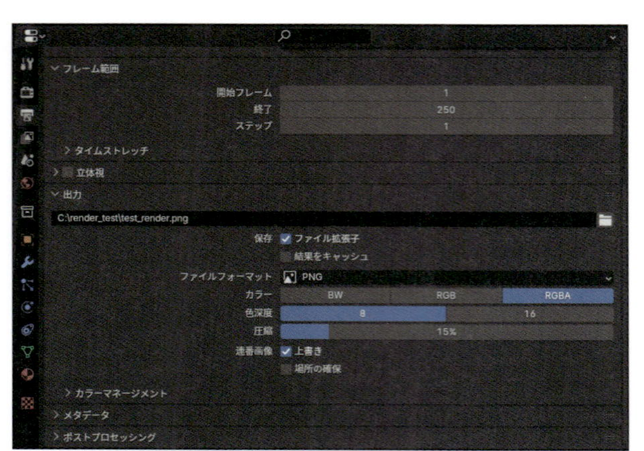

図2-3-5 出力先とファイルフォーマットを指定して再実行

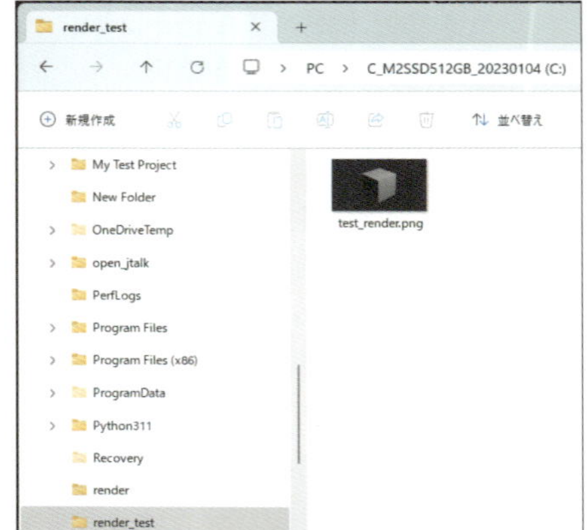

図2-3-6 レンダリングされたファイルが作成された！

出力用の Python コード

レンダリング結果のファイルは確認できましたが、しかしまだコードから出力パスを書き換える方法がわかりません。GUI 上の設定がコードではどこに当たるのかを確認するには、フルデータパスのコピーというコマンドを使用します。ファイルパスの入力欄を右クリックし、フルデータパスのコピーを選択します。

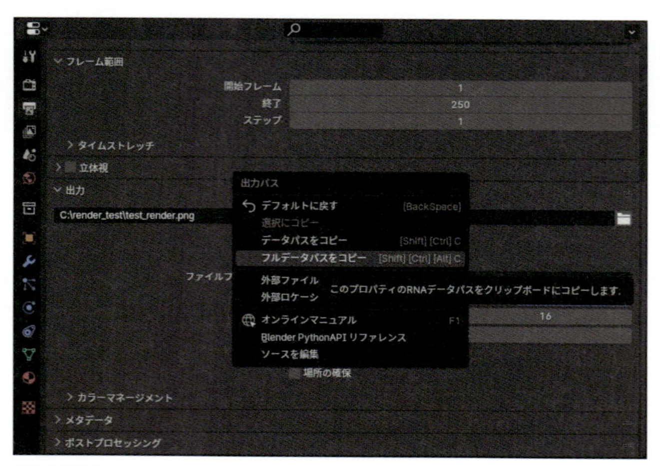

図2-3-7 「フルパスデータをコピー」でスクリプトを取得

すると、クリップボードに以下のようなコードがコピーされます。

```
bpy.data.scenes["Scene"].render.filepath
```

こちらを書き換えればよさそうです。実際に確認してみます。以下のコードを、Python コンソールで実行します。すると、インターフェイスの上でも出力パスが変化しているのがわかります。

これで、問題なさそうです。

```
bpy.data.scenes["Scene"].render.filepath = "C:\\test_render_
set_from_code.png"
```

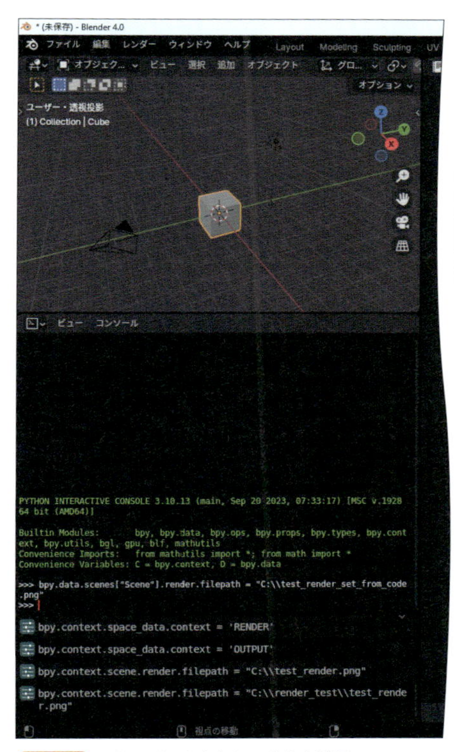

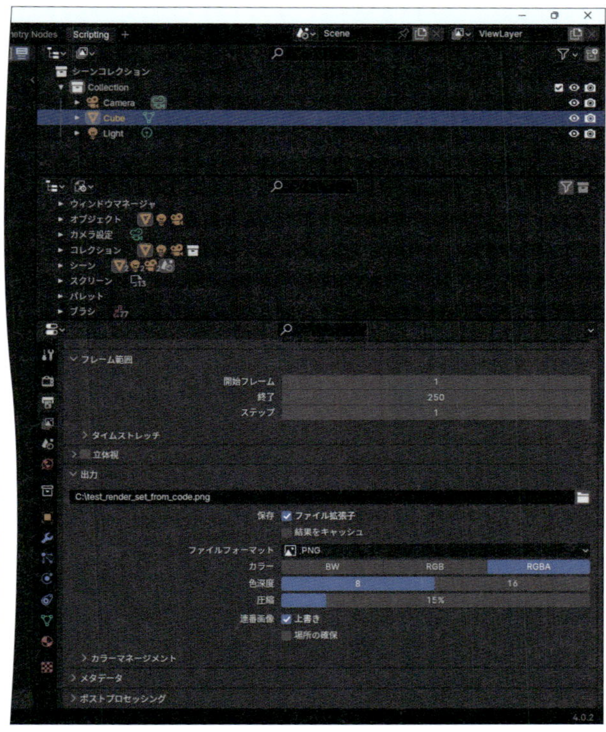

図2-3-8 スクリプトを実行して動作を確認

2-4 レンダリングの準備

これで、レンダリングを行ってファイルに出力するためのテストはできました。それでは、Python スクリプトを作成する準備を行っていきましょう。

レンダリングの手順

レンダリングを行う際には、以下の手順で実装できそうです。

①「bpy.data.scenes["Scene"].render.filepath」の値を変更する
②「bpy.ops.render.render(write_still=True)」を呼び出す

ワンポイントとして、「bpy.data.scenes["Scene"].render.filepath」よりも「bpy.context.scene.render.filepath」を使用したほうがよいでしょう。「bpy.data.scenes["Scene"]」を使用すると、実行可能な状況が「Scene」という名前のシーンに対しての

みになってしまいます。

「bpy.context.scene」を使用すると、実行時にアクティブなシーンが自動的に選択されます。上記の①を以下に変更します。

①「bpy.context.scene.render.filepath」の値を変更する

レンダリング先ファイルパスの取得

レンダリングに必要な機能の様子が一通りわかりました。今度は、ファイルがあるフォルダ内の render フォルダへの書き出し処理を作っていきます。

前述したように、レンダリング先は「bpy.context.scene.render.filepath」で指定できます。要件に従うと、指定したいファイルパスの形式は以下のようになります。

＜.blend ファイルがあるパス＞/render/＜.blend ファイル名＞.png

どこかから情報を取得して、文字列を加工しこの形式にすれば、望んだファイルパスを構築することができます。

.blend ファイルのファイルパス

.blend ファイルのファイルパスは、「bpy.data.filepath」に格納されています。保存された .blend ファイルを読み込んで、Python コンソールで上記の値を確認すると、そのファイルのパスが格納されていることがわかります。

```
bpy.data.filepath
'C:\\My Test Project\\test.blend'
```

ファイルパス文字列の加工に関する機能

取得したパス文字列を加工して、生成したいパス文字列を作成します。加工には、「os.path モジュール」を使用します。

親ディレクトリを取得する

パスの１つ上の階層である親ディレクトリへのパスを取得するには、「os.path.dirname()」を使用します。

dirname(p)
機能：ファイルパスのディレクトリ部分を返す
引数：p　ファイルパスを指定
返り値：文字列

出力を見てみると、ファイル名の「test.blend」が削られて、親ディレクトリまでのパスになっています。

```
import os
filepath = 'C:\\My Test Project\\test.blend'
parent_directory = os.path.dirname(filepath)

print(filepath)
# C:\My Test Project\test.blend

print(parent_directory)
# C:\My Test Project
```

この結果にさらに「os.path.dirname()」をかけるとどうなるでしょうか？ さらに上のディレクトリが取得できました。

```
parent_parent_directory = os.path.dirname(parent_directory)

print(parent_parent_directory)
# C:\
```

▶ 拡張子を含んだファイル名を取得する

ファイルパスから拡張子を含んだファイル名を取得するには、「os.path.basename()」を使用します。ディレクトリに対して行うと、ディレクトリ名を返します。

> basename(p)
> **機能**：ファイルパスの最後の部分を返す
> **引数**：p　ファイルパスを指定
> **返り値**：文字列

```
import os

filepath = 'C:\\My Test Project\\test.blend'
basename = os.path.basename(filepath)

print(basename)
# test.blend
```

▶ 名前と拡張子を分離する

ファイル名のうち、名前と拡張子を分離するには「os.path.splitext()」を使用します。os.path.splitext() は名前と拡張子のタプルを返します。以下の例では、返り値でそれぞれを name と ext で受け取っています。

余談ですが、splitext は split（分割する）extension（拡張子）の略です。

> splitext(p)
> **機能**：ファイルパスの拡張子を分離する
> **引数**：p　ファイルパスを指定
> **返り値**：（名前 , 拡張子）

```
import os

filepath = 'C:\\My Test Project\\test.blend'
basename = os.path.basename(filepath)
name, ext = os.path.splitext()

print(basename)
# test.blend

print(name)
# test

print(ext)
# .blend
```

ファイルパスを結合する

任意のディレクトリ名やファイル名などを結合してファイルパスにするには、「os.path.join()」を使用します。引数として指定された複数の文字列を、ディレクトリの区切り文字で結合して返します。

join(path, *paths)

機能：2つ以上のパスを結合する
引数：path　文字列
　　　　*paths　複数の文字列
返り値：文字列

```
import os

path = os.path.join("C:", "My Test Project", "test.blend")
print(path)

# Windowsの場合
# C:My Test Project\test.blend

# Mac, Linuxの場合
# C:/My Test Project/test.blend
```

ディレクトリの区切り文字

パスの中で、ディレクトリ階層を区切る文字はOSごとに違います。Windowsでは「\」が使用されています。MacやLinuxでは「/」が使用されています。

これらのOSごとの違いを吸収するために、「os.sep」という定数が用意されています。うっかり文字で「/」と入力したりすると、別のOSで動かないコードになってしまうことがありますので、気をつけましょう。

```
import os
```

```
path = "C:" + os.sep + "My Test Project" + os.sep + "test.blend"
print(path)

# Windowsの場合
# C:My Test Project\test.blend

# Mac, Linuxの場合
# C:/My Test Project/test.blend
```

レンダリング用パスを構築する

これまでのさまざまなメソッドを使用して、レンダリング用のファイルパスを構築します。今回構築したいパスの形式は、「< .blend ファイルがあるパス> /render/ < .blend ファイル名> .png」です。ここで使用するファイルは、「C:\My Test Project\test.blend」であるとします。

都度値を確認しながら、作成していきましょう。まずは、ファイルのディレクトリを取得します。

```
import bpy
import os

directory = os.path.dirname(bpy.data.filepath)
print(directory)
# C:\My Test Project
```

取得したディレクトリに、render を追加してレンダリング用フォルダのディレクトリへのパスにします。

```
render_directory = os.path.join(directory, "render")
print(render_directory)
# C:\My Test Project\render
```

ファイル名を作成するために、ファイル名全体を取得し、そこから名前と拡張子を取得します。

```
basename = os.path.basename(bpy.data.filepath)
print(basename)
# test.blend

name, ext = os.path.splitext(basename)
print(name)
# test

print(ext)
# .blend
```

ちなみに、ext ですが今回は使用しません。使用しない場合は、コード上で使用しないことを明示的に示すために「_」と表現することがあります。

```
name, _= os.path.splitext(basename)
```

これで必要な部品が揃ったので、パスを構築していきます。以下で、パスの構築ができました。

```
filepath = os.path.join(render_directory, name + ".png")
print(filepath)
# C:\My Test Project\render\test.png
```

2-5 レンダリング処理まで行う

ファイルパスができたので、あとはそれをレンダリング先に指定してレンダリングするだけです。残りのコードは簡単です。以下で、レンダリングまでの処理ができました。

```
bpy.context.scene.render.filepath = filepath
bpy.ops.render.render(write_still=True)
```

完成したコード

現在のコード全体は、以下のとおりです。

リスト render.py

```
import bpy
import os

directory = os.path.dirname(bpy.data.filepath)
print(directory)
render_directory = os.path.join(directory, "render")
print(render_directory)

basename = os.path.basename(bpy.data.filepath)
print(basename)
name, ext = os.path.splitext(basename)
print(name)
print(ext)

filepath = os.path.join(render_directory, name + ".png")
print(filepath)
bpy.context.scene.render.filepath = filepath
bpy.ops.render.render(write_still=True)
```

実行してみる

完成したコードを実行してみましょう。OSのコンソールに、以下のコマンドを打ち込みます。

```
cd "C:\My Test Project"
blender -b "test.blend" --python render.py
```

```
Blender 4.0.0 (hash 878f71061b8e built 2023-11-14 01:20:37)
（略）
Read blend: "C:\My Test Project\test.blend"
C:\My Test Project
C:\My Test Project\render
test.blend
test
.blend
C:\My Test Project\render\test.png
（略）
Saved: 'C:\My Test Project\render\test.png'
Time: 00:00.46 (Saving: 00:00.18)
Blender quit
```

うまくいくと、画像がレンダリングされて保存されているはずです。うまくいかなかった場合は、エラーメッセージをよく確認して原因を探ってみましょう。

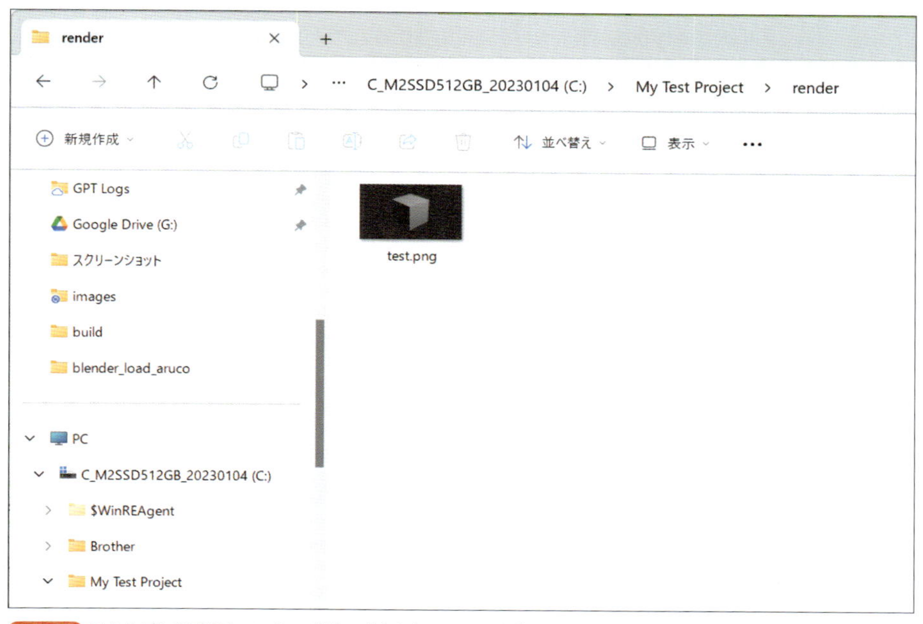

図2-5-1 スクリプトを実行して、レンダリングされたファイルを確認

サブプロセスとして呼び出す

コマンドライン呼び出しは、スクリプトから行うこともできます。スクリプトからさらにBlenderを呼び出し処理をさせることで、より高度な処理が可能になります。

3-1 サブスプロセスの概要

スクリプトから呼び出された処理を「サブプロセス」と呼びます。たとえば、複数ファイルの自動的な処理、サーバープログラムなどからの呼び出しが可能になります。

スクリプトから呼び出すには、標準ライブラリ subprocess の以下の「run」メソッドを使用します（高度な引数の解説は省略）。

run(*popenargs, input=None, capture_output=False, timeout=None, check=False, **kwargs)

機能　：popenargs で指定されたコマンドを実行する
引数　：*popenargs　コマンド文字列
返り値：CompletedProcess インスタンス

subprocess.run() は、引数にコマンドとオプションの配列を与えます。スペース区切りだったコマンドラインオプションを、それぞれ文字列として指定します。

リスト subprocess_example.py

```
import subprocess
subprocess.run(["blender", "-b", "--python-expr", "print('this is subprocess.')"])
```

```
blender -b --python-expr "print('this is main process.')" -P subprocess_example.py
```

```
Blender 4.0.0 (hash 878f71061b8e built 2023-11-14 01:20:37)
(略)
this is main process.
Blender 4.0.0 (hash 878f71061b8e built 2023-11-14 01:20:37)
(略)
this is subprocess.
```

```
Blender quit

Blender quit
```

出力を見てみると、Blender の呼び出しが入れ子構造になっていることがわかります。一番初めに呼び出された Blender が「this is main process.」と表示しています。その後スクリプト内で subprocess.run() によって呼び出された Blender が起動し、「this is subprocess.」と表示しています。

その後、入れ子になったBlenderが終了するとメインプロセスのBlenderも終了しています。

3-2 複数のファイルを順次レンダリングさせる

サブプロセスからの呼び出しが使えるようになると、自動化の幅がぐっと広がります。たとえば、特定フォルダ以下の .blend ファイルをすべて処理したい場合なども、サブプロセスを使用ことで簡単に行えます。

メインプロセスでファイルの洗い出しをさせて、サブプロセスで本処理を行う、ということができるようになります。

同一フォルダ内のファイルをすべてレンダリングする

例として、同一ディレクトリにあるすべての .blend ファイルをレンダリングさせるというケースを考えてみます。

「C:\My Test Project」というディレクトリを想定して話を進めます。メインのレンダリング処理を行うスクリプトは「render.py」です。すべてのファイルをレンダリングさせるスクリプトは「render_all.py」として作成します。

また、以下のようなファイル構成になっているとします。

```
C:\My Test Project\
    render.py
    render_all.py
    test.blend
    test1.blend
    test2.blend
    test3.blend
```

今回は、以下のような要件を想定します。

- スクリプトと同じディレクトリにある .blend ファイルをすべてレンダリングする
- レンダリング結果は、下の階層の render フォルダにまとめる
- レンダリングファイル名は、.blend ファイルの名前部分と同じにする
- .png で保存する

前章では、スクリプトは実行するファイルやその場所を限定しない形で作成しました。要件的にも特に変更は必要ないため、前章のスクリプトをそのまま使用します。

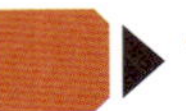

フォルダ内の走査に関する機能

同一フォルダ内のすべての.blendファイルをレンダリングするためには、フォルダの中のファイルをすべて取得し、それが.blendファイルかどうかを判断する必要があります。このすべての要素を検査する処理を「走査」と言います。

カレントディレクトリを取得する

フォルダを走査するには対象フォルダのパスが必要です。カレントディレクトリを取得するには、「os.getcwd()」を使用します。

getcwd()
機能：現在の作業ディレクトリの文字列を返す
返り値：文字列

```
cd "C:\My Test Project"
blender -b --python-expr "import os;print(os.getcwd())"
```

```
Blender 4.0.0 (hash 878f71061b8e built 2023-11-14 01:20:37)
（略）
C:\My Test Project
Blender quit
```

フォルダ内のファイル名をすべて取得する

フォルダ内のファイル名をすべて取得するには、「os.listdir()」を使用します。

listdir(path=None)
機能：ディレクトリに含まれているファイル名のリストを返す
引数：path　ファイルパス
返り値：文字列の配列

```
cd "C:\My Test Project"
blender -b --python-expr "import os;print(os.listdir(os.getcwd()))"
```

```
Blender 4.0.0 (hash 878f71061b8e built 2023-11-14 01:20:37)
（略）
['render.py', 'render_all.py', 'test.blend', 'test1.blend', 'test2.blend',
'test3.blend']
Blender quit
```

フォルダを走査する

必要な関数の仕様がわかったので、それでは「render_all.py」にフォルダを走査する処理を記述していきましょう。

まずは、対象となるディレクトリを取得する必要があります。現在の作業ディレクトリを取得します。

```
import os

directory= os.getcwd()
print(directory)
# C:\My Test Project
```

対象ディレクトリが取得できたら、ファイル名のリストを取得します。

```
files = os.listdir(directory)
print(files)
# ['render.py', 'render_all.py', 'test.blend', 'test1.blend', 'test2.
blend', 'test3.blend']
```

あとは for 文で、それぞれのファイルを列挙し処理していきます。

```
for file in files:
    print(file)
```

今回は .blend ファイルのみを対象にしたいため、拡張子の判定を行う必要があります。拡張子の判定は、以前使った「os.path.splitext()」を使用して拡張子を取得し、それが .blend であるかを判定すればよいでしょう。もし .blend ファイルでなければ、処理をスキップします。

なお、拡張子は小文字でないことがあるため、文字列「.lower()」を使用して小文字に変換しておきます。

```
    _, ext = os.path.splitext(file)
    ext = ext.lower()
    if ext != ".blend":
        continue
```

レンダリングを実行する

あとはファイルパスを構築し、レンダリングを実行させるだけです。ファイルパスの構築は、前回やったとおりです。

```
    filepath = os.path.join(directory, file)
    print(filepath)
```

これに基づいてサブプロセスとして Blender を呼び出すだけで、フォルダ内のファイルをすべてレンダリングすることができます。レンダリングスクリプトを呼び出すコマンドは、以下のとおりでした。

```
blender -b "test.blend" --python render.py
```

これを改変して、subprocess.run() に引き渡せば、レンダリング処理を実行できるはずです。subprocess.run() の引数は文字列の配列なので、コマンドをまずは文字列の配列に書き換えます。

```
["blender", "-b", "test.blend", "--python", "render.py"]
```

あとは、"test.blend" の部分を filepath に書き換えればよさそうです。これを subprocess.run() に与えたら完成です。

```
["blender", "-b" filepath, "--python", "render.py"]
```

```
    subprocess.run(["blender", "-b", filepath, "--python", "render.py"])
```

完成したコード

現在のコード全体は、以下のとおりです。

リスト render_all.py

```
import os
import subprocess

directory = os.getcwd()
files = os.listdir(directory)

for file in files:
    print(file)
    _, ext = os.path.splitext(file)
    ext = ext.lower()
    if ext != ".blend":
        continue
    filepath = os.path.join(directory, file)
    subprocess.run(["blender", "-b", filepath, "--python", "render.py"])
```

実行してみる

完成したコードを実行してみましょう。OS のコンソールに、以下のコマンドを打ち込みます。

```
cd "C:\My Test Project"
python render_all.py
```

これまでは、Blender に Python スクリプトを実行させていましたが、今回は Python に直接実行させています。今回の render_all.py は特に Blender に依存した処理は行っていないので、Python に直接実行させることができます。

Blender を経由せずに Python に直接実行させる場合、オーバーヘッドがなくなるため起動が早くなる、メモリ使用量が少なくなるなどのメリットがあります。もちろん、Blender 経由で呼び出すことも可能です。その場合は、以下のコマンドを実行します。

```
blender -b --python render_all.py
```

うまくいくと、画像がレンダリングされて保存されているはずです。うまくいかなかった場合は、エラーメッセージをよく確認して原因を探ってみましょう。

```
python render_all.py
render
render.py
render_all.py
subprocess_example.py
test.blend
Blender 4.0.0 (hash 878f71061b8e built 2023-11-14 01:20:37)
(略)
Read blend: "C:\My Test Project\test.blend"
C:\My Test Project
C:\My Test Project\render
test.blend
test
.blend
C:\My Test Project\render\test.png
(略)
Saved: 'C:\My Test Project\render\test.png'
Time: 00:00.54 (Saving: 00:00.19)

Blender quit
test.py
test1.blend
Blender 4.0.0 (hash 878f71061b8e built 2023-11-14 01:20:37)
(略)
Read blend: "C:\My Test Project\test1.blend"
C:\My Test Project
C:\My Test Project\render
test1.blend
test1
.blend
C:\My Test Project\render\test1.png
(略)
Saved: 'C:\My Test Project\render\test1.png'
Time: 00:00.45 (Saving: 00:00.18)

Blender quit
test2.blend
Blender 4.0.0 (hash 878f71061b8e built 2023-11-14 01:20:37)
(略)
Read blend: "C:\My Test Project\test2.blend"
C:\My Test Project
C:\My Test Project\render
```

1
2
3
4
5
6
7
8
9
10
11
12

```
test2.blend
test2
.blend
C:\My Test Project\render\test2.png
(略)
Saved: 'C:\My Test Project\render\test2.png'
Time: 00:00.45 (Saving: 00:00.18)

Blender quit
test3.blend
Blender 4.0.0 (hash 878f71061b8e built 2023-11-14 01:20:37)
(略)
Read blend: "C:\My Test Project\test3.blend"
C:\My Test Project
C:\My Test Project\render
test3.blend
test3
.blend
C:\My Test Project\render\test3.png
(略)
Saved: 'C:\My Test Project\render\test3.png'
Time: 00:00.45 (Saving: 00:00.18)

Blender quit
```

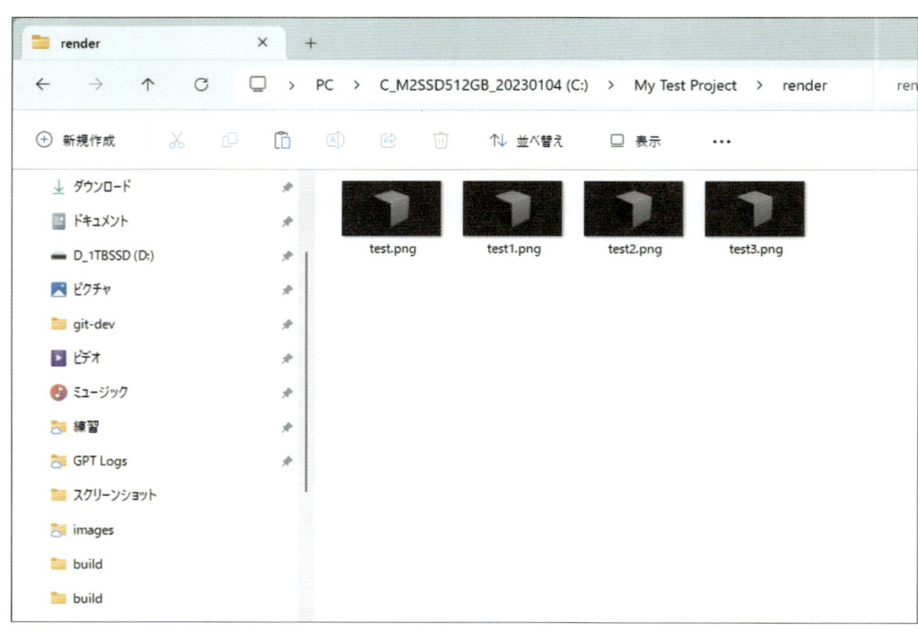

図3-2-1 スクリプトを実行して、レンダリングされたファイルを確認

3-3 サブフォルダも走査してレンダリングする

自動で複数のレンダリングをこなせるようになり、生産性がかなり上がりました。しかし、満足したのもつかの間、すぐに歯がゆい問題に気づくことになるはずです。

下の階層も全部含めて、自動でレンダリングしたい！

せっかく自動でレンダリングさせられるのですから、ワンタッチでサブフォルダも含めてすべて処理したいはずです。この野心的な目標も、達成していきましょう。

ファイル構成

前提条件は前回と同じです。ただし、作成するスクリプトは「render_all_recursive.py」、ファイル構成は以下のようになっているとします。

複数階層ともなると、かなり大量のファイルがあります。うまくやっていけるでしょうか？ 頑張りましょう。

```
C:\My Test Project\
    render.py
    render_all_recursive.py
    test.blend
    test1.blend
    test2.blend
    test3.blend
    sub1\
        test4.blend
        test5.blend
        test6.blend
        sub1_sub1\
            test7.blend
            test8.blend
            test9.blend
        sub1_sub2\
            test10.blend
            test11.blend
            test12.blend
    sub2\
        test13.blend
        test14.blend
        test15.blend
        sub2_sub1\
            test16.blend
            test17.blend
```

```
            test18.blend
        sub2_sub2\
            test19.blend
            test20.blend
        test21.blend
```

再帰的処理の考え方

前回のスクリプトを改変して、より高度な機能を実装していきます。今回行いたい処理は、基本的には同じことの繰り返しです。ざっくりしたイメージとしては、以下のとおりです。

- 指定されたディレクトリのファイルとフォルダを一覧する
  - ".blend" ファイルであれば、レンダリングする
  - ディレクトリであれば、ディレクトリのパスを指定して、同様の処理を繰り返す

同じことを繰り返したい場合、すぐに思い浮かぶのは for 文です。しかし、for 文では無制限に階層的に続く繰り返しに対応するのは少し難しそうです。それはそれとして、とりあえず走査してレンダリングするまでの処理は汎用的に作れそうです。前回のスクリプトを関数にまとめればいけそうです。

まずは関数を作成

だいたい以下のような関数になるでしょう。

- 走査してレンダリングする関数
  - 引数としてパスを受け取る
  - 指定されたディレクトリのファイルとフォルダを一覧する
  - ".blend" ファイルであれば、レンダリングする

とりあえず、以下のように関数化してしまいます。

```
import os
import subprocess

def render_all(directory):
    files = os.listdir(directory)

    for file in files:
        print(file)
        _, ext = os.path.splitext(file)
        if ext != ".blend":
            continue
        filepath = os.path.join(directory, file)
        subprocess.run(["blender", "-b", filepath, "--python", "render.
py"])
```

render_all.py のメイン部分を、render_all() 関数にしました。引数としてディレクトリのパスを受け取ります。これで、処理が汎用的になりました。

再帰的処理の実装

ところでこの関数の実行中、ディレクトリを走査している最中に対象がサブディレクトリであるということがありえます。その場合、この関数をもう一度呼び出したらどうでしょうか？

- render_all(directory) 関数
  - 引数としてパスを受け取る
  - 指定されたディレクトリのファイルとフォルダを一覧する
    - ".blend" ファイルであれば、レンダリングする
    - ディレクトリであれば、フルパスにして render_all() を実行する

この処理を実行してみるとどうなるのか、今回想定しているフォルダのことを考えてみます。

1：C:\My Test Project\ を render_all() する
　1-1：test1.blend　→レンダリングする
　1-2：test2.blend　→レンダリングする
　1-3：test3.blend　→レンダリングする
　1-4：sub1　→ C:\My Test Project\sub1 を render_all() する
　　1-4-1：test4.blend　→レンダリングする
　　1-4-2：test5.blend　→レンダリングする
　　1-4-3：test6.blend　→レンダリングする
　　1-4-4：sub1_sub1　→ C:\My Test Project\sub1\sub1_sub1 を render_all() する
　　⋮

どうやら、うまくいきそうです。このように、入れ子状に同じ処理を繰り返し実行するような方法を「再帰的処理」と呼びます。render_all() を再帰的実行をする形に組み直せば、問題が解決できそうです。

ファイルパスがディレクトリかどうかを判定する

ファイルパスがディレクトリかどうかを判定するには、「os.path.isdir()」を使用します。

> **isdir(s)**
> **機能**：ファイルパスが存在するディレクトリを指している場合、True を返す
> **引数**：s　ファイルパス
> **返り値**：真偽値

```
print(os.path.isdir("C:\My Test Project\"))
# True
```

```
print(os.path.isdir("C:\My Test Project\test.blend"))
# False
```

それでは、render_all() を改修していきましょう。まずは、関数名を変更します。再帰を表す「recursive」を付与して「render_all_recursive」とします。また、不要な print() は除去しておきます。

```
import os
import subprocess

def render_all_recursive(directory):
    files = os.listdir(directory)

    for file in files:
        _, ext = os.path.splitext(file)
        if ext != ".blend":
            continue
        filepath = os.path.join(directory, file)
        subprocess.run(["blender", "-b", filepath, "--python", "render.
py"])
```

まずは、処理順に問題があるので変更します。前回は単に拡張子が".blend"かどうかを判定するだけでしたが、今回はパスがディレクトリかどうかを判定しなくてはなりません。そのためファイルパスの構築は、それより前に置かなくてはなりません。

```
import os
import subprocess

def render_all_recursive(directory):
    files = os.listdir(directory)

    for file in files:
        filepath = os.path.join(directory, file)

        _, ext = os.path.splitext(file)
        if ext != ".blend":
            continue
        subprocess.run(["blender", "-b", filepath, "--python", "render.
py"])
```

次に、ディレクトリ判定処理も入れておきます。もし対象がディレクトリであったら、再度 render_all_recursive() を実行し、ループを続けます。

```
import os
import subprocess

def render_all_recursive(directory):
    files = os.listdir(directory)

    for file in files:
        filepath = os.path.join(directory, file)
```

```
        if os.path.isdir(filepath):
            render_all_recursive(filepath)
            continue

        _, ext = os.path.splitext(file)
        if ext != ".blend":
            continue
        subprocess.run(["blender", "-b", filepath, "--python", "render.
py"])
```

再帰の改修自体は、これで完了です。あとは、呼び出し部分を追加するだけです。

```
directory = os.getcwd()
render_all_recursive(directory)
```

完成したコード

現在のコード全体は、以下のとおりです。

リスト render_all_recursive.py

```
import os
import subprocess

def render_all_recursive(directory):
    files = os.listdir(directory)
    for file in files:
        filepath = os.path.join(directory, file)

        if os.path.isdir(filepath):
            render_all_recursive(filepath)
            continue
        _, ext = os.path.splitext(file)
        if ext != ".blend":
            continue
        subprocess.run(["blender", "-b", filepath, "--python", "render.
py"])

directory = os.getcwd()
render_all_recursive(directory)
```

実行してみる

完成したコードを実行してみましょう。OS のコンソールに、以下のコマンドを打ち込みます。

```
cd "C:\My Test Project"
python render_all_recursive.py
```

```
Blender 4.0.0 (hash 878f71061b8e built 2023-11-14 01:20:37)
```

```
(略)
Read blend: "C:\My Test Project\sub1\sub1_sub1\test7.blend"
C:\My Test Project\sub1\sub1_sub1
C:\My Test Project\sub1\sub1_sub1\render
test7.blend
test7
.blend
C:\My Test Project\sub1\sub1_sub1\render\test7.png
(略)
Saved: 'C:\My Test Project\sub1\sub1_sub1\render\test7.png'
Time: 00:00.55 (Saving: 00:00.19)
Blender quit

Blender 4.0.0 (hash 878f71061b8e built 2023-11-14 01:20:37)
(略)
Read blend: "C:\My Test Project\sub1\sub1_sub1\test8.blend"
C:\My Test Project\sub1\sub1_sub1
C:\My Test Project\sub1\sub1_sub1\render
test8.blend
test8
.blend
C:\My Test Project\sub1\sub1_sub1\render\test8.png
(略)
Saved: 'C:\My Test Project\sub1\sub1_sub1\render\test8.png'
Time: 00:00.47 (Saving: 00:00.18)

Blender quit
Blender 4.0.0 (hash 878f71061b8e built 2023-11-14 01:20:37)
(略)
Read blend: "C:\My Test Project\sub1\sub1_sub1\test9.blend"
C:\My Test Project\sub1\sub1_sub1
C:\My Test Project\sub1\sub1_sub1\render
test9.blend
test9
.blend
C:\My Test Project\sub1\sub1_sub1\render\test9.png
(略)
Saved: 'C:\My Test Project\sub1\sub1_sub1\render\test9.png'
Time: 00:00.48 (Saving: 00:00.20)

Blender quit
Blender 4.0.0 (hash 878f71061b8e built 2023-11-14 01:20:37)
(略)
Read blend: "C:\My Test Project\sub1\sub1_sub2\test10.blend"
C:\My Test Project\sub1\sub1_sub2
```

```
C:\My Test Project\sub1\sub1_sub2\render
test10.blend
test10
.blend
C:\My Test Project\sub1\sub1_sub2\render\test10.png
(略)
Saved: 'C:\My Test Project\sub1\sub1_sub2\render\test10.png'
Time: 00:00.46 (Saving: 00:00.18)
(略)
```

大量の.blendファイルが再帰的にレンダリングされています。各フォルダを見てみると、きちんとそれぞれがレンダリングされています。チェックすると、最深部のフォルダまですべてレンダリングされていることが確認できます。

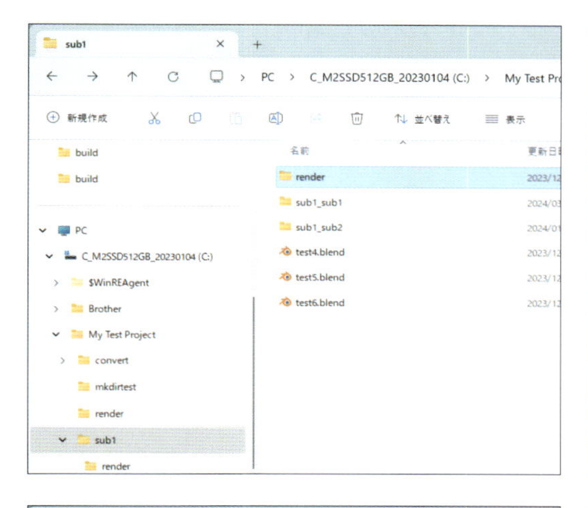

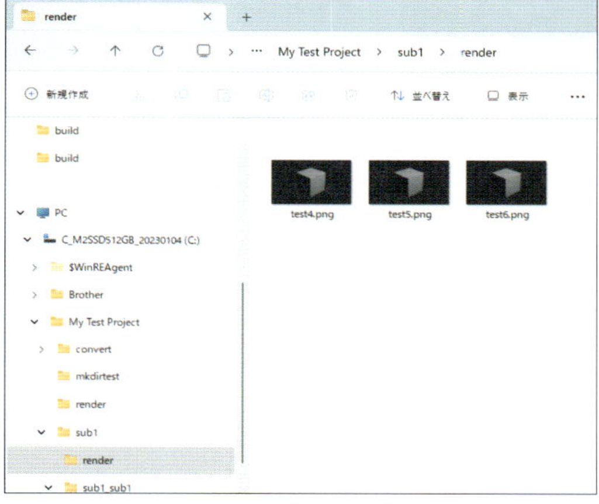

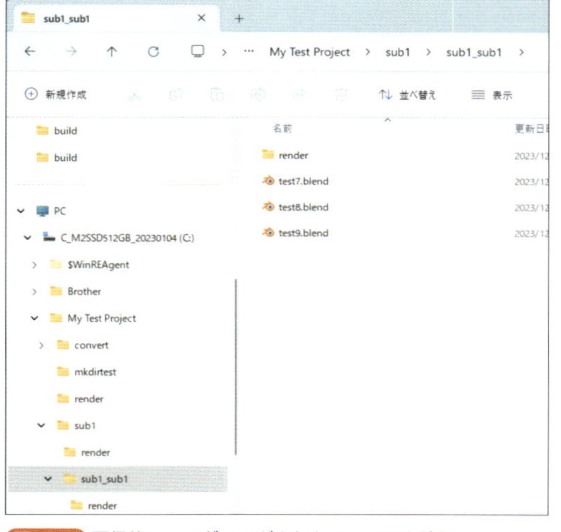

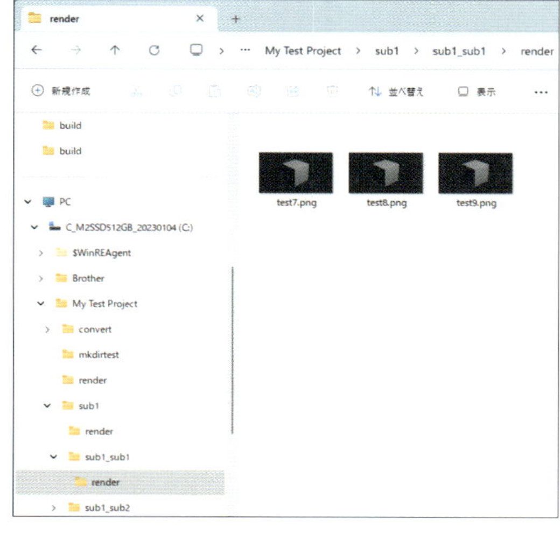

図3-3-1 再帰的にレンダリングされたファイルを確認

モデルをインポートして .blend ファイルとして保存する

前章でレンダリングを自動で行うスクリプトを作成しましたが、この章では前章のスクリプトをベースにしてモデルを自動的にインポートするスクリプトを作成してみましょう。

4-1 スクリプトの要件とファイルの準備

素材サイトなどで大量に購入した .obj ファイルや .fbx ファイルを、手作業でインポートしていくのはなかなかの手間です。スクリプトで自動処理できたら生産性が大幅に向上します。

細かな違いはありますが、インポートスクリプトですべきことは、大まかに以下のとおりです。

- レンダリングの代わりにインポート API を呼び出す
- 画像の代わりに .blend ファイルを保存する

まずは、レンダリングの時と同じように単一ファイルの変換スクリプトから作っていきます。今回は、以下のような要件を想定します。

- 対象ファイルパスは、コマンドライン引数で受け取る
- .obj、.fbx を変換する
- 変換結果は、さらに下の階層の blend_data フォルダにまとめる
- .blend ファイル名は、元ファイルの名前部分と同じにする
- .blend ファイルで保存する

対象ファイルの準備

テスト用に、.obj ファイル、.fbx ファイルを用意します。

obj ファイルを出力する

以下の手順で行います。

1 出力したいオブジェクトを選択（複数可）

2 メニューから「ファイル→エクスポート→ Wavefront（.obj）」を選択

3 「対象：選択物のみ」にチェック

4 「Wavefront OBJ をエクスポート」を押して保存

▶ fbx ファイルを出力する

以下の手順で行います。

1 出力したいオブジェクトを選択（複数可）

2 メニューから「ファイル→エクスポート→ FBX（.fbx）」を選択

3 「対象：選択物のみ」にチェック

4 「FBX をエクスポート」を押して保存

4-2 スクリプトで特定のフォルダに .blend ファイルとして保存する

モデルファイルを読み込み、.blend ファイルに変換するスクリプトを作成します。今回は元となる .blend ファイルがないため、対象ファイルの場所を受け取り、所定の場所に保存するという手順を踏む必要があります。

指定されたファイルを読み込み、所定の形式で保存するという大枠の流れとしては、レンダリングスクリプトとよく似ています。ただし、レンダリングの場合と異なり、どのファイルを開くのかは何らかの方法で指定しなければなりません。今回はコマンドライン引数を使用して情報を受け渡します。

例として、変換元のファイルは「C:\My Test Project\torus.obj」、「C:\My Test Project\monkey.fbx」とします。また、スクリプトファイルは「C:\My Test Project\convert_to_blend.py」とします。

今回は、以下のような要件を想定します。

- 変換対象のファイルはコマンドラインオプションで、フルパスで指定する。位置は「--」の直後とする
- ファイルの種類を判別し、自動的にインポートする
- 想定外のファイルだった場合は、スクリプトを終了する
- 読み込み後、.blend ファイルとして保存する
- 変換結果は、さらに下の階層の「convert」フォルダにまとめる。フォルダが存在しなかったら、作成する
- 保存ファイル名は、元ファイルの名前部分と同じにする

Blenderの機能を確認する

モデル変換に必要なBlenderの機能を確認します。

インポート

モデルのインポートに関する機能は、メニューの「ファイル→インポート」内に入っています。今回必要な項目は、以下の2つです。レンダリング関数を確認したのと同じ手順で、APIリファレンスから関数の仕様を確認します。

- Wavefront（.obj）
- FBX（.fbx）

```
bpy.ops.wm.obj_import(filepath="", directory="", （略） filter_glob="*.
obj;*.mtl")
```

```
bpy.ops.import_scene.fbx(filepath="", directory="", （略） axis_up='Y')
use_selection=False, use_visible=False, use_active_collection=False,
```

たくさんの引数があり、圧倒されてしまいますが、多くの引数は無視して問題ありません。今回考慮すべきなのはどちらとも、「filepath」引数です。名称で考えると、filepathに出力先ファイルパスを指定すればモデルのインポートができそうです。

インポートを試してみる

新しいBlenderを立ち上げて実際に試してみましょう。インポートの確認は、以下の2つのステップで行います。

①適当なOBJファイルかFBXファイルを用意する
②該当のインポートコマンドでインポートする

それでは、やっていきましょう。

1 テスト用ファイルの準備して配置

今回はテスト用ファイルとして、「torus.obj」と「monkey.fbx」を用意します。それぞれ、Blender上でメッシュオブジェクトを作成しエクスポートから、「C:\My Test Project\torus.obj」、「C:\My Test Project\monkey.fbx」に配置してください。

2 シーン内のオブジェクトの削除

新しいBlenderを起動し、シーン内のオブジェクトをすべて削除します。

3 インポートコマンドの実行

コンソールに、以下のコマンドを入力してください。

```
bpy.ops.wm.obj_import(filepath="C:\\My Test Project\\torus.obj")

bpy.ops.import_scene.fbx(filepath="C:\\My Test Project\\monkey.fbx")
```

コマンドが完了したら、シーン内にオブジェクトが作成されていることを確認してください。

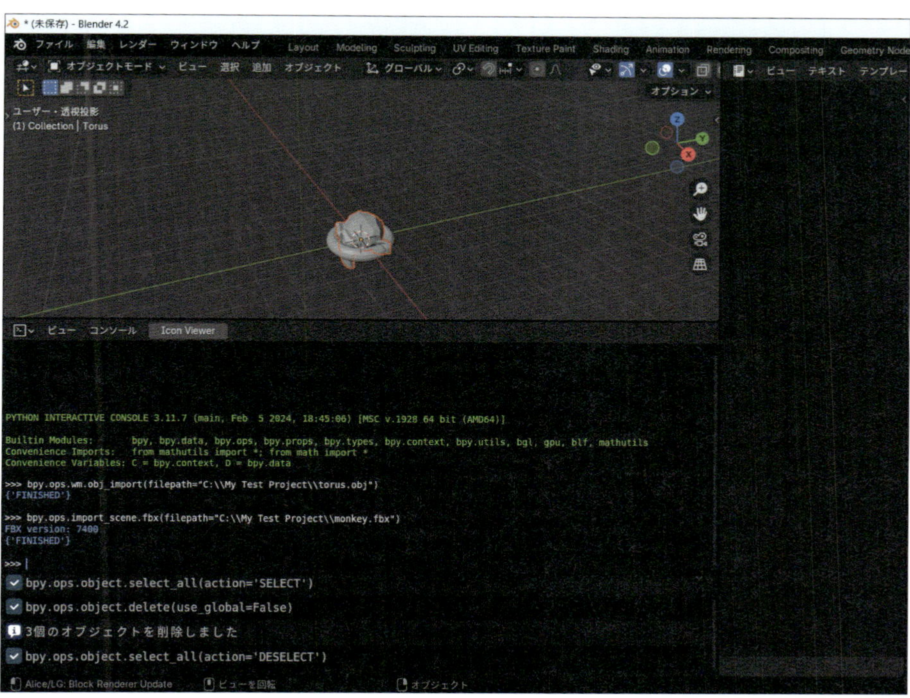

図4-2-1 オブジェクトが作成された！

.blend ファイルの保存

.blend ファイルの保存は、「名前をつけて保存」から行います。メニューから「ファイル→名前をつけて保存」を右クリックし、API リファレンスを閲覧すると以下の仕様が確認できます。

```
bpy.ops.wm.save_as_mainfile(filepath='' , hide_props_region=True,
check_existing=True, filter_blender=True, filter_backup=False, filter_
image=False,
filter_movie=False, filter_python=False, filter_font=False, filter_
sound=False,
filter_text=False, filter_archive=False, filter_btx=False, filter_
collada=False,
filter_alembic=False, filter_usd=False, filter_obj=False, filter_
volume=False,
filter_folder=True, filter_blenlib=False, filemode=8, display_
type='DEFAULT',
sort_method='', compress=False, relative_remap=True, copy=False)
```

こちらも、filepath を押さえれば問題ありません。動作を確認しましょう。Blender を立ち上げ、Cube の名前を「Save Test」に変更します。

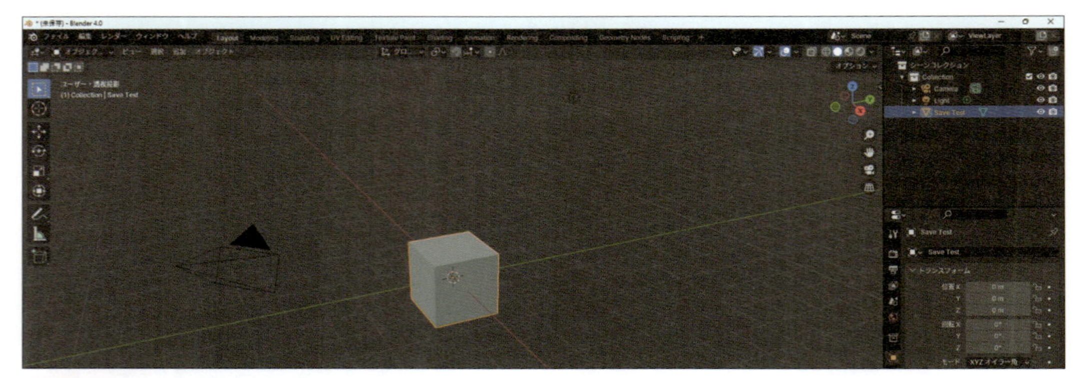

図4-2-2 Cubeを「Save Test」に名称変更

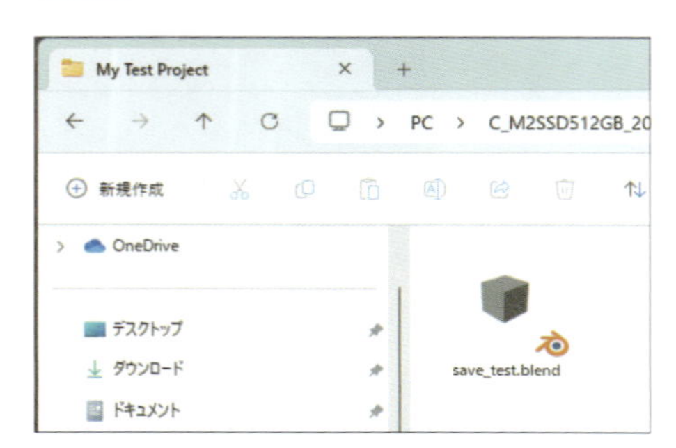

図4-2-3 ファイルの保存を確認

以下のコードを、コンソールに貼り付けます。エクスプローラでファイルが保存されているのを確認します。さらに、新しいBlenderで立ち上げて、ファイルを読み込み「Save Test」というオブジェクトがあることを確認します。

```
bpy.ops.wm.save_as_mainfile(filepath='C:\\My Test Project\\save_test.blend')
```

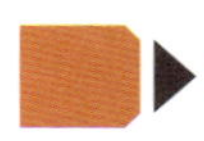

コマンドライン引数の受け取り

プログラムの呼び出し時にはさまざまなオプションを指定して、プログラムの細かい挙動を制御します。プログラムを自分で作る場合、これらのオプションを自分自身で決めることができます。

Pythonでのコマンドライン引数の受け取り

Pythonスクリプトを起動する際、スクリプト自体にも引数を与えることができます。渡された引数の一覧は「sys.argv」に配列として格納されます。引数を確認するスクリプトを、以下のように作成してみます。

リスト show_args.py

```
import sys
print(sys.argv)
```

このコードを、コマンドラインから呼び出してみます。コマンドラインオプションとして、適当なダミーの引数を指定してみます。スクリプトへの引数は、Blenderのコマンドラインオプションと同様、スペース区切りで引き渡します。

```
python show_args.py asdf "test asdf" a=10
['show_args.py', 'asdf', 'test asdf', 'a=10']
```

一番初めの引数には、スクリプト名が格納されています。指定した文字列が、スペース区切りで配列に格納されています。また「"」でくくった範囲は一連の文字列として格納されています。

▶ Blender でのコマンドライン引数の受け取り

Blender でのコマンドライン引数の受け取りは、Python の場合と若干違います。というのも、Blender 自体にコマンドライン引数の解釈があるために、適当な引数を指定するとエラーが発生してしまうからです。

これを回避するために、Blender には「--」という引数が用意されています。コマンドライン引数指定時、「--」以降は Blender は解釈しません。試しに、以下のコードをコンソールで実行してみましょう。

```
blender -b --python-expr "import sys;print(sys.argv)" -- asdf "test asdf"
a=10
```

```
['C:\\Program Files\\Blender Foundation\\Blender 4.0\\blender.exe',
'-b', '-- python-expr', 'import sys;print(sys.argv)', '--', 'asdf', 'test
asdf', 'a=10']
```

出力を見てみると、Blender へのパスと、すべての引数が格納されているのがわかります。自分自身で設定したカスタム引数のみを抽出するには、「--」以降の引数を抽出します。たとえば、以下のようにします。

```
custom_args = sys.argv[sys.argv.index("--") + 1:]
```

上記のコードでは、「sys.argv.index("--") + 1」で「--」の 1 つ次のインデックスを取得しています。また配列の構文で［番号 : ］とすると、指定した番号以降をすべて取り出すことができます。

▶ フォルダの存在確認と作成

レンダリングスクリプトを記述した際には、保存先のフォルダが存在するかどうかは特に気にしませんでした。実はこれはレンダリング用の API が、フォルダが存在しない場合自動的に作成して処理してくれていたため、気にしなくてよかったのです。

多くのケースでは、ファイル保存先のフォルダがなかった場合は、自分で作成しなければなりません。

▶ ファイルパスが存在するかを確認する

指定したファイルパスが実際に存在するかどうかを確認するには、「os.path.exists()」を使用します。

```
exists(path)
```

機能　：パスが存在するかを確認する
引数　：path　ファイルパス
返り値　：真偽値

```
import os
filepath = 'C:\\My Test Project\\test.blend'

print(os.path.exists(filepath))
# 存在すればTrue、なければFalse
```

▶ フォルダを作成する

フォルダを作成するには「os.mkdir()」を使用します。一度に 1 階層ずつしか作成できない点に注意してください。すでに存在するフォルダを指定するとエラーになります。

mkdir(path, mode=511, *, dir_fd=None)
- **機能**：パスで指定されたフォルダを作成する
- **引数**：path　ファイルパス（※ほかのパラメータの解説は省略）
- **返り値**：なし

```
imoprt os
path = 'C:\\My Test Project\\subdir'

os.mkdir(path)
# フォルダが作成される
```

▶ スクリプトの途中でプログラムを終了する

スクリプトを途中で終了するには、「sys.exit()」を使用します。

exit(status=None)
- **機能**：スクリプトを終了する
- **引数**：（※パラメータの解説は省略）
- **返り値**：なし

```
import sys
sys.exit()
# そのまま終了
```

▶ 変換スクリプト

変換スクリプトは、3 章のレンダリングスクリプトにかなり近しいものになります。以下の手順で、作成します。

1 import の記述

sys を利用するので、そのぶん記述が増えています。

```
import bpy
import os
import sys
```

2 コマンドライン引数からファイルパスを抽出

```
custom_args = sys.argv[sys.argv.index("--") + 1 :]
base_filepath = custom_args[0]
```

3 ディレクトリパスを構築

変数名に違いはありますが、やっていることはレンダリングの時と同じです。

```
directory = os.path.dirname(base_filepath)
print(directory)
convert_directory = os.path.join(directory, "convert")
print(convert_directory)
```

4 出力先ディレクトリを作成

```
if not os.path.exists(convert_directory):
    os.mkdir(convert_directory)
```

5 ファイル名、拡張子を抽出

拡張子は、ファイルの種類を判別するために使用します。拡張子は大文字であることもあるため、「文字列 .lower()」で小文字にしておきます。

```
basename = os.path.basename(base_filepath)
print(basename)
name, ext = os.path.splitext(basename)
print(name)

ext = ext.lower()
print(ext)
```

6 インポート処理の前にシーンを空にする

```
bpy.ops.object.select_all(action='SELECT')
bpy.ops.object.delete()
```

7 拡張子で判定して、インポート処理を行う

もし違った場合は、スクリプトを終了します。

```
if ext == ".obj":
    bpy.ops.wm.obj_import(filepath=base_filepath)
elif ext == ".fbx":
    bpy.ops.import_scene.fbx(filepath=base_filepath)
else:
    print("Not supported file type: " + ext)
    sys.exit()
```

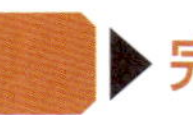 .blend ファイルを保存したら変換完了

```
blend_filepath = os.path.join(convert_directory, name + ".blend")
print(blend_filepath)
bpy.ops.wm.save_as_mainfile(filepath=blend_filepath)
```

完成したコード

現在のコード全体は、以下のとおりです。

リスト convert_to_blend.py

```
import os
import sys
import bpy

custom_args = sys.argv[sys.argv.index("--") + 1 :]
base_filepath = custom_args[0]

directory = os.path.dirname(base_filepath)
print(directory)
convert_directory = os.path.join(directory, "convert")
print(convert_directory)

if not os.path.exists(convert_directory):
    os.mkdir(convert_directory)

basename = os.path.basename(base_filepath)
print(basename)
name, ext = os.path.splitext(basename)
print(name)

ext = ext.lower()
print(ext)

bpy.ops.object.select_all(action="SELECT")
bpy.ops.object.delete()

if ext == ".obj":
    bpy.ops.wm.obj_import(filepath=base_filepath)
elif ext == ".fbx":
    bpy.ops.import_scene.fbx(filepath=base_filepath)
else:
    print("Not supported file type: " + ext)
    sys.exit()

blend_filepath = os.path.join(convert_directory, name + ".blend")
print(blend_filepath)
bpy.ops.wm.save_as_mainfile(filepath=blend_filepath)
```

▶実行してみる

完成したコードを実行してみましょう。OSのコンソールに、以下のコマンドを打ち込みます。

```
cd "C:\My Test Project"
blender -b --python convert_to_blend.py -- "C:\My Test Project\torus.obj"
```

```
Blender 4.0.0 (hash 878f71061b8e built 2023-11-14 01:20:37)
（略）
C:\My Test Project
C:\My Test Project\convert
torus.obj
torus
.obj
OBJ import of 'torus.obj' took 0.9 ms
C:\My Test Project\convert\torus.blend
（略）
情報：「torus.blend」を保存

Blender quit
```

うまくいくと、.blendファイルが保存されているはずです。うまくいかなかった場合は、エラーメッセージをよく確認して原因を探ってみましょう。

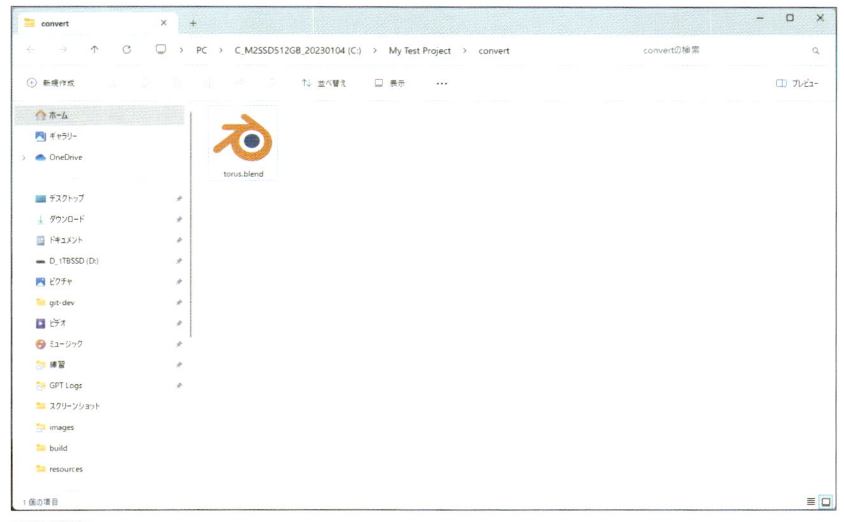

図4-2-4 完成したコードの実行

複数のモデルを順次変換する

3章の「複数のファイルを順次レンダリングさせる」で作成したコードを応用して、再帰的にモデル変換を行うことができます。

5-1 既存のコードを改修して作成する

再帰的なモデル変換は、「複数のファイルを順次レンダリングさせる」で作成したスクリプト「render_all_recursive.py」を若干改修することで簡単に作ることができます。

ここでは、「convert_to_blend_all_recursive.py」としてコードを作成してみましょう。改修すべき点は、次の3点です。

- 関数名を目的に沿った名前に変更する
- ".obj"、".fbx"以外をスキップ
- サブプロセス呼び出し部分を、convert_to_blend.py に合わせて変更する

改変箇所はほとんどないため、少しの改修で再帰的なモデル変換を実装することができます。ささっと、コーディングしてしまいましょう。

5-2 スクリプトの改修手順

まずは、関数名を変更します。render_all_recursive という関数名は「再帰的にレンダリングする」という意味なので、よりふさわしい名前「モデルを再帰的に変換する」という意味で、「convert_to_blend_all_recursive」という名前に変更します。

次に、ファイルのスキップ部分を変更します。元のコードは、以下のようになっています。

```
        if ext != ".blend":
            continue
```

このままですと、.blend のみを処理してしまうため、何もおきません。以下のように変更し、「.obj」「.fbx」のときのみ処理するように変更します。

```
        if ext != ".obj" and ext != ".fbx":
            continue
```

ちなみに、呼び出し先のスクリプト内でも拡張子の判定は行っているため、この部分の記述はなくても動作します。しかし、もしここで判定しなかった場合は、毎回 Blender を起動しスクリプトを呼び出した上で判定することになるため、処理時間が長くなります。

ここで判定してしまえば、1 ミリ秒以下の時間でスキップでき、とても時間効率がよいため判定処理を入れてあります。

次に、サブプロセスの呼び出し部分を変更します。元の呼び出し部分は、以下のようになっています。

```
        subprocess.run(["blender", "-b", filepath, "--python", "render.
py"])
```

まず、filepath は Blender に渡す必要はないので削除します。呼び出しスクリプトも違うので、変更します。すると、以下のようになります。

```
        subprocess.run(
            ["blender", "-b", "--python", "convert_to_blend.py"]
        )
```

次に、filepath を convert_to_blend.py の引数として与えます。Blender へではなくスクリプトへ引数を与えるためには、「--」で区切ってそれ以降にスクリプトの引数を指定すればよいため、以下のように記述します。これだけで修正は、完了です。

```
        subprocess.run(
            ["blender", "-b", "--python", "convert_to_blend.py", "--",
filepath]
        )
```

完成したコード

現在のコード全体は、以下のとおりです。

リスト convert_to_blend_all_recursive.py

```
import os
import subprocess

def convert_to_blend_all_recursive(directory):
    files = os.listdir(directory)
    for file in files:
        filepath = os.path.join(directory, file)

        if os.path.isdir(filepath):
            convert_to_blend_all_recursive(filepath)
            continue
```

```
        _, ext = os.path.splitext(file)
        ext = ext.lower()
        if ext != ".blend":
            continue
        subprocess.run(
            ["blender", "-b" , "--python", "convert_to_blend.py", "--",
filepath]
        )

directory = os.getcwd()
convert_to_blend_all_recursive(directory)
```

実行してみる

完成したコードを実行してみましょう。OSのコンソールに、以下のコマンドを打ち込みます。

```
cd "C:\My Test Project"
python convert_to_blend_all_recursive.py
```

```
Blender 4.0.0 (hash 878f71061b8e built 2023-11-14 01:20:37)
(略)
Blender 4.0.0 (hash 878f71061b8e built 2023-11-14 01:20:37)
(略)
C:\My Test Project\convert
C:\My Test Project\convert\convert
monkey.fbx
monkey
.fbx
FBX version: 7400
C:\My Test Project\convert\convert\monkey.blend
(略)
情報:「monkey.blend」を保存

Blender quit
(略)
C:\My Test Project
C:\My Test Project\convert
torus.obj
torus
.obj
OBJ import of 'torus.obj' took 1.1 ms
C:\My Test Project\convert\torus.blend
(略)
情報:「torus.blend」を保存

Blender quit
```

```
Blender quit
```

大量の「.obj」「.fbx」ファイルが再帰的に変換されています。各フォルダを見てみると、きちんとそれぞれが変換されています。

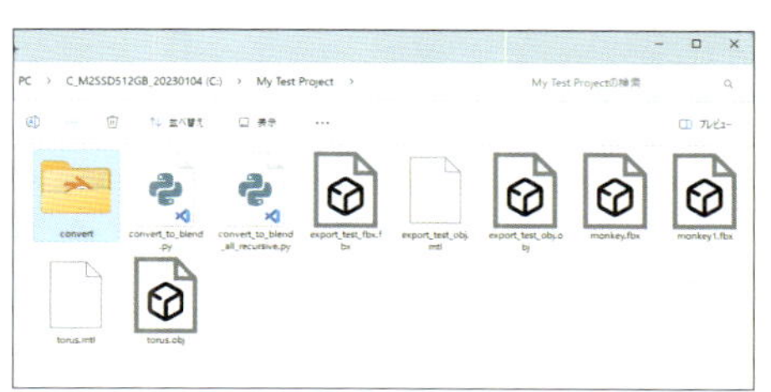

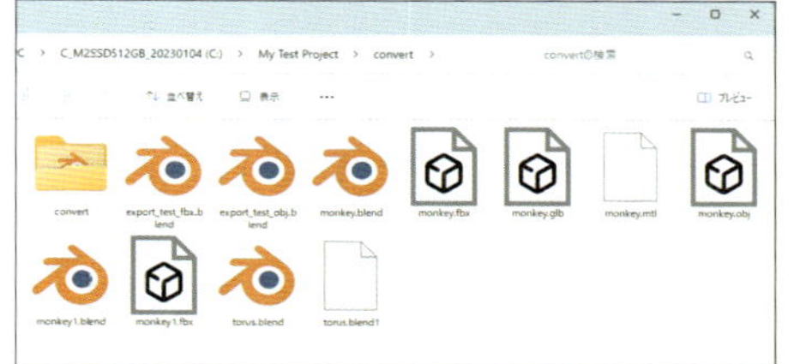

図5-2-1 完成したコードの実行

Addon 開発編

スクリプトの知識を活かしたアドオン開発

實方 佑介［解説・作例］

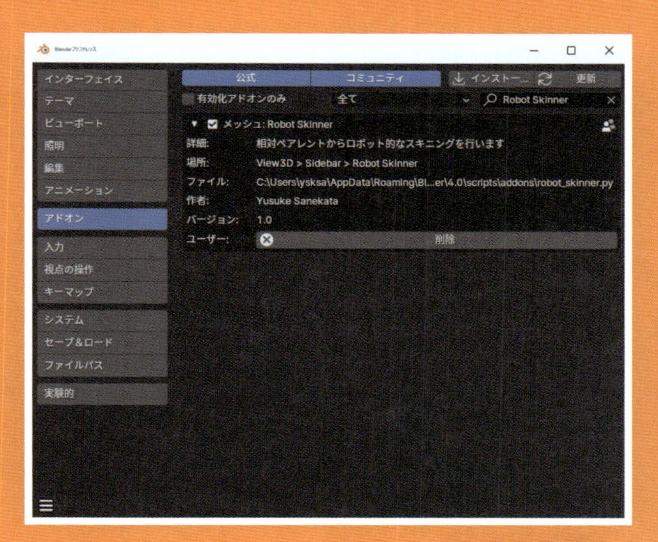

「スクリプト 入門編」「スクリプト 応用編」で Python スクリプトで Blender を自動化して操作する方法を学んできました。この「Addon 開発編」では、これまでの知識を活かして Addon を作っていきます。Blender には多数の Addon があり、それらを使って作業の効率化を図っている方も多いでしょう。Addon が作成できれば、特定用途の作業などを自動化することが可能になります。複雑で高機能な Addon を作成することもできますが、ここでは Addon 開発の第一歩となるサンプルを作っていきます。

Addonの利用

Addon開発編では、これまで解説したBlenderのスクリプト作成の知識を活かして、Addonを作成して利用する方法について解説していきます。

1-1 Addonとは

「Addon」とは、Blenderに機能を追加できる拡張機能のことです。パネルやボタン、コマンドなどさまざまな機能を自由に追加することが可能です。Blenderが標準的に搭載している機能以外の機能を追加したい、と思った時はAddonを利用します。

また、Blenderにはデフォルトでかなりの数のAddonが用意されていますが、自分自身で作成することもできます。さらに、Web上にもさまざまな高度なAddonが公開、または販売されています。

Addonは単一のPythonスクリプト、またはフォルダにまとめた複数のスクリプトなどで構成されます。そのため、AddonではPythonで可能なことはほぼすべて行うことができます。たとえば、PythonにはWebサーバーを立ち上げられるモジュールがあるので、Addonを使用してBlender上でWebサーバーを立ち上げることもできます。

これは素っ頓狂な話に聞こえるかもしれませんが、Blenderをリアルタイムに外部プログラムからコントロールしたい、という際にWebサーバーを経由してコマンドを送信する、という用途で利用するといったことも可能です。

1-2 Addonを使用する

まずは、Addonを実際に使ってみましょう。Addonを使用するには、BlenderにAddonをインストールする必要があります。

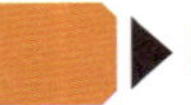

UIからインストールする

通常Addonは、Blender上のインターフェイスからインストールします。Addonは単一のPythonスクリプト、もしくは.zipファイルにまとめられています。

1 上部メニューの「編集→プリファレンス」でBlenderプリファレンスを起動

2 「アドオン」タブに移動

3 Addonのインストール

画面右上「インストール」ボタンを押すとファイルブラウザが開くので、Addonを選択し「アドオンをインストール」ボタンをクリックします。

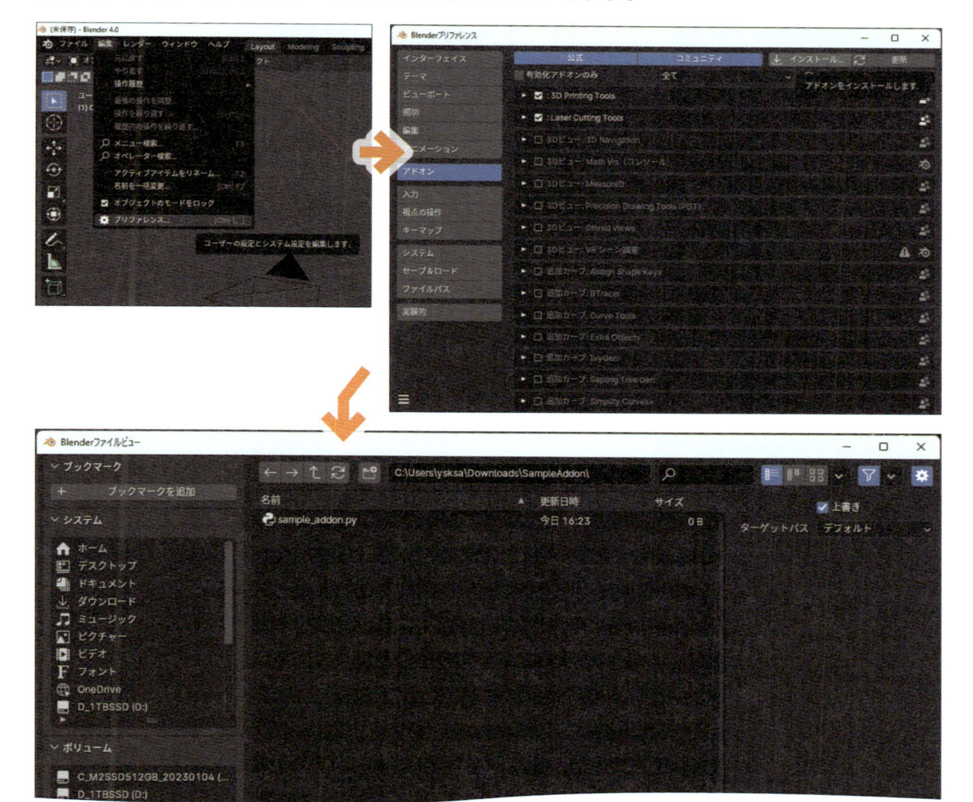

図1-2-1 Addonのインストール手順

Addonフォルダに直接配置する

UIからではなく、Addonフォルダに直接配置することもできます。自作アドオンも開発初期はインストールするコード自体がそもそもない状態から開始しますので、こちらの方法を採ることになります。

Addonのインストール場所

Addonのインストール場所は2種類あります。1つはBlenderのインストールフォルダ内で、デフォルトのAddonが格納されている場所です。もう1つはユーザーが自身でインストールしたAddonが、ユーザーデータとして格納されています。

▶デフォルトAddonが格納されているフォルダ

Blenderのインストールデータといっしょに、デフォルトのAddonが格納されています。こちらのフォルダに自作Addonを入れても機能しますが、基本的にはおすすめしません。標準Addonのコードは実装上の参考になりますので、配置場所を紹介します。

• Windowsのデフォルト Addonの配置場所

Windowsでは、以下の場所にデフォルトAddonが格納されています。Xには、各バージョン番号が入ります。

```
C:\Program Files\Blender Foundation\Blender X.X\X.X\scripts\addons
```

• macOSのデフォルト Addonの配置場所

macOSでは、以下の場所にデフォルトAddonが格納されています。Xには、各バージョン番号が入ります。

```
Macintosh HD/Applications/Blender.app/Contents/Resources/X.X/scripts/
addons
```

▶ユーザー Addonが格納されているフォルダ

ユーザーが自身でインストールしたAddonは、以降のユーザーデータの中に格納されています。自作Addonの開発は、こちらで行うことをおすすめします。ユーザーデータを使用する利点には、以下のようなものがあります。

- 自分で作成したAddonと標準Addonを混同しづらい
- Blenderを新しいバージョンにアップデートした際に、データの引き継ぎを選択するとそのまま新しいバージョンのユーザーデータフォルダにコピーされるため、すぐに開発を継続できる
- 別の環境でBlenderをセットアップする際、ユーザーデータをまるごとコピーすればまったく同じ設定でAddonを使用することができる

• Windowsのユーザー Addonの配置場所

Windowsでは、以下の場所にユーザー Addonが格納されています。Xには、各バージョン番号が入ります。

```
C:\Users\ユーザー名\AppData\Roaming\Blender Foundation\Blender\X.X\
scripts\addons
```

AppDataフォルダは隠しフォルダとなっているため、エクスプローラーでは通常表示されません。エクスプローラーで辿っていく場合は、ファイルパスを直接入力するか、以下の手順でエクスプローラーの設定を変更する必要があります。

1 上部メニューの「表示」をクリック

2 展開されたメニューの「表示」をクリック

3 隠しファイルをクリックし、チェック

これで、隠しフォルダが表示されるようになりました。

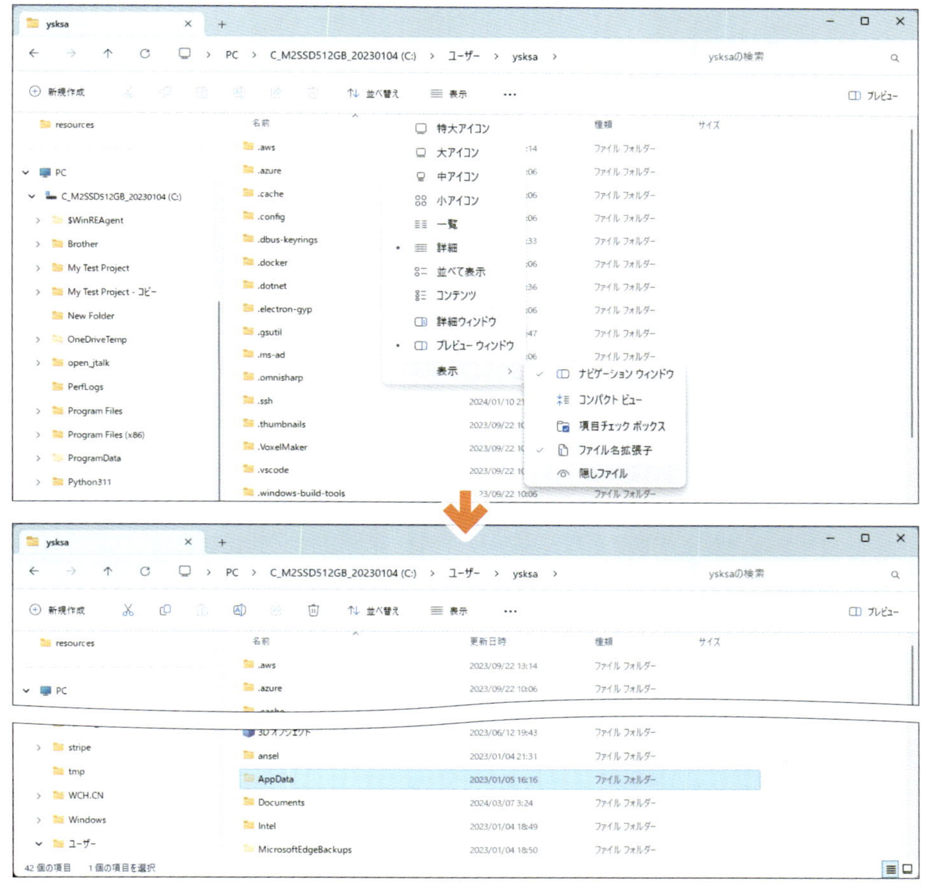

図1-2-2 隠しフォルダの表示

• macOS のユーザー Addon の配置場所

macOS では、以下の場所にユーザー Addon が格納されています。X には、各バージョン番号が入ります。

```
Macintosh HD/Users/ユーザー名/Library/Application Support/Blender/X.XX/
scripts/addons
```

Library フォルダは隠しフォルダとなっているため、ファインダーでは通常表示されません。キーボードショートカットの「command」+「shift」+「.」（ピリオド）で、表示／非表示を切り替えます。

Addon を有効化する

インストールした Addon を使用するには、有効化する必要があります。Addon の有効化は、プリファレンスの Addon タブ上で行います。

Blender プリファレンスの Addon タブでは、インストールされた Addon が一覧で表示されています。各 Addon 名の左側にはチェックボックスがあり、こちらにチェックが入っていると有効化、空欄だと無効化という状態になります。

Addon を UI からインストールした場合、インストール直後には該当 Addon のみが表示されていますので、こちらのチェックボックスをオンにすれば大丈夫です。

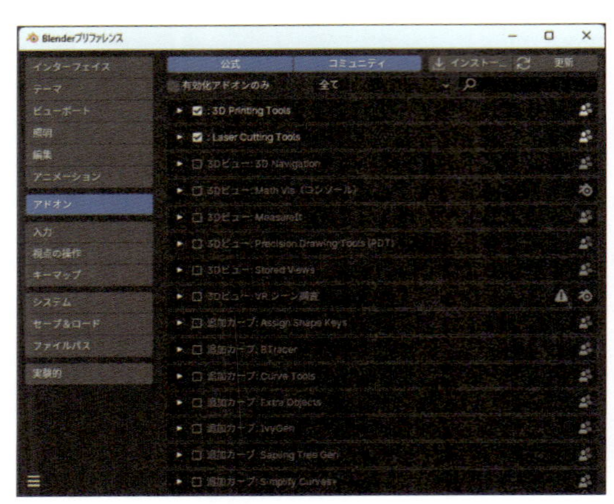

図1-2-3 Addonの有効化と無効化

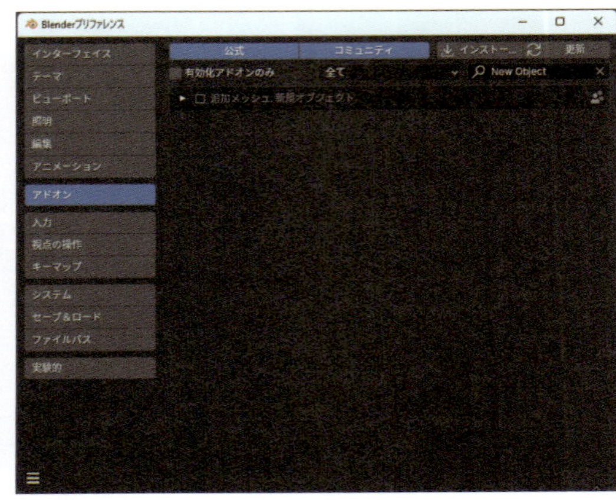

図1-2-4 Addonのインストール直後の画面

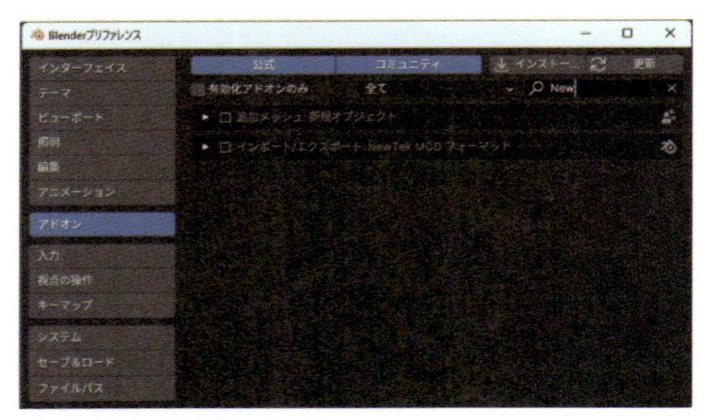

図1-2-5 検索機能でAddonを探す

手動で配置、またはインストール後ウィンドウを一度閉じてしまった場合などは、自分で探し出す必要があります。そのような場合は、検索機能を使用します。

Addon 画面上部にある検索欄に文字列を打ち込むと、表示される Addon 一覧が合致した Addon 名でフィルタされます。該当 Addon が見つかったら、チェックを入れて有効化完了です。

Addon を開発する

Addon のインストール方法などがわかったところで、Addon を開発していきましょう。

2-1 Addon が適しているケース

Addon での実行が適しているケースは基本的に、GUI 作業中に実行したいもの全般となります。

頻繁に行う作業を自動化したい

非常によくあるユースケースです。繰り返し頻繁に行う作業を、Addon でワンボタン化し作業を高速化します。

モデリング作業には、人間の判断が不要な毎回繰り返す作業というものが発生します。たとえば、Boolean モディファイアで穴を開ける際には、アクティブオブジェクトに対してモディファイアを設定し、穴開け用オブジェクトの表示設定を変更するという一連の手順があります。この処理は定型的で、創造性の入り込む余地がありません。
このような処理をプログラムで処理すると、人間が手作業で行う何十倍、何百倍の速度で行うことができます。また、自動化には高速化のほかに、ヒューマンエラーの抑制という利点もあります。

複雑な手順を繰り返し手作業で行っていると、必ずミスが発生します。一連の過程を自動化できれば、手作業の入り込む余地が減り、ミスが発生する可能性が減少します。

高度な編集機能を実装したい

Blender の標準機能では実現できないもの、複雑な計算が必要で手作業でも作業が困難なもの、なども Addon で実装します。
たとえば、現状の見た目を維持したままメッシュオブジェクトの回転方向を特定の面に合わせる、というような処理は Addon を使用しなければ実現が難しいでしょう。

GUI 上ですべてを完結させたい

あまりないかもしれませんが、Blender 上ですべての操作を完結させたいというケースで Addon を作ることがあります。

ファイル管理や Web サイトとの連携など、3D モデリングに直接的に関わらないすべての操作まで Blender のインターフェイス上でやりたい、というときに Addon を組むことがあります。

2-2 Addon の必須構造

Addon は、スクリプト編で解説した「Python スクリプト」によって作りますが、Blender に読み込ませる都合上、必須となる構造がいくつか存在します。

これらの構造は、その Addon の起点となるスクリプトに記述されている必要があります。単一スクリプトであればそのスクリプト自身、複数スクリプトであればフォルダ直下の「__init__.py」に記述が必要です。

ここでは例として、テキストエディターのテンプレート「addon_add_object.py」を参照して話を進めます。

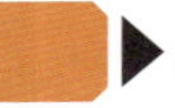

addon_add_object.py の作成

以降の手順で、テンプレートから addon_add_object.py を作成します。

1 Blender を開き、Scripting タブを開く

2 メニューからテンプレートを選択

テキストエディターのメニューから、「テンプレート→ Python → Addon Add Object」を選択すると、テキストデータとして addon_add_object.py が作成されます。

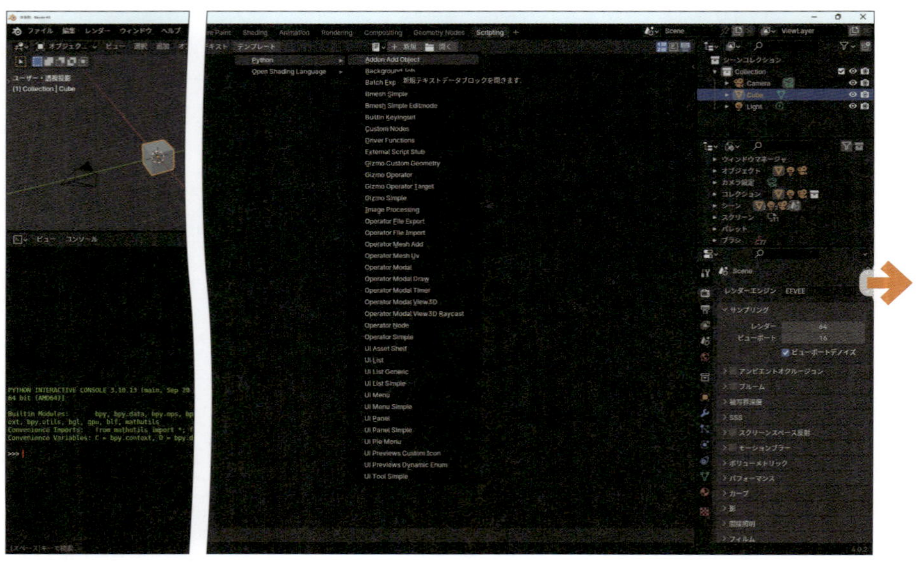

図2-2-1 テンプレート「addon_add_object.py」を作成

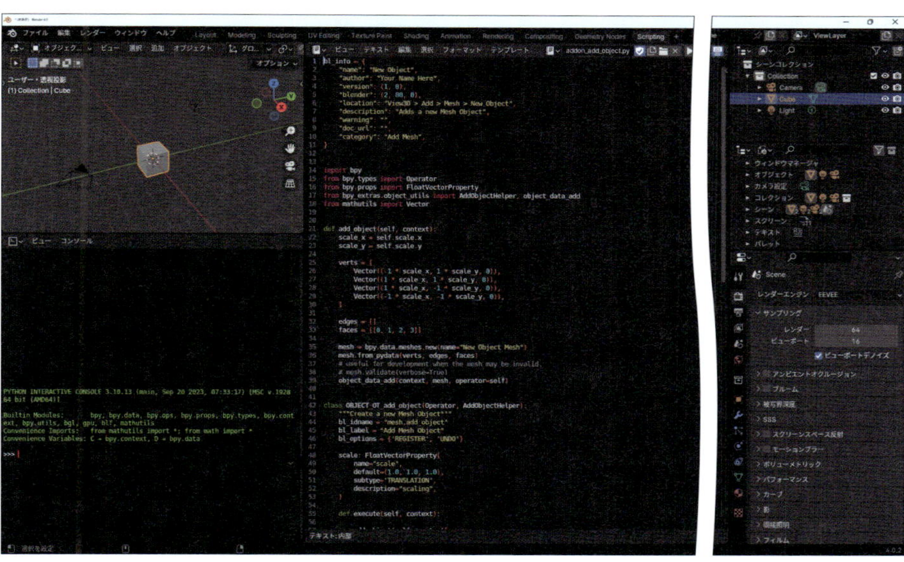

図2-2-1 テンプレート「addon_add_object.py」を作成

リスト addon_add_object.py

```
bl_info = {
    "name": "New Object",
    "author": "Your Name Here",
    "version": (1, 0),
    "blender": (2, 80, 0),
    "location": "View3D > Add > Mesh > New Object",
    "description": "Adds a new Mesh Object",
    "warning": "",
    "doc_url": "",
    "category": "Add Mesh",
}


import bpy
from bpy.types import Operator
from bpy.props import FloatVectorProperty
from bpy_extras.object_utils import AddObjectHelper, object_data_add
from mathutils import Vector

def add_object(self, context):
    scale_x = self.scale.x
    scale_y = self.scale.y

    verts = [
        Vector((-1 * scale_x, 1 * scale_y, 0)),
        Vector((1 * scale_x, 1 * scale_y, 0)),
        Vector((1 * scale_x, -1 * scale_y, 0)),
        Vector((-1 * scale_x, -1 * scale_y, 0)),
    ]

    edges = []
```

```
    faces = [[0, 1, 2, 3]]

    mesh = bpy.data.meshes.new(name="New Object Mesh")
    mesh.from_pydata(verts, edges, faces)
    # useful for development when the mesh may be invalid.
    # mesh.validate(verbose=True)
    object_data_add(context, mesh, operator=self)

class OBJECT_OT_add_object(Operator, AddObjectHelper):
    """Create a new Mesh Object"""
    bl_idname = "mesh.add_object"
    bl_label = "Add Mesh Object"
    bl_options = {'REGISTER', 'UNDO'}

    scale: FloatVectorProperty(
        name="scale",
        default=(1.0, 1.0, 1.0),
        subtype='TRANSLATION',
        description="scaling",
    )

    def execute(self, context):

        add_object(self, context)

        return {'FINISHED'}

# Registration

def add_object_button(self, context):
    self.layout.operator(
        OBJECT_OT_add_object.bl_idname,
        text="Add Object",
        icon='PLUGIN')

# This allows you to right click on a button and link to documentation
def add_object_manual_map():
    url_manual_prefix = "https://docs.blender.org/manual/en/latest/"
    url_manual_mapping = (
        ("bpy.ops.mesh.add_object", "scene_layout/object/types.html"),
    )
    return url_manual_prefix, url_manual_mapping

def register():
    bpy.utils.register_class(OBJECT_OT_add_object)
    bpy.utils.register_manual_map(add_object_manual_map)
    bpy.types.VIEW3D_MT_mesh_add.append(add_object_button)

def unregister():
    bpy.utils.unregister_class(OBJECT_OT_add_object)
    bpy.utils.unregister_manual_map(add_object_manual_map)
    bpy.types.VIEW3D_MT_mesh_add.remove(add_object_button)

if __name__ == "__main__":
    register()
```

Addon 情報

Addon 冒頭には、以下のようなデータが格納されています。

```
bl_info = {
    "name": "New Object",
    "author": "Your Name Here",
    "version": (1, 0),
    "blender": (2, 80, 0),
    "location": "View3D > Add > Mesh > New Object",
    "description": "Adds a new Mesh Object",
    "warning": "",
    "doc_url": "",
    "category": "Add Mesh",
}
```

このデータは、この Addon が何なのか、どのような Addon なのかという概略を示しています。ここに登録されたデータは、Addon 管理画面での詳細表示に使用されます。

各項目の内容は、表のとおりです。Addon 作成時は、これらの内容を適切に設定する必要があります。

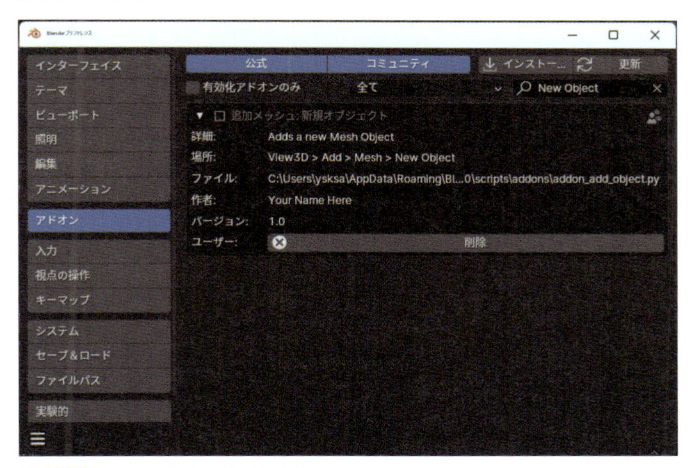

図2-2-2 Addonの管理画面の詳細表示

表2-2-1 Addonの設定項目

項目	設定内容
name	Addon名
author	Addon開発者名
version	Addon自体のバージョン
blender	Addonが対応しているBlenderのバージョン
location	UI上でAddonの機能が配置されている場所
description	Addonの説明
warning	開発中であるなど、注意事項があれば記入
doc_url	Addonの使用方法などのドキュメントをWebに設置してあれば、それを記入
category	Addon管理画面上でのカテゴリ

機能の登録

Addon で作成した機能は、Blender に登録しなければ使えません。登録処理は、register() 関数に記述します。register() は、Addon が有効化されるたびに呼び出されます。

```
def register():
    bpy.utils.register_class(OBJECT_OT_add_object)
    bpy.utils.register_manual_map(add_object_manual_map)
    bpy.types.VIEW3D_MT_mesh_add.append(add_object_button)
```

以降で解説するオペレーターやパネルなどの機能の登録は、bpy.utils.register_class() によって行います。引数としてクラスを与えることで、Blender への機能登録を行えます。

上記の例ではほかにも、右クリックメニューの登録やメニューの追加などさまざまな処理を行っています。

最下部のこちらのコードは、Addon が有効化された際に登録処理が行われるために必須となっています。

```
if __name__ == "__main__":
  register()
```


機能の登録解除

Addon が無効化された際のために、Addon 機能を取り除く処理を記述する必要があります。登録解除処理は、unregister() 関数に記述します。unregister() は、Addon が無効化されるたびに呼び出されます。

```
def unregister():
    bpy.utils.unregister_class(OBJECT_OT_add_object)
    bpy.utils.unregister_manual_map(add_object_manual_map)
    bpy.types.VIEW3D_MT_mesh_add.remove(add_object_button)
```

オペレーターやパネルなどの機能の登録解除は、bpy.utils.unregister_class() によって行います。引数としてクラスを与えることで、Blender からの機能登録解除を行えます。

上記の例ではほかにも、右クリックメニューやメニューの登録解除などさまざまな処理を行っています。

2-3 Addon の基本要素

Addon の必須構造がわかったところで、Addon 作成で必要となる基本要素について解説します。

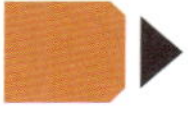

オペレーターとは

オペレーターは、Addon の極めて基本的な要素です。Blender で呼び出される機能は、ほとんどがオペレーターです。Addonでは、それを自分自身で実装することができます。
作成したオペレーターは、スクリプトやコンソールから呼び出すこともできますし、UIのパネル上にボタンを設置し、ボタンを押すことで実行することもできます。

オペレーターの構造

オペレーターはクラスとして定義され、一定の構造を持ちます。あらかじめ定義されている「bpy.types.Operator」というクラスを継承し、いろいろなプロパティやメソッドを自身で定義することで作成します。
サンプルとして「addon_add_object.py」のコードを示します。

```
class OBJECT_OT_add_object(Operator, AddObjectHelper):
    """Create a new Mesh Object"""
    bl_idname = "mesh.add_object"
    bl_label = "Add Mesh Object"
    bl_options = {'REGISTER', 'UNDO'}

    scale: FloatVectorProperty(
        name="scale",
        default=(1.0, 1.0, 1.0),
        subtype='TRANSLATION',
        description="scaling",
    )

    def execute(self, context):

        add_object(self, context)

        return {'FINISHED'}
```

クラス名

クラス名は、以下のような書式で定義します。

オペレーターのカテゴリを示す識別名（英大文字）_OT_オペレーターの機能を示す名前（英小文字）

サンプルの「OBJECT_OT_add_object」がこれに該当します。オペレーターの命名はBlenderにチェックされており、ルールから外れると注意されます。

bpy.types.Operatorの継承

オペレータークラスでは、必ず「bpy.types.Operator」を継承する必要があります。オペレーターの基本的な機能が定義されているため、これを継承しなければオペレーターとして機能することができません。
サンプルでは「bpy_extras.object_utils.AddObjectHelper」も継承していますが、これは必須ではありません。

▶ 各種プロパティ

オペレーターの名称や基本的な挙動を設定するために、いくつかのプロパティを設定する必要があります。

```
    """Create a new Mesh Object"""
    bl_idname = "mesh.add_object"
    bl_label = "Add Mesh Object"
```

• クラス名直後の行の文字列

オペレーターの説明を記述します。コンソールで関数のヘルプを出したときや、ツールチップでの説明表示に使用されます。

• bl_idname

オペレーターの ID 名を設定します。「カテゴリ . 機能名」の形式で記述します。これはそのまま Python でのオペレーター呼び出しに使用され、「bpy.ops. カテゴリ . 機能名 ()」という形で呼び出すことができます。

• bl_label

ボタンやインターフェイス上で表示される文字列です。日本語も使用することができます。

なお、ここで説明しなかった「bl_options」などは必須ではありません。

▶ オペレーターの本体

「execute()」が、オペレーターの本体部分です。ここに実際の処理を記述します。

```
    def execute(self, context):

        add_object(self, context)

        return {'FINISHED'}
```

Blender がオペレーションの成否を判断するために、execute() は実行後に、正常終了なら「{'FINISHED'}」、エラーなどで停止した際は「{'CANCELLED'}」を返す必要があります。

▶ メッセージ表示

「report()」は、UI 上でメッセージを表示する手段です。よくエラーが出た際にポップアップが出たり、情報エリアに出力が出ますが、これは report() によるものです。report() はよく execute() 内で情報表示をする際に使われます。

print() との使い分けとしては、print() は開発者のみが見る情報、report() はユーザーが見る情報で使用します。

```
report(type, message)
```

機能：UI 上でメッセージを表示

引数：type　{"INFO"}、{"WARNING"}、{"ERROR"} などの enum set
　　message　string：表示するメッセージ（必須）

返り値：なし

```
    def execute(self, context):

        self.report({"INFO"}, "テスト表示です")

        return {'FINISHED'}
```

2-4 パネルの作成

パネルは、Blender のインターフェイスを定義します。ボタンやアイコン、枠付きのボックスなどを作ることができます。Blender の既存のインターフェイスに追加する形で、さまざまな場所に設置することが可能です。

パネルのサンプル

パネルを理解するのに役立つサンプルを確認しておきましょう。パネルのサンプルはテキストエディターの「テンプレート→ Python → UI Panel」から作成することができます。

作成すると、テキストエディターに「ui_panel.py」が作成されます。

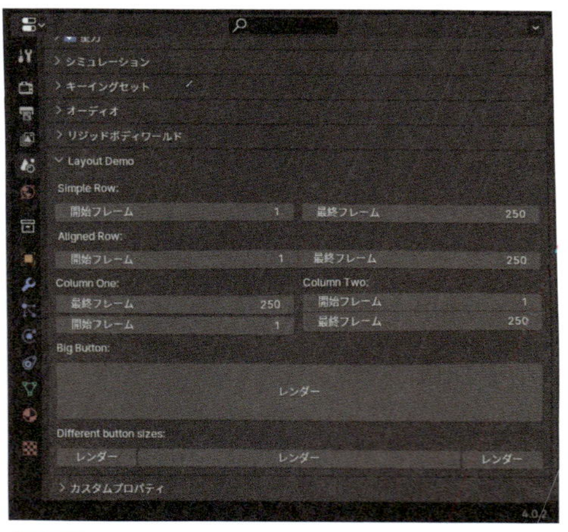

図2-4-1 パネルの表示例

リスト ui_panel.py

```
import bpy

class LayoutDemoPanel(bpy.types.Panel):
    """Creates a Panel in the scene context of the properties editor"""
    bl_label = "Layout Demo"
    bl_idname = "SCENE_PT_layout"
    bl_space_type = 'PROPERTIES'
    bl_region_type = 'WINDOW'
    bl_context = "scene"

    def draw(self, context):
        layout = self.layout
```

```
        scene = context.scene

        # Create a simple row.
        layout.label(text="Simple Row:")

        row = layout.row()
        row.prop(scene, "frame_start")
        row.prop(scene, "frame_end")

        # Create an row where the buttons are aligned to each other.
        layout.label(text="Aligned Row:")

        row = layout.row(align=True)
        row.prop(scene, "frame_start")
        row.prop(scene, "frame_end")

        # Create two columns, by using a split layout.
        split = layout.split()

        # First column
        col = split.column()
        col.label(text="Column One:")
        col.prop(scene, "frame_end")
        col.prop(scene, "frame_start")

        # Second column, aligned
        col = split.column(align=True)
        col.label(text="Column Two:")
        col.prop(scene, "frame_start")
        col.prop(scene, "frame_end")

        # Big render button
        layout.label(text="Big Button:")
        row = layout.row()
        row.scale_y = 3.0
        row.operator("render.render")

        # Different sizes in a row
        layout.label(text="Different button sizes:")
        row = layout.row(align=True)
        row.operator("render.render")

        sub = row.row()
        sub.scale_x = 2.0
        sub.operator("render.render")

        row.operator("render.render")

def register():
    bpy.utils.register_class(LayoutDemoPanel)
```

```
def unregister():
    bpy.utils.unregister_class(LayoutDemoPanel)

if __name__ == "__main__":
    register()
```

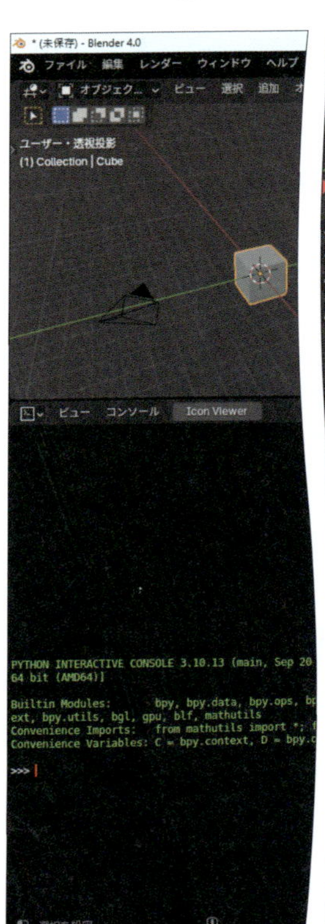

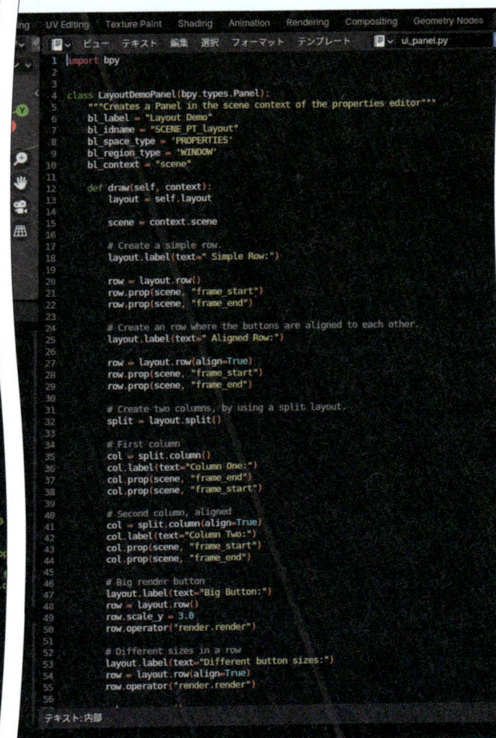

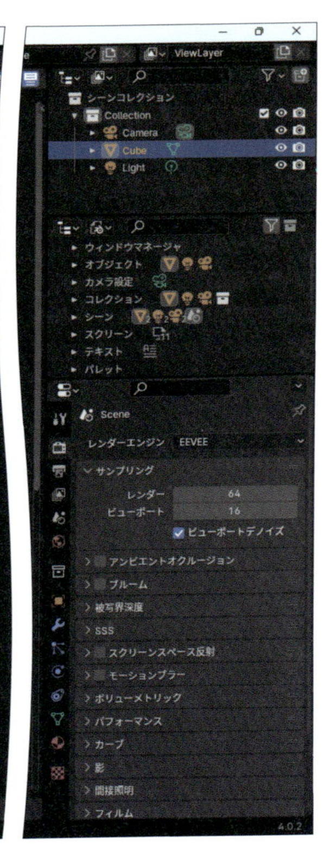

図2-4-2 テンプレート「ui_panel.py」を作成

パネルの構造

パネルの構成要素を見ていきましょう。

クラス名

クラス名は、以下のような書式で定義します。

パネルのカテゴリを示す識別名(英大文字)_PT_パネルの機能を示す名前(英小文字)

パネルの命名はBlenderにチェックされており、ルールから外れると注意されます。サンプルのLayoutDemoPanelはこのルールから外れており、実行してシステムコンソールを見てみると警告が表示されます。

なぜサンプルがルールから外れているかについては、単純にサンプルが作成された時期が古く、また警告はされますが、機能するために放置されているからと思われます。このサンプルは、ほかの部分については問題なく機能します。

▶ bpy.types.Panel の継承

パネルクラスでは、必ず「bpy.types.Panel」を継承する必要があります。パネルの基本的な機能が定義されているため、これを継承しなければパネルとして機能することができません。

▶ 各種プロパティ

パネルの名称や基本的な挙動を設定するために、いくつかのプロパティを設定する必要があります。また、いくつかのプロパティはパネルの設置場所を決定するため、非常に重要です。

```
    """Creates a Panel in the scene context of the properties editor"""
    bl_label = "Layout Demo"
    bl_idname = "SCENE_PT_layout"
    bl_space_type = 'PROPERTIES'
    bl_region_type = 'WINDOW'
    bl_context = "scene"
```

- **クラス名直後の行の文字列**

  パネルの説明を記述します。

- **bl_idname**

  パネルの ID 名を設定します。「カテゴリ _PT_ パネル名」の形式で記述します。クラス名と同じ規則です。クラス名と同一にしてしまって問題ないでしょう。

- **bl_space_type**

  表示させるスペースのタイプです。スペースのタイプというとわかりませんが、3D ビューやプロパティのようなエリアタイプのことです。

- **bl_region_type**

  エリア内の表示場所です。

- **bl_context**

  パネルが描画されるかどうかを、コンテクストで限定します。ただし、これは使用可能な値がドキュメントされていません。省略しても単にパネルが常時表示されるだけですので、省略することをおすすめします。

▶ bl_space_type に使える値

bl_space_type は、以下の表のとおりです。この情報は、以下の公式サイトに列挙されています。

- Blender Python API ｜ Space Type Items
  https://docs.blender.org/api/current/bpy_types_enum_items/space_type_items.html

表2-4-1 bl_space_typeの設定

分類	設定値	配置場所
一般	VIEW_3D	3Dビューポート
	IMAGE_EDITOR	UV/イメージエディター
	NODE_EDITOR	ノードエディター
	SEQUENCE_EDITOR	ビデオシーケンサー
	CLIP_EDITOR	動画クリップエディター
Animation	DOPESHEET_EDITOR	ドープシート
	GRAPH_EDITOR	グラフエディター
	NLA_EDITOR	ノンリニアアニメーション
Scripting	TEXT_EDITOR	テキストエディター
	CONSOLE	Python コンソール
	INFO	情報
	TOPBAR	トップバー
	STATUSBAR	ステータスバー
Data	OUTLINER	アウトライナー
	PROPERTIES	プロパティ
	FILE_BROWSER	ファイルブラウザー
	SPREADSHEET	スプレッドシート
	PREFERENCES	プリファレンス

▶ bl_region_type に使える値

bl_region_type は、以下の表のとおりです。この情報は、以下の公式サイトに列挙されています。

- Blender Python API ｜ Region Type Items
  https://docs.blender.org/api/current/bpy_types_enum_items/region_type_items.html

表2-4-2 bl_space_typeの設定

設定値	タイプ
WINDOW	ウィンドウ
HEADER	ヘッダ
CHANNELS	チャンネル
TEMPORARY	テンポラリ
UI	サイドバー
TOOLS	ツール
TOOL_PROPS	ツールプロパティ
ASSET_SHELF	アセットシェルフ

設定値	タイプ
ASSET_SHELF_HEADER	アセットシェルフヘッダー
PREVIEW	プレビュー
HUD	フロート領域
NAVIGATION_BAR	ナビゲーションバー
EXECUTE	実行ボタン
FOOTER	フッター
TOOL_HEADER	ツールヘッダー
XR	XR

▶ draw()

draw() が、パネルの本体部分です。ここにパネル内の表示処理を記述します。このメソッドは、特に返り値を持ちません。

一番特徴的な要素は「self.layout」です。描画要素はすべて、self.layout が持つメソッドで作成していきます。

```
    def draw(self, context):
        layout = self.layout

        scene = context.scene

        # Create a simple row.
        layout.label(text="Simple Row:")

        row = layout.row()
        row.prop(scene, "frame_start")
        row.prop(scene, "frame_end")

        # Create an row where the buttons are aligned to each other.
        layout.label(text="Aligned Row:")

        row = layout.row(align=True)
        row.prop(scene, "frame_start")
        row.prop(scene, "frame_end")

        # Create two columns, by using a split layout.
        split = layout.split()

        # First column
        col = split.column()
        col.label(text="Column One:")
        col.prop(scene, "frame_end")
        col.prop(scene, "frame_start")

        # Second column, aligned
        col = split.column(align=True)
        col.label(text="Column Two:")
        col.prop(scene, "frame_start")
        col.prop(scene, "frame_end" )

        # Big render button
        layout.label(text=" Big Button:" )
        row = layout.row()
        row.scale_y = 3.0
        row.operator("render.render")

        # Different sizes in a row
        layout.label(text="Different button sizes:")
        row = layout.row(align=True)
```

```
        row.operator("render.render")

        sub = row.row()
        sub.scale_x = 2.0
        sub.operator("render.render")

        row.operator("render.render")
```

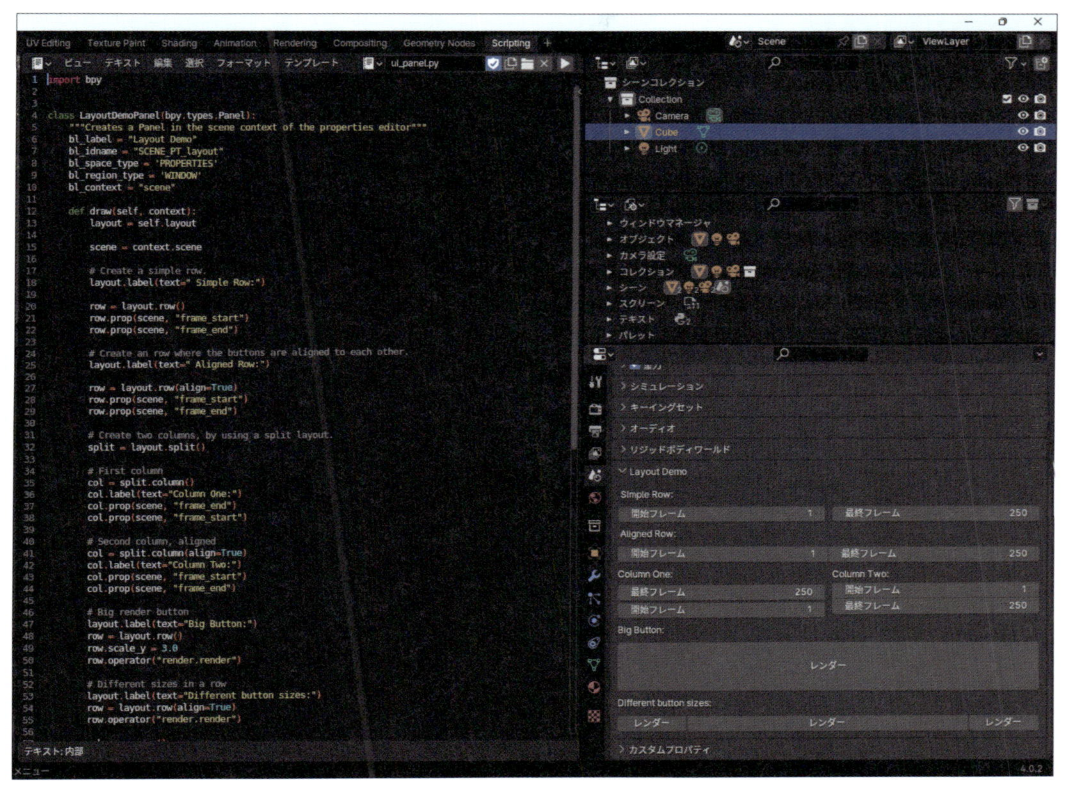

図2-4-3 サンプルで設定されたパネル

▶ bpy.types.UILayout

draw() で使用するインターフェイスは、bpy.types.UILayout インスタンスのメソッドから作成します。このインスタンスは、draw() の引数（self.layout）として渡されたものを使用します。

また、レイアウトをさらに縦横に区切ったりする際にも、UILayout インスタンスが返され、その中で再帰的にレイアウトを構成することができます。

• operator()

operator() で、パネルにオペレーターのボタンを描画します。ラベルを指定したり、アイコンを指定することができます。

```
operator(operator, text='' , text_ctxt='' , translate=True,
icon='NONE' , emboss=True, depress=False, icon_value=0)
```

機能　：ボタンの描画

引数　：operator　string：オペレーターの識別子（必須）。bpy.ops. 以降の文字列を指定

text_ctext　string：翻訳テキストを指定（オプション）

translate　boolean：翻訳の有効／無効（オプション）

icon　string：ボタン横に表示するアイコンを指定（オプション）

emboss　boolean：アイコン／テキストだけでなく、ボタン自体を描画（オプション）

depress　boolean：押された状態で描画（オプション）

icon_value　int：ボタン横に表示するアイコンを指定（オプション）

返り値：なし

• prop()

prop() は、指定したデータのプロパティを入力欄として表示します。オプションの引数の解説は、省略します。

```
prop(data, property, text='' , text_ctxt='' , translate=True,
icon='NONE' , expand=False, slider=False, toggle=-1, icon_
only=False, event=False, full_event=False, emboss=True,
index=-1, icon_value=0, invert_checkbox=False)
```

機能　：入力欄の表示

引数　：data　表示したいプロパティを保持しているデータを指定

property　string：プロパティ名を指定（必須）

返り値：なし

• label()

label() は、テキストを配置します。オプションの引数の解説は、省略します。

```
label(text='' , text_ctxt='' , translate=True, icon='NONE' ,
icon_value=0)
```

機能　：テキストの表示

引数　：text　表示したいテキストを指定

返り値：なし

• row()

row() は、行方向（左右方向）にサブレイアウトを追加します。返り値はサブレイアウトの UILayout インスタンスです。一部のオプションの解説は、省略します。

```
row(align=False, heading='' , heading_ctxt='' , translate=True)
```

機能　：行方向のサブレイアウトを追加
引数　：align　boolean：True だと要素同士がくっつく（オプション）
返り値：UILayout

• column()

column() は、列方向（上下方向）にサブレイアウトを追加します。返り値はサブレイアウトの UILayout インスタンスです。一部のオプションの解説は、省略します。

```
column(align=False, heading='' , heading_ctxt='' ,
translate=True)
```

機能　：列方向のサブレイアウトを追加
引数　：align　boolean：True だと要素同士がくっつく（オプション）
返り値：UILayout

• split()

split() は、スプリットレイアウトを作成します。左右方向にレイアウトを分割できます。返り値はサブレイアウトの UILayout インスタンスです。

```
split(factor=0.0, align=False)
```

機能　：スプリットレイアウトの作成
引数　：factor　float：幅の比率を指定（オプション）
　　　　align　boolean：ボタンなどがくっつく（オプション）
返り値：UILayout

• box()

box() は、要素を囲うグレーのボックスを作成します。引数はありません。返り値はサブレイアウトの UILayout インスタンスです。

```
box()
```

機能　：要素を囲うグレーボックスの作成
返り値：UILayout

• scale_x、scale_y

scale_x、scale_y は、レイアウト内の要素のサイズをスケールさせます。

2-5 アイコンのリスト

インターフェイスで使えるアイコンは、公式リファレンスにもリストがありますが、ものすごく膨大な量があります。しかもリファレンスでは文字列のみが表示されており、どれがどのアイコンなのかは実際に試してみないとわかりません。

そこで、標準アドオンに「Icon Viewer」というものが用意されています。メニューから「編集→プリファレンス」でプリファレンス画面を起動し、「アドオン」タブで Icon Viewer を検索しチェックボックスをオンにして有効化します。

すると、テキストエディター右端のアイコンのパネル内に「Dev」というタブが出現します。この中に「Icon Viewer」という項目があり、開いてみるとすべてのアイコンが表示されています。

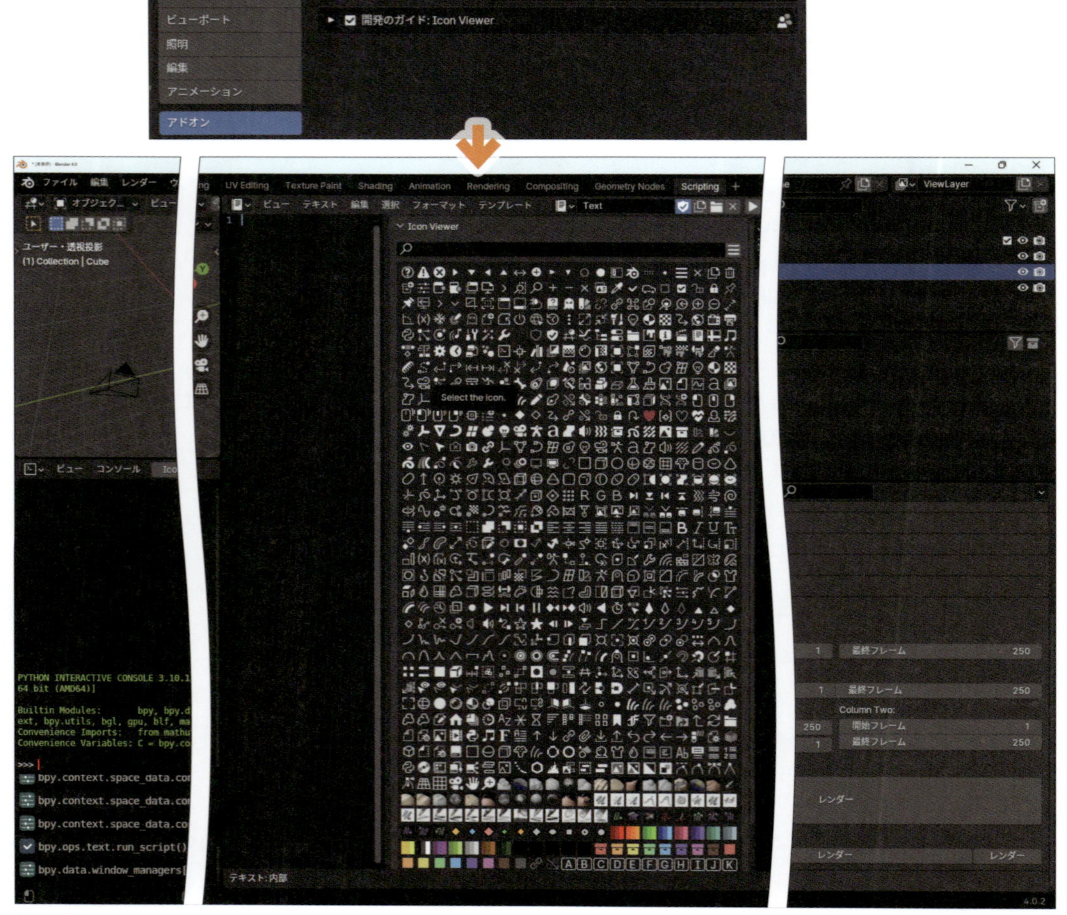

図2-5-1 Icon Viewerの起動

この中のアイコンをクリックすると、アイコン名がクリップボードにコピーされます。アイコン名に心あたりがある場合は、上部の検索バーから検索することができます。

図2-5-2 名前からアイコンを検索する

ソリッドなモデルのスキニングを自動化するAddonの作成

これまでの章でAddonの概要や基本要素がわかったので、この章では実際にAddonを開発してみましょう。

3-1 作成するAddonの概要

前述したようにAddonは、構造的に単一スクリプトのものと、複数スクリプトで構成するものとに分けられますが、今回はまずは単一スクリプトにすべてのコードを記述して開発を行ってみます。その後、そのコードを分解して複数スクリプトでの構成に変更してみます。

解説の都合上このような手順にしていますが、実際の開発ではいきなり複数スクリプトで作り始めても問題ありません。

Addonは、繰り返しが面倒な作業を自動化するのにうってつけです。そこで今回は、ロボットのようなモデルのスキニングについて考えてみます。ロボットは、基本的にはほとんどのパーツが変形しない堅いものでできています。

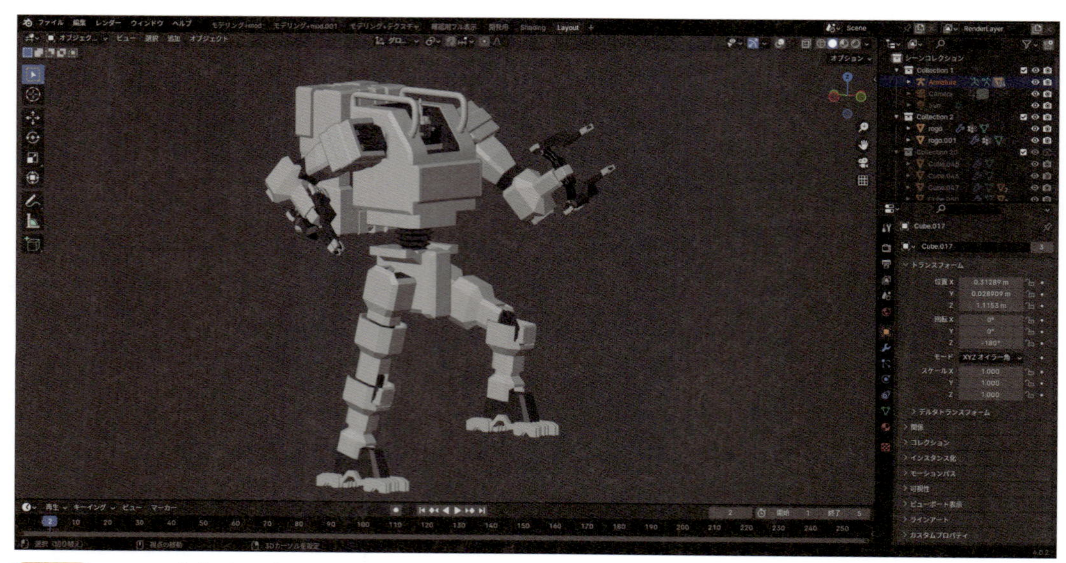

図3-1-1 Blenderで作成したロボットの例

ロボットのスキニングを手動でやろうとした場合、すべての頂点にぴったり100%のウェイトをペイントする、というのはなかなか面倒です。また、頂点グループのほうから数値で設定する、というのもかなり面倒な作業です。パーツが多ければ多いほど単純に労力が増え、なかなかに悩ましい課題です。

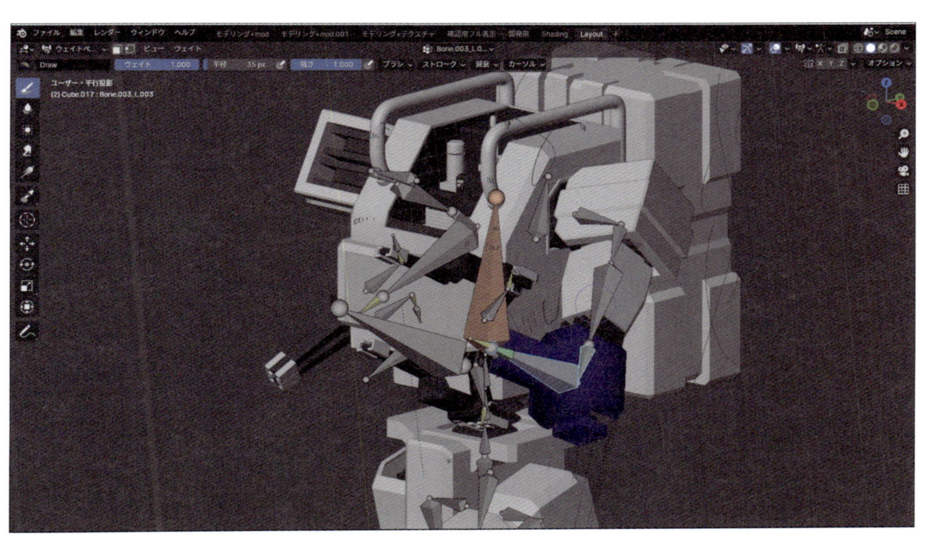

図3-1-2 手動でのスキニング設定

しかし概観してみれば、微妙なウェイト調整も特になく各パーツもだいたいボーンに1対1対応するような配置になっていますし、何よりウェイトの割当作業はかなり単調な繰り返し作業なので、何となく自動化できそうな気がします。

モデリングの際､基本的に各パーツごとにオブジェクトを分割して作ることになります。このオブジェクトにそのまま、指定したボーンのウェイトを付けることができたら、簡単に自動化できそうです。

また､さらに考えると､スキニングは基本的に最終的にモデルのルックが完成して､メッシュを統合してゲームエンジンなどに出力する際に行います。モデリング時は、スキニングよりもボーン相対を使用して様子を見ることが多いのではないでしょうか。

ボーン相対は、ペアレントが必ず1つのボーンが設定されるわけですから、この情報を使えば簡単そうです。以降では、そのようなAddonを開発してみましょう。Addon名はロボットをスキニングするツールということで、「Robot Skinner」とします。

まとめると、以下のような要件になりそうです。

- ボーン相対されているオブジェクトのウェイトを該当ボーンに対して100%で設定する機能

また上記に付随して、利便性のために以下のような要件も設定します。

- 二重変形を回避するため、ボーン相対は解除する
- アクティブなアーマチュアの子オブジェクトを一括で処理する
- メッシュにほかのボーンのウェイトが設定されていたら、ウェイトを削除する

3-2 単一スクリプトで作る Addon

まずは、単一スクリプトで Addon を構築していきます。

スクリプトの準備

まずは、Addon 用のスクリプトを用意します。Blender の Addon フォルダに、「robot_skinner.py」というテキストファイルを作成します。そして、以下の内容を入力します。これは前章の「addon_add_object.py」から不要な部分を削除して作ったスケルトンです。

```
bl_info = {
    "name" : "",
    "author" : "",
    "version" : (1, 0),
    "blender" : (2, 80, 0),
    "location": "",
    "description" : "",
    "warning": "",
    "doc_url": "",
    "category": "",
}

import bpy

def register():
    pass

def unregister():
    pass

if __name__ == "__main__":
    register()
```

bl_info の編集

まずは、bl_info を適切に設定しましょう。

```
bl_info = {
    "name": "Robot Skinner",
    "author": "あなたの名前",
```

```
    "version" : (1, 0),
    "blender" : (4, 0, 0),
    "location" : "View3D > Sidebar > Robot Skinner",
    "description": "相対ペアレントからロボット的なスキニングを行います",
    "category": "Mesh",
}
```

表3-2-1 Robot Skinnerのbl_infoの設定

項目	設定内容
name	Addon名を入力
author	作者であるあなたの名前を入力
version	新規作成なので「1.0」にしておく
blender	開発に使用している、現在の最新バージョンを入力
location	今回は3Dビューのサイドバー内にパネルを設置
description	わかりやすい説明を入力
category	スキニングカテゴリが見当たらなかったので、とりあえず一番近い「Mesh」を指定

Addon を有効化する

メニューから「編集→プリファレンス」から、「アドオン」タブを開きます。作成したアドオンを読み込ませるため、「更新」をクリックします。適切に作成できていれば、検索欄に「Robot Skinner」と入れると、「メッシュ：Robot Skinner」が表示されます。

チェックを入れて有効化します。まだ中身を何も作っていないので、特に何も起こりません。

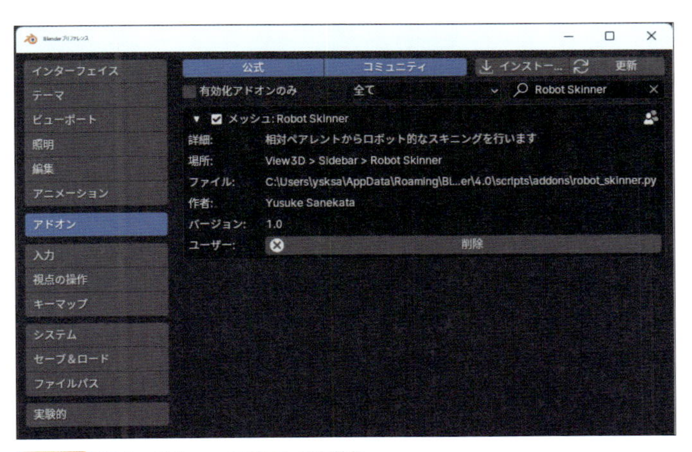

図3-2-1 「Robot Skinner」アドオンの有効化

パネルの作成

ツールを配置するためのパネルを作成します。import bpy の次の行に、以下のコードを入力します。

```
class ROBOTSKINNER_PT_main_panel(bpy.types.Panel):
    bl_idname = "ROBOTSKINNER_PT_main_panel"
    bl_label = "Robot Skinner"
    bl_space_type = "VIEW_3D"
    bl_region_type = "UI"
    bl_category = "Robot Skinner"

    def draw(self, context):
        layout = self.layout
```

カテゴリ名は、Addon 名と同一にしてあります。また、パネル名はメインのパネルであるので「main_panel」としてあります。3D ビュー内で表示したいので「bl_space_type ="VIEW_3D"」、サイドバー内に表示したいので「bl_region_type ="UI"」としてあります。

bl_category は任意の値に設定できます。これはサイドバー内のタブ名になります。今回は Addon 名と同一にしてあります。

次に、パネルを Blender に登録します。register() を以下のように変更します。また、登録解除処理も記述しておきます。

```
def register():
    bpy.utils.register_class(ROBOTSKINNER_PT_main_panel)

def unregister():
    bpy.utils.unregister_class(ROBOTSKINNER_PT_main_panel)
```

コードを保存して Blender を起動してみると、3D ビューのサイドバー上に新しいパネルが追加されています。

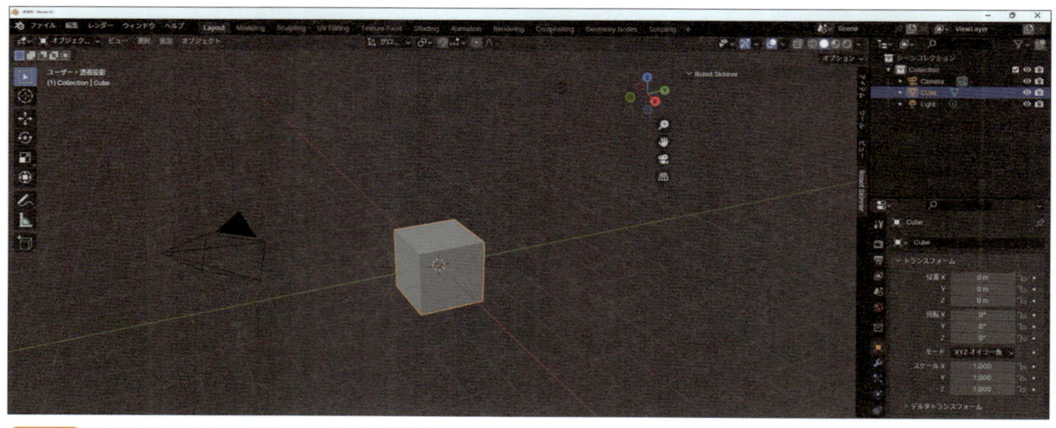

図3-2-2 サイドバーにAddonが表示されることを確認

オペレーターの作成

スキニング処理を実行するためのオペレーターを作成します。まずは概観的な動作を確認するため、実際の動作は実装しません。パネルの次に、以下のコードを入力します。

```
class ROBOTSKINNER_OT_robot_skinning(bpy.types.Operator):
    bl_idname = "robotskinner.robot_skinning"
    bl_label = "ロボットスキニング"
    bl_description = "アーマチュアを指定して、相対ペアレントメッシュをロボット的にスキ
ニングします"
    bl_options = {"REGISTER", "UNDO"}

    def execute(self, context):
        print("robot_skinning execute")
        return {"FINISHED"}
```

ロボット的なスキニングということで名称は、「robot_skinning」としています。「bl_options = {"REGISTER", "UNDO"}」の REGISTER はオペレーターを登録して呼び出し可能にする設定、UNDO は操作をヒストリーに登録して「元に戻す」を可能にする設定です。

次に、オペレーターを Blender に登録します。register() に以下のように追記します。また、登録解除処理も記述しておきます。

```
def register():
    bpy.utils.register_class(ROBOTSKINNER_PT_main_panel)
    bpy.utils.register_class(ROBOTSKINNER_OT_robot_skinning)

def unregister():
    bpy.utils.unregister_class(ROBOTSKINNER_PT_main_panel)
    bpy.utils.unregister_class(ROBOTSKINNER_OT_robot_skinning)
```

Blender を起動してコンソールで「bpy.ops.robotskinner.robot_skinning()」と入力すると、以下のように出力され、動作していることがわかります。

```
robot_skinning execute
{'FINISHED'}
```

パネルにオペレーターを配置する

登録したオペレーターをパネル上で呼び出すため、draw() メソッド内で配置処理を記述します。icon はそれっぽいアイコンを指定してあります。

```
def draw(self, context):
    layout = self.layout
    layout.operator("robotskinner.robot_skinning", icon="MESH_CUBE")
```

Blenderを起動すると、Robot Skinnerパネル内にボタンが配置されます（次ページの図3-2-3）。

オペレーターの処理部分を記述していないので、ボタンを押しても特に何も起こりません。print()のみ入れてあるので、「ウィンドウ→システムコンソール切り替え」をクリックすると、テキスト出力されている様子を見ることができます（次ページの図3-2-4）。

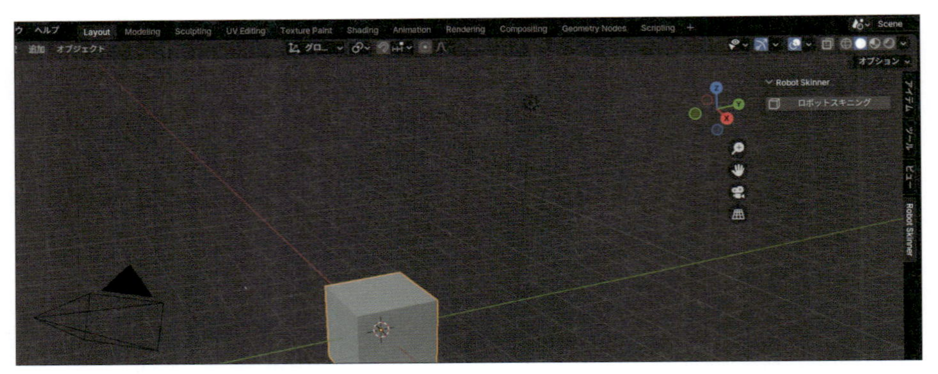

図3-2-3 パネル内にボタンが配置された

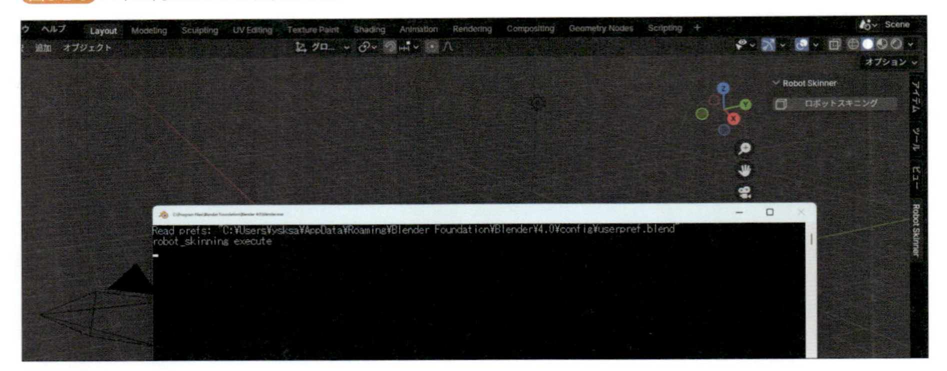

図3-2-4 テキスト出力がされていることを確認

テストデータの準備

今回のオペレーターのように、実行に特定の状況を想定している機能を開発する際は、あらかじめテスト用のファイルを準備しておくことをおすすめします。今回は「アーマチュアにパーツがボーン相対ペアレントで付いている」という状況を想定しているため、そのようなファイルをあらかじめ作っておきます。

図3-2-5 新規アーマチュアの作成

ファイルは「C:\My Test Project\robot_skinner_test.blend」に配置してください。このファイルには、簡単なロボットを模したデータを入れておきます。あくまでテスト用なので、概念的に正しければ造形は適当で大丈夫です。

3D ビュー上で、「追加→アーマチュア」で新規アーマチュアを作成します。編集モードで人形にしていきます。3D ビュー右上、X のアイコンで編集時の X ミラーを有効にできます。

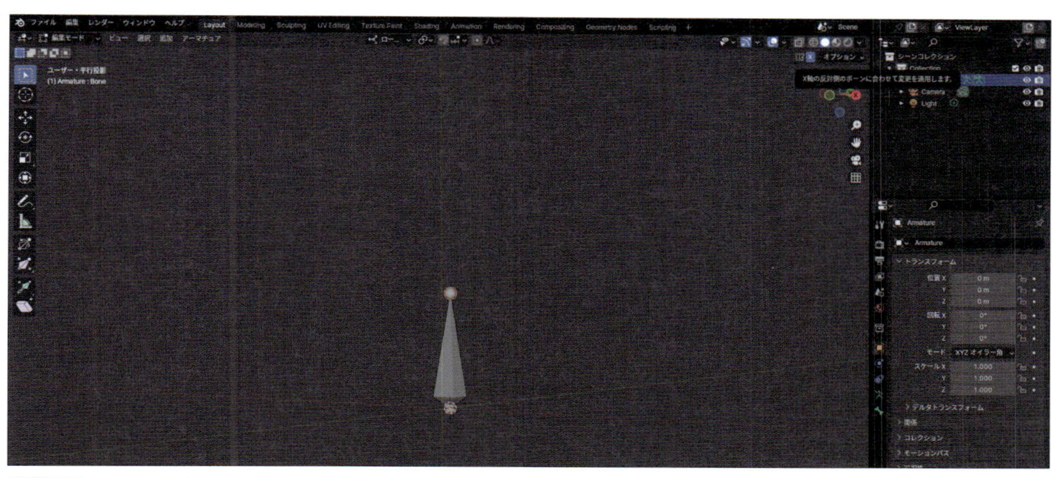

図3-2-6 Xミラーを有効化

「E」キーで押し出し、「Shift」+「E」キーで対称押し出しが可能です。簡単なロボットの骨格を作ります。

オブジェクトモードにします。「追加→メッシュ」から適当なメッシュを作成し、ロボットのパーツ状に配置します。

配置が完了したら、各パーツ１つずつページ下部の手順を実行し、ボーンにオブジェクトをくっつけていきます。

上記手順が完了したら、ポーズモードでボーンを動かしてみて、きちんとオブジェクトがボーンにくっついていることを確認します。

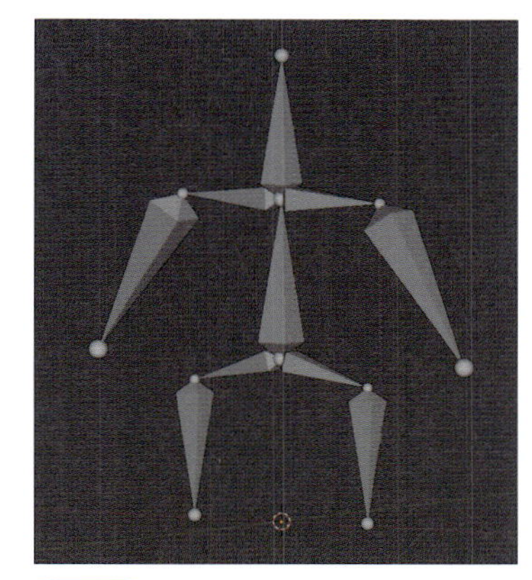

図3-2-7 ロボットの骨格を作成

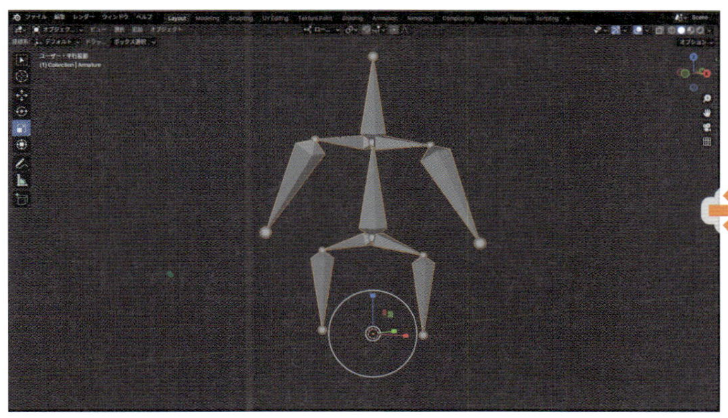

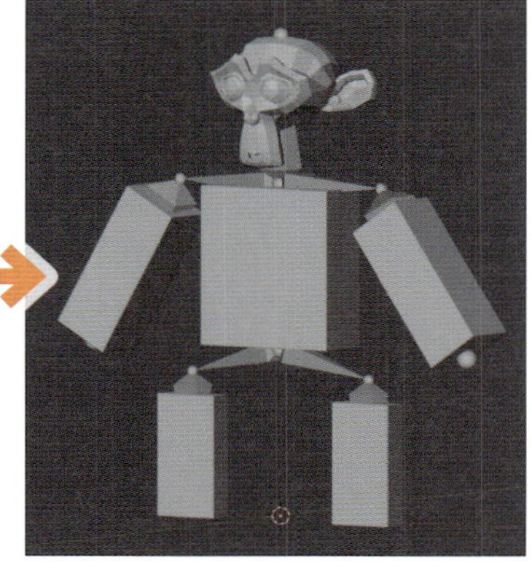

図3-2-8 メッシュをロボットのパーツ状に配置

① メッシュオブジェクトを選択し、「Shift」を押しながらアーマチュアを選択
② ポーズモードに入り、パーツの親となるボーンを選択
③「Ctrl」+「P」でペアレントメニューを表示し、ボーン相対を選択

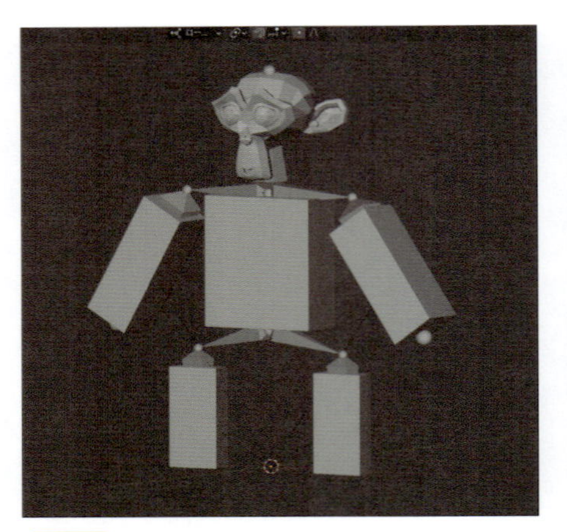

図3-2-9 ボーンを設定

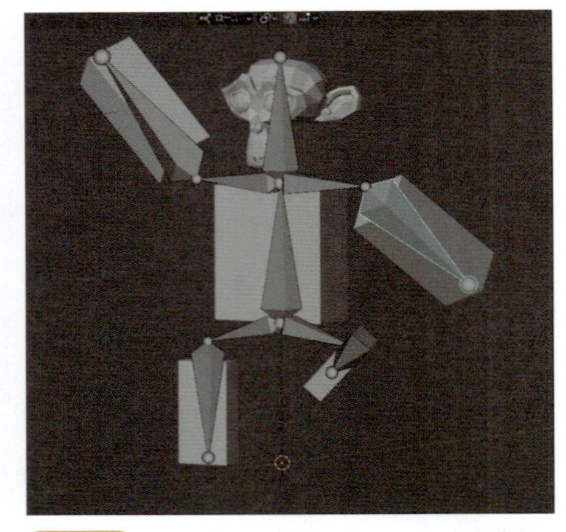

図3-2-10 正しくボーンが設定されていることを確認

問題なければ、ポーズモードで「A」キーを押してすべてのボーンを選択し、「Alt」+「G」→「Alt」+「R」→「Alt」+「S」のショートカットを順に押し、すべてのボーンのポーズを解除します。

あとは、ファイルを保存して完了です。

コマンドラインでテスト用コマンドを実行する

Addonの機能を確認するには、毎回Blenderを再起動してAddonのコードを再読み込みさせなければなりません。コーディング中の機能確認は、なるべく効率的に行いたいものです。

Blenderのコマンドラインオプションに「--python-expr」というものがあります。これは引数として与えられた文字列をPythonコマンドとして実行するオプションです。以下のように使用します。

```
blender --python-expr "Pythonコード"
```

これを使うと、テキスト出力で確認可能な項目については簡単に動作を確認することができます。この方法で見た目について確認することは困難ですが、多くの場合はある程度データで確認可能な機能を実装しているはずです。

見た目を確認しなければならない機能でも、多くの場合コーディングがその段階に達する前には、データ的な確認をする必要があります。また、最低限エラーがでないコードになっているか、という確認にも有用です。

試しに、先ほど作成したオペレーターの動作を確認してみましょう。コマンドラインに、以下のコードを入力します。

```
blender -b --python-expr "import bpy;bpy.ops.robotskinner.robot_
skinning()"
```

```
Blender 4.0.0 (hash 878f71061b8e built 2023-11-14 01:20:37)
(略)
robot_skinning execute
Blender quit
```

ROBOTSKINNER_OT_robot_skinning.execute() が、きちんと実行されていることがわかりました。このようなコマンドをメモしておけば、コマンドラインで簡単に確認することができます。こういった確認は各オペレーターごとにしたくなるので、オペレーターの定義の前の行あたりにコメントとして入れておくとたいへん便利です。

さらに、今回はテストデータがあるので、テストデータを読み込むコマンドを用意しておきます。

```
blender -b "C:\My Test Project\robot_skinner_test.blend" --python-expr
"import bpy;bpy.ops.robotskinner.robot_skinning()"
```

これをオペレーターの前の行あたりにコメントとして入れておけば、開発を中断しても簡単に再度確認ができるようになります。

```
# blender -b "C:\My Test Project\robot_skinner_test.blend" --python-expr
"import bpy;bpy.ops.robotskinner.robot_skinning()"

class ROBOTSKINNER_OT_robot_skinning(bpy.types.Operator):
    bl_idname = "robotskinner.robot_skinning"
    bl_label = "ロボットスキニング"
（略）
```

オペレーターの中身の作成

準備が整ったので、ようやくオペレーターの中身を作成していきます。今回行いたい処理は、以下の通りになります。

これらの処理を、ROBOTSKINNER_OT_robot_skinning.execute() 内に記述していきます。

- アクティブなアーマチュアを取得
- アーマチュアの子メッシュオブジェクトをすべて取得
- 各メッシュオブジェクトに対して
- 子メッシュオブジェクトがボーン相対でペアレントされているなら
  - 既存の頂点グループを削除する
  - 全頂点を親ボーンの頂点グループに入れ、ウェイト「1.0」を設定する
  - アーマチュアモディファイアを設定する
  - ボーン相対ではなく、オブジェクトのペアレントに切り替える

オブジェクトの取得と前処理

まずはアーマチュアの取得とその子オブジェクトの取得を行います。アーマチュアはアクティブなオブジェクトから取得します。

このとき、実際の使用時にはアクティブなオブジェクトがアーマチュアではなかったり、子オブジェクトがなかったり、さまざまな状況が想定されます。そのような動作対象外の

状況はあらかじめある程度判断して、エラーを発するようにしておきます。

```
def execute(self, context):
    print("robot_skinning execute")

    active = bpy.context.active_object
    if active is None or active.type != "ARMATURE":
        self.report(type={"ERROR"}, message="アーマチュアを選択してください")
        return {"CANCELLED"}

    children = active.children

    print("children", children, len(children))

    if len(children) == 0:
        self.report(type={"ERROR"}, message="アーマチュアの子オブジェクトがありま
せん")
        return {"CANCELLED"}
```

各メッシュの前処理

子オブジェクトを for ですべて処理していきます。この際も同様に、想定している状況かどうかを判定して、もし違ったらスキップしていきます。

```
    for child in children:
        print(child.name)

        if child.type != "MESH":
            print("""child.type != "MESH"""", child.type)
            continue

        if child.parent_type != "BONE" :
            print("""child.parent_type != "BONE" """, child.parent_type)
            continue

        bone_name = child.parent_bone
        if bone_name is None:
            print("bone_name is None")
            continue

        print("bone_name", bone_name)
```

ボーン相対でペアレントした場合、親ボーンの情報は「object.parent_bone」文字列として格納されています。頂点グループ名として使用するので、「bone_name」として回収しています。

頂点グループに関する機能

頂点グループに関する機能は、次の通りです。

▶ VertexGroups

VertexGroupsは、頂点グループのコレクションです。メッシュオブジェクトに「.vertex_groups」として格納されています。複数の頂点グループを管理しています。

• active

VertexGroup。アクティブな頂点グループです。

• active_index

int。アクティブな頂点グループのインデックスです。

• new()

new()で、新規頂点グループを作成します。

```
new(name='Group')
```

機能　：新規頂点グループの作成
引数　：name　頂点グループの名前
返り値：VertexGroup

• remove()

remove()は、指定された頂点グループを削除します。

```
remove(group)
```

機能　：指定された頂点グループの削除
引数　：group　VertexGroup：削除対象の頂点グループを指定（必須）
返り値：なし

• clear()

clear()は、すべての頂点グループを削除します。

```
clear()
```

機能　：すべての頂点グループの削除
返り値：なし

▶ VertexGroup

頂点グループのデータです。

• index

int。この頂点グループのインデックスです。

• lock_weight

boolean。頂点グループの相対的な重みを維持します。

1
2
3
4
5
6
7
8
9
10
11
12

• name

string。頂点グループの名称です。

• add()

add() は、頂点グループに頂点を追加し、ウェイトを設定します。複数の頂点を同時に登録できます。

add(index, weight, type)

機能　：頂点グループに頂点を追加
引数　：index　int のリスト：追加対象の頂点インデックスのリスト
weight　float：設定するウェイトです
type　"REPLACE"：ウェイトを置換、"ADD"：ウェイトを加算、"SUBTRACT"：ウェイトを減算
返り値：なし

• remove()

remove() は、指定した頂点のウェイトを削除します。

remove(index)

機能　：指定した頂点のウェイトを削除
引数　：index　int のリスト：削除対象の頂点インデックスのリスト
返り値：なし

• weight()

weight() は、指定した頂点のウェイトを取得します。

weight(index)

機能　：指定した頂点のウェイトを取得
引数　：index　頂点のインデックス
返り値：float

頂点グループの処理

頂点グループは、メッシュオブジェクト「vertex_groups」に格納されています。メッシュオブジェクトの頂点グループをクリアしたあと、ボーン名の頂点グループを作成しています。その後、各頂点をグループに所属させます。

```
                # メッシュの頂点グループをすべて削除
                child.vertex_groups.clear()

                # メッシュの頂点グループをアーマチュアのボーン名で作成
                vertex_group = child.vertex_groups.new(name=bone_name)
```

```
print("child.data.vertices", len(child.data.vertices))
# メッシュの頂点グループにウェイトを設定
for vertex in child.data.vertices:
    vertex_group.add([vertex.index], 1.0, "REPLACE")
```

モディファイアに関する機能

モディファイアに関する機能は、次の通りです。

ObjectModifiers

「ObjectModifiers」は、モディファイアのコレクションです。オブジェクトに「.modifiers」として格納されています。

• active

Modifier。リスト内でアクティブなモディファイアです。

• new()

new() は、新規モディファイアを作成します。

new(name, type)

機能　：新規モディファイアの作成
引数　：name　モディファイアの名前
　　　　　type　モディファイアの種類
返り値：Modifier。type で指定した Modifier の派生クラスが返る

• remove()

remove() は、指定されたモディファイアを削除します。

remove(modifier)

機能　：モディファイアの削除
引数　：modifier　Modifier：削除対象のモディファイアを指定（必須）
返り値：なし

• clear()

clear() は、すべてのモディファイアを削除します。

clear()

機能　：すべてのモディファイアの削除
返り値：なし

• move()

move() は、モディファイアの順番を変更します。

move(from_index, to_index)

機能　：モディファイアの順番を変更
引数　：from_index　動かしたいモディファイアのインデックス
　　　　　to_index　動かし先のモディファイアのインデックス
返り値：なし

▶ ArmatureModifier

アーマチュアモディファイア。各パラメータは UI で指定可能なものと同一です。

• invert_vertex_group

boolean。頂点グループの影響を逆転させます。

• object

Object。デフォームに使用するアーマチュアオブジェクトです。

• use_bone_envelopes

boolean。ボーンエンベロープを使用します。

• use_deform_preserve_volume

boolen。変形の補完をクォータニオンによって行います。

• use_multi_modifier

boolean。前のモディファイアと同じインプットを使用し、結果を全体の頂点グループを使用して混合します。

• use_vertex_groups

boolean。頂点グループをアーマチュアモディファイアにバインドします。

• vertex_group

string。モディファイアの影響力を決定するための頂点グループ名です。

▶ モディファイアの処理

アーマチュアモディファイアを追加し、ターゲットとしてアーマチュアを設定します。

```
# アーマチュアモディファイアを追加
mod = child.modifiers.new(name="Armature", type="ARMATURE")
mod.object = active
```

ペアレントタイプの変更

最後に、ペアレントタイプをオブジェクトにしたら完了です。無事に処理が成功したことをコンソールから確認できるように、ok とプリントしておきます。

```
            # ペアレントタイプをアーマチュアに変更
            child.parent_type = "OBJECT"

            print("ok")
```

コード全体

現在のコードは、以下のようになっています。

```
bl_info = {
    "name": "Robot Skinner",
    "author": "あなたの名前",
    "version": (1, 0),
    "blender": (4, 0, 0),
    "location": "View3D > Sidebar > Robot Skinner",
    "description": "相対ペアレントからロボット的なスキニングを行います",
    "category": "Mesh",
}

import bpy

class ROBOTSKINNER_PT_main_panel(bpy.types.Panel):
    bl_idname = "ROBOTSKINNER_PT_main_panel"
    bl_label = "Robot Skinner"
    bl_space_type = "VIEW_3D"
    bl_region_type = "UI"
    bl_category = "Robot Skinner"

    def draw(self, context):
        layout = self.layout
    layout.operator("robotskinner.robot_skinning", icon="MESH_CUBE")

class ROBOTSKINNER_OT_robot_skinning(bpy.types.Operator):
    bl_idname = "robotskinner.robot_skinning"
    bl_label = "ロボットスキニング"
    bl_description = "アーマチュアを指定して、相対ペアレントメッシュをロボット的にスキ
ニングします"
    bl_options = {"REGISTER", "UNDO"}

    def execute(self, context):
        print("robot_skinning execute")

        active = bpy.context.active_object
        if active is None or active.type != "ARMATURE":
            self.report(type={"ERROR"}, message="アーマチュアを選択してください")
            return {"CANCELLED"}

        children = active.children

        print("children", children, len(children))
```

```
        if len(children) == 0:
            self.report(type={"ERROR"}, message="アーマチュアの子オブジェクトが
ありません")
            return {"CANCELLED"}

        for child in children:
            print(child.name)

            if child.type != "MESH":
                print("""child.type != "MESH""", child.type)
                continue

            if child.parent_type != "BONE":
                print("""child.parent_type != "BONE" """, child.parent_
type)
                continue

            bone_name = child.parent_bone
            if bone_name is None:
                print("bone_name is None")
                continue

            print("bone_name", bone_name)

            # メッシュの頂点グループを全て削除
            child.vertex_groups.clear()

            # メッシュの頂点グループをアーマチュアのボーン名で作成
            vertex_group = child.vertex_groups.new(name=bone_name)

            print("child.data.vertices", len(child.data.vertices))
            # メッシュの頂点グループにウェイトを設定
            for vertex in child.data.vertices:
                vertex_group.add([vertex.index], 1.0, "REPLACE")

            # アーマチュアモディファイアを追加
            mod = child.modifiers.new(name="Armature", type="ARMATURE")
            mod.object = active

            # ペアレントタイプをアーマチュアに変更
            child.parent_type = "OBJECT"

            print("ok")

        return {"FINISHED"}

def register():
    bpy.utils.register_class(ROBOTSKINNER_PT_main_panel)
    bpy.utils.register_class(ROBOTSKINNER_OT_robot_skinning)

def unregister():
    bpy.utils.unregister_class(ROBOTSKINNER_PT_main_panel)
    bpy.utils.unregister_class(ROBOTSKINNER_OT_robot_skinning)

if __name__ == "__main__":
    register()
```

テスト用のファイルを立ち上げ、アーマチュアに対してロボットスキニングを実行すると、ボーン相対だったオブジェクトがウェイトによるアーマチュア変形に置き換わります。

エクスポート用途であれば、これらのメッシュを統合すれば単一モデル化できます。マテリアルもベイクなどを駆使して単一化すれば、ゲームエンジンに適したモデルになるでしょう。

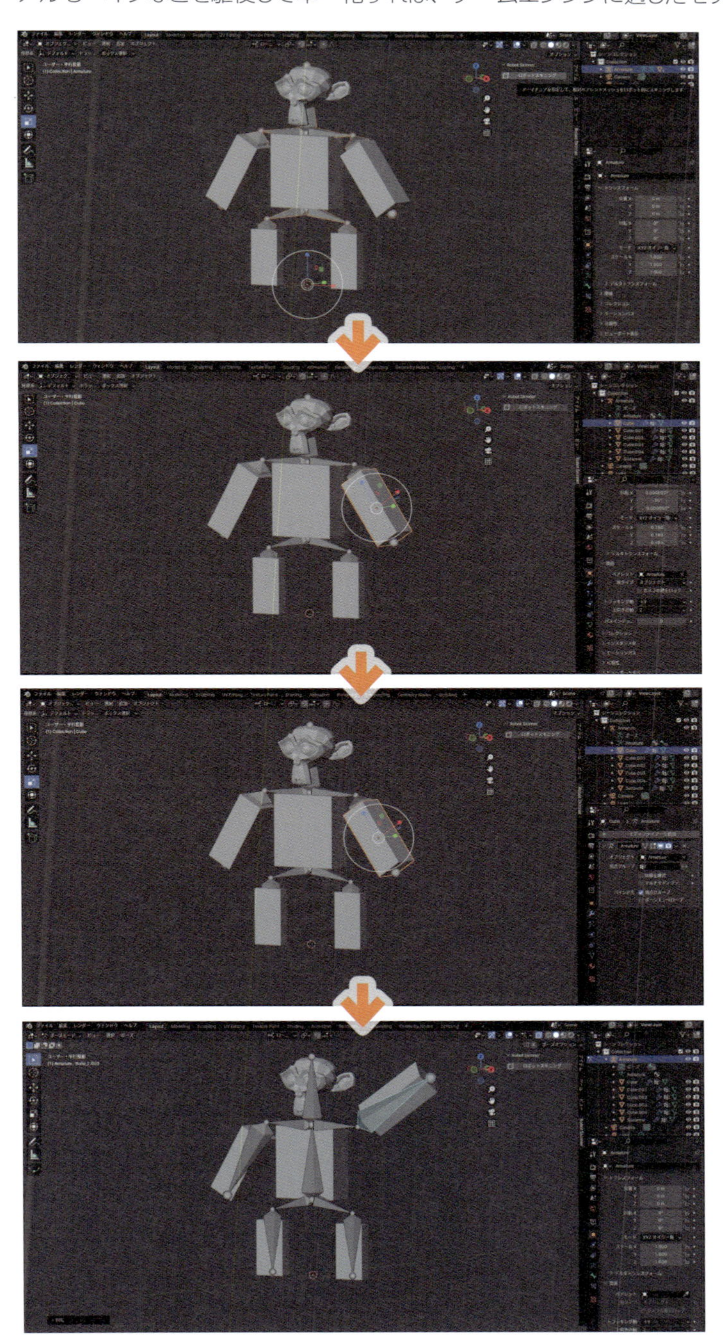

図3-2-11 テストデータでのRobot Skinnerアドオンの実行

3-3 複数スクリプトで作る Addon

前節で解説したように、単一スクリプトでもかなりのことができますが、いずれ分量の多さで編集しづらくなってきます。特に一通りベースが出来上がったあとに機能追加をしよう、というケースでは埋もれたコードから該当箇所を探し出す手間や、関係のない部分に目をとられて疲れるということが発生します。

ルールを決めてコードを機能のまとまりごとに分割していくと、全体の見通しがよくなります。今回は、単一スクリプト Addon として作った前節のコードを機能の種類ごとにファイルを分割して、複数スクリプトから構成される Addon に構成し直してみます。

スクリプト作成の準備

今回はオリジナルスクリプトの内容を、そのまま再構成します。そのため Blender の Addon フォルダに同時に配置してしまうと、名称がバッティングしてしまいます。

まずはオリジナルのスクリプト「robot_skinning.py」を安全な別の場所、うっかり削除しない、置いた場所を忘れないところに退避させてください。

その上で、元のスクリプトと同一の名前のフォルダを用意します。今回は「robot_skinning」です。フォルダ名ですので「.py」は含みません。

__init__.py を作成する

「robot_skinning」フォルダ内に「__init__.py」というファイルを作成します。__init__.py があるフォルダを、Python はそのフォルダをひとまとりのスクリプトのようなもの、「モジュール」として認識します。

別スクリプトから見たとき、「robot_skinning.py」と「robot_skinning/__init__.py」の扱いはほとんど変わりません。中に含まれている要素をインポートする際、どちらも「from .robot_skinning import ～」という形で行うことができます。

単一スクリプトのときは、ファイルの頭から順番に読み込みがなされますが、複数スクリプトのときはまず、__init__.py から読み込みが始まります。

__init__.py に既存のコードをペーストする

__init__.py に robot_skinning.py の内容をすべてコピー＆ペーストします。この状態で Blender を立ち上げてみると、構成を変える前とまったく同じように Addon 欄に表示され、有効にできることがわかります。

また、サイドバーを見てみると同じようにパネルとボタンがあり、テストファイルでロボットスキニングを実行すると同じように動作します。これは Python がフォルダ内の __init__.py を読み込んだためです。記述されているコードは同一なので、まったく同じことが起こります。

パネルのコードを分離する

今回は、コードの種類ごとに整理していきます。まずは、パネルのコードを分離していきましょう。パネル類をまとめるためのファイルとして、「panels.py」を作成します。
__init__.py から、ROBOTSKINNER_PT_main_panel のコードをすべてカットし、panels.py にペーストします。panels.py は、現在以下のようになっています。

リスト panels.py
```
class ROBOTSKINNER_PT_main_panel(bpy.types.Panel):
    bl_idname = "ROBOTSKINNER_PT_main_panel"
    bl_label = "Robot Skinner"
    bl_space_type = "VIEW_3D"
    bl_region_type = "UI"
    bl_category = "Robot Skinner"

    def draw(self, context):
        layout = self.layout
        layout.operator("robotskinner.robot_skinning", icon="MESH_CUBE")
```

Python に対応したエディタを使用している場合、bpy が未定義だとエラーが表示されるでしょう。移植した先でも、そのスクリプト内で使用するモジュールは import しておかなければなりません。以下のように修正します。

リスト panels.py
```
import bpy

class ROBOTSKINNER_PT_main_panel(bpy.types.Panel):
    bl_idname = "ROBOTSKINNER_PT_main_panel"
    bl_label = "Robot Skinner"
    bl_space_type = "VIEW_3D"
    bl_region_type = "UI"
    bl_category = "Robot Skinner"

    def draw(self, context):
        layout = self.layout
        layout.operator("robotskinner.robot_skinning", icon="MESH_CUBE")
```

__init__.py の修正

この状態で Blender を起動してみると、システムコンソールに「ROBOTSKINNER_PT_main_panel が未定義だ」というエラーが表示されます。

```
Exception in module register(): C:\Users\ユーザー名\AppData\Roaming\
Blender
Foundation\Blender\4.0\scripts\addons\robot_skinner\__init__.py
Traceback (most recent call last):
  File "C:\Program Files\Blender Foundation\Blender
4.0\4.0\scripts\modules\addon_utils.py", line 401, in enable
    mod.register()
  File "C:\Users\ysksa\AppData\Roaming\Blender
```

```
Foundation\Blender\4.0\scripts\addons\robot_skinner\__init__.py", line
81, in
register
    bpy.utils.register_class(ROBOTSKINNER_PT_main_panel)
NameError: name 'ROBOTSKINNER_PT_main_panel' is not defined
Exception in module register(): C:\Users\ユーザー名\AppData\Roaming\
Blender
Foundation\Blender\4.0\scripts\addons\robot_skinner\__init__.py
Traceback (most recent call last):
  File "C:\Program Files\Blender Foundation\Blender
4.0\4.0\scripts\modules\addon_utils.py", line 401, in enable
    mod.register()
  File "C:\Users\ユーザー名\AppData\Roaming\Blender
Foundation\Blender\4.0\scripts\addons\robot_skinner\__init__.py", line
81, in
register
    bpy.utils.register_class(ROBOTSKINNER_PT_main_panel)
NameError: name 'ROBOTSKINNER_PT_main_panel' is not defined
```

切り取ってしまって、__init__.pyからは見えなくなってしまったためです。切り出したコードを利用するためには、importする必要があります。

__init__.pyのimport部分を、以下のように修正します。これで、__init__.pyからROBOTSKINNER_PT_main_panelが見えるようになりました。起動してみると、きちんと動作しています。

リスト __init__.py

```
import bpy
from .panels import ROBOTSKINNER_PT_main_panel
```

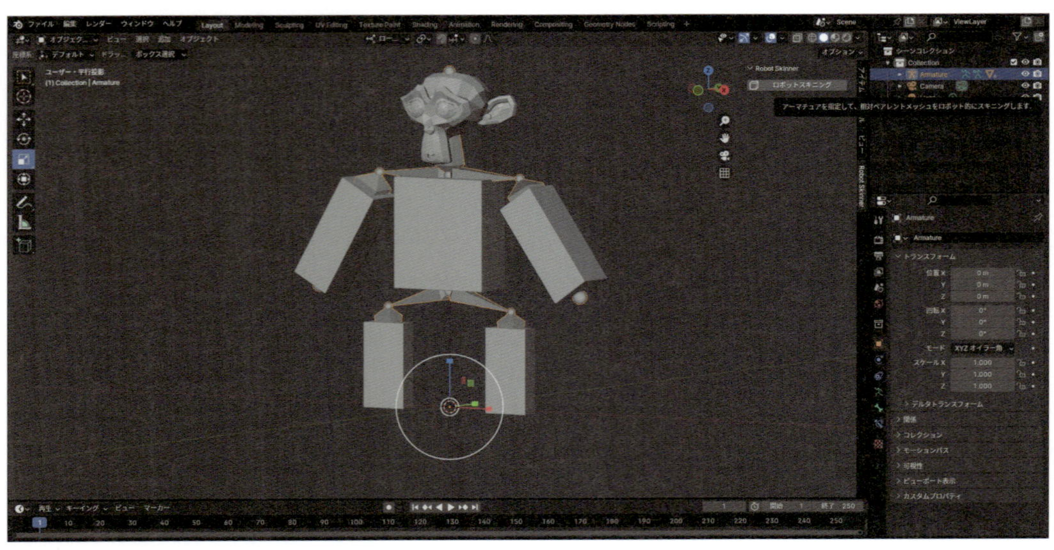

図3-3-1 正常に動作することを確認

オペレーターのコードを分離する

次に、オペレーターのコードを分離していきます。オペレーター類を格納するスクリプトを「operators.py」として作成します。

__init__.py から、ROBOTSKINNER_OT_robot_skinning のコードをすべてカットし、operators.py にペーストします。修正事項は、panels.py と同様です。コードは、以下のようになります。

リスト operators.py

```
import bpy

class ROBOTSKINNER_OT_robot_skinning(bpy.types.Operator):
    bl_idname = "robotskinner.robot_skinning"
    bl_label = "ロボットスキニング"
    bl_description = "アーマチュアを指定して、相対ペアレントメッシュをロボット的にスキ
ニングします"
    bl_options = {"REGISTER", "UNDO"}

    def execute(self, context):
        print("robot_skinning execute")

    active = bpy.context.active_object
    if active is None or active.type != "ARMATURE":
        self.report(type={"ERROR"}, message="アーマチュアを選択してください")
        return {"CANCELLED"}

    children = active.children

    print("children", children, len(children))

    if len(children) == 0:
        self.report(type={"ERROR"}, message="アーマチュアの子オブジェクトがありま
せん")
        return {"CANCELLED"}

    for child in children:
        print(child.name)

        if child.type != "MESH":
            print("""child.type != "MESH"""", child.type)
            continue

        if child.parent_type != "BONE":
            print("""child.parent_type != "BONE" """, child.parent_type)
            continue

        bone_name = child.parent_bone
        if bone_name is None:
            print("bone_name is None")
            continue
```

```
        print("bone_name", bone_name)

        # メッシュの頂点グループを全て削除
        child.vertex_groups.clear()

        # メッシュの頂点グループをアーマチュアのボーン名で作成
        vertex_group = child.vertex_groups.new(name=bone_name)

        print("child.data.vertices", len(child.data.vertices))
        # メッシュの頂点グループにウェイトを設定
        for vertex in child.data.vertices:
            vertex_group.add([vertex.index], 1.0, "REPLACE")

        # アーマチュアモディファイアを追加
        mod = child.modifiers.new(name="Armature", type="ARMATURE")
        mod.object = active

        # ペアレントタイプをアーマチュアに変更
        child.parent_type = "OBJECT"

        print("ok")

    return {"FINISHED"}
```

パネルと同様、__init__.py の import 部分を、以下のように修正します。これで、__init__.py から ROBOTSKINNER_OT_robot_skinning が見えるようになりました。起動してみると、きちんと動作しています。

リスト __init__.py

```
import bpy
from .operators import ROBOTSKINNER_OT_robot_skinning
```

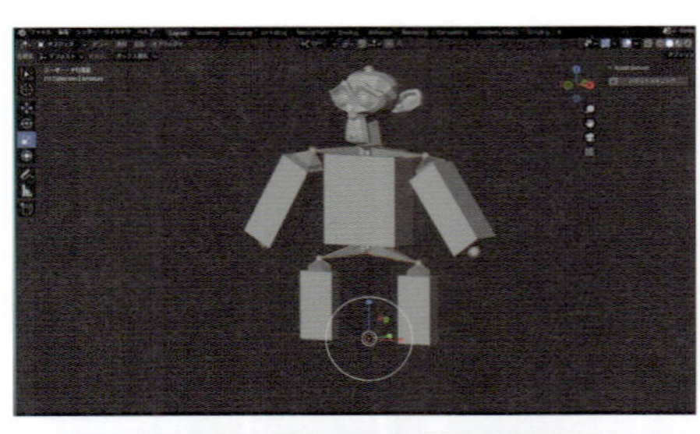
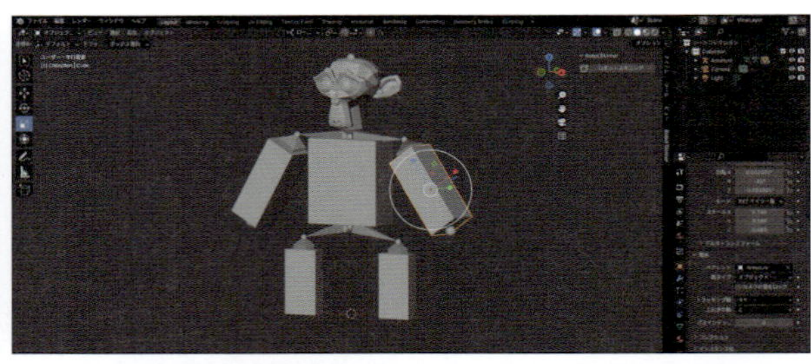
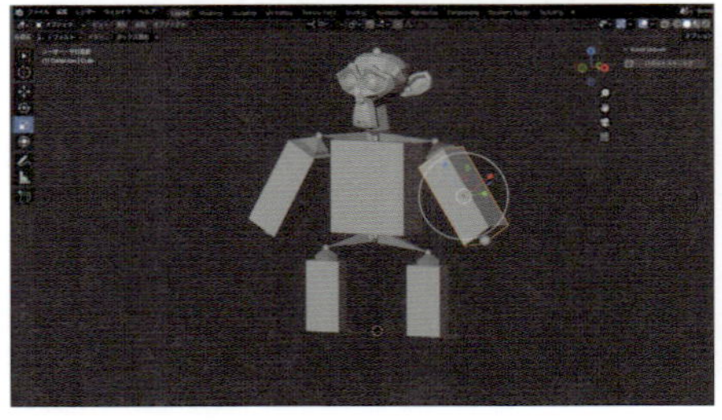
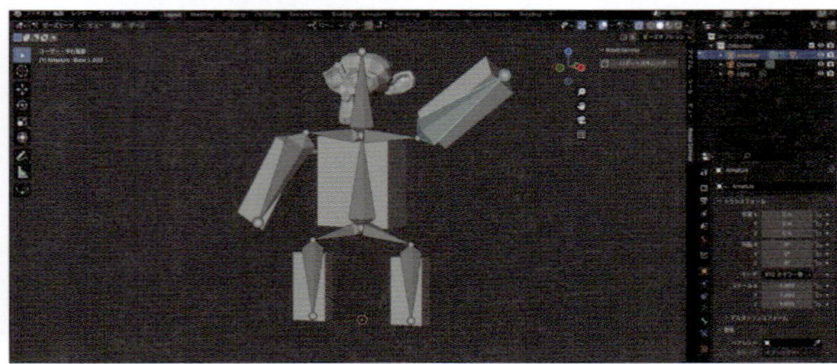

図3-3-2 正常に動作することを確認

モジュールの構成

コードを分離していき、最終的に以下のような構造になりました。

```
robot_skinner/
    __init__.py
    panels.py
    operators.py
```

ひとまとまりになっていたコードが役割ごとのファイルに分割され、機能追加や整理がしやすくなりました。「フォルダ /__init__.py」というモジュール化はどの階層でも行えますから、panels.py や operators.py をさらに子階層に分割していくこともできます。

今回は機能の種類ごとに分割しましたが、より大規模な Addon を作る際には大きなカテゴリーごとにモジュール化したりなど、分割の考え方もさまざまなものがあります。たとえば、Addon の機能が広範囲に渡っており、モデリング、スキニング、リギングなどをカバーしているなら、それぞれのモジュールが必要になってくるでしょう。

また、その中でもどの機能でも共通して使う汎用の機能などもあるでしょう。そのような機能は general というモジュールにまとめるとよいかもしれません。さらに往々にしてその下に、mesh とか object など、モード別のサブモジュールを組むことになることがよくあります。

このように、モジュールの構成は機能や規模などによって大きく変わってきます。自分が作りたいものに合わせて、使いやすい構造を模索してみてください。

3-4 さらに発展的な開発のために

ここまで、Blender でのスクリプティングについて、さまざまな側面からご紹介してきました。

Blender や Python の機能は膨大で、解説しきれなかったものがたくさんあります。必要に応じて、以下の内容を調べて見るとよいでしょう。

- **Blender Python API Reference**

  各クラスの仕様のほかに、要所要所に詳細なコーディング方法などのドキュメントが用意されています。ざっと目を通してみるとよいでしょう。

- **Stack Overflow**

  英語で bpy について Google 検索していると、結構な頻度でヒットします。具体的なケースと、解決に必要なコードが一揃いあるため、たいへん参考になります。必ずしも問題が解決するわけではありませんが、Blender のドキュメントに記載されていないコーディング規則などが見つかることもあり侮れません。

- Python → Documentation → Python 標準ライブラリ

　Python の標準ライブラリには、かなりの量の便利な機能が用意されています。OSやデバイスやネットワークに関する機能はだいたいここに揃っているので、何か変則的なことをしたくなったときのために、確認しておくとよいでしょう。

みなさんが楽しく開発できることを願っています！

INDEX

数字

記号

A

B

C

D

E

F

G

H、I

J、K、L

M

N

O

P

Q、R

S

T

U

V、W、X

あ

い

う

え

お

か

き、く

け、こ

さ

し

す

せ

そ

た、ち

つ、て

と

な、に、ぬ

の

は

ひ

ふ

へ

ほ

ま

み、む

め

も

ゆ

ら、り、る

れ

ろ

わ